中国国家标准汇编

566

GB 29269～29296

（2012 年制定）

中国标准出版社 编

中国标准出版社

北 京

图书在版编目(CIP)数据

中国国家标准汇编:2012年制定.566:
GB 29269～29296/中国标准出版社编.—北京:
中国标准出版社,2013.9
ISBN 978-7-5066-7296-2

Ⅰ.①中… Ⅱ.①中… Ⅲ.①国家标准-
汇编-中国-2012 Ⅳ.①T-652.1

中国版本图书馆CIP数据核字(2013)第183973号

中国标准出版社出版发行
北京市朝阳区和平里西街甲2号(100013)
北京市西城区三里河北街16号(100045)

网址 www.spc.net.cn
总编室:(010)64275323 发行中心:(010)51780235
读者服务部:(010)68523946

中国标准出版社秦皇岛印刷厂印刷
各地新华书店经销

*

开本 880×1230 1/16 印张 38 字数 1 170 千字
2013年9月第一版 2013年9月第一次印刷

*

定价 220.00 元

出 版 说 明

1.《中国国家标准汇编》是一部大型综合性国家标准全集。自1983年起，按国家标准顺序号以精装本、平装本两种装帧形式陆续分册汇编出版。它在一定程度上反映了我国建国以来标准化事业发展的基本情况和主要成就，是各级标准化管理机构，工矿企事业单位，农林牧副渔系统，科研、设计、教学等部门必不可少的工具书。

2.《中国国家标准汇编》收入我国每年正式发布的全部国家标准，分为"制定"卷和"修订"卷两种编辑版本。

"制定"卷收入上一年度我国发布的、新制定的国家标准，顺延前年度标准编号分成若干分册，封面和书脊上注明"20××年制定"字样及分册号，分册号一直连续。各分册中的标准是按照标准编号顺序连续排列的，如有标准顺序号缺号的，除特殊情况注明外，暂为空号。

"修订"卷收入上一年度我国发布的、被修订的国家标准，视篇幅分设若干分册，但与"制定"卷分册号无关联，仅在封面和书脊上注明"20××年修订-1，-2，-3，……"字样。"修订"卷各分册中的标准，仍按标准编号顺序排列（但不连续）；如有遗漏的，均在当年最后一分册中补齐。需提请读者注意的是，个别非顺延前年度标准编号的新制定的国家标准没有收入在"制定"卷中，而是收入在"修订"卷中。

读者配套购买《中国国家标准汇编》"制定"卷和"修订"卷则可收齐由我社出版的上一年度我国制定和修订的全部国家标准。

3.由于读者需求的变化，自1996年起，《中国国家标准汇编》仅出版精装本。

4.2012年我国制修订国家标准共2 101项。本分册为"2012年制定"卷第566分册，收入国家标准GB 29269～29296的最新版本。

中国标准出版社

2013年8月

目　　录

ICS 35.200
L 65

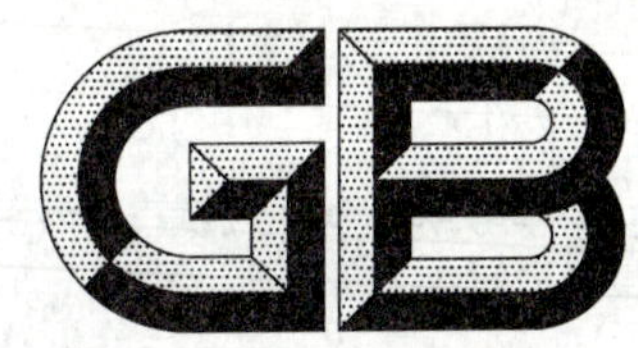

中华人民共和国国家标准

GB/T 29269—2012/ISO/IEC 15018:2004

信息技术　住宅通用布缆

Information technology—Generic cabling for homes

(ISO/IEC 15018:2004,IDT)

2012-12-31 发布　　2013-06-01 实施

中华人民共和国国家质量监督检验检疫总局
中国国家标准化管理委员会　发布

前　言

本标准按照GB/T 1.1—2009给出的规则起草。

本标准使用翻译法等同采用ISO/IEC 15018:2004《信息技术　住宅通用布缆》和ISO/IEC 15018:2004 修正案1:2009。

与本标准中规范性引用的国际文件有一致性对应关系的我国文件如下：

——GB/T 11327.1—1999　聚氯乙烯绝缘聚氯乙烯护套低频通信电缆电线　第1部分：一般试验和测量方法(IEC 60189-1:1986,NEQ)。

本标准直接纳入的ISO/IEC 15018:2004/修正案1:2009内容，在其相应条款的外侧页边空白位置用垂直双线(||)进行标示。

本标准作了如下编辑性修改：

- “3.2 缩略语”中NEXT原国际标准为近端串扰衰减(损耗)，为保持一致性，FEXT译为远端串扰衰减(损耗)，ELFEXT译为等电平远端串扰衰减(损耗)。
- “5.3.3 住宅次(级)布缆子系统”中“注：应在PHD或SHD创建总线…”，原国际标准中有印刷错误，本标准进行了勘误。
- “7.3 BCT信道性能”第2段中“BCT-B信道应满足…”与第3段“BCT-C信道应满足…”，国际标准中出现错误，本标准进行了勘误。
- “表7 链路长度计算”据文中所述应为信道长度计算表格，本标准进行了勘误。
- “表9”中编号一栏未出现1,2，因此删除编号一列。
- “11.3 操作安全性”删除“注1：一些国家…的PELV”和“注2：一些国家…进行连接”，国际标准转化为国家标准时，该注释不适用。
- “表E.5”中“放大器，分束器和其他功能器件(*)”，原国际标准英文版没有注解“*”，因此本标准删除“*”标记。

请注意本文件的某些内容可能涉及专利。本文件的发布机构不承担识别这些专利的责任。

本标准由全国信息技术标准化技术委员会(SAC/TC 28)提出并归口。

本标准起草单位：上海市计量测试技术研究院、中国电子技术标准化研究院、山东省计算中心、南京普天楼宇智能有限公司、美国福禄克网络公司、美国理想工业中国有限公司、西安开元电子实业有限公司。

本标准主要起草人：廉云、胡西虹、徐全平、董火民、杨妮、杨宏、冯岭、尹岗、任长宁、王公儒、孙兰、李刚、周鸣乐、李敏、郝雁强、付芊芊、庄焰、樊果、蔡永亮。

引　言

本标准用以规范支持以下三种应用的住宅通用布缆：

- 信息和通信技术(ICT)；
- 广播和通信技术(BCT)；
- 建筑物内的指令、控制和通信(CCCB)。

住宅通用布缆概况如图1所示，本标准用于指导在新建筑及翻新建筑中布缆的安装(布缆是支持住宅系统的基础设施的一部分)。

本标准同样适用于只满足上述一种或两种应用的布缆场合。

本标准规定了基于平衡布缆和/或同轴布缆的通用布缆基础设施。本标准中提及的ICT信道包括光缆，住宅光缆的更广泛应用有待进一步研究。

上述的几组应用也可通过符合其他标准的不同布缆方式实现，如：GB/T 18233—2008中大体上对办公环境的ICT通用布缆进行了规范。当布缆结构与参考实现和本标准的住宅环境相匹配时，则ICT信道性能规定等同于GB/T 18233—2008对信道性能的规定。

本标准规定了支持ICT、BCT和CCCB应用的住宅通用布缆。本标准设计涵盖了这三种应用，因此在确定所选择的特定应用之前就可以提前进行布缆安装。本标准所指的住宅既包括公寓这种一幢建筑物中含有多个住宅的情况，同时也包括一个住宅含有一个建筑物、建筑群或多幢建筑的住宅情况。

连接各家各户的园区和主干布缆需符合相关的标准，如GB/T 18233—2008或IEC 60728。

根据本标准，通用布缆可实现：

a) 无需对固定的布缆基础设施做改动，即可实现广泛的应用部署；

b) 提供支持连通性移动、增加、变化的平台。

本标准可以：

- 向用户提供具有支持广泛应用能力的独立的布缆系统；
- 向用户提供灵活的布缆方案，使修改方便、经济；
- 指导建筑界专业人士(如建筑师)在了解确切要求前，如在制定新建或翻新设计之初，进行布缆；
- 为工业和应用标准组织(如ITU-T、ISO/IEC JTC1/SC 6、ISO/IEC JTC1/SC 25/WG 1、IEC TC 100)提供支持现有产品的布缆系统并为今后住宅电子领域产品的开发提供一个基准；
- 为有针对性应用的布缆系统的使用者、设计者和制作者提供了通用布缆的接口建议；
- 为布缆组件供应商和布缆安装人员提出相关的要求；
- 为服务商提供支持其服务的配线系统。

通用布缆的要求(见表D.2)和本标准第7章中的信道最低性能是在分析了大量ICT、BCT和CCCB应用的基础上得出的。这些规定和本标准第5、6章中所描述的逻辑和物理模型提出了对布缆元素的要求并规范了这些元素在布缆系统中的安置。本标准中不包含应用于上述应用的无线电、无制导红外和电力线通信等技术所采用的媒体。

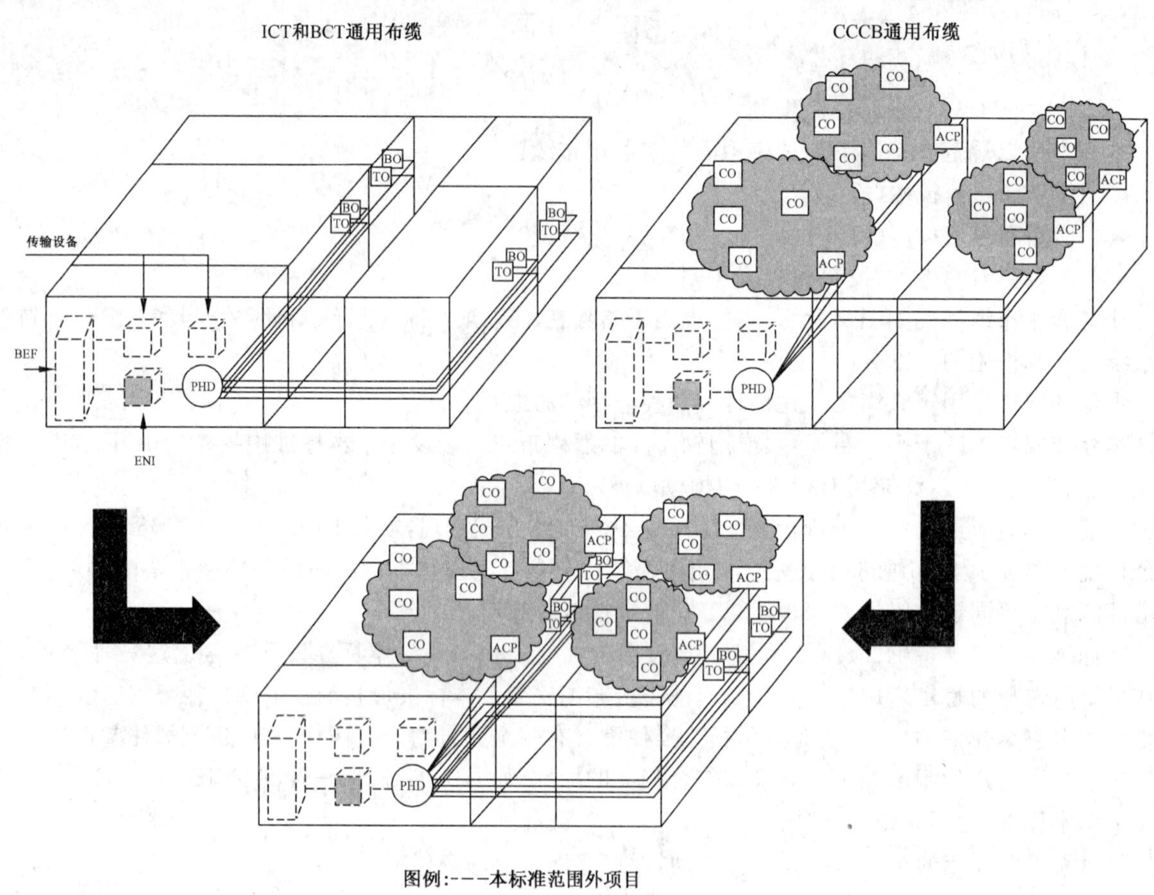

图例：- - - 本标准范围外项目

图1　住宅通用布缆概况

信息技术　住宅通用布缆

1　范围

本标准规定了住宅通用布缆。住宅可能由一栋或多栋建筑组成，也可能一栋建筑中包含多个住宅。

本标准规定的通用布缆支持以下三种应用：

- 信息和通信技术(ICT)；
- 广播和通信技术(BCT)；
- 建筑物内的指令、控制和通信(CCCB)。

本标准规定的布缆由下述一种或多种组成：

- 平衡布缆；
- 同轴布缆；
- 光纤布缆。

本标准就下述内容规定了通用布缆的设计和配置要求：

a) 结构和拓扑结构；

b) 最低配置；

c) 永久链路和信道的性能要求；

d) 连接点的位置和密度；

e) 对特定应用设备和外部网络的接口；

f) 与其他建筑物服务的共存性。

安全(电气、火灾等)和电磁兼容(EMC)的要求不在本标准范围内，而由其他标准和法规所包括，然而，本标准给出的信息可能有助于满足这些要求。

注 1：受国家和地方法规限制，对于本标准中规定的布缆的某些服务可能无法实行。

注 2：● 本标准为系统设计人员提供了测试要求。

● 安装测试应由供应商和客户共同决定，或在相关的安装指导下进行。

2　规范性引用文件

下列文件对于本文件的应用是必不可少的。凡是注日期的引用文件，仅注日期的版本适用于本文件。凡是不注日期的引用文件，其最新版本(包括所有的修改单)适用于本文件。

GB/T 5095.3—1997　电子设备用机电元件　基本试验规程及测量方法　第3部分：载流容量试验(IEC 60512-3:1976,IDT)

GB/T 11313—1996　射频连接器　第1部分：总规范　一般要求和试验方法(IEC 61169-1:1992,IDT)

GB/T 11313.2—2007　射频连接器　第2部分：9.52型射频同轴连接器分规范(IEC 61169-2:2001,IDT)

GB/T 15157.7—2002　频率低于3 MHz的印制板连接器　第7部分：有质量评定的具有通用插合特性的8位固定和自由连接器详细规范(IEC 60603-7:1996,IDT)

GB/T 17045—2008　电击防护　装置和设备的通用部分(IEC 61140:2001,IDT)

GB/T 17738.1—1999　射频同轴电缆组件　第1部分：总规范　一般要求和试验方法

(IEC 60966-1:1988,IDT)

GB/T 18015.1—2007 数字通信用对绞或星绞多芯对称电缆 第1部分:总规范(IEC 61156-1:2002,IDT)

GB/T 18015.5—2007 数字通信用对绞或星绞多芯对称电缆 第5部分:具有600 MHz及以下传输特性的对绞或星绞对称电缆 水平层布线电缆 分规范(IEC 61156-5:2002,IDT)

GB/T 18233—2008 信息技术 用户建筑群的通用布缆(ISO/IEC 11801:2002,IDT)

GB/T 18290.3—2000 无焊连接 第3部分:可接触无焊绝缘位移连接 一般要求、试验方法和使用导则(IEC 60352-3:1993,IDT)

GB/T 18290.4—2000 无焊连接 第4部分:不可接触无焊绝缘位移连接 一般要求、试验方法和使用导则(IEC 60352-4:1994,IDT)

IEC 60189-1:1986 聚氯乙烯绝缘聚氯乙烯护套低频通信电缆电线 第1部分:一般试验和测量方法(Low-frequency cables and wires with PVC insulation and PVC sheath. Part 1:General test and measuring methods)

IEC 60352-3 无焊连接 第3部分:可接触无焊绝缘位移连接 一般要求、试验方法和使用导则(Solderless connections. Part 3:Solderless accessible insulation displacement connections—General requirements,test methods and practical guidance)

IEC 60352-4 无焊连接 第4部分:不可接触无焊绝缘位移连接 一般要求、试验方法和使用导则(Solderless connections. Part 4:Solderless non-accessible insulation displacement connections—General requirements,test methods and practical guidance)

IEC 60352-6 无焊连接 第6部分:绝缘刺破连接 一般要求、试验方法和使用指南(Solderless connections. Part 6:Insulation piercing connections—General requirements,test methods and practical guidance)

IEC 60364-4-41:2001 建筑物电气装置 第4-41部分:安全防护 电击防护(Electrical installations of buildings—Part 4-41:Protection for safety—Protection against electric shock)

IEC 60512-2:1985 电子设备用机电元件 基本试验规程及测量方法 第2部分:一般检查、电连续性和接触电阻测试、绝缘试验和电压应力试验(Electromechanical components for electronic equipment;basic testing procedures and measuring methods. Part 2:General examination,electrical continuity and contact resistance tests,insulation tests and voltage stress tests)

IEC 60512-25-1 电子设备用连接器 试验和测量 第25-1部分:试验25a 串扰比(Connectors for electronic equipment—Tests and measurements. Part 25-1:Test 25a—Crosstalk ratio)

IEC 60512-25-2 电子设备用连接器 试验和测量 第25-2部分:试验25b 衰减(插入损耗)(Connectors for electronic equipment—Tests and measurements. Part 25-2:Test 25b—Attenuation (insertion loss))

IEC 60512-25-4 电子设备用连接器 试验和测量 第25-4部分:试验25d 传播时延(Connectors for electronic equipment—Tests and measurements. Part 25-4:Test 25d—Propagation delay)

IEC 60512-25-5 电子设备用连接器 试验和测量 第25-5部分:试验25e 回波损耗1(Connectors for electronic equipment—Tests and measurements. Part 25-5:Test 25e—Return loss)

IEC 60512-3 电子设备用机电元件 基本试验规程及测量方法 第3部分:载流容量试验(Electromechanical components for electronic equipment;basic testing procedures and measuring methods. Part 3:Current-carrying capacity tests)

IEC 60603-7 频率低于3 MHz的印制板连接器 第7部分:有质量评定的具有通用插合特性的8位固定和自由连接器详细规范(Connectors for frequencies below 3 MHz for use with printed boards. Part 7: Detail specification for connectors, 8-way, including fixed and free connectors with common mating features, with assessed quality)

IEC 60603-7-1:2002 电子设备用连接器 第7-1部分:质量经过评定的具有通用匹配特征的8路无屏蔽固定连接器的详细规范(Connectors for electronic equipment. Part 7-1: Detail specification for 8-way, shielded free and fixed connectors with common mating features, with assessed quality)

IEC 60603-7-2 电子设备用连接器 第7-2部分:最大频率为100 MHz数据传输用8路非屏蔽的活动和固定连接器的详细规范(Connectors for electronic equipment—Part 7-2: Detail specification for 8-way unshielded free and fixed connectors, for data transmission with frequencies up to 100 MHz)

IEC 60603-7-3 电子设备用连接器 第7-3部分:频率<100 MHz的数据传输用8道非屏蔽和固定式连接器的详细规范(Connectors for electronic equipment. Part 7-3: Detail specification for 8-way shielded connectors for frequencies up to 100 MHz)

IEC 60603-7-4 电子设备连接器 第7-4部分:数据传输频率250 MHz及以下的8位非屏蔽自由和固定连接器的详细规范(6类,非屏蔽)(Connectors for electronic equipment. Part 7-4: Detail specification for 8-way, unshielded, free and fixed connectors, for data transmissions with frequencies up to 250 MHz (CAT 6, unshielded))

IEC 60603-7-5 电子设备用连接器 第7-5部分:最大频率为250 MHz数据传输用8路屏蔽的活动和固定连接器的详细规范(6类,屏蔽)(Connectors for electronic equipment. Part 7-5: Detail specification for 8-way, shielded, free and fixed connectors, for data transmissions with frequencies up to 250 MHz(CAT 6, shielded))

IEC 60603-7-7:2002 电子设备用连接器 第7-7部分:有最大频率为600 MHz的(7类屏蔽)数据传输用8路屏蔽的固定和自由连接器的详细规范)(Connectors for electronic equipment—Part 7-7: Detail specification for 8-way, shielded, free and fixed connectors, for data transmission with frequencies up to 600 MHz (category 7, shielded))

IEC 60728(所有部分) 电视和声音信号用电缆分布系统(Cabled distribution systems for television and sound signals)

IEC 60966-1 射频同轴电缆组件 第1部分:总规范 一般要求和试验方法(Radio frequency and coaxial cable assemblies. Part 1: Generic specification—General requirements and test methods)

IEC 60966-2-4 射频和同轴电缆组件 第2-4部分:无线电和电视接收机的电缆组件用详细规范 频率范围为0 MHz～3 000 MHz的IEC 61169-2连接器(Radio frequency and coaxial cable assemblies. Part 2-4: Detail specification for cable assemblies for radio and TV receivers—Frequency range 0 to 3 000 MHz, IEC 60169-2 connectors)

IEC 60966-2-5 射频和同轴电缆组件 第2-5部分:无线电和电视接收机的电缆组件用详细规范 频率范围为0 MHz～1 000 MHz的IEC 61169-2连接器(Radio frequency and coaxial cable assemblies. Part 2-5: Detail specification for cable assemblies for radio and TV receivers—Frequency range 0 to 1 000 MHz, IEC 61169-2 connectors)

IEC 60966-2-6 射频和同轴电缆组件 第2-6部分:无线电和电视接收机的电缆组件用详细规范 频率范围为0～3 000 MHz的IEC 60169-24连接器(Radio frequency and coaxial cable assemblies. Part 2-6: Detail specification for cable assemblies for radio and TV receivers—Frequency range 0 to 3 000 MHz, IEC 60169-24 connectors)

IEC 61024系列 建筑物的雷电保护(Protection of structures against lightning)

IEC 61076-3-104 电器设备连接器 第3-104部分:矩形连接器 频率为600 MHz以下的数据传输用活动和固定式无屏蔽8路连接器详细规范(Connectors for electronic equipment. Part 3-104: Rectangular connectors—Detail specification for 8 way, shielded free and fixed connectors for data transmissions with frequencies up to 600 MHz minimum)

IEC 61140 电击防护 装置和设备的通用部分(Protection against electric shock—Common aspects for installation and equipment)

IEC 61156(所有部分) 数字通信用对绞/星绞多芯对称电缆(Multicore and symmetrical pair/quad cables for digital communications)

IEC 61156-1 数字通信用对绞或星绞多芯对称电缆 第1部分:总规范(Multicore and symmetrical pair/quad cables for digital communications. Part 1:Generic specification)

IEC 61156-5 数字通信用对绞或星绞多芯对称电缆 第5部分:具有600 MHz及以下传输特性的对绞或星绞对称电缆 水平层布线电缆 分规范(Multicore and symmetrical pair/quad cables for digital communications. Part 5:Symmetrical pair/quad cables with transmission characteristics up to 600 MHz—Horizontal floor wiring—Sectional specification)

IEC 61156-6 数字通信用对绞/星绞多芯对称电缆 第6部分:不高于600 MHz的有传输特性的对绞/星绞对称电缆 工作场所布线 分规范(Multicore and symmetrical pair/quad cables for digital communications. Part 6:Symmetrical pair/quad cables with transmission characteristics up to 600 MHz—Work area wiring—Sectional specification)

IEC 61156-7 数字通信用对绞/星绞多芯对称电缆 第7部分:1 200 MHz及以下传输特性的对绞对称电缆 数字和模拟通信电缆的分规范(Multicore and symmetrical pair/quad cables for digital communications. Part 7:Symmetrical pair cables with transmission characteristics up to 1 200 MHz—Sectional specification for digital and analog communication cables)

IEC 61169-1 射频连接器 第1部分:总规范 一般要求和试验方法(Radio-frequency connectors—Part 1: Generic specification—General requirements and measuring methods)

IEC 61169-24 射频连接器 第24部分:分规范 螺纹连接射频同轴连接器 典型的用于75 Ω电缆分配系统(F型)(Radio-frequency connectors—Part 24:Sectional specification—Radio frequency coaxial connectors with screw coupling,typically for use in 75 ohm cable distribution systems (type F))

IEC 61196(所有部分) 射频电缆(Radio-frequency cables)

IEC 61935-1:2000 通用布线系统 根据ISO/IEC 11801对对称通信布线进行检验的规范 第1部分:电缆敷设 修正案(2002)(Generic cabling systems—Specification for the testing of balanced communication cabling in accordance with ISO/IEC 11801. Part 1: Installed cabling Amendment (2002))

ISO/IEC 14763-1 信息技术 用户建筑群布缆的实现和操作 第1部分:管理(Information technology—Implementation and operation of customer premises cabling—Part 1: Administration)

ISO/IEC TR 14763-2 信息技术 用户建筑群布缆的实施和操作 第2部分:铜缆敷设的规划和安装(Information technology—Implementation and operation of customer premises cabling—Part 2: Planning and installation)

ITU-T K.31 用户大楼内电信装置的联结结构和接地(Bonding configurations and earthing of telecommunication installations inside a subscriber's building)

EN 50289-1-14 通信电缆 试验方法规范 第1-14部分:连接硬件的耦合衰减或屏蔽衰减(Communication cables—Specifications for test methods—Part 1-14: Electrical test methods—Coupling attenuation or screening attenuation of connecting hardware)

3 术语和定义、缩略语

3.1 术语和定义

下列术语和定义适用于本文件。

3.1.1

应用　application

由布缆支持的具有相关传输方法的系统。

3.1.2

应用插座　application outlet

可将设备连接到支持ICT和BCT应用的通用布缆系统的点。

3.1.3

区域连接点　area connection point;ACP

覆盖区的布缆连接到区域馈电布缆的点。

3.1.4

平衡线缆　balanced cable

由一个或多个金属对称线缆元素(双绞线或四线组)组成的线缆。

[GB/T 18233—2008,3.1.4]

3.1.5

广播和通信技术　broadcast and communications technologies;BCT

包括声音广播和电视的应用。

注:在ISO/IEC 15044中,这些应用被称为HES 3级。

3.1.6

建筑物入口设施　building entrance facility;BEF

为电信线缆进入建筑物而提供所需机械和电气服务并符合所有相关法规的设施。

3.1.7

线缆元素　cable element

线缆中的最小构成单元(例如:平衡线对、平衡四线组、同轴线对或单根光纤),线缆元素可以有屏蔽层。

3.1.8

线缆单元　cable unit

同一类型或类别的一个或多个线缆元素的单个装配,线缆单元可以有屏蔽层。

3.1.9

布缆　cabling

可以支持信息技术设备相连的电信线缆、跳线和连接硬件的一种系统。

3.1.10

信道　channel

连接任何两个特定应用设备的端到端的传输通道。

注1:本标准中所规定的信道处于通用布缆的边界内,可能仅包括无源组件。

注2:一个信道可能占用1个或不只1个线对,也可能与其他信道共用1个线对,如1个线对既可以实现馈电,又可以传输信息。

3.1.11

同轴线对　coaxial pair

由具有同一轴线的两个同轴的柱形导体构成的均匀传输线。

[GB/T 2900.83—2008,151-12-39]

3.1.12

建筑物内指令、控制和通信　commands,controls and communications in buildings;CCCB

诸如家电控制和建筑物控制的应用组。

注:在ISO/IEC TR 15044中,这些应用被称为HES 1级。

3.1.13

连接 connection

以非永久方式端接2个线缆或线缆元素在内的配合的器件或器件组合。

3.1.14

连接器共享 connector sharing

使连接器实现插座和插头一对多的连接能力，如：在保持所需性能前提下，4个单线对插头用于1个4线对插座中。该性能也可通过外部适配器实现。

3.1.15

覆盖区 coverage area

住宅内被任何应用所覆盖的区域。

3.1.16

交叉连接 cross-connect

主要通过快接跳线和压接跳线使线缆元素及其交叉连接能终接的装置。

[GB/T 18233—2008，3.1.24]

注：外入和外出的线缆在固定点终接[GB/T 18233—2008]，可通过第三根线缆如快接跳线或压接跳线将二者连接起来。

3.1.17

配线架 distributor

为连接线缆的部件集合（如转接板、快接跳线）所用的术语。

[GB/T 18233—2008，3.1.25]

3.1.18

设备跳线 equipment cord

连接设备到配线架的跳线。

[GB/T 18233—2008，3.1.26]

3.1.19

设备接口 equipment interface；EI

用于将特定应用设备接入布缆的接口。

注：应用插座是一种典型的设备接口。

3.1.20

住宅 home

一种用做生活居住地的物理结构，例如：房屋或公寓。

注：既可以是一幢独立的建筑，也可以是一幢大型建筑中的某一部分，或者可以包含有多个建筑。

3.1.21

住宅电子系统 home electric system；HES

按照ISO/IEC TR 14543进行互联的住宅内的电子系统。

3.1.22

信息和通信技术 imformation and communications technologies；ICT

使用信息和通信（远程通信）技术的应用。

注：此类应用在ISO/IEC TR15044中也被称为HES 2级。

3.1.23

内部通信 intercom

建筑物内部通常包括门禁等功能在内的语音和可选视频的传输系统。

3.1.24

互连 interconnect

在不使用快接跳线或压接跳线的情况下，使设备跳线(或布缆子系统)终接并与布缆子系统连接的技术。

[GB/T 18233—2008,3.1.37]

注：入和出线缆在固定点终接。

[GB/T 18233—2008,3.1.37]

3.1.25

链路 link

通用布缆中插座或配线架到另一个插座或配线架的传输路径，不包括设备跳线。

3.1.26

网络接入布缆 network access cabling

从住宅外部的源获取服务的布缆(见图7)。

3.1.27

光纤线缆(或光缆) optical fibre cable(or optical cable)

由一个或多个光纤线缆元素组成的线缆。

[GB/T 18233—2008,3.1.45]

3.1.28

路径 pathway

专用于安放线缆的设施或为安放线缆而预留的区域。

3.1.29

永久链路 permanent link

通用布缆的两个配合接口之间的传输路径，不包括设备跳线、工作区域跳线和交叉互连，但包括每端的连接硬件。

3.1.30

住宅主配线架 primary home distributor;PHD

住宅中处于线缆端接的主配线架。

3.1.31

远程馈电 remote power feeding

通过本标准中规定的布缆由非电网向特定应用设备供电量的方式。

3.1.32

通过设计满足要求 requirement to be met by design

通过计算和选择适当的材料和安装技术来满足要求。适用于没有可供检验的测试方法或没有通过测试进行检验的要求时采用。

3.1.33

屏蔽平衡线缆 screened balanced cable

带整体屏蔽和/或单个元素屏蔽的平衡线缆。

[GB/T 18233—2008,3.1.54]

3.1.34

住宅次(级)配线架 secondary home distributor;SHD

提供设施额外的灵活性和/或在住宅主配线架和覆盖区之间配置传输设备所用的可选配线架(如用

于多层建筑的住宅)。

3.1.35

空间 space

标记或指定的用来容纳连接硬件的区域。

3.1.36

终端设备 terminal equipment

在插座处为用户提供接入应用或服务的设备(如电话机)。

3.1.37

传输设备 transmission equipment

从配线架到其他配线架或插座分配应用所用的有源设备。

3.1.38

双绞线 twisted pair

由两个以确定的方式扭绞在一起形成平衡传输线路的绝缘导线构成的线缆元素。

[GB/T 18233—2008,3.1.62]

3.1.39

非屏蔽平衡线缆 unscreened balanced cable

没有任何屏蔽的平衡线缆。

3.1.40

平衡-不平衡阻抗变换器 balun

提供平衡与不平衡组件间阻抗变换的装置。

3.1.41

外部网络接口 external network interface;ENI

外部网络与网络接入布缆间的连接装置。

3.1.42

住宅网络接口 home network interface;HNI

接入分配电视信号、声音信号和交互式服务网络的接口。

3.1.43

系统插座 system outlet;SO

用户馈电线和接收器通道互连的装置。

[IEC 60728-1,3.1.90]

3.2 缩略语

a.c.	交流电	alternating current
ACP	区域连接点	Area Connection Point
ACR	衰减串扰比	Attenuation to Cross-talk Ratio
BCT	广播和通信技术	Broadcast and Communications Technologies
BCT B	平衡布缆支持的 BCT	BCT supported by balanced cabling
BCT C	同轴布缆支持的 BCT	BCT supported by coaxial cabling
BCT-H	BCT 高等级(信号水平)	BCT high(signal level)
BCT-L	BCT 低等级(信号水平)	BCT low(signal level)
BCT-M	BCT 中等(信号水平)	BCT medium(signal level)
BEF	建筑物入口设施	Building Entrance Facility
BO	广播插座	Broadcast Outlet

CATV	共用天线电视	Community Antenna TV
CC	交叉连接	Cross-Connect
CCCB	建筑内的指令、控制和通信	Commands,Controls and Communications in Buildings
CCTV	闭路电视	Closed Circuit TV
CO	控制插座	Control Outlet
d.c.	直流电	direct current
EI	设备接口	Equipment Interface
ELFEXT	等电平远端串扰衰减(损耗)	Equal Level Far End Cross-talk attenuation
EMC	电磁兼容性	Electromagnetic Compatibility
ENI	外部网络接口	External Network Interface
EQP	传输设备	Transmission Equipment
FEXT	远端串扰衰减(损耗)	Far End Cross-talk
ffs	待研究	for further study
HES	家用电子系统	Home Electronic System
HF	高频	High frequency
HVAC	供热、通风与空调	Heating,Ventilating,and Air-Conditioning
ICT	信息和通信技术	Information and Communications Technology
IEV	国际电工词汇	International Electrotechnical Vocabulary
ISDN	综合业务数字网	Integrated Services Digital Network
IL	插入损耗	Insertion Loss
lg	常用对数	Logarithm with the basis 10
N/A	不适用	Not Applicable
NEXT	近端串扰衰减(损耗)	Near-End cross-talk attenuation(loss)
OF	光纤	Optical Fibre
PELV	保护特低电压	Protective Extra Low Voltage
PHD	住宅主配线架	Primary Home Distributor
PS	电源	Power Source
PS ACR	功率和 ACR	Power Sum ACR
PS ELFEXT	功率和 ELFEXT	Power Sum ELFEXT
r.m.s	有效值	root mean square
SELV	安全性低电压	Safety Extra Low Voltage
SHD	住宅次(级)配线架	Secondary Home Distributor
TE	终端设备	Terminal Equipment
TI	测试接口	Test Interface
TO	电信插座	Telecommunications Outlet
TV	电视	Television
UHF	特高频	Ultra-high frequency
VHF	甚高频	Very high frequency

4 符合性

为保证布缆安装符合本标准,下述内容适用:

a) 布缆应支持 ICT 应用。

b) 支持 ICT 应用的布缆结构应符合第 5 章规定的要求。

c) 支持 BCT 应用的布缆结构应符合第 5 章规定的要求。

d) 支持 CCCB 应用的布缆结构应符合第 6 章规定的要求。

e) 在 BO 和 TO 处与布缆的接口应符合第 10 章关于配合接口和性能要求。

f) 在布缆结构中其他位置的连接硬件应满足第 10 章规定的性能要求。

g) 所有信道和链路应满足第 7 章和附录 B 中规定的性能要求，它应通过下列条件之一达到：

   1) 保证满足指定信道性能的信道设计和实现；

   2) 适当组件连接到永久链路的设计满足附录 B 的指定性能类别。通过增加一个以上跳线到满足附录 B 的链路的任一端来构成信道时应保证信道性能；

   3) 使用第 8 章中参考实现和符合第 9 章、第 10 章要求的兼容布缆组件应以性能建模的统计学方法为基础。

h) 系统管理应符合 ISO/IEC 14763-1 的最低要求。

i) 应满足在安装位置上适用的安全和 EMC 规章。

5 支持 ICT/BCT 应用的通用布缆系统结构

5.1 概述

本章标识了 ICT 和 BCT 通用布缆的功能元素，描述了它们如何连接在一起而形成子系统，并标识特定应用组件连接到通用布缆的接口。

5.2 功能元素

通用布缆的功能元素如下：

- 住宅主配线架(PHD)；
- 住宅主布缆线缆；
- 住宅次(级)配线架(SHD)；
- 住宅次(级)布缆线缆；
- 应用插座(TO 或 BO)。

注：住宅次(级)配线架和住宅次(级)布缆线缆属选配功能元素。

布缆中所使用的功能元素的种类和数量取决于指定应用的类型，一个元素中可能组合了多个功能元素。

通用布缆系统的参考实现中使用的功能元素连接起来组成布缆子系统，在应用插座和配线架处的设备连接支持应用。

设备本身不包含在功能元素内。功能元素和用于共置设备和功能元素的设施的安配在 5.7 中讨论。

5.3 ICT 和 BCT 布缆子系统

5.3.1 概述

支持 ICT 和 BCT 应用的通用布缆方案中最多包含 2 个子系统：住宅主布缆子系统和住宅次(级)布缆子系统，如图 2 所示。

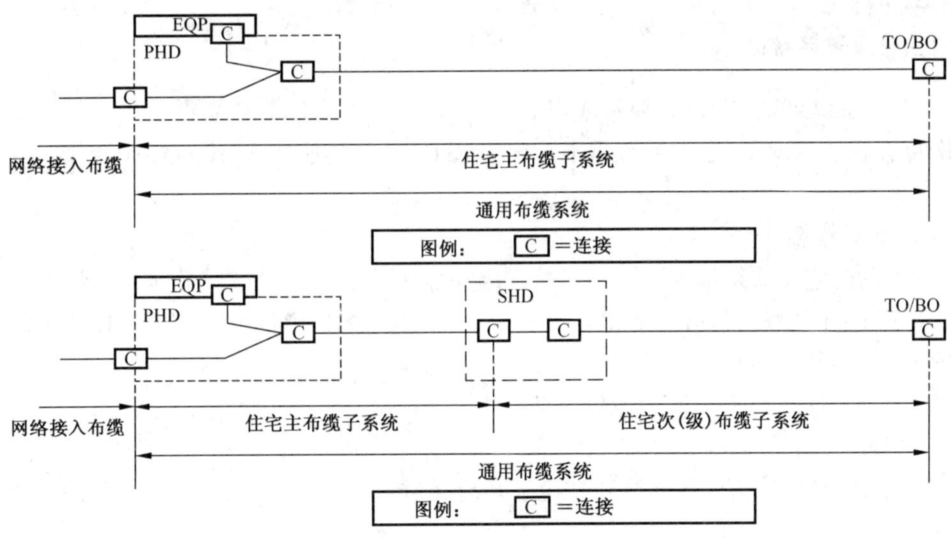

注：图中虚线代表功能元素的边界，而不代表含有功能元素的装置外壳。

图2 通用布缆系统结构

本标准在5.3.2和5.3.3描述了子系统的组成。与标准的一致性不要求存在住宅次(级)布缆子系统。

配线架和应用插座提供了配置布缆的手段，以支持除已安装线缆实现的拓扑结构之外的拓扑结构。

住宅次(级)配线架处的布缆子系统间的连接可以是有源的，这要求使用特定应用设备，也可以是无源的，这要求采用交叉连接，可通过快接跳线或压接跳线实现(如图3所示)。

配线架处的特殊应用设备间的连接通常采用如图3所示的互连方法。

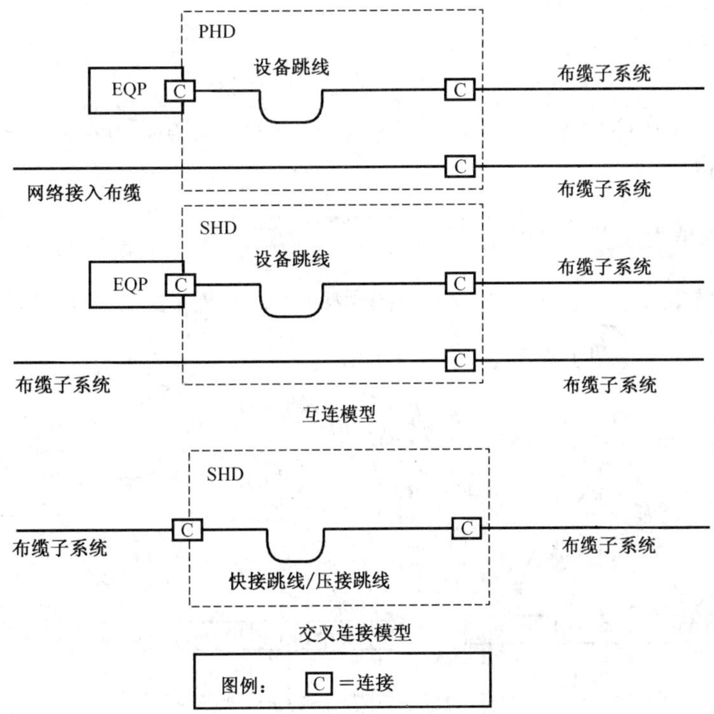

注：图中虚线代表功能元素的边界，而不代表含有功能元素的装置外壳。

图3 互连和交叉连接模型

PHD处的住宅主布缆子系统与网络接入布缆的无源连接，通常通过交叉连接来实现。

5.3.2 住宅主布缆子系统

住宅主布缆子系统可从PHD延伸到应用插座。

在有SHD存在的情况下，住宅主布缆子系统从PHD延伸到住宅次(级)布缆子系统。

子系统包括：

- 住宅主布缆线缆；
- SHD处的住宅主布缆线缆的机械端接或应用插座的适当之一；
- PHD处的住宅线缆的包括连接硬件，如互连或交叉互连的连接硬件在内的机械端接(如图3所示)；
- PHD处的与特定应用设备的任何互连；
- PHD处的与网络接入布缆的任何交叉互连；
- TO或BO(不存在SHD的场合)。

尽管设备跳线用来将传输设备连接到布缆子系统，但是并不将其视为布缆子系统的一部分，因为它们是特定应用。

住宅主布缆子系统不包括PHD处的网络接入布缆接口。

5.3.3 住宅次(级)布缆子系统

住宅次(级)布缆子系统从SHD延伸到应用插座。

子系统包括：

- 住宅次(级)布缆线缆；
- TO或BO处的住宅次(级)线缆的机械端接；
- SHD处的住宅线缆的机械端接；
- SHD处的与特定应用设备的任何互连；
- SHD处的任何交叉互连；
- TO或BO。

尽管设备跳线用来将传输设备连接到布缆子系统，但是并不将其视为布缆子系统的一部分，因为它们是特定应用。

5.4 ICT和BCT布缆结构

为使通用布缆支持ICT/BCT应用，布缆子系统中的功能元素连接形成为图4所示的分层结构。

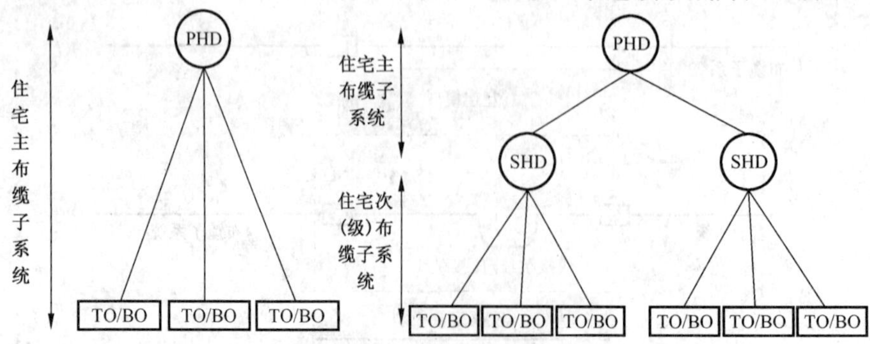

图4 支持ICT/BCT应用的通用布缆的分层结构

为支持ICT/BCT应用，从配线架到应用插座的布缆应采用星形拓扑结构，见图4所示。

注：宜在PHD或SHD处创建总线，如果布缆连接到布缆子系统来创建总线或多站式连接，这种结构超出了本标准范围。

5.5 接口

5.5.1 设备接口和测试接口

通用布缆的设备接口位于配线架和应用插座,布缆的测试接口位于每个子系统的末端。

图 5 所示为通用布缆系统可能的设备接口和测试接口。

传输设备和终端设备通过设备跳线连接到设备接口。

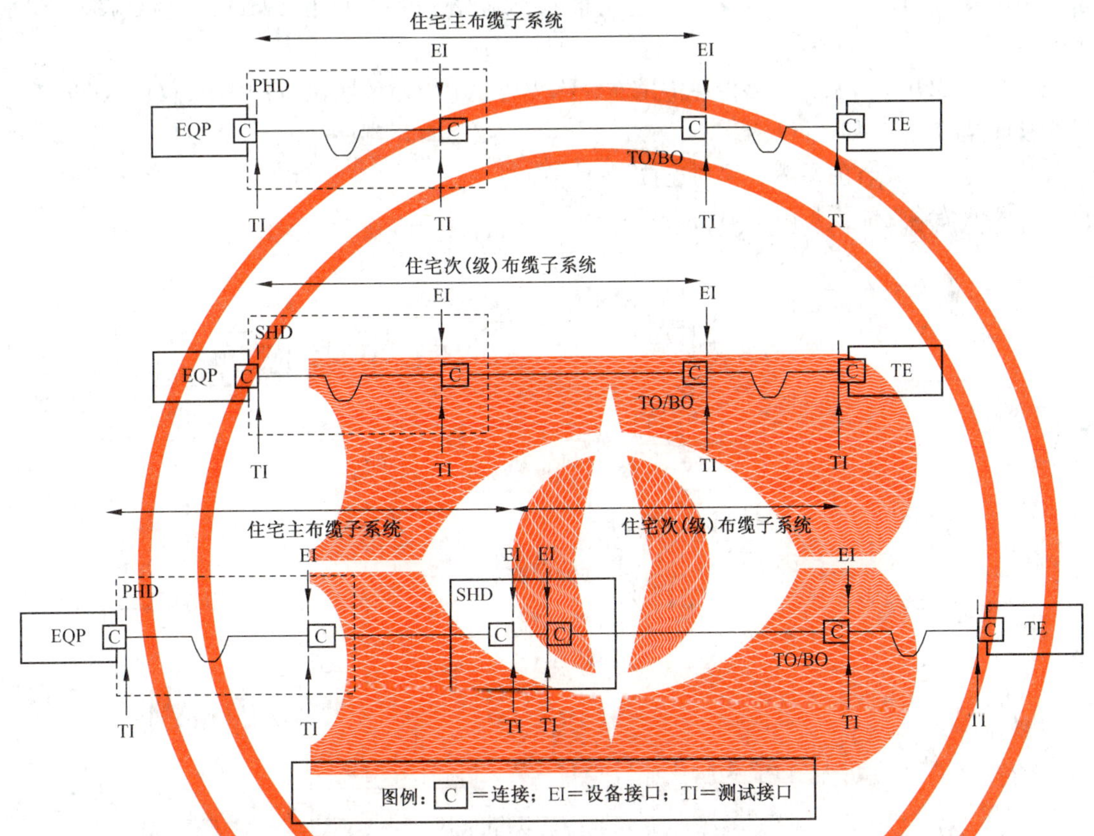

注 1:图中虚线代表功能元素的边界,而不代表含有功能元素的装置外壳。

注 2:对于 BCT-C 应用(见第 7 章),测试接口由 GB/T 11313 定义。

图 5 支持 ICT/BCT 应用的设备接口和测试接口

5.5.2 信道和永久链路

5.5.2.1 信道

信道是信号传输路径和馈电路径(非电网电源),这些路径由下列之间的无源布缆组件组成:

- 到网络接入布缆的连接之间的和到特定应用设备的连接之间的;
- 发送器与接收器之间的或电源和特定应用设备相关负载之间的。

为使布缆支持 ICT 和 BCT 应用,信道由住宅布缆子系统和设备跳线共同组成,如图 6 所示。

布缆信道的设计要满足预计运行的应用性能要求等级,这一点非常重要。信道性能不包括特定设备处的连接。

信道的传输性能将在第 7 章详细阐述。

如果相关信道性能满足第 7 章的相关要求,允许在配线架处通过无源交叉互连的方式在两个应用插座间建立信道。

每个应用的最大信道长度取决于所使用的线缆和连接硬件的性能(见表1和表7中使用第8章参考实现的最大信道长度))。

在应用的性能要求允许的场合,可以通过布缆子系统的无源连接和适用时的设备跳线一起来形成更长的信道。

5.5.2.2 永久链路

系统中不存在SHD时,永久链路由住宅主布缆线缆、在应用插座和PHD处线缆的端接组成,如图6所示。

系统中存在SHD时,永久链路由住宅主布缆线缆或住宅次布缆线缆、在PHD、SHD或应用插座处分别对线缆的端接组成,如图6所示。

永久链路包括已安装的布缆末端的连接。

永久链路的传输性能详见附录B。

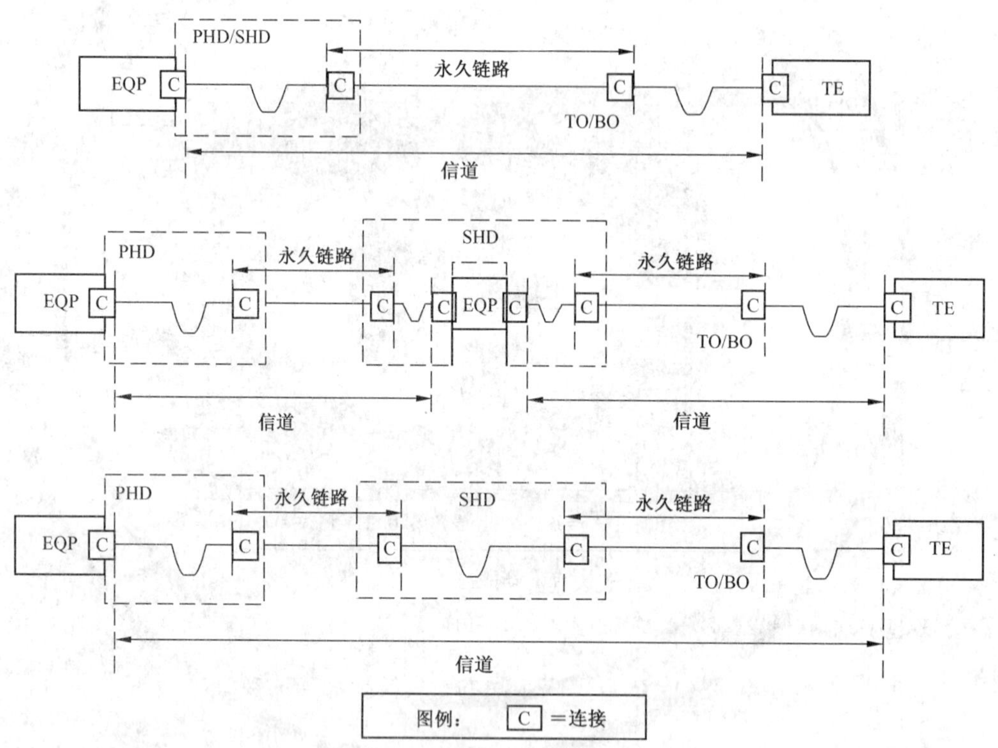

注:图中虚线代表功能元素的边界,而不代表含有功能元素的装置外壳。

图6 住宅内信道和永久链路

5.5.3 网络接入布缆

如图7所示,网络接入布缆连接到PHD上。

当建筑物中只有一个住宅时,网络接入布缆提供了PHD和外部网络接口(公共的或专用的)之间的连接。

当建筑物中包含多个住宅时,根据相关国家和地方法规,网络接入布缆也提供了下述之间的连接:

- 同一建筑物中每个住宅间的连接;
- 建筑物的外部网络接口(公共的或专用的)和每个住宅PHD之间的连接。

当为住宅中通用布缆系统和外部网络接口间提供直接连接时，网络接入布缆的性能应被视作客户应用最初设计和实现的一部分。

当为同一建筑物中(不包括由住宅配线架服务的住宅)的通用布缆系统和外部网络接口提供直接连接时，网络接入布缆应符合下列标准：

- 用于 ICT 应用的 GB/T 18233—2008；
- 用于 BCT 应用的 IEC 60728。

住宅内部与网络接入布缆的唯一接口应为服务于住宅的那些接口。

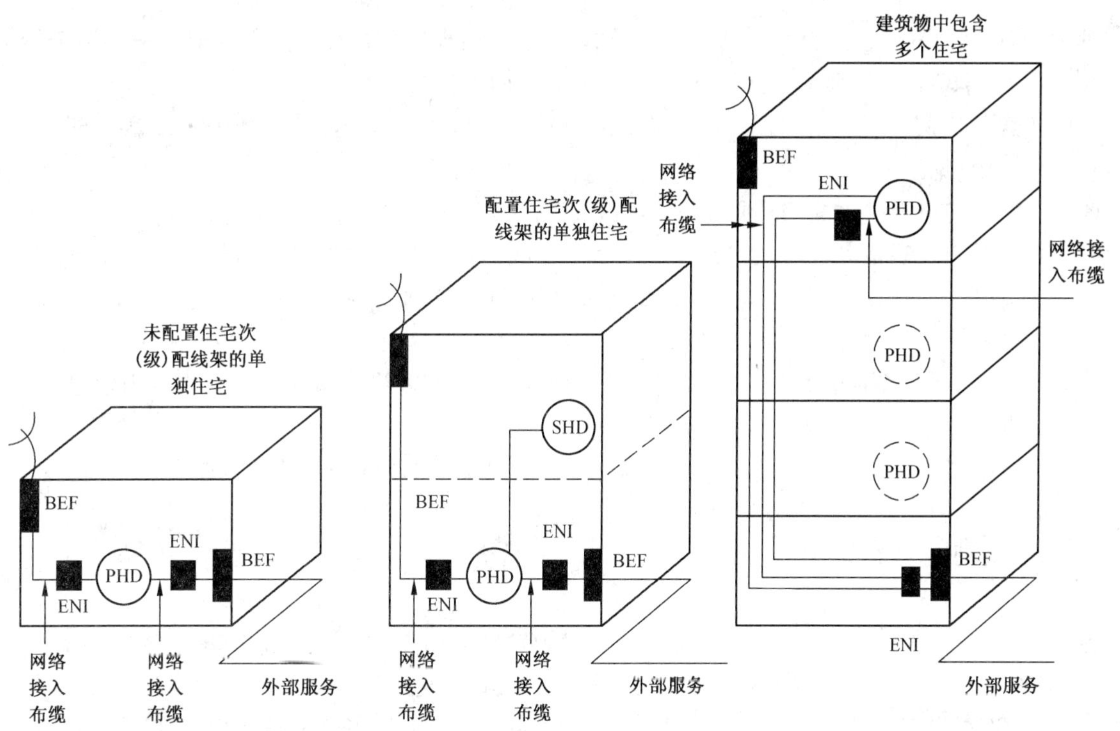

注：部分网络接入布缆使用总线结构。

图 7　住宅和网络接入布缆互连的示例

5.5.4　外部网络接口

接入外部网络以获取外部远程通信服务的连接是在外部网络接口上实现的。外部网络接口(如果有)和所需设施位置，由相关国家和地方法规规定。这种情况下应与服务提供商联系确定外部网络接口位置。

5.6　功能元素的安配

5.6.1　配线架

5.6.1.1　PHD

每个住宅都应该有一个为其服务的 PHD。PHD 的物理尺寸取决于其服务的基础设施的复杂程度。

PHD 应安放于一个有足够的通道和空间来容纳布缆、传输设备和进行布缆连接管理的指定区域。PHD 应能够连接到为特定应用设备供电的电网电源。

对 PHD 的其他配置要求，宜按照 ISO/IEC TR 14763-2 其他配线架的通用建议进行。

5.6.1.2 SHD

在使用SHD的场合,应将其安放于一个有足够的通道和空间来容纳布缆、传输设备和进行布缆连接管理的指定区域。SHD应能够连接到为特定应用设备供电的电网电源。

对SHD的其他配置要求,宜按照ISO/IEC TR 14763-2对其他配线架的通用建议进行。

5.6.2 应用插座

应用插座的数量和分布取决于覆盖区的大小和功能。

对于ICT和BCT应用,覆盖区通常为一个房间或大房间中的每个10 m^2 区域。每个覆盖区至少应该有1个用于ICT应用的TO和1个用于BCT应用的BO。

需要注意的是,在一些特殊的情况下,覆盖区的应用插座可能位于建筑的外表面或属于同一住宅的一幢独立建筑中(见图8)。

覆盖区的布缆应提供ICT和/或BCT信道,按第7章中规定:

- 支持ICT信道的至少1根线缆中的4个平衡线对应满足7.2要求。当信道采用表1中最大长度值时,所采用的线缆应是满足9.2要求的ICT线缆,或是满足9.3.1要求的BCT平衡线缆;

为了按照第7章中的要求来支持BCT信道,需要满足以下其中一项:

- 支持BCT信道的至少1根BCT平衡线缆中的1对平衡线应满足7.3要求。当信道采用表1中最大长度值时,线缆需要采用满足9.3.1要求的平衡线缆;
- 支持BCT信道的至少1根BCT同轴电缆应满足7.3的要求。当信道采用表1中最大长度值时,线缆需要采用满足9.3.2要求的同轴电缆。

覆盖区内的所有线缆元素都端接于应用插座,1根线缆元素不能端接到1个以上的应用插座(阻抗有可能不匹配)。

注1:一些布缆设置提供了应用插座外的连接(如物理总线),这些布缆设置是有特定应用的,不在本标准范围内。

注2:当连到应用插座的线对来自于多根线缆时,确保信道可以满足第7章的要求。

ICT和BCT应用中的附加平衡线缆和BCT应用中的附加同轴电缆的使用由下列要求确定:

- 应用数量和混合的情况(如卫星馈线、CATV的多芯电缆馈线和室内视频馈线);
- 预计要服务的应用插座的数量。

注3:一些应用中,如直接卫星馈线,只能采用具有更高带宽的BCT-C信道来实现频率在1 000 MHz以上的应用。

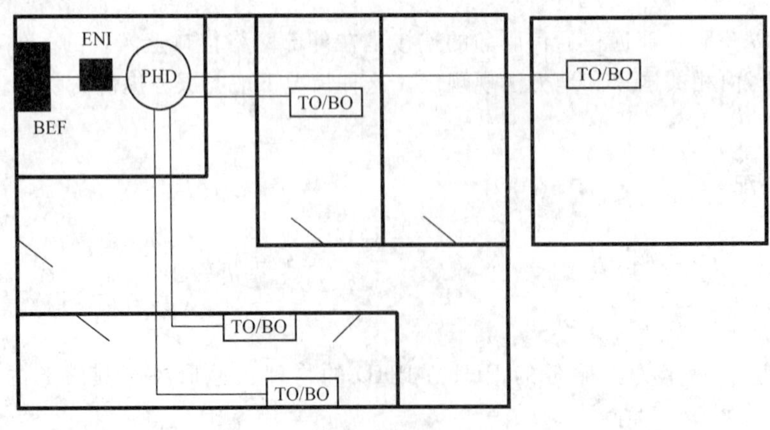

2幢建筑物组成的单独住宅

图8 住宅布缆子系统的互连

5.6.3 线缆路径

一般通过路径来确定线缆走向。在路径内,目前有丰富的线缆管理系统来支持包括线槽和输送管(见 GB/T 19215.1)、导管(GB/T 20041)和桥架(GB/T 21762)在内的布缆。涉及服务 ICT 布缆的信息在 ISO/IEC 18010 中提供。

路径需要与待安装线缆的最小弯曲半径的尺寸匹配。当路径中需要安装多种类型的线缆时,应以这些线缆中最小弯曲半径最大者为准。

当为用于路径的空间受限时,可采用线缆共享的方式满足多种应用要求(详见 5.7.2.4)。

采用的路径需要满足布缆拓扑结构。如果本标准中所规定的布缆不全为预装式的,则需要考虑预留出未来建立的所有布缆子系统线缆布缆的路径。这种情况中,应在交叉部分提供足够的路径,并为附加线缆的安装提供便利。

受国家和当地法规及第 11 章要求,通用布缆可能毗邻电力布缆系统。

当 ICT 和/或 BCT 线缆与电力电缆位于同一个路径中,需满足 11.2 的要求。

5.7 尺寸和配置

5.7.1 配线架

配线架的设计应保证与之连接的快接跳线、压接跳线和设备跳线的长度最短,配线架的管理应保证工作期间保持设计长度。

配线架的放置应保证线缆长度与第 7 章的信道性能要求一致。在第 8 章描述的参考实现中,表 1 的最大信道长度受到以下限制:

- 表 1 中的最大长度并不适用于所有应用。使用一种类型线缆和通过已安装信道支持某种特定应用时,可能会需要混合采用不同的布缆媒体和布缆类型;
- 从应用插座到外部网络接口的最大信道长度会受到相关国家和地方法规和服务提供商要求的限制。

表 1 ICT/BCT 信道参考实现的最大信道长度

布缆类型		
ICT	BCT B[a]	BCT C[a]
100	50[b]	100[b]

[a] 见附录 A 和附录 C 中对 BCT 信道性能和长度的考量。

[b] 由于 BCT 平衡线缆的衰减性比 BCT 同轴电缆衰减性更强,所以在采用 BCT-B 布缆时,BCT 平衡线缆的信道长度限定在 50 m 内。

注:参考实现并非要限制使用较短的信道长度。

5.7.2 应用插座

5.7.2.1 继承性与兼容性

在仅支持 ICT 应用的布缆中,应用插座称为 TO,它应符合 GB/T 18233—2008 的相关要求。在适当的条件下,TO 也可以支持 BCT 和 CCCB 应用。

在支持 BCT 应用的布缆中,应用插座称为 BO,并采用本标准 10.2.3 规定的连接硬件。在适当的条件下,BO 也可用于支持 ICT 和 CCCB 应用。

5.7.2.2 电信插座(TO)

TO应位于房间中易于接近和使用的位置,具体取决于建筑的设计并满足国家和地方法规要求。

每个电信插座宜端接4组线对(按照10.2.2要求),也可以采用每个电信插座2组线对端接作为替代,但是这种替代法可能需要对线对进行再分配,并且无法实现某些应用。初始线对分配和每一个更改步骤都需要详细记录(见ISO/IEC 14763-1管理要求细则)。允许采用插入的方法对线对进行再分配。

5.7.2.3 广播插座(BO)

BO应位于房间中易于接近和使用的位置,具体取决于建筑的设计并符合国家和地方法规要求。

采用BCT平衡线缆的BO宜按照10.2.3的方法进行端接。允许采用少于4组的线对进行端接,但是可能需要对线对进行再分配。初始线对分配和随后进行的每次更改都需要记录(见ISO/IEC 14763-1管理要求细则)。允许采用插入的方法对线对进行再分配。

采用BCT同轴电缆的每个BO应按照10.2.3的方法进行端接。

在采用平衡线缆并且BO同时支持ICT应用时,进行端接的线对数量应遵循5.7.2.2建议。

5.7.2.4 线缆共享

为了最大化线缆管理系统的容量,可采用ICT、BCT和CCCB应用共用线缆的方式。但是不同应用共享线缆可能需要满足额外的性能要求。这一课题有待进一步研究。

5.7.3 设备跳线

在配线架和应用接口处,将特定的应用设备连接到布缆的设备跳线,信道设计时需计入其对性能的影响。需对设备跳线的长度和传输性能作出假定值,相关时对这些假定进行标识。信道设计中需要考虑这些设备跳线的性能作用。第7章为符合本章要求的布缆参考实现中的跳线长度提供指导。

5.7.4 建筑物入口设施

只要网络接入线缆(包括从天线引出的线缆)进入建筑并转接到内部线缆,建筑物入口设施是必不可少的。

只要外部线缆在建筑物入口设施内进行端接,则应查阅相关国家和地方法规以确定其附加要求。

6 支持CCCB应用的布缆

6.1 概述

本章标识了支持CCCB应用的通用布缆的功能元素。本章描述了当功能元素与第5章中不同时,将功能元素连接组成子系统的方法,并标识了连接到通用布缆系统基础设施的特定应用组件接口。

6.2 功能元素

为支持CCCB应用,需要规定下列功能元素:

- 住宅主配线架(PHD)(见第5章);
- 住宅主布缆线缆(见第5章);
- 住宅次(级)配线架(SHD)(见第5章);
- 区域馈电线缆;
- 区域连接点(ACP);
- 覆盖区线缆;

- CO。

采用的功能元素数量和类型取决于住宅类型。在实际使用中可能会将多个元素的功能合并到一个元素中。

在一个给定的通用布缆系统实例中，所用的功能元素连接到一起组成了布缆子系统。通过在 CO 和配线架上连接特定应用设备支持应用。

CO 可能是连接硬件，也可能是特定应用设备上的端接。

6.3 CCCB 布缆子系统

6.3.1 概述

支持 CCCB 应用的通用布缆系统最多包含 3 个布缆子系统：第 5 章所述的住宅主布缆子系统(使用 SHD)、图 9 中所示的区域馈电子系统和覆盖区布缆子系统。

子系统的组成如 6.3.2 和 6.3.3 所述。

除通过已经安装的线缆实现拓扑结构外，配线架和 CO 提供了配置布缆以支持拓扑结构的手段。

在 ACP 处，布缆子系统的连接采用互连的方式(如图 3)。

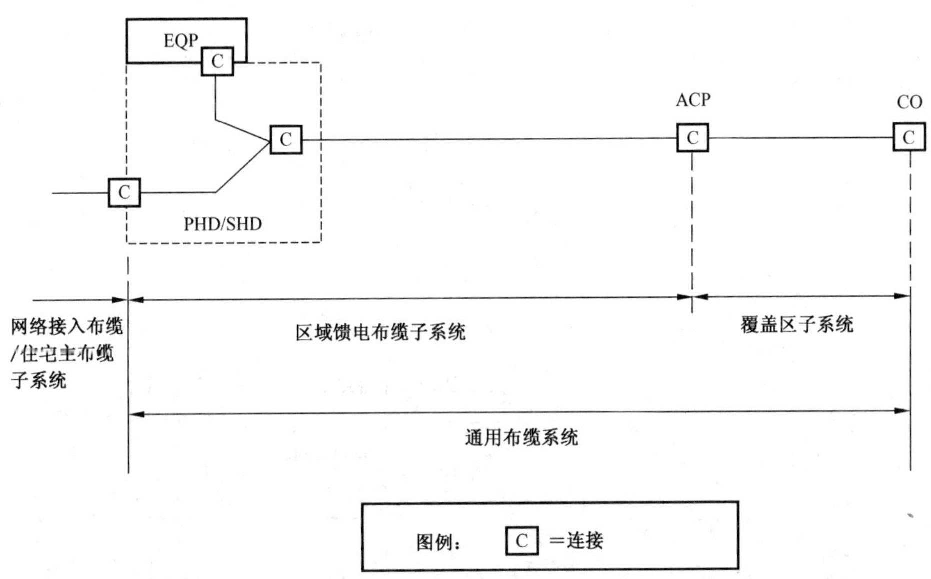

注：图中虚线代表功能元素的边界，而不代表含有功能元素的装置外壳。

图 9 支持 CCCB 应用的通用布缆系统结构

6.3.2 区域馈电布缆子系统

区域馈电布缆子系统从 PHD(或 SHD 的适当一个)延伸到 ACP。子系统包括：

- 区域馈电线缆；
- ACP 处区域馈线缆的机械端接；
- PHD 或 SHD 上的区域馈电线缆的机械端接；
- 在 PHD 或 SHD 处对特定应用设备的任何互连；
- PHD 或 SHD 处的任何交叉连接；
- ACP。

虽然设备跳线包含在信道内，但其并不作为子系统的一部分，因为它们是有特定应用的。

6.3.3 覆盖区布缆子系统

覆盖区布缆子系统从 ACP 延伸到 CO。子系统包括：

- 覆盖区线缆；
- ACP 处覆盖区线缆的机械端接；
- CO 处覆盖区线缆的机械端接；
- 子系统中其他位置上覆盖区线缆的相互机械端接；
- CO。

虽然设备体跳线包含在信道内，但其并不作为子系统的一部分，因为它们是有特定应用的。

6.4 CCCB 应用的布缆结构

为使通用布缆支持 CCCB 应用，布缆子系统中的功能元素连接形成如图 10 所示的分层结构。

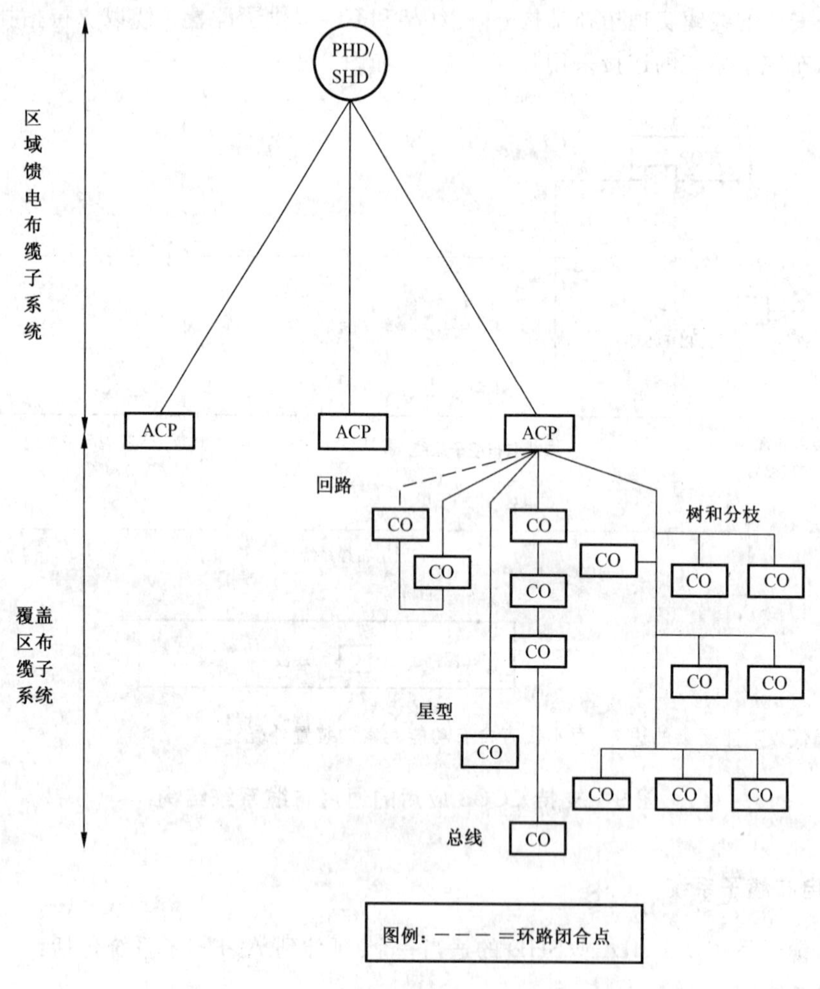

图 10 支持 CCCB 应用的通用布缆的分层结构

在 CCCB 应用中，区域馈电布缆应有从配线架到 ACP 的星形拓扑结构。

覆盖区布缆可按图 10 所示的任何一种拓扑结构安装。在应用许可的情况下，应连接易于接触点（如 ACP 或配线架）来形成闭合回路。

6.5 接口

6.5.1 设备接口和测试接口

通用布缆的设备接口位于配线架和CO。布缆的测试接口位于每个子系统的末端。

图11展示了通用布缆系统中可能的设备和测试接口。

配线架上的传输设备一般使用设备跳线连接到设备接口。在CO上的设备接口可能是连接硬件或特定应用设备的端接。

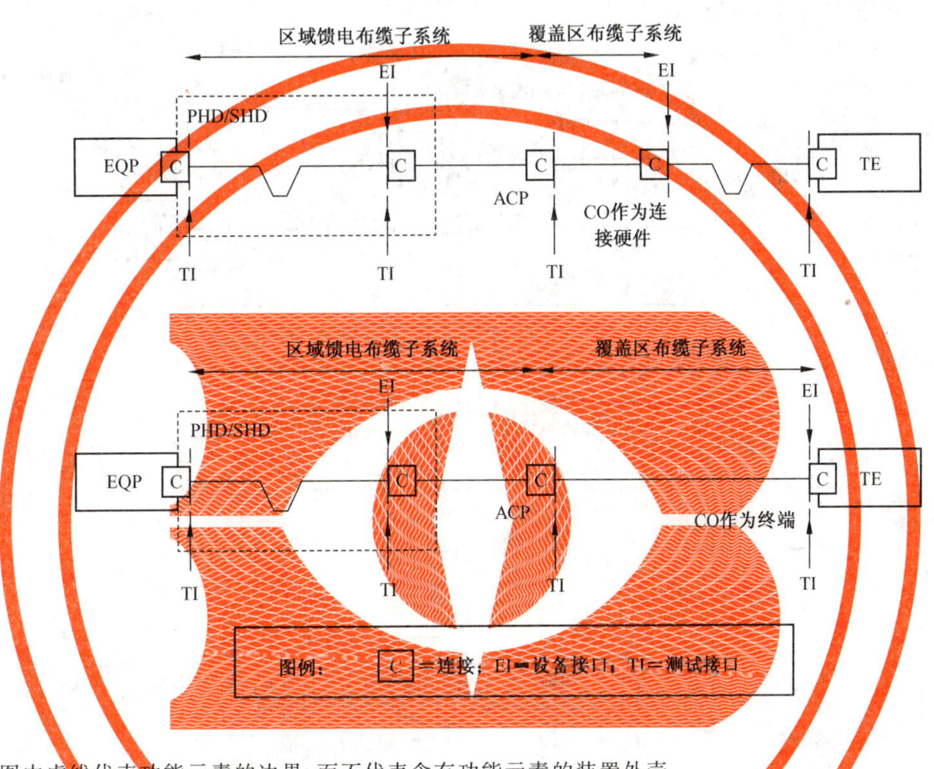

注：图中虚线代表功能元素的边界，而不代表含有功能元素的装置外壳。

图11 CCCB应用中设备接口和测试接口

6.5.2 信道和永久链路

6.5.2.1 信道

信道是信号传输或馈电路径，这些路径由下列之间的无源布缆组件组成：

- 到网络接入布缆的连接之间的和到特定应用设备的连接之间的；
- 发送器与接收器之间的或电源和特定应用设备相关负载之间的。

为使布缆支持CCCB应用，信道由带设备跳线的区域馈电布缆子系统和/或覆盖区线缆组成，如图12所示。

布缆信道的设计要满足预计运行的应用性能要求等级，这一点非常重要。信道性能不包括特定设备处的连接。

信道的传输性能将在第7章中详细阐述。

如果相关信道性能满足第7章的相关要求，允许在配线架处通过无源交叉互连的方式在2个CO间建立信道。

最大信道长度取决于所使用的线缆和连接硬件的性能。应用第 8 章中参考实现的最大布缆长度，见 6.7.1。

在应用的性能要求允许的场合，可以通过布缆子系统的无源连接和适用时的设备跳线一起来形成更长的信道。

6.5.2.2 区域馈电永久链路

区域馈电永久链路由区域馈电线缆和分别接在 ACP、PHD 或 SHD 上的端接组成，如图 12 所示。

永久链路包括已安装的布缆末端处的连接。

永久链路的传输性能详见附录 B。

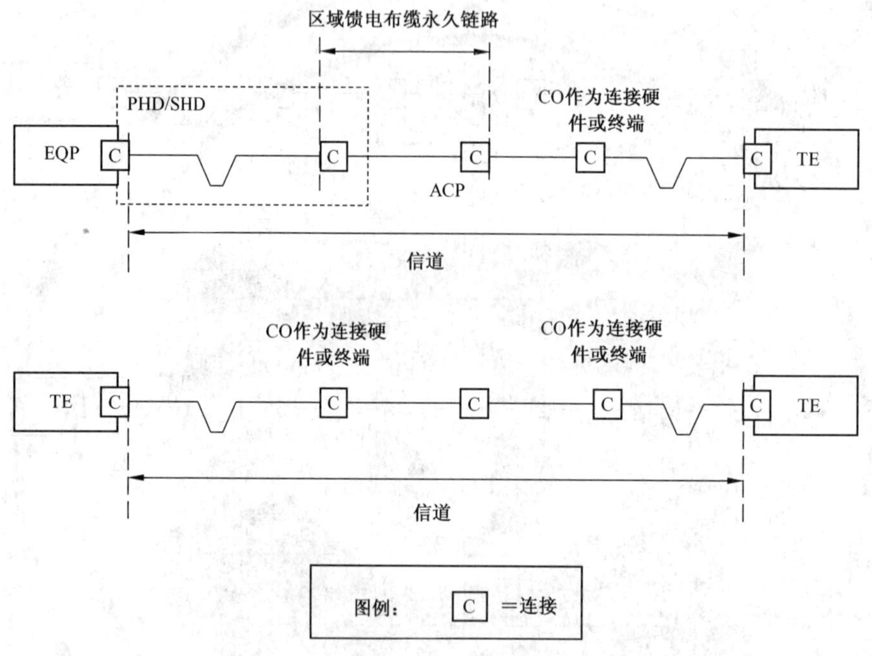

注：图中虚线代表功能元素的边界，而不代表含有功能元素的装置外壳。

图 12 **CCCB 布缆的信道和永久链路**

6.5.3 网络接入布缆

见 5.5.3。

6.5.4 外部网络接口

见 5.5.4。

6.6 功能元素的安配

6.6.1 区域连接点(ACPs)

对 CCCB 应用，覆盖区面积约为 25 m^2，每个覆盖区最少有 1 个 ACP。

CCCB 布缆用于将信号、电力供应(很多情况下的)传输到 CO。ACP 为线对进行再分配从而实现区域馈电布缆中导体的并联应用。

相关的应用标准和生产商说明应作为馈电安全方面的参考文献。当使用多芯线缆或线束时，应注意由于布缆组件内部温度的升高有可能导致信道性能的降低。

连接到ACP的区域馈电布缆应为4对满足附录B.2中永久链路性能要求的平衡线缆，以确保在配线架和ACP上使用合适的连接硬件时，可以实现ICT应用。

6.6.2 控制插座(CO)

CO的数量和分布取决于覆盖区的大小和功能。

CO应设置于(或靠近)CCCB终端设备的可能位置，以方便对CCCB终端设备的直接端接。

需要注意的是，在某些情况下，覆盖区内连接的终端设备可位于建筑的外表面或位于建筑群中的一幢单独的建筑内。

6.6.3 线缆路径

当CCCB、ICT和/或BCT线缆与电力电缆安装在同一路径时，需满足11.2中的要求。

注：从相关标准和实际操作考虑，尽管标准中只指明一条路径，但是建立两条平行的路径(一条供电，一条做信息传输；或一条用于供电和CCCB应用，一条用于ICT和BCT应用)是必要的和合理的。

6.7 尺寸和配置

6.7.1 配线架

配线架应位于使线缆长度与第7章中信道性能要求一致的位置。

根据第8章中参考实现，区域馈电布缆永久链路的长度不应超过90 m，区域覆盖布缆的总长度不应该超过50 m。

从CO到ENI的最大信道长度会受相关国家、地区和当地法规或服务提供商要求的限制。

6.7.2 控制插座(CO)

在覆盖区布缆不直接端接到CCCB终端设备的场合，CO应采用10.2.4规定的连接硬件。

适当时，可用TO和BO(见第5章)来支持CCCB应用。

每个CO应该至少端接一个线对。同一个线对可端接于覆盖区内的多个CO。

6.7.3 线缆共享

CCCB应用可以共享ICT和BCT线缆。但是不同应用共享线缆可能需要满足额外的性能要求并受到国家和地方法规的限制。这一课题有待进一步研究。

6.7.4 设备跳线

见5.7.3。

6.7.5 建筑物入口设施

见5.7.4。

7 性能

7.1 概述

本章规定了ICT、BCT和CCCB三种应用信道的布缆系统的最低性能。本章中规定的最低信道性能与信道长度无关而由应用要求决定，并且在所有意图的信道工作温度下都应满足应用要求。

信道性能的指标，是基于每一传输特征应用中最高要求的最低性能。概括来说，对具有较高要求应用组规定的信道支持较低要求的应用。较高组的较低要求的应用也可以采用较低组的信道，如表2所示。

注1：本章规定的信道性能是指：希望在满足本标准规定的最差信道上获得最佳应用的性能，其设计是为使用满足本标准的任何信道。

注2：如果一个应用使用了大量的互相关联的信道特性，在实际应用中可能不能同时到达极限，因为各自的极限值是相对独立的。举例来说，载流容量是175 mA，工作电压为72 V，功率为10 W的应用，在工作电压72 V运行时，最大载流容量不能超过138 mA，而当以载流容量175 mA运行时，其电压不能超过57 V。

表2 各种信道及其潜在用法

信道	指标频率的上限 MHz	支持的ICT应用	支持的BCT应用	支持的CCCB应用
平衡CCCB信道	$f=0.1$	CCCB信道支持的ICT应用	CCCB信道支持的BCT应用	所有CCCB应用
平衡ICT信道	$f=100$	GB/T 18233—2008中规定的最大100 MHz范围D级信道所支持的所有ICT应用[a]	GB/T 18233—2008中规定的D级信道所支持的BCT应用	ICT线缆性能支持的CCCB应用
平衡BCT信道	$f=1\ 000$	BCT信道性能支持的ICT应用	平衡线缆支持的所有BCT应用	BCT线缆性能支持的CCCB应用
同轴BCT信道	$f=3\ 000$	最大3 GHz范围同轴布缆支持的所有ICT应用	最大3 GHz范围同轴布缆支持的所有BCT应用	N/A
	$f=1\ 000$	最大1 GHz范围同轴布缆支持的所有ICT应用	最大1 GHz范围同轴布缆支持的所有BCT应用	N/A
光信道	N/A	见GB/T 18233—2008	ffs	ffs

[a] 当安装E级或F级信道满足ICT信道最低要求时，各自信道性能适应的ICT和BCT应用会得到支持。

[b] 功率容量会限制支持的应用或CO数量。

第9章和第10章中提供了满足第5和第6章中以第8章的参考实现所建的布缆模型中的组件的最低性能要求。

对于其他长度和工作温度的组件性能，可以基于本章规定的信道性能，以及第5章和第6章中的信道模型计算出来。

当住宅内的ICT和CCCB布缆信道仅采用平衡线缆时，BCT信道可以采用平衡线缆或同轴电缆实现。本章中所指的CCCB信道在同一线对上实现馈电和信息传输。CCCB信道的载流容量为0.7 A。此要求可通过一对CCCB线缆或四对ICT线缆连接在一起来满足。本章中所述的所有信道均为双向传输。

多数BCT信道的主体采用一个平衡线对或一根同轴电缆。ICT应用中则采用一对、二对或四对。本标准中规定的“线对到线对”特性要求还包括了一条信道中含有多个传输路径（线对）的情况。而馈电（适用时）包括在信道的规范中。馈电信道可以起始于与信息传输不同的点。

注：多线对要求仅在线缆中有多个线对时适用。

如果信道的安全性和电气特性没有减弱，则线缆和连接硬件可支持多信道。

本标准中包含了一种选项，即同一资源(如线缆或连接硬件)，可服务于一个以上信道。如果应用该选项，则需要达到本章中关于共享这些资源的附加要求。当仅共享一根线缆时，线缆的附加要求在第9章有详细规定。

本章中规定的最低性能要求可以通过采用合适的信道设计方案，选择合适的材料和正确的安装方式来实现。

“衰减”这个词在描述线缆特性时广泛使用。但是由于布缆系统中阻抗的不匹配(尤其是在较高频率时)，作为整个系统一部分的线缆的此类特性更倾向于被表述为“插入损耗”。在本标准中，广泛使用“插入损耗”这个词来描述信道长度、链路和短组件上的损耗。但是需要明确的是，插入损耗并不是一个与长度相关的特性。“衰减”这个词用在线缆和下列参数：

- 衰减串扰比(ACR)；
- 不平衡衰减；
- 耦合衰减；
- 屏蔽衰减。

在计算 ACR、PS ACR、ELFEXT 和 PS ELFEXT 时，应使用与之对应的插入损耗进行计算。

7.2 ICT 信道性能

图6所示的从 PHD 到 TO 和从 SHD 到 TO 的布缆信道需符合 GB/T 18233—2008 第6章规定的最大 100 MHz 范围内，D 级信道在布缆预计工作的全部温度范围的最低传输性能。强烈推荐安装 E 级信道。

如果一条以上的 D 级信道使用相同布缆组件(线缆或连接硬件)，那么每条信道都需要达到 GB/T 18233—2008 中 E 级信道的性能要求。

安装组成此类信道的线缆应提供必要的传输特性，以满足选定的(D 级、E 级甚至 F 级)最低信道性能，同时线缆还需要满足表8中规定的机械性能。用于实现表1中规定的最大距离的线缆，其最低性能需要满足第9章中规定的最低性能要求。

7.3 BCT 信道性能

BCT 布缆信道可以通过平衡或同轴电缆实现。

BCT-B 信道应满足表3中规定的最低传输性能，同时需符合 GB/T 18233—2008 中 F 级信道在全部布缆工作温度下的最低传输性能。

BCT-C 信道应满足表4中规定的、在全部布缆工作温度下的最低传输性能。

表3 BCT-B 信道的最低性能

信道特性			布线信道性能		测试方法
编号	电气特性	单位	频率/MHz	平衡线缆信道	
1	标称阻抗	Ω		100	通过设计满足要求
2	每个布缆接口的最低回波损耗(RL)[a]	dB	$4 \leqslant f < 40$	$24-5\lg(f)$，19 dB min	IEC 61935-1:2000，4.9
			$40 \leqslant f \leqslant 1\ 000$	$32-10\lg(f)$，8 dB min	
	建议值		$f=100$	12	
			$f=1\ 000$	8	

表 3（续）

信道特性				布线信道性能		测试方法
编号	电气特性		单位	频率/MHz	平衡线缆信道	
3	最大插入损耗(IL)建议值		dB	$1 \leqslant f \leqslant 1\ 000$	$49.5 \times (1.645\sqrt{f} + 0.01 \times f + 0.25/\sqrt{f})/100 + 2 \times 0.02\sqrt{f}$ 2 dB min	
				$f=1$	2.0	IEC 61935-1:2000,4.4
				$f=4$	2.0	
				$f=10$	2.8	
				$f=100$	9.1	
				$f=200$	13.1	
				$f=600$	23.9	
				$f=1\ 000$	32.0	
4	最小耦合衰减	连接到有线电视或 CATV	dB	$30 \leqslant f < 300$	85	通过设计满足要求
				$300 \leqslant f < 470$	80	
				$470 \leqslant f \leqslant 1\ 000$	75	
		连接到单个的天线		$30 \leqslant f \leqslant 470$	75	
				$470 \leqslant f \leqslant 1\ 000$	65	
5	转移阻抗		mΩ		需选用符合当地法规的适用材料	

[a] 布缆的两端都应同时满足回波损耗要求，在插入损耗(IL)低于 3 MHz，回波损耗建议值为 0(仅供参考)。

表 4　BCT-C 信道的最低性能

信道特性			布缆信道性能			测试方法
编号	电气特性	单位	频率 MHz	同轴电缆信道		
				1 GHz 信道	3 GHz 信道	
1	标称阻抗	Ω		75		通过设计满足要求
2	每个布缆端口的最小回波损耗(RL)	dB	$5 \leqslant f < 470$	18		GB/T 17738.1
			$470 \leqslant f < 1\ 000$	16		
			$1\ 000 \leqslant f \leqslant 3\ 000$	N/A	10	

表 4（续）

信道特性					布缆信道性能		测试方法
编号	电气特性		单位	频率 MHz	同轴电缆信道		
					1 GHz 信道	3 GHz 信道	
3	最大插入损耗(IL)（衰减）		dB	$1 \leqslant f \leqslant 3\ 000$	$103.5 \times (0.835\sqrt{f}+0.002\ 5f)/100+2\times 0.02\sqrt{f}$ 2 dB min		ffs
	建议值			$f=5$	2.0		
				$f=10$	2.9		
				$f=100$	9.3		
				$f=200$	13.3		
				$f=600$	23.7		
				$f=1\ 000$	31.2		
				$f=2\ 400$	N/A	50.5	
				$f=3\ 000$	N/A	57.3	
4	最大(d. c.)回路电阻 Ω		Ω	d. c.	ffs	10	GB/T 17738.1
5	载流容量		mA	d. c.	ffs	500	通过设计满足要求
6	工作电压		V	d. c.	ffs	72[a,b]	
7	功率容量		W	d. c.	ffs		
8	最大传播时延		ns	$f=100$	548		通过设计满足要求
9	最小屏蔽衰减	连接到有线电视或 CATV	dB	$30 \leqslant f < 300$	85		
				$300 \leqslant f < 470$	80		
				$470 \leqslant f \leqslant 1\ 000$	75		
				$1\ 000 \leqslant f \leqslant 3\ 000$	N/A	55	
		连接到单个的天线		$30 \leqslant f \leqslant 470$	75		
				$470 \leqslant f \leqslant 1\ 000$	65		
				$1\ 000 \leqslant f \leqslant 3\ 000$	N/A	50	

注 1：当 1 GHz 信道性能不能满足 1 GHz 以上的传输要求时，采用 3 GHz 信道参数。

注 2：BCT 网络接入布缆信道的性能由其他组织做进一步研究。

[a] 目前电视网络采用 24 V a. c. 和 34 V d. c.。

[b] 布缆的最低工作电压可调整为当地允许的最高电压。

除上述要求外，BCT 通道所采用的平衡线缆需要满足表 8 中规定的机械性能，同轴电缆需满足表 11 中规定的机械性能。

为避免 BCT 应用中的配线架和 BO 各自不必要的放大和衰减，附录 A 中规定了两个附加的 BCT 信道等级。

为保持信道的性能，系统中应采用分别符合 IEC 60966-2-4 和 IEC 60966-2-5 要求的设备跳线。

7.4 CCCB 信道性能

HES 的规范，如 ISO/IEC TR 14543，支持将一定数量的可寻址的设备连接到共享的信道。这些设备常常是通过用作信息传输的导体供电。因此这些在选定特定应用前可以安装的 CCCB 信道性能取决于：

- 符合 HES 主体规范的单信道所支持的最大设备数量；
- 对电力要求最高的设备的最大馈电距离；
- 对带宽要求最高的设备的最低传输特性。

基于上述几点考虑，信息传输和馈电的布缆信道可始于不同位置，即使在它们共享同一线对时也是如此。覆盖区(图 14、图 15 中以云状物表示，更多细节参见图 10)内 CCCB 布缆性能要求传输性能过以下两种方式实现：第一规定了特定应用设备的任意两个连接点间的单独传输路径；第二规定了覆盖区内所有布缆及其区域馈电布缆的特性。后者的电气特性可以测量。

CCCB 信道应在全部布缆工作温度范围下，分别满足表 5 和表 6 内传输特性和馈电的最低性能要求。

区域馈电线缆需要满足表 8 中的机械性能。区域馈电布缆应符合 GB/T 18233—2008 中 D 级链路的性能。对该性能要求的验证需要带有符合 TO 要求的连接硬件的端接。

安装在覆盖区线缆，作为上述信道一部分应和区域馈电线缆一起，满足表 5 和表 6 中信道传输性能的要求，并应满足表 13 中的机械特性。

用于实现表 1 中规定的最大距离的信道，其线缆最低传输性能在 9.4 中予以规定。

可以连接 CCCB 应用的连接点，应至少提供一个信道，用于由一个平衡线对组成或共享的信息传输和馈电。

表 5 信息传输的铜缆信道最低性能

编号	信道特性		信道性能		测试方法
	电气特性	单位	频率/kHz		
1a	线对间最小分布电容[a]	nF	$f=1$	2 ffs	GB/T 18015.1—2007,3.2.5
1b	线对间最大分布电容[a]	nF	$f=1$	20	GB/T 18015.1—2007,3.2.5
2	最大 d.c. 回路电阻	Ω	d.c.	8	GB/T 18015.1—2007,3.2.1
3	最大(d.c.)电阻不平衡	%回路电阻的	d.c.	3	GB/T 18015.1—2007,3.2.2
4	最大衰减	dB	$f=100$	4	GB/T 18015.1—2007,3.2.2
5	线对间的电容不平衡[a,b]	pF	$f=1$	75	GB/T 18015.1—2007,3.2.6
6	最大传播时延	ns	$f=100$	1 000	通过设计满足要求
7	最大不平衡衰减	dB	$f=100$	20	通过设计满足要求
8	对地电容不平衡[a]	pF	$f=1$	450	GB/T 18015.1—2007,3.2.6

注：当使用同一个线对进行馈电和信息的传输时，也应满足表 6 中的要求。

[a] 区域接入线缆和完整的区域布缆的特性。

[b] 多线对要求，仅适用于 1 对以上线缆。

表 6 直流馈电 CCCB 信道的最低性能

编号	信道特性			信道性能的载流容量	测试方法
	在所有工作温度下的电气特性	单位	频率/kHz		
1	配线架处电源到任意 CO 的最大 d.c. 回路电阻	Ω	d.c.	10	IEC 60189-1:1986,5.1
2	最大 d.c. 电阻不平衡	%回路电阻的	d.c.	1.5	GB/T 18015.1—2007,3.2.2
3	载流容量	A	d.c.	0.7	通过设计满足要求
4	工作电压	V	d.c.	72	
5	功率容量	W	d.c.	15	
6	故障电流承载能力	A	d.c.	1[a]	
注:当使用同一个线对进行馈电和信息的传输,也应满足表 5 中的要求。					
[a] 如果电力通过并联导体或粗导体馈送,则故障电流承载能力应该为 3 A。					

第 6 章规定的 CCCB 信道模型支持 CCCB 和/或包含覆盖区布缆应用的 D 级信道的实现。

8 参考实现

8.1 概述

本章描述利用满足第 9 章、第 10 章中所规定的最低性能组件的通用布缆的实现。这些参考实现按照适当的安装程序进行并符合表 1 中规定的最大信道长度时,符合第 7 章要求。

8.2 布缆设计

8.2.1 引言

在本章的参考实现中,每个布缆信道中使用的组件都应满足下列要求:

- 特定的平衡铜材布缆信道应使用具有相同标称阻抗的组件;
- 住宅主布缆子系统 ICT 光纤信道应符合 GB/T 18233—2008;
- 同轴布缆信道应使用符合 9.3.2 和 10.2 要求的组件。

在表 1 规定的最大距离上,且组件满足 20 ℃时性能要求的前提下,参考实现将满足第 7 章中的信道性能要求。当信道需要在更高温度下运行时,应考虑表 7 中温度对线缆性能的影响,通过缩短信道长度,或者使用满足更高温度下性能要求的线缆,来满足该温度下的最低要求。

8.2.2 概述

通用布缆提供了从 PHD 到 TO、BO 和 CO 的传输路径。通过使用分别满足第 9 章和第 10 章最低性能要求的线缆和连接硬件,可以建立最长 100 m 的 ICT 信道和同轴 BCT 信道。采用上述组件同样可以创建最长 50 m 的平衡 BCT 信道。而对于 CCCB 信道,区域馈电永久链路和安装在覆盖区的全部线缆长度应不超过 140 m。

为避免 BCT 应用在配线架和 BO 各自不必要的放大和衰减,附录 A 中规定了两个附加的 BCT 信道等级。

表 7 概述了当使用的组件仅满足第 9 章、第 10 章最低性能要求时，不同信道的最大长度。

表 7　信道长度计算

模型	图	最大长度/m	使用长度执行公式		
			BCT 平衡组件	BCT 同轴组件	CCCB 组件
CCCB 区域馈电布缆	图 14 图 15	90	90	N/A	N/A
CCCB 覆盖区布缆	图 14 图 15	50	50	N/A	50
ICT(2 个连接)	图 13A	100	$H=135-FX$	N/A	N/A
ICT(4 个连接)	图 13B	100	$H=133-FX$	N/A	N/A
BCT(2 个连接)	图 13A	100 同轴 50 平衡	$H=50-FX$	$H=104-FX$	N/A

式中：

H—— 固定线缆的最大长度(m)；

F—— 快接跳线、压接跳线和设备跳线总长度；

X——活动线缆和固定线缆的衰减比(dB/m)

ICT 线缆(平衡)中，默认值是 1.5；

BCT 线缆(同轴和平衡)中，默认值是 1.35。

注：工作温度超过 20 ℃时，H 可以相应缩短：

a)　温度每升高一度，屏蔽平衡线缆的长度应缩短 0.2%，

b)　温度每升高一度，非屏蔽平衡线缆的长度应缩短 0.4%(最高 40 ℃)，

c)　温度每升高一度，非屏蔽平衡线缆的长度应缩短 0.6%(40 ℃～60 ℃)，

d)　同轴电缆的长度随温度每升高一度，长度缩短 0.2%。

当不知道实际线缆特性时，可以应用上述的默认值。

如果线缆在基本温度 20 ℃以上达到第 8 章的衰减要求，当计划的温度高于基本温度时，才可用此计算方法。

8.2.3　ICT/BCT 信道尺寸

图 13 所示的模型用来使本章中规定的布缆尺寸与第 7 章中 ICT/BCT 信道规范相关联。

图 13 所示为从配线架到 TO 和 BO 的信道的配置。图中所展示的信道最多包括 4 个连接。

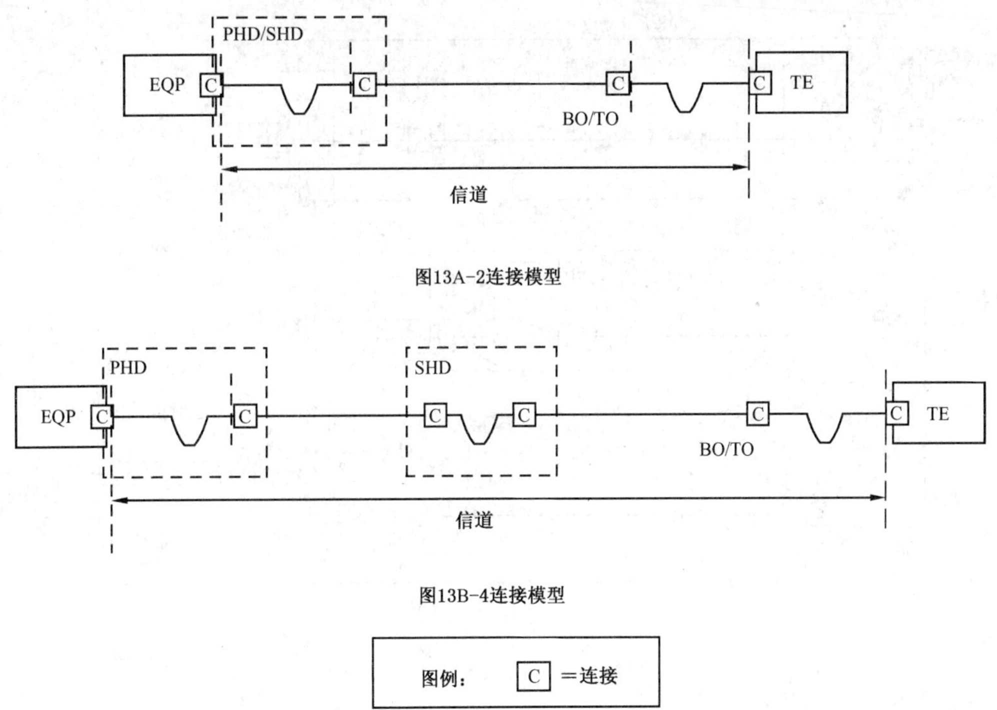

图13A-2连接模型

图13B-4连接模型

图 13 ICT 和 BCT 信道的参考实现(PHD/SHD-TO/BO)

8.2.4 CCCB 信道尺寸

CCCB 信道有相当大的自由设计空间。图 14 和图 15 展示了最常见的两种设计。

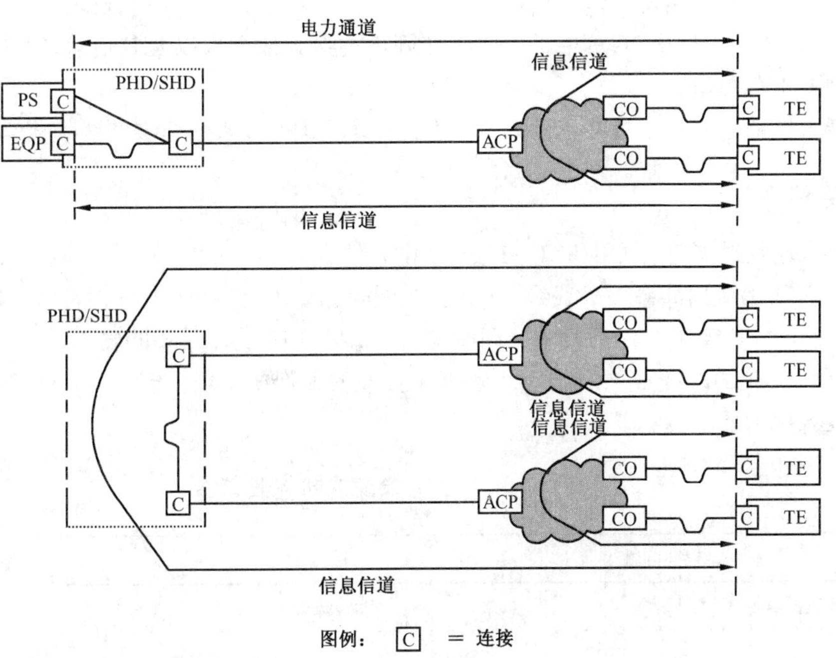

图 14 有 PHD 或 SHD 的 CCCB 信道参考实现

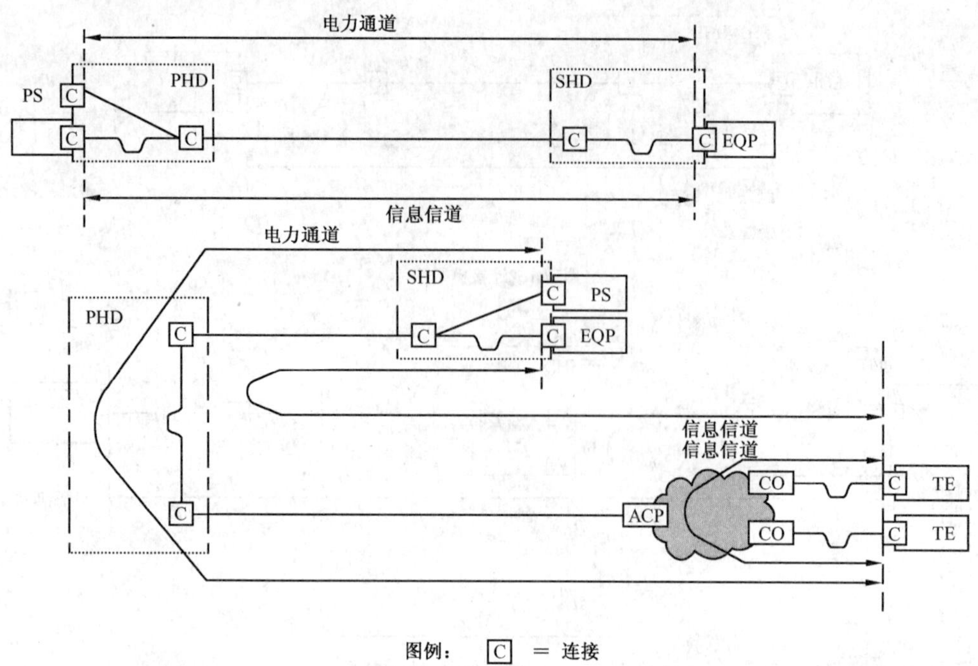

图 15 有 PHD 和 SHD 的 CCCB 信道参考实现

9 线缆要求

9.1 概述

本章规定了第 8 章参考实现中作为信道和链路一部分的线缆的最低性能要求。

此外，本章规定了线缆与第 10 章中提供的连接硬件的兼容性要求以及其他对通用布缆子系统的实现具有重要性的要求。

本章不涵盖线缆的整套技术特性，该部分内容已在 IEC 61156 系列标准的线缆规范中作出了规定。

9.2 ICT 线缆性能

满足最低要求的线缆需符合 GB/T 18015.5 规定并符合 GB/T 18233—2008 中的 D 级要求。如果两个或两个以上的 ICT 应用共享一根线缆，则需要考虑附加要求，即线缆需分别符合 GB/T 18015.5 和 IEC 61156-6 中规定的 E 级和 F 级的要求并同时符合 GB/T 18233—2008 的要求。

用于实现 ICT 信道的线缆必须满足表 8 中机械特性的最低要求，符合 GB/T 18015.5 D 级要求的线缆同样满足表 8 中的要求。

表 8 ICT 和 BCT 平衡线缆的机械性能要求

编号	线缆特性	单 位	值
1	导体直径	mm	0.4～0.8[a]
2	绝缘导体直径	mm	≤1.6[b]
3	线缆元素中的导体数量	每线对/每四线组	2/4
4	线缆元素周围的屏蔽[c]		可选

表 8（续）

编号	线缆特性	单　位	值
5	一个单元中的线缆元素数量	对	≥4
		每线对/每四线组	≥2
6	线缆元素屏蔽[c]		可选
7	线缆屏蔽[c]		可选
8	线缆外径[d]	mm	≤90
9	温度范围[e]	℃	安装：0～50 工作：－20～60
10	安装过程中牵拉的最小弯曲半径		8 倍线缆外径
11	安装后的最小弯曲半径		4 倍线缆外径
12	防火等级		遵循 GB/T 18015.1—2007，3.5.9，或相关标准
13	颜色编码		按当地法规或客户需要，遵循GB/T 18015.1
14	线缆标记		按客户需要

[a] 导体直径小于 0.5 mm 和大于 0.65 mm 可能与所有连接硬件不兼容。

[b] 如果满足所有其他的性能要求，可以使用绝缘导体直径高达 1.7 mm，这些线缆可能与所有连接硬件不兼容。

[c] 见 11.4。

[d] 线缆的外径尺寸应尽可能小，以便充分利用管道和交叉连接容量，地毯下的线缆该值不适用。

[e] 在某些特定应用中（如寒冷气候中的建筑预布缆），可能需使用具有低温（－30 ℃）弯曲性能的线缆。

9.3 BCT 线缆性能

9.3.1 用于 BCT 的平衡线对要求

实现表 1 规定的最大距离的 BCT 信道所用的平衡线缆应满足表 9 规定的最低要求，并满足 GB/T 18233—2008 中 9.2 的 F 级要求，同时满足 IEC 61156-7：2003 中 3.3.2 在 1 MHz≤f≤1 000 MHz 范围内的衰减最低值 4 dB 和 3.3.7 在 600 MHz＜f≤1 000 MHz 时的回波损耗要求。

表 9　BCT 平衡线对的最低传输性能要求

电气特性		单位	频率/MHz	要求
最小耦合衰减	连接到有线电视或 CATV	dB	30≤f＜300	85
			300≤f＜470	80
			470≤f≤1 000	75
	连接到单个的天线		30≤f＜470	75
			470≤f≤1 000	75

任何用于实现 BCT 信道的线缆均应满足表 8 规定的最低机械要求。

9.3.2 BCT 布缆中同轴电缆的要求

用于实现表 1 规定的最大距离的 BCT 信道的同轴电缆应满足表 10 中的最低要求。符合这些要求的线缆的规范见 IEC 61196 系列标准。

表 10 BCT 同轴电缆的最低电气性能要求

编号	电气特性		单位	频率/MHz	要求
1	平均特性阻抗		Ω	100	75±3
2	100 m 线缆的最小回波损耗(RL)		dB	$5 \leqslant f < 470$	20
				$470 \leqslant f < 1\ 000$	18
				$1\ 000 \leqslant f \leqslant 3\ 000$	12 ffs
3	最大衰减		dB/100 m	$1 \leqslant f \leqslant 3\ 000$	$0.835\times\sqrt{f}+0.002\ 5f$
	关键频率处建议值			$f=5$	4.0
				$f=10$	4.0
				$f=100$	8.6
				$f=200$	12.3
				$f=600$	22.0
				$f=1\ 000$	28.9
				$f=2\ 400$	46.9
				$f=3\ 000$	53.2
4	最大(d.c.)回路电阻		Ω/100 m	d.c.	9
5	d.c.载流容量		A	d.c.	0.5
6	工作电压		V	d.c.	72
7	功率容量		W	d.c.	ffs
8	传输速率比		%		>66
9	最低屏蔽衰减	连接到有线电视或 CATV	dB	$30 \leqslant f < 300$	85
				$300 \leqslant f < 470$	85
				$470 \leqslant f \leqslant 1\ 000$	85
				$1\ 000 < f \leqslant 3\ 000$	ffs
		连接到单个的天线		$30 \leqslant f < 470$	75
				$470 \leqslant f \leqslant 1\ 000$	75
				$1\ 000 < f \leqslant 3\ 000$	ffs
10	最大转移阻抗		mΩ/m	$f=5$	7
				$f=30$	1.2

用于实现 BCT 信道的任何同轴电缆都应满足表 11 规定的最低机械特性要求和第 10 章规定的与连接器兼容性要求。

表 11　同轴 BCT 线缆的机械特性

编号	线缆特性	单位	值
1	内导体直径[a]	mm	0.6～1.2
2	介质层直径[a]	mm	3～6
3	外导体外径	mm	3.5～6.5
4	一根线缆中的同轴电缆元素数量	对	≥1
5	线缆外径[b]	mm	≤11
6	温度范围[c]	℃	安装:0～50 工作:−20～60
7	安装过程中牵拉的最小弯曲半径		10 倍线缆外径
8	安装后的最小弯曲半径		4 倍线缆外径
9	线缆标记		按照要求

[a] 导体直径小于 0.6 mm 或大于 1.2 mm 的可能与所有连接硬件不兼容。
按照 IEC 方法两次测量值取平均值，然后与极限值比较进行符合性验证。
[b] 线缆的外径尺寸应尽可能小，以便充分利用管道和交叉连接容量，布缆于地毯下的线缆不适用此值。
[c] 在某些特定应用中(如寒冷气候中的建筑预布缆)，可能需使用具有低温(−30 ℃)弯曲性能的线缆。

9.4　CCCB 覆盖区线缆性能

假设实现 CCCB 覆盖区的线缆包括所有支线的最大长度是 50 m，这些线缆应满足表 12 中对于已安装的线缆的最低要求。

表 12　CCCB 覆盖区线缆的最小传输性能要求

编号	线缆特性			线缆性能		测试方法
	全部工作温度下的电气特性	单位	频率 kHz	馈电	包括线缆共享的信息传输	
1	线对间分布电容	nF/km　max	f=1	N/A	90	GB/T 18015.1—2007，3.2.5
2	最大 d.c. 回路电阻	Ω/km	d.c.	75	150	GB/T 18015.1—2007，3.2.1
3	最大(d.c.)电阻不平衡	回路电阻的百分比	d.c.	1.5	1.5	GB/T 18015.1—2007，3.2.2
4	单导体载流容量	A	d.c.	0.75	N/A	通过设计满足要求
5	工作电压	V	d.c.	72	72	
6	最大衰减	dB/100 m	f=100	N/A	2	GB/T 18015.1—2007，3.3.2

表 12（续）

编号	线缆特性			线缆性能		测试方法
	全部工作温度下的电气特性	单位	频率 kHz	馈电	包括线缆共享的信息传输	
7	线对间的电容不平衡	pF/km	$f=1$	N/A	500	GB/T 18015.1—2007，3.2.6
8	对地电容不平衡	pF/km	$f=1$	N/A	3 000	GB/T 18015.1—2007，3.2.6
9	最大群时延	μs/km	$f=100$	N/A	5.5	GB/T 18015.1—2007，3.3.1
10	最小近端不平衡衰减	dB	$f=100$	N/A	40	GB/T 18015.1—2007，3.3.3

注 1：同一线对可以用作供电或信息传输。

注 2：工作温度范围一般是－20 ℃～60 ℃。

任何用于实现 CCCB 信道的线缆均需要满足表 13 中的机械特性要求。

表 13 CCCB 覆盖区线缆的机械性能要求

编号	线缆特性	单位	线缆性能	测试方法
1	导体直径	mm	0.65～1.0[a]	GB/T 18015.1—2007,3.4.1
2	绝缘导体直径[b]	mm	≤1.6	GB/T 18015.1—2007,3.4.1
3	一个线缆元素中的导体数量	每线对/每四线组	2/4	目检
4	线缆元素屏蔽[c]		可选	目检
5	一个单元中的线缆元素数量	线对	≥1	目检
		四线组	≥1	目检
6	线缆单元屏蔽[c]		可选	目检
7	一根线缆的线缆单元数量		≥1	目检
8	线缆核心屏蔽[c]		可选	目检
9	线缆外径[d,e]	mm	≤20	GB/T 18015.1—2007,3.4.1
10	温度范围[f]	℃	安装:0～50 工作:－20～60	通过设计满足要求
11	安装过程中牵拉的最小弯曲半径		8 倍线缆外径	GB/T 18015.1—2007,3.4.8
12	安装后的最小弯曲半径		4 倍线缆外径	通过设计满足要求
13	防火等级		按照 GB/T 18015.1—2007，3.5.9 执行	视实际情况

表 13（续）

编号	线缆特性	单位	线缆性能	测试方法
14	颜色编码[g]		按照相关标准或客户要求执行，最好遵循 GB/T 18015.1	通过设计满足要求
15	线缆标记		按照相关标准或国家规范要求执行	通过设计满足要求

[a] 导体直径大于 0.8 mm 的线缆可能与所有连接硬件不兼容。

[b] 在满足其他所有性能要求的前提下，可以采用绝缘导体直径高达 1.6 mm。这些线缆可能与所有连接硬件不兼容。

[c] 如果计划采用带屏蔽的线缆，应注意连接硬件应设计为可与屏蔽层连接的。

[d] 线缆的外径尺寸应尽可能小，以便充分利用管道和交叉连接的容量。

[e] 地毯下的线缆不适用此值。

[f] 在某些特定的应用中(如寒冷气候中的建筑预布缆)，可能需要使用具有低温(−30 ℃)弯曲性能的线缆。

[g] 当线缆中的线缆元素少于 IEC 60708 中规定的数量，则规定的从 1 开始的线缆中元素所有线对或四线组的颜色应保持一致。

10 连接硬件

10.1 通用要求

10.1.1 适用性

本章规定通用布缆中使用的连接硬件的指南和要求。在本章中，连接器是一种组件，通常连接到线缆或安装到一个装置上(不包括适配器)，用于在电气与光学上接合布缆系统的分开的部分。除非另有规定，本章中仅对连接的性能进行规范。对于在 TO、BO 和 CO 上使用的连接器，本章规定了配合接口和最低性能，对于用于其他所有位置的连接器，仅规定其最低性能。

这些要求适用于包括 TO、BO 和 CO，转接面板，接合和交叉连接在内的各个连接器。这些组件的所有性能要求适用温度范围是−10 ℃～60 ℃。性能要求不包括交叉连接跳线、压接跳线和快接跳线的影响。关于 ICT 布缆中跳线的要求在 GB/T 18233—2008 中规定。

在下列表格中，提供了在一定频率范围内的要求。离散频段的性能值仅供参考。所列的 ICT 要求引用自GB/T 18233—2008。

注：本章不涉及带有有源或无源电子电路设备(包括那些主要服务于特定设备或用来满足其他规定的设备)的要求。举例来说，如媒体适配器、阻抗匹配转换器、端接电阻、LAN 设备、滤波器和保护设备均在此列。这些设备通常视为通用布缆系统之外的部分，但可能对网络性能有显著的不利影响。因此，在使用前就需要对这些设备与布缆系统的兼容性详加考量。

10.1.2 位置

连接硬件安装在：

a) 住宅配线架(PHD/SHD)上，以提供布缆子系统之间的交叉连接和与特定应用设备和的互连；

b) ACP;

c) TO、BO、CO。

10.1.3 设计

除了基本用途,连接硬件的设计应能提供:

a) ISO/IEC 14763-1 中所述的,鉴别布缆安装和管理的手段;

b) 允许有序线缆管理的手段;

c) 可以监控或测试布缆与设备的手段;

d) 防止物理损坏和污染物进入的防护;

e) 空间有效的端接密度,也要提供便于线缆管理和(不断变化的)布缆系统管理的端接密度;

f) 适用时,能适应各种屏蔽和等电位联结的要求。

在配线架上使用的任何连接都需要满足本章中规定的性能要求。

10.1.4 工作环境

连接硬件应在－10 ℃～60 ℃的温度范围内保持稳定的工作性能。应防止连接硬件受到物理损坏和直接暴露在潮湿和其他腐蚀环境中。这种防护可以按照国家或 IEC 相关标准,通过为环境安装适当的外壳实现。

10.1.5 安装

连接硬件的设计应实现其安装的灵活性,可以直接安装,也可通过适配器板和外壳安装(如安装在墙上、墙里、机架里或其他类型配线架和安装夹具上)。

10.1.6 安装实践

布缆安装的方式和精心程度是保证性能和便于管理已安装布缆系统的重要因素。安装和线缆管理预防措施应包括消除拉紧、锐弯和过紧绑扎线缆引起的线缆应力。

连接硬件的安装应保证:

a) 通过正确的线缆准备、端接操作(按照制造商指南)和良好组织的线缆管理达到最小的信号减损和最大的屏蔽效果(使用屏蔽布缆时)。

b) 与布缆系统相关的设备安装房间,机架应该有足够的间隙作为线缆接入和布置的空间。

布缆路径和连接硬件所位区域,应遵守第 9 章中线缆弯曲半径的要求。

连接硬件的标识应符合 ISO/IEC 14763-1 要求。ICT 布缆中连接硬件的设计和安装应按 ISO/IEC TR 14763-2 执行。

注 1:一些连接在线缆元素间执行跨接功能,以满足布缆所连设备收发电路的要求。

注 2:除信号衰减外,任何平衡线缆元素的不正确端接或屏蔽(也可能两者同时的)可能产生环形天线效应,所导致的信号电平可能超过法规要求)。

10.1.7 标记和颜色编码

为了保持一致性和正确的点到点连接,应采取措施保证端接相对连接器和它们对应的线缆元素的正确定位。这些措施包括使用颜色、字母数字标识符或其他设计手段以保证线缆在整个系统中以一致的方式连接。

当在同一子系统中使用两个物理相似的线缆类型时,对它们的标识,应允许清楚地区分每种线缆的类型。例如,不同的性能种类、不同的标称阻抗和不同的光纤纤芯直径,应该携带惟一的标记或颜色以便于视觉识别。

10.2 TO、BO、CO 的配合接口

10.2.1 概述

ICT 信道中使用的配合接口应符合 GB/T 18233—2008。

采用的任何连接硬件都应保证满足第 7 章中的信道要求。

当连接器是用在 TO、BO 和 CO 时，配合接口需要满足下文中的要求。

10.2.2 TO 的配合接口

用于 ICT 的 TO：ICT 连接器：即满足 GB/T 15157.7 的连接器，以及满足对屏蔽和非屏蔽连接器进行规范的 IEC 60603-7-1，对非屏蔽连接器进行规范的 IEC 60603-7-2，对屏蔽连接器进行规范的 IEC 60603-7-3，对屏蔽连接器进行规范的 IEC 60603-7-4、IEC 60603-7-5 和 IEC 60603-7-7。

注：有些当地规范或法规可能要求电话接口使用特定的连接器，特别是住宅内。

用于 ICT 应用的连接器，其符合 GB/T 15157.7、IEC 60603-7-1、IEC 60603-7-2、IEC 60603-7-3、IEC 60603-7-4、IEC 60603-7-5、IEC 60603-7-6、IEC 60603-7-7 的接脚和线对排列如图 16 所示。

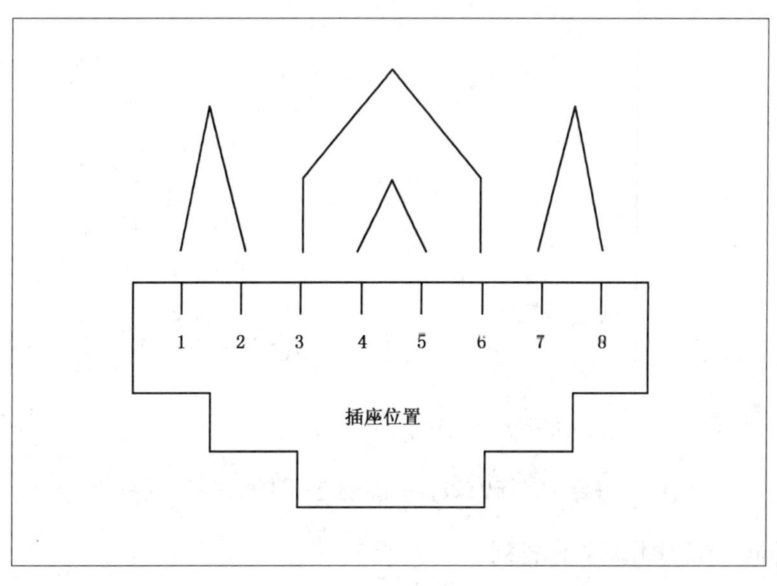

图 16 符合 GB/T 15157.7 的插座/头接线图（前视图）

10.2.3 BO 的配合接口

BO 的接口应是以下一种：

- IEC 61076-3-104：平衡信道的对称矩形连接器；
- GB/T 11313.2：同轴信道的 9.52 型同轴连接器；
- IEC 61169-24：同轴信道的同轴连接器（F 型）。

注：对于 BCT 应用，国家和地方法规可能要求其他的配合接口，可以优先于本标准。

ICT 和 BCT 应用使用平衡 BO 的连接器，其符合 IEC 61076-3-104 和 GB/T 15157.7 的插头和线对排列如图 17 和 18 所示。

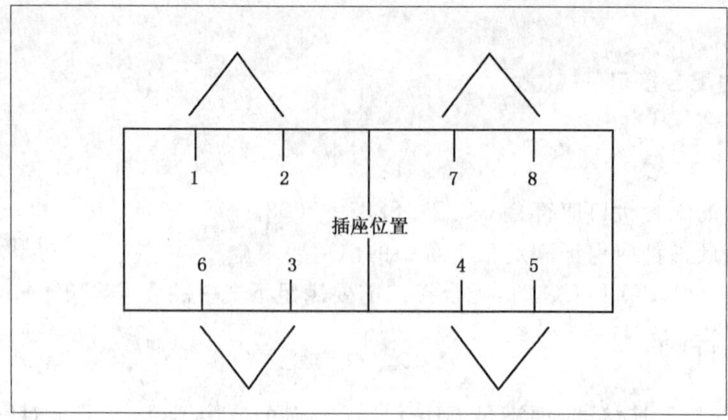

注：插头设计与 GB/T 15157.7 系列插座设计相对应。

图 17 符合 IEC 61076-3-104 的插座/头接线图(前视图)

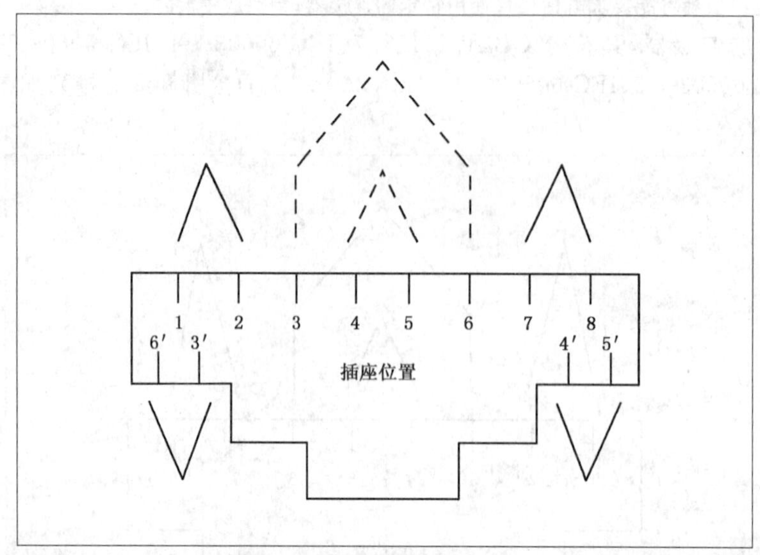

注：3′,4′,5′,6′插头用于 BCT,3,4,5,6 插头用于 ICT。

图 18 符合 IEC 60603-7-7 的插座/头接线图(前视图)

图 19 展示了同轴 BO 接口的导体排列。

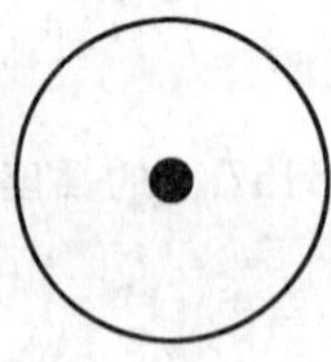

图 19 GB/T 11313.2 和 IEC 61169-24(F 型)连接器导体分布

10.2.4 CO 的配合接口

CCCB 的 CO:CCCB 连接器接口不在本标准范围内。

10.2.5 最低性能要求

10.2.5.1 概述

用于配线架,TO,BO 和 CO 的连接硬件应满足表 14 中规定的相应性能要求。

对于不使用快接跳线和压接跳线即可实现交叉连接的连接装置，其电气性能不应低于 2 个连接器和 5 m 压接跳线同类应用的等价性能低。适用的参数包括插入损耗、输入到输出电阻、输入到输出不平衡电阻、传播时延、时延偏差和转移阻抗。此外，这种装置的串扰损耗、回波损耗、不平衡插入损耗允许低于表 14 中规定的最小值，但是差值不超过 6 dB。

10.2.5.2 机械特性

用于平衡布缆的连接硬件应满足表 14 规定的要求。

表 14 应用于平衡布缆的连接硬件机械特性

机械特性			要 求	组件或测试标准
a)	物理尺寸(仅在 TO，BO 或 CO 处)	ICT	匹配尺寸和测定 IEC 60603-7-2， IEC 60603-7-3[a]	IEC 60603-7-2，IEC 60603-7-3[a]
		BCT-B	匹配尺寸和测定 IEC 61076-3-104[b]	IEC 61076-3-104[b]
		BCT-C	匹配尺寸和测定 IEC 61169-24，GB/T 11313.2	IEC 61169-24， GB/T 11313.2
		CCCB	匹配尺寸和测定 ffs	ffs
b)	平衡线缆端接兼容性			
	标称导体直径/mm	ICT 和 BCT	0.5～0.65[c]	—
		CCCB	0.65～1.0	—
	线缆类型	快接跳线[d]	绞合导体	—
		压接跳线	绞合或实心导体	—
		其他	实心导体	—
	绝缘导体的标称直径/mm	ICT 和 BCT	0.7～1.4[e,f]	—
		CCCB	0.7～1.6	
	导体数量	TO	8	目检
		其他	≥2×n(n=1,2,3……)	
	线缆外径/mm	插座	≤20	—
		插头	≤9[g]	
	屏蔽方法[h]		—	附录 B 和 11.4
c)	机械操作(耐久性)			
	线缆终端(循环次数)	不可循环使用 IDC	1	GB/T 18290.4
		可循环使用 IDC	≥20	GB/T 18290.3
		不可循环使用 IPC(插头)	≥1	IEC 60352-6

表 14(续)

机械特性		要　求	组件或测试标准
c)	压接跳线端接(循环次数)	≥200[i]	GB/T 18290.3
	两件式接口(循环次数)(例:模块插座、插头)	≥750	IEC 60603-7,IEC 61076-3-104 P1 级

[a] 更高频率下的性能规范请查阅 IEC 60603-7。

[b] 当安装中存在其他因素,如 IEC 60603-7 的共用性优先于 IEC 61076-3-104 中的连接器共享时,可使用 IEC 60603-7-7 规定的接口。

[c] 不要求连接硬件与此范围外的线缆兼容。但是,当使用导体直径低于 0.4 mm 或高于 0.8 mm 的线缆时,需要特别注意其与连接硬件的兼容性。

[d] 用在工作区域跳线或设备跳线上的连接器也应与绞合导体兼容。

[e] 使用带有符合 IEC 60603-7 接口的连接硬件时,常常仅限于使用绝缘导体直径在 0.8 mm~1.0 mm 范围内的线缆。

[f] 不要求连接硬件与此范围外的线缆兼容。但是,当使用导体直径为 1.6 mm 的线缆时,需要特别注意其与连接硬件的兼容性。

[g] 仅适用于单个部件。

[h] 如果意图采用屏蔽布缆,需注意连接器应设计为端接到屏蔽。需注意端接到整体屏蔽的平衡线缆上的连接器与接到既有单独屏蔽元素又有整体屏蔽的线缆上的连接器不同。

[i] 耐久性要求仅适用于设计用于管理布缆系统变化的连接(例如:在配线架上的)。

10.2.5.3 电气特性

应用于平衡布缆中的连接硬件应满足下列性能要求。连接硬件应在具有端接和测试头下测试,该测试要与其意图支持的线缆的标称特性阻抗(即 100 Ω 或 120 Ω)相匹配。

ICT 应用中使用的连接器应至少满足 GB/T 18233—2008 中的 D 级要求。BCT 应用中使用的连接器应同时符合 GB/T 18233—2008 中的 F 级要求和表 15、表 16、表 22 中所列出的要求。CCCB 应用中使用的连接器应满足表 15 至表 24 中所列出的要求。

表 15　回波损耗(RL)

电气特性	频率 MHz	要求			测试标准
		BCT-B	BCT-C	CCCB	
最小回波损耗(RL)/dB	f=0.1	N/A	N/A	30.0	IEC 60512-25-5 GB/T 11313.2 IEC 61169-24
	1≤f≤100	—	—	N/A	
	1≤f≤1 000	68−20 lg(f)	23.0	N/A	
	1 000≤f≤2 000	N/A	23.0	N/A	
	2 000≤f≤3 000	N/A	23−73 lg(f/2 000)	N/A	
关键频率处最小回波损耗(RL)(仅供参考)[a]/dB	f=0.1	30.0	N/A	30.0	
	f=1	30.0	23.0	N/A	
	f=100	28.0	23.0	N/A	
	f=1 000	10.0	23.0	N/A	
	f=3 000	N/A	10.0	N/A	

[a] 对应计算值大于 30 dB 的频率处的回波损耗(RL)应转换成 30 dB 的最小要求。

表 16 插入损耗

电气特性	频率 MHz	要求			测试标准
		BCT-B	BCT-C	CCCB	
最大插入损耗(IL)[a]/dB	f=0.1	0.10	N/A	0.10	IEC 60512-25-2 GB/T 11313 (同轴)
	1≤f≤100	N/A	0.1	N/A	
	1≤f≤1 000	$0.02\sqrt{f}$	0.1	N/A	
	1≤f≤3 000	N/A	$0.02\sqrt{f}$	N/A	
关键频率处最大插入损耗(IL)(建议值)/dB	f=0.1	0.10	0.10	0.10	
	f=1	0.10	0.10	N/A	
	f=100	0.20	0.20	N/A	
	f=600	0.49	0.49	N/A	
	f=1 000	0.63	0.63	N/A	
	f=2 400	N/A	0.98	N/A	
	f=3 000	N/A	1.10	N/A	
[a] 对应计算值小于 0.1 dB 的频率处插入损耗应转换成 0.1 dB 的最大要求。					

表 17 近端串扰(NEXT)

电气特性	频率 MHz	要求	测试标准
		CCCB	
最小 NEXT/dB	f=0.1	80.0	IEC 60512-25-1 (平衡)
关键频率处最小 NEXT(建议值)/dB	f=0.1	80.0	

表 18 远端串扰(FEXT)

电气特性	频率 MHz	要求	测试标准
		CCCB	
最小 FEXT/dB	f=0.1	65.0	IEC 60512-25-1
关键频率处最小 FEXT(建议值)/dB	f=0.1	65.0	

表 19 输入到输出的电阻

电气特性	频率 MHz	要求	测试标准
		CCCB	
最大输入输出电阻[a]/mΩ	d.c.	100	IEC 60512-2 测试 2a
[a] 按照 GB/T 15157.7 要求输入到输出电阻与接触电阻要分开测量。输入到输出电阻测量用于确定连接器传送直流和低频信号的能力。接触电阻测量用来确定单个电气连接的可靠性与稳定性。存在时,这些要求适用于每个导体和屏蔽。			

表 20　电流运载能力

电气特性	频率 MHz	要求 CCCB	测试标准
最小载流容量[a,b,c]/A	d.c.	0.7	GB/T 5095.3 测试 5b(平衡); GB/T 11313(同轴)

[a] 适用于 60 ℃的环境温度。
[b] 适用于每个导体。
[c] 按照适用的文件进行采样。

表 21　传播时延

电气特性	频率 MHz	要求 CCCB	测试标准
最大传播延迟/ns	$f=0.1$	1.0	IEC 60512-25-4

表 22　耦合衰减和屏蔽衰减

电气特性			频率 MHz	要求			测试标准
				BCT-B	BCT-C	CCCB	
最小耦合损耗/屏蔽效率 dB			$f=0.1$	N/A	N/A	ffs	EN 50289-1-14
	单个的天线	dB	$30 \leqslant f < 470$	75	75	N/A	
			$470 \leqslant f \leqslant 1\ 000$	65	65	N/A	
	连接到有线电视或 CATV		$30 \leqslant f < 300$	85	85	N/A	
			$300 \leqslant f < 470$	80	80	N/A	
			$470 \leqslant f \leqslant 1\ 000$	75	75	N/A	
			$1\ 000 \leqslant f \leqslant 3\ 000$	N/A	55	N/A	

表 23　绝缘电阻

电气特性	频率 MHz	要求 CCCB	测试标准
最小绝缘电阻/MΩ	d.c.	100	IEC 60512-2 测试 3a, 方法 C-500V d.c.

表 24　耐电压

电气特性			频率 MHz	要求 CCCB	测试标准
最小耐电压	V	导体到导体	d.c.	1 000	IEC 60512-2 测试 4a
		导体到测试面板		1 500	

11 安全性要求和屏蔽实践

11.1 概述

为实现最可靠的安全性和电磁性能,应仔细考虑本章中所引用的国际标准。但适用的国家标准或地方法规优先。

11.2 与电力电缆的共存性

当 CCCB、ICT 和 BCT 线缆与电力电缆共用同一路径时:

- 应考虑对线缆和线缆元件间的电介质强度进行特殊的测量;
- 根据适用的规则和法规以及所需的性能要求,需使用隔挡或隔离物等对上述线缆加以隔离。

11.3 操作安全性

本标准规定的布缆系统及其所连接的设备应保证其运行安全并防止正常运行中以及在特定的故障(如布缆或连接的设备发生短路)情况下的电击。

需要注意无论在安装过程中还是安装后,布缆系统的任何部分都不能接触超过 SELV 的电压。这也就意味着布缆系统遵守下列电气安全要求。

为了达到所需的防止电击,IEC 60364-4-41 中定义的 SELV 和 PELV 应被用作 HES 布缆中的保护性尺度。

如果出于功能的原因,需要为 SELV 电路接地,则需要符合 GB/T 17045 中描述的保护性阻抗要求。

在需要用到雷电保护的场合,依照 IEC 61024 进行。

如果存在雷电保护系统,该布缆系统应集成到保护系统中。

11.4 屏蔽实践

11.4.1 概述

当使用屏蔽线缆或有屏蔽元素或单元的线缆时本章适用。本章只提供基本的指南。为保障电气安全性和电磁性能,提供充分接地所需的规程,应依照相关国家和地方法规执行,其实施依赖于正确的工艺,有时只能通过专门的安装工程实现。注意:安装与提供商说明书相一致的适当的屏蔽,将提高性能和安全性。

11.4.2 接地

需参考 IEC 61000-5-2。每个配线架上应该连接线缆的所有屏蔽层。通常,这些屏蔽层连接在设备机架上,机架又与建筑大地等电位联结。

注 1:高工作频率的屏蔽最好通过网状系统实现。

等电位联结设计应确保:

a) 接地路径应是永久的,低阻抗的。建议为每个设备机架进行单独的接地,以保证接地路径的连续性。
b) 线缆屏蔽为通过它互连的布缆系统的所有部件提供连续的接地路径。
c) 等电位联结将通用布缆的感应电流导向大地,从而降低电源线和其他干扰源的干扰。建筑物中不同系统的所有接地极应按照当地法规进行等电位联结,以减小对地的电位差的影响。

注 2:参考 ITU-T K.31。

建筑物接地系统中,网络上的任意两个接地点的电位差应不超过 1 V(r.m.s.)。

附 录 A
（规范性附录）
BCT 信道等级

BCT 布缆信道可通过平衡线缆或同轴电缆提供。

不同面积的住宅的传输到 PHD 的信号电平不同。信号电平可能取决于到天线或有线电视外部网络接口的距离。为了经济地支持不同面积住宅的应用需要，表 A.1 中规定了两组具有低插入损耗的附加 BCT 信道指标。

表 A.1 BCT 信道划分

名称	单位	BCT-H	BCT-M	BCT-L
输入信号等级		高	中等	低
插入损耗等级		高	中等	低
频率为 1 GHz 时的插入损耗值	dB	32	16.5	9
使用同轴电缆时的最大参考长度	m	100	50	25
使用平衡线缆时的最大参考长度	m	50	25	12.5

应加以重视的是，本标准所规定的通用布缆所支持的大量 BCT 应用都采用了模拟技术，这种技术使信号被放大而不是再生，因此其要求的信道插入损耗余量较数字传输方式低。

上述信道的详细参数参见附录 C。

附　录　B
（规范性附录）
链　路　性　能

B.1　概述

本附录包括在永久链路测试接口之间的布缆的性能要求，而非整个信道的。

本附录规定了 ICT、BCT 和 CCCB(仅限使用区域馈电线缆的部分)3 种永久链路的最低性能要求，信道模型见第 5 章。

图 5 和图 11 中规定了可能的测试接口。

注：BCT 链路的三种划分参见附录 C。

B.2　ICT 永久链路性能要求

ICT 永久链路应符合 GB/T 18233—2008 中 D 级永久链路的传输性能要求(在全部工作温度范围内)。当多个 D 级应用通过一个共同的布缆链路实现时(例如：共用同一线缆或连接硬件)，链路应符合 GB/T 18233—2008 中 E 级链路的要求。有关线缆共享的信息，还可以参见 GB/T 18233—2008 中的 9.3。

作为上述链路一部分安装的线缆应提供满足此传输要求的传输特性，此外，还应满足表 8 中规定的机械性能要求。

B.3　BCT 永久链路性能要求

BCT 永久链路可以通过平衡线缆或同轴电缆实现。

BCT-B 类永久链路应同时满足表 B.1 中的最低传输性能要求和 GB/T 18233—2008 中 F 级永久链路的传输性能要求(在全部工作温度范围内)。

BCT-C 类永久链路应满足表 B.2 中规定的最小传输性能要求(在全部工作温度范围内)。

除上述要求外，实现 BCT 永久链路的平衡线缆应满足表 8 中规定的机械要求，同轴电缆应满足表 11 中规定的机械要求。

表 B.1　BCT-B 型永久链路的最低性能

永久链路特性				永久链路性能	测试方法
编号	电气特性	单位	频率 MHz		
1	标称阻抗	Ω		100[a]	通过设计满足要求
2	每个布缆接口的最小回波损耗[b](RL)	dB	$4 \leqslant f < 40$	24−5 lg(f)，19 dB(min.)	IEC 61935-1:2000，4.9
			$40 \leqslant f \leqslant 1\,000$	32−10 lg(f)，8 dB(min.)	
3	最大插入损耗(IL)(衰减)	dB	$1 \leqslant f \leqslant 1\,000$	$44.1\times(1.645\sqrt{f}+0.01\times f+0.25/\sqrt{f})/100+2\times 0.02\times\sqrt{f}$ 2 dB(min.)	

表 B.1（续）

永久链路特性					永久链路性能	测试方法
编号	电气特性		单位	频率 MHz		
3	建议值		dB	$f=1$	2.0	IEC 61935-1:2000,4.4
				$f=4$	2.0	
				$f=10$	2.5	
				$f=100$	8.1	
				$f=200$	11.7	
				$f=600$	21.4	
				$f=1\,000$	28.6	
	最小耦合衰减	连接到有线电视或 CATV	dB	$30\leqslant f<300$	85	通过设计满足要求
				$300\leqslant f<470$	80	
				$470\leqslant f\leqslant 1\,000$	75	
		单个的天线		$30\leqslant f<470$	75	
				$470\leqslant f\leqslant 1\,000$	65	

[a] 永久链路性能的值是通过合适的设计和选择合适的布缆组件（与其标称阻抗无关）而得出的，参见 GB/T 18233—2008。

[b] 布缆的两端都应满足回波损耗要求，当插入损耗(IL)在 3 dB 以下的频率时，回波损耗值(RL)仅供参考。

表 B.2　BCT-C 型永久链路的最低性能

永久链路特性				永久链路性能		测试方法
编号	电气特性	单位	频率 MHz	同轴链路		
				1 GHz 链路	3 GHz 链路	
1	标称阻抗	Ω		75		通过设计满足要求
2	每个布缆接口的最小回波损耗(RL)	dB	$5\leqslant f<470$	18		
			$470\leqslant f<1\,000$	16		
			$1\,000\leqslant f\leqslant 3\,000$	N/A	10	
3	最大插入损耗(IL)（衰减）[a]	dB	$1\leqslant f\leqslant 3\,000$	$90\times(0.835\sqrt{f}+0.002\,5f)/100+2\times0.02\sqrt{f}$ 2.0 dB(min.)		
	建议值		$f=5$	2.0		
			$f=10$	2.5		
			$f=100$	8.1		
			$f=200$	11.6		
			$f=600$	20.7		
			$f=1\,000$	27.3		
			$f=2\,400$	N/A	44.2	
			$f=3\,000$	N/A	50.1	

表 B.2（续）

<table>
<tr><th colspan="5">永久链路特性</th><th colspan="2">永久链路性能</th><th rowspan="3">测试方法</th></tr>
<tr><th rowspan="2">编号</th><th rowspan="2" colspan="2">电气特性</th><th rowspan="2">单位</th><th rowspan="2">频率
MHz</th><th colspan="2">同轴链路</th></tr>
<tr><th>1 GHz 链路</th><th>3 GHz 链路</th></tr>
<tr><td>4</td><td colspan="2">最小 NEXT 同轴到同轴</td><td>dB</td><td>f=100</td><td colspan="2">100</td><td>通过设计满足要求</td></tr>
<tr><td>5</td><td colspan="2">最大(d.c.)回路电阻</td><td>Ω</td><td>d.c.</td><td colspan="2">9</td><td>IEC 60189-1:1986</td></tr>
<tr><td>6</td><td colspan="2">(d.c.)电流运载能力</td><td>mA</td><td>d.c.</td><td colspan="2">500</td><td rowspan="3">通过设计满足要求</td></tr>
<tr><td>7</td><td colspan="2">工作电压</td><td>V</td><td>d.c.</td><td colspan="2">72</td></tr>
<tr><td>8</td><td colspan="2">功率容量</td><td>W</td><td>d.c.</td><td colspan="2">ffs</td></tr>
<tr><td>9</td><td colspan="2">最大传播时延</td><td>ns</td><td>f=100</td><td colspan="2">490</td><td>通过设计满足要求</td></tr>
<tr><td rowspan="7">10</td><td rowspan="7">最小
屏蔽
衰减</td><td rowspan="4">连接到有线电视或 CATV</td><td rowspan="7">dB</td><td>30≤f<300</td><td colspan="2">85</td><td rowspan="3">通过设计满足要求</td></tr>
<tr><td>300≤f<450</td><td colspan="2">80</td></tr>
<tr><td>450≤f≤1 000</td><td colspan="2">75</td></tr>
<tr><td>1 000≤f≤3 000</td><td>N/A</td><td>55</td><td></td></tr>
<tr><td rowspan="3">单个的天线</td><td>30≤f<470</td><td colspan="2">75</td><td rowspan="3"></td></tr>
<tr><td>470≤f≤1 000</td><td colspan="2">65</td></tr>
<tr><td>1 000≤f≤3 000</td><td>N/A</td><td>50</td></tr>
<tr><td colspan="8">注：传输要求大于 1 GHz 的明确未包括装置寿命因素的场合，应用 1 GHz 一栏。</td></tr>
</table>

B.4 CCCB 永久链路性能要求

由区域馈电线缆构建的永久链路应符合 GB/T 18233—2008 中规定的 D 级链路的最低性能要求。由区域馈电线缆和覆盖区布缆组成的、实现 CCCB 信息传输的永久链路应满足表 5 中规定的传输特性性能要求（在全部工作温度范围内）。用作馈电的永久链路应满足表 6 中规定的最低性能要求（在全部工作温度范围内）。

作为永久链路一部分安装的线缆应能提供满足性能要求的传输特性。除此以外，区域馈电线缆需要满足表 8 中规定的机械性能，覆盖区布缆需满足表 13 中规定的机械性能。

附　录　C
（资料性附录）
BCT 等级:信道和链路性能及实现

C.1　概述

所有三种等级的 BCT 信道支持相同的应用。在特定安装中,它们提供了利用实际距离的手段,以便在配线架和 BO 上对信号放大和衰减的要求降到最低。

在一个特定宅区中的 BCT 信道属于不同性能等级的情况下,对每个安装的信道,都应标识性能等级。衰减高于 BCT-M 所规定的最大衰减的信道,应标记为 BCT-H;衰减高于 BCT-L 的最大衰减,但低于 BCT-M 的最大衰减时,这条信道应标记为 BCT-M;而信道的最大衰减低于 BCT-L 的最大衰减时,信道被标记为 BCT-L。

C.2　BCT-H,BCT-M 和 BCT-L 信道

在平衡线缆上实现的 BCT-H、BCT-M 和 BCT-L 布缆信道应满足下列要求:GB/T 18233—2008 中规定的 F 级信道的最小传输性能要求;表 3 中规定的回波损耗、耦合衰减和转移阻抗;表 C.1 中规定的插入损耗要求(在全部工作温度范围内);以及表 8 中所规定的机械性能要求。

注:BCT 网络接入布缆信道的性能将由其他组织做进一步的研究。

表 C.1　BCT-B 信道的 BCT-H,BCT-M 和 BCT-L 等级的最小插入损耗

信道特性			布缆信道特性			测试方法
电气特性	单位	频率 MHz	平衡线缆信道			
标称阻抗	Ω		100			通过设计满足要求
			BCT-H	BCT-M	BCT-L	
最大插入损耗(IL)	dB	$1\leqslant f\leqslant 1\,000$	$(L_{PL}+x\times L_{EC})\times(1.645\sqrt{f}+0.01\times f+0.25/\sqrt{f})/100+2\times 0.02\sqrt{f}$ 2 dB(min.)[a]			
长度的建议值/m[b]			49.5	24.5	12.5	IEC 61935-1:2000,4.4
最大插入损耗(IL)	dB	$f=1$	*2*	2	2	
		$f=4$	*2*	2	2	
		$f=10$	*2.8*	2	2	
		$f=100$	*9.1*	4.7	2	
		$f=200$	*13.1*	6.8	3.7	
		$f=600$	*23.9*	12.3	6.8	
		$f=1\,000$	*32.0*	16.5	9.0	
注:本表 BCT-H 参数引自表 3 BCT 参数,用斜体表示。						
[a] L_{PL}=永久链路长度,L_{EC}=所有设备跳线的总长度,x=跳线的额外插入损耗(IL)。						
[b] 长度=$L_{PL}+1.35\times L_{EC}$。						

同轴电缆上实现的 BCT 布缆信道宜满足下列要求：表 4 中规定的最小传输性能；表 C.2 中规定的插入损耗(IL)(在全部工作温度范围内)；以及应满足表 11 中规定的机械性能要求。

表 C.2　BCT-C 信道的 BCT-H，BCT-M 和 BCT-L 等级的最小插入损耗

信道特性			布缆信道特性			测试方法
电气特性	单位	频率 MHz	同轴电缆信道			
标称阻抗	Ω		75			通过设计满足要求
			BCT-H	BCT-M	BCT-L	
最大插入损耗(IL)	dB	$1 \leqslant f \leqslant 1\,000$ $1\,000 = f \leqslant 3\,000$[a]	$(L_{PL} + x \times L_{EC}) \times (0.835\sqrt{f} + 0.002\,5f) / 100 + 2 \times 0.02\sqrt{f}$ 2 dB(min.)[b]			ffs
长度的建议值/m[c]			103.5	51.4	26.4	
最大插入损耗(IL)(衰减)	dB	$f=5$	*2.0*	2.0	2.0	
		$f=10$	*2.9*	2.0	2.0	
		$f=100$	*9.3*	4.8	2.7	
		$f=200$	*13.3*	6.9	3.8	
		$f=600$	*23.7*	12.3	6.8	
		$f=1\,000$	*31.2*	16.1	8.9	
		$f=2\,400$	*50.5*[a]	26.1[a]	14.3[a]	
		$f=3\,000$	*57.3*[a]	29.6[a]	16.2[a]	

注：本表 BCT-H 参数引自表 4 BCT 参数，用斜体表示。

[a] 同表 B.2，在大于 1 GHz 的传输要求明显未包括装置寿命因素的地方，采用 1 GHz 一栏的数据。

[b] L_{PL} = 永久链路长度，L_{EC} = 所有设备跳线的总长度，x = 跳线的额外插入损耗(IL)。

[c] 长度 $= L_{PL} + 1.35 \times L_{EC}$。

C.3　BCT-H，BCT-M 和 BCT-L 链路

平衡线缆上实现的 BCT 永久链路宜满足下列要求：表 B.1 和 GB/T 18233—2008 中规定的 F 级链路的最小传输性能要求(在全部工作温度范围内)；表 C.3 中规定的插入损耗；以及表 8 中所规定的机械性能要求。

表 C.3　BCT-B 永久链路的插入损耗

永久链路特性			永久链路性能			测试方法
电气特征	单位	频率 MHz	平衡 BCT-H	平衡 BCT-M	平衡 BCT-L	
最大插入损耗(IL)(衰减)	dB	$1 \leqslant f \leqslant 1\,000$	$L_{PL} \times (1.645\sqrt{f} + 0.01 \times f + 0.25/\sqrt{f}) / 100 + 2 \times 0.02\sqrt{f}$ 2 dB(min.)			

表 C.3（续）

永久链路特性			永久链路性能			测试方法
电气特征	单位	频率 MHz	平衡 BCT-H	平衡 BCT-M	平衡 BCT-L	
L_{PL}的建议值/m			44.1	19.1	7.1	IEC 61935-1:2000，4.4
最大插入损耗(IL)（衰减）	dB	$f=1$	2.0	2.0	2.0	
		$f=4$	2.0	2.0	2.0	
		$f=10$	2.5	2.0	2.0	
		$f=100$	8.1	3.7	2.0	
		$f=200$	11.7	5.4	2.4	
		$f=600$	21.4	9.8	4.3	
		$f=1\ 000$	28.6	13.1	5.7	
注：永久链路性能的值是通过合适的设计和选择合适的布缆组件（与其标称阻抗无关）而得出的（参见 GB/T 18233—2008）。						

同轴电缆上实现的 BCT 永久链路宜满足下列要求：表 B.2 中规定的信道最小传输性能（在全部工作温度范围内）；表 C.4 中规定的插入损耗；以及表 11 所规定的机械性能要求。

表 C.4　BCT-C 永久链路的插入损耗

永久链路特性			永久链路性能			测试方法
电气特性	单位	频率	同轴 BCT-H	同轴 BCT-M	同轴 BCT-L	
最大插入损耗(IL)（衰减）	dB	$1\leqslant f\leqslant 1\ 000$ $1\ 000=f\leqslant 3\ 000$[a]	$L_{PL}\times(0.835\sqrt{f}+0.002\ 5f)/100+2\times 0.02\sqrt{f}$ 2 dB(min.)			
L_{PL}的建议值/m			90	46	21	
最大插入损耗(IL)（衰减）	dB	$f=5$	2.0	2.0	2.0	
		$f=10$	2.5	2.0	2.0	
		$f=100$	8.1	4.4	2.2	
		$f=200$	11.6	6.2	3.2	
		$f=600$	20.7	11.1	5.6	
		$f=1\ 000$	27.3	14.6	7.3	
		$f=2\ 400$[a]	44.2	23.5	11.8	
		$f=3\ 000$[a]	50.1	26.7	13.4	
[a] 不适用于链路不支持 3 GHz 信道的情况。						

C.4 BCT 等级的实现

C.4.1 概述

本章提供了开发附录 A 中 BCT 插入损耗等级要求的详细方法，及其与第 9 章、第 10 章中的布缆组件的相互关系（正是这种相互关系决定了第 8 章中的最大参考实现信道长度）。

C.4.2 线缆规格

IEC（和 CENELEC）规范了两种同轴电缆，其基于衰减要求的衰减公式（以 dB/100 m 为单位，f 单位为 MHz）如下：

$$衰减_{电缆A}=0.6\sqrt{f}+0.002\,5\times f \quad\cdots\cdots(C.1)$$

$$衰减_{电缆B}=0.835\sqrt{f}+0.002\,5\times f \quad\cdots\cdots(C.2)$$

符合 IEC 61156-7 规定的频率大于或等于 1 GHz 的平衡线缆衰减公式如下（以 dB/100 m 为单位）：

$$1.64\sqrt{f}+0.01\times f+\frac{0.25}{\sqrt{f}} \quad\cdots\cdots(C.3)$$

线缆需满足 9.3.1 中 BCT-B 线缆的要求。

C.4.3 连接硬件规格

在本标准中，平衡线缆和同轴电缆的连接硬件，其衰减为 $0.02\times\sqrt{f}$(dB)。

鉴于此，插入损耗的等级可以以其信道衰减要求来划分。频率 1 GHz 时，信道衰减为 32 dB、16.5 dB 和 9 dB 时，分别分配给 BCT-H、BCT-M 和 BCT-L。

C.4.4 参考实现中的最大信道长度

参考实现中最大信道长度基于信道在 1 000 MHz 时的衰减：32 dB(BCT-H)、16.5 dB(BCT-M)、9 dB (BCT-L)，信道在 400 MHz 时信道衰减（近似为）：19 dB、10 dB 和 6 dB。因此，BCT-H、BCT-M 和 BCT-L 等级的同轴信道长度分别为 100 m、50 m 和 25 m，而平衡信道 BCT-H、BCT-M 和 BCT-L 等级的信道长度分别为 48 m、23 m 和 11 m。

平衡信道和同轴信道可以使用一个公共的模型，其设定如下：

- 有两个连接的模型；
- 信道超过 50 m 时（表明房间很大），可假定所有设备跳线的总长度为 10 m；
- 信道长度为 50 m 和 50 m 以内时，可假定所有设备跳线的总长度为 4 m。

所采用的 BCT-C 线缆即为上面所讨论的线缆 B。设备跳线是多芯结构，具有 35% 额外的衰减 ($X=1.35$)。

C.4.2 中提及的平衡线缆应满足 BCT-B 的线缆要求。假定设备跳线是具有 35% 额外衰减的多芯结构 ($X=1.35$)。

因此，信道插入损耗/衰减公式为：

$$同轴：\quad (L_{PT}+1.35\times L_{EC})\times\frac{0.835\sqrt{f}+0.002\,5f}{100}+0.04\sqrt{f} \quad\cdots\cdots(C.4)$$

$$平衡：\quad (L_{PT}+1.35\times L_{EC})\times\frac{1.645\sqrt{f}+0.01f+\dfrac{0.25}{\sqrt{f}}}{100}+0.04\sqrt{f} \quad\cdots\cdots(C.5)$$

式中：

L_{PL}——永久链路长度；

L_{EC}——设备跳线的总长度。

表C.5列出信道长度和相关的插入损耗/衰减值。

表C.5 BTC-L、BTC-M和BTC-H信道实现

信道等级	信道类型	永久链路长度 m	设备跳线长度 m	信道长度 m	插入损耗 dB	
					400 MHz	1 000 MHz
BTC-H	BTC B	44.1	4	48.1	19.1	32.0
BTC-H	BTC C	90	10	100	19.1	31.2
BTC-M	BTC B	19.1	4	23.1	9.8	16.5
BTC-M	BTC C	46	4	50	9.9	16.1
BTC-L	BTC B	7.1	4	11.1	5.4	9.0
BTC-L	BTC C	21	4	25	5.5	8.9

C.4.5 采用其他规格同轴电缆的信道长度

在永久链路内安装线缆A，并将线缆B用作设备跳线可以建立如下的插入损耗/衰减值公式：

$$同轴：(L_{PT}+1.35\times L_{EC})\times\frac{0.6\sqrt{f}+0.002\,5f}{100}+0.04\sqrt{f} \quad\cdots\cdots\cdots\cdots(C.6)$$

得出的信道长度将明显超出线缆B的规定，这在面积较大的住宅中可能是必要的。

C.4.6 采用其他规格平衡线缆的信道长度

按照GB/T 18233—2008中规定满足F级要求而安装的线缆，可以建立如下的插入损耗/衰减公式：

$$平衡：(L_{PT}+1.5\times L_{EC})\times\frac{1.8\sqrt{f}+0.01f+\frac{0.2}{\sqrt{f}}}{100}+0.04\sqrt{f} \quad\cdots\cdots\cdots\cdots(C.7)$$

计算得出的信道长度比本标准中BCT-B线缆的长度短，不过，线缆直径减少有其一定的好处，这种线缆适用于面积较小的住宅中。

附 录 D
（资料性附录）
应用及相关布缆

布缆是一种面向应用的基础设施。所用媒体上的应用要求与所需的带宽和采用的拓扑结构（逻辑和物理实现）尤为相关。为了支持居住或商用建筑的各种应用（如表 D.1 中所示），至少使用了 6 种布缆。此外，还可能存在单独面向特定应用设备的布缆，如电脑和打印机之间的连接，高保真放大器（功放）和扬声器之间的连接。

表 D.1 应用和布缆分类

应用领域		现行的布缆拓扑结构和线缆类型							标准中支持的应用分类
线缆编号	名称	电源	电话	电视	对讲	安全	控制	其他	
1	供电	O/p							供电
2	照明控制	O/p					O/h,p,t		CCCB
3	建筑物控制	O/p					O/h,p,t		CCCB
4	家电控制	O/p					O/h,p,t		CCCB
5	通过断路器的要求管理	O/p							
6	防盗报警					B/t			CCCB
7	火警					B/t			CCCB
8	对讲				B/t		O/h,t		ICT
9	电话		E/t						ICT
10	综合业务数字网		E/t						ICT
11	高保真音响							S/I	BCT
12	计算		B/d,S/t		B/d,S/t	B/d,S/t	B/d,S/t,d	O/d	ICT
13	闭路电视			B/c,S/c	B,S			B/c	BCT
14	收音机和电视			B,S/c				B/c	BCT
栏目编号	1	2	3	4	5	6	7	8	9

B:总线　c:同轴电缆
d:数据线缆　E:拓展星状结构
h:住宅控制系统线缆　I:扬声器线缆
O:开放式拓扑结构，按照当地规范所建立的供电系统中可能包括回路
p:配电线缆　S:星状结构
t:普通电话线

大部分的拓扑结构和材料被清晰的布缆结构所代替。因此，本标准通过一种与时俱进的方法简化并改进了住宅网络。

布缆差异是由电气规范、信道的电气特性要求、应用要求或允许的拓扑结构和安装行业的传统（的

差异)引起的。此类差异可反映在支持特定传输技术及不同应用的插座数量上(如点对点形式或总线形式)。在一些商用建筑中,出于管理的需要或满足合约的要求(如与特定的保险公司之间的),需要提供单独的安全和/或电话网络。

随着技术、法规和电气规范的变化,除电力配线外,建设服务于所有应用的通用布缆基础设施是可行的,即仅由3组布缆实现传输信息的应用(即表D.1中第9栏所示的CCCB、ICT和BCT),由于信道的电气特性和不同应用所需要的拓扑结构都很相似,因此有限的几种线缆类型和两种拓扑结构就可以实现所有应用。

应考虑到:

- 不同应用组要求的信道的传输特性;
- 对低性能或高性能平衡线缆的技术和要求情况的差异。

服务于电力之外的所有目的的通用布缆基础设施,主要由表D.2所示的三种信道等级组成。该表格概括了三种布缆的主要特性,详细信息,请参阅相关条款。

注:在某些案例中,特定实现所允许的集成度会受到行业标准的限制。

表 D.2 ICT、BCT 和 CCCB 布缆特性

	ICT 布缆	BCT 布缆	CCCB 布缆
拓扑结构	星形层次结构 (见图4)	星形层次结构 (见图4)	总线、树形、星形 (见图10)
媒体类型	平衡线缆和光缆	平衡线缆和同轴电缆	平衡线缆
典型频率范围	100 MHz 以内	3 GHz 以内[a]	100 kHz 以内
根据 GB/T 18233—2008 的信道分类	D级[b]	N/A	N/A
网络上的配电	偶尔	偶尔	经常
设备有移动性和频繁的重定位要求	是	是	传感器不常移动,特殊应用中的开关则需要移动
设备接口	平衡连接器: IEC 60603-7[c], 光缆连接器: IEC 60874-14, IEC 60874-19,SC型	同轴连接器: GB/T 11313.2或 IEC 61169-24(F型) 平衡连接器: IEC61076-3-104[d]	固定连接,CCCB连接器

注:与电源的距离取决于安装偏好和行业标准。

[a] 在使用平衡线缆时上限是1 GHz。

[b] 关于线缆类型的定义请参见GB/T 18233—2008。

[c] ISO 60603-7下的接口即为通常所说的RJ45接口。

[d] 当安装中存在其他因素,如IEC 60603-7的共用性优先于IEC 61076-3-104中连接器共享时,应使用IEC 60603-7-7中规定的接口。

与ICT和BCT布缆相比,CCCB布缆中对电力负载的要求更高,要求线缆有更好的绝缘性,但对传输性能要求较低。

依据GB/T 18233—2008中的规定,ICT布缆通常使用平衡线缆。

BCT布缆中既可以使用平衡线缆也可以使用同轴电缆,因此在布缆前,对这两种线缆都需要有所规范。

附 录 E
(资料性附录)
电视、广播应用的参考实现-平衡-不平衡阻抗变换器用法

E.1 平衡-不平衡阻抗变换器的类型和位置

E.1.1 概述

BCT-B 信道与具有 75 Ω 同轴连接的设备间的连接,需使用平衡-不平衡阻抗变换器。

BCT-B 平衡信道与 CATV 网络或馈电同轴系统的连接,也需在 HNI 处使用平衡-不平衡阻抗变换器。

图 E.1 到 E.4 给出住宅内可采用平衡-不平衡阻抗变换器的位置(独栋建筑)。

注:由于采用了平衡-不平衡阻抗变换器,依照制造商指南,BCT 应用可能可以通过 ICT 永久链路实现。

E.1.2 位于 ENI 处和 PHD 设备接口处的平衡-不平衡阻抗变换器

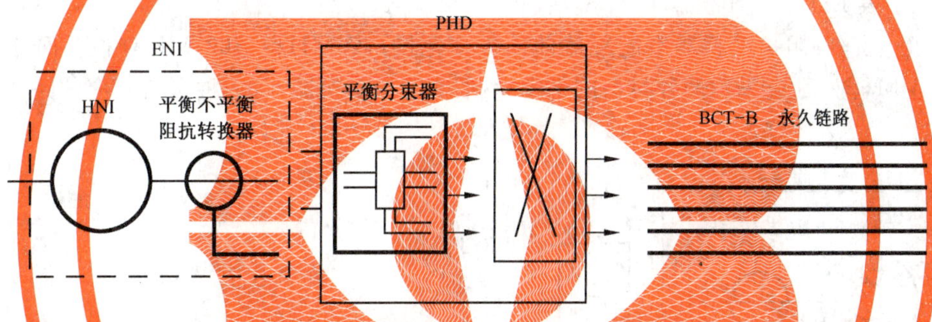

图 E.1 ENI 处平衡-不平衡阻抗变换器

图 E.1 所示为住宅内布有同轴系统的结构。图中平衡-不平衡阻抗变换器用于连接同轴系统和含有 PHD 的平衡布缆。

假定在这种情况下,平衡-不平衡阻抗变换器属于应用相关设备。因此,通过向住宅提供符合 IEC 60728(见图 E.5)的信号,以满足特定应用的要求。

如果平衡-不平衡阻抗变换器不能覆盖前向频率范围(47 MHz~862 MHz)和返回路径(5 MHz~65 MHz),则应采用两种类型的平衡-不平衡阻抗变换器,每一种覆盖对应的路径。

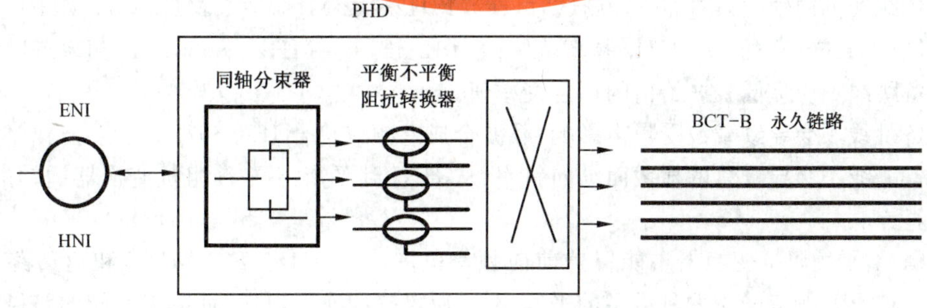

图 E.2 PHD 处平衡-不平衡阻抗变换器

图 E.2 所示为住宅内布有同轴系统的结构。图中平衡-不平衡阻抗变换器将同轴系统连接到平衡住宅主配线架,或直接连接平衡永久链路。

假设在此情况下平衡-不平衡阻抗变换器属于应用相关设备。因此,通过向平衡永久链路提供符合 IEC 60728-1 的信号(见图 E.5),以满足特定应用要求。

如果平衡-不平衡阻抗变换器不能覆盖前向频率范围(47 MHz～862 MHz)和返回路径频率范围(5 MHz～65 MHz),则应采用两种类型的平衡-不平衡阻抗变换器,每一种覆盖对应的路径。

E.1.3 BO处平衡-不平衡阻抗变换器

图 E.3 说明了平衡-不平衡阻抗变换器接入墙上的 BO 插座的情况。在这种情况下,尽管永久链路满足第 9 章要求,BO 处也不再存在不平衡连接器。

当从平衡-不平衡阻抗变换器的同轴端口测量输入阻抗时应为 75 Ω±3 Ω。

当从平衡-不平衡阻抗变换器的同轴端口进行 RL 测试时,在 5 MHz～42 MHz 或 5 MHz～65 MHz(返回路径)时为 14 dB,在 VHF 和 UHF TV 的 470 MHz 频率范围内为 12 dB,470 MHz～862 MHz频率范围内为 10 dB。

插入的平衡-不平衡阻抗变换器不应降低表 3(BCT-B 信道最低性能)给出的耦合衰减值。

插入的平衡-不平衡阻抗变换器不会导致载波受噪声的影响,载波合成差频应符合 IEC 60728-1。

插入的平衡-不平衡阻抗变换器不会导致总的横截面纵向斜率(从 HNI 到平衡-不平衡阻抗变换器同轴端口)大于表 E.1 的给出值。

如果平衡-不平衡阻抗变换器不能覆盖前向频率范围(47 MHz～862 MHz)和返回路径频率范围(5 MHz～65 MHz),则应采用两种类型的平衡-不平衡阻抗变换器,每一种覆盖对应的路径。

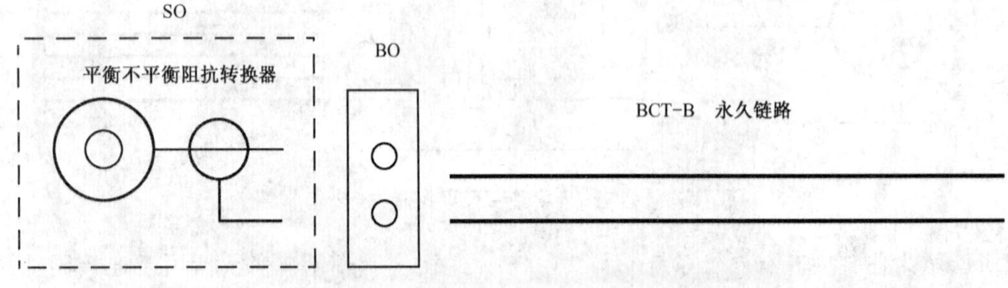

图 E.3 SO 处平衡-不平衡阻抗变换器

E.1.4 BO 和终端设备间跳线中的平衡-不平衡阻抗变换器

图 E.4 为平衡-不平衡阻抗变换器处于设备跳线中的情况。

当从设备跳线的同轴端口测量输入阻抗时应为 75 Ω±3 Ω。

当从设备跳线的同轴端口进行 RL 测试时,在 5 MHz～42 MHz 或 5 MHz～65 MHz(前向)范围为 14 dB,在 VHF UHF TV 的 470 MHz 频率范围内为 12 dB,470 MHz～862 MHz 频率范围内为 10 dB。

插入设备跳线不应降低表 3 给出的耦合衰减值。

插入设备跳线不会导致载波受噪声影响,载波合成差频应符合 IEC 60728-1。

插入设备跳线不会导致总的横截面纵向斜率(从 HNI 到平衡-不平衡阻抗变换器同轴端口)大于表 E.1 的给出值。

如果平衡-不平衡阻抗变换器不能覆盖前向频率范围(47 MHz～862 MHz)和返回路径频率范围(5 MHz～65 MHz),则应采用两种类型的平衡-不平衡阻抗变换器,每一种覆盖对应的路径。

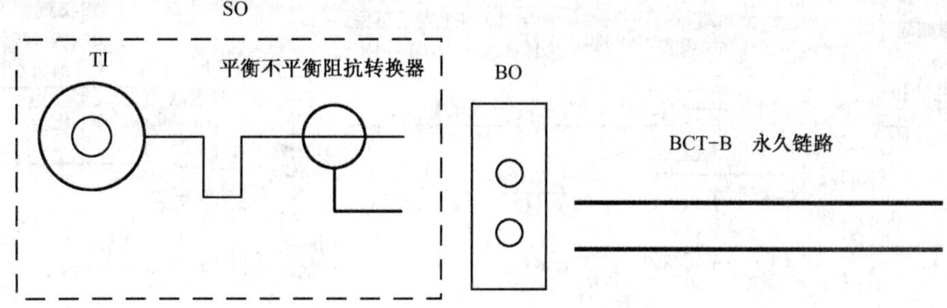

图 E.4　BO 和终端设备间跳线中的平衡-不平衡阻抗变换器

E.2　HNI

图 E.5 给出不同类型的 HNI(住宅网络接口)。取决于所用类型，允许的总插入损耗和横截面纵向斜率，见表 E.1。

注：图 E.5 帮助读者更好的理解本标准要求，图 E.5 引自 IEC 60728-1，7.1(经修改的图 43)。

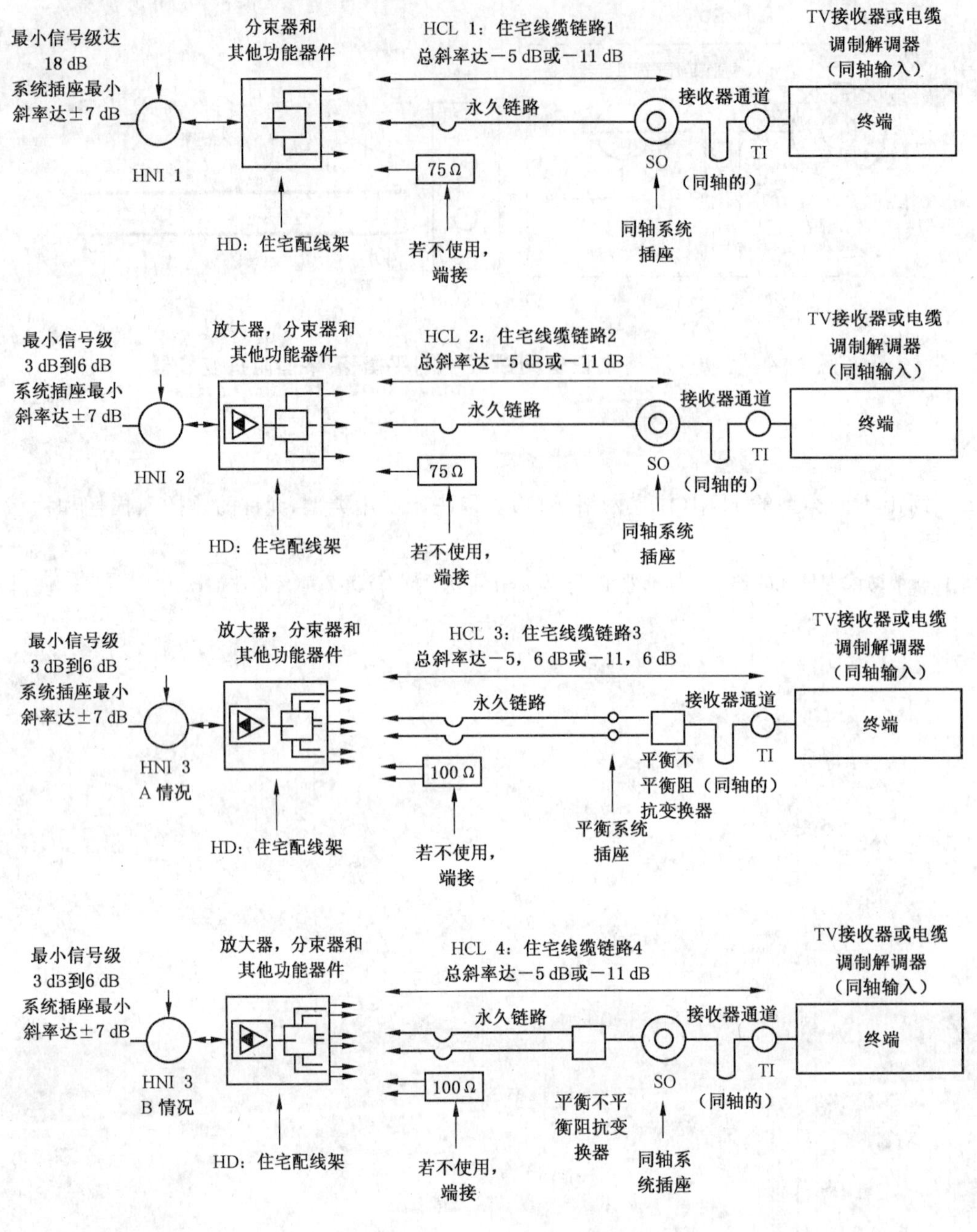

图 E.5 HNI 的类型

表 E.1 插入损耗和总纵向斜率

HNI 类型	总插入损耗	总纵向斜率
HNI1	见 60728-1	11 dB
HNI2	见 60728-1	11 dB
HNI3 A 情况	见 60728-1	11.6 dB
HNI3 B 情况	见 60728-1	11 dB

参考文献

[1] GB/T 2900.83—2008 电工术语 电的和磁的器件(IEC 60050-151:2001,IDT)

[2] GB/T 5023.1—2008 额定电压450/750 V及以下聚氯乙烯绝缘电缆 第1部分:一般要求(IEC 60227-1:2007,IDT)

[3] GB/T 6510—1996 电视和声音信号的电缆分配系统(IEC 60728-1,IDT)

[4] GB 9254—2008 信息技术设备的无线电骚扰限值和测量方法(CISPR 22:2006,IDT)

[5] GB/T 11327.2—1999 聚氯乙烯绝缘聚氯乙烯护套低频通信电缆电线 第2部分:局用电缆(对线组或三线组或四线组或五线组的)(IEC 60189-2:1986,IDT)

[6] GB 16895(所有部分) 建筑物的电气设施[IEC 60364(所有部分)]

[7] GB/T 16895.1—2008 低压电气装置 第1部分:基本原则、一般特性评估和定义(IEC 60364-1:2005 Ed.4.0,IDT)

[8] GB 16895.3—2004 建筑物电气装置 第5-54部分:电气设备的选择和安装 接地配置、保护导体和保护联结导体(IEC 60364-5-54:2002,IDT)

[9] GB 16895.6—2000 建筑物电气装置 第5部分:电气设备的选择和安装 第52章:布线系统(IEC 60364-5-52,IDT)

[10] GB 16895.11—1999 建筑物电气装置 第4部分:安全防护 第44章:过电压保护(IEC 60364-4-44,IDT)

[11] GB/T 17738.1—1999 射频同轴电缆组件 第1部分:总规范 一般要求和试验方法(IEC 60966-1:1988,IDT)

[12] GB 17466(所有部分) 家用和类似用途固定式电气装置电器附件安装盒和外壳[IEC 60670(所有部分)]

[13] GB/T 17618—1998 信息技术设备抗扰度限值和测量方法(CISPR 24:1997,IDT)

[14] GB/T 17737.1—2000 射频电缆 第1部分:总规范 总则、定义、要求和试验方法(IEC 61196-1:1995,IDT)

[15] GB/T 18015.2—2007 数字通信用对绞或星绞多芯对称电缆 第2部分:水平层布线电缆分规范(IEC 61156-2:2003,IDT)

[16] GB/T 18015.3—2007 数字通信用对绞或星绞多芯对称电缆 第3部分:工作区布线电缆分规范(IEC 61156-3:2003,IDT)

[17] GB/T 18015.4—2007 数字通信用对绞或星绞多芯对称电缆 第4部分:垂直布线电缆分规范(IEC 61156-4:2003,IDT)

[18] GB/T 18380.3(所有部分) 电缆和光缆在火焰条件下的燃烧试验 第3部分:垂直安装的成束电线电缆火焰垂直蔓延试验[IEC 60332-3(所有部分)]

[19] GB/T 19215.1—2003 电气安装用电缆槽管系统 第1部分:通用要求(IEC 61084-1:1991+A1:1993,IDT)

[20] GB/T 20041(所有部分) 电气安装用导管系统[IEC 61386(所有部分)]

[21] GB/T 21430.1—2008 宽带数字通信(高速率数字接入通信网络)用对绞或星绞多芯对称电缆-户外电缆 第1部分:总规范(IEC 62255-1-2003,IDT)

[22] GB/T 21762—2008 电缆管理 电缆托盘系统和电缆梯架系统(IEC 61537:2006,IDT)

[23] IEC 60332-1 电缆和光缆在火焰条件下的燃烧试验 第1部分:单根绝缘电线电缆火焰垂直蔓延试验

[24] IEC 60512-23-7 电子设备用连接器 试验和测量 第23-7部分:屏蔽试验和滤波试验.试

验 23d:连接器的有效转移阻抗

[25] IEC 60603-8 印制板用频率低于 3 MHz 的连接器 第 8 部分:具有 0.63 mm×0.63 mm 的方形阳接触件基本网格为 2.54 mm (0.1 in)的印制板用两件式连接器

[26] IEC 60708(所有部分) 聚烯烃绝缘和隔潮层聚烯烃护套低频电缆

[27] IEC 60708-1 聚烯烃绝缘和隔潮层聚烯烃护套低频电缆 第 1 部分:一般设计细则和要求

[28] IEC 60874-14(所有部分) 光纤光缆连接器 第 14 部分:SC 型光纤连接器的分规范

[29] IEC 60874-19(所有部分) 光纤光缆连接器 第 19 部分:光纤连接器分规范 SC-D 型(双总))

[30] IEC 60874-19-1 光纤和光缆连接器 第 19-1 部分:连接到 A1a 和 A1b 型多模纤维的 SC-PC 型(双向浮动)标准光纤接插线连接器 详细规范

[31] IEC 60874-19-2 光纤光缆连接器 第 19-2 部分:SC 型单模光纤连接器用光纤转接器(双总)详细规范

[32] IEC 60874-19-3 光纤光缆连接器 第 19-3 部分:SC 型多模光纤连接器用光纤转接器(双总)详细规范

[33] IEC 60966(所有部分) 射频同轴电缆组件

[34] IEC/TR3 61000-5-1 电磁兼容性(EMC) 第 5 部分:安装和调试指南 第 1 节:一般考虑基础 EMC 出版物

[35] IEC 61000-5-2 电磁兼容性(EMC) 第 5 部分:安装和调试指南 第 2 节:接地和电缆敷设

[36] IEC 61312(所有部分) 雷电电磁冲击防护

[37] IEC 61935-2 通用布线系统 根据 ISO/IEC 11801 对对称通信布线进行检验的规范 第 2 部分:转接线和工作区域用线

[38] ISO/IEC 10192(所有部分) 信息技术 家用电子系统(HES)接口

[39] ISO/IEC TR 14543 信息技术 家用电子系统(HES)体系结构

[40] ISO/IEC TR 15044 信息技术 家用电子系统术语(HES)

[41] ISO/IEC 18010 信息技术 用户建筑群布缆的路径和间隔

ICS 35.080
L 66

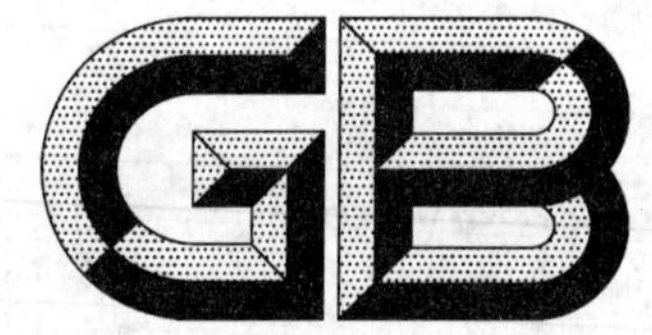

中华人民共和国国家标准

GB/T 29270.1—2012

信息技术　编码字符集测试规范
第1部分：蒙古文

Information technology—Specification for the testing of coded character sets—Part 1：Mongolian

2012-12-31 发布　　　　2013-06-01 实施

中华人民共和国国家质量监督检验检疫总局
中国国家标准化管理委员会　发布

前　言

GB/T 29270《信息技术　编码字符集测试规范》分为如下部分：

——第1部分：蒙古文；

——第2部分：藏文；

——第3部分：维吾尔文、哈萨克文、柯尔克孜文；

——第4部分：朝鲜文；

——第5部分：彝文；

——第6部分：傣文；

——第7部分：汉字；

……

本部分是GB/T 29270的第1部分。

本部分按照GB/T 1.1—2009给出的规则起草。

请注意本文件的某些内容可能涉及专利。本文件的发布机构不承担识别这些专利的责任。

本部分由中华人民共和国工业和信息化部提出。

本部分由全国信息技术标准化技术委员会(SAC/TC 28)归口。

本部分起草单位：中国电子技术标准化研究院。

本部分主要起草人：王欣、何正安、熊涛、陈壮、陈海。

信息技术 编码字符集测试规范 第1部分：蒙古文

1 范围

GB/T 29270 的本部分规定了对电子信息产品进行蒙古文编码字符集标准符合性测试的方法和判定准则。

本部分适用于具有蒙古文编码字符输入、存储、输出、传输、交换等功能的电子信息产品的标准符合性测试。

2 规范性引用文件

下列文件对于本文件的应用是必不可少的。凡是注日期的引用文件，仅注日期的版本适用于本文件。凡是不注日期的引用文件，其最新版本（包括所有的修改单）适用于本文件。

GB 13000—2010 信息技术 通用多八位编码字符集（UCS）

GB 18030—2005 信息技术 中文编码字符集

GB/T 26226—2010 信息技术 蒙古文变形显现字符集和控制字符使用规则

3 术语和定义

下列术语和定义适用于本文件。

3.1

编码字符数据元素 coded character data element

被交换信息的一个元素。它由依据一个或多个已标识的编码字符集标准的一些字符的编码表示序列组成。

3.2

测试样本 testing sample

用于编码字符集标准符合性测试的数据文件。其内容由编码字符集中规定的编码序列构成。

4 总则

4.1 测试原理

采用黑盒测试的方法，将被测产品置于测试环境中，将准备好的测试样本通过被测产品的正常输入途径输入至被测产品中，查看对应的输出是否符合标准的预期结果。

正常的输入途径可能包括但不限于：

a） 打开文件；

b） 导入文件；

c） 键盘输入；

d） 复制/粘贴。

与这些输入对应的输出形式可能包括但不限于：

a) 保存/另存的文件；

b) 导出的文件；

c) 屏幕显示结果；

d) 打印结果。

4.2 产品实现

4.2.1 GB 13000—2010 的实现

产品能够正确处理的编码字符数据元素应包含 GB 13000—2010 中 0x1800～0x18AF 定义的全部字符，以及 GB/T 26226—2010 中规定的全部控制字符。

产品的输入、输出应符合 GB/T 26226—2010 的要求。

4.2.2 GB 18030—2005 的实现

产品应按 GB 18030—2005 与 GB 13000—2010 之间的对应关系和 4.2.1 所规定的内容，正确处理对应字符并符合对应要求。

5 测试方法

5.1 测试环境

5.1.1 物理环境

测试环境应满足如下条件：

——温度：15 ℃～35 ℃；

——相对湿度：25%～75%；

——大气压：86 kPa～106 kPa。

5.1.2 软硬件环境

测试环境应符合相应的蒙古文编码字符集标准，如操作系统、数据库、中间件、字库、输入法等。

测试环境应满足被测产品的运行要求。

5.2 测试样本的制备

5.2.1 制备方法

测试样本按照如下方法进行制备：

使用开发工具建立空白样本文件，并以二进制形式打开，依次向样本文件中写入标准中定义的码位的编码数值。写入的码位编码数值按不同标准划分。

5.2.2 GB 13000—2010 的样本

写入的码位编码数值范围为(以十六进制表示)：

——1800～18AF；

——200C；

——200D；

——202F。

为测试控制字符的使用，还应单独构造另一样本，写入的内容按照 GB/T 26226—2010 表 A.1 中自由变体选择符的搭配的内容，以及 GB/T 26226—2010 表 B.1 中字符序列的内容。

5.2.3 GB 18030—2005 的样本

写入的码位编码数值范围为(以十六进制表示)：

8134D238～8134E33。

5.3 测试用例的设计原则

测试用例宜覆盖与相应蒙古文编码字符集标准对应的测试样本中的全部内容。

测试用例应覆盖被测系统的全部功能模块，每个功能模块的测试用例应主要考虑但不限于下列内容：

a) 命名支持

如：文件名、目录名、项目名、用户名、组名等。

设计命名支持的测试用例时，命名用字符串可从相应测试样本中随机选取，选取时应考虑边界值及均匀性。

b) 函数支持

如：结构化查询语言(SQL)语句支持、开发工具特定函数调用等。

SQL 语句支持的测试用例，应至少涉及创建及删除数据库、表、列，以及增加、查找、排序、更新、删除数据记录等。

开发工具特定函数调用的测试用例，应覆盖函数中所有必要的参数。

用例中使用的字符串可从相应测试样本中随机选取，选取时应考虑边界值及均匀性。

c) 编辑支持

如：键盘输入、复制、剪切、粘贴、查找、替换等。

编辑支持的测试用例除主编辑区外，还应覆盖对话框、表单、批注、页眉、页脚等可进行编辑的区域。

6 判定准则

当被测产品携带有操作系统、数据库、中间件、字库或输入法等部件时，若这些部件不符合蒙古文编码字符集标准，则被测产品不符合相应编码字符集标准。

当且仅当所有测试用例均能正确执行时，被测产品才被认为是符合相应编码字符集标准。

ICS 35.080
L 66

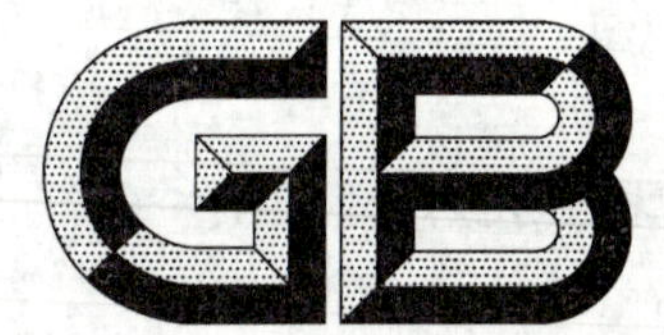

中华人民共和国国家标准

GB/T 29270.2—2012

信息技术　编码字符集测试规范
第2部分:藏文

Information technology—Specification for the testing of coded character sets—
Part 2: Tibetan

2012-12-31 发布　　2013-06-01 实施

中华人民共和国国家质量监督检验检疫总局
中国国家标准化管理委员会　发布

前　言

GB/T 29270《信息技术　编码字符集测试规范》分为如下部分：

——第1部分：蒙古文；

——第2部分：藏文；

——第3部分：维吾尔文、哈萨克文、柯尔克孜文；

——第4部分：朝鲜文；

——第5部分：彝文；

——第6部分：傣文；

——第7部分：汉字；

……

本部分是GB/T 29270的第2部分。

本部分按照GB/T 1.1—2009给出的规则起草。

请注意本文件的某些内容可能涉及专利。本文件的发布机构不承担识别这些专利的责任。

本部分由中华人民共和国工业和信息化部提出。

本部分由全国信息技术标准化技术委员会(SAC/TC 28)归口。

本部分起草单位：中国电子技术标准化研究院。

本部分主要起草人：王欣、熊涛、何正安、陈壮、陈海。

信息技术　编码字符集测试规范　第2部分:藏文

1　范围

GB/T 29270 的本部分规定了对电子信息产品进行藏文编码字符集标准符合性测试的方法和判定准则。

本部分适用于具有藏文编码字符输入、存储、输出、传输、交换等功能的电子信息产品的标准符合性测试。

2　规范性引用文件

下列文件对于本文件的应用是必不可少的。凡是注日期的引用文件,仅注日期的版本适用于本文件。凡是不注日期的引用文件,其最新版本(包括所有的修改单)适用于本文件。

GB 13000—2010　信息技术　通用多八位编码字符集(UCS)

GB 16959—1997　信息技术　信息交换用藏文编码字符集　基本集

GB 18030—2005　信息技术　中文编码字符集

GB/T 20542—2006　信息技术　藏文编码字符集　扩充集A

GB/T 22238—2008　信息技术　藏文编码字符集　扩充集B

3　术语和定义

下列术语和定义适用于本文件。

3.1

编码字符数据元素　coded character data element

被交换信息的一个元素。它由依据一个或多个已标识的编码字符集标准的一些字符的编码表示序列组成。

3.2

测试样本　testing sample

用于编码字符集标准符合性测试的数据文件。其内容由编码字符集中规定的编码序列构成。

4　总则

4.1　测试原理

采用黑盒测试的方法,将被测产品置于测试环境中,将准备好的测试样本通过被测产品的正常输入途径输入至被测产品中,查看对应的输出是否符合标准的预期结果。

正常的输入途径可能包括但不限于:

a)　打开文件;

b)　导入文件;

c) 键盘输入；

d) 复制/粘贴。

与这些输入对应的输出形式可能包括但不限于：

a) 保存/另存的文件；

b) 导出的文件；

c) 屏幕显示结果；

d) 打印结果。

4.2 产品实现

4.2.1 GB 16959—1997 的实现

产品能够正确处理的编码字符数据元素应包含 GB 16959—1997 中定义的全部字符，但不包含 GB 13000—2010 中 B.2 内定义的组合用字符。

4.2.2 GB 13000—2010 的实现

产品能够正确处理的编码字符数据元素应包含 GB 13000—2010 中 0x0F00～0x0FD8 定义的全部字符。

4.2.3 GB 18030—2005 的实现

产品能够正确处理的编码字符数据元素应包含 GB 18030—2005 中 0x8132E834～0x8132FD31 定义的全部字符。

4.2.4 GB/T 20542—2006 的实现

4.2.4.1 实现级别 1

产品能够正确处理的编码字符数据元素应包含 GB/T 20542—2006 中附录 A 和附录 F 内定义的全部字符的编码表示，但不包含其附录 E 内定义的组合用字符。

4.2.4.2 实现级别 2

产品使用组合用字符，即动态组合方式，能够正确处理的编码字符数据元素应包含 GB/T 20542—2006 中附录 A、附录 E 和附录 F 内定义的全部字符。

4.2.5 GB/T 22238—2008 的实现

4.2.5.1 实现级别 1

产品能够正确处理的编码字符数据元素应包含 GB/T 22238—2008 中附录 A、附录 E 和附录 F 内定义的全部字符的编码表示，但不包含组合用字符的编码表示。藏文编码字符集基本集组合用字符在 GB/T 20542—2006 中的附录 E 内规定。

4.2.5.2 实现级别 2

软件产品能够正确处理的编码字符数据元素应包含 GB/T 22238—2008 中附录 A、附录 E 和附录 F 内定义的全部字符的编码表示，同时还应包含 GB/T 20542—2006 中附录 E 内定义的全部组合用字符的编码表示。

5 测试方法

5.1 测试环境

5.1.1 物理环境

测试环境应满足如下条件：

——温度：15 ℃～35 ℃；

——相对湿度：25％～75％；

——大气压：86 kPa～106 kPa。

5.1.2 软硬件环境

测试环境应符合相应的藏文编码字符集标准，如操作系统、数据库、中间件、字库、输入法等。

测试环境应满足被测产品的运行要求。

5.2 测试样本的制备

5.2.1 制备方法

测试样本按照如下方法进行制备：

使用开发工具建立空白样本文件，并以二进制形式打开，依次向样本文件中写入标准中定义的码位的编码数值。写入的码位编码数值按不同标准及实现级别划分。

5.2.2 GB 16959—1997 的样本

写入的码位编码数值范围为（以十六进制表示）：

——0F00～0F47；

——0F49～0F69；

——0F71～0F8B；

——0F90～0F95；

——0F97；

——0F99～0FAD；

——0FB1～0FB7；

——0FB9。

5.2.3 GB 13000—2010 的样本

写入的码位编码数值范围为（以十六进制表示）：

——0F00～0F47；

——0F49～0F6C；

——0F71～0F8B；

——0F90～0F97；

——0F99～0FBC；

——0FBE～0FCC；

——0FCE～0FD8。

5.2.4 GB 18030—2005 的样本

写入的码位编码数值范围为(以十六进制表示):

8132E834～8132FD31。

5.2.5 GB/T 20542—2006 的样本

5.2.5.1 实现级别 1 的样本

写入的码位编码数值范围(以十六进制表示)除 5.2.2 中的内容外,还应包括:

F300～F8FF。

5.2.5.2 实现级别 2 的样本

写入的码位编码数值范围除 5.2.5.1 中的内容外,还应包括:GB/T 20542—2006 表 E.1 中"编码位置"列中列出的全部编码数值。

5.2.6 GB/T 22238—2008 的样本

5.2.6.1 实现级别 1 的样本

写入的码位编码数值范围(以十六进制表示)除 5.2.5.1 中的内容外,还应包括:

000F0000～000F1645。

5.2.6.2 实现级别 2 的样本

写入的码位编码数值范围除 5.2.6.1 中的内容外,还应包括:GB/T 20542—2006 表 E.1 中"编码位置"列中列出的全部编码数值。

5.3 测试用例的设计原则

测试用例宜覆盖与相应藏文编码字符集标准对应的测试样本中的全部内容。

测试用例应覆盖被测系统的全部功能模块,每个功能模块的测试用例应主要考虑但不限于下列内容:

a) 命名支持

如:文件名、目录名、项目名、用户名、组名等。

设计命名支持的测试用例时,命名用字符串可从相应测试样本中随机选取,选取时应考虑边界值及均匀性。

b) 函数支持

如:结构化查询语言(SQL)语句支持、开发工具特定函数调用等。

SQL 语句支持的测试用例,应至少涉及创建及删除数据库、表、列,以及增加、查找、排序、更新、删除数据记录等。

开发工具特定函数调用的测试用例,应覆盖函数中所有必要的参数。

用例中使用的字符串可从相应测试样本中随机选取,选取时应考虑边界值及均匀性。

c) 编辑支持

如:键盘输入、复制、剪切、粘贴、查找、替换等。

编辑支持的测试用例除主编辑区外,还应覆盖对话框、表单、批注、页眉、页脚等可进行编辑的区域。

6 判定准则

当被测产品携带有操作系统、数据库、中间件、字库或输入法等部件时，若这些部件不符合藏文编码字符集标准，则被测产品不符合相应编码字符集标准。

当且仅当所有测试用例均能正确执行时，被测产品才被认为是符合相应编码字符集标准。

注：由于藏文编码字符集标准之间在内容上存在包含关系，因此产品在实现级别上也存在如下关系：

a) 若产品实现了 GB/T 20542—2006 的实现级别 1，则产品也实现了 GB 16959—1997；

b) 若产品实现了 GB/T 22238—2008 的实现级别 1，则产品也实现了 GB/T 20542—2006 的实现级别 1；

c) 若产品实现了 GB/T 22238—2008 的实现级别 2，则产品也实现了 GB/T 20542—2006 的实现级别 2。

ICS 35.080
L 66

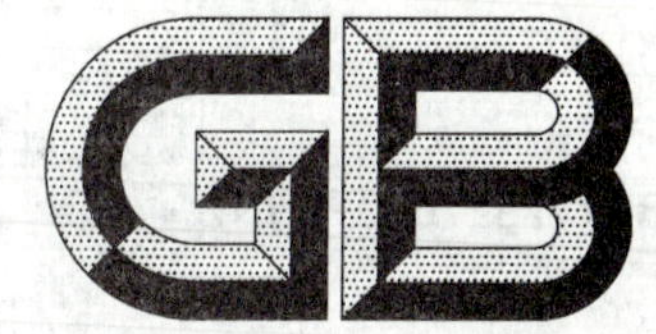

中华人民共和国国家标准

GB/T 29270.3—2012

信息技术　编码字符集测试规范 第3部分：维吾尔文、哈萨克文、柯尔克孜文

Information technology—Specification for the testing of coded character sets—Part 3：Uyghur，Kazak and Kirghiz

2012-12-31 发布　　　　2013-06-01 实施

中华人民共和国国家质量监督检验检疫总局
中国国家标准化管理委员会　发布

前 言

GB/T 29270《信息技术 编码字符集测试规范》分为如下部分：

——第1部分：蒙古文；

——第2部分：藏文；

——第3部分：维吾尔文、哈萨克文、柯尔克孜文；

——第4部分：朝鲜文；

——第5部分：彝文；

——第6部分：傣文；

——第7部分：汉字；

……

本部分是GB/T 29270的第3部分。

本部分按照GB/T 1.1—2009给出的规则起草。

请注意本文件的某些内容可能涉及专利。本文件的发布机构不承担识别这些专利的责任。

本部分由中华人民共和国工业和信息化部提出。

本部分由全国信息技术标准化技术委员会(SAC/TC 28)归口。

本部分起草单位：中国电子技术标准化研究院。

本部分主要起草人：王欣、陈壮、何正安、熊涛、陈海。

信息技术　编码字符集测试规范　第3部分:维吾尔文、哈萨克文、柯尔克孜文

1　范围

GB/T 29270的本部分规定了对电子信息产品进行维吾尔文、哈萨克文、柯尔克孜文编码字符集标准符合性测试的方法和判定准则。

本部分适用于具有维吾尔文、哈萨克文、柯尔克孜文编码字符输入、存储、输出、传输、交换等功能的电子信息产品的标准符合性测试。

2　规范性引用文件

下列文件对于本文件的应用是必不可少的。凡是注日期的引用文件,仅注日期的版本适用于本文件。凡是不注日期的引用文件,其最新版本(包括所有的修改单)适用于本文件。

GB 18030—2005　信息技术　中文编码字符集

GB 21669—2008　信息技术　维吾尔文、哈萨克文、柯尔克孜文编码字符集

3　术语和定义

下列术语和定义适用于本文件。

3.1

编码字符数据元素　coded character data element

被交换信息的一个元素。它由依据一个或多个已标识的编码字符集标准的一些字符的编码表示序列组成。

3.2

测试样本　testing sample

用于编码字符集标准符合性测试的数据文件。其内容由编码字符集中规定的编码序列构成。

4　总则

4.1　测试原理

采用黑盒测试的方法,将被测产品置于测试环境中,将准备好的测试样本通过被测产品的正常输入途径输入至被测产品中,查看对应的输出是否符合标准的预期结果。

正常的输入途径可能包括但不限于:

a)　打开文件;

b)　导入文件;

c)　键盘输入;

d)　复制/粘贴。

与这些输入对应的输出形式可能包括但不限于:

a) 保存/另存的文件；

b) 导出的文件；

c) 屏幕显示结果；

d) 打印结果。

4.2 产品实现

4.2.1 GB 18030—2005 的实现

产品能够正确处理的编码字符数据元素应包含 GB 18030—2005 中 0x81318132～0x81319934、0x8430BA32～0x8430FE35、0x84318730～0x84319530 定义的全部字符。

4.2.2 GB 21669—2008 的实现

产品能够正确处理的编码字符数据元素应包含 GB 21669—2008 中表 A.1 中定义的全部字符。

5 测试方法

5.1 测试环境

5.1.1 物理环境

测试环境应符合如下条件：

——温度：15 ℃～35 ℃；

——相对湿度：25%～75%；

——大气压：86 kPa～106 kPa。

5.1.2 软硬件环境

测试环境应符合相应的维吾尔文、哈萨克文、柯尔克孜文编码字符集标准，如操作系统、数据库、中间件、字库、输入法等。

测试环境应满足被测产品的运行要求。

5.2 测试样本的制备

5.2.1 制备方法

测试样本按照如下方法进行制备：

使用开发工具建立空白样本文件，并以二进制形式打开，依次向样本文件中写入标准中定义的码位的编码数值。写入的码位编码数值按不同标准划分。

5.2.2 GB 18030—2005 的样本

写入的码位编码数值范围为(以十六进制表示)：

——81318132～81319934；

——8430BA32～8430FE35；

——84318730～84319530。

5.2.3 GB 21669—2008 的样本

写入的码位编码数值范围为 GB 21669—2008 中表 A.1 中列出的所有码位的编码数值。

5.3 测试用例的设计原则

测试用例宜覆盖与相应维吾尔文、哈萨克文、柯尔克孜文编码字符集标准对应的测试样本中的全部内容。

测试用例应覆盖被测系统的全部功能模块，每个功能模块的测试用例应主要考虑但不限于下列内容：

a) 命名支持

如：文件名、目录名、项目名、用户名、组名等。

设计命名支持的测试用例时，命名用字符串可从相应测试样本中随机选取，选取时应考虑边界值及均匀性。

b) 函数支持

如：结构化查询语言(SQL)语句支持、开发工具特定函数调用等。

SQL 语句支持的测试用例，应至少涉及创建及删除数据库、表、列，以及增加、查找、排序、更新、删除数据记录等。

开发工具特定函数调用的测试用例，应覆盖函数中所有必要的参数。

用例中使用的字符串可从相应测试样本中随机选取，选取时应考虑边界值及均匀性。

c) 编辑支持

如：键盘输入、复制、剪切、粘贴、查找、替换等。

编辑支持的测试用例除主编辑区外，还应覆盖对话框、表单、批注、页眉、页脚等可进行编辑的区域。

6 判定准则

当被测产品携带有操作系统、数据库、中间件、字库或输入法等部件时，若这些部件不符合维吾尔文、哈萨克文、柯尔克孜文编码字符集标准，则被测产品不符合相应编码字符集标准。

当且仅当所有测试用例均能正确执行时，被测产品才被认为是符合相应编码字符集标准。

ICS 35.220.10
L 64

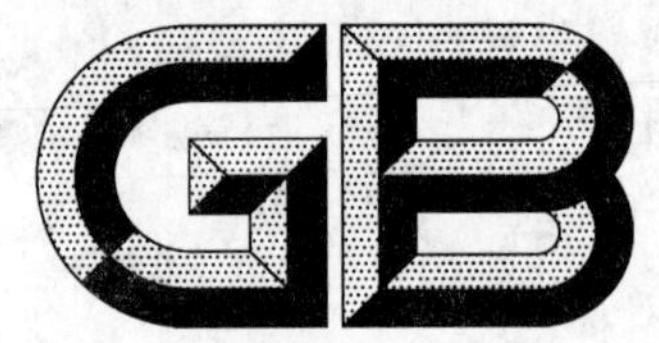

中华人民共和国国家标准

GB/T 29271.1—2012/ISO/IEC 24727-1:2007

识别卡 集成电路卡编程接口 第1部分:体系结构

Identification cards—Integrated circuit card programming interfaces—Part 1: Architecture

(ISO/IEC 24727-1:2007,IDT)

2012-12-31 发布 2013-06-01 实施

中华人民共和国国家质量监督检验检疫总局
中国国家标准化管理委员会 发布

前　言

GB/T 29271《识别卡　集成电路卡编程接口》分为以下6个部分：

——第1部分：体系结构；

——第2部分：通用卡接口；

——第3部分：应用接口；

——第4部分：应用编程接口(API)管理；

——第5部分：测试规程；

——第6部分：实现互操作的鉴别协议的注册管理规程。

本部分为GB/T 29271的第1部分。

本部分按照GB/T 1.1—2009给出的规则起草。

本部分使用翻译法等同采用ISO/IEC 24727-1:2007《识别卡　集成电路卡编程接口　第1部分：体系结构》。

与本部分中规范性引用的国际文件有一致性对应关系的我国文件如下：

——GB/T 16649.15—2010　识别卡　集成电路卡　第15部分：密码信息应用(ISO/IEC 7816-15:2004,IDT)

——GB/T 16263—2006　信息技术　ASN.1编码规则(ISO/IEC 8825:2002,IDT)

——GB/T 29271.2—2012　识别卡　集成电路卡编程接口　第2部分：通用卡接口(ISO/IEC 24727-2:2008,IDT)

本部分做了下列编辑性修改：

——将国际标准中范围的第一段描述性的文字改至引言中；

——在规范性引用文件中增加了文中引用到的标准；

——增加了部分缩略语；

——删除国际标准中的参考文献。

请注意本文件的某些内容可能涉及专利。本文件的发布机构不承担识别这些专利的责任。

本部分由全国信息技术标准化技术委员会(SAC/TC 28)提出并归口。

本部分起草单位：中国电子技术标准化研究院、东信和平智能卡股份有限公司、北京华大智宝电子系统有限公司、深圳市特种证件研究制作中心。

本部分主要起草人：金倩、黄小鹏、李金良、严金波、冯敬、赵子渊、陈跃、赵继红、耿力、王文峰、乔申杰。

引　言

GB/T 29271 定义了一组集成电路卡(ICC)和外部应用之间交互的编程接口,包括多部门使用的通用服务。ICC 的组织和操作符合 ISO/IEC 7816-4。

GB/T 29271 与不同应用领域之间有互操作要求的 ICC 应用相关。

GB/T 29271 定义了接口以实现独立的实现方法之间的互操作。

GB/T 29271 详细定义了服务的查找机制,其查找方法包括为客户端应用提供的查找方法:

——ICC 中可选的卡端应用;

——每一个卡端应用的相关信息。

GB/T 29271 的第 1 部分规定体系结构,它为本标准后续部分提供了基本的背景信息。鼓励使用 GB/T 29271 的开发者阅读这一介绍性质的第 1 部分。第 1 部分中规定的概念的技术细节在其他部分中提供。

GB/T 29271 的第 2 部分详述功能和相关信息结构,它们可用于 GB/T 29271 的第 3 部分中定义的接口的实现。

GB/T 29271 的第 3 部分详述由一个客户端应用发起使用的服务访问机制。

GB/T 29271 的第 4 部分详述通信栈中两个相邻组件之间的可信机制和连接机制。

GB/T 29271 的第 5 部分详述测试规程。

GB/T 29271 的第 6 部分规定实现互操作的鉴别协议的注册管理规程。

用于第 3 部分的功能通常存在于 ICC 之外,用于第 2 部分的功能通常存在于 ICC 之内。

识别卡　集成电路卡编程接口　第1部分:体系结构

1　范围

GB/T 29271 的本部分规定了:

——系统结构和操作原理;

——能力查找机制;

——安全原理。

本部分与接口技术的物理层无关。

2　规范性引用文件

下列文件对于本文件的应用是必不可少的。凡是注日期的引用文件,仅注日期的版本适用于本文件。凡是不注日期的引用文件,其最新版本(包括所有的修改单)适用于本文件。

GB/T 16649.4—2010　识别卡　集成电路卡　第4部分:用于交换的结构、安全和命令(ISO/IEC 7816-4:2005,IDT)

ISO/IEC 7816-15　识别卡　集成电路卡　第15部分:密码信息应用(Identification cards—Integrated circuit cards—Part 15: Cryptographic information application)

ISO/IEC 8825　信息技术 ASN.1 编码规则(Information technology—ASN.1 encoding rules)

ISO/IEC 24727-2　识别卡　集成电路卡编程接口　第2部分:通用卡接口(Identification cards—Integrated circuit card programming interfaces—Part 2: Generic card interface)

ISO/IEC 24727-3　识别卡　集成电路卡编程接口　第3部分:应用接口(Identification cards—Integrated circuit card programming interfaces—Part 3: Application interface)

ISO/IEC 24727-4　识别卡　集成电路卡编程接口　第4部分:应用编程接口(API)管理[Identification cards—Integrated circuit card programming interfaces—Part 4: Application programming interface (API) administration]

3　术语和定义

下列术语和定义适用于本文件。

3.1

鉴别　authentication

在身份或识别中评估信任级别的过程。

3.2

鉴别协议　authentication protocol

鉴别的具体过程。

3.3

卡　card

集成电路卡。

3.4

卡端应用　card-application

ICC 中可唯一寻址的功能集，能向客户端应用提供数据存储和计算服务。

3.5

客户端应用　client-application

需要访问一个或多个卡端应用的处理软件。

3.6

数据元　data element

在接口处可见的信息项，可以是名称、逻辑内容描述、格式和编码。

[GB/T 16649.4—2010，定义 3.12]

3.7

数据集　data set

实现互操作的数据结构的名称集合。

3.8

用于互操作的数据结构　data structure for interoperability

GB/T 16649.4 文件结构(由两个字节作为文件标识符)，或 ISO/IEC 8825 BER-TLV 数据对象(由八位位串编码的 ASN.1 标签)。

3.9

差异特征　differential-identity

由名称、标识和鉴别协议组成的信息集。

3.10

通用卡访问层　generic card access layer

向服务访问层提供 ISO/IEC 24727-2 接口的组件。

3.11

识别　identification

可以使一个实体被辨别或感知的一组特征和过程的集合。

3.12

接口　interface

实现独立或不相关的系统之间衔接、相互操作或相互通信。

3.13

互操作性　interoperability

符合 GB/T 29271 的任何卡端应用接口可以被符合 GB/T 29271 的任何客户端应用使用的性能。

3.14

标识　marker

差异特征中代表一个实体唯一特征的信息项。

3.15

中间件 middleware

连接两个其他方面独立的应用的软件。

3.16

服务 service

在接口处可见的处理功能的集合。

3.17

服务访问层 service access layer

向客户端应用提供 ISO/IEC 24727-3 API 的组件。

4 缩略语

下列缩略语适用于本文件。

AID:应用标识符(application identifier)

ACD:应用能力描述(application capability description)

APDU:应用协议数据单元(application protocol data unit)

API:应用编程接口(application programming interface)

BER:基本编码规则(basic encoding rules)

CCD:卡片能力描述(card capability description)

DSI:实现互操作的数据结构(data structure for interoperability)

GCAL:通用卡访问层(generic card access layer)

GCI:通用卡接口(generic card interface)

IAS:身份、鉴别和(数字)签名服务[identity, authentication, and (digital) signature services]

ICC:集成电路卡(integrated circuit card)

IFD:接口设备(interface device)

OID:对象标识符(object identifier)

PKI:公钥基础设施(public key infrastructure)

RFU:ISO/IEC 保留供将来使用(reserved for future use by ISO/IEC)

SAL:服务访问层(service access layer)

SM:安全报文传输(secure messaging)

SMC:安全报文传输控制(secure messaging control)

TLV:标签-长度-值(tag-length-value)

URL:统一资源定位符(uniform resource locator)

注:OID的获取见GB/T 26231—2010《信息技术 开放系统互连 OID的国家编号体系和注册规程》。

5 互操作性

互操作即实现了对于任何符合GB/T 29271的卡端应用提供的接口都可以被任何符合GB/T 29271的客户端应用使用。GB/T 29271定义的一组接口和查找机制可视为被测试验证过的独立的实现方法。

GB/T 29271在两个层面上定义了接口:

——客户端应用和服务接口之间;

——服务访问层和通用卡接口之间。

对每个具体的接口,其所支持的功能在GB/T 29271的相关部分中定义。

GB/T 29271适用于ICC直接提供或间接提供的能力描述,这些能力在6.6中描述。

服务接口、通用卡接口和能力描述可以根据将来ICC技术的发展而进一步扩展。

6 体系结构

6.1 概要

GB/T 29271将在主机平台上运行的客户端应用和能被客户端应用调用的一组分层服务分开。服务的组织结构将在服务接口、通用卡接口和ICC上的卡端应用中进一步定义。

6.2 体系结构属性

服务接口的实现特征见6.5。

通用卡接口的实现特征见6.8。

连接接口的实现特征见6.9。

可信信道接口的实现特征见6.10。

卡端应用管理数据集。命名每个数据集,并且数据集列表对于客户端应用是可见的,可以通过直接信息或者查找的方式获取。当客户端应用请求在数据集上运行服务时,将会使用到数据集名称。

数据集的访问是通过访问控制列表来控制的。访问控制列表描述了在数据集上运行一个操作应满足的安全条件。ISO/IEC 24727-3提供了访问控制列表、身份和操作的额外细节。

在ICC上,卡端应用被组织为一个阿尔法卡端应用和一个或多个卡端应用。卡端应用在服务接口处可通过AID来选择。

6.3 逻辑体系结构

图1说明了GB/T 29271中定义的客户端应用、分层及接口与存在于ICC中的卡端应用之间的关系。从客户端应用到卡端应用的请求流程以表示请求或确认的方向性箭头标示。每个箭头的命名表达了GB/T 29271所支持的功能。本部分将不对一个请求或一个确认的实际格式和语法进行详述。

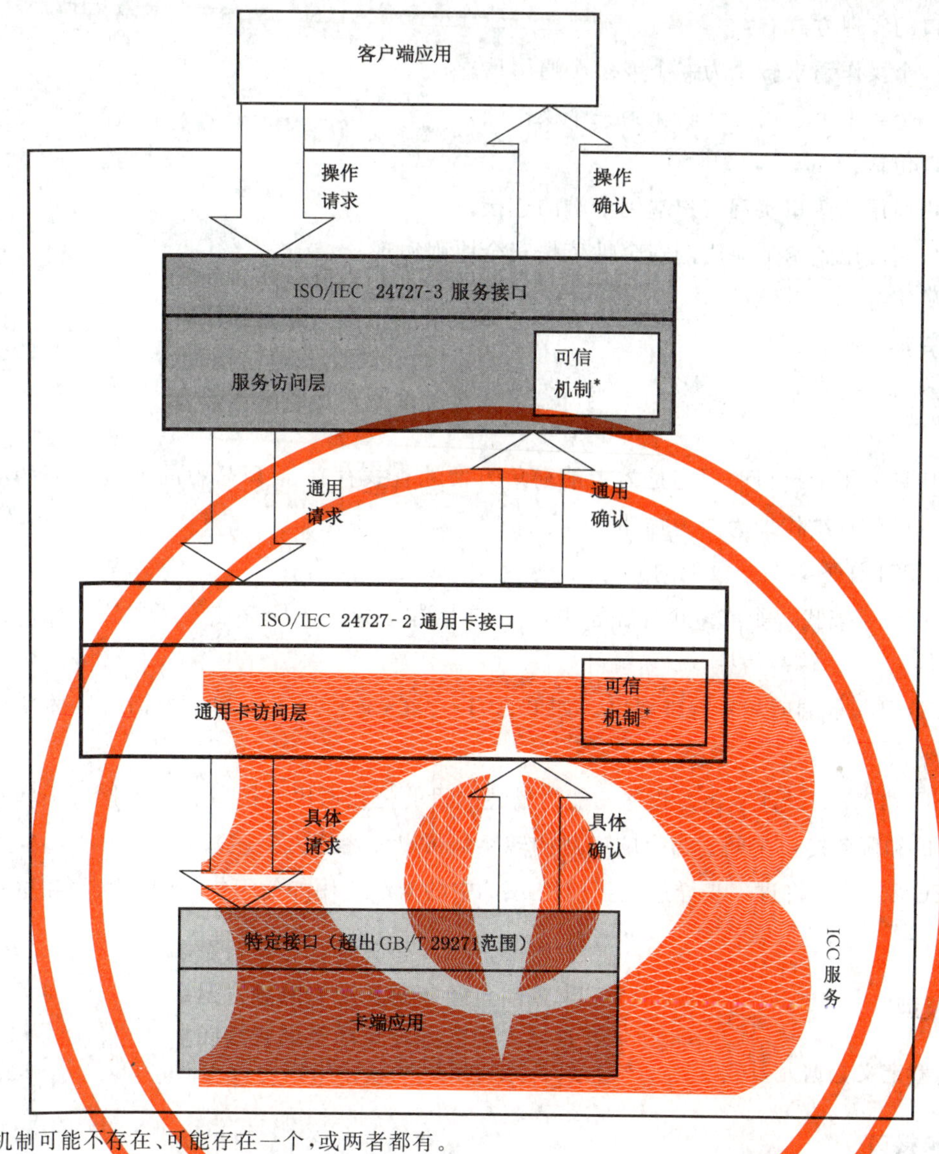

* 这些机制可能不存在、可能存在一个，或两者都有。

图 1 GB/T 29271 的逻辑体系结构

GB/T 29271 中的功能能够以多种方式实现。

6.4 协议独立性

GB/T 29271 定义的接口是以独立于(在客户端应用和卡端应用之间建立通信所需的)协议的方式规定的。

图 1 表示了层和接口的堆栈。

代理是栈元素接口的一种实现方式，它允许栈元素分开实现。例如，图 1 中的卡端应用就是实际卡片的代理。

附录 A 详细说明了堆栈实现的结构。

6.5 客户端应用服务访问层接口

ISO/IEC 24727-3 中对服务接口进行了详细的描述。

服务接口的实现方式有：

——将一个操作请求转化为一个或多个通用请求；

——将一个或多个通用确认转化为一个操作确认。

服务接口包括：

——使用通用卡接口实现客户端到卡端的连接；

——客户端应用到卡端应用的安全性依据安全原则实现；

——密码服务；

——差异特征服务。

6.6 能力描述

服务接口和通用卡接口的规定是为了能简单方便地查找存在于ICC中的卡端应用的能力。实现这种查找机制的信息结构即为能力描述。

GB/T 29271详述了两个级别的能力描述：

——CCD用于查找一个或多个存在于ICC中的卡端应用。CCD存在于阿尔法卡端应用中。CCD提供APDU转换信息。

——ACD可与卡端应用一起被提供。如果ACD存在，通常用于告知额外请求实体的出现或卡能力的改进。

ISO/IEC 24727-2详述了能力描述。能力描述的目的是在通用卡接口和服务接口中实现查找。任何通用卡接口和服务接口之间的命令响应对的转换都可以使用能力描述来规定。

ISO/IEC 24727-2将进一步详述关于使用ICC中的卡端应用如何组织、保护、恢复和更新信息的能力描述方法。

6.7 数据模型

数据模型定义数据元及其之间的相互关系。数据模型是应用程序特定的，可被客户端应用查找。

6.8 通用卡接口

ISO/IEC 24727-2定义了一种访问ICC中卡端应用的方法。ISO/IEC 24727-2中详述的通用卡接口提供一组固定的功能。

通用卡接口的实现方式有：

——转化一个通用请求为一个或多个特定请求；

——转化一个或多个特定确认为一个通用确认。

ISO/IEC 24727-2定义了适用于数据处理、安全管理和管理的功能。

6.9 连接接口

ISO/IEC 24727-4提供应用于组件间的连接接口的详细描述。一个连接接口的实现通常为在通信栈中两个相邻的组件之间建立通信信道。

6.10 可信信道接口

ISO/IEC 24727-4提供应用于组件间的可信信道接口的详细描述。一个可信信道接口的实现通常为在通信栈中的两个相邻的组件之间建立安全通信信道。

7 安全原则

GB/T 29271 使用 GB/T 16649.4—2010 的 5.4 中定义的安全概念和机制。

GB/T 29271 支持源于 GB/T 16649.4 的安全报文传输的特殊模式。

GB/T 29271 实现方式的安全依赖于将 GB/T 16649.4 定义的安全体系结构机制映射到 ICC 支持的安全体系结构机制的性能。

密码信息查找可以用多种方式来实现，例如：

——能力描述的使用；

——ISO/IEC 7816-15 的使用。

ISO/IEC 24727-3 从客户端应用的角度详细描述了基本安全机制。

附 录 A
（资料性附录）
实现结构示例

A.1 概要

本附录描述了每一个设想的结构。请注意，并不包含所有的结构。

下面的图中体现了IFD与其他传输层的连接细节，但是关于在卡端应用、IFD、一个或多个GB/T 29271分层和客户端应用之间实现通信方面的讨论则超出GB/T 29271的范围。

提供下面的客户端应用的服务可以使用APDU命令响应对作为发送一个请求和接收一个确认的方法。本附录没有详述所示接口的语法和语义。

每个图代表一个单一客户端应用和一个单一卡端应用通信的物理体系结构，如图A.1所示。图中并未详述任何在卡端接口的请求/确认交换的可能扩展。

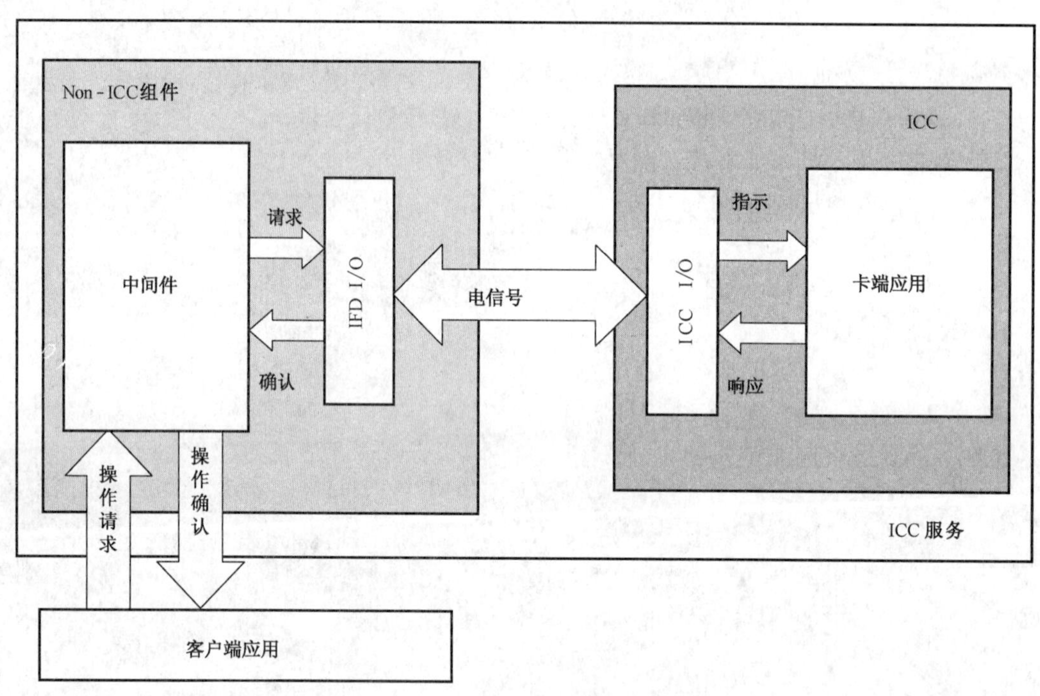

图 A.1 物理体系结构

第6章中的图1和图A.1从不同的角度展示了相同的系统。图1从逻辑角度阐明了体系结构，图A.1则是从物理角度阐述。在逻辑和物理角度之间的组件的映射依赖于本附录下面章条列出的实现结构的选择。

下面简要描述图A.1中的物理体系结构。

ICC服务：

实现向客户端应用和ICC使用端提供服务。

ICC：

ICC服务的一个元素。其组件与物理ICC相同。

Non-ICC 组件：

该元素代表在 ICC 服务中提供的所有其他功能。该元素是对 ICC 的补充。

电信号：

ICC 服务的两个主要功能部分通过一个被称为“电信号”的信道来通信。电信号的具体类型[例如：ISO/IEC 7816-3（$T=0$，$T=1$）、ISO/IEC 7816-12 USB、ISO/IEC 14443 非接触]不在 GB/T 29271 规定范围内。

ICC I/O：

这是 ICC 的一个组件。它的目的是将从“电信号”信道接收到的信息转化为发送到卡端应用的请求。此外，该组件还将从卡端应用接收到的确认转化为电信号，并通过“电信号”信道发送它们。ICC I/O不在 GB/T 29271 规定范围内。

IFD I/O：

该功能包含在“non-ICC 组件”中，和 ICC I/O 的功能类似。IFD I/O 不在 GB/T 29271 规定范围内。

卡端应用：

见 3.4。

中间件：

见 3.5。

A.2 离散层结构

离散层结构如图 A.2 所示。

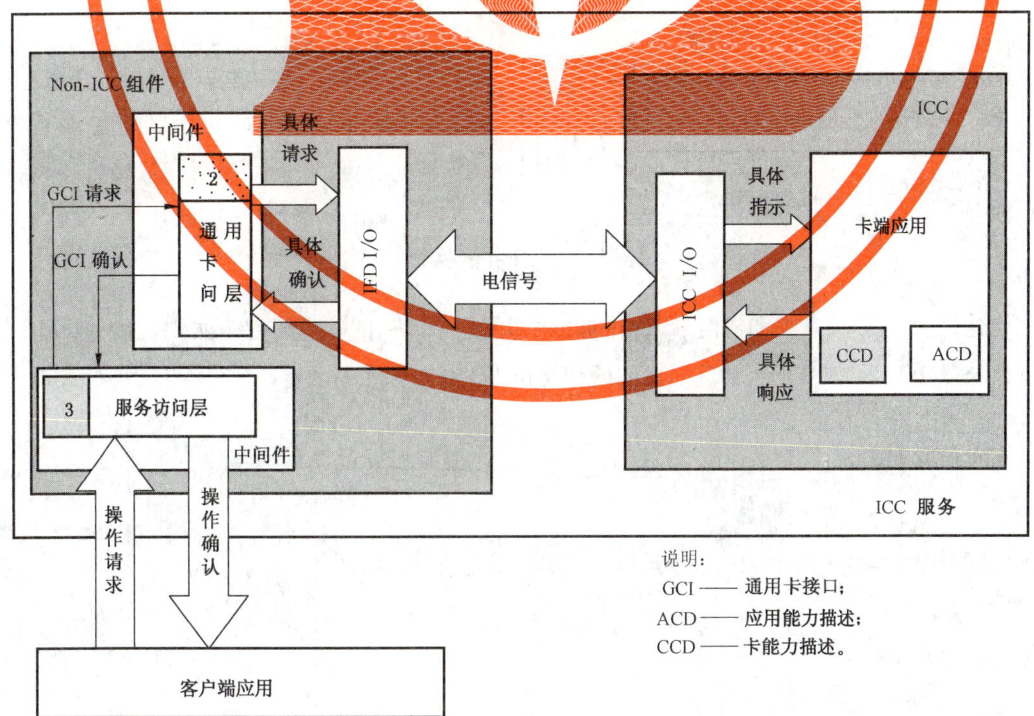

图 A.2 每个接口和层的离散实现

该结构阐明了 ISO/IEC 24727-2 和 ISO/IEC 24727-3 是通过不同的组件来实现的。

该结构的提出是为了满足不断进化的需求。作为 ICC 代理的服务，通用卡访问层能向现存配置的、可调用的 ICC 提供必要的转化。

A.3 组合的结构

组合的结构如图 A.3 所示。

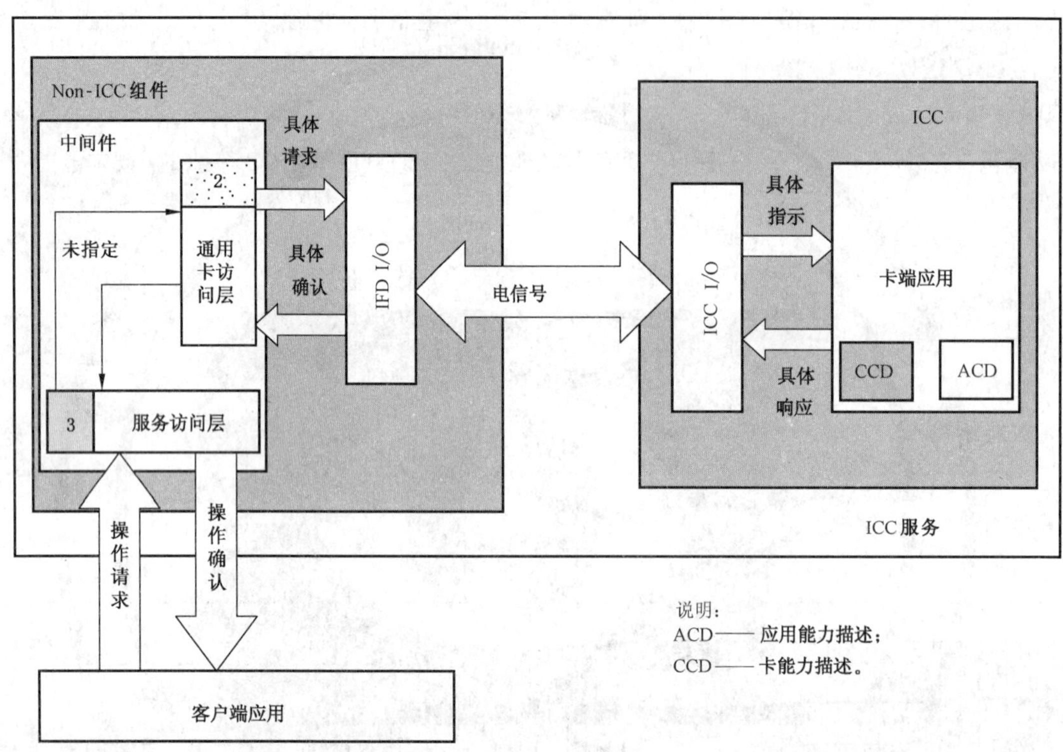

图 A.3 组合的实现

该结构建议服务接口、查找和任何 APDU 的转化都由一个单一的软件组件来实现。ISO/IEC 24727-2通用卡接口和 ISO/IEC 24727-3 服务访问层之间的相互作用没有在该图中规定。

A.4 On-ICC 通用卡访问层结构

On-ICC 通用卡访问层结构如图 A.4 所示。

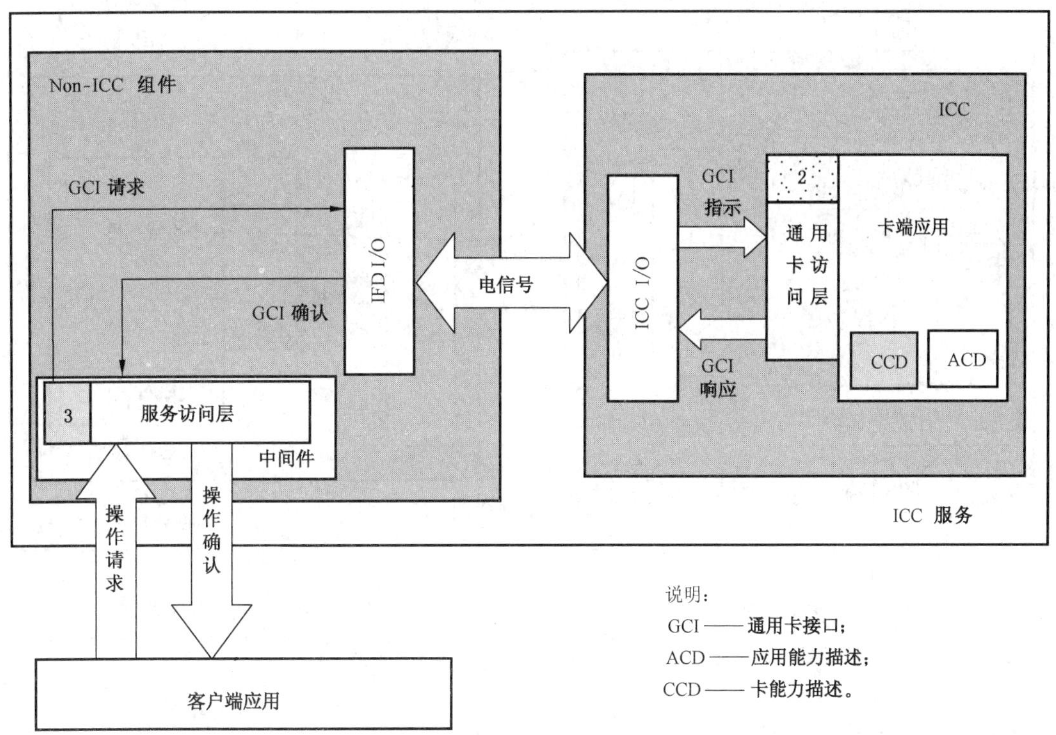

图 A.4 通用卡访问层在 ICC 上实现

该结构建议通用卡接口和访问层都在 ICC 上的实现。APDU 命令响应对的转化不可预期。

A.5 On-ICC 服务访问和通用卡访问层的实现

On-ICC 服务访问和通用卡访问层的实现如图 A.5 所示。

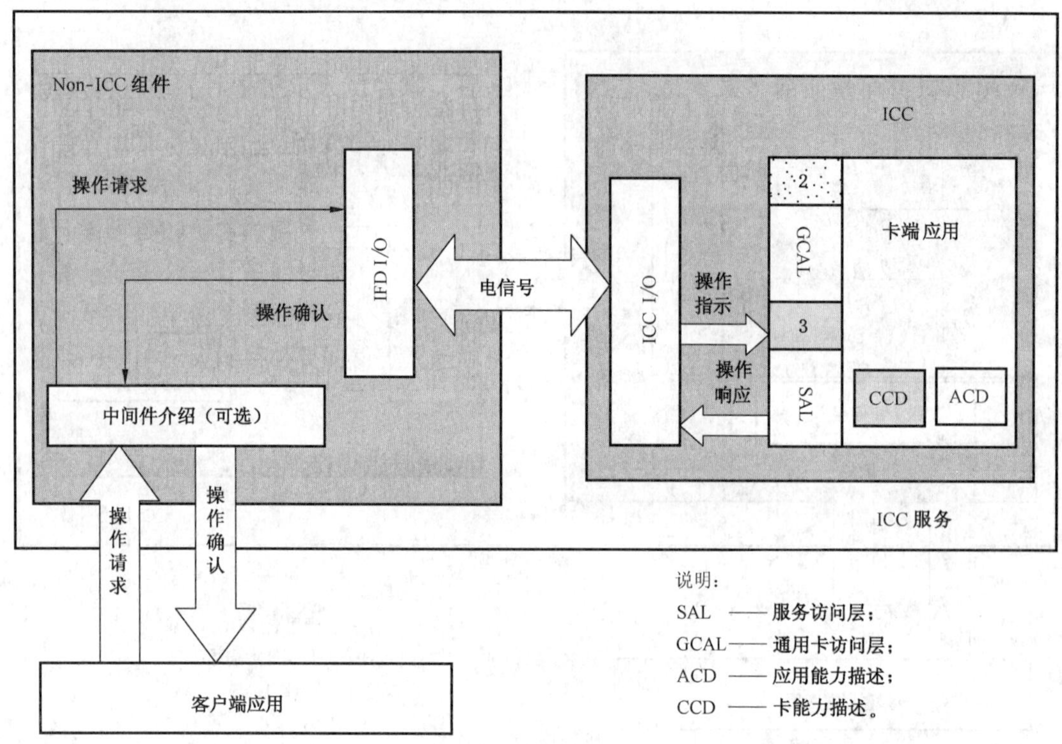

图 A.5 服务访问和通用卡访问层在 ICC 上的实现

该结构表明，GB/T 16649.4 没有将封装操作定义为标准 APDU。

A.6　可加载的/固定的 non-ICC 组件能力描述集合

可加载的/固定的 non-ICC 组件能力描述集合如图 A.6 所示。

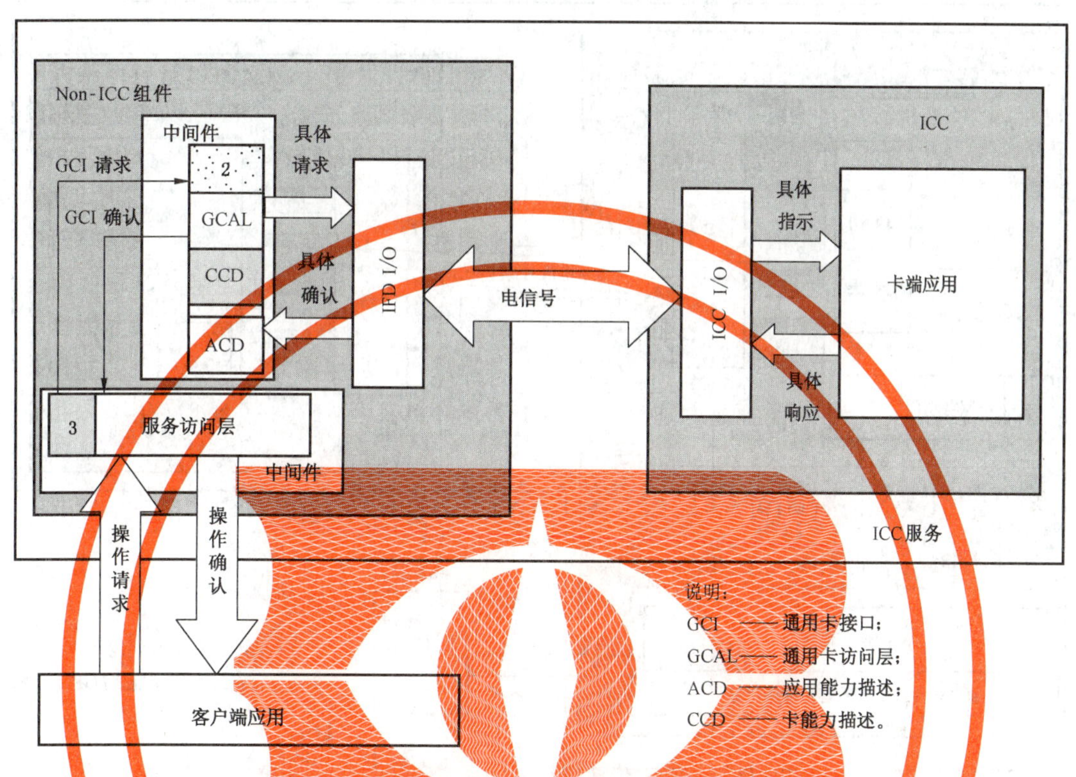

图 A.6　可下载或固定的结构

可加载结构是提供给不支持加载能力描述的 ICC 的。CCD 和 ACD 通过未指明方法的中间件来提供。

固定结构也是提供给不支持加载能力描述的 ICC 的。另外，该中间件支持一组已知的 ICC 实现方法。该能力描述可以被明显的提供或隐藏在中间件的功能中(例如：一个可加载的 API)。

注：当不存在用于 CCD/ACD 查找的 ISO/IEC 24727-2 实现的互操作的、具体的方法时，该特殊的结构类型可以引起一个 challenge 命令来达到互操作。

A.7 Web服务结构

Web服务结构如图A.7所示。

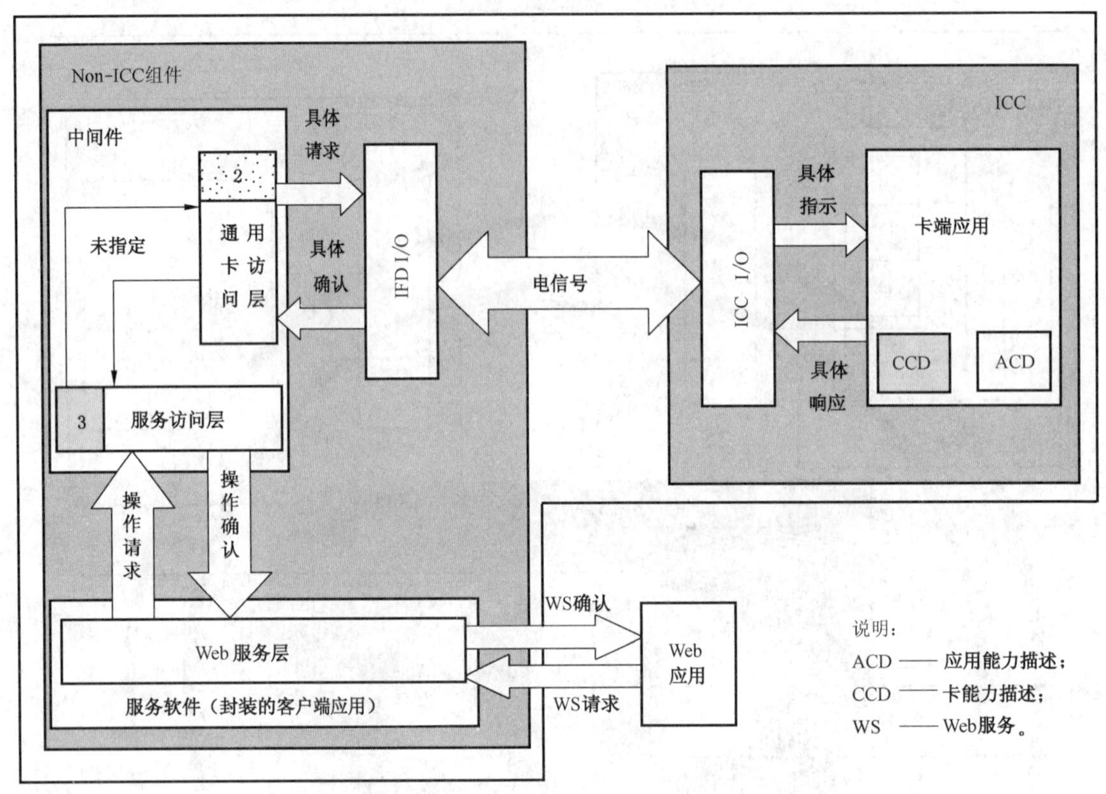

图 A.7 服务结构

该结构建议可通过Web应用访问Web服务接口。可将Web服务层视为一个本地客户端应用，该应用对于web应用[ISO/IEC 24727-3定义的服务接口或(非指定的)私有接口]是公开的。

A.8 多应用结构

多应用结构如图 A.8 所示。

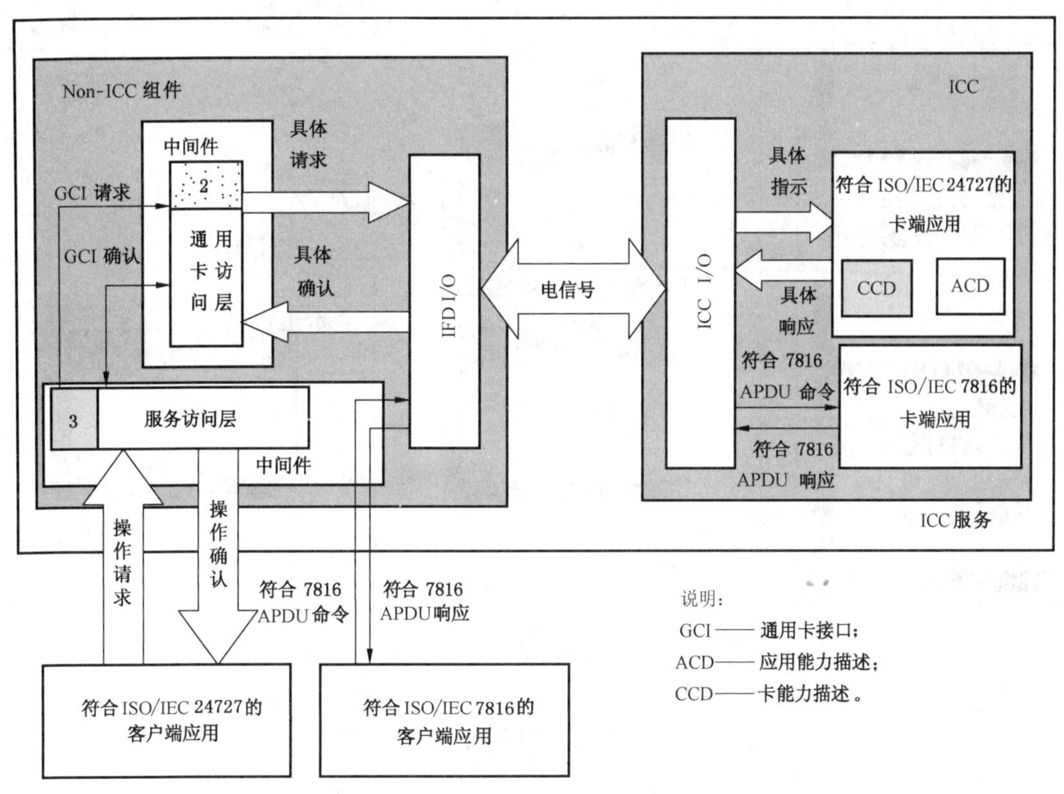

图 A.8 多应用结构

该结构图说明在 ICC 中 ISO/IEC 24727 卡端应用与其他 ISO/IEC 7816 卡端应用可以共存。

A.9 堆栈的分布式实现

堆栈的分布式实现如图 A.9 所示。

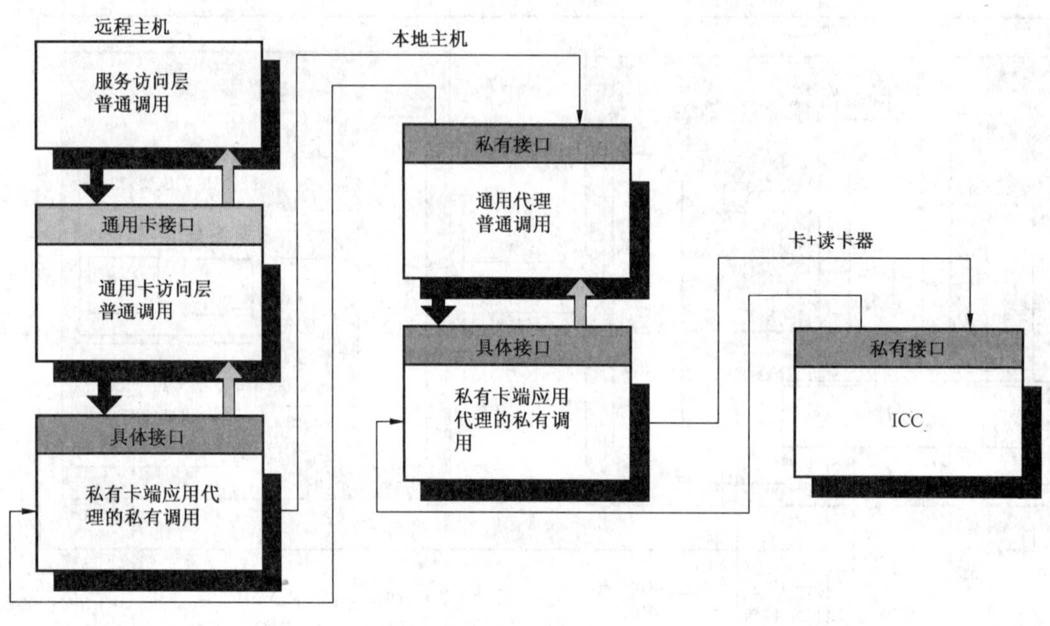

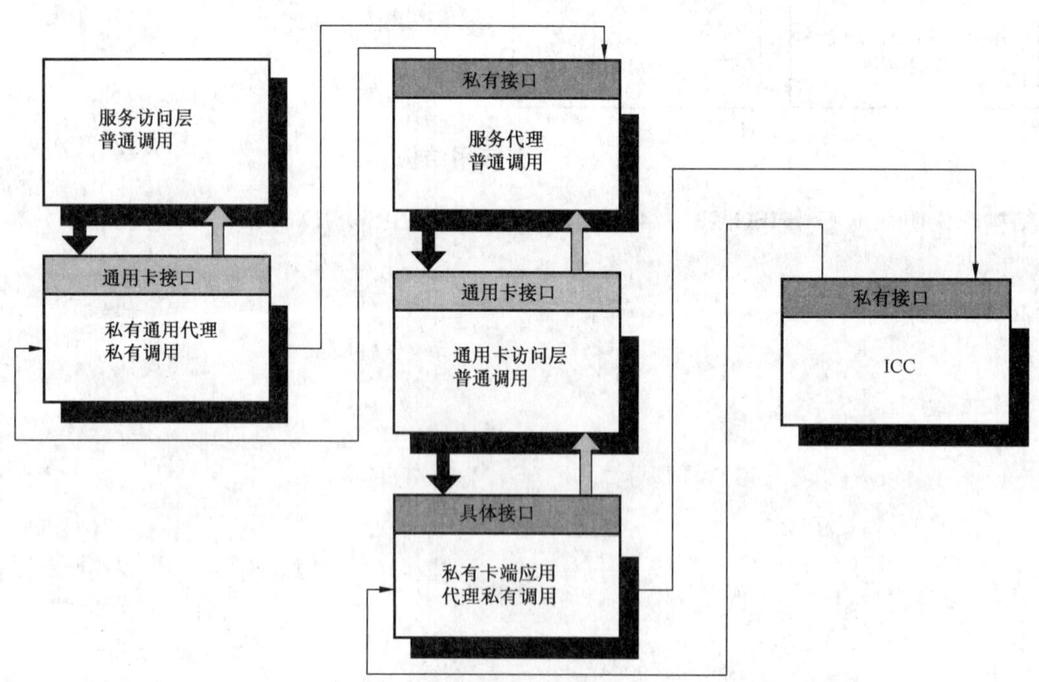

图 A.9 堆栈的分布式实现

这些图使用相同的语法(普通调用、框图的粗体底线)来访问具体的 API 和通用卡接口(斑纹框架)。该结构确保嵌入到堆栈中的层或者通过代理(例如:卡模拟器、一致性测试工具)的访问不会影响到标准模块,还规定那些层也提供通用卡接口并使用公有的调用。

服务调用被标为“私有”是因为它们没有访问相关标准的接口。例如，在本地主机和远程主机间传送可以使用安全包。

当一个堆栈元素的用户主张堆栈元素不能在相同的机器上实现时，此处需要定义一个代理。

A.10 使用可信机制的分布式实现

使用可信机制的分布式实现见图 A.10。

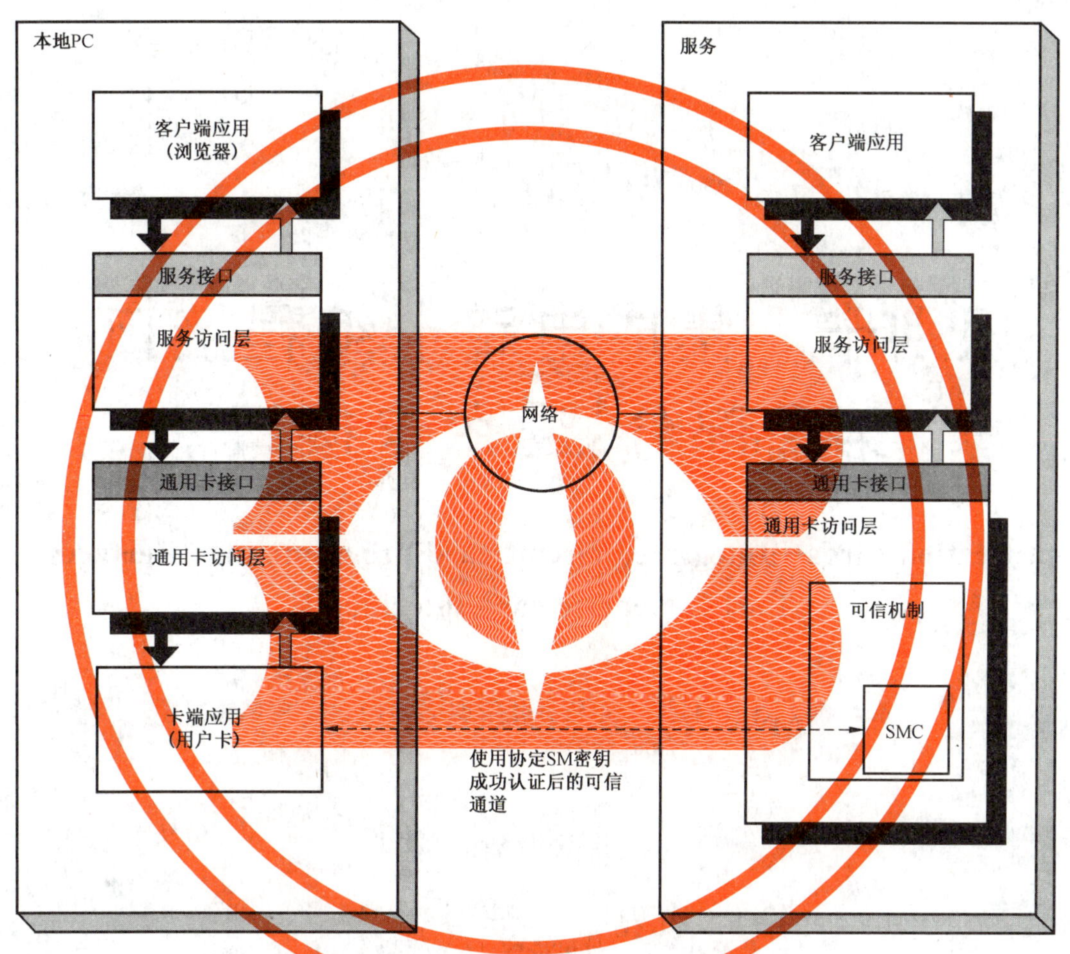

图 A.10 使用可信机制的分布式实现

该结构体现了如何实现可信机制。当服务端通用卡访问层发送一个请求给服务端通用接口，即表明需要使用可信机制。

在 SMC 的帮助下，可信机制产生一个安全请求，通过可信信道来发送，并处理来自可信信道的安全确认。任何响应数据都以纯文本形式传送给服务端通用卡访问层。

ICS 35.220.10
L 64

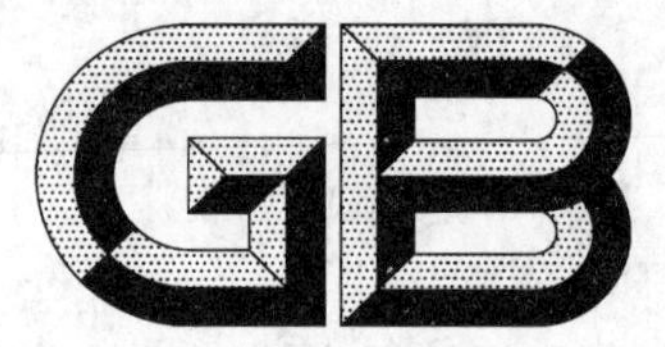

中华人民共和国国家标准

GB/T 29271.2—2012/ISO/IEC 24727-2:2008

识别卡　集成电路卡编程接口　第2部分:通用卡接口

Identification cards—Integrated circuit card programming interfaces—Part 2:Generic card interface

(ISO/IEC 24727-2:2008,IDT)

2012-12-31 发布　　2013-06-01 实施

中华人民共和国国家质量监督检验检疫总局
中国国家标准化管理委员会　发布

前　言

GB/T 29271《识别卡　集成电路卡编程接口》分为以下6个部分：

——第1部分：体系结构；

——第2部分：通用卡接口；

——第3部分：应用接口；

——第4部分：应用编程接口(API)管理；

——第5部分：测试规程；

——第6部分：实现互操作的鉴别协议的注册管理规程。

本部分为GB/T 29271的第2部分。

本部分按照GB/T 1.1—2009给出的规则起草。

本部分使用翻译法等同采用ISO/IEC 24727-2:2008《识别卡　集成电路卡编程接口　第2部分：通用卡接口》。

与本部分中规范性引用的国际文件有一致性对应关系的我国文件如下：

——GB/T 16263—2006　信息技术 ASN.1编码规则(ISO/IEC 8825:2002,IDT)

——GB/T 16649.4—2010　识别卡　集成电路卡　第4部分：用于交换的结构、安全和命令(ISO/IEC 7816-4:2005,IDT)

——GB/T 16649.8—2002　识别卡　带触点的集成电路卡　第8部分：与安全相关的行业间命令(ISO/IEC 7816-8:1999,IDT)

——GB/T 16649.9—2010　识别卡　集成电路卡　第9部分：用于卡管理的命令(ISO/IEC 7816-9:2004,IDT)

——GB/T 16649.15—2010　识别卡　集成电路卡　第15部分：密码信息应用(ISO/IEC 7816-15:2004,IDT)

——GB/T 29271.1—2012　识别卡　集成电路卡编程接口　第1部分：体系结构(ISO/IEC 24727-1: 2007,IDT)

本部分做了下列编辑性修改：

——为了GB/T 29271各部分之间的协调一致，依据GB/T 29271的第1部分的引言内容修改了引言；

——根据文本内容，增加了部分缩略语；

——删除国际标准中的参考文献。

请注意本文件的某些内容可能涉及专利。本文件的发布机构不承担识别这些专利的责任。

本部分由全国信息技术标准化技术委员会(SAC/TC 28)提出并归口。

本部分起草单位：中国电子技术标准化研究院、东信和平智能卡股份有限公司、深圳市特种证件研究制作中心、北京华大智宝电子系统有限公司。

本部分主要起草人：金倩、黄小鹏、严金波、李金良、冯敬、赵子渊、赵继红、陈跃、耿力、王文峰、乔申杰。

引　言

GB/T 29271 定义了一组集成电路卡(ICC)和外部应用之间交互的编程接口,包括多部门使用的通用服务。编程接口的定义适用于所有卡生命周期状态和与 ICC 相关的使用。ICC 的组织和操作符合 ISO/IEC 7816-4。

GB/T 29271 与不同应用领域之间有互操作要求的 ICC 应用相关。

GB/T 29271 定义了接口以实现独立的实现方法之间的互操作。

GB/T 29271 详细定义了服务的查找机制,其查找方法包括为客户端应用提供的查找方法:

——ICC 中可选的卡端应用;

——每一个卡端应用的相关信息。

GB/T 29271 的规定足够详细和完整,使得每一部分中的独立的实现方法都是可互操作的,并且可以与 GB/T 29271 其他部分中的独立的实现方法互操作。

GB/T 29271 的第 1 部分规定体系结构。

本部分详述功能和相关信息结构,它们可用于第 3 部分中定义的接口的实现。

本部分规定了命令级的编程接口,适用于带触点的 ICC 和无触点的 ICC,其具体的概念、数据结构和命令在下列标准中规定:

——ISO/IEC 7816-4　识别卡　集成电路卡　第 4 部分:用于交换的结构、安全和命令

——ISO/IEC 7816-8　识别卡　集成电路卡　第 8 部分:与安全相关的行业间命令

——ISO/IEC 7816-9　识别卡　集成电路卡　第 9 部分:用于卡管理的命令

——ISO/IEC 7816-15　识别卡　集成电路卡　第 15 部分:密码信息应用

——ISO/IEC 20060　信息技术　开放终端架构(OTA)规范　虚拟机规范

本部分描述的命令和数据对象与上述标准中的命令和数据对象一致,可以参见上述基本标准。

本部分使 GB/T 29271 中列出的独立的实现方法的可替代性最大化。本部分的性能通过设定基本标准的最小有效子集来实现,通过最小化可选项的数量来实现其核心功能。

GB/T 29271 的第 3 部分详述由一个客户端应用发起使用的服务访问机制。

GB/T 29271 的第 4 部分详述通信栈中两个相邻组件之间的可信机制和连接机制。

GB/T 29271 的第 5 部分详述测试规程。

GB/T 29271 的第 6 部分规定实现互操作的鉴别协议的注册管理规程。

用于第 3 部分的功能通常存在于 ICC 之外,用于第 2 部分的功能通常存在于 ICC 之内。

识别卡　集成电路卡编程接口 第2部分:通用卡接口

1　范围

GB/T 29271 的本部分规定了集成电路卡的通用卡接口(GCI),该接口表现为以下两部分:

——用于互操作的命令-响应对;

——卡和应用的能力描述及定义。

本部分基于 ISO/IEC 7816-4、ISO/IEC 7816-8、ISO/IEC 7816-9 和 ISO/IEC 7816-15。

2　规范性引用文件

下列文件对于本文件的应用是必不可少的。凡是注日期的引用文件,仅注日期的版本适用于本文件。凡是不注日期的引用文件,其最新版本(包括所有的修改单)适用于本文件。

ISO/IEC 7816-4　识别卡　集成电路卡　第4部分:用于交换的结构、安全和命令(Identification cards—Integrated circuit cards—Part 4: Organization, security and commands for interchange)

ISO/IEC 7816-8　识别卡　集成电路卡　第8部分:与安全相关的行业间命令(Identification cards—Integrated circuit cards—Part 8: Commands for security operations)

ISO/IEC 7816-9　识别卡　集成电路卡　第9部分:用于卡管理的命令(Identification cards—Integrated circuit cards—Part 9: Commands for card management)

ISO/IEC 7816-15　识别卡　集成电路卡　第15部分:密码信息应用(Identification cards—Integrated circuit cards—Part 15: Cryptographic information application)

ISO/IEC 8825　信息技术　ASN.1 编码规则(Information technology—ASN.1 encoding rules)

ISO/IEC 24727-1　识别卡　集成电路卡编程接口　第1部分:体系结构(Identification cards—Integrated circuit card programming interfaces—Part 1: Architecture)

ISO/IEC 24727-3　识别卡　集成电路卡编程接口　第3部分:应用接口(Identification cards—Integrated circuit card programming interfaces—Part 3: Application interface)

3　术语和定义

ISO/IEC 24727-1 界定的以及下列术语和定义适用于本文件。

3.1

数据对象　data object

在接口处所看到的信息,由 ISO/IEC 8825 DER 编码的标签字段(必备)、长度字段(必备)和值字段(可选)串联组成。

3.2

文件　file

卡上应用和/或数据的结构,如处理命令时接口处所看到的。

3.3

转换代码　translation code

将通用卡接口上的命令转换为集成电路卡上可实现的命令的程序软件。

4　缩略语

下列缩略语适用于本文件。

ACD:应用能力描述(application capability description)

AID:应用标识符(application identifier)

ATS:对选择的应答,如ISO/IEC 14443-3中定义(answer to select)

CCD:卡片能力描述(card capability description)

CLA:类别字节(class byte)

DF:专用文件(dedicated file)

DO:数据对象(data object)

EF:基本文件(elementary file)

FCP:文件控制参数(file control parameters)

FID:文件标识符(file identifier)

GCI:通用卡接口(generic card interface)

INS:指令字节(instruction byte)

OID:对象标识符(object identifier)

RFU:ISO/IEC保留供将来使用(reserved for future use by ISO/IEC)

SAL:服务访问层(service access layer)

UTF-8:统一信息交换格式-8(Universal Transformation Format-8)

注:OID的获取见GB/T 26231—2010《信息技术　开放系统互连　OID的国家编号体系和注册规程》。

5　用于互操作的结构

本章规定了ISO/IEC 7816-4、ISO/IEC 7816-8和ISO/IEC 7816-9中定义的结构、命令和数据结构的一个子集。

在通用卡接口中未规定以下内容:

——短文件标识符;

——逻辑信道;

——带记录结构的文件。

通过转换代码映射到通用卡接口的物理形态卡可以使用短EF标识符、逻辑信道和带记录结构的文件。

5.1　用于互操作的命令-响应对

5.1.1　命令和响应编码

GCI端的请求逻辑上等同于ISO/IEC 7816-4、ISO/IEC 7816-8和ISO/IEC 7816-9中定义的命令APDU。

GCI 端的确认逻辑上等同于 ISO/IEC 7816-4、ISO/IEC 7816-8 和 ISO/IEC 7816-9 中定义的响应APDU。

下面的接口可用于向 ISO/IEC 24727-2 实现发送一个 GCI 命令：

sequence-of-bytes ExecuteCommand(sequence-of-bytes command)

此接口向 ISO/IEC 24727-2 实现发送一个命令，并返回 ISO/IEC 24727-2 实现的响应作为其值。

其他接口将在 GB/T 29271 的其他部分中定义。

5.1.2 类别字节

表 1 列出了在 GCI 的命令中使用的类别字节的值。

表 1 GCI 中的 CLA 值

b8	b7	b6	b5	b4	b3	b2	b1	描　述
0	—	—	0	—	—	—	—	命令是命令链的最后一条或命令链仅此一条命令
0	—	—	1	—	—	—	—	命令不是命令链的最后一条
1	1	1	1	1	1	1	1	命令用于 ISO/IEC 24727-2 实现

只有当对单条命令来说传输的数据串太长时，本文件才支持命令链，例如：命令链中所有命令的INS、P1、P2 都相同。

当按照 ISO/IEC 24727-2 实现传输请求时，一般没有传输 APDU 到卡上，此时需要 CLA ＝‘FF’。

5.1.3 指令字节

表 2 和表 3 列出了指令字节的值，这些指令字节用于 GCI 命令，以区别 ISO/IEC 24727-2 实现和ISO/IEC 24727-3 实现。

当 GCI 请求的 INS 没有在表 2 中，那么此请求被转送给卡片，并且卡接口响应应被返回给发出GCI 请求的实体。

表 3 中列出的指令字节的命令应按照 ISO/IEC 24727-2 实现，并且应不支持转换脚本。

表 2 转换脚本处理的 GCI 请求

命令名称	INS	包	限制条件
SELECT	‘A4’	A	通过文件标识符(P1-P2 ＝ ‘00-04’或‘00-0C’)和 DF 名称(P1-P2 ＝ ‘04-04’或‘04-0C’)选择，并返回 FCP 数据对象或没有数据支持(见注)
READ BINARY	‘B0’	A	P1 字节的 b8 为 0
READ BINARY	‘B1’	A	P1、P2 为‘00’
UPDATE BINARY	‘D6’	A	P1 字节的 b8 为 0
UPDATE BINARY	‘D7’	A	P1、P2 为‘00’
GET DATA	‘CA’ ‘CB’	A	无

表 2（续）

命令名称	INS	包	限制条件
PUT DATA	‘DA’ ‘DB’	A	如果 PUT DATA 调用一个已经存在的数据对象，则该数据对象被覆写
GENERATE ASYMMETRIC KEY PAIR	‘46’ ‘47’	B	不在本文件范围内
VERIFY	‘20’	A	P2 为非零
VERIFY	‘21’	A	P2 为非零
CHANGE REFERENCE DATA	‘24’	A	无
GET CHANLLENGE	‘84’	A	无
INTERNAL AUTHENTICATE	‘88’	A	无
EXTERNAL AUTHENTICATE	‘82’	A	无
MUTUAL AUTHENTICATE	‘82’	A	无
GENERAL AUTHENTICATE	‘86’ ‘87’	A	无
PERFORM SECURITY OPERATION： COMPUTE DIGITAL SIGNATURE	‘2A’	A	P1＝‘9E’ P2＝‘9A’ 命令数据字段： ——缺少（通过 PERFORM SECURITY OPERATION：HASH 提供的哈希值）
PERFORM SECURITY OPERATION： VERIFY DIGITAL SIGNATURE	‘2A’	A	P1＝‘00’ P2＝‘A8’ 命令数据字段： ——DO‘9E’
PERFORM SECURITY OPERATION：HASH	‘2A’	A	P1＝‘90’ P2＝‘80’或‘9A’ 命令数据字段： 1）DO‘90’（中间哈希值 || 已经哈希的位的数量）||DO‘80’（最终文本块），或 2）DO ‘90’的哈希值
PERFORM SECURITY OPERATION：VERIFY CERTIFICATE	‘2A’	A	P1＝‘00’ P2＝‘AE’或‘BE’ 命令数据字段： ——DO ‘7F21’（卡片可验证证书）

表 2 (续)

命令名称	INS	包	限制条件
PERFORM SECURITY OPERATION: ENCIPHER	'2A'	A	P1='86' P2='80' 命令数据字段: ——加密的数据
PERFORM SECURITY OPERATION: DECIPHER	'2A'	A	P1='80' P2='86' 命令数据字段: ——解密的数据(P1 || 加密算法)
MANAGE SECURITY ENVIRONMENT	'22'	A	SET(P1='X1')和 RESTORE(P1='F3')
CREATE FILE	'E0'	B	仅支持表 9 中的 FCP 数据对象。创建的文件被设置为当前文件
DELETE FILE	'E4'	B	仅支持 P1-P2='00-00'。删除文件后,被删除文件的父目录变成当前选择的 DF
ACTIVATE FILE	'44'	B	仅支持 P1-P2='00-00'
DEACTIVATE FILE	'04'	B	仅支持 P1-P2='00-00'
RESET RETRY COUNTER	'2C'	A	无
GET RESPONSE	'C0'	A	仅支持 P1-P2='00-00' 状态字 6985 表示无返回数据
注:当 SELECT 命令通过 DF 名称选择文件时(P1-P2='04-04'),返回的 FCP 数据对象可以包含标签为'87'的数据对象,指示了包含卡端应用能力描述的 EF。			

表 3 GCI 上通过 ISO/IEC 24727-2 实现(CLA='FF')来操作的 INS 值

命令名称	INS	P1 P2	包	限制条件
COLD RESET	'00'	'0000'	A	Lc 不存在,Le='00'
WARM RESET	'00'	'00FF'	A	
DEACTIVATE CONTACTS	'00'	'0100'	A	Lc 和 Le 不存在
DEACTIVATE CONTACTS AND EJECT	'00'	'0200'	A	

表 3（续）

命令名称	INS	P1 P2	包	限制条件
SELECT PROCEDURAL ELEMENT	‘A4’	‘0400’	A	Lc 范围为 5...16，Le 不存在； 标准数据字段为 ISO/IEC 7816-4 中的 AID，包含一个定义实现的 ISO 标准的 OID。实现的数据字段以‘FX’开头
GET DATA	‘CA’		A	
PUT DATA	‘DA’		A	除非传输的 DO 具有 ISO/IEC 7816 或 ISO/IEC 24727 中定义的应用类别标签，否则标签应是文本相关类。 如果 PUT DATA 调用一个已经存在的数据对象，则该数据对象被覆写。PUT DATA 中的特殊标签可以通过调用元素触发一个程序的执行。如果有不止一个参数传输给程序，这些参数应在结构化 DO 内传输。根据 5.2，状态码‘0000’指示程序正确执行
LIST READERS	‘CA’	‘7F64’	A	Lc 不存在，Le=‘00’ 返回 DO‘7F64’的值 其值为以 UTF8 格式封装了读写器名称的 DO 的串联

通过转换代码映射到 GCI 的物理形态卡可以使用符合 ISO/IEC 7816 的命令。

当 GCI 收到一个包括表 2 中列出的 INS 的值时，可能会触发一个能力描述中的程序元素，详见 6.3。

包为 A 的命令用于普通操作，包为 A 和 B 的命令用于卡片管理。

一个成功的 RESET 命令应同时复位卡片和 ISO/IEC 24727-2 实现，复位 ISO/IEC 24727-2 实现时应设置 CCD 和 ACD 为“undefined”状态。

在 RESET C-APDU 的 R-APDU 中的响应数据应为卡 ATR、ATS 或 ATTRIB 响应的历史字节(如果它们存在的话)。状态字为‘0000’表示成功执行，否则为‘0F00’。

5.1.4 文件描述字节

表 4 列出了用于 GCI 上的 FCP 的文件描述符字节值。从 GCI 端所见的文件不被共享。

表 4 GCI 上的文件描述符字节值

b8	b7	b6	b5	b4	b3	b2	b1	描述
0	0	1	1	1	0	0	0	DF
0	0	0	0	0	0	0	1	工作 EF，透明结构
0	0	1	1	1	0	0	1	工作 EF，TLV 结构(BER-TLV 数据对象)

5.2 用于互操作的卡片状态

表5和表6列出了GCI执行时的卡片状态,并描述了这些状态之间的转换。

表5 卡片和应用状态及GCI中状态的转换

状态名	总是存在	状态转换类型	状态转换条件
当前选择的应用	是	已设置	通过DF名称选择,例如:AID
当前选择的DF	是	已设置	通过DF文件标识符选择
		已设置	创建文件,新的DF成为当前选择的DF
		已设置	删除当前选择的文件后,其父目录为新的DF
当前选择的EF	否	已设置	通过EF的标识符选择
		已设置	创建文件,新创建的文件成为当前选择的EF
		未设置	通过DF名称选择
		未设置	通过DF文件标识符选择
		未设置	删除当前选择的EF或DF
		未设置	创建DF文件

表6 成功执行GCI上的命令后当前选择的文件

命　令	当前应用/DF	当前基本文件
通过DF名称选择	所选择的应用/ DF	被清除和不存在
通过文件标识符选择DF	所选择的DF	被清除和不存在
通过文件标识符选择EF	无变化	所选择的EF
创建DF	所创建的DF	被清除和不存在
创建EF	无变化	所创建的EF
删除DF	所删除DF的父DF	被清除和不存在
删除EF	无变化	被清除和不存在
复位后,当前应用/ DF为MF或默认应用/ DF。当前EF为“被清除和不存在”。		

5.3 用于互操作的状态字

表7列出了GCI将用到的状态字。

表 7 用于互操作的状态字

	符号	值	含义
正常	OK	'9000'	成功执行
	MORE	'61xx'	成功执行并至少有 xx 字节的附加响应数据
警告	EOP-NOCHANGE	'62xx'	处理终止,非易失性存储器中数据未改变
	EOD	'6282'	到达数据终点
	EOP-RC	'63Cx'	验证失败,还剩下 x 次尝试机会
	EOP-CHANGED	'63xx' (非 63Cx)	处理终止,非易失性存储器中数据已改变
执行错误	ABORT-NOCHANGE	'64xx'	条件不满足,非易失性存储器中数据未改变
	ABORT-CHANGED	'65xx'	条件不满足,非易失性存储器中数据已改变
	ABORT-SECURITY	'66xx'	安全状态不满足,非易失性存储器中数据未改变
检查错误	WRONG-LENGTH	'6700'	长度错误
	SECURITY CONDITION	'6982'	安全状态不满足
	REFERENCE DATA BLOCKED	'6983'	数据锁定
	CONDITION OF USE	'6985'	使用条件不满足
	DATA FILED	'6A80'	数据字段中的参数不正确
	FUNCTION NOT SUPPORTED	'6A81'	功能不支持,例如:无可用的逻辑信道
	FILE NOT FOUND	'6A82'	未找到文件或应用
	P1-P2	'6A86'	P1、P2 参数不正确
	DATA NOT FOUND	'6A88'	引用数据未找到
	BAD INS	'6D00'	不支持的或无效的指令代码
	BAD CLA	'6E00'	不支持的类别代码
	UNDEFINED	'6F00'	未定义
GCAL 响应	OK	'0000'	本部分中 CCD 和 ACD 的成功执行
	SIGNATURE INVALID	'02xx'	转换脚本中的签名无效
	EXCEPTION	'0080'	响应数据有语法错误
	NOT MAPPED	'0A81'	不支持 ISO/IEC 24727-2 功能
	IFD NOT FOUND	'0A82'	接口设备无效
	CARD MISSING	'0A88'	未找到卡片
	UNDEFINED	'0F00'	未明确定义

所有 GCI 返回的 SW1、SW2 中,除了 SW1 等于'6X'或'9X'外,都是由 ISO/IEC 24727-2 中间件所返回的。'0X YZ'与'6X YZ'代表相同的意义(X>0)。除了表 7 的状态字外,以后可能会定义更多的状态字。为了 GB/T 29271 各部分的一致性,处理结果不能在上表中找到的都分别用'6F00'和'0F00'响应。

SW1 以‘0’、‘1’、‘2’、‘3’、‘4’、‘5’、‘7’、‘8’、‘A’、‘B’、‘C’、‘D’、‘E’开头的所有状态字均被 GB/T 29271 定义或被 ISO/IEC JTC1/SC17 保留供将来使用。

SW1 以‘F’开头的状态字为私有状态字。

5.4 用于互操作的数据结构

用于互操作的数据结构应以文件或 BER-TLV 数据对象来执行。这些文件和 BER-TLV 数据对象在 ISO/IEC 7816-4 中定义。

GCI 通过 GET DATA 和 PUT DATA 命令来管理数据对象。卡端应用也拥有并管理数据对象。EF 或 TLV 结构中的数据对象的安全属性包含在 EF 的 FCP 中。

每一个卡端应用是通过 ISO/IEC 7816-4 中的应用标识符来识别的。

表 8 至表 13 描述了 GCI 所涉及到的模板和标签。

GB/T 29271 的后续部分中包括了更多的模板和数据对象。

表 8 互操作数据对象模板

符号	标签	描　述	标签类别	环境
FCP	‘62’	数据文件控制参数模板	应用	通用
AT	‘A4’	用于鉴别的控制引用模板	特定上下文	管理安全环境和执行安全操作命令
CCT	‘B4’	用于密码校验的控制引用模板		
DST	‘B6’	用于数字签名的控制引用模板		
CT	‘B8’	机密性的控制引用模板		
HT	‘AA’	哈希模板		

表 9 互操作数据对象 FCP 模板

符　号	标签	描　述
SIZE	‘80’	文件中除去结构信息的数据字节数
ALLOC	‘81’	分配给 EF 或 DF 的包括结构信息的字节数
FDB	‘82’	文件描述符字节(1 字节)
FID	‘83’	文件标识符
DFNAME	‘84’	DF 名称,通常为 AID
FID-ACD	‘87’	包括一个扩展的文件控制信息的 EF 标识符
SEC-EXP	‘AB’	扩展格式的安全属性模板
SEC-COM	‘8C’	压缩格式的安全属性
SEC-DO	‘A0’	数据对象安全属性模板

表 9 中,如果有 FID-ACD(tag‘87’),则应为包含卡端应用能力描述的 EF 的文件标识符。

表 10 鉴别控制引用模板(AT)中的互操作数据对象

符　号	标　签	描　述
CM-REF	‘80’	密码机制引用
SEC-KEY/PuKR	‘83’	保密密钥或公钥引用
SES-KEY/PrKR	‘84’	过程密钥或私钥引用

表 11 密码校验和控制引用模板(CCT)中的互操作数据对象

符　号	标签	描　述
CM-REF	‘80’	密码机制引用
SEC-KEY	‘83’	保密密钥引用
SES-KEY	‘84’	过程密钥引用

表 12 数字签名控制引用模板(DST)中的互操作数据对象

符　号	标签	描　述
CM-REF	‘80’	密码机制引用
PuKR	‘83’	公钥引用
PrKR	‘84’	私钥引用

表 13 机密性控制引用模板(CT)中的互操作数据对象

符　号	标签	描　述
CM-REF	‘80’	密码机制引用
SEC-KEY/PuKR	‘83’	公钥或私钥引用
SES-KEY/PrKR	‘84’	过程密钥或私钥引用

其他数据对象,尤其是关于安全报文传输的数据对象在 GB/T 29271 的其他部分定义。

5.5 用于互操作的卡端应用

5.5.1 阿尔法卡端应用

应用标识符为‘E8 28 81 C1 17 02’的卡端应用为阿尔法卡端应用。在 GCI 或 SAL 层应存在阿尔法卡端应用并且能够被选择。

阿尔法卡端应用应包括 ISO/IEC 7816-4 中定义的象卡、文件、卡端应用管理信息等独立于应用的卡片信息。

5.5.2 密码信息应用

密码信息应用在 ISO/IEC 7816-15 中定义。如果 CCD 中指示了密码信息应用,则密码信息应用应能在 GCI 中选择。

附录 B 中描述了一个 ISO/IEC 7816-15 中定义的密码信息应用的例子。

6 能力描述

包括卡能力描述(CCD)和应用能力描述(ACD)两种类型。当 GCI 检索能力描述时,应在标签为'7F62'的数据字段下检索卡片能力描述,在标签为'7F63'的数据字段下检索应用能力描述。

6.1 卡片能力描述(CCD)

阿尔法卡端应用应支持数据对象(标签'7F62')的检索。

表 14 列出了 CCD 中可能出现的数据对象。这些数据对象适用于所有符合 ISO/IEC 24727 的应用,并可能包括卡上现有应用的列表以及卡片私有命令与表 2 列出的命令的映射。

表 14 CCD 中的数据对象('7F62')

符号	标签	描述	必选/可选	值	说明
PRO	'80'	该 CCD 符合的本部分的轮廓	必选	'00'	由卡提供
SAID	'A0'	卡端应用的应用标识符序列	可选	标签为'4F'的数据对象的串联	可以用来自卡的信息由 ISO/IEC 24727-2 实现来结构化
LANG	'A1'	程序元素描述模板,见 6.3	可选	表 16 中定义的数据对象	可以用来自卡的信息由 ISO/IEC 24727-2 实现来结构化
LANG-URL	'5F50'	转换代码的 URL	可选		
CIA-PROFILES	'81'	GCI 中呈现的 CIA 轮廓	可选	位串	位 i 置 1 表示轮廓 i 存在。位 1 表示按附录 A 中的轮廓,其他位为 RFU
CIA-PROFILES-ATOMATIC	'82'	GCI 中呈现的 CIA 轮廓	可选	位串	位 i 置 1 表示轮廓将由 ISO/IEC 24727-2 实现产生,位 1 表示按附录 A 中的轮廓。其他位为 RFU
DIGITAL-SIGNATRUE-ON-CODE	'5F3D'	程序元素的数字签名信息	可选	数字签名块数据对象	数字签名的密钥设施不在本标准范围内
IF-PROFILE	'83'	ISO/IEC 24727-3 接口的轮廓	可选	'00'	由卡片提供,如果存在,卡片则支持 ISO/IEC 24727-3 接口

本部分规定了 ISO/IEC 7816-15 中的密码信息应用的轮廓。这些密码信息应用数据应存在于阿尔法卡端应用和密码信息应用中,轮廓定义参见附录 A,示例参见附录 B。

6.2 应用能力描述(ACD)

每一个包括阿尔法卡端应用的卡端应用可以在ACD数据对象('7F63')中被描述。

表15列出了ACD中可能用到的数据对象,这些数据对象包含和卡端应用有关的信息。

卡端应用服务描述的密码信息应用见附录C,卡端应用服务描述中密码信息应用示例参见附录D。

表15 ACD数据对象('7F63')

符号	标签	描述	必选/可选	值	说明
LANG	'A1'	程序元素描述模板,详见6.3	可选	表16中定义的数据对象	由卡端应用或ISO/IEC 24727-2实现提供
LANG-URL	'5F50'	转换代码的URL	可选		
SERVICE-DISCRIPTION	'7F66'	卡端应用支持的服务的描述	可选	数据对象值字段是DER编码的CIAInfo值后随DER编码的ISO/IEC 7816-15 **CIOChoice**值的串联,如附录C中所描述。	
SERVICE-DESCRIPTION-LOCATION	'7F67'	卡端应用支持的服务的描述的URL	可选	URL的值是包含DER编码的ISO/IEC 7816-15 **CIO-Choice**值的资源的位置,如附录C中所描述。	
DIGITAL-SIGNATURE-ON-CODE	'5F3D'	程序元素的数字签名信息	可选	数字签名块数据对象	数字签名的密钥设施不在本标准范围内

6.3 程序元素

能力描述中的程序元素是处理表2中GCI请求的编译过的代码和所有与卡端应用有关的下面描述的可执行代码函数的信息。CCD和ACD中的程序元素直接存在于卡上或以URL的形式存在。

表16给出的程序元素描述模板描述了CCD和ACD中使用的程序描述技术,并包含程序描述技术中的可执行代码,这些代码用以执行GCI请求/确认和卡片接口命令APDU/响应APDU之间的翻译。

表16 程序元素描述模板('A1')中的数据对象

符号	标签	描述	必选/可选	值
LANG-OID	'06'	描述程序语言的标准或规范的对OID	可选	{iso(1) standard(0) iso20060(20060)}
LANG-CODE	'81'	可执行代码	可选	LANG-OID指定Token

如果能力描述中的程序元素(标签'A1')包括一个数据元素URL(标签'5F50'),并且这个URL和能力描述的记录格式有关的话,则能力描述中的程序元素应该是从相关文件恢复的程序元素。

6.3.1 程序元素计算模型

能力描述中的程序元素应是用来处理转换代码函数传送的参数的转换代码。SELECT 命令(见表 3)可以明确地选择程序元素,尤其是当程序元素不允许传输 APDU 到卡片时。这并不阻碍卡片的互通性。

程序元素计算模型的另一个特点是应用于卡片的脚本执行,并不需要从外界下载代码。

能力描述中的程序元素可以是带一个布尔参数或一个字节数组参数的函数。

当程序元素执行传送一个 GCI 命令 APDU 到一个或多个卡片接口命令 APDU 时,布尔参数应设置为 TRUE。

当程序元素执行传送一个卡片响应 APDU 到一个 GCI 时,布尔参数应设置为 FALSE。

从入口端,布尔参数为 TRUE 时,其他参数、八位位组应包含由 GCI 命令 APDU 组成的八位位组。

从入口端,布尔参数为 FALSE 时,参数位组应包含确认组成的八位位组。

从出口端,程序元素返回布尔参数为 TRUE 时,表示字节位组参数转换到按照 ISO/IEC 24727-3 实现;程序元素返回布尔参数为 FALSE 时,表示字节数组转换到卡片。

转换代码的入口签名为:

TranslationCode(Boolean b IN/OUT, Array c IN/OUT)

6.3.2 程序元素的使用

当前所选择的卡端应用的 ACD 和 CCD 应搜索 ACD 中的程序元素来处理 GCI 请求或卡片接口响应 APDU。

如果当前选择的应用提供程序元素,那么就应将每一个 GCI 请求或卡片接口响应 APDU 提供给该程序元素。

如果当前选择的应用没有提供程序元素,但 CCD 提供了程序元素,那么也应将每一个 GCI 请求或卡片接口响应 APDU 提供给该程序元素。

如果当前选择的应用的 ACD 和 CCD 都没有提供程序元素,当 GCI 收到 GCI 请求时,请求应被转发到卡片,并且卡片接口响应应返回给发出 GCI 请求的实体。

6.4 能力描述的值的确定

6.4.1 基本原理

如果 ISO/IEC 24727-2 中间件中没有能力描述的值,那么值将通过数据对象的重获来确定,具体程序在下面描述。

6.4.2 CCD 值的确定

CCD 值应根据 ISO/IEC 7816-4 中定义的与应用无关的卡服务来确定。

CCD 值应在卡复位后立刻确定。如果行业间数据元“初始访问数据”出现在 ATR、ATS 或 ATTRIB 响应的历史字节中,那么数据对象‘7F62’应被确定为初始数据串。

否则,CCD 数据将通过以下情况之一来确定。没有规定下面定义的步骤的优先顺序。如果这些都不能确定,那么卡片就是不符合 GB/T 29271 的。

——读取包含数据对象为‘7F62’的 EF.ATR;

——GET DATA 命令,以下二选一:

- INS='CA';P1-P2=‘7F62’,Le=‘00’,或
- INS='CB';P1-P2=‘3FFF’,并且命令数据字段包含‘5C027F62’。

以上两种情况可能在响应数据字段中返回CCD。

——用上面描述的GET DATA命令中的AID'E8 28 81 C1 17 02'来选择阿尔法卡端应用。

如果上面步骤没有确定应用列表,那么就读取EF.DIR来确定卡端应用的列表。

6.4.3 ACD值的确定

选择卡端应用后应立刻确定ACD值,步骤如下:

——读取SELECT命令响应中标签'87'所引用的EF;

——GET DATA命令,以下二选一:

- P1-P2 = '7F63'且Le = '00',或
- P1-P2 = '3FFF'且命令数据字段包含'5C027F63'。

以上两种情况可能在响应数据字段中返回ACD。

附 录 A
（资料性附录）
GCI 中的密码信息应用轮廓

A.1 轮廓 A

将表 14 中 CIA-PROFILES 数据对象的值字段的第一个字节的位 1 置 1 指明了符合本轮廓的 ISO/IEC 7816-15 密码信息应用。

A.1.1 EF.CIAInfo

EF.CIAInfo 是必选的，其文件标识符为‘5032’。

A.1.2 EF.OD

EF.OD 是必选的，其文件标识符为‘5031’。EF.OD 不包含任何 **trustedPublicKeys**、**trustedCertificates** 或 **usefulCertificates** 组件。

A.1.3 EF.PrKD

EF.PrKD 是可选的，EF.PrKD 中引用的每一个私钥对象应符合以下三点：

——**CommonKeyAttributes.startDate** 和 **CommonKeyAttributes.endData** 组件可能存在，但是它们的值应被符合 ISO/IEC 24727 的客户端应用忽略；

——**CommonKeyAttributes.accessFlags**、**CommonKeyAttributes.keyReference** 和 **CommonKeyAttributes.algReference** 组件应存在；

——**CommonPrivateKeyAttributes.generalName** 组件是可选的。

A.1.4 EF.PuKD

EF.PuKD 是可选的，EF.PuKD 中引用的每一个公钥对象应符合以下四点：

——对 **CommonObjectAttributes**，符合 ISO/IEC 24727 的客户端应用应忽略 **label** 组件外的任何组件；

——**CommonKeyAttributes**、**algReference** 组件是必选的；

——**CommonKeyAttributes.accessFlags**、**CommonKeyAttributes.startDate** 和 **CommonKeyAttributes.endDate** 组件是可选的；

——**CommonPublicKeyAttributes.trustedUsage** 和 **CommonPublicKeyAttributes.generalName** 组件是可选的。

A.1.5 EF.SKD

EF.SKD 是可选的，EF.SKD 中引用的每一个密钥对象应符合以下三点：

——**CommonKeyAttributes**，**algReference** 组件是必选的；

——**CommonKeyAttributes.accessFlags**、**CommonKeyAttributes.startDate** 和 **CommonKeyAttributes.endDate** 组件是可选的；

——**CommonSecretKeyAttributes.keyLen** 组件是必选的。

A.1.6 EF.CD

EF.CD是可选的,EF.CD中引用的每一个证书对象应符合以下两点:

——**CommonCertificateAttributes.certHash** 和 **CommonCertificateAttributes.validity** 组件是可选的;

——**ObjectValue** 的 **indirect** 选项应适用于所有证书类型。

A.1.7 EF.AOD

EF.AOD是可选的,EF.AOD中引用的每一个鉴别对象应符合以下两点:

——**CommonObjectAttributes.flags** 和 **CommonObjectAttributes.userConsent** 组件是可选的;

——对口令对象,**PasswordAttributes.path** 组件是必选的。

A.1.8 EF.DCOD

EF.DCOD是可选的,EF.DCOD中引用的每一个数据容器对象应符合以下三点:

——**CommonObjectAttributes.userConsent** 组件是可选的;

——只有被选择的 **opaqueDO** 才能作为 **OpaqueDOAttributes** 值;

——**ObjectValue** 的 **indirect** 选项应适用于所有 **OpaqueDOAttributes** 值。

附 录 B
（资料性附录）
轮廓 A 示例

B.1 eSign K 规范

--本轮廓举例描述了一个符合 CWA 14890 (eSign K 规范)的签名应用。

--本应用使用两种安全环境。SE＃1 在持卡人可控下的可信环境中使用。在 SE＃1 中,命令无须安全报文传输。SE＃2 在不可信的环境中使用,这种情况下,需要通过建立会话密钥的设备鉴别以实现安全报文传输。

--持卡人使用显示消息(DM)来验证可信信道被建立。DM 只有在采用安全报文传输的设备鉴别成功后才能被读到。

```
E SignK-SignatureApplication
DEFINITIONS IMPLICIT TAGS ::=  BEGIN
IMPORTS
    CIAInfo, CIOChoice, AuthenticationObjectChoice,
    PrivateKeyChoice, PublicKeyChoice,
    CertificateChoice, DataContainerObjectChoice
    FROM
    CryptographicInformationFramework;

--ISO 7816-15 目录文件的定义
EFODF ::=  SEQUENCE OF CIOChoice
EFAODF ::=  SET OF AuthenticationObjectChoice
EFPrKDF ::=  SEQUENCE OF PrivateKeyChoice
EFPuKDF ::=  SEQUENCE OF PublicKeyChoice
EFCDF ::=  SEQUENCE OF CertificateChoice
EFDCODF ::=  SEQUENCE OF DataContainerObjectChoice

--EF.CIAInfo
eSignK-EFCIAInfo CIAInfo ::=
{ version v2,
  profileIndication {"CWA 14890"},
  serialNumber ''H,
  label "Signature Application",
  cardflags { authRequired, prnGeneration },
  seInfo
    { { se 1,
        aid 'A000000167455349474E'H },     -- eSignK 应用的 AID
      { se 2,
```

```
        aid 'A000000167455349474E'H } }, -- eSignK 应用的 AID
    supportedAlgorithms
    {
      -- 哈希算法
      -- AlgID: 0x10, SHA-1
      { reference 1,               -- 唯一参考
        algorithm 544,             -- PKCS# 11 机制类型 CKM_SHA_1 =  0x220
        parameters NULL: NULL,  -- 参数类型为空,值为空
        supportedOperations {hash},
        objId {1 3 14 3 2 26 },
        algRef 16                  -- 等于 0x10, 见 CWA 14890-1, 表 13-1
        },
      -- 数字签名算法
      -- AlgID: 0x11, 带 DSI 的 RSA,根据 ISO/IEC 9796-2 带随机数和 SHA-1
      { reference 2,               -- 唯一参考,源于 PrKDF 的交叉引用
        algorithm 2147483648,      -- 未在 PKCS# 11 中定义的算法;
                                   -- Vendor 定义为 0x80000000
        parameters NULL: NULL,     -- 参数类型为空,值为空
        supportedOperations {compute-signature},
        objId {1 3 36 3 4 3 2 1},
        algRef 17                  -- 等于 0x11, 见 CWA 14890-1, 表 13.1
      },
      -- AlgID: 0x12, 带 DSI 的 RSA,根据 PKCS# 1 和 SHA-1
      { reference 3,               -- 唯一参考,源于 PrKDF 的交叉引用
        algorithm 6,               -- PKCS# 11 机制类型 CKM_SHA1_RSA_PKCS
        parameters NULL: NULL,     -- 参数类型为空,值为空
        supportedOperations {compute-signature},
        objId {1 2 840 113549 1 1 5},
        algRef 18                  -- 等于 0x12, 见 CWA 14890-1, 表 13-1
      },
    -- 设备鉴别算法
    -- AlgID: 0x17, CWA 14890-1 中定义的密钥传输协议
     {
        reference 4,
        algorithm 2147483649,   -- 未在 PKCS# 11 中定义的算法,
                                -- Vendor 定义为 0x80000001
        parameters NULL: NULL, -- 参数类型为空,值为空
        supportedOperations {compute-signature, verify-signature},
        objId {1 3 36 7 2 1 1}, -- 见 CWA 14890-1 密钥传输协议
        algRef 23                  -- 等于 0x17, 见 CWA 14890-1, 表 13-2
      },
      -- 卡验证(CV) 证书签名校验
      { reference 5,               -- 唯一参考,源于 PrKDF 的交叉引用
```

```
      algorithm 2147483650,  -- 未在 PKCS# 11 中定义的算法,
                               -- Vendor 定义为 0x80000002
      parameters NULL: NULL,  -- 参数类型为空,值为空
      supportedOperations {verify-signature},
      objId {1 3 36 3 4 3 2 1},
      -- algRef 未使用 (密钥和算法由卡验证(CV) 证书中提供的证书机构参考来选择)
    }
  }
}

-- EF.ODF
eSignK-EFODF EFODF ::=
{
  authObjects : path : { efidOrPath '4003'H },
  privateKeys : path : {efidOrPath '4001'H},
  publicKeys : path : {efidOrPath '4002'H },
  certificates : path : {efidOrPath '4005'H },
  dataContainerObjects : path : { efidOrPath '4006'H }
}

-- EF.AODF
eSignK-EFAODF EFAODF ::=
{
  -- PIN.CH.AUT
  pwd :
    {
      commonObjectAttributes
        { label "global password",
          authId '03'H, -- 对 PUK.CH.AUT 交叉引用
-- 在 SE# 2 中,VERIFY 和 CHANGE REFERENCE DATA 命令应被安全报文传输应用。通过设备鉴
  别的方式,相应的会话密钥被建立起来。
--对于 SE# 1,不应用安全条件,例如这些命令可以(无须安全报文传输)一直被执行
          accessControlRules
          {
            { accessMode { execute },
              securityCondition authReference:
                {
                  authMethod { secureMessaging, extAuthentication },
                  seIdentifier 2
                }
            }
          }
        },
```

```
    classAttributes
      { authId '01'H },
    typeAttributes
      { pwdFlags { initialized},
        pwdType ascii-numeric,
        minLength 4,                -- 以字符形式
        storedLength 0,             -- 以字节形式,无须填补
        maxLength 8,                -- 以字符形式
        pwdReference 1,             -- 0x01 密钥 Id
        -- 当 PIN.CH.AUT 为全局口令时,无须路径
      }
  },

  -- PIN.CH.DS
  pwd :
  {
    commonObjectAttributes
      { label "Signature password",
        -- 处于全局口令情形时,应用相同的访问控制规则
        accessControlRules
        {
          { accessMode { execute },
            securityCondition authReference:
              {
                authMethod { secureMessaging, extAuthentication },
                seIdentifier 2
              }
          }
        }
      },
    classAttributes
      { authId '02'H },
    typeAttributes
      { pwdFlags { local, unblock-disabled, initialized },
        -- 支持 no resetting codes
        pwdType ascii-numeric,
        minLength 6,                -- 以字符形式
        storedLength 0,             -- 以字节形式,无须填补
        maxLength 8,                -- 以字符形式
        pwdReference 129,           -- 0x81 密钥 Id
        path { efidOrPath '3F 00 3F 01'H }
        -- DF.ESIGN 的路径应在 VERIFY 命令之前被选择
        -- (本地口令)
```

```
      }
  },

  -- PUK.CH.AUT
  pwd :
    {
      commonObjectAttributes
        { label "resetting code for the global password",
          -- 在 SE# 2 中,命令 RESET RETRY COUNTER 应被安全报文传输应用。通过设备鉴别的
             方式,相应的会话密钥被建立起来。
          -- 对于 SE# 1,不应用安全条件,例如这些命令可以(无须安全报文传输)一直被执行
          accessControlRules
            {
              { accessMode { execute },
                securityCondition authReference:
                  {
                    authMethod { secureMessaging, extAuthentication },
                    seIdentifier 2
                  }
              }
            }
        },
      -- 对源于 PIN.CH.AUT 的交叉引用
      classAttributes
        { authId '03'H },
      typeAttributes
        { pwdFlags { local, initialized, unblockingPassword },
          pwdType ascii-numeric,
          minLength 8,                      -- 以字符形式
          storedLength 0,                   -- 以字节形式,无须填补
        }
    }
  }

  -- EF.PrKDF
  eSignK-EFPrKDF EFPrKDF ::=
    {
      -- SK.CH.DS
      privateRSAKey :
      {
        commonObjectAttributes
          { label "Signature Key",
            flags { private },
```

```
        authId '02'H,          -- 对 PIN.CH.DS 交叉引用
        userConsent 1,
```

-- 在 SE# 1 中,采用签名口令 PIN.CH.DS 的方式的用户鉴别在每一个 PSO: COMPUTE DIGITAL SIGNATURE 命令之前即需要。

--在 SE# 2 中,PSO 命令应被安全报文传输应用。通过设备鉴别的方式,相应的会话密钥被建立起来。此外,采用 PIN.CH.DS 方式的用户验证在每一个 PSO 命令使用前即需要。

```
        accessControlRules
        {
          { accessMode { execute },
            securityCondition or:
              { and: { authId: '02'H,       -- 对 PIN.CH.DS 交叉引用
                         authReference: { authMethod { userAuthentication },
                                          seIdentifier 1
                                        }
                     },
                and: { authId: '01'H,       -- 对 PIN.CH.AUT 交叉引用
                         authReference: { authMethod { secureMessaging,
                                                       extAuthentication,
                                                       userAuthentication },
                                          seIdentifier 2
                                        }
                     }
              }
          }
        }
    },
    classAttributes
      { iD '01'H,          -- 应与证书共享相同的 iD
        usage { sign , signRecover, nonRepudiation},
        native TRUE,
        accessFlags { sensitive,
                      alwaysSensitive,
                      neverExtractable,
                      cardGenerated },
        keyReference 132, -- 0x84 卡中的 KID
        algReference
          {
            2,             -- RSA ISO 带 SHA1
            3              -- RSA PKCS# 1 带 SHA1
          }
      },
    typeAttributes
      {
```

```
      value indirect : path : {efidOrPath ''H},
      modulusLength 1024
    }
  },

-- SK.ICC.AUT
-- ICC 私钥用于设备鉴别,会话密钥建立
-- 在 CWA 14890-1 中规定的密钥传输协议中会用到密钥。
privateRSAKey :
  {
    commonObjectAttributes
      { label "SK.ICC.AUT",
        flags { private },
      },
    -- 应与卡验证(CV)证书 C_CV.ICC.AUT 共享相同的 iD
    classAttributes
      { iD '02'H,
          usage { decipher, signRecover },
          native TRUE,
          accessFlags { sensitive,
                        alwaysSensitive,
                        neverExtractable },
          keyReference 17, -- 0x11 卡中的 KID
          algReference
          {
            4           -- 设备鉴别、密钥传输协议
          }
      },
      typeAttributes
      { value indirect : path : {efidOrPath ''H },
        modulusLength 1024
      }
    }
  }

-- EF_PuKDF
eSignK-EFPuKDF EFPuKDF ::=
  {
    -- PK.RCA.CS-AUT
    -- 根密钥的公钥在 ICC 中以安全锚的形式存储。在设备鉴别的上下文中密钥用于验证 CV
证书。
    publicRSAKey :
    {
```

```
    commonObjectAttributes
      { label "PK.RCA.CS-AUT"},
    classAttributes
      { iD '03'H,
        usage { verifyRecover },
        native TRUE,
        -- 证书持有人参考(CHR)作为密钥参考使用,见 CWA 14890-1, 第 14 章
        keyReference 1122334455667788,
        algReference
          {
            5        --用于 CV 证书验证的算法
          }
      },
    typeAttributes
      { value indirect : path : { efidOrPath ''H },
        modulusLength 1024
      }
  }
}

-- EF.CDF
eSignK-EFCDF EFCDF ::=
  {
    -- C_X509.CH.DS
    -- 用于数字签名服务的持卡人证书
    x509Certificate :
    {
      commonObjectAttributes
        { label "certificate for signature service" },
      -- 应与私钥共享相同的 id
      classAttributes
        { iD '01'H,
          authority FALSE },
        -- 存储证书的 EF.C.X509_1.CH.DS 路径
      typeAttributes
        { value indirect : path : {efidOrPath '3F 00 3F 01 C0 00'H } }
        },

-- C_X509.CA.CS-DS
-- CA 证书,为 C_X509.CH.DS 的发行者
x509Certificate :
  {
    commonObjectAttributes
```

```
        { label "CA certificate for signature service"},
      classAttributes
        { iD '01'H,
          authority TRUE },
      -- 存储证书的 EF.C_X509.CA.CS 路径
      typeAttributes
        { value indirect : path : {efidOrPath '3F 00 3F 01 C6 08'H} }
        },

-- C_CV.ICC.AUT
-- ICC 的卡验证证书在设备鉴别服务中使用到
cvCertificate :
  {
    commonObjectAttributes
      { label "C_CV.ICC.AUT" },
    -- 应与私钥共享相同的 id
    classAttributes
      { iD '02'H,
        authority FALSE },
    -- 存储证书的 EF.C_CV.ICC.AUT 路径
    typeAttributes
      { value indirect : path : {efidOrPath '3F 00 2F 03'H} }
  }
}

-- EF_DCODF
eSignK-EFDCODF EFDCODF ::=
  {
    -- 显示消息
    -- 持卡人使用显示消息机制来确认接口设备和 ICC 之间可信信道的建立，见 CWA 14890-1。
    opaqueDO :
      {
        commonObjectAttributes
          { label "Display Message",
            flags {private, modifiable},
            accessControlRules
            {
                { accessMode { update },
                  securityCondition or:
                  { and: { authId: '01'H,      -- 对 PIN.CH.AUT 交叉引用
                      authReference: { authMethod { userAuthentication },
                                                             seIdentifier 1
                                                           }
```

```
                        },
                and: { authId: '01'H,     -- 对 PIN.CH.AUT 交叉引用
                         authReference: { authMethod { secureMessaging,
                                                       extAuthentication,
                                                       userAuthentication },
                                          seIdentifier 2
                                        }
                     }
              }
        },
        { accessMode { read },
          securityCondition authReference:
            { authMethod {secureMessaging,extAuthentication },
              seIdentifier 2
            }
        }
     }
  },
  -- applicationName 或 applicationOID 应存在
  classAttributes
    { applicationName "A000000167455349474E" }, -- eSignK 应用的 AID
  -- 到包含显示消息的 EF 的路径
  typeAttributes
    indirect : path : {efidOrPath '3F 00 3F 01 D0 00'H }
 }
}
END
```

附 录 C
（规范性附录）
卡端应用服务描述的密码信息应用

C.1 概述

卡端应用能力描述中标签为‘7F66’和‘7F67’的数据对象与每一个卡端应用有关的数据是 DER 编码的、描述卡端应用的主动式服务的 ISO/IEC 7816-15 密码信息应用。这些信息是 ISO/IEC 24727-3 用来将其应用接口请求转换为本部分中 GCI 指令的。‘7F66’数据对象的值字段(或‘7F66’的 URL 引用的数据)应包含 DER 编码的 **CardApplicationServiceDescriptionValue**。**CardApplicationServiceDescriptionValue** 是 **ISO/IEC 7816-15 CIAInfo** 值，其值为 0，或者为多个 **ISO/IEC 7816-15 CIOChoice** 值，每一个编码为 **PathOrObjects** 的 **Objects** 选择。

```
CardApplicationServiceDescription ::= SEQUENCE {
ciaInfo CIAInfo,
cioChoice SEQUENCE OF CIOChoice
}
```

初始 **CIAInfo** 值描述了卡端应用所支持的密码算法、鉴别协议和安全环境。

DER 编码的 **CIOChoice** 值的下述序列包含一个卡端应用数据集的 **CIOChoice** 入口，每一个卡端应用上的 ISO/IEC 24727 差异特征的 **CIOChoice** 入口和 ISO/IEC 24727 的 **CIOChoice** 入口都是为卡端应用服务的。

每个 ISO/IEC 24727 卡端应用中的 ISO/IEC 24727 数据集由 ISO/IEC 7816-15 的 **dataContainerObjects** 部件元素来表示。

每个 ISO/IEC 24727 卡端应用的 ISO/IEC 24727 差异特征是 ISO/IEC 7816-15 鉴别对象、私钥、公钥、安全机构公钥、密钥的组成部分。

每个 ISO/IEC 24727 卡端应用的 ISO/IEC 24727 服务是 ISO/IEC 7816-15 的 **dataContainerObjects** 组成部分。

DER 编码的、由 ISO/IEC 24727 卡端应用服务描述组成的 **CIOChoice** 值的串联可能包括额外的 ISO/IEC 7816-15 的 **CIOChoice** 值，例如：**privateKeys**、**publicKeys**、**secretKeys** 和 **certificates** 组件，它们通过 **authId** 属性同差异特征有关。任何 ISO/IEC 7816-15 属性可以在这些额外的 **CIOChoice** 值中出现。

C.2 密码算法和鉴别协议

CIAInfo 值头部描述了卡端应用的密码算法，甚至是鉴别协议的密码算法。

必选的 **version** 组件被设置为服务描述符合的 ISO/IEC 7816-15 版本。

必选的 **cardflags** 组件描述了 ISO/IEC 7816-15 卡端应用的相关信息。

SEQUENCE OF AlgorithmInfo 列表的元素描述了卡端应用支持的密码算法。具体算法推荐使用 **reference** 字段。算法描述应包括卡端应用中算法的对象标识符(objld)和算法参考(algRef)。

C.3 用于互操作的 ISO/IEC 24727 数据集和数据组织

ISO/IEC 24727 卡端应用中的数据集表现为 ISO/IEC 7816-15 中 **dataContainerObjects** 元素的卡端应用服务描述，是数据容器信息对象的序列。第一个数据容器信息对象描述了数据集，随后的每个数据容器信息对象描述数据集中用于互操作的一个单一数据结构。

第一个 ISO/IEC 7816-15 数据容器信息对象（由一个 ISO/IEC 24727 数据集组成的数据容器对象排序）的通用对象属性中的 ISO/IEC 7816-15 **label** 属性是数据集的名称。

第一个 ISO/IEC 7816-15 数据容器信息对象（由一个 ISO/IEC 24727 数据集组成的数据容器对象排序）的 ISO/IEC 7816-15 **accessControlRules** 属性对数据集执行 ISO/IEC 24727 访问控制列表，从而对数据集中所有用于互操作的数据结构(DSI)使用下面表 C.4 中描述的访问模式映射。

每一个顺序的 ISO/IEC 7816-15 数据容器信息对象（在一个 ISO/IEC 24727 数据集组成的数据容器信息对象序列中的）表示一个包含在 ISO/IEC 24727 数据集中的用于互操作的 ISO/IEC 24727 数据结构。

ISO/IEC 7816-15 数据容器信息对象（用一个互操作性的 ISO/IEC 24727 数据结构代表）的通用对象属性中的 ISO/IEC 7816-15 **label** 属性是用于互操作的数据结构的名称。

indirect 选择应被指出，以用于 DSI 代表的 ISO/IEC 7816-15 数据容器信息对象的类型属性的对象值。此处描述的路径应为 GCI 上从 DSI 名称到 DSI 实现的映射。从而路径包括卡端应用中 DSI 的位置、此处 DSI 第一个字节的偏移，以及以字节计的 DSI 中数据的长度。

表 C.1 列出了 ISO/IEC 7816-15 编码的数据集。

表 C.1 ISO/IEC 7816-15 编码的数据集

数　据　集	属　　性	描　　述
公共对象属性	标记	数据集名称
	访问控制规则	数据集的访问控制列表，即数据集中所有 DSI
公共数据容器对象属性	＜未使用＞	应用名称或应用 ID 应存在且不能为空值；值将被忽略
数据对象属性	＜未使用＞	用空值直接选择后对象值应存在，值将被忽略
DSI		
公共对象属性	标记	DSI 名称
公共数据容器对象属性	＜未使用＞	应用名称或应用 ID 应存在且不能为空值；值将被忽略
数据对象属性	iso7816DO.relative.path	卡端应用中 DSI 的入口地址、在该位置对数据的第一个字节的偏移、以字节计的数据的长度

C.4 ISO/IEC 24727 差异特征

每个卡端应用的差异特征是被 ISO/IEC 7816-15 **authObjects** 组件在卡端应用服务描述为包含**确切的鉴别信息对象**。这些鉴别信息对象描述了所有经过卡端应用识别的差异特征并非是鉴别状态变量在访问规则中出现的差异特征。

ISO/IEC 7816-15 鉴别信息对象的公共对象属性的 **lable** 属性是 ISO/IEC 24727 差异特征的名称。

ISO/IEC 7816-15 鉴别信息对象的访问控制规则 **accessControlRules** 属性用上面表 C.1 中描述的访问模式字节的映射。

ISO/IEC 7816-15 公共对象属性的 **authId** 是可选的，如果存在，应包括用于鉴别差异特征的值。

ISO/IEC 7816-15 公共鉴别对象属性的 **authId** 是服务描述中唯一的标识，用于交叉引用其他信息对象的属性。

ISO/IEC 7816-15 公共鉴别对象属性的 **authReference** 属性是安全环境和访问规则的关键数据。

鉴别信息对象的具体类型 CIO 属性中的 **path** 属性如果存在，则这个标记和差异特征有关。

ISO/IEC 24727 差异特征的检索参见附录 E。

表 C.2 列出了 ISO/IEC 7816-15 差异特征编码。

表 C.2 ISO/IEC 7816-15 差异特征编码

差 异 特 征	属 性	描 述
公共对象属性	标记	差异特征名称
	访问控制规则	差异特征的访问控制列表
	鉴别 ID	ciaInfo 支持算法列表数据字段的值
公共鉴别对象属性	鉴别 ID	卡端应用差异特征的唯一标识符
	鉴别信息	差异特征的关键数据
鉴别对象属性	<任意>	鉴别差异特征的参数的描述

C.5 ISO/IEC 24727 卡端应用服务和功能

在 ISO/IEC 7816-15 包括数据容器信息对象串的数据容器对象元素的服务描述中描述了 ISO/IEC 24727 卡端应用服务，服务编码见表 C.3。第一个数据容器信息对象描述了服务，后续数据容器信息对象是可选的，如果存在，则每一个都描述一个服务的功能。

ISO/IEC 7816-15 数据容器信息对象串中第一个数据容器信息对象的公共对象属性的 **label** 属性是卡片服务的名称。

ISO/IEC 7816-15 数据容器信息对象串中第一个数据容器信息对象的公共对象属性的 **accessCon-**

trolRules 属性包括一个 ISO/IEC 24727 服务，这个服务描述了访问控制列表和表 C.4 中所映射的服务。

ISO/IEC 7816-15 数据容器信息对象串中第一个数据容器信息对象的公共对象属性的 **iD** 属性包括一个自由形态的服务描述。

ISO/IEC 7816-15 数据容器信息对象串中的每一个数据容器信息对象包括描述 ISO/IEC 24727 第一个数据容器信息对象所描述的功能的服务。

ISO/IEC 7816-15 描述功能的数据容器信息对象公共对象属性的 **label** 属性是对应功能的名称。

间接选择代表数据字段和类型属性描述了一个 DSI。路径是标识卡端应用的地址可执行代码，例如：可执行代码可以是 ISO/IEC 20060 单元，MULTOS 卡或 JAVA 卡的 applet。

如果一个服务或功能没有在 ISO/IEC 7816-15 数据容器对象中定义，那么对应的访问条件被设置为'Never'。

表 C.3 服务的编码

服　务	属　性	描　述
公共对象属性	标记	服务名称(根据 ISO/IEC 24727-3)
	访问控制规则	服务中的访问规则，其目标是与服务相关的访问控制列表
公共数据容器对象	RFU	应用名称或应用 OID 应存在且不能为空，值将被忽略
数据对象属性	对象值	间接选择的对象值是执行卡端应用的服务可执行代码或为空
功能		
公共数据属性	标记	操作名称(根据 ISO/IEC 24727.3)，见表 C.4 中的映射
	访问控制规则	服务中的访问规则，其目标是卡端应用
公共数据容器对象属性	RFU	应用名称或应用 OID 应存在且不能为空，值将被忽略
数据对象属性	数据值	间接选择的对象值是执行卡端应用的服务可执行代码或为空

C.6 访问模式字节的功能映射

表 C.4 ISO/IEC 24727-3 操作映射到 ISO/IEC 7816-15 公共对象属性的标记

ISO/IEC 24727-3 操作	公共对象属性的标记(必选)
ACLList	**"ACL_LIST"**
ACLModify	**"ACL_MODIFY"**
CardApplicationEndSession	**"CA_END_SESSION"**
CardApplicationStartSession	**"CA_START_SESSION"**
CardApplicationDisconnect	**"CA_DISCONNECT"**
CardApplicationConnect	**"CA_CONNECT"**
CardApplicationCreate	**"CA_CREATE"**
CardApplicatonDelete	**"CA_DELETE"**
CardApplicatonServiceCreate	**"CA_SERVICE_CREATE"**
CardApplicationServiceLoad	**"CA_SERVICE_LOAD"**
CardApplicationServiceDelete	**"CA_SERVICE_DELETE"**
CardApplicationList	**"CA_LIST"**
CardApplicationServiceList	**"CA_SERVICE_LIST"**
CardApplicationServiceDescribe	**"CA_SERVICE_DESCRIBE"**
ExecuteAction	**"EXECUTE_ACTION"**
DataSetCreate	**"DS_CREATE"**
DataSetDelete	**"DS_DELETE"**
DataSetSelect	**"DS_SELECT"**
DataSetList	**"DS_LIST"**
DSICreate	**"DSI_CREATE"**
DSIDelete	**"DSI_DELETE"**
DSIList	**"DSI_LIST"**
DSIWrite	**"DSI_WRITE"**
DSIRead	**"DSI_READ"**
DIDList	**"DID_LIST"**
DIDCreate	**"DID_CREATE"**
DIDDelete	**"DID_DELETE"**
DIDUpdate	**"DID_UPDATE"**

表 C.4（续）

ISO/IEC 24727-3 操作	公共对象属性的标记(必选)
DIDGet	**"DID_GET"**
DIDAuthenticate	**"DID_AUTHENTICATE"**
Encipher	**"ENCIPHER"**
Decipher	**"DECIPHER"**
GetRandom	**"GET_RANDOM"**
Hash	**"HASH"**
Sign	**"SIGN"**
VerifySignature	**"VERIFY_SIGNATURE"**
VerifyCertificate	**"VERIFY_CERTIFICATE"**

附　录　D
（资料性附录）
卡端应用服务描述中密码信息应用示例

```
{ -- SEQUENCE --
        cardInfo { -- SEQUENCE --
          version 2,
          serialNumber '0102030405060708'H,
          manufacturerID '41434d45'H -- "ACME" --,
          label '506572736f6e616c2044617461205661756c74'H
                -- "Personal Data Vault" --,
          cardflags '60'H,
          supportedAlgorithms { -- SEQUENCE OF --
            { -- SEQUENCE --
              reference 1,
              algorithm 16,
              supportedOperations '02'H,
              objId {1 3 14 3 2 26},
              algRef 1
            },
            { -- SEQUENCE --
              reference 2,
              algorithm 272,
              supportedOperations '0c'H,
              objId {1 3 36 3 1 1},
              algRef 2
            },
            { -- SEQUENCE --
              reference 3,
              algorithm 544,
              supportedOperations '50'H,
              objId {1 2 840 113 549 1 1 5},
              algRef 18
            }
          },
          issuerId '4b61726d61204c6f6f70'H -- "Karma Loop" -- ,
          holderId '53616c6c7920477265656e'H -- "Sally Green" --,
          lastUpdate generalizedTime '313938353131303632313036323732e335a'H
                        -- "19851106210627.3Z" --,
          preferredLanguage '4573706572616e746f'H -- "Esperanto" --
        },
        cioChoice { -- SEQUENCE OF --
```

```
          dataContainerObjects objects { -- SEQUENCE OF --
            iso7816DO { -- SEQUENCE --
              commonObjectAttributes { -- SEQUENCE --
                label '436c6f7468696e672053697a6573'H -- "Clothing Sizes"--,
                accessControlRules { -- SEQUENCE OF --
                  { -- SEQUENCE --
                   accessMode '0000'b -- READ --,
                    securityCondition authId '01'H
                  },
                  { -- SEQUENCE --
                   accessMode '0000'b -- WRITE --,
                    securityCondition authId '03'H
                 }
               }
             },
              classAttributes { -- SEQUENCE --
                applicationName '00'H
        },
      typeAttributes indirect path { -- SEQUENCE --
        type efidOrPath ''H
    }
   },
   iso7816DO { -- SEQUENCE --
     commonObjectAttributes { -- SEQUENCE --
       label '4861742053697a65'H -- "Hat Size" --
    },
     classAttributes { -- SEQUENCE --
       applicationName '00'H
    },
     typeAttributes indirect path { -- SEQUENCE --
       type tagRef { -- SEQUENCE --
         tag 'cl'H
     },
       length 4
    }
   },
   iso7816DO { -- SEQUENCE --
     commonObjectAttributes { -- SEQUENCE --
       label '536f636b2053697a65'H -- Sock Size --
    },
     classAttributes { -- SEQUENCE --
       applicationName '00'H
    },
```

```
    typeAttributes indirect path { -- SEQUENCE --
      type tagRef { -- SEQUENCE --
        tag 'cl'H
    },
      index 4,
      length 4
  }
  }
},
authObjeots objects { -- SEQUENCE OF --
  pwd { -- SEQUENCE --
    commonObjectAttributes { -- SEQUENCE --
      label '53616c6c7920477265656e202d2050494e'H
          -- "Sally Green -  PIN" --,
      authId '01'H
  },
    classAttributes { -- SEQUENCE --
      authId '81'H.
      authReference 128,
      seIdentlfier 2
  },
    typeAttributes { -- SEQUENCE --
      pwdFlags '0000 1000'b,
      pwdType 0,
      minLength 4,
      storedLength 4,
      maxLength 8,
      pwdReference 129,
      padChar '00'H,
      path { -- SEQUENCE --
        type efldOrPath ''H
    }
  }
  }
},
authObjects objects { -- SEQUENCE OF --
  pwd { -- SEQUENCE --
    commonObjectAttributes { -- SEQUENCE --
      label '53616c6c7920477265656e202d2050554b'H
          -- "Sally Green-PUK" --,
      authId '01'H
  },
    classAttrlbutes { -- SEQUENCE --
```

```
      authId '82'H,
      authReference 129,
      seIdentifier 2
    },
    typeAttributes { -- SEQUENCE --
      pwdFlags '00101100'b,
      pwdType 0,
      minLength 8,
      storedLength 8,
      maxLength 8,
      pwdReference 130,
      padChar '00'H,
      path { -- SEQUENCE --
        type efidOrPath ''H
      }
    }
  }
},
authObjects objects { -- SEQUENCE OF --
  authKey { -- SEQUENCE --
    commonObjectAttributes { -- SEQUENCE --
      label '53616c6c7920477265656e202d20536563726574204b6579'H
          -- "Sally Green -  Secret Key" --,
      authId '02'H
    },
    classAttributes { -- SEQUENCE --
      authId '03'H,
      authReference 3,
      seIdentifier 2
    },
    typeAttributes { -- SEQUENCE --
      derivedKey FALSE,
      authKeyId ''H
    }
  }
},
dataContainerObjects objects { -- SEQUENCE OF --
  iso7816DO { -- SEQUENCE --
    commonObjectAttributes { -- SEQUENCE --
      label '436f6e6e656374696f6e2053657276696365'H
          -- "Connection Service" --,
      accessControlRules { -- SEQUENCE OF --
        { -- SEQUENCE --
```

```
            accessMode '0000'b -- ACL LIST and ACL MODIFY --,
            securityCondition always NULL
          }
        }
      },
        classAttributes { -- SEQUENCE --
          applicationName '00'H
      },
        typeAttributes indirect path { -- SEQUENCE --
          type efidOrPath ''H
      }
    }
  },
  dataContainerObjects objects { -- SEQUENCE OF --
    iso7816DO { -- SEQUENCE --
        commonObjectAttributes { -- SEQUENCE --
          label '436172642d4170706c69636174696f6e2053657276696365'H
              --"Card- Application Service"--,
          accessControlRules { -- SEQUENCE OF --
            { -- SEQUENCE --
              accessMode '0000'b -- ACL LIST --,
              securityCondition always NULL
            }
          }
        },
        classAttributes { -- SEQUENCE --
          applicationName '00'H
      },
       typeAttrlbutes indirect path { -- SEQUENCE --
          type efidorPath ''H
      }
    }
  },
  dataContainerObjects objects { -- SEQUENCE OF --
    iso7816DO { -- SEQUENCE --
        commonObjectAttributes { -- SEQUENCE --
          label '4e616d656420446174612053657276696365'H
              -- "Named Data Service" --,
          accessControlRules { -- SEQUENCE OF --
            { -- SEQUENCE --
              accessMode 'c0'H -- ACL LIST and ACL_MODIFY --,
              securityCondition authId '03'H
          }
```

```
    }
  },
   classAttributes { -- SEQUENCE --
     applicationName '00'H
  },
  typeAttrlbutes indirect path { -- SEQUENCE --
     type efidOrPath ''H
  }
 },
 iso7816DO { -- SEQUENCE --
    commonObjectAttributes { -- SEQUENCE --
      label '4453495f52454144'H -- "DSI_READ" --,
      accessControlRules { -- SEQUENCE OF --
        { -- SEQUENCE --
          accessMode '0000 0000 0000 0000 0000 0000'b -- DSI_READ --,
          securityCondition authId '01'H
        }
     }
  },
   classAttributes { -- SEQUENCE --
     applicationName '00'H
  },
  typeAttributes indirect path { -- SEQUENCE --
     type efidOrPath ''H
     }
 },
 iso7816DO { -- SEQUENCE --
    commonObjectAttributes { -- SEQUENCE --
      label '4453495f5752495445'H -- "DSI_WRITE" --,
      accessControlRules { -- SEQUENCE OF --
        { -- SEQUENCE --
          accessMode '0000 0000 0000 0000 0000 0000'b -- DSI_WRITE --,
          securityCondition authId '03'H
        }
     }
  },
   classAttributes { -- SEQUENCE --
     applicationName '00'H
  },
  typeAttributes indirect path { -- SEQUENCE --
     type efidOrPath ''H--""--
  }
 }
```

```
},
secretKeys objects { -- SEQUENCE OF --
  genericSecretKey { -- SEQUENCE --
     commonObjectAttributes { -- SEQUENCE --
       label '534b2d31'H -- "SK- 1" --
   },
      classAttributes { -- SEQUENCE --
         iD '77'H,
        usage '0000'b,
         native TRUE,
         accessFlags '1001'b,
         keyReference 1
     },
      subClassAttributes { -- SEQUENCE --
         keyLen 64
     },
      typeAttributes { -- SEQUENCE --
         keyType {1 3 36 3 4 3 2 1},
         keyAttr '01001101'b
        }
      }
    }
  }
}
```

附 录 E
（资料性附录）
DID 检索

差异特征(DID)的结构取决于所用的鉴别协议，鉴别协议确定后才能确定标记和匹配的结构。因此，解析应用能力描述的服务描述时，首先应检验鉴别协议的校验值。

在流程中示出的鉴别协议值的检索机制以解析鉴别对象选择开始。首先，鉴别对象选择中的类型属性应确定，如果类型属性是口令属性或生物特征属性，那么鉴别协议应该是 PIN 校验或生物特征识别协议。

如果类型属性是外部鉴别对象属性，则应检查选择了哪种外部鉴别对象属性：

——如果使用基本鉴别属性(CertBasedAuthenticationAttributes)，那么应该用非对称外部鉴别协议。

——如果使用密钥鉴别属性(AuthKeyAttributes)，那么除非与对象标识符(objId)有关，应该用对称外部鉴别协议，否则，CIAInfo 的相应算法将被用来检索对象标识符(objId)。如果这个非 DER-TLV 编码的对象标识符(objId)值以'1 0 24727 3'开头，那么这个值将被直接用于确定鉴别协议。

鉴别协议值的检索流程见图 E.1。

parse AuthenticationObjectChoice
Investigate TypeAttributes of AuthenticationObjectChoice
PasswordAttributes
DID.authProtocol:=PIN Compare(A.8)
BiometricAttributes
DID.authProtocol:=BiometricCompare(A.9)
ExternalAuthObjectAttributes
Investigate ExternalAuthObjectAttributes
CertBasedAuthenticationAttributes
DID.authProtocol:=Asymmetric External Authenticate(A.4)
AuthKeyAttributes
AuthKeyAttributes
DID.authProtocol:=Symmetric External Authenticate(A.6)
retrieve key with CommonKeyAttributes.iD==AuthKeyAttributes.authKeyId
retrieve AlgorithmInfo out of CIAInfo with AlgorithmInfoalgRef==CommonKeyAttributes.algRef
investigate AlgorithmInfo.objId
AlgorithmInfo.objId starts with "1 0 24727 3"
DID.authProtocol:=AlgorithmInfoobjId
else
protocol not registered

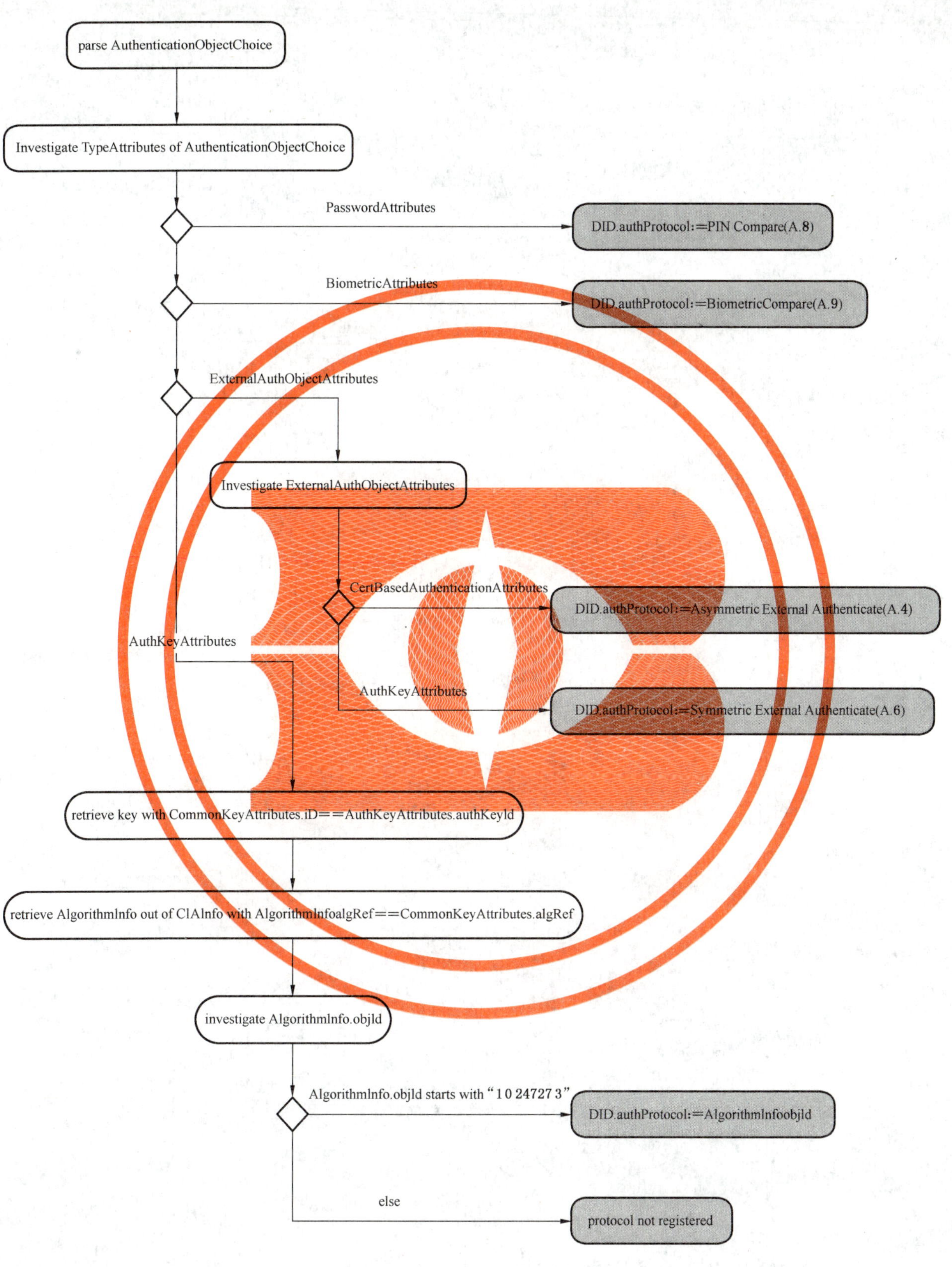

图 E.1 鉴别协议值检索

ICS 35.040
L 70

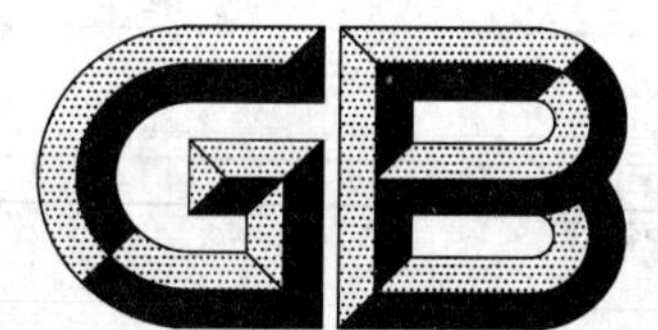

中华人民共和国国家标准

GB/T 29272—2012

信息技术 射频识别设备性能测试方法 系统性能测试方法

Information technology—Radio frequency identification device performance test methods—Test methods for system performance

2012-12-31 发布 2013-06-01 实施

中华人民共和国国家质量监督检验检疫总局
中国国家标准化管理委员会 发布

前　言

本标准按照 GB/T 1.1—2009 给出的规则起草。

请注意本文件的某些内容可能涉及专利。本文件的发布机构不承担识别这些专利的责任。

本标准由全国信息技术标准化技术委员会(SAC/TC 28)提出并归口。

本标准起草单位:中国电子技术标准化研究所、中国物品编码中心、北京邮电大学、中科院自动化所。

本标准主要起草人:王文峰、耿力、洪卫军、夏娣娜、李书芳、谭杰、赵洪胜、赵辰、鄢若韫。

信息技术　射频识别设备性能测试方法　系统性能测试方法

1　范围

本标准规定了射频识别设备的系统性能测试的一般要求，还规定了移动式系统、固定单天线系统、门式天线系统和隧道式天线系统的测试项目、测试布置、测试步骤和测试报告。

本标准适用于射频识别设备系统性能的评估。

2　术语和定义

下列术语和定义适用于本文件。

2.1

射频识别　radio-frequency identification；RFID

在频谱的射频部分，利用电磁耦合或感应耦合，通过各种调制和编码方案，与**射频标签**交互通信唯一读取射频标签身份的技术。

2.2

射频识别标签　radio-frequency identification tag

射频标签　radio-frequency tag

用于物体或物品标识、具有信息存储功能、能接收读写器的电磁场调制信号，并返回**响应**信号的数据载体。

2.3

读写器　reader/writer

询问器　interrogator

一种用于从**射频标签**获取数据和向**射频标签**写入数据的电子设备，通常具有冲突仲裁、差错控制、信道编码、信道解码、信源编码、信源译码和交换源端数据等过程。

2.4

射频识别系统　radio frequency identification system

一种自动识别和数据采集系统，包含一个或者多个读写器以及一个或者多个标签，其中，数据传输通过对电磁场载波信号的适当调制实现。

2.5

前向链路　forward link

下行链路　downlink

从读写器到**射频标签**的通信信道。

2.6

返回链路　return link

上行链路　uplink

从**射频标签**到读写器的通信信道。

2.7

标签标识符　tag identifier;TID

标签制造商或用户定义的标识标签的代码。

2.8

识别　identify

分辨射频标签的过程,使读写器能与射频标签进行唯一寻址通信。

注:应用数据尚未被访问。

2.9

读　read

从已识别的射频标签总体中取出信息的射频标签事务处理过程,包括单字节和多字节事务处理。

2.10

写　write

向已识别的射频标签总体存入信息的射频标签事务处理过程,包括单字节和多字节事务处理。

注:具有验证功能。

2.11

识别距离　identification distance

在规定的条件下,读写器能够有效识别射频标签时读写器天线几何中心和射频标签(群)几何中心之间的最大间距。

2.12

读距离　read distance

在规定的条件下,读写器能够有效读射频标签时读写器天线几何中心和射频标签(群)几何中心之间的最大间距。

2.13

写距离　write distance

在规定的条件下,读写器能够有效写射频标签时,读写器天线几何中心和射频标签(群)几何中心之间的最大间距。

2.14

识别范围　identification range

在规定的条件下,读写器能够有效识别射频标签时,读写器天线和射频标签之间的最大空间区域。

2.15

读范围　read range

在规定的条件下,读写器能够有效读射频标签时,读写器天线和射频标签之间的最大空间区域。

2.16

写范围　write range

在规定的条件下,读写器能够有效写射频标签时,读写器天线和射频标签之间的最大空间区域。

2.17

识别率　identify percentage

拾取率　pick rate

读写器能够正确识别射频标签数与射频标签总数的百分比。

注:受到通过速度、标签方向、标签总数等因素的影响。

2.18

读取率　read percentage

读写器能够正确读取标签数据的射频标签数与射频标签总数的百分比。

注:受到通过速度、标签方向、标签总数等因素的影响。

2.19

写入率　write percentage

读写器能够正确写入标签数据的射频标签数与射频标签总数的百分比。

注：受到通过速度、标签方向、标签总数等因素的影响。

3　符号

下列符号适用于本文件。

D ——标签几何中心与读写器天线之间的距离。

D_G——门式和隧道式系统中两个天线之间的水平距离。

4　被测设备分类

4.1　移动式系统

读写器天线位置在使用中不固定。

4.2　固定单天线系统

读写器天线位置在使用中固定，读写器天线可以是一个全双工天线，也可以是位于同一侧的两个半双工天线。

4.3　门式天线系统

一种包含至少两个天线的系统，天线被安装在相互平行的两个立面上，两个立面之间具有预定的距离，标签在这两个天线之间通过。

4.4　隧道式天线系统

一种包含至少三个天线的系统，其中至少两个天线被安装在相互平行的两个立面上，至少有一个天线被安装在水平面上，标签在这三个天线之间通过。

5　测试要求

5.1　测试项目选择

可以根据射频识别系统产品的组成、工作方式和应用要求选择测试项目。

5.2　测试对象

测试对象一般包含：

a)　标签；

b)　读写器和天线。

5.3　标准大气条件

除非另有规定，应在下列标准大气条件下进行测试：

a)　温度：15 ℃～35 ℃；

b)　相对湿度(RH)：20％～80％；

c) 大气压:测试场所气压。

5.4 射频环境

测试应在可控的射频环境中进行。测试前应对射频环境进行测量。被测系统工作频段内的噪声水平应低于－80 dBm。

5.5 预处理

测试对象应在测试环境中存放 24 h 后再进行测试。

5.6 默认允差

除非另有规定,所给出量值的默认允差为±5%。

5.7 测量不确定度

应对测量结果进行不确定度分析。

5.8 识别测试

测试过程中以读写器获取标签唯一标识符为准。

5.9 读写测试

测试数据采用 0xAA 和 0x55 分别进行。除非另有要求,读写操作对存储器用户区第一个地址和最后一个地址进行;如对其他存储地址进行测试,应在测试报告中注明。

5.10 速度测试

对于所有速度测试,应保证标签在读写器的工作范围内保持恒定的速度。测试过程中应将读写器设置为重复发送命令的模式。

5.11 标签贴附材料

标签应贴在实际应用的材料上。

5.12 通信参数

应依据标签符合的空中接口标准对测试对象的不同通信参数情况进行测试。

5.13 标签排列

当采用两个以上的标签进行测试时,这组标签构成标签群。标签群的几何排列可以是一维、二维和三维,分别见图 1、图 2 和图 3。在规定的几何排列中标签的间距应是一致的。标签的间距应是相邻标签几何中心之间的距离。标签的最小间距应不小于标签天线长度最大值的 2 倍。

图 1 一维标签排列

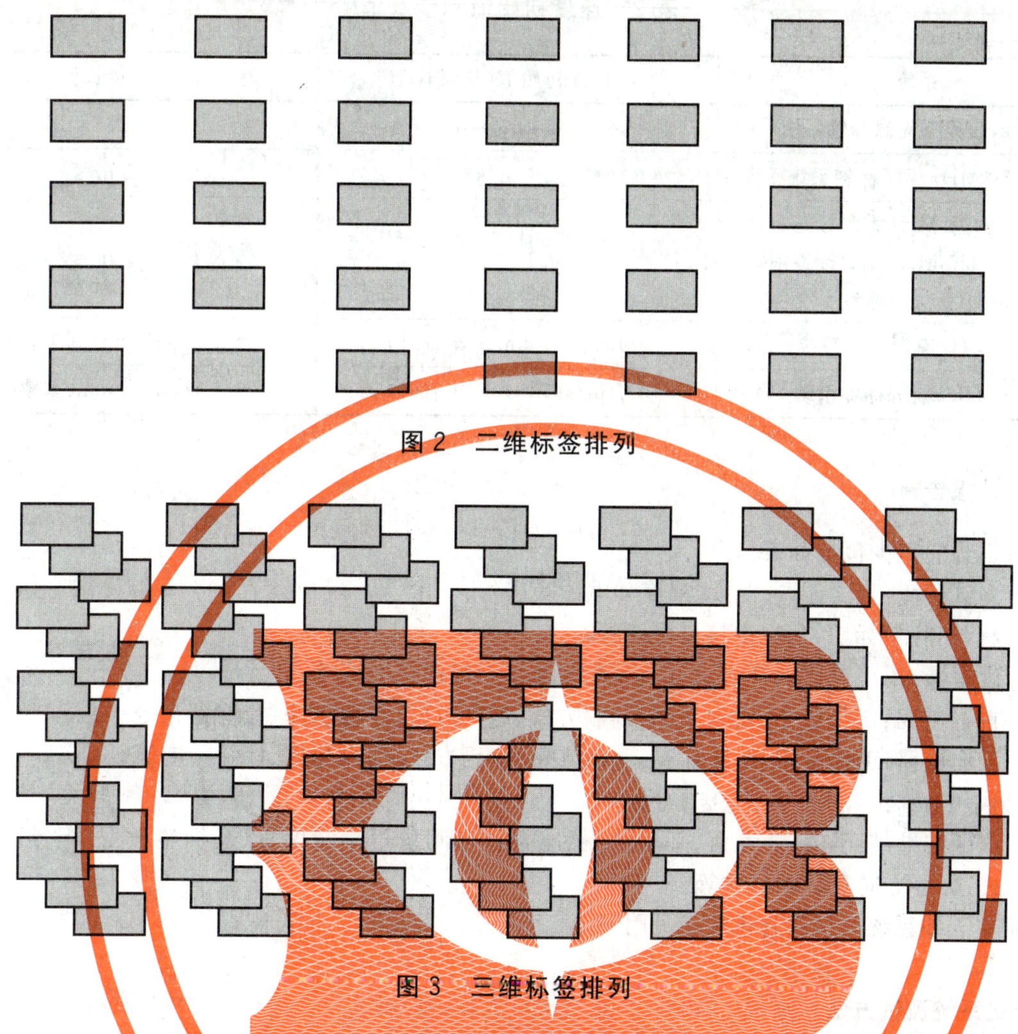

图2　二维标签排列

图3　三维标签排列

5.14　长度采样步长

距离和范围测试应对系统的识别过程、读数据过程和写数据过程分别进行。为了控制采样点的数量，缩短测试时间，可对不同的系统选取合适的采样步长，具体数值见表1。

表1　采样步长

标签与读写器天线之间的距离(D)	步长值
$D \leqslant 5$ cm	1.0 mm
5 cm $< D \leqslant$ 20 cm	1.0 cm
20 cm $< D \leqslant$ 1 m	5.0 cm
1 m $< D \leqslant$ 10 m	20.0 cm
$D >$ 10 m	1.0 m

5.15　速度采样步长

移动速度测试应对系统的识别过程、读数据过程和写数据过程分别进行。为了控制采样点的数量，缩短测试时间，可对不同的系统选取合适的采样步长，具体数值见表2。

表 2　速度初始值和步长值

系统	速度初始值(建议)	速度步长值
135 kHz 以下无源标签系统	1 cm/s	1 cm/s
13.56 MHz 无源标签系统	0.1 m/s	0.1 m/s
840 MHz～845 MHz 无源标签系统，920 MHz～925 MHz 无源标签系统，2.45 GHz 无源标签系统	0.1 m/s	0.1 m/s
433 MHz 有源标签系统	0.1 m/s;5 km/h(车载时)	0.1 m/s;5 km/h(车载时)
2.45 GHz 有源标签系统	0.1 m/s;5 km/h(车载时)	0.1 m/s;5 km/h(车载时)

5.16　测试报告

测试报告宜至少包括如下信息：

a)　测试环境:测试地点、温度、湿度和电磁噪声等；

b)　标签:标签标识符、空中接口协议等；

c)　读写器:读写器标识符、天线特性、读写器与天线连接方式等；

d)　前向链路:工作频率、发射功率、调制方式、编码方式、信息速率、读写器命令等；

e)　反向链路:工作频率、发射功率、调制方式、编码方式、信息速率、标签响应等；

注：对于无源标签，反向链路不包括发射功率。

f)　测试结果:最小值、最大值、平均值、标准方差和测量不确定度、以及标签数量、标签群排列形式、标签方向和贴附材料等。

固定单天线系统测试报告模板参见附录 A。

6　移动式系统测试方法

6.1　操作距离

6.1.1　测试目的

通过测试确定移动式系统读写器天线前方识别距离、读距离和写距离。

6.1.2　测试布置

移动式系统操作距离测试的布置见图 4。

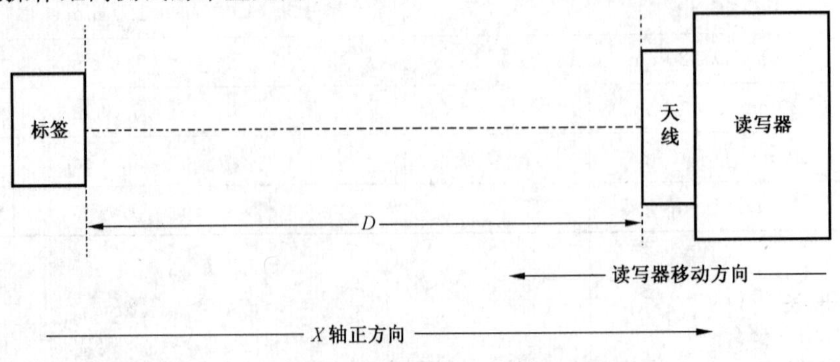

图 4　移动式系统操作距离测试布置

测试平台水平放置。读写器天线固定在测试平台的可移动部件上。将一个标签固定在测试平台的固定部件上。读写器天线和标签天线的方向为最佳耦合方向。

6.1.3 测试步骤

本项测试的步骤如下：

a) 将读写器放置在大于识别距离期望值的某处，读写器发出识别命令(或读命令或写命令)，确保读写器不能解码标签返回的任何响应；

b) 读写器按照表1规定的步长向标签移动；

c) 读写器发出识别命令(或读命令或写命令)，验证通信链路是否建立；

注：通信链路建立意味着读写器能正确识别标签(或读标签或写标签)。

d) 如果通信链路未建立，则重复b)；如果通信链路成功建立，则连续发送识别命令(或读命令或写命令)5次，验证每次通信链路是否建立；

e) 如果5次中有一次通信链路未建立，则重复b)；如果5次通信链路均成功建立，则记录该距离；

f) 继续将读写器向标签移动，直到标签所处位置为止，记录各采样点测试结果。

6.1.4 测试报告

测试报告应给出测试结果的最大值作为识别距离(或读距离或写距离)。

6.2 操作范围

6.2.1 测试目的

通过测试确定移动式系统读写器天线前方的识别范围、读范围和写范围。

6.2.2 测试布置

移动式系统操作范围测试的布置见图5。

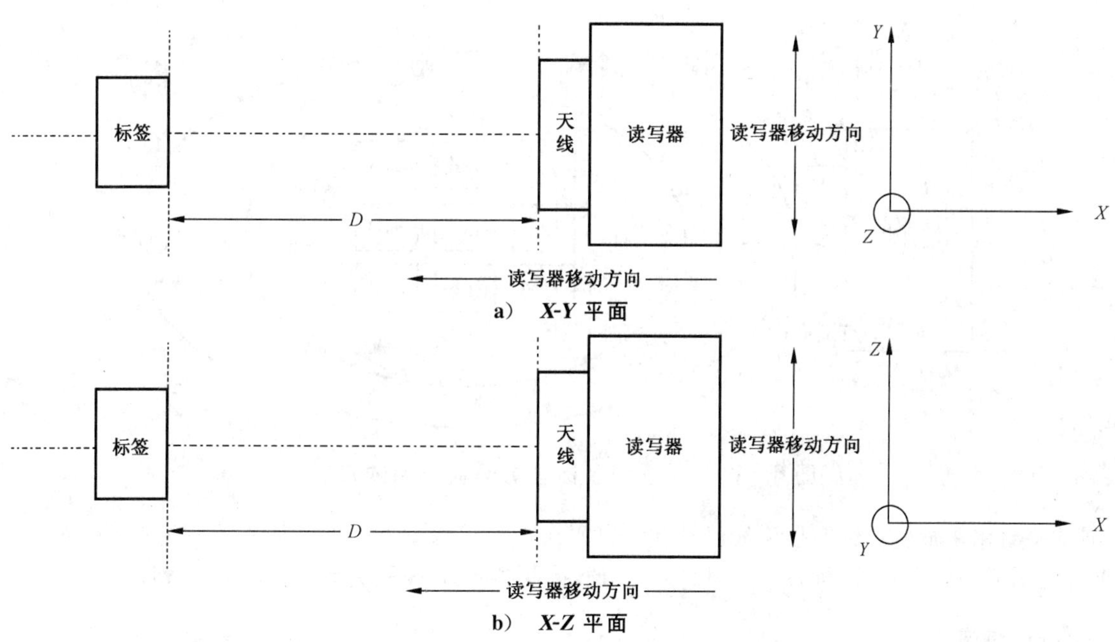

图5 移动式系统操作范围测试布置

测试平台水平放置。读写器天线固定在测试平台的可移动部件上。将一个标签固定在测试平台的固定部件上。读写器天线和标签天线的方向为最佳耦合方向。

6.2.3 测试步骤

本项测试的步骤如下：

a) 读写器放置在识别距离处(或读距离处或写距离处)，该距离是 6.1 中测试的结果；

b) 读写器在 *Y-Z* 平面上沿 *Y* 轴或 *Z* 轴的正方向或负方向移动一个步长，步长按表 1 确定；

c) 读写器发出识别命令(或读命令或写命令)，验证是否建立了通信链路；

注：通信链路建立意味着读写器能正确识别标签(或读标签或写标签)。

d) 如果通信链路未成功建立，则记录上一个成功建立的位置；如果通信链路成功建立，则连续发送识别命令(或读命令或写命令)5 次，验证每次通信链路是否建立；

e) 如果 5 次通信链路都成功建立，则重复 b)；如果 5 次中有一次通信链路未建立，则记录上一个通信链路成功建立的位置；

f) 如果确定完 *Y-Z* 平面的识别范围(或读范围或写范围)，则将读写器按照表 1 规定的步长移向标签，然后重复 b)，直到标签所处位置为止。

6.2.4 测试报告

测试报告应将测试结果中通信链路成功建立的空间区域作为识别范围(或读范围或写范围)。

6.3 多标签访问能力

6.3.1 测试目的

通过测试确定移动式系统读写器天线前方的多标签访问能力，包括识别、读和写一组静态标签的能力。

6.3.2 测试布置

移动式系统多标签访问测试的布置见图 6。

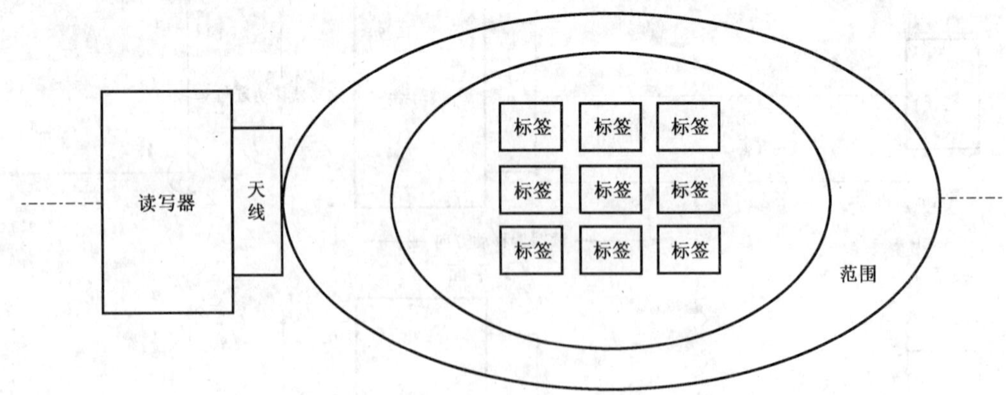

图 6 移动式系统多标签访问能力测试布置

测试平台水平放置。读写器天线固定在测试平台上的可移动部件上。标签群放置在系统的识别范围(或读范围或写范围)内。标签群的排列见 5.13，读写器天线和标签天线的方向为最佳耦合方向。

6.3.3 测试步骤

本项测试的步骤如下：

a) 读写器应发出识别命令(或读命令或写命令),分别记录识别率(或读取率或写入率)为80%、90%和100%时所用的时间;

b) 如果标签识别率(或读取率或写入率)不到100%,则测试应在$5T_{80\%}$或预定时间到达后停止。

注:“$T_{80\%}$”表示识别(或读取或写入)80%的标签所用的时间。

测试应根据应用要求对标签群在不同的位置、各种几何排列形式、各种方向等情况重复进行。

6.3.4 测试报告

测试报告应记录最大识别率(或读取率或写入率)及所用时间,并根据实际情况分别给出识别率(或读取率或写入率)为80%、90%和100%时所用时间,记录标签数量、位置、排列和方向等参数。

6.4 移动速度

6.4.1 测试目的

通过测试确定移动式系统读写器天线前方标签可被识别、读和写时的最大移动速度。

6.4.2 测试布置

移动式系统移动速度测试的布置见图7。

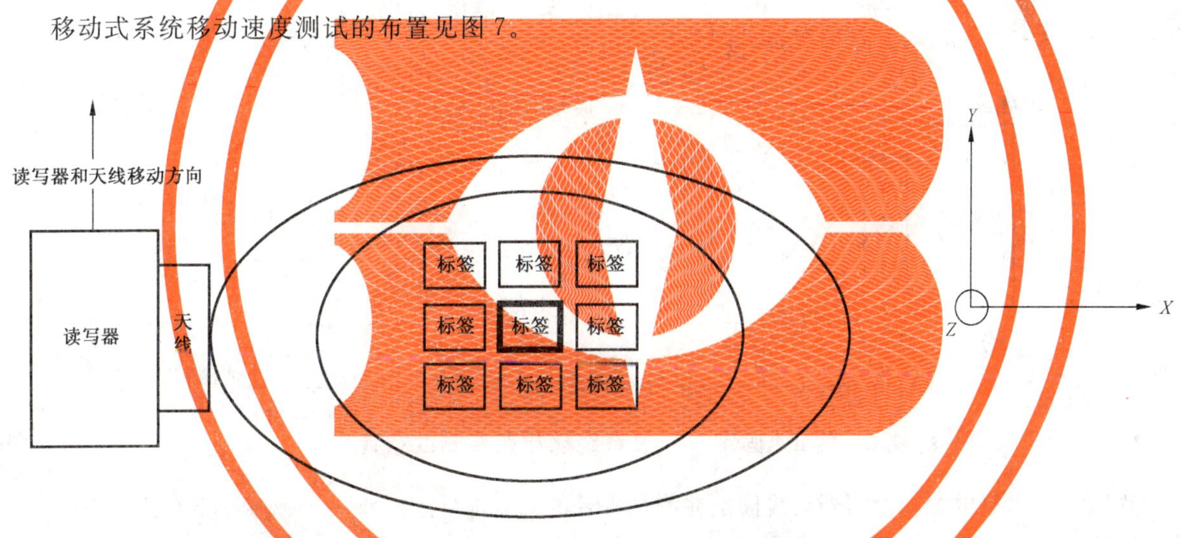

图7 移动式系统移动速度测试布置

测试平台水平放置。读写器天线固定在测试平台的可移动部件上。将一个标签或标签群固定在测试平台的固定部件上,标签群的排列见5.13。读写器天线和标签天线的方向为最佳耦合方向。读写器沿Y轴方向移动,读写器移动时应保证标签或标签群处于识别范围(或读范围或写范围)内。读写器在识别(或读或写)标签前应被加速至某一预定速度,并保证在其识别范围(或读范围或写范围)经过标签时保持恒定的移动速度。

6.4.3 测试步骤

本项测试的步骤如下:

a) 读写器连续发出识别命令(或读命令或写命令),并验证通信链路是否建立;

注:通信链路建立意味着读写器能正确识别(或读或写)标签。

b) 将读写器加速至表2中规定的初始速度,并使标签处于识别范围内(或读范围内或写范围内),验证通信链路是否建立,重复5次;

c) 如果5次通信链路均成功建立,则记录此时的速度;如果有一次通信链路不存在,或已达到应用要求的速度，则测试停止；

d) 按表 2 规定的步长增加读写器移动速度后重复 b)；

测试可根据应用要求对标签群在不同的位置、排列形式和不同方向重复进行。

6.4.4 测试报告

测试报告应给出测试结果的最大值作为移动识别速度(或移动读速度或移动写速度)，并记录标签数量、位置、排列和方向等参数。

7 固定单天线系统测试方法

7.1 操作距离

7.1.1 测试目的

通过测试确定固定单天线系统读写器天线前方识别距离、读距离和写距离。

7.1.2 测试布置

固定单天线系统距离测试的布置见图 8。

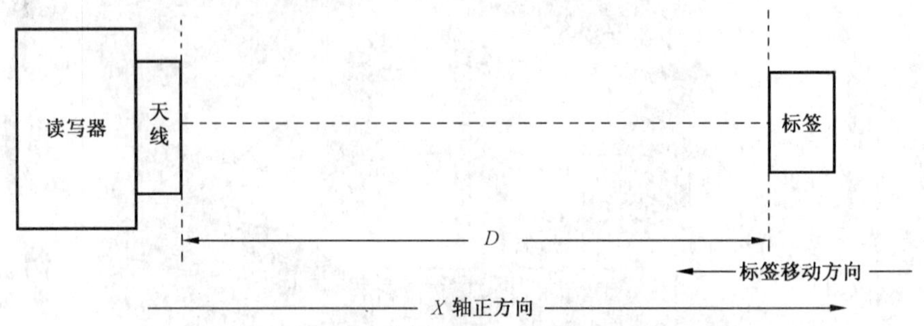

图 8 固定单天线系统操作距离测试布置

测试平台水平放置。读写器天线固定在测试平台的固定部件上。将一个标签固定在测试平台的可移动部件上。读写器天线和标签天线的方向为最佳耦合方向。

7.1.3 测试步骤

本项测试的步骤如下：

a) 将标签放置在大于识别距离期望值的某处，读写器发出识别命令(或读命令或写命令)，确保读写器不能解码标签返回的任何响应；

b) 标签按照表 1 规定的步长向读写器移动；

c) 读写器发出识别命令(或读命令或写命令)，验证通信链路是否建立；

注：通信链路建立意味着读写器能正确识别标签(或读标签或写标签)。

d) 如果通信链路未建立，则重复 b)；如果通信链路成功建立，则连续发送识别命令(或读命令或写命令)5 次，验证每次通信链路是否建立；

e) 如果 5 次中有一次通信链路未建立，则重复 b)；如果 5 次通信链路均成功建立，则记录该距离；

f) 继续将标签向读写器移动，直到读写器所处位置为止，记录各采样点测试结果。

7.1.4 测试报告

测试报告应给出测试结果的最大值作为识别距离(或读距离或写距离)。

7.2 操作范围

7.2.1 测试目的

通过测试确定固定单天线系统读写器天线前方的识别范围、读范围和写范围。

7.2.2 测试布置

固定单天线系统范围测试的布置见图9。

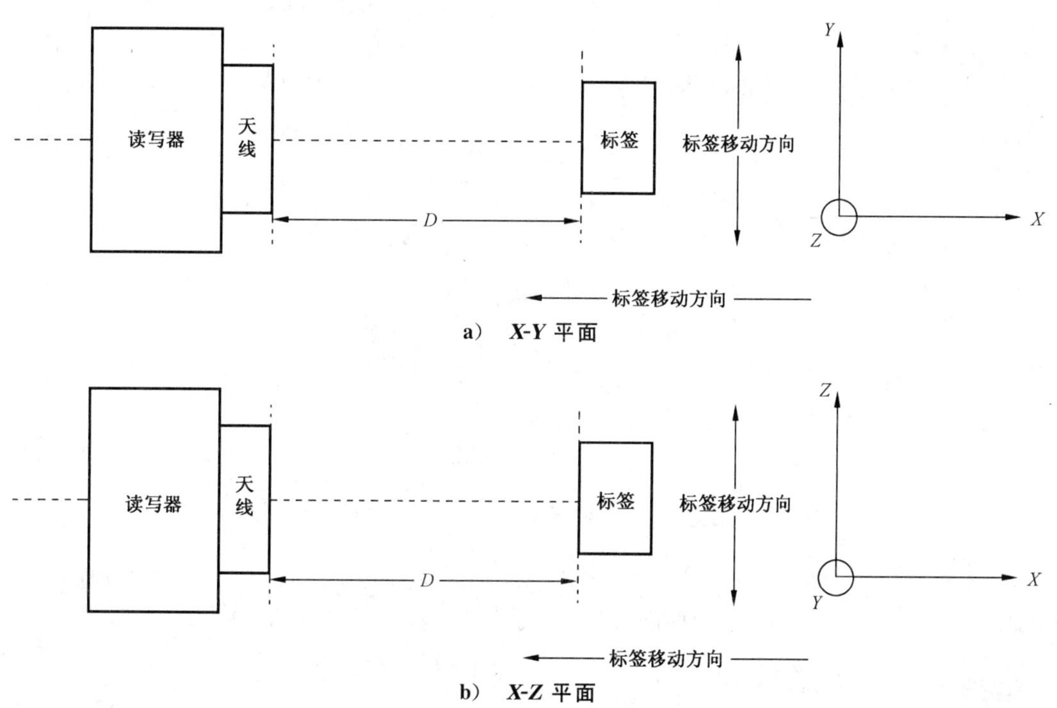

图9 固定单天线系统操作范围测试布置

测试平台水平放置。读写器天线固定在测试平台的固定部件上。将一个标签固定在测试平台的可移动部件上。读写器天线和标签天线的方向为最佳耦合方向。

7.2.3 测试步骤

本项测试的步骤如下:

a) 标签放置在识别距离处(或读距离处或写距离处),该距离是7.1中测试的结果;
b) 标签在 Y-Z 平面上沿 Y 轴或 Z 轴的正方向或负方向移动一个步长,步长按表1确定;
c) 读写器发出识别命令(或读命令或写命令),验证是否建立了通信链路;

注:通信链路建立意味着读写器能正确识别(或读或写)标签。

d) 如果通信链路未成功建立,则记录上一个成功建立的位置;如果通信链路成功建立,则连续发送识别命令(或读命令或写命令)5次,验证每次通信链路是否建立;
e) 如果5次通信链路都成功建立,则重复b);如果5次中有一次通信链路未建立,则记录上一个通信链路成功建立的位置;

f) 如果确定完 Y-Z 平面的识别范围(或读范围或写范围),则将标签按照表1规定的步长移向读写器天线;然后重复b),直到读写器天线所处位置为止。

7.2.4 测试报告

测试报告应将测试结果中通信链路成功建立的空间区域作为识别范围(或读范围或写范围)。

7.3 多标签访问能力

7.3.1 测试目的

通过测试确定固定单天线系统读写器天线前方的多标签访问能力,包括识别、读和写一组静态标签的能力。

7.3.2 测试布置

固定单天线系统的多标签访问能力测试的布置见图10。

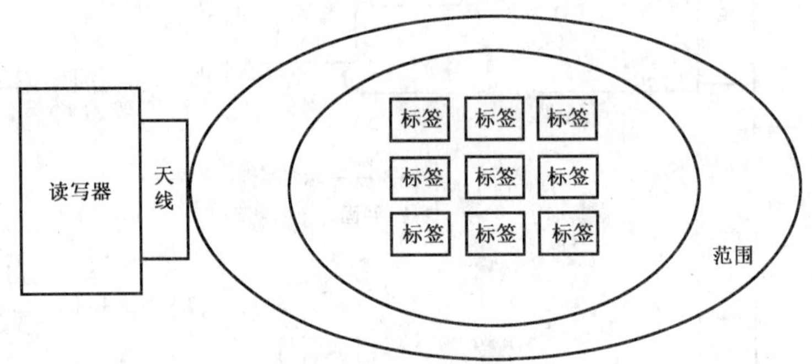

图10 固定单天线系统多标签访问能力测试布置

测试平台水平放置。读写器天线固定在测试平台的固定部件上。标签群放置在系统的识别范围(或读范围或写范围)内。标签群的排列见5.13,读写器天线和标签天线的方向为最佳耦合方向。

7.3.3 测试步骤

本项测试的步骤如下:

a) 读写器发出识别命令(或读命令或写命令),分别记录识别率(或读取率或写入率)为80%、90%和100%时所用的时间;

b) 如果标签识别率(或读取率或写入率)不到100%,则测试应在 $5T_{80\%}$ 或预定时间后停止。

注:“$T_{80\%}$”表示识别率(或读取率或写入率)为80%时所用的时间。

测试应根据应用要求对标签群在不同的位置、各种几何排列形式、各种方向等情况重复进行。

7.3.4 测试报告

测试报告应记录最大识别率(或读取率或写入率)及所用时间,并根据实际情况分别给出识别率(或读取率或写入率)为80%、90%和100%时所用时间,记录标签数量、位置、排列和方向等参数。

7.4 移动速度

7.4.1 测试目的

通过测试确定固定单天线系统读写器天线前方标签可被识别、读和写时的最大移动速度。

7.4.2 测试布置

固定单天线系统移动速度测试的布置见图 11。

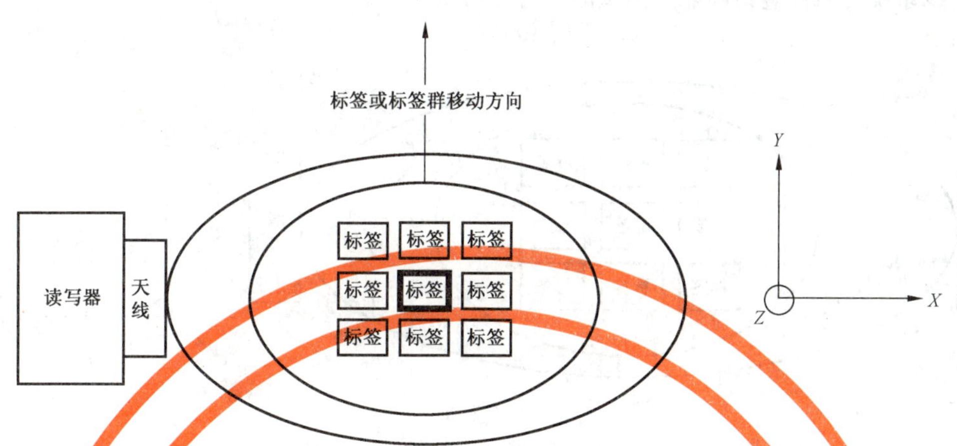

图 11 固定单天线系统移动速度测试布置

测试平台水平放置。读写器天线固定在测试平台的固定部件上。将一个标签或标签群固定在测试平台的可移动部件上,标签群的排列形式见 5.13。读写器天线和标签天线的方向为最佳耦合方向。标签沿 Y 轴方向移动,标签或标签群移动时应确保其几何中心应处于识别范围(或读范围或写范围)内。标签在进入识别范围(或读范围或写范围)前应被加速至某一预定速度,并保证在其穿过识别范围(或读范围或写范围)时保持恒定的移动速度。

7.4.3 测试步骤

本项测试的步骤如下:

a) 读写器连续发出识别命令(或读命令或写命令),并验证通信链路是否建立;

注:通信链路建立意味着读写器能正确识别(或读或写)标签。

b) 将标签加速至表 2 中规定的初始速度,穿过识别范围(或读范围或写范围),验证通信链路是否建立,重复 5 次;

c) 如果 5 次通信链路均成功建立,则记录此时的速度;如果有一次通信链路不存在,或已达到应用要求的速度,则测试停止;

d) 按表 2 规定的步长增加标签移动速度后重复 b);

测试可根据应用要求对标签群在不同的位置、排列形式和不同方向重复进行。

7.4.4 测试报告

测试报告应给出测试结果的最大值作为移动识别速度(或移动读速度或移动写速度),并记录标签数量、位置、排列和方向等参数。

8 门式天线系统测试方法

8.1 多标签访问能力

8.1.1 测试目的

通过测试确定门式天线系统读写器天线之间的多标签访问能力,包括识别、读和写一组静态标签的能力。

8.1.2 测试布置

门式天线系统的多标签访问能力测试的布置见图 12。

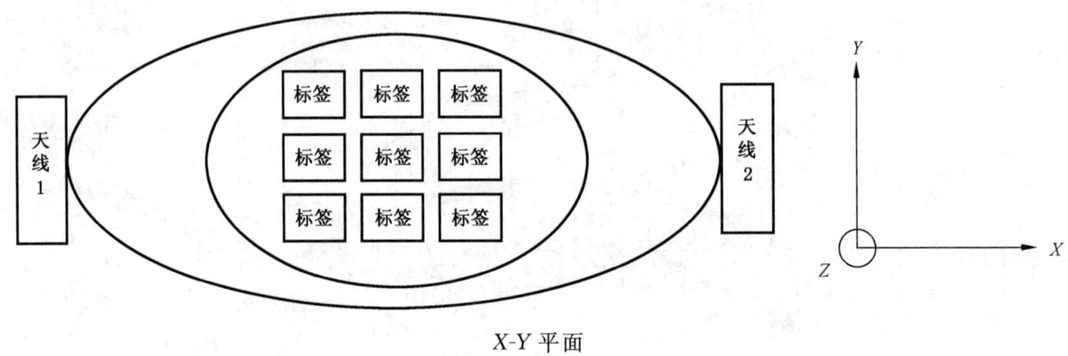

图 12 门式天线系统多标签访问能力测试布置

测试平台水平放置。读写器天线固定在测试平台的固定部件上。标签群放置在系统的识别范围(或读范围或写范围)内。标签群的排列见 5.13,读写器天线和标签天线的方向为最佳耦合方向。

8.1.3 测试步骤

本项测试的步骤如下:

a) 读写器应发出识别命令(或读命令或写命令),分别记录识别率(或读取率或写入率)为 80%、90%和 100%时所用的时间;

b) 如果标签识别率(或读取率或写入率)不到 100%,则测试应在 $5T_{80\%}$ 或预定时间后停止。

注:“$T_{80\%}$”表示识别到(或完成读操作或完成写操作)80%的标签所用的时间。

测试应根据应用要求对标签群在不同的位置、各种几何排列形式、各种方向等情况重复进行。

8.1.4 测试报告

测试报告应记录最大识别率及所用时间,并根据实际情况分别给出识别率(或读取率或写入率)为 80%、90%和 100%时所用时间,记录标签数量、位置、排列和方向等参数。

8.2 移动速度

8.2.1 测试目的

通过测试确定门式天线系统的标签可被识别、读和写时的最大移动速度。

8.2.2 测试布置

门式天线系统移动速度测试的布置见图 13。

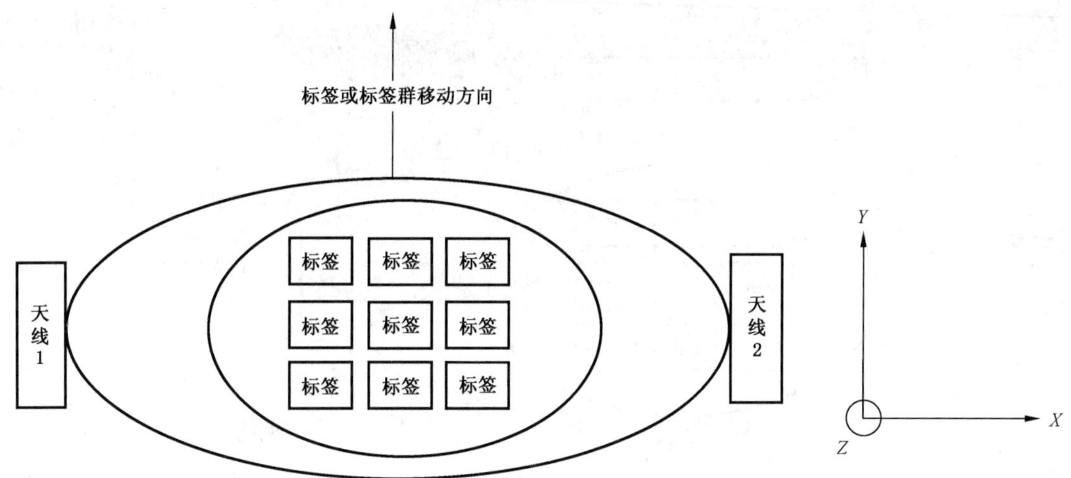

图 13 门式天线系统移动速度测试布置

测试平台水平放置。读写器天线固定在测试平台的固定部件上。将一个标签或标签群固定在测试平台的可移动部件上,标签群的排列形式见 5.13。读写器天线和标签天线的方向为最佳耦合方向。标签沿 Y 轴方向移动,标签或标签群移动时应确保其几何中心应处于识别范围(或读范围或写范围)内。标签在进入识别范围(或读范围或写范围)前应被加速至某一预定速度,并保证在其穿过识别范围(或读范围或写范围)时保持恒定的移动速度。

8.2.3 测试步骤

本项测试的步骤如下:

a) 读写器连续发出识别命令(或读命令或写命令),并验证通信链路是否建立;

注:通信链路建立意味着读写器能正确识别(或读或写)标签。

b) 将标签加速至表 2 中规定的初始速度,穿过识别范围(或读范围或写范围),验证通信链路是否建立,重复 5 次;

c) 如果 5 次通信链路均成功建立,则记录此时的速度;如果有一次通信链路不存在,或已达到应用要求的速度,则测试停止;

d) 按表 2 规定的步长增加标签移动速度后重复 b)。

测试可根据应用要求对标签群在不同的位置、排列形式和不同方向重复进行。

8.2.4 测试报告

测试报告应给出测试结果的最大值作为移动识别速度(或移动读速度或移动写速度),并记录标签数量、位置、排列和方向等参数。

9 隧道式天线系统测试方法

9.1 多标签访问能力

9.1.1 测试目的

通过测试确定隧道式天线系统的多标签访问的能力,包括识别、读和写一组静态标签的能力。

9.1.2 测试布置

隧道式天线系统多标签访问测试的布置见图 14。

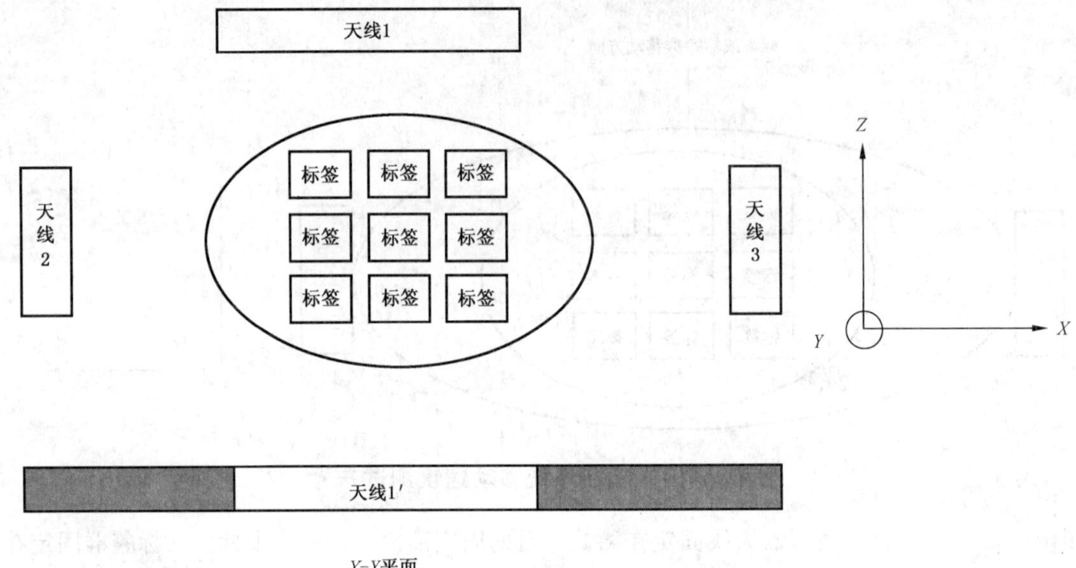

图 14 隧道式天线系统标签访问能力测试布置

测试平台水平放置。读写器天线固定在测试平台的固定部件上。标签群放置在系统的识别范围(或读范围或写范围)内。标签群的排列见 5.13,读写器天线和标签天线的方向为最佳耦合方向。

9.1.3 测试步骤

本项测试的步骤如下:

a) 读写器应发出识别命令(或读命令或写命令),分别记录识别率(或读取率或写入率)为 80%、90%和 100%时所用的时间;

b) 如果标签识别率(或读取率或写入率)不到 100%,则测试应在 $5T_{80\%}$ 或预定时间后停止。

注:“$T_{80\%}$”表示识别到(或完成读操作或完成写操作)80%的标签所用的时间。

测试应根据应用要求对标签群在不同的位置、各种几何排列形式、各种方向等情况重复进行。

9.1.4 测试报告

测试报告应记录最大识别率及所用时间,并根据实际情况分别给出识别率(或读取率或写入率)为 80%、90%和 100%时所用的时间,记录标签数量、位置、排列和方向等参数。

9.2 移动速度

9.2.1 测试目的

通过测试确定隧道式天线系统的标签可被识别、读和写时的最大移动速度。

9.2.2 测试布置

隧道式天线系统移动速度测试的布置见图 15。

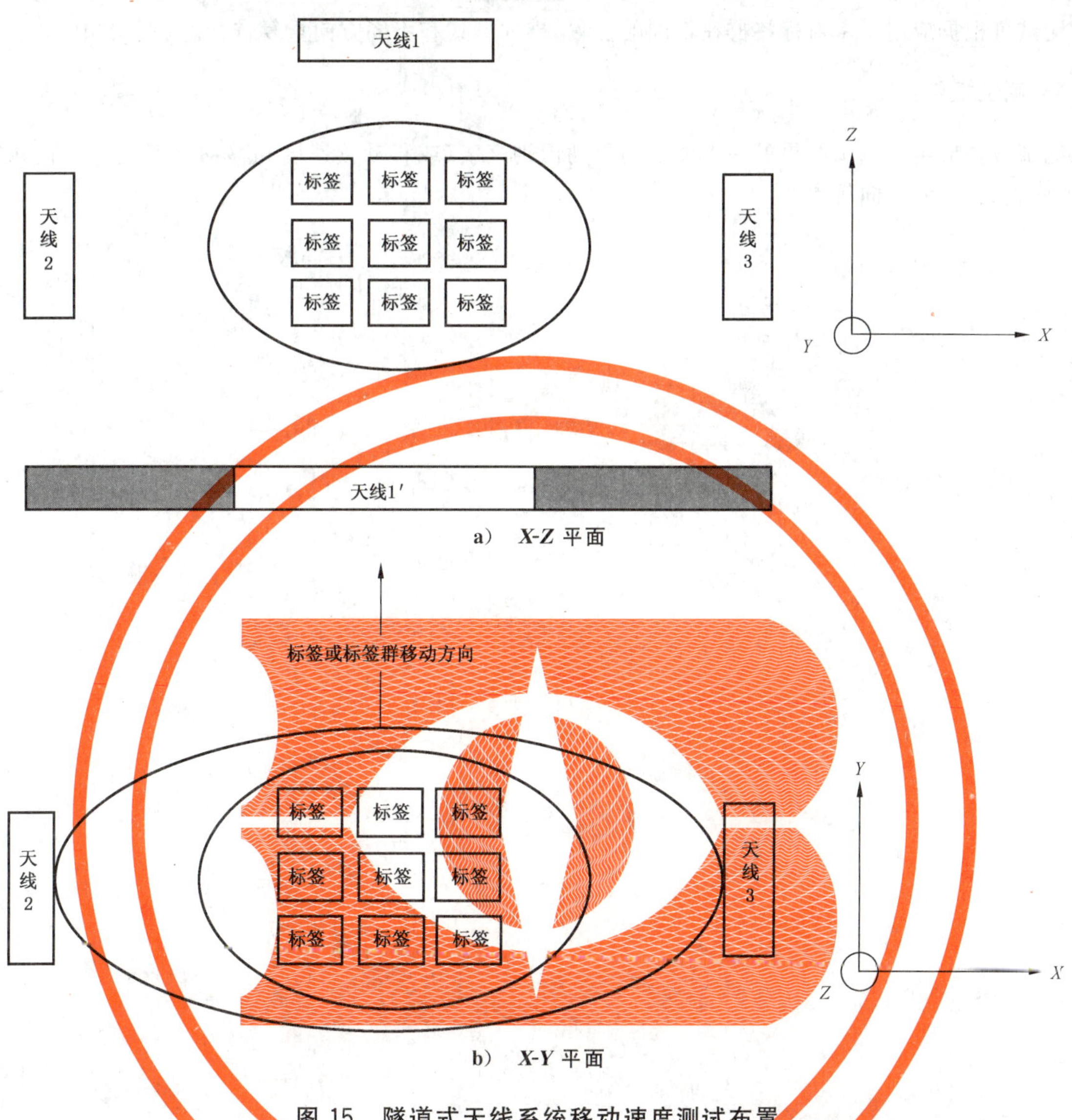

a） X-Z 平面

b） X-Y 平面

图 15 隧道式天线系统移动速度测试布置

测试平台水平放置。读写器天线固定在测试平台的固定部件上。将一个标签或标签群固定在测试平台的可移动部件上，标签群的排列形式见 5.13。读写器天线和标签天线的方向为最佳耦合方向。标签沿 Y 轴方向移动，标签或标签群移动时应确保其几何中心应处于识别范围（或读范围或写范围）内。标签在进入识别范围（或读范围或写范围）前应被加速至某一预定速度，并保证在其穿过识别范围（或读范围或写范围）时保持恒定的移动速度。

9.2.3 测试步骤

本项测试的步骤如下：

a） 读写器连续发出识别命令（或读命令或写命令），并验证通信链路是否建立；

注：通信链路建立意味着读写器能正确识别（或读或写）标签。

b） 将标签加速至表 2 中规定的初始速度，穿过识别范围（或读范围或写范围），验证通信链路是否建立，重复 5 次；

c） 如果 5 次通信链路均成功建立，则记录此时的速度；如果有一次通信链路不存在，或已达到应用要求的速度，则测试停止；

d) 按表 2 规定的步长增加标签移动速度后重复 b)；

测试可根据应用要求对标签群在不同的位置、排列形式和不同方向重复进行。

9.2.4 测试报告

测试报告应给出测试结果的最大值作为移动识别速度(或移动读速度和移动写速度),并记录标签数量、位置、排列和方向等参数。

附 录 A
（资料性附录）
固定单天线系统测试报告模板

A.1 一般信息

一般信息主要包括测试环境、标签、读写器、前向链路和反向链路的基本信息，见表 A.1。

表 A.1 一般信息

项目		描述
测试环境	测试地点	
	温度	
	湿度	
	电磁噪声	
标签	标签标识符	
	空中接口	
读写器	读写器标识符	
	天线特性	
	读写器与天线连接方式	
前向链路	工作频率	
	发射功率	
	调制方式	
	编码方式	
	信息速率	
	读写器命令	
反向链路	工作频率	
	发射功率	
	调制方式	
	编码方式	
	信息速率	
	标签响应	

A.2 操作距离测试

固定单天线系统操作距离测试结果见表 A.2。

表 A.2 操作距离测试结果

	实际值
识别距离	
读距离	
写距离	

A.3 操作范围测试

固定单天线系统操作范围测试结果见表 A.3、表 A.4 和表 A.5。

表 A.3 识别范围测试结果

X 轴坐标	Y 轴坐标	Z 轴坐标	识别是否成功

表 A.4 读范围测试结果

X 轴坐标	Y 轴坐标	Z 轴坐标	读取是否成功

表 A.5 写范围测试结果

X 轴坐标	Y 轴坐标	Z 轴坐标	写入是否成功

A.4 多标签访问能力测试

固定单天线系统多标签访问能力测试结果见表 A.6、表 A.7、表 A.8 和表 A.9。

表 A.6 标签布置

标签总数	标签位置	标签排列

表 A.7 识别率测试结果

识别率	识别的标签数量	所用时间
x%(最大)		
80%		
90%		
100%		

表 A.8 读取率测试结果

读取率	读取的标签数量	所用时间
y%(最大)		
80%		
90%		
100%		

表 A.9 写入率测试结果

写入	写入的标签数量	所用时间
z%(最大)		
80%		
90%		
100%		

A.5 移动速度测试

固定单天线系统移动速度测试结果见表 A.10、表 A.11 和表 A.12。

表 A.10 识别移动速度测试结果

速度	可识别标签总数	标签排列	标签位置	
			X 轴坐标	Y 轴坐标
0.1 m/s				
0.2 m/s				
5 km/h				
10 km/h				

表 A.11　读移动速度测试结果

速度	可读取标签总数	标签排列	标签位置	
			X 轴坐标	Y 轴坐标
0.1 m/s				
0.2 m/s				
5 km/h				
10 km/h				

表 A.12　写移动速度测试结果

速度	可写入标签总数	标签排列	标签位置	
			X 轴坐标	Y 轴坐标
0.1 m/s				
0.2 m/s				
5 km/h				
10 km/h				

参 考 文 献

［1］ ISO/IEC 18046:2006 信息技术 射频识别设备性能测试方法 系统性能测试方法

［2］ ISO/IEC WD 18046-1 信息技术 射频识别设备性能测试方法 第1部分:系统性能测试方法

［3］ ISO/IEC 19762-3 信息技术 自动识别和数据采集技术 协调词汇 第3部分:射频识别

ICS 35.040
L 71

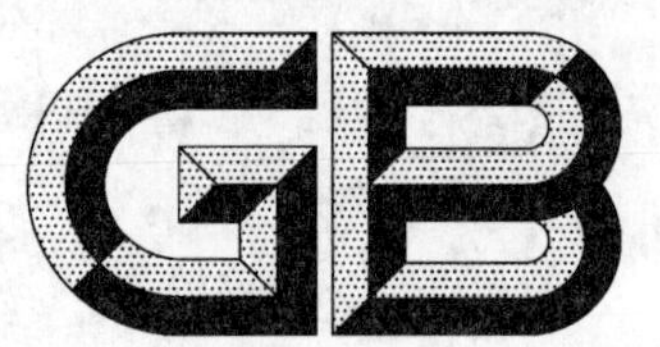

中华人民共和国国家标准

GB 29273—2012

信息技术 藏文编码字符集（基本集及扩充集A）16×32点阵字型 甘丹白体

Information technology—Tibetan ideogram coded character set (basic set & extension set A)—16×32 dot matrix font—Bkav bstan lean

2012-12-31 发布 2013-12-01 实施

中华人民共和国国家质量监督检验检疫总局
中国国家标准化管理委员会 发布

前　言

本标准的全部技术内容为强制性。

本标准按照 GB/T 1.1—2009 给出的规则起草。

本标准由全国信息技术标准化技术委员会(SAC/TC 28)提出并归口。

本标准起草单位:中国电子技术标准化研究所、潍坊北大青鸟华光照排有限公司、中国藏学研究中心、西藏自治区藏语文工作委员会办公室。

本标准起草人:代红、吕建春、聪博、熊涛、殷建民、周华、陈壮、徐志强、贡保达吉、李卫国、李明德。

引　言

本标准根据 GB 16959—1997《信息技术　信息交换用藏文编码字符集　基本集》和 GB/T 20542—2006《信息技术　藏文编码字符集　扩充集 A》所规定的藏文及部分梵音转写藏文字符，以我国藏语地区规范的字型为基础，设计和规定了信息系统用藏文 16×32 点阵甘丹白体(参见附录 A)字型。

有关字型数据的授权转让使用事宜，字型标准数据的维护、更新及修订工作，统一由归口单位负责。

地　　址：北京市东城区安定门东大街 1 号(北京市 1101 信箱)

邮　　编：100007

电　　话：64007689　84029173

传　　真：64007681

E-mail：daihong@cesi.ac.cn

信息技术 藏文编码字符集
(基本集及扩充集A)
16×32点阵字型 甘丹白体

1 范围

本标准规定了GB 16959—1997和GB/T 20542—2006中藏文图形字符的16×32点阵甘丹白体字型。

本标准主要适用于藏文信息处理系统中的显示设备、点阵式输出设备,也可用于其他相关设备。

2 规范性引用文件

下列文件对于本文件的应用是必不可少的。凡是注日期的引用文件,仅注日期的版本适用于本文件。凡是不注日期的引用文件,其最新版本(包括所有的修改单)适用于本文件。

GB 16959—1997 信息技术 信息交换用藏文编码字符集 基本集

GB/T 20542—2006 信息技术 藏文编码字符集 扩充集A

3 术语和定义

下列术语和定义适用于本文件。

3.1

字形 glyph

一个可辨认的抽象图形符号,它不依赖于任何特定的设计。

3.2

字型 font

具有同一基本设计的字形图像的集合,如:甘丹白体。

3.3

点阵字型 dot matrix font

以点的集合来表现图形字符的型(形)。

3.4

字序 character order

图形字符在集合中按一定规则排列的次序。

4 标准数据的管理

为加强对电子信息技术产品使用藏文字型标准数据的管理,保证本标准在实施中数据的正确性和一致性,有关字型数据的授权转让使用事宜,字型标准数据的维护、更新及修订工作,统一由归口单位负责。

5 点阵字型的表示方法

5.1 栅格

栅格由若干条等距离的垂直线与水平线相交而形成。

本标准规定的是 16×32 点阵字型，其栅格是横向 16 格，纵向 32 格。每个方格的中心定为点的中心位置。

栅格仅对构成点阵的各点进行定位，栅格图如图 1 所示。

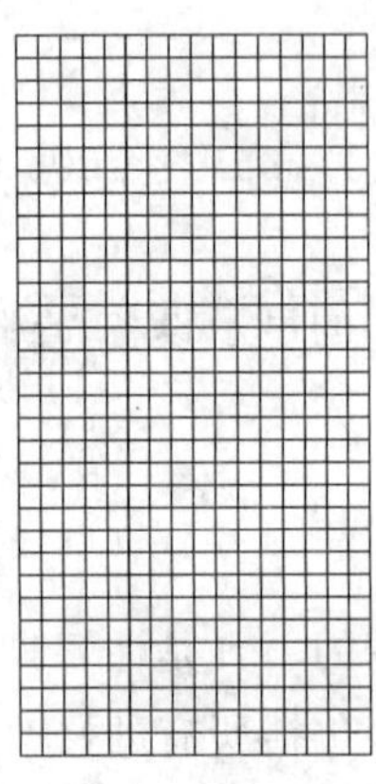

图 1　16×32 点阵栅格图

5.2 点

点是构成点阵字型的最小单位，它是位于各方格内的黑色区域。

5.3 点阵字样

藏文点阵字型的字样，由位于栅格内的若干个点的集合来表示。藏文“ཀ”的 16×32 点阵字型如图 2 所示。

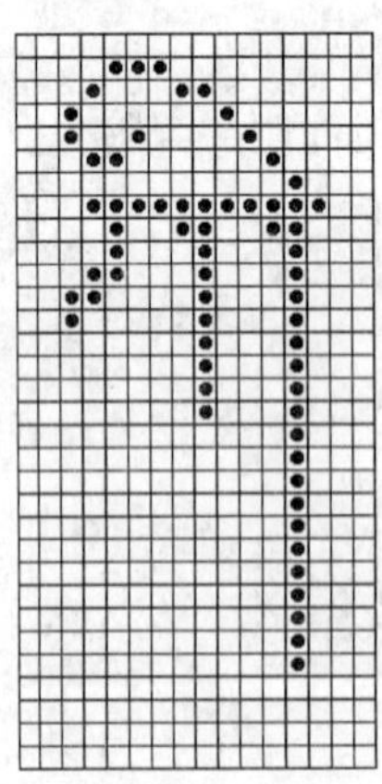

图 2　16×32 点阵藏文“ཀ”的字型

6 藏文点阵字型

6.1 字符数

本标准提供了 GB 16959—1997 和 GB/T 20542—2006 规定的 1 729 个藏文图形字符的 16×32 点阵甘丹白体字型，其中包括 GB 16959—1997 中的 193 个和 GB/T 20542—2006 中的 1 536 个。

6.2 字序

本标准提供的 1 729 个藏文图形字符的 16×32 点阵甘丹白体字型按照 GB 16959—1997 和 GB/T 20542—2006 规定的字符字序排列。

6.3 藏文字型数据

藏文 16×32 点阵字型数据的表示，见附录 B。

6.4 藏文点阵字型表

本标准提供的 1 729 个藏文图形字符的 16×32 点阵甘丹白体字型见表 1 和表 2。

表 1　藏文字型表(基本集)

	0	1	2	3	4	5	6	7	8	9	A	B	C	D	E	F
0F0	ༀ	༁	༂	༃	༄	༅	༆	༇	༈	༉	༊	་	༌	།	༎	༏
0F1	༐	༑	༒	༓	༔	༕	༖	༗	༘	༙	༚	༛	༜	༝	༞	༟
0F2	༠	༡	༢	༣	༤	༥	༦	༧	༨	༩	༪	༫	༬	༭	༮	༯
0F3	༰	༱	༲	༳	༴	༵	༶	༷	༸	༹	༺	༻	༼	༽	༾	༿
0F4	ཀ	ཁ	ག	གྷ	ང	ཅ	ཆ	ཇ		ཉ	ཊ	ཋ	ཌ	ཌྷ	ཎ	ཏ
0F5	ཐ	ད	དྷ	ན	པ	ཕ	བ	བྷ	མ	ཙ	ཚ	ཛ	ཛྷ	ཝ	ཞ	ཟ
0F6	འ	ཡ	ར	ལ	ཤ	ཥ	ས	ཧ	ཨ	ཀྵ	ཪ					
0F7		ཱ	ི	ཱི	ུ	ཱུ	ྲྀ	ཷ	ླྀ	ཹ	ེ	ཻ	ོ	ཽ	ཾ	ཿ
0F8	ྀ	ཱྀ	ྂ	ྃ	྄	྅	྆	྇	ྈ	ྉ	ྊ	ྋ				
0F9	ྐ	ྑ	ྒ	ྒྷ	ྔ	ྕ	ྖ	ྗ		ྙ	ྚ	ྛ	ྜ	ྜྷ	ྞ	ྟ
0FA	ྠ	ྡ	ྡྷ	ྣ	ྤ	ྥ	ྦ	ྦྷ	ྨ	ྩ	ྪ	ྫ	ྫྷ	ྭ	ྮ	ྯ
0FB	ྰ	ྱ	ྲ	ླ	ྴ	ྵ	ྶ	ྷ	ྸ	ྐྵ	ྺ	ྻ	ྼ		྾	྿
0FC	࿀	࿁	࿂	࿃	࿄	࿅	࿆	࿇	࿈	࿉	࿊	࿋	࿌			࿏
0FD																
0FE																
0FF																

表 2　藏文字型表(扩充集 A)

	0	1	2	3	4	5	6	7	8	9	A	B	C	D	E	F
F30	ཨྀ	ཨཱྀ	ཨུ	ཨེ	ཨོ	ཀཱ	ཀི	ཀཱྀ	ཀུ	ཀེ	ཀོ	ཀུ	ཀིུ	ཀཱྀུ	ཀཱུ	ཀེུ
F31	ཀོུ	ཀྲ	ཀྲི	ཀྲཱྀ	ཀྲུ	ཀྲེ	ཀྲོ	ཀྨ	ཀྨི	ཀྨཱྀ	ཀྨུ	ཀྨེ	ཀྨོ	ཀྭ	ཀ	ཀི
F32	ཀཱྀ	ཀུ	ཀེ	ཀོ	ཀུ	ཀིུ	ཀཱྀུ	ཀཱུ	ཀེུ	ཀོུ	ཀྐ	ཀྐི	ཀྐཱྀ	ཀྐུ	ཀྐེ	ཀྐོ
F33	སྐ	སྐི	སྐཱྀ	སྐུ	སྐེ	སྐོ	སྐུ	སྐིུ	སྐཱྀུ	སྐཱུ	སྐེུ	སྐོུ	སྐྲ	སྐྲི	སྐྲཱྀ	སྐྲུ
F34	སྐྲེ	སྐྲོ	ཁཱ	ཁི	ཁཱྀ	ཁུ	ཁེ	ཁོ	ཁུ	ཁིུ	ཁཱྀུ	ཁཱུ	ཁེུ	ཁོུ	ཁྲ	ཁྲི
F35	ཁྲཱྀ	ཁྲུ	ཁྲེ	ཁྲོ	ཁྭ	ཁྭི	ཁྭཱྀ	ཁྭུ	ཁྭེ	ཁྭོ	གཱ	གི	གཱྀ	གུ	གེ	གོ
F36	གུ	གིུ	གཱྀུ	གཱུ	གེུ	གོུ	གྲ	གྲི	གྲཱྀ	གྲུ	གྲེ	གྲོ	གྲྭ	གྨ	གྨི	གྨཱྀ
F37	གྨུ	གྨེ	གྨོ	གྭ	ག	གི	གཱྀ	གུ	གེ	གོ	གུ	གིུ	གཱྀུ	གཱུ	གེུ	གོུ
F38	གྒ	གྒི	གྒཱྀ	གྒུ	གྒེ	གྒོ	སྒ	སྒི	སྒཱྀ	སྒུ	སྒེ	སྒོ	སྒུ	སྒིུ	སྒཱྀུ	སྒཱུ
F39	སྒེུ	སྒོུ	སྒྲ	སྒྲི	སྒྲཱྀ	སྒྲུ	སྒྲེ	སྒྲོ	གྷཱ	གྷི	གྷཱྀ	གྷུ	གྷེ	གྷོ	ངཱ	ངི
F3A	ངཱྀ	ངུ	ངེ	ངོ	ང	ངི	ངཱྀ	ངུ	ངེ	ངོ	ངྔ	ངྔི	ངྔཱྀ	ངྔུ	ངྔེ	ངྔོ
F3B	སྔ	སྔི	སྔཱྀ	སྔུ	སྔེ	སྔོ	ཅཱ	ཅི	ཅཱྀ	ཅུ	ཅཱུ	ཅེ	ཅོ	ཅཾ	ཅྕ	ཅྕི
F3C	ཅྕཱྀ	ཅྕུ	ཅྕེ	ཅྕོ	ཅྒི	ཉོ	ཅོུ	ཅྭི	ཅྭོ	ཆཱ	ཆི	ཆཱི	ཆཱྀ	ཆུ	ཆེ	ཆོ
F3D	ཆཱོ	ཆཾ	ཆྒི	ཆྒཱྀ	ཆྪི	ཆྪོ	ཆུ	ཆྩི	ཆྩོ	ཇཱ	ཇི	ཇཱྀ	ཇུ	ཇེ	ཇོ	ཇཾ
F3E	ཇ	ཇི	ཇཱྀ	ཇུ	ཇེ	ཇོ	ཇྗ	ཇྗི	ཇྗཱྀ	ཇྗུ	ཇྗེ	ཇྗོ	ཉཱ	ཉི	ཉཱྀ	ཉུ
F3F	ཉེ	ཉོ	ཉྭ	ཉྕ	ཉྕི	ཉྕཱྀ	ཉྕུ	ཉྕེ	ཉྕོ	ཉྫ	ཉྫི	ཉྫཱྀ	ཉྫུ	ཉྫེ	ཉྫོ	ཊཱ

表 2（续）

	0	1	2	3	4	5	6	7	8	9	A	B	C	D	E	F
F40	ཏི	ཏཱི	ཏུ	ཏེ	ཏོ	[illegible]	[illegible]	[illegible]	[illegible]	[illegible]	[illegible]	[illegible]	[illegible]	[illegible]	[illegible]	[illegible]
F41	[illegible]	[illegible]	[illegible]	[illegible]	[illegible]	[illegible]	[illegible]	[illegible]	[illegible]	[illegible]	[illegible]	[illegible]	[illegible]	[illegible]	[illegible]	[illegible]
F42	[illegible]	[illegible]	[illegible]	[illegible]	[illegible]	[illegible]	[illegible]	[illegible]	[illegible]	[illegible]	[illegible]	[illegible]	[illegible]	[illegible]	[illegible]	[illegible]
F43	[illegible]	[illegible]	[illegible]	[illegible]	[illegible]	[illegible]	[illegible]	[illegible]	[illegible]	[illegible]	[illegible]	[illegible]	[illegible]	[illegible]	[illegible]	[illegible]
F44	[illegible]	[illegible]	[illegible]	[illegible]	[illegible]	[illegible]	[illegible]	[illegible]	དི	[illegible]	དུ	དེ	དོ	[illegible]	[illegible]	[illegible]
F45	[illegible]	[illegible]	[illegible]	[illegible]	[illegible]	[illegible]	[illegible]	[illegible]	[illegible]	[illegible]	[illegible]	[illegible]	[illegible]	[illegible]	[illegible]	[illegible]
F46	[illegible]	[illegible]	[illegible]	[illegible]	[illegible]	[illegible]	[illegible]	[illegible]	[illegible]	[illegible]	[illegible]	[illegible]	[illegible]	[illegible]	[illegible]	[illegible]
F47	[illegible]	[illegible]	[illegible]	ནི	[illegible]	ནུ	ནེ	ནོ	[illegible]	[illegible]	[illegible]	[illegible]	[illegible]	[illegible]	[illegible]	[illegible]
F48	[illegible]	[illegible]	[illegible]	[illegible]	[illegible]	[illegible]	[illegible]	[illegible]	[illegible]	[illegible]	[illegible]	པི	[illegible]	པུ	པེ	པོ
F49	[illegible]	[illegible]	[illegible]	[illegible]	[illegible]	[illegible]	[illegible]	[illegible]	[illegible]	[illegible]	[illegible]	[illegible]	[illegible]	[illegible]	[illegible]	[illegible]
F4A	[illegible]	[illegible]	[illegible]	[illegible]	[illegible]	[illegible]	[illegible]	[illegible]	[illegible]	[illegible]	[illegible]	[illegible]	[illegible]	[illegible]	[illegible]	[illegible]
F4B	[illegible]	[illegible]	[illegible]	[illegible]	[illegible]	[illegible]	[illegible]	[illegible]	[illegible]	[illegible]	[illegible]	[illegible]	[illegible]	[illegible]	[illegible]	[illegible]
F4C	[illegible]	[illegible]	[illegible]	[illegible]	[illegible]	[illegible]	[illegible]	[illegible]	[illegible]	[illegible]	[illegible]	[illegible]	[illegible]	[illegible]	[illegible]	[illegible]
F4D	[illegible]	[illegible]	[illegible]	[illegible]	[illegible]	[illegible]	[illegible]	[illegible]	[illegible]	[illegible]	[illegible]	[illegible]	[illegible]	[illegible]	[illegible]	[illegible]
F4E	[illegible]	[illegible]	[illegible]	[illegible]	[illegible]	[illegible]	[illegible]	[illegible]	[illegible]	[illegible]	[illegible]	[illegible]	[illegible]	[illegible]	[illegible]	[illegible]
F4F	[illegible]	[illegible]	[illegible]	[illegible]	[illegible]	[illegible]	[illegible]	[illegible]	[illegible]	[illegible]	[illegible]	[illegible]	[illegible]	[illegible]	[illegible]	[illegible]

表 2（续）

	0	1	2	3	4	5	6	7	8	9	A	B	C	D	E	F
F50	[illegible]	[illegible]	[illegible]	[illegible]	[illegible]	[illegible]	[illegible]	[illegible]	[illegible]	[illegible]	[illegible]	[illegible]	[illegible]	[illegible]	[illegible]	[illegible]
F51	[illegible]	[illegible]	[illegible]	[illegible]	[illegible]	[illegible]	[illegible]	[illegible]	[illegible]	[illegible]	[illegible]	[illegible]	[illegible]	[illegible]	[illegible]	[illegible]
F52	[illegible]	[illegible]	[illegible]	[illegible]	[illegible]	[illegible]	[illegible]	[illegible]	[illegible]	[illegible]	[illegible]	[illegible]	[illegible]	[illegible]	[illegible]	[illegible]
F53	[illegible]	[illegible]	[illegible]	[illegible]	[illegible]	[illegible]	[illegible]	[illegible]	[illegible]	[illegible]	[illegible]	[illegible]	[illegible]	[illegible]	[illegible]	[illegible]
F54	[illegible]	[illegible]	[illegible]	[illegible]	[illegible]	[illegible]	[illegible]	[illegible]	[illegible]	[illegible]	[illegible]	[illegible]	[illegible]	[illegible]	[illegible]	[illegible]
F55	[illegible]	[illegible]	[illegible]	[illegible]	[illegible]	[illegible]	[illegible]	[illegible]	[illegible]	[illegible]	[illegible]	[illegible]	[illegible]	[illegible]	[illegible]	[illegible]
F56	[illegible]	[illegible]	[illegible]	[illegible]	[illegible]	[illegible]	[illegible]	[illegible]	[illegible]	[illegible]	[illegible]	[illegible]	[illegible]	[illegible]	[illegible]	[illegible]
F57	[illegible]	[illegible]	[illegible]	[illegible]	[illegible]	[illegible]	[illegible]	[illegible]	[illegible]	[illegible]	[illegible]	[illegible]	[illegible]	[illegible]	[illegible]	[illegible]
F58	[illegible]	[illegible]	[illegible]	[illegible]	[illegible]	[illegible]	[illegible]	[illegible]	[illegible]	[illegible]	[illegible]	[illegible]	[illegible]	[illegible]	[illegible]	[illegible]
F59	[illegible]	[illegible]	[illegible]	[illegible]	[illegible]	[illegible]	[illegible]	[illegible]	[illegible]	[illegible]	[illegible]	[illegible]	[illegible]	[illegible]	[illegible]	[illegible]
F5A	[illegible]	[illegible]	[illegible]	[illegible]	[illegible]	[illegible]	[illegible]	[illegible]	[illegible]	[illegible]	[illegible]	[illegible]	[illegible]	[illegible]	[illegible]	[illegible]
F5B	[illegible]	[illegible]	[illegible]	[illegible]	[illegible]	[illegible]	[illegible]	[illegible]	[illegible]	[illegible]	[illegible]	[illegible]	[illegible]	[illegible]	[illegible]	[illegible]
F5C	[illegible]	[illegible]	[illegible]	[illegible]	[illegible]	[illegible]	[illegible]	[illegible]	[illegible]	[illegible]	[illegible]	[illegible]	[illegible]	[illegible]	[illegible]	[illegible]
F5D	[illegible]	[illegible]	[illegible]	[illegible]	[illegible]	[illegible]	[illegible]	[illegible]	[illegible]	[illegible]	[illegible]	[illegible]	[illegible]	[illegible]	[illegible]	[illegible]
F5E	[illegible]	[illegible]	[illegible]	[illegible]	[illegible]	[illegible]	[illegible]	[illegible]	[illegible]	[illegible]	[illegible]	[illegible]	[illegible]	[illegible]	[illegible]	[illegible]
F5F	[illegible]	[illegible]	[illegible]	[illegible]	[illegible]	[illegible]	[illegible]	[illegible]	[illegible]	[illegible]	[illegible]	[illegible]	[illegible]	[illegible]	[illegible]	[illegible]

表 2（续）

	0	1	2	3	4	5	6	7	8	9	A	B	C	D	E	F
F60	[illegible]	[illegible]	[illegible]	[illegible]	[illegible]	[illegible]	[illegible]	[illegible]	[illegible]	[illegible]	[illegible]	[illegible]	[illegible]	[illegible]	[illegible]	[illegible]
F61	[illegible]	[illegible]	[illegible]	[illegible]	[illegible]	[illegible]	[illegible]	[illegible]	[illegible]	[illegible]	[illegible]	[illegible]	[illegible]	[illegible]	[illegible]	[illegible]
F62	[illegible]	[illegible]	[illegible]	[illegible]	[illegible]	[illegible]	[illegible]	[illegible]	[illegible]	[illegible]	[illegible]	[illegible]	[illegible]	[illegible]	[illegible]	[illegible]
F63	[illegible]	[illegible]	[illegible]	[illegible]	[illegible]	[illegible]	[illegible]	[illegible]	[illegible]	[illegible]	[illegible]	[illegible]	[illegible]	[illegible]	[illegible]	[illegible]
F64	[illegible]	[illegible]	[illegible]	[illegible]	[illegible]	[illegible]	[illegible]	[illegible]	[illegible]	[illegible]	[illegible]	[illegible]	[illegible]	[illegible]	[illegible]	[illegible]
F65	[illegible]	[illegible]	[illegible]	[illegible]	[illegible]	[illegible]	[illegible]	[illegible]	[illegible]	[illegible]	[illegible]	[illegible]	[illegible]	[illegible]	[illegible]	[illegible]
F66	[illegible]	[illegible]	[illegible]	[illegible]	[illegible]	[illegible]	[illegible]	[illegible]	[illegible]	[illegible]	[illegible]	[illegible]	[illegible]	[illegible]	[illegible]	[illegible]
F67	[illegible]	[illegible]	[illegible]	[illegible]	[illegible]	[illegible]	[illegible]	[illegible]	[illegible]	[illegible]	[illegible]	[illegible]	[illegible]	[illegible]	[illegible]	[illegible]
F68	[illegible]	[illegible]	[illegible]	[illegible]	[illegible]	[illegible]	[illegible]	[illegible]	[illegible]	[illegible]	[illegible]	[illegible]	[illegible]	[illegible]	[illegible]	[illegible]
F69	[illegible]	[illegible]	[illegible]	[illegible]	[illegible]	[illegible]	[illegible]	[illegible]	[illegible]	[illegible]	[illegible]	[illegible]	[illegible]	[illegible]	[illegible]	[illegible]
F6A	[illegible]	[illegible]	[illegible]	[illegible]	[illegible]	[illegible]	[illegible]	[illegible]	[illegible]	[illegible]	[illegible]	[illegible]	[illegible]	[illegible]	[illegible]	[illegible]
F6B	[illegible]	[illegible]	[illegible]	[illegible]	[illegible]	[illegible]	[illegible]	[illegible]	[illegible]	[illegible]	[illegible]	[illegible]	[illegible]	[illegible]	[illegible]	[illegible]
F6C	[illegible]	[illegible]	[illegible]	[illegible]	[illegible]	[illegible]	[illegible]	[illegible]	[illegible]	[illegible]	[illegible]	[illegible]	[illegible]	[illegible]	[illegible]	[illegible]
F6D	[illegible]	[illegible]	[illegible]	[illegible]	[illegible]	[illegible]	[illegible]	[illegible]	[illegible]	[illegible]	[illegible]	[illegible]	[illegible]	[illegible]	[illegible]	[illegible]
F6E	[illegible]	[illegible]	[illegible]	[illegible]	[illegible]	[illegible]	[illegible]	[illegible]	[illegible]	[illegible]	[illegible]	[illegible]	[illegible]	[illegible]	[illegible]	[illegible]
F6F	[illegible]	[illegible]	[illegible]	[illegible]	[illegible]	[illegible]	[illegible]	[illegible]	[illegible]	[illegible]	[illegible]	[illegible]	[illegible]	[illegible]	[illegible]	[illegible]

表 2（续）

	0	1	2	3	4	5	6	7	8	9	A	B	C	D	E	F
F70	[illegible]	[illegible]	[illegible]	[illegible]	[illegible]	[illegible]	[illegible]	[illegible]	[illegible]	[illegible]	[illegible]	[illegible]	[illegible]	[illegible]	[illegible]	[illegible]
F71	[illegible]	[illegible]	[illegible]	[illegible]	[illegible]	[illegible]	[illegible]	[illegible]	[illegible]	[illegible]	[illegible]	[illegible]	[illegible]	[illegible]	[illegible]	[illegible]
F72	[illegible]	[illegible]	[illegible]	[illegible]	[illegible]	[illegible]	[illegible]	[illegible]	[illegible]	[illegible]	[illegible]	[illegible]	[illegible]	[illegible]	[illegible]	[illegible]
F73	[illegible]	[illegible]	[illegible]	[illegible]	[illegible]	[illegible]	[illegible]	[illegible]	[illegible]	[illegible]	[illegible]	[illegible]	[illegible]	[illegible]	[illegible]	[illegible]
F74	[illegible]	[illegible]	[illegible]	[illegible]	[illegible]	[illegible]	[illegible]	[illegible]	[illegible]	[illegible]	[illegible]	[illegible]	[illegible]	[illegible]	[illegible]	[illegible]
F75	[illegible]	[illegible]	[illegible]	[illegible]	[illegible]	[illegible]	[illegible]	[illegible]	[illegible]	[illegible]	[illegible]	[illegible]	[illegible]	[illegible]	[illegible]	[illegible]
F76	[illegible]	[illegible]	[illegible]	[illegible]	[illegible]	[illegible]	[illegible]	[illegible]	[illegible]	[illegible]	[illegible]	[illegible]	[illegible]	[illegible]	[illegible]	[illegible]
F77	[illegible]	[illegible]	[illegible]	[illegible]	[illegible]	[illegible]	[illegible]	[illegible]	[illegible]	[illegible]	[illegible]	[illegible]	[illegible]	[illegible]	[illegible]	[illegible]
F78	[illegible]	[illegible]	[illegible]	[illegible]	[illegible]	[illegible]	[illegible]	[illegible]	[illegible]	[illegible]	[illegible]	[illegible]	[illegible]	[illegible]	[illegible]	[illegible]
F79	[illegible]	[illegible]	[illegible]	[illegible]	[illegible]	[illegible]	[illegible]	[illegible]	[illegible]	[illegible]	[illegible]	[illegible]	[illegible]	[illegible]	[illegible]	[illegible]
F7A	[illegible]	[illegible]	[illegible]	[illegible]	[illegible]	[illegible]	[illegible]	[illegible]	[illegible]	[illegible]	[illegible]	[illegible]	[illegible]	[illegible]	[illegible]	[illegible]
F7B	[illegible]	[illegible]	[illegible]	[illegible]	[illegible]	[illegible]	[illegible]	[illegible]	[illegible]	[illegible]	[illegible]	[illegible]	[illegible]	[illegible]	[illegible]	[illegible]
F7C	[illegible]	[illegible]	[illegible]	[illegible]	[illegible]	[illegible]	[illegible]	[illegible]	[illegible]	[illegible]	[illegible]	[illegible]	[illegible]	[illegible]	[illegible]	[illegible]
F7D	[illegible]	[illegible]	[illegible]	[illegible]	[illegible]	[illegible]	[illegible]	[illegible]	[illegible]	[illegible]	[illegible]	[illegible]	[illegible]	[illegible]	[illegible]	[illegible]
F7E	[illegible]	[illegible]	[illegible]	[illegible]	[illegible]	[illegible]	[illegible]	[illegible]	[illegible]	[illegible]	[illegible]	[illegible]	[illegible]	[illegible]	[illegible]	[illegible]
F7F	[illegible]	[illegible]	[illegible]	[illegible]	[illegible]	[illegible]	[illegible]	[illegible]	[illegible]	[illegible]	[illegible]	[illegible]	[illegible]	[illegible]	[illegible]	[illegible]

表 2（续）

	0	1	2	3	4	5	6	7	8	9	A	B	C	D	E	F
F80																
F81																
F82																
F83																
F84																
F85																
F86																
F87																
F88																
F89																
F8A																
F8B																
F8C																
F8D																
F8E																
F8F																

附　录　A
（资料性附录）
藏文甘丹白体

本标准规定的藏文甘丹(དགའ་ལྡན།)白体参照德格木刻版、那塘木刻版《甘珠尔》《丹珠尔》等版本字体而创作，是众多不同风格的白体中独具特色的一种书体字型。

附 录 B
（规范性附录）
藏文 16×32 点阵字型数据

B.1 藏文 16×32 点阵字型数据的表示

本标准中，藏文的字型可由其点阵数据来表示。每个字型的点阵数据为 16×32（横行点数×纵列点数），共 512 二进制位，64 个字节。

B.2 藏文 16×32 点阵字型数据的记录格式

藏文 16×32 点阵字型数据的 64 个字节排列次序是以 0 字节开始至 63 个字节结束，均用十六进制表示，每行 2 个字节，其记录格式见表 B.1。

表 B.1 16×32 点阵字型数据记录格式

行数	列数															
	0	1	2	3	4	5	6	7	8	9	10	11	12	13	14	15
0	0 字节								1 字节							
1	2 字节								3 字节							
2	…								…							
⋮	…								…							
⋮	…								…							
30	…								…							
31	62 字节								63 字节							

B.3 藏文 16×32 点阵字型数据示例

藏文 16×32 点阵字型的数据示例见表 B.2。

表 B.2 藏文点阵字型数据示例

0F55	F337	F432
00 00 00 00 00 00 00 00 00 00	00 00 0E 00 11 80 20 40 24 20	00 00 00 00 00 00 00 00 00 00

表 B.2（续）

ཕ 0F55	F337	F432
00 00	18 10	00 00
00 00	00 08	00 00
1F 0C	1F 8C	0F 8C
0C 18	06 18	11 18
08 28	0B 08	20 88
10 48	10 88	20 88
10 88	38 48	33 C8
21 08	06 28	10 28
3E 08	01 18	00 18
01 88	00 08	00 08
00 48	1F FC	0F F0
00 28	09 98	08 00
00 18	08 88	08 00
00 08	18 88	04 E0
00 00	30 88	05 10
00 00	20 88	06 10
00 00	00 08	02 10
00 00	00 08	22 10
00 00	1C 10	10 20
00 00	23 E4	08 20
00 00	10 04	04 38
00 00	08 08	02 24
00 00	06 10	01 04
00 00	01 E0	00 84
00 00	00 00	00 78
00 00	00 00	00 00
00 00	00 00	00 00

ICS 35.040
L 71

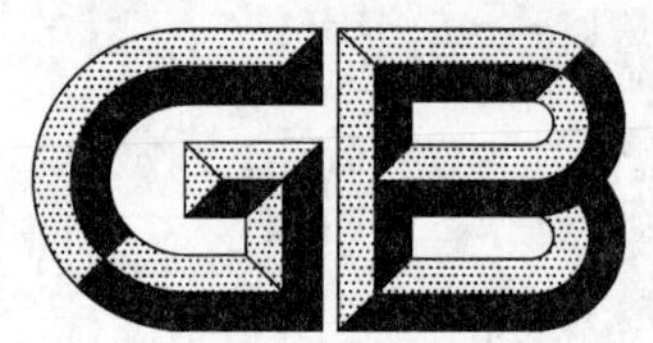

中华人民共和国国家标准

GB 29274—2012

信息技术 藏文编码字符集（基本集及扩充集A）16×32点阵字型 甘丹黑体

Information technology—Tibetan ideogram coded character set (basic set & extension set A)—16×32 dot matrix font—Bkav bstan bold

2012-12-31 发布　　2013-12-01 实施

中华人民共和国国家质量监督检验检疫总局
中国国家标准化管理委员会　发布

前　　言

本标准的全部技术内容为强制性。

本标准按照GB/T 1.1—2009给出的规则起草。

本标准由全国信息技术标准化技术委员会(SAC/TC 28)提出并归口。

本标准起草单位:中国电子技术标准化研究所、潍坊北大青鸟华光照排有限公司、中国藏学研究中心、西藏自治区藏语文工作委员会办公室。

本标准起草人:代红、吕建春、聪博、熊涛、殷建民、周华、陈壮、徐志强、贡保达吉、李善民、闫冰。

引　　言

本标准根据GB 16959—1997《信息技术　信息交换用藏文编码字符集　基本集》和GB/T 20542—2006《信息技术　藏文编码字符集　扩充集A》所规定的藏文及部分梵音转写藏文字符，以我国藏语地区规范的字型为基础，设计和规定了信息系统用藏文16×32点阵甘丹黑体(参见附录A)字型。

有关字型数据的授权转让使用事宜，字型标准数据的维护、更新及修订工作，统一由归口单位负责。

地　　址：北京市东城区安定门东大街1号(北京市1101信箱)

邮　　编：100007

电　　话：64007689　84029173

传　　真：64007681

E-mail：daihong@cesi.ac.cn

信息技术　藏文编码字符集（基本集及扩充集A）16×32点阵字型　甘丹黑体

1　范围

本标准规定了GB 16959—1997和GB/T 20542—2006中藏文图形字符的16×32点阵甘丹黑体字型。

本标准主要适用于藏文信息处理系统中的显示设备、点阵式输出设备，也可用于其他相关设备。

2　规范性引用文件

下列文件对于本文件的应用是必不可少的。凡是注日期的引用文件，仅注日期的版本适用于本文件。凡是不注日期的引用文件，其最新版本(包括所有的修改单)适用于本文件。

GB 16959—1997　信息技术　信息交换用藏文编码字符集　基本集

GB/T 20542—2006　信息技术　藏文编码字符集　扩充集A

3　术语和定义

下列术语和定义适用于本文件。

3.1

字形　glyph

一个可辨认的抽象图形符号，它不依赖于任何特定的设计。

3.2

字型　font

具有同一基本设计的字形图像的集合，如：甘丹黑体。

3.3

点阵字型　dot matrix font

以点的集合来表现图形字符的型(形)。

3.4

字序　character order

图形字符在集合中按一定规则排列的次序。

4　标准数据的管理

为加强对电子信息技术产品使用藏文字型标准数据的管理，保证本标准在实施中数据的正确性和一致性，有关字型数据的授权转让使用事宜，字型标准数据的维护、更新及修订工作，统一由归口单位负责。

5 点阵字型的表示方法

5.1 栅格

栅格由若干条等距离的垂直线与水平线相交而形成。

本标准规定的是 16×32 点阵字型,其栅格是横向 16 格,纵向 32 格。每个方格的中心定为点的中心位置。

栅格仅对构成点阵的各点进行定位,栅格图如图 1 所示。

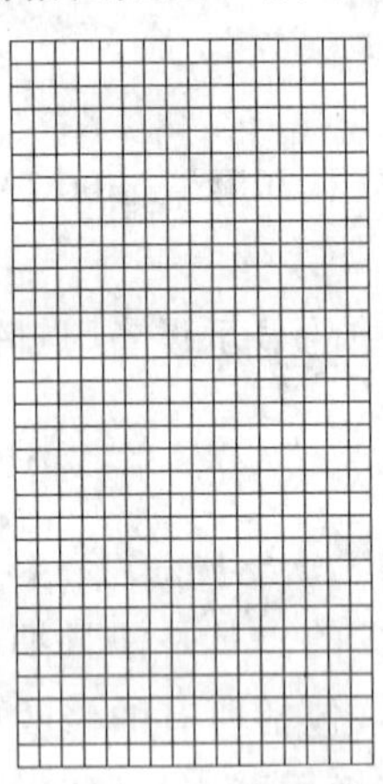

图 1 16×32 点阵栅格图

5.2 点

点是构成点阵字型的最小单位,它是位于各方格内的黑色区域。

5.3 点阵字样

藏文点阵字型的字样,由位于栅格内的若干个点的集合来表示。藏文"ཀ" 的 16×32 点阵字型如图 2 所示。

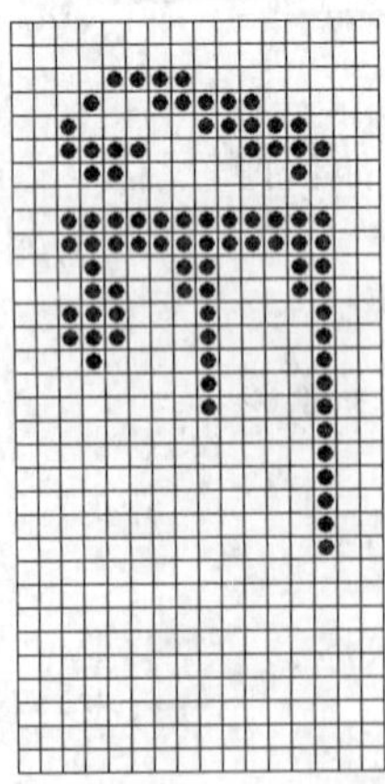

图 2 16×32 点阵藏文"ཀ"的字型

6 藏文点阵字型

6.1 字符数

本标准提供了 GB 16959—1997 和 GB/T 20542—2006 规定的 1 729 个藏文图形字符的 16×32 点阵甘丹黑体字型,其中包括 GB 16959—1997 中的 193 个和 GB/T 20542—2006 中的 1 536 个。

6.2 字序

本标准提供的 1 729 个藏文图形字符的 16×32 点阵甘丹黑体字型按照 GB 16959—1997 和 GB/T 20542—2006 规定的字符字序排列。

6.3 藏文字型数据

藏文 16×32 点阵字型数据的表示,见附录 B。

6.4 藏文点阵字型表

本标准提供的 1 729 个藏文图形字符的 16×32 点阵甘丹黑体字型见表 1 和表 2。

表 1 藏文字型表(基本集)

	0	1	2	3	4	5	6	7	8	9	A	B	C	D	E	F
0F0	ༀ	༁	༂	༃	༄	༅	༆	༇	༈	༉	༊	་	༌	།	༎	༏
0F1	༐	༑	༒	༓	༔	༕	༖	༗	༘	༙	༚	༛	༜	༝	༞	༟
0F2	༠	༡	༢	༣	༤	༥	༦	༧	༨	༩	༪	༫	༬	༭	༮	༯
0F3	༰	༱	༲	༳	༴	༵	༶	༷	༸	༹	༺	༻	༼	༽	༾	༿
0F4	ཀ	ཁ	ག	གྷ	ང	ཅ	ཆ	ཇ		ཉ	ཊ	ཋ	ཌ	ཌྷ	ཎ	ཏ
0F5	ཐ	ད	དྷ	ན	པ	ཕ	བ	བྷ	མ	ཙ	ཚ	ཛ	ཛྷ	ཝ	ཞ	ཟ
0F6	འ	ཡ	ར	ལ	ཤ	ཥ	ས	ཧ	ཨ	ཀྵ	ཪ					
0F7		ཱ	ི	ཱི	ུ	ཱུ	ྲྀ	ཷ	ླྀ	ཹ	ེ	ཻ	ོ	ཽ	ཾ	ཿ
0F8	ྀ	ཱྀ	ྂ	ྃ	྄	྅	྆	྇	ྈ	ྉ	ྊ	ྋ				
0F9	ྐ	ྑ	ྒ	ྒྷ	ྔ	ྕ	ྖ	ྗ		ྙ	ྚ	ྛ	ྜ	ྜྷ	ྞ	ྟ
0FA	ྠ	ྡ	ྡྷ	ྣ	ྤ	ྥ	ྦ	ྦྷ	ྨ	ྩ	ྪ	ྫ	ྫྷ	ྭ	ྮ	ྯ
0FB	ྰ	ྱ	ྲ	ླ	ྴ	ྵ	ྶ	ྷ	ྸ	ྐྵ	ྺ	ྻ	ྼ		྾	྿
0FC	࿀	࿁	࿂	࿃	࿄	࿅	࿆	࿇	࿈	࿉	࿊	࿋	࿌			࿏
0FD																
0FE																
0FF																

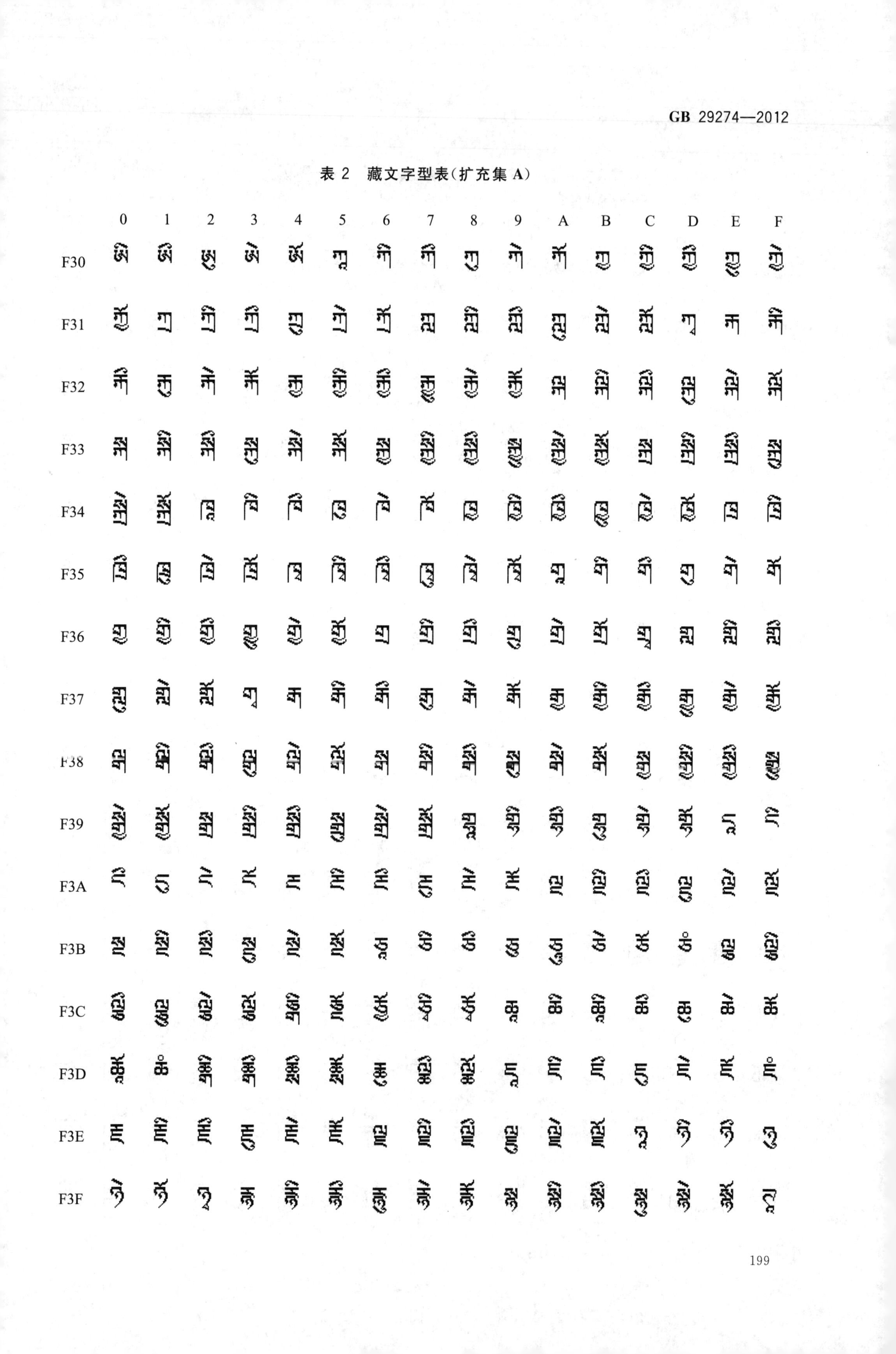

表 2　藏文字型表(扩充集 A)

	0	1	2	3	4	5	6	7	8	9	A	B	C	D	E	F
F30																
F31																
F32																
F33																
F34																
F35																
F36																
F37																
F38																
F39																
F3A																
F3B																
F3C																
F3D																
F3E																
F3F																

表 2（续）

	0	1	2	3	4	5	6	7	8	9	A	B	C	D	E	F
F40																
F41																
F42																
F43																
F44																
F45																
F46																
F47																
F48																
F49																
F4A																
F4B																
F4C																
F4D																
F4E																
F4F																

表 2（续）

	0	1	2	3	4	5	6	7	8	9	A	B	C	D	E	F
F50	[illegible]	[illegible]	[illegible]	[illegible]	[illegible]	[illegible]	[illegible]	[illegible]	[illegible]	[illegible]	[illegible]	[illegible]	[illegible]	[illegible]	[illegible]	[illegible]
F51	[illegible]	[illegible]	[illegible]	[illegible]	[illegible]	[illegible]	[illegible]	[illegible]	[illegible]	[illegible]	[illegible]	[illegible]	[illegible]	[illegible]	[illegible]	[illegible]
F52	[illegible]	[illegible]	[illegible]	[illegible]	[illegible]	[illegible]	[illegible]	[illegible]	[illegible]	[illegible]	[illegible]	[illegible]	[illegible]	[illegible]	[illegible]	[illegible]
F53	[illegible]	[illegible]	[illegible]	[illegible]	[illegible]	[illegible]	[illegible]	[illegible]	[illegible]	[illegible]	[illegible]	[illegible]	[illegible]	[illegible]	[illegible]	[illegible]
F54	[illegible]	[illegible]	[illegible]	[illegible]	[illegible]	[illegible]	[illegible]	[illegible]	[illegible]	[illegible]	[illegible]	[illegible]	[illegible]	[illegible]	[illegible]	[illegible]
F55	[illegible]	[illegible]	[illegible]	[illegible]	[illegible]	[illegible]	[illegible]	[illegible]	[illegible]	[illegible]	[illegible]	[illegible]	[illegible]	[illegible]	[illegible]	[illegible]
F56	[illegible]	[illegible]	[illegible]	[illegible]	[illegible]	[illegible]	[illegible]	[illegible]	[illegible]	[illegible]	[illegible]	[illegible]	[illegible]	[illegible]	[illegible]	[illegible]
F57	[illegible]	[illegible]	[illegible]	[illegible]	[illegible]	[illegible]	[illegible]	[illegible]	[illegible]	[illegible]	[illegible]	[illegible]	[illegible]	[illegible]	[illegible]	[illegible]
F58	[illegible]	[illegible]	[illegible]	[illegible]	[illegible]	[illegible]	[illegible]	[illegible]	[illegible]	[illegible]	[illegible]	[illegible]	[illegible]	[illegible]	[illegible]	[illegible]
F59	[illegible]	[illegible]	[illegible]	[illegible]	[illegible]	[illegible]	[illegible]	[illegible]	[illegible]	[illegible]	[illegible]	[illegible]	[illegible]	[illegible]	[illegible]	[illegible]
F5A	[illegible]	[illegible]	[illegible]	[illegible]	[illegible]	[illegible]	[illegible]	[illegible]	[illegible]	[illegible]	[illegible]	[illegible]	[illegible]	[illegible]	[illegible]	[illegible]
F5B	[illegible]	[illegible]	[illegible]	[illegible]	[illegible]	[illegible]	[illegible]	[illegible]	[illegible]	[illegible]	[illegible]	[illegible]	[illegible]	[illegible]	[illegible]	[illegible]
F5C	[illegible]	[illegible]	[illegible]	[illegible]	[illegible]	[illegible]	[illegible]	[illegible]	[illegible]	[illegible]	[illegible]	[illegible]	[illegible]	[illegible]	[illegible]	[illegible]
F5D	[illegible]	[illegible]	[illegible]	[illegible]	[illegible]	[illegible]	[illegible]	[illegible]	[illegible]	[illegible]	[illegible]	[illegible]	[illegible]	[illegible]	[illegible]	[illegible]
F5E	[illegible]	[illegible]	[illegible]	[illegible]	[illegible]	[illegible]	[illegible]	[illegible]	[illegible]	[illegible]	[illegible]	[illegible]	[illegible]	[illegible]	[illegible]	[illegible]
F5F	[illegible]	[illegible]	[illegible]	[illegible]	[illegible]	[illegible]	[illegible]	[illegible]	[illegible]	[illegible]	[illegible]	[illegible]	[illegible]	[illegible]	[illegible]	[illegible]

表 2（续）

	0	1	2	3	4	5	6	7	8	9	A	B	C	D	E	F
F60	[illegible]	[illegible]	[illegible]	[illegible]	[illegible]	[illegible]	[illegible]	[illegible]	[illegible]	[illegible]	[illegible]	[illegible]	[illegible]	[illegible]	[illegible]	[illegible]
F61	[illegible]	[illegible]	[illegible]	[illegible]	[illegible]	[illegible]	[illegible]	[illegible]	[illegible]	[illegible]	[illegible]	[illegible]	[illegible]	[illegible]	[illegible]	[illegible]
F62	[illegible]	[illegible]	[illegible]	[illegible]	[illegible]	[illegible]	[illegible]	[illegible]	[illegible]	[illegible]	[illegible]	[illegible]	[illegible]	[illegible]	[illegible]	[illegible]
F63	[illegible]	[illegible]	[illegible]	[illegible]	[illegible]	[illegible]	[illegible]	[illegible]	[illegible]	[illegible]	[illegible]	[illegible]	[illegible]	[illegible]	[illegible]	[illegible]
F64	[illegible]	[illegible]	[illegible]	[illegible]	[illegible]	[illegible]	[illegible]	[illegible]	[illegible]	[illegible]	[illegible]	[illegible]	[illegible]	[illegible]	[illegible]	[illegible]
F65	[illegible]	[illegible]	[illegible]	[illegible]	[illegible]	[illegible]	[illegible]	[illegible]	[illegible]	[illegible]	[illegible]	[illegible]	[illegible]	[illegible]	[illegible]	[illegible]
F66	[illegible]	[illegible]	[illegible]	[illegible]	[illegible]	[illegible]	[illegible]	[illegible]	[illegible]	[illegible]	[illegible]	[illegible]	[illegible]	[illegible]	[illegible]	[illegible]
F67	[illegible]	[illegible]	[illegible]	[illegible]	[illegible]	[illegible]	[illegible]	[illegible]	[illegible]	[illegible]	[illegible]	[illegible]	[illegible]	[illegible]	[illegible]	[illegible]
F68	[illegible]	[illegible]	[illegible]	[illegible]	[illegible]	[illegible]	[illegible]	[illegible]	[illegible]	[illegible]	[illegible]	[illegible]	[illegible]	[illegible]	[illegible]	[illegible]
F69	[illegible]	[illegible]	[illegible]	[illegible]	[illegible]	[illegible]	[illegible]	[illegible]	[illegible]	[illegible]	[illegible]	[illegible]	[illegible]	[illegible]	[illegible]	[illegible]
F6A	[illegible]	[illegible]	[illegible]	[illegible]	[illegible]	[illegible]	[illegible]	[illegible]	[illegible]	[illegible]	[illegible]	[illegible]	[illegible]	[illegible]	[illegible]	[illegible]
F6B	[illegible]	[illegible]	[illegible]	[illegible]	[illegible]	[illegible]	[illegible]	[illegible]	[illegible]	[illegible]	[illegible]	[illegible]	[illegible]	[illegible]	[illegible]	[illegible]
F6C	[illegible]	[illegible]	[illegible]	[illegible]	[illegible]	[illegible]	[illegible]	[illegible]	[illegible]	[illegible]	[illegible]	[illegible]	[illegible]	[illegible]	[illegible]	[illegible]
F6D	[illegible]	[illegible]	[illegible]	[illegible]	[illegible]	[illegible]	[illegible]	[illegible]	[illegible]	[illegible]	[illegible]	[illegible]	[illegible]	[illegible]	[illegible]	[illegible]
F6E	[illegible]	[illegible]	[illegible]	[illegible]	[illegible]	[illegible]	[illegible]	[illegible]	[illegible]	[illegible]	[illegible]	[illegible]	[illegible]	[illegible]	[illegible]	[illegible]
F6F	[illegible]	[illegible]	[illegible]	[illegible]	[illegible]	[illegible]	[illegible]	[illegible]	[illegible]	[illegible]	[illegible]	[illegible]	[illegible]	[illegible]	[illegible]	[illegible]

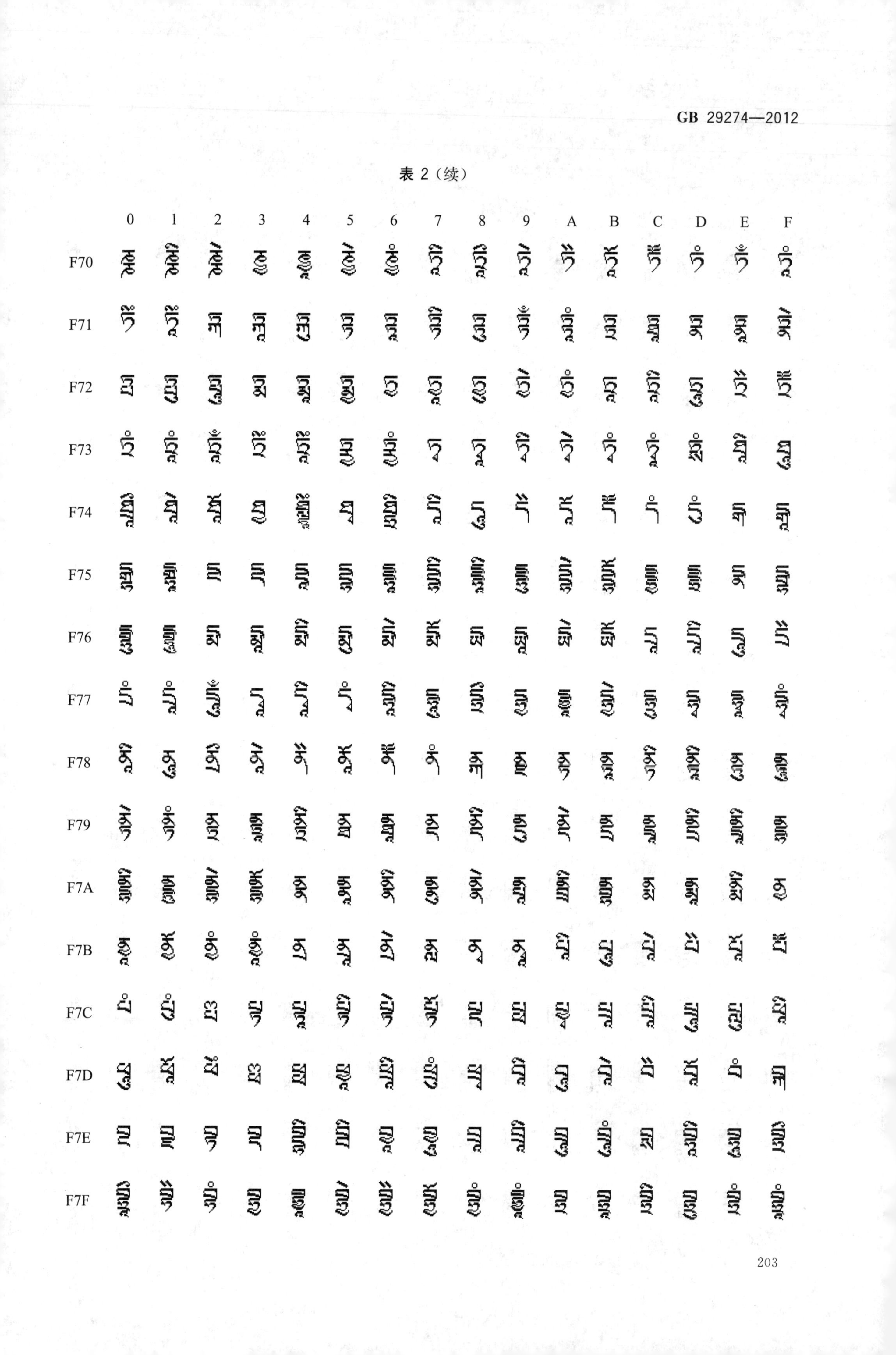

表 2（续）

	0	1	2	3	4	5	6	7	8	9	A	B	C	D	E	F
F70																
F71																
F72																
F73																
F74																
F75																
F76																
F77																
F78																
F79																
F7A																
F7B																
F7C																
F7D																
F7E																
F7F																

表 2（续）

	0	1	2	3	4	5	6	7	8	9	A	B	C	D	E	F
F80	[illegible]	[illegible]	[illegible]	[illegible]	[illegible]	[illegible]	[illegible]	[illegible]	[illegible]	[illegible]	[illegible]	[illegible]	[illegible]	[illegible]	[illegible]	[illegible]
F81	[illegible]	[illegible]	[illegible]	[illegible]	[illegible]	[illegible]	[illegible]	[illegible]	[illegible]	[illegible]	[illegible]	[illegible]	[illegible]	[illegible]	[illegible]	[illegible]
F82	[illegible]	[illegible]	[illegible]	[illegible]	[illegible]	[illegible]	[illegible]	[illegible]	[illegible]	[illegible]	[illegible]	[illegible]	[illegible]	[illegible]	[illegible]	[illegible]
F83	[illegible]	[illegible]	[illegible]	[illegible]	[illegible]	[illegible]	[illegible]	[illegible]	[illegible]	[illegible]	[illegible]	[illegible]	[illegible]	[illegible]	[illegible]	[illegible]
F84	[illegible]	[illegible]	[illegible]	[illegible]	[illegible]	[illegible]	[illegible]	[illegible]	[illegible]	[illegible]	[illegible]	[illegible]	[illegible]	[illegible]	[illegible]	[illegible]
F85	[illegible]	[illegible]	[illegible]	[illegible]	[illegible]	[illegible]	[illegible]	[illegible]	[illegible]	[illegible]	[illegible]	[illegible]	[illegible]	[illegible]	[illegible]	[illegible]
F86	[illegible]	[illegible]	[illegible]	[illegible]	[illegible]	[illegible]	[illegible]	[illegible]	[illegible]	[illegible]	[illegible]	[illegible]	[illegible]	[illegible]	[illegible]	[illegible]
F87	[illegible]	[illegible]	[illegible]	[illegible]	[illegible]	[illegible]	[illegible]	[illegible]	[illegible]	[illegible]	[illegible]	[illegible]	[illegible]	[illegible]	[illegible]	[illegible]
F88	[illegible]	[illegible]	[illegible]	[illegible]	[illegible]	[illegible]	[illegible]	[illegible]	[illegible]	[illegible]	[illegible]	[illegible]	[illegible]	[illegible]	[illegible]	[illegible]
F89	[illegible]	[illegible]	[illegible]	[illegible]	[illegible]	[illegible]	[illegible]	[illegible]	[illegible]	[illegible]	[illegible]	[illegible]	[illegible]	[illegible]	[illegible]	[illegible]
F8A	[illegible]	[illegible]	[illegible]	[illegible]	[illegible]	[illegible]	[illegible]	[illegible]	[illegible]	[illegible]	[illegible]	[illegible]	[illegible]	[illegible]	[illegible]	[illegible]
F8B	[illegible]	[illegible]	[illegible]	[illegible]	[illegible]	[illegible]	[illegible]	[illegible]	[illegible]	[illegible]	[illegible]	[illegible]	[illegible]	[illegible]	[illegible]	[illegible]
F8C	[illegible]	[illegible]	[illegible]	[illegible]	[illegible]	[illegible]	[illegible]	[illegible]	[illegible]	[illegible]	[illegible]	[illegible]	[illegible]	[illegible]	[illegible]	[illegible]
F8D	[illegible]	[illegible]	[illegible]	[illegible]	[illegible]	[illegible]	[illegible]	[illegible]	[illegible]	[illegible]	[illegible]	[illegible]	[illegible]	[illegible]	[illegible]	[illegible]
F8E	[illegible]	[illegible]	[illegible]	[illegible]	[illegible]	[illegible]	[illegible]	[illegible]	[illegible]	[illegible]	[illegible]	[illegible]	[illegible]	[illegible]	[illegible]	[illegible]
F8F	[illegible]	[illegible]	[illegible]	[illegible]	[illegible]	[illegible]	[illegible]	[illegible]	[illegible]	[illegible]	[illegible]	[illegible]	[illegible]	[illegible]	[illegible]	[illegible]

附 录 A
(资料性附录)
藏文甘丹黑体

本标准规定的藏文甘丹(དགའ་ལྡན།)黑体参照德格木刻版、那塘木刻版《甘珠尔》《丹珠尔》等版本字体而创作,是众多不同风格的黑体中独具特色的一种书体字型。

附　录　B
（规范性附录）
藏文 16×32 点阵字型数据

B.1　藏文 16×32 点阵字型数据的表示

本标准中，藏文的字型可由其点阵数据来表示。每个字型的点阵数据为 16×32（横行点数×纵列点数），共 512 二进制位，64 个字节。

B.2　藏文 16×32 点阵字型数据的记录格式

藏文 16×32 点阵字型数据的 64 个字节排列次序是以 0 字节开始至 63 个字节结束，均用十六进制表示，每行 2 个字节，其记录格式见表 B.1。

表 B.1　16×32 点阵字型数据记录格式

行数	列数															
	0	1	2	3	4	5	6	7	8	9	10	11	12	13	14	15
0	0 字节								1 字节							
1	2 字节								3 字节							
2	…								…							
⋮	…								…							
⋮	…								…							
30	…								…							
31	62 字节								63 字节							

B.3　藏文 16×32 点阵字型数据示例

藏文 16×32 点阵字型的数据示例见表 B.2。

表 B.2　藏文点阵字型数据示例

0F55	F337	F432
00 00	00 00	00 00
00 00	0F 00	00 00
00 00	13 E0	00 00
00 00	20 F8	00 00
00 00	3C 3C	00 00

表 B.2（续）

0F55	 F337	 F432
00 00	18 08	00 00
00 00	00 00	00 00
0F 8C	1F CC	0F CC
0F 8C	1F CC	1F CC
10 1C	08 8C	10 CC
20 24	11 E4	30 44
20 44	3C F4	30 44
10 84	3E 3C	39 E4
3F C4	03 1C	19 FC
3F F4	01 0C	10 1C
00 7C	00 04	00 04
00 1C	3F FC	07 FC
00 04	3F FC	0F FC
00 00	11 8C	08 00
00 00	18 84	04 F8
00 00	38 84	05 FC
00 00	38 84	02 0C
00 00	10 84	02 0C
00 00	00 04	00 18
00 00	1E 18	10 10
00 00	31 E2	38 20
00 00	3C 02	1C 58
00 00	0F 0C	0E 3C
00 00	03 F8	07 04
00 00	00 E0	03 C8
00 00	00 00	00 F0
00 00	00 00	00 00

ICS 35.040
L 71

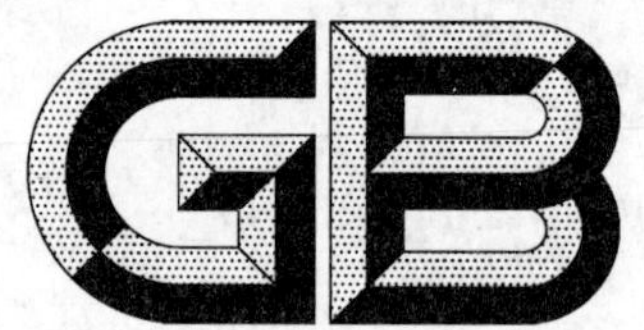

中华人民共和国国家标准

GB 29275—2012

信息技术 藏文编码字符集（基本集及扩充集A）24×48点阵字型 甘丹白体

Information technology—Tibetan ideogram coded character set (basic set & extension set A)—24×48 dot matrix font—Bkav bstan lean

2012-12-31 发布 2013-12-01 实施

中华人民共和国国家质量监督检验检疫总局
中国国家标准化管理委员会 发布

前　言

本标准的全部技术内容为强制性。

本标准按照GB/T 1.1—2009给出的规则起草。

本标准由全国信息技术标准化技术委员会(SAC/TC 28)提出并归口。

本标准起草单位:潍坊北大青鸟华光照排有限公司、中国电子技术标准化研究所、中国藏学研究中心、西藏自治区藏语文工作委员会办公室。

本标准起草人:吕建春、聪博、代红、殷建民、周华、陈壮、徐志强、贡保达吉、熊涛、冯海霞、符玉。

引　　言

本标准根据 GB 16959—1997《信息技术　信息交换用藏文编码字符集　基本集》和 GB/T 20542—2006《信息技术　藏文编码字符集　扩充集 A》所规定的藏文及部分梵音转写藏文字符，以我国藏语地区规范的字型为基础，设计和规定了信息系统用藏文 24×48 点阵甘丹白体(参见附录 A)字型。

有关字型数据的授权转让使用事宜，字型标准数据的维护、更新及修订工作，统一由归口单位负责。

地　　址：北京市东城区安定门东大街 1 号(北京市 1101 信箱)

邮　　编：100007

电　　话：64007689　84029173

传　　真：64007681

E-mail：daihong@cesi.ac.cn

信息技术　藏文编码字符集（基本集及扩充集A）24×48点阵字型　甘丹白体

1　范围

本标准规定了GB 16959—1997和GB/T 20542—2006中藏文图形字符的24×48点阵甘丹白体字型。

本标准主要适用于藏文信息处理系统中的显示设备、点阵式输出设备，也可用于其他相关设备。

2　规范性引用文件

下列文件对于本文件的应用是必不可少的。凡是注日期的引用文件，仅注日期的版本适用于本文件。凡是不注日期的引用文件，其最新版本（包括所有的修改单）适用于本文件。

GB 16959—1997　信息技术　信息交换用藏文编码字符集　基本集

GB/T 20542—2006　信息技术　藏文编码字符集　扩充集A

3　术语和定义

下列术语和定义适用于本文件。

3.1

字形　glyph

一个可辨认的抽象图形符号，它不依赖于任何特定的设计。

3.2

字型　font

具有同一基本设计的字形图像的集合，如：甘丹白体。

3.3

点阵字型　dot matrix font

以点的集合来表现图形字符的型（形）。

3.4

字序　character order

图形字符在集合中按一定规则排列的次序。

4　标准数据的管理

为加强对电子信息技术产品使用藏文字型标准数据的管理，保证本标准在实施中数据的正确性和一致性，有关字型数据的授权转让使用事宜，字型标准数据的维护、更新及修订工作，统一由归口单位负责。

5 点阵字型的表示方法

5.1 栅格

栅格由若干条等距离的垂直线与水平线相交而形成。

本标准规定的是 24×48 点阵字型,其栅格是横向 24 格,纵向 48 格。每个方格的中心定为点的中心位置。

栅格仅对构成点阵的各点进行定位,栅格图如图 1 所示。

图 1 24×48 点阵栅格图

5.2 点

点是构成点阵字型的最小单位,它是位于各方格内的黑色区域。

5.3 点阵字样

藏文点阵字型的字样,由位于栅格内的若干个点的集合来表示。藏文"ཀ"的 24×48 点阵字型如图 2 所示。

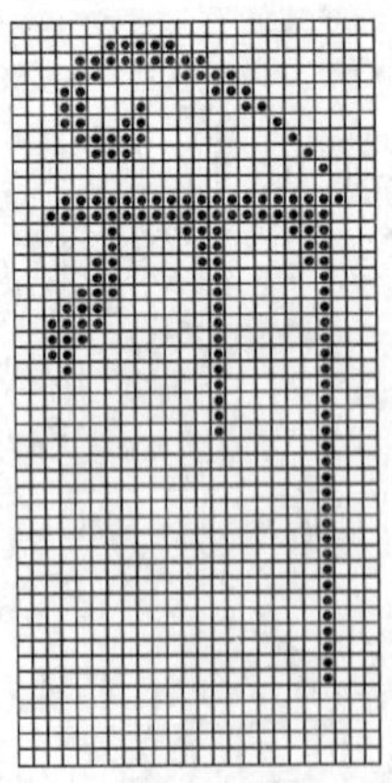

图 2 24×48 点阵藏文"ཀ"的字型

6 藏文点阵字型

6.1 字符数

本标准提供了 GB 16959—1997 和 GB/T 20542—2006 规定的 1 729 个藏文图形字符的 24×48 点阵甘丹白体字型，其中包括 GB 16959—1997 中的 193 个和 GB/T 20542—2006 中的 1 536 个。

6.2 字序

本标准提供的 1 729 个藏文图形字符的 24×48 点阵甘丹白体字型按照 GB 16959—1997 和 GB/T 20542—2006 规定的字符字序排列。

6.3 藏文字型数据

藏文 24×48 点阵字型数据的表示，见附录 B。

6.4 藏文点阵字型表

本标准提供的 1 729 个藏文图形字符的 24×48 点阵甘丹白体字型见表 1 和表 2。

表 1 藏文字型表(基本集)

	0	1	2	3	4	5	6	7	8	9	A	B	C	D	E	F
0F0	ༀ	༁	༂	༃	༄	༅	༆	༇	༈	༉	༊	་	༌	།	༎	༏
0F1	༐	༑	༒	༓	༔	༕	༖	༗	༘	༙	༚	༛	༜	༝	༞	༟
0F2	༠	༡	༢	༣	༤	༥	༦	༧	༨	༩	༪	༫	༬	༭	༮	༯
0F3	༰	༱	༲	༳	༴	༵	༶	༷	༸	༹	༺	༻	༼	༽	༾	༿
0F4	ཀ	ཁ	ག	གྷ	ང	ཅ	ཆ	ཇ		ཉ	ཊ	ཋ	ཌ	ཌྷ	ཎ	ཏ
0F5	ཐ	ད	དྷ	ན	པ	ཕ	བ	བྷ	མ	ཙ	ཚ	ཛ	ཛྷ	ཝ	ཞ	ཟ
0F6	འ	ཡ	ར	ལ	ཤ	ཥ	ས	ཧ	ཨ	ཀྵ	ཪ					
0F7		ཱ	ི	ཱི	ུ	ཱུ	ྲྀ	ཷ	ླྀ	ཹ	ེ	ཻ	ོ	ཽ	ཾ	ཿ
0F8	ྀ	ཱྀ	ྂ	ྃ	྄	྅	྆	྇	ྈ	ྉ	ྊ	ྋ				
0F9	ྐ	ྑ	ྒ	ྒྷ	ྔ	ྕ	ྖ	ྗ		ྙ	ྚ	ྛ	ྜ	ྜྷ	ྞ	ྟ
0FA	ྠ	ྡ	ྡྷ	ྣ	ྤ	ྥ	ྦ	ྦྷ	ྨ	ྩ	ྪ	ྫ	ྫྷ	ྭ	ྮ	ྯ
0FB	ྰ	ྱ	ྲ	ླ	ྴ	ྵ	ྶ	ྷ	ྸ	ྐྵ	ྺ	ྻ	ྼ		྾	྿
0FC	࿀	࿁	࿂	࿃	࿄	࿅	࿆	࿇	࿈	࿉	࿊	࿋	࿌			࿏
0FD																
0FE																
0FF																

表 2 藏文字型表(扩充集 A)

	0	1	2	3	4	5	6	7	8	9	A	B	C	D	E	F
F30	ཨི	ཨཱི	ཨུ	ཨེ	ཨོ	ཀཱུ	ཀི	ཀཱི	ཀུ	ཀེ	ཀོ	ཀྲ	ཀྲི	ཀྲཱི	ཀྲུ	ཀྲེ
F31	ཀྲོ	ཀྲ	ཀྲི	ཀྲཱི	ཀྲུ	ཀྲེ	ཀྲོ	ཀླ	ཀླི	ཀླཱི	ཀླུ	ཀླེ	ཀློ	ཀྭ	ཁ	ཁི
F32	ཁཱི	ཁུ	ཁེ	ཁོ	ཁྲ	ཁྲི	ཁྲཱི	ཁྲུ	ཁྲེ	ཁྲོ	སྐ	སྐི	སྐཱི	སྐུ	སྐེ	སྐོ
F33	སྐ	སྐི	སྐཱི	སྐུ	སྐེ	སྐོ	སྐྲ	སྐྲི	སྐྲཱི	སྐྲུ	སྐྲེ	སྐྲོ	སྐྱ	སྐྱི	སྐྱཱི	སྐྱུ
F34	སྐྱེ	སྐྱོ	ཁཱུ	ཁི	ཁཱི	ཁུ	ཁེ	ཁོ	ཁྲ	ཁྲི	ཁྲཱི	ཁྲུ	ཁྲེ	ཁྲོ	ཁྱ	ཁྱི
F35	ཁྱཱི	ཁྱུ	ཁྱེ	ཁྱོ	ཁྭ	ཁྭི	ཁྭཱི	ཁྭུ	ཁྭེ	ཁྭོ	གཱུ	གི	གཱི	གུ	གེ	གོ
F36	གྲ	གྲི	གྲཱི	གྲུ	གྲེ	གྲོ	གྲ	གྲི	གྲཱི	གྲུ	གྲེ	གྲོ	གྭ	གླ	གླི	གླཱི
F37	གླུ	གླེ	གློ	གྭ	ག	གི	གཱི	གུ	གེ	གོ	གྲ	གྲི	གྲཱི	གྲུ	གྲེ	གྲོ
F38	སྒ	སྒི	སྒཱི	སྒུ	སྒེ	སྒོ	སྒྲ	སྒྲི	སྒྲཱི	སྒྲུ	སྒྲེ	སྒྲོ	སྒྱ	སྒྱི	སྒྱཱི	སྒྱུ
F39	སྒྱེ	སྒྱོ	སྒྲ	སྒྲི	སྒྲཱི	སྒྲུ	སྒྲེ	སྒྲོ	ངྒ	ངྒི	ངྒཱི	ངྒུ	ངྒེ	ངྒོ	ང	ངི
F3A	ངཱི	ངུ	ངེ	ངོ	ཛ	ཛི	ཛཱི	ཛུ	ཛེ	ཛོ	ཛྲ	ཛྲི	ཛྲཱི	ཛྲུ	ཛྲེ	ཛྲོ
F3B	ཛྲ	ཛྲི	ཛྲཱི	ཛྲུ	ཛྲེ	ཛྲོ	ཅཱུ	ཅི	ཅཱི	ཅུ	ཅཱུ	ཅེ	ཅོ	ཅཾ	ཙྲ	ཙྲི
F3C	ཙྲཱི	ཙྲུ	ཙྲེ	ཙྲོ	ཙྲཱུ	ཅོ	ཅུ	ཅྭ	ཅྭོ	ཆཱུ	ཆི	ཆཱི	ཆེ	ཆུ	ཆེ	ཆོ
F3D	ཆོ	ཆཾ	ཆྲི	ཆྲཱི	ཆྲེ	ཆྲོ	ཆུ	ཆྲི	ཆྲོ	ཇཱ	ཇི	ཇཱི	ཇུ	ཇེ	ཇོ	ཇཾ
F3E	ཇ	ཇི	ཇཱི	ཇུ	ཇེ	ཇོ	ཇྲ	ཇྲི	ཇྲཱི	ཇྲུ	ཇྲེ	ཇྲོ	ཉཱ	ཉི	ཉཱི	ཉུ
F3F	ཉེ	ཉོ	ཉ	ཉྫ	ཉྫི	ཉྫེ	ཉྫུ	ཉྫོ	ཉྫོ	ཉྩ	ཉྩི	ཉྩཱི	ཉྩུ	ཉྩེ	ཉྩོ	ཉཱུ

表 2（续）

	0	1	2	3	4	5	6	7	8	9	A	B	C	D	E	F
F40	[illegible]	[illegible]	[illegible]	[illegible]	[illegible]	[illegible]	[illegible]	[illegible]	[illegible]	[illegible]	[illegible]	[illegible]	[illegible]	[illegible]	[illegible]	[illegible]
F41	[illegible]	[illegible]	[illegible]	[illegible]	[illegible]	[illegible]	[illegible]	[illegible]	[illegible]	[illegible]	[illegible]	[illegible]	[illegible]	[illegible]	[illegible]	[illegible]
F42	[illegible]	[illegible]	[illegible]	[illegible]	[illegible]	[illegible]	[illegible]	[illegible]	[illegible]	[illegible]	[illegible]	[illegible]	[illegible]	[illegible]	[illegible]	[illegible]
F43	[illegible]	[illegible]	[illegible]	[illegible]	[illegible]	[illegible]	[illegible]	[illegible]	[illegible]	[illegible]	[illegible]	[illegible]	[illegible]	[illegible]	[illegible]	[illegible]
F44	[illegible]	[illegible]	[illegible]	[illegible]	[illegible]	[illegible]	[illegible]	[illegible]	[illegible]	[illegible]	[illegible]	[illegible]	[illegible]	[illegible]	[illegible]	[illegible]
F45	[illegible]	[illegible]	[illegible]	[illegible]	[illegible]	[illegible]	[illegible]	[illegible]	[illegible]	[illegible]	[illegible]	[illegible]	[illegible]	[illegible]	[illegible]	[illegible]
F46	[illegible]	[illegible]	[illegible]	[illegible]	[illegible]	[illegible]	[illegible]	[illegible]	[illegible]	[illegible]	[illegible]	[illegible]	[illegible]	[illegible]	[illegible]	[illegible]
F47	[illegible]	[illegible]	[illegible]	[illegible]	[illegible]	[illegible]	[illegible]	[illegible]	[illegible]	[illegible]	[illegible]	[illegible]	[illegible]	[illegible]	[illegible]	[illegible]
F48	[illegible]	[illegible]	[illegible]	[illegible]	[illegible]	[illegible]	[illegible]	[illegible]	[illegible]	[illegible]	[illegible]	[illegible]	[illegible]	[illegible]	[illegible]	[illegible]
F49	[illegible]	[illegible]	[illegible]	[illegible]	[illegible]	[illegible]	[illegible]	[illegible]	[illegible]	[illegible]	[illegible]	[illegible]	[illegible]	[illegible]	[illegible]	[illegible]
F4A	[illegible]	[illegible]	[illegible]	[illegible]	[illegible]	[illegible]	[illegible]	[illegible]	[illegible]	[illegible]	[illegible]	[illegible]	[illegible]	[illegible]	[illegible]	[illegible]
F4B	[illegible]	[illegible]	[illegible]	[illegible]	[illegible]	[illegible]	[illegible]	[illegible]	[illegible]	[illegible]	[illegible]	[illegible]	[illegible]	[illegible]	[illegible]	[illegible]
F4C	[illegible]	[illegible]	[illegible]	[illegible]	[illegible]	[illegible]	[illegible]	[illegible]	[illegible]	[illegible]	[illegible]	[illegible]	[illegible]	[illegible]	[illegible]	[illegible]
F4D	[illegible]	[illegible]	[illegible]	[illegible]	[illegible]	[illegible]	[illegible]	[illegible]	[illegible]	[illegible]	[illegible]	[illegible]	[illegible]	[illegible]	[illegible]	[illegible]
F4E	[illegible]	[illegible]	[illegible]	[illegible]	[illegible]	[illegible]	[illegible]	[illegible]	[illegible]	[illegible]	[illegible]	[illegible]	[illegible]	[illegible]	[illegible]	[illegible]
F4F	[illegible]	[illegible]	[illegible]	[illegible]	[illegible]	[illegible]	[illegible]	[illegible]	[illegible]	[illegible]	[illegible]	[illegible]	[illegible]	[illegible]	[illegible]	[illegible]

表 2（续）

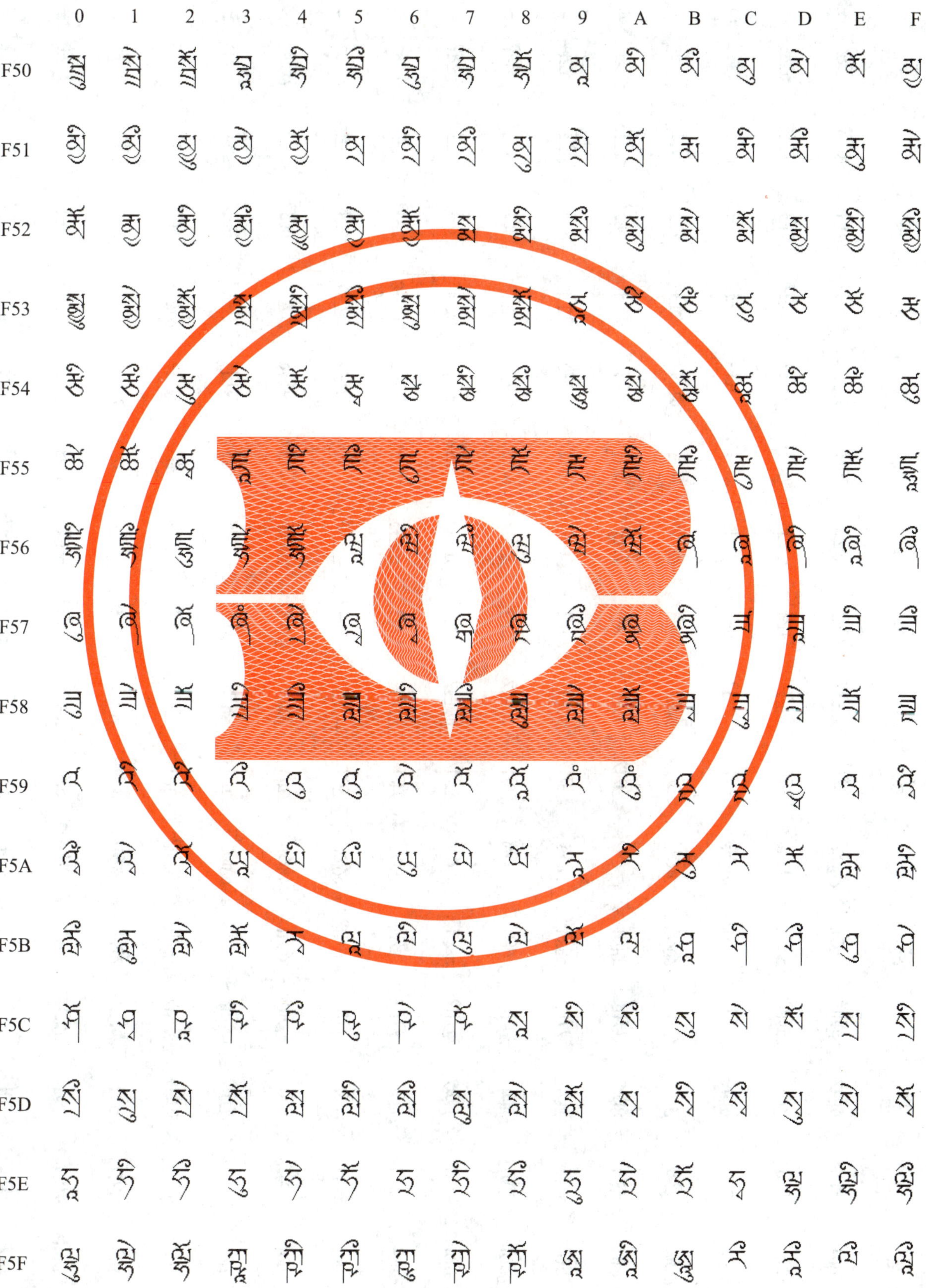

表 2（续）

	0	1	2	3	4	5	6	7	8	9	A	B	C	D	E	F
F60	[illegible]	[illegible]	[illegible]	[illegible]	[illegible]	[illegible]	[illegible]	[illegible]	[illegible]	[illegible]	[illegible]	[illegible]	[illegible]	[illegible]	[illegible]	[illegible]
F61	[illegible]	[illegible]	[illegible]	[illegible]	[illegible]	[illegible]	[illegible]	[illegible]	[illegible]	[illegible]	[illegible]	[illegible]	[illegible]	[illegible]	[illegible]	[illegible]
F62	[illegible]	[illegible]	[illegible]	[illegible]	[illegible]	[illegible]	[illegible]	[illegible]	[illegible]	[illegible]	[illegible]	[illegible]	[illegible]	[illegible]	[illegible]	[illegible]
F63	[illegible]	[illegible]	[illegible]	[illegible]	[illegible]	[illegible]	[illegible]	[illegible]	[illegible]	[illegible]	[illegible]	[illegible]	[illegible]	[illegible]	[illegible]	[illegible]
F64	[illegible]	[illegible]	[illegible]	[illegible]	[illegible]	[illegible]	[illegible]	[illegible]	[illegible]	[illegible]	[illegible]	[illegible]	[illegible]	[illegible]	[illegible]	[illegible]
F65	[illegible]	[illegible]	[illegible]	[illegible]	[illegible]	[illegible]	[illegible]	[illegible]	[illegible]	[illegible]	[illegible]	[illegible]	[illegible]	[illegible]	[illegible]	[illegible]
F66	[illegible]	[illegible]	[illegible]	[illegible]	[illegible]	[illegible]	[illegible]	[illegible]	[illegible]	[illegible]	[illegible]	[illegible]	[illegible]	[illegible]	[illegible]	[illegible]
F67	[illegible]	[illegible]	[illegible]	[illegible]	[illegible]	[illegible]	[illegible]	[illegible]	[illegible]	[illegible]	[illegible]	[illegible]	[illegible]	[illegible]	[illegible]	[illegible]
F68	[illegible]	[illegible]	[illegible]	[illegible]	[illegible]	[illegible]	[illegible]	[illegible]	[illegible]	[illegible]	[illegible]	[illegible]	[illegible]	[illegible]	[illegible]	[illegible]
F69	[illegible]	[illegible]	[illegible]	[illegible]	[illegible]	[illegible]	[illegible]	[illegible]	[illegible]	[illegible]	[illegible]	[illegible]	[illegible]	[illegible]	[illegible]	[illegible]
F6A	[illegible]	[illegible]	[illegible]	[illegible]	[illegible]	[illegible]	[illegible]	[illegible]	[illegible]	[illegible]	[illegible]	[illegible]	[illegible]	[illegible]	[illegible]	[illegible]
F6B	[illegible]	[illegible]	[illegible]	[illegible]	[illegible]	[illegible]	[illegible]	[illegible]	[illegible]	[illegible]	[illegible]	[illegible]	[illegible]	[illegible]	[illegible]	[illegible]
F6C	[illegible]	[illegible]	[illegible]	[illegible]	[illegible]	[illegible]	[illegible]	[illegible]	[illegible]	[illegible]	[illegible]	[illegible]	[illegible]	[illegible]	[illegible]	[illegible]
F6D	[illegible]	[illegible]	[illegible]	[illegible]	[illegible]	[illegible]	[illegible]	[illegible]	[illegible]	[illegible]	[illegible]	[illegible]	[illegible]	[illegible]	[illegible]	[illegible]
F6E	[illegible]	[illegible]	[illegible]	[illegible]	[illegible]	[illegible]	[illegible]	[illegible]	[illegible]	[illegible]	[illegible]	[illegible]	[illegible]	[illegible]	[illegible]	[illegible]
F6F	[illegible]	[illegible]	[illegible]	[illegible]	[illegible]	[illegible]	[illegible]	[illegible]	[illegible]	[illegible]	[illegible]	[illegible]	[illegible]	[illegible]	[illegible]	[illegible]

表 2（续）

	0	1	2	3	4	5	6	7	8	9	A	B	C	D	E	F
F70	[illegible]	[illegible]	[illegible]	[illegible]	[illegible]	[illegible]	[illegible]	[illegible]	[illegible]	[illegible]	[illegible]	[illegible]	[illegible]	[illegible]	[illegible]	[illegible]
F71	[illegible]	[illegible]	[illegible]	[illegible]	[illegible]	[illegible]	[illegible]	[illegible]	[illegible]	[illegible]	[illegible]	[illegible]	[illegible]	[illegible]	[illegible]	[illegible]
F72	[illegible]	[illegible]	[illegible]	[illegible]	[illegible]	[illegible]	[illegible]	[illegible]	[illegible]	[illegible]	[illegible]	[illegible]	[illegible]	[illegible]	[illegible]	[illegible]
F73	[illegible]	[illegible]	[illegible]	[illegible]	[illegible]	[illegible]	[illegible]	[illegible]	[illegible]	[illegible]	[illegible]	[illegible]	[illegible]	[illegible]	[illegible]	[illegible]
F74	[illegible]	[illegible]	[illegible]	[illegible]	[illegible]	[illegible]	[illegible]	[illegible]	[illegible]	[illegible]	[illegible]	[illegible]	[illegible]	[illegible]	[illegible]	[illegible]
F75	[illegible]	[illegible]	[illegible]	[illegible]	[illegible]	[illegible]	[illegible]	[illegible]	[illegible]	[illegible]	[illegible]	[illegible]	[illegible]	[illegible]	[illegible]	[illegible]
F76	[illegible]	[illegible]	[illegible]	[illegible]	[illegible]	[illegible]	[illegible]	[illegible]	[illegible]	[illegible]	[illegible]	[illegible]	[illegible]	[illegible]	[illegible]	[illegible]
F77	[illegible]	[illegible]	[illegible]	[illegible]	[illegible]	[illegible]	[illegible]	[illegible]	[illegible]	[illegible]	[illegible]	[illegible]	[illegible]	[illegible]	[illegible]	[illegible]
F78	[illegible]	[illegible]	[illegible]	[illegible]	[illegible]	[illegible]	[illegible]	[illegible]	[illegible]	[illegible]	[illegible]	[illegible]	[illegible]	[illegible]	[illegible]	[illegible]
F79	[illegible]	[illegible]	[illegible]	[illegible]	[illegible]	[illegible]	[illegible]	[illegible]	[illegible]	[illegible]	[illegible]	[illegible]	[illegible]	[illegible]	[illegible]	[illegible]
F7A	[illegible]	[illegible]	[illegible]	[illegible]	[illegible]	[illegible]	[illegible]	[illegible]	[illegible]	[illegible]	[illegible]	[illegible]	[illegible]	[illegible]	[illegible]	[illegible]
F7B	[illegible]	[illegible]	[illegible]	[illegible]	[illegible]	[illegible]	[illegible]	[illegible]	[illegible]	[illegible]	[illegible]	[illegible]	[illegible]	[illegible]	[illegible]	[illegible]
F7C	[illegible]	[illegible]	[illegible]	[illegible]	[illegible]	[illegible]	[illegible]	[illegible]	[illegible]	[illegible]	[illegible]	[illegible]	[illegible]	[illegible]	[illegible]	[illegible]
F7D	[illegible]	[illegible]	[illegible]	[illegible]	[illegible]	[illegible]	[illegible]	[illegible]	[illegible]	[illegible]	[illegible]	[illegible]	[illegible]	[illegible]	[illegible]	[illegible]
F7E	[illegible]	[illegible]	[illegible]	[illegible]	[illegible]	[illegible]	[illegible]	[illegible]	[illegible]	[illegible]	[illegible]	[illegible]	[illegible]	[illegible]	[illegible]	[illegible]
F7F	[illegible]	[illegible]	[illegible]	[illegible]	[illegible]	[illegible]	[illegible]	[illegible]	[illegible]	[illegible]	[illegible]	[illegible]	[illegible]	[illegible]	[illegible]	[illegible]

表 2（续）

	0	1	2	3	4	5	6	7	8	9	A	B	C	D	E	F
F80	[illegible]	[illegible]	[illegible]	[illegible]	[illegible]	[illegible]	[illegible]	[illegible]	[illegible]	[illegible]	[illegible]	[illegible]	[illegible]	[illegible]	[illegible]	[illegible]
F81	[illegible]	[illegible]	[illegible]	[illegible]	[illegible]	[illegible]	[illegible]	[illegible]	[illegible]	[illegible]	[illegible]	[illegible]	[illegible]	[illegible]	[illegible]	[illegible]
F82	[illegible]	[illegible]	[illegible]	[illegible]	[illegible]	[illegible]	[illegible]	[illegible]	[illegible]	[illegible]	[illegible]	[illegible]	[illegible]	[illegible]	[illegible]	[illegible]
F83	[illegible]	[illegible]	[illegible]	[illegible]	[illegible]	[illegible]	[illegible]	[illegible]	[illegible]	[illegible]	[illegible]	[illegible]	[illegible]	[illegible]	[illegible]	[illegible]
F84	[illegible]	[illegible]	[illegible]	[illegible]	[illegible]	[illegible]	[illegible]	[illegible]	[illegible]	[illegible]	[illegible]	[illegible]	[illegible]	[illegible]	[illegible]	[illegible]
F85	[illegible]	[illegible]	[illegible]	[illegible]	[illegible]	[illegible]	[illegible]	[illegible]	[illegible]	[illegible]	[illegible]	[illegible]	[illegible]	[illegible]	[illegible]	[illegible]
F86	[illegible]	[illegible]	[illegible]	[illegible]	[illegible]	[illegible]	[illegible]	[illegible]	[illegible]	[illegible]	[illegible]	[illegible]	[illegible]	[illegible]	[illegible]	[illegible]
F87	[illegible]	[illegible]	[illegible]	[illegible]	[illegible]	[illegible]	[illegible]	[illegible]	[illegible]	[illegible]	[illegible]	[illegible]	[illegible]	[illegible]	[illegible]	[illegible]
F88	[illegible]	[illegible]	[illegible]	[illegible]	[illegible]	[illegible]	[illegible]	[illegible]	[illegible]	[illegible]	[illegible]	[illegible]	[illegible]	[illegible]	[illegible]	[illegible]
F89	[illegible]	[illegible]	[illegible]	[illegible]	[illegible]	[illegible]	[illegible]	[illegible]	[illegible]	[illegible]	[illegible]	[illegible]	[illegible]	[illegible]	[illegible]	[illegible]
F8A	[illegible]	[illegible]	[illegible]	[illegible]	[illegible]	[illegible]	[illegible]	[illegible]	[illegible]	[illegible]	[illegible]	[illegible]	[illegible]	[illegible]	[illegible]	[illegible]
F8B	[illegible]	[illegible]	[illegible]	[illegible]	[illegible]	[illegible]	[illegible]	[illegible]	[illegible]	[illegible]	[illegible]	[illegible]	[illegible]	[illegible]	[illegible]	[illegible]
F8C	[illegible]	[illegible]	[illegible]	[illegible]	[illegible]	[illegible]	[illegible]	[illegible]	[illegible]	[illegible]	[illegible]	[illegible]	[illegible]	[illegible]	[illegible]	[illegible]
F8D	[illegible]	[illegible]	[illegible]	[illegible]	[illegible]	[illegible]	[illegible]	[illegible]	[illegible]	[illegible]	[illegible]	[illegible]	[illegible]	[illegible]	[illegible]	[illegible]
F8E	[illegible]	[illegible]	[illegible]	[illegible]	[illegible]	[illegible]	[illegible]	[illegible]	[illegible]	[illegible]	[illegible]	[illegible]	[illegible]	[illegible]	[illegible]	[illegible]
F8F	[illegible]	[illegible]	[illegible]	[illegible]	[illegible]	[illegible]	[illegible]	[illegible]	[illegible]	[illegible]	[illegible]	[illegible]	[illegible]	[illegible]	[illegible]	[illegible]

附 录 A
（资料性附录）
藏文甘丹白体

本标准规定的藏文甘丹（བཀའ་བསྟན།）白体参照德格木刻版、那塘木刻版《甘珠尔》《丹珠尔》等版本字体而创作，是众多不同风格的白体中独具特色的一种书体字型。

附 录 B
(规范性附录)
藏文 24×48 点阵字型数据

B.1 藏文 24×48 点阵字型数据的表示

本标准中,藏文的字型可由其点阵数据来表示。每个字型的点阵数据为 24×48(横行点数×纵列点数),共 1 152 个二进制位,144 个字节。

B.2 藏文 24×48 点阵字型数据的记录格式

藏文 24×48 点阵字型数据的 144 个字节排列次序是以 0 字节开始至 143 个字节结束,均用十六进制表示,每行 3 个字节,其记录格式见表 B.1。

表 B.1 24×48 点阵字型数据记录格式

<table>
<tr><th rowspan="2">行数</th><th colspan="24">列 数</th></tr>
<tr><th>0</th><th>1</th><th>2</th><th>3</th><th>4</th><th>5</th><th>6</th><th>7</th><th>8</th><th>9</th><th>10</th><th>11</th><th>12</th><th>13</th><th>14</th><th>15</th><th>16</th><th>17</th><th>18</th><th>19</th><th>20</th><th>21</th><th>22</th><th>23</th></tr>
<tr><td>0</td><td colspan="8">0 字节</td><td colspan="8">1 字节</td><td colspan="8">2 字节</td></tr>
<tr><td>1
⋮
⋮
⋮
46</td><td colspan="8">3 字节
…
…
…
…</td><td colspan="8">4 字节
…
…
…
…</td><td colspan="8">5 字节
…
…
…
…</td></tr>
<tr><td>47</td><td colspan="8">141 字节</td><td colspan="8">142 字节</td><td colspan="8">143 字节</td></tr>
</table>

B.3 藏文 24×48 点阵字型数据示例

藏文 24×48 点阵字型的数据示例见表 B.2。

表 B.2 藏文点阵字型数据示例

ཕ 0F55	F337	F432
00 00 00 00 00 00 00 00 00 00 00 00 00 00 00 00 00 00 00 00 00	00 00 00 03 E0 00 0F F8 00 0C 1E 00 18 07 00 18 81 80 19 80 40	00 00 00 00 00 00 00 00 00 00 00 00 00 00 00 00 00 00 00 00 00

表 B.2（续）

0F55	F337	F432
00 00 00	0F 80 20	00 00 00
00 00 00	07 00 10	00 00 00
00 00 00	00 00 08	00 00 00
00 00 00	00 00 00	00 00 00
0F F8 38	0F FF 1C	07 FC 1C
1F F0 70	1F FE 38	0F F8 38
03 00 70	01 E0 18	18 18 18
06 00 B0	02 70 18	18 08 18
04 03 10	04 38 08	30 08 08
0C 06 10	08 0C 08	30 10 08
08 0C 10	10 06 08	30 7C 08
10 18 10	1E 03 08	38 FF 08
3F 30 10	1F 80 88	18 03 88
3F F0 10	00 C0 48	10 00 C8
00 F8 10	00 20 28	00 00 28
00 1E 10	00 00 18	00 00 18
00 07 10	00 00 08	00 00 08
00 01 90	07 FF FC	01 FF F8
00 00 50	0F FF F8	03 FF F0
00 00 30	01 1C 38	01 80 00
00 00 10	03 0C 18	01 80 00
00 00 00	07 0C 18	00 80 00
00 00 00	0E 04 08	00 C7 80
00 00 00	1C 04 08	00 4F E0
00 00 00	18 04 08	00 58 60
00 00 00	08 04 08	00 60 30
00 00 00	00 04 08	20 20 30
00 00 00	00 00 10	10 20 30
00 00 00	00 00 10	08 00 20
00 00 00	07 80 24	04 00 40
00 00 00	08 60 C4	02 00 E0
00 00 00	04 1F 08	01 81 F0
00 00 00	02 00 08	00 C1 18
00 00 00	01 80 10	00 60 08
00 00 00	00 C0 30	00 30 08
00 00 00	00 70 E0	00 1C 18
00 00 00	00 3F C0	00 0F F0
00 00 00	00 0F 00	00 03 E0
00 00 00	00 00 00	00 00 00
00 00 00	00 00 00	00 00 00
00 00 00	00 00 00	00 00 00

ICS 35.040
L 71

中华人民共和国国家标准

GB 29276—2012

信息技术　藏文编码字符集（基本集及扩充集 A）24×48点阵字型　甘丹黑体

Information technology—Tibetan ideogram coded character set (basic set & extension set A)—24×48 dot matrix font—Bkav bstan bold

2012-12-31 发布　　2013-12-01 实施

中华人民共和国国家质量监督检验检疫总局
中国国家标准化管理委员会　发布

前言

本标准的全部技术内容为强制性。

本标准按照 GB/T 1.1—2009 给出的规则起草。

本标准由全国信息技术标准化技术委员会(SAC/TC 28)提出并归口。

本标准起草单位:中国电子技术标准化研究所、潍坊北大青鸟华光照排有限公司、中国藏学研究中心、西藏自治区藏语文工作委员会办公室。

本标准起草人:代红、徐志强、聪博、熊涛、殷建民、周华、陈壮、吕建春、贡保达吉、邓丽丽、赵蕊、杜晓红。

引　　言

本标准根据GB 16959—1997《信息技术　信息交换用藏文编码字符集　基本集》和GB/T 20542—2006《信息技术　藏文编码字符集　扩充集A》所规定的藏文及部分梵音转写藏文字符，以我国藏语地区规范的字型为基础，设计和规定了信息系统用藏文24×48点阵甘丹黑体(参见附录A)字型。

有关字型数据的授权转让使用事宜，字型标准数据的维护、更新及修订工作，统一由归口单位负责。

地　　址：北京市东城区安定门东大街1号(北京市1101信箱)

邮　　编：100007

电　　话：64007689　84029173

传　　真：64007681

E-mail：daihong@cesi.ac.cn

信息技术　藏文编码字符集（基本集及扩充集 A）24×48 点阵字型　甘丹黑体

1　范围

本标准规定了 GB 16959—1997 和 GB/T 20542—2006 中藏文图形字符的 24×48 点阵甘丹黑体字型。

本标准主要适用于藏文信息处理系统中的显示设备、点阵式输出设备，也可用于其他相关设备。

2　规范性引用文件

下列文件对于本文件的应用是必不可少的。凡是注日期的引用文件，仅注日期的版本适用于本文件。凡是不注日期的引用文件，其最新版本（包括所有的修改单）适用于本文件。

GB 16959—1997　信息技术　信息交换用藏文编码字符集　基本集

GB/T 20542—2006　信息技术　藏文编码字符集　扩充集 A

3　术语和定义

下列术语和定义适用于本文件。

3.1

字形　glyph

一个可辨认的抽象图形符号，它不依赖于任何特定的设计。

3.2

字型　font

具有同一基本设计的字形图像的集合，如：甘丹黑体。

3.3

点阵字型　dot matrix font

以点的集合来表现图形字符的型（形）。

3.4

字序　character order

图形字符在集合中按一定规则排列的次序。

4　标准数据的管理

为加强对电子信息技术产品使用藏文字型标准数据的管理，保证本标准在实施中数据的正确性和一致性，有关字型数据的授权转让使用事宜，字型标准数据的维护、更新及修订工作，统一由归口单位负责。

5 点阵字型的表示方法

5.1 栅格

栅格由若干条等距离的垂直线与水平线相交而形成。

本标准规定的是 24×48 点阵字型，其栅格是横向 24 格，纵向 48 格。每个方格的中心定为点的中心位置。

栅格仅对构成点阵的各点进行定位，栅格图如图 1 所示。

图 1 24×48 点阵栅格图

5.2 点

点是构成点阵字型的最小单位，它是位于各方格内的黑色区域。

5.3 点阵字样

藏文点阵字型的字样，由位于栅格内的若干个点的集合来表示。藏文“ཀ” 的 24×48 点阵字型如图 2 所示。

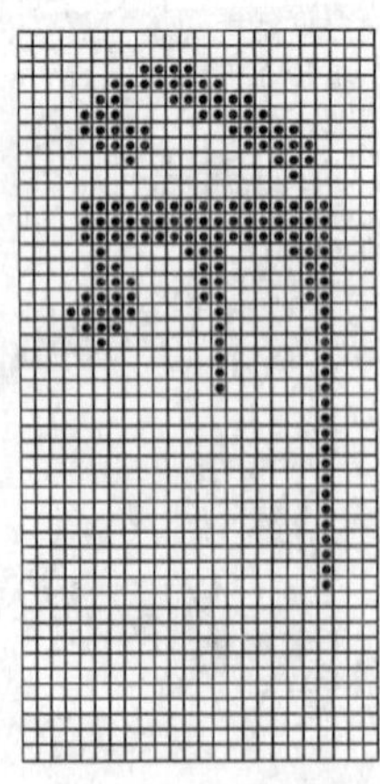

图 2 24×48 点阵藏文“ཀ”的字型

6 藏文点阵字型

6.1 字符数

本标准提供了 GB 16959—1997 和 GB/T 20542—2006 规定的 1 729 个藏文图形字符的 24×48 点阵甘丹黑体字型，其中包括 GB 16959—1997 中的 193 个和 GB/T 20542—2006 中的 1 536 个。

6.2 字序

本标准提供的 1 729 个藏文图形字符的 24×48 点阵甘丹黑体字型按照 GB 16959—1997 和 GB/T 20542—2006 规定的字符字序排列。

6.3 藏文字型数据

藏文 24×48 点阵字型数据的表示，见附录 B。

6.4 藏文点阵字型表

本标准提供的 1 729 个藏文图形字符的 24×48 点阵甘丹黑体字型见表 1 和表 2。

表 1　藏文字型表(基本集)

	0	1	2	3	4	5	6	7	8	9	A	B	C	D	E	F
0F0	ༀ	༁	༂	༃	༄	༅	༆	༇	༈	༉	༊	་	༌	།	༎	༏
0F1	༐	༑	༒	༓	༔	༕	༖	༗	༘	༙	༚	༛	༜	༝	༞	༟
0F2	༠	༡	༢	༣	༤	༥	༦	༧	༨	༩	༪	༫	༬	༭	༮	༯
0F3	༰	༱	༲	༳	༴	༵	༶	༷	༸	༹	༺	༻	༼	༽	༾	༿
0F4	ཀ	ཁ	ག	གྷ	ང	ཅ	ཆ	ཇ		ཉ	ཊ	ཋ	ཌ	ཌྷ	ཎ	ཏ
0F5	ཐ	ད	དྷ	ན	པ	ཕ	བ	བྷ	མ	ཙ	ཚ	ཛ	ཛྷ	ཝ	ཞ	ཟ
0F6	འ	ཡ	ར	ལ	ཤ	ཥ	ས	ཧ	ཨ	ཀྵ	ཪ					
0F7		ཱ	ི	ཱི	ུ	ཱུ	ྲྀ	ཷ	ླྀ	ཹ	ེ	ཻ	ོ	ཽ	ཾ	ཿ
0F8	ྀ	ཱྀ	ྂ	ྃ	྄	྅	྆	྇	ྈ	ྉ	ྊ	ྋ				
0F9	ྐ	ྑ	ྒ	ྒྷ	ྔ	ྕ	ྖ	ྗ		ྙ	ྚ	ྛ	ྜ	ྜྷ	ྞ	ྟ
0FA	ྠ	ྡ	ྡྷ	ྣ	ྤ	ྥ	ྦ	ྦྷ	ྨ	ྩ	ྪ	ྫ	ྫྷ	ྭ	ྮ	ྯ
0FB	ྰ	ྱ	ྲ	ླ	ྴ	ྵ	ྶ	ྷ	ྸ	ྐྵ	ྺ	ྻ	ྼ		྾	྿
0FC	࿀	࿁	࿂	࿃	࿄	࿅	࿆	࿇	࿈	࿉	࿊	࿋	࿌			࿏
0FD																
0FE																
0FF																

表 2 藏文字型表(扩充集 A)

	0	1	2	3	4	5	6	7	8	9	A	B	C	D	E	F
F30																
F31																
F32																
F33																
F34																
F35																
F36																
F37																
F38																
F39																
F3A																
F3B																
F3C																
F3D																
F3E																
F3F																

表 2（续）

	0	1	2	3	4	5	6	7	8	9	A	B	C	D	E	F
F40	[illegible]	[illegible]	[illegible]	[illegible]	[illegible]	[illegible]	[illegible]	[illegible]	[illegible]	[illegible]	[illegible]	[illegible]	[illegible]	[illegible]	[illegible]	[illegible]
F41	[illegible]	[illegible]	[illegible]	[illegible]	[illegible]	[illegible]	[illegible]	[illegible]	[illegible]	[illegible]	[illegible]	[illegible]	[illegible]	[illegible]	[illegible]	[illegible]
F42	[illegible]	[illegible]	[illegible]	[illegible]	[illegible]	[illegible]	[illegible]	[illegible]	[illegible]	[illegible]	[illegible]	[illegible]	[illegible]	[illegible]	[illegible]	[illegible]
F43	[illegible]	[illegible]	[illegible]	[illegible]	[illegible]	[illegible]	[illegible]	[illegible]	[illegible]	[illegible]	[illegible]	[illegible]	[illegible]	[illegible]	[illegible]	[illegible]
F44	[illegible]	[illegible]	[illegible]	[illegible]	[illegible]	[illegible]	[illegible]	[illegible]	[illegible]	[illegible]	[illegible]	[illegible]	[illegible]	[illegible]	[illegible]	[illegible]
F45	[illegible]	[illegible]	[illegible]	[illegible]	[illegible]	[illegible]	[illegible]	[illegible]	[illegible]	[illegible]	[illegible]	[illegible]	[illegible]	[illegible]	[illegible]	[illegible]
F46	[illegible]	[illegible]	[illegible]	[illegible]	[illegible]	[illegible]	[illegible]	[illegible]	[illegible]	[illegible]	[illegible]	[illegible]	[illegible]	[illegible]	[illegible]	[illegible]
F47	[illegible]	[illegible]	[illegible]	[illegible]	[illegible]	[illegible]	[illegible]	[illegible]	[illegible]	[illegible]	[illegible]	[illegible]	[illegible]	[illegible]	[illegible]	[illegible]
F48	[illegible]	[illegible]	[illegible]	[illegible]	[illegible]	[illegible]	[illegible]	[illegible]	[illegible]	[illegible]	[illegible]	[illegible]	[illegible]	[illegible]	[illegible]	[illegible]
F49	[illegible]	[illegible]	[illegible]	[illegible]	[illegible]	[illegible]	[illegible]	[illegible]	[illegible]	[illegible]	[illegible]	[illegible]	[illegible]	[illegible]	[illegible]	[illegible]
F4A	[illegible]	[illegible]	[illegible]	[illegible]	[illegible]	[illegible]	[illegible]	[illegible]	[illegible]	[illegible]	[illegible]	[illegible]	[illegible]	[illegible]	[illegible]	[illegible]
F4B	[illegible]	[illegible]	[illegible]	[illegible]	[illegible]	[illegible]	[illegible]	[illegible]	[illegible]	[illegible]	[illegible]	[illegible]	[illegible]	[illegible]	[illegible]	[illegible]
F4C	[illegible]	[illegible]	[illegible]	[illegible]	[illegible]	[illegible]	[illegible]	[illegible]	[illegible]	[illegible]	[illegible]	[illegible]	[illegible]	[illegible]	[illegible]	[illegible]
F4D	[illegible]	[illegible]	[illegible]	[illegible]	[illegible]	[illegible]	[illegible]	[illegible]	[illegible]	[illegible]	[illegible]	[illegible]	[illegible]	[illegible]	[illegible]	[illegible]
F4E	[illegible]	[illegible]	[illegible]	[illegible]	[illegible]	[illegible]	[illegible]	[illegible]	[illegible]	[illegible]	[illegible]	[illegible]	[illegible]	[illegible]	[illegible]	[illegible]
F4F	[illegible]	[illegible]	[illegible]	[illegible]	[illegible]	[illegible]	[illegible]	[illegible]	[illegible]	[illegible]	[illegible]	[illegible]	[illegible]	[illegible]	[illegible]	[illegible]

表 2（续）

	0	1	2	3	4	5	6	7	8	9	A	B	C	D	E	F
F50	[illegible]	[illegible]	[illegible]	[illegible]	[illegible]	[illegible]	[illegible]	[illegible]	[illegible]	[illegible]	[illegible]	[illegible]	[illegible]	[illegible]	[illegible]	[illegible]
F51	[illegible]	[illegible]	[illegible]	[illegible]	[illegible]	[illegible]	[illegible]	[illegible]	[illegible]	[illegible]	[illegible]	[illegible]	[illegible]	[illegible]	[illegible]	[illegible]
F52	[illegible]	[illegible]	[illegible]	[illegible]	[illegible]	[illegible]	[illegible]	[illegible]	[illegible]	[illegible]	[illegible]	[illegible]	[illegible]	[illegible]	[illegible]	[illegible]
F53	[illegible]	[illegible]	[illegible]	[illegible]	[illegible]	[illegible]	[illegible]	[illegible]	[illegible]	[illegible]	[illegible]	[illegible]	[illegible]	[illegible]	[illegible]	[illegible]
F54	[illegible]	[illegible]	[illegible]	[illegible]	[illegible]	[illegible]	[illegible]	[illegible]	[illegible]	[illegible]	[illegible]	[illegible]	[illegible]	[illegible]	[illegible]	[illegible]
F55	[illegible]	[illegible]	[illegible]	[illegible]	[illegible]	[illegible]	[illegible]	[illegible]	[illegible]	[illegible]	[illegible]	[illegible]	[illegible]	[illegible]	[illegible]	[illegible]
F56	[illegible]	[illegible]	[illegible]	[illegible]	[illegible]	[illegible]	[illegible]	[illegible]	[illegible]	[illegible]	[illegible]	[illegible]	[illegible]	[illegible]	[illegible]	[illegible]
F57	[illegible]	[illegible]	[illegible]	[illegible]	[illegible]	[illegible]	[illegible]	[illegible]	[illegible]	[illegible]	[illegible]	[illegible]	[illegible]	[illegible]	[illegible]	[illegible]
F58	[illegible]	[illegible]	[illegible]	[illegible]	[illegible]	[illegible]	[illegible]	[illegible]	[illegible]	[illegible]	[illegible]	[illegible]	[illegible]	[illegible]	[illegible]	[illegible]
F59	[illegible]	[illegible]	[illegible]	[illegible]	[illegible]	[illegible]	[illegible]	[illegible]	[illegible]	[illegible]	[illegible]	[illegible]	[illegible]	[illegible]	[illegible]	[illegible]
F5A	[illegible]	[illegible]	[illegible]	[illegible]	[illegible]	[illegible]	[illegible]	[illegible]	[illegible]	[illegible]	[illegible]	[illegible]	[illegible]	[illegible]	[illegible]	[illegible]
F5B	[illegible]	[illegible]	[illegible]	[illegible]	[illegible]	[illegible]	[illegible]	[illegible]	[illegible]	[illegible]	[illegible]	[illegible]	[illegible]	[illegible]	[illegible]	[illegible]
F5C	[illegible]	[illegible]	[illegible]	[illegible]	[illegible]	[illegible]	[illegible]	[illegible]	[illegible]	[illegible]	[illegible]	[illegible]	[illegible]	[illegible]	[illegible]	[illegible]
F5D	[illegible]	[illegible]	[illegible]	[illegible]	[illegible]	[illegible]	[illegible]	[illegible]	[illegible]	[illegible]	[illegible]	[illegible]	[illegible]	[illegible]	[illegible]	[illegible]
F5E	[illegible]	[illegible]	[illegible]	[illegible]	[illegible]	[illegible]	[illegible]	[illegible]	[illegible]	[illegible]	[illegible]	[illegible]	[illegible]	[illegible]	[illegible]	[illegible]
F5F	[illegible]	[illegible]	[illegible]	[illegible]	[illegible]	[illegible]	[illegible]	[illegible]	[illegible]	[illegible]	[illegible]	[illegible]	[illegible]	[illegible]	[illegible]	[illegible]

表 2（续）

	0	1	2	3	4	5	6	7	8	9	A	B	C	D	E	F
F60																
F61																
F62																
F63																
F64																
F65																
F66																
F67																
F68																
F69																
F6A																
F6B																
F6C																
F6D																
F6E																
F6F																

表 2（续）

	0	1	2	3	4	5	6	7	8	9	A	B	C	D	E	F
F70																
F71																
F72																
F73																
F74																
F75																
F76																
F77																
F78																
F79																
F7A																
F7B																
F7C																
F7D																
F7E																
F7F																

表 2（续）

	0	1	2	3	4	5	6	7	8	9	A	B	C	D	E	F
F80	[illegible]	[illegible]	[illegible]	[illegible]	[illegible]	[illegible]	[illegible]	[illegible]	[illegible]	[illegible]	[illegible]	[illegible]	[illegible]	[illegible]	[illegible]	[illegible]
F81	[illegible]	[illegible]	[illegible]	[illegible]	[illegible]	[illegible]	[illegible]	[illegible]	[illegible]	[illegible]	[illegible]	[illegible]	[illegible]	[illegible]	[illegible]	[illegible]
F82	[illegible]	[illegible]	[illegible]	[illegible]	[illegible]	[illegible]	[illegible]	[illegible]	[illegible]	[illegible]	[illegible]	[illegible]	[illegible]	[illegible]	[illegible]	[illegible]
F83	[illegible]	[illegible]	[illegible]	[illegible]	[illegible]	[illegible]	[illegible]	[illegible]	[illegible]	[illegible]	[illegible]	[illegible]	[illegible]	[illegible]	[illegible]	[illegible]
F84	[illegible]	[illegible]	[illegible]	[illegible]	[illegible]	[illegible]	[illegible]	[illegible]	[illegible]	[illegible]	[illegible]	[illegible]	[illegible]	[illegible]	[illegible]	[illegible]
F85	[illegible]	[illegible]	[illegible]	[illegible]	[illegible]	[illegible]	[illegible]	[illegible]	[illegible]	[illegible]	[illegible]	[illegible]	[illegible]	[illegible]	[illegible]	[illegible]
F86	[illegible]	[illegible]	[illegible]	[illegible]	[illegible]	[illegible]	[illegible]	[illegible]	[illegible]	[illegible]	[illegible]	[illegible]	[illegible]	[illegible]	[illegible]	[illegible]
F87	[illegible]	[illegible]	[illegible]	[illegible]	[illegible]	[illegible]	[illegible]	[illegible]	[illegible]	[illegible]	[illegible]	[illegible]	[illegible]	[illegible]	[illegible]	[illegible]
F88	[illegible]	[illegible]	[illegible]	[illegible]	[illegible]	[illegible]	[illegible]	[illegible]	[illegible]	[illegible]	[illegible]	[illegible]	[illegible]	[illegible]	[illegible]	[illegible]
F89	[illegible]	[illegible]	[illegible]	[illegible]	[illegible]	[illegible]	[illegible]	[illegible]	[illegible]	[illegible]	[illegible]	[illegible]	[illegible]	[illegible]	[illegible]	[illegible]
F8A	[illegible]	[illegible]	[illegible]	[illegible]	[illegible]	[illegible]	[illegible]	[illegible]	[illegible]	[illegible]	[illegible]	[illegible]	[illegible]	[illegible]	[illegible]	[illegible]
F8B	[illegible]	[illegible]	[illegible]	[illegible]	[illegible]	[illegible]	[illegible]	[illegible]	[illegible]	[illegible]	[illegible]	[illegible]	[illegible]	[illegible]	[illegible]	[illegible]
F8C	[illegible]	[illegible]	[illegible]	[illegible]	[illegible]	[illegible]	[illegible]	[illegible]	[illegible]	[illegible]	[illegible]	[illegible]	[illegible]	[illegible]	[illegible]	[illegible]
F8D	[illegible]	[illegible]	[illegible]	[illegible]	[illegible]	[illegible]	[illegible]	[illegible]	[illegible]	[illegible]	[illegible]	[illegible]	[illegible]	[illegible]	[illegible]	[illegible]
F8E	[illegible]	[illegible]	[illegible]	[illegible]	[illegible]	[illegible]	[illegible]	[illegible]	[illegible]	[illegible]	[illegible]	[illegible]	[illegible]	[illegible]	[illegible]	[illegible]
F8F	[illegible]	[illegible]	[illegible]	[illegible]	[illegible]	[illegible]	[illegible]	[illegible]	[illegible]	[illegible]	[illegible]	[illegible]	[illegible]	[illegible]	[illegible]	[illegible]

附 录 A
（资料性附录）
藏文甘丹黑体

本标准规定的藏文甘丹(དགའ་ལྡན།)黑体参照德格木刻版、那塘木刻版《甘珠尔》《丹珠尔》等版本字体而创作，是众多不同风格的黑体中独具特色的一种书体字型。

附 录 B
（规范性附录）
藏文 24×48 点阵字型数据

B.1 藏文 24×48 点阵字型数据的表示

本标准中，藏文的字型可由其点阵数据来表示。每个字型的点阵数据为 24×48（横行点数×纵列点数），共 1 152 个二进制位，144 个字节。

B.2 藏文 24×48 点阵字型数据的记录格式

藏文 24×48 点阵字型数据的 144 个字节排列次序是以 0 字节开始至 143 个字节结束，均用十六进制表示，每行 3 个字节，其记录格式见表 B.1。

表 B.1 24×48 点阵字型数据记录格式

<table>
<tr><th rowspan="2">行数</th><th colspan="24">列 数</th></tr>
<tr><th>0</th><th>1</th><th>2</th><th>3</th><th>4</th><th>5</th><th>6</th><th>7</th><th>8</th><th>9</th><th>10</th><th>11</th><th>12</th><th>13</th><th>14</th><th>15</th><th>16</th><th>17</th><th>18</th><th>19</th><th>20</th><th>21</th><th>22</th><th>23</th></tr>
<tr><td>0</td><td colspan="8">0 字节</td><td colspan="8">1 字节</td><td colspan="8">2 字节</td></tr>
<tr><td>1
⋮
⋮
⋮
46</td><td colspan="8">3 字节
…
…
…
…</td><td colspan="8">4 字节
…
…
…
…</td><td colspan="8">5 字节
…
…
…
…</td></tr>
<tr><td>47</td><td colspan="8">141 字节</td><td colspan="8">142 字节</td><td colspan="8">143 字节</td></tr>
</table>

B.3 藏文 24×48 点阵字型数据示例

藏文 24×48 点阵字型的数据示例见表 B.2。

表 B.2 藏文点阵字型数据示例

0F55	 F337	 F432
00 00 00 00 00 00 00 00 00 00 00 00 00 00 00 00 00 00 00 00 00	00 00 00 00 00 00 00 F0 00 03 FC 00 06 3F 00 0E 0F 80 0F 83 E0	00 00 00 00 00 00 00 00 00 00 00 00 00 00 00 00 00 00 00 00 00

表 B.2（续）

0F55	 F337	 F432
00 00 00	07 81 F0	00 00 00
00 00 00	01 00 70	00 00 00
00 00 00	00 00 20	00 00 00
00 00 00	00 00 00	00 00 00
07 FC 78	0F FE 38	07 FC 38
07 FC 78	0F FE 38	07 FC 38
07 FC 78	0F FE 38	07 FC 38
0C 00 F8	04 1C 18	0C 0C 18
18 01 98	0C 3E 18	18 0C 18
10 03 18	08 0F 88	18 04 08
18 06 08	1F 03 C8	1C 3F 88
0C 0C 08	1F C0 E8	1E 3F E8
1F F8 08	1F E0 78	0E 3F F8
1F FF 08	00 30 38	04 00 78
1F FF C8	00 00 18	00 00 08
00 07 E8	00 00 08	00 FF F8
00 00 F8	07 FF F8	00 FF F8
00 00 38	07 FF F8	01 FF F8
00 00 18	07 FF F8	01 00 00
00 00 08	02 1C 38	01 00 00
00 00 00	03 0C 18	00 87 C0
00 00 00	07 0C 18	00 9F F0
00 00 00	0F 04 08	00 B8 78
00 00 00	06 04 08	00 60 38
00 00 00	00 04 08	00 40 38
00 00 00	00 00 10	00 40 30
00 00 00	00 00 10	04 00 30
00 00 00	01 F0 64	0E 00 60
00 00 00	07 FF C4	0F 00 F0
00 00 00	0E 0F 08	07 C0 F8
00 00 00	0F 00 18	03 E0 78
00 00 00	07 C0 70	00 F8 18
00 00 00	01 FF F0	00 7E 30
00 00 00	00 7F E0	00 1F E0
00 00 00	00 0F 80	00 07 C0
00 00 00	00 00 00	00 00 00
00 00 00	00 00 00	00 00 00
00 00 00	00 00 00	00 00 00
00 00 00	00 00 00	00 00 00
00 00 00	00 00 00	00 00 00
00 00 00	00 00 00	00 00 00

ICS 35.040
L 71

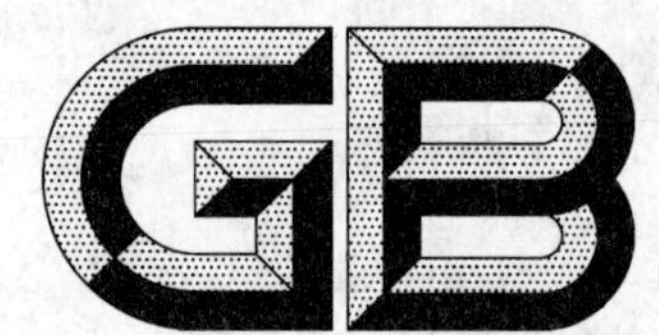

中华人民共和国国家标准

GB 29277—2012

信息技术 藏文编码字符集(扩充集B) 16×32点阵字型 甘丹白体

Information technology—Tibetan ideogram coded character set (extension set B)—16×32 dot matrix font—Bkav bstan lean

2012-12-31 发布 2013-12-01 实施

中华人民共和国国家质量监督检验检疫总局
中国国家标准化管理委员会 发布

前　言

本标准的全部技术内容为强制性。

本标准按照GB/T 1.1—2009给出的规则起草。

本标准由全国信息技术标准化技术委员会(SAC/TC 28)提出并归口。

本标准起草单位:中国电子技术标准化研究所、潍坊北大青鸟华光照排有限公司、中国藏学研究中心、西藏自治区藏语文工作委员会办公室。

本标准起草人:陈壮、殷建民、高林、聪博、代红、吕建春、周华、熊涛、徐志强、贡保达吉、吕晓红、宋英铭。

引　言

本标准根据GB/T 22238—2008《信息技术　藏文编码字符集　扩充集B》所规定的藏文及部分梵音转写藏文字符，以我国藏语地区规范的字型为基础，设计和规定了信息系统用藏文16×32点阵甘丹白体(参见附录A)字型。

有关字型数据的授权转让使用事宜，字型标准数据的维护、更新及修订工作，统一由归口单位负责。

地　址：北京市东城区安定门东大街1号(北京市1101信箱)

邮　编：100007

电　话：64007689　84029173

传　真：64007681

E-mail：daihong@cesi.ac.cn

信息技术　藏文编码字符集(扩充集B) 16×32点阵字型　甘丹白体

1　范围

本标准规定了GB/T 22238—2008中藏文图形字符的16×32点阵甘丹白体字型。

本标准主要适用于藏文信息处理系统中的显示设备、点阵式输出设备,也可用于其他相关设备。

2　规范性引用文件

下列文件对于本文件的应用是必不可少的。凡是注日期的引用文件,仅注日期的版本适用于本文件。凡是不注日期的引用文件,其最新版本(包括所有的修改单)适用于本文件。

GB/T 22238—2008　信息技术　藏文编码字符集　扩充集B

3　术语和定义

下列术语和定义适用于本文件。

3.1

字形　glyph

一个可辨认的抽象图形符号,它不依赖于任何特定的设计。

3.2

字型　font

具有同一基本设计的字形图像的集合,如:甘丹白体。

3.3

点阵字型　dot matrix font

以点的集合来表现图形字符的型(形)。

3.4

字序　character order

图形字符在集合中按一定规则排列的次序。

4　标准数据的管理

为加强对电子信息技术产品使用藏文字型标准数据的管理,保证本标准在实施中数据的正确性和一致性,有关字型数据的授权转让使用事宜,字型标准数据的维护、更新及修订工作,统一由归口单位负责。

5　点阵字型的表示方法

5.1　栅格

栅格由若干条等距离的垂直线与水平线相交而形成。

本标准规定的是16×32点阵字型，其栅格是横向16格，纵向32格。每个方格的中心定为点的中心位置。

栅格仅对构成点阵的各点进行定位，栅格图如图1所示。

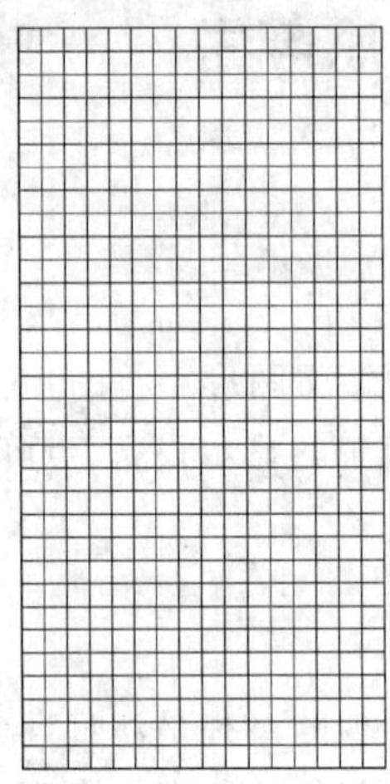

图1　16×32点阵栅格图

5.2　点

点是构成点阵字型的最小单位，它是位于各方格内的黑色区域。

5.3　点阵字样

藏文点阵字型的字样，由位于栅格内的若干个点的集合来表示。藏文“ཨཱུྃ”的16×32点阵字型如图2所示。

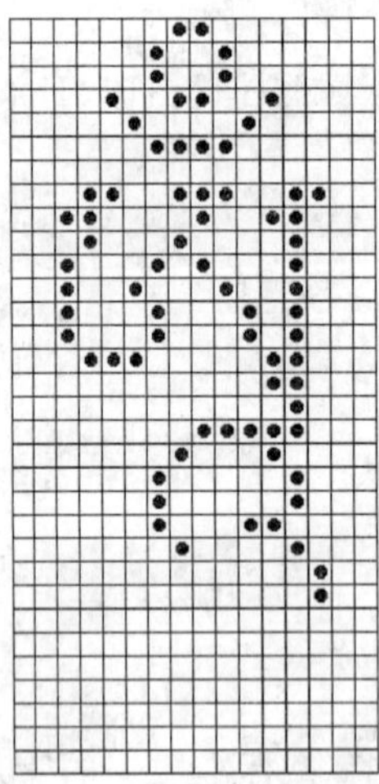

图2　16×32点阵藏文“ཨཱུྃ”的字型

6　藏文点阵字型

6.1　字符数

本标准提供了GB/T 22238—2008规定的5 701个藏文图形字符的16×32点阵甘丹白体字型。

6.2 字序

本标准提供的5 701个藏文图形字符的16×32点阵甘丹白体字型按照GB/T 22238—2008规定的字符字序排列。

6.3 藏文字型数据

藏文16×32点阵字型数据的表示，见附录B。

6.4 藏文点阵字型表

本标准提供的GB/T 22238—2008规定的5 701个藏文16×32点阵甘丹白体字型见表1。

表 1　藏文字型表(扩充集 B)

	0	1	2	3	4	5	6	7	8	9	A	B	C	D	E	F
F000	[illegible]	[illegible]	[illegible]	[illegible]	[illegible]	[illegible]	[illegible]	[illegible]	[illegible]	[illegible]	[illegible]	[illegible]	[illegible]	[illegible]	[illegible]	[illegible]
F001	[illegible]	[illegible]	[illegible]	[illegible]	[illegible]	[illegible]	[illegible]	[illegible]	[illegible]	[illegible]	[illegible]	[illegible]	[illegible]	[illegible]	[illegible]	[illegible]
F002	[illegible]	[illegible]	[illegible]	[illegible]	[illegible]	[illegible]	[illegible]	[illegible]	[illegible]	[illegible]	[illegible]	[illegible]	[illegible]	[illegible]	[illegible]	[illegible]
F003	[illegible]	[illegible]	[illegible]	[illegible]	[illegible]	[illegible]	[illegible]	[illegible]	[illegible]	[illegible]	[illegible]	[illegible]	[illegible]	[illegible]	[illegible]	[illegible]
F004	[illegible]	[illegible]	[illegible]	[illegible]	[illegible]	[illegible]	[illegible]	[illegible]	[illegible]	[illegible]	[illegible]	[illegible]	[illegible]	[illegible]	[illegible]	[illegible]
F005	[illegible]	[illegible]	[illegible]	[illegible]	[illegible]	[illegible]	[illegible]	[illegible]	[illegible]	[illegible]	[illegible]	[illegible]	[illegible]	[illegible]	[illegible]	[illegible]
F006	[illegible]	[illegible]	[illegible]	[illegible]	[illegible]	[illegible]	[illegible]	[illegible]	[illegible]	[illegible]	[illegible]	[illegible]	[illegible]	[illegible]	[illegible]	[illegible]
F007	[illegible]	[illegible]	[illegible]	[illegible]	[illegible]	[illegible]	[illegible]	[illegible]	[illegible]	[illegible]	[illegible]	[illegible]	[illegible]	[illegible]	[illegible]	[illegible]
F008	[illegible]	[illegible]	[illegible]	[illegible]	[illegible]	[illegible]	[illegible]	[illegible]	[illegible]	[illegible]	[illegible]	[illegible]	[illegible]	[illegible]	[illegible]	[illegible]
F009	[illegible]	[illegible]	[illegible]	[illegible]	[illegible]	[illegible]	[illegible]	[illegible]	[illegible]	[illegible]	[illegible]	[illegible]	[illegible]	[illegible]	[illegible]	[illegible]
F00A	[illegible]	[illegible]	[illegible]	[illegible]	[illegible]	[illegible]	[illegible]	[illegible]	[illegible]	[illegible]	[illegible]	[illegible]	[illegible]	[illegible]	[illegible]	[illegible]
F00B	[illegible]	[illegible]	[illegible]	[illegible]	[illegible]	[illegible]	[illegible]	[illegible]	[illegible]	[illegible]	[illegible]	[illegible]	[illegible]	[illegible]	[illegible]	[illegible]
F00C	[illegible]	[illegible]	[illegible]	[illegible]	[illegible]	[illegible]	[illegible]	[illegible]	[illegible]	[illegible]	[illegible]	[illegible]	[illegible]	[illegible]	[illegible]	[illegible]
F00D	[illegible]	[illegible]	[illegible]	[illegible]	[illegible]	[illegible]	[illegible]	[illegible]	[illegible]	[illegible]	[illegible]	[illegible]	[illegible]	[illegible]	[illegible]	[illegible]
F00E	[illegible]	[illegible]	[illegible]	[illegible]	[illegible]	[illegible]	[illegible]	[illegible]	[illegible]	[illegible]	[illegible]	[illegible]	[illegible]	[illegible]	[illegible]	[illegible]
F00F	[illegible]	[illegible]	[illegible]	[illegible]	[illegible]	[illegible]	[illegible]	[illegible]	[illegible]	[illegible]	[illegible]	[illegible]	[illegible]	[illegible]	[illegible]	[illegible]

表 1（续）

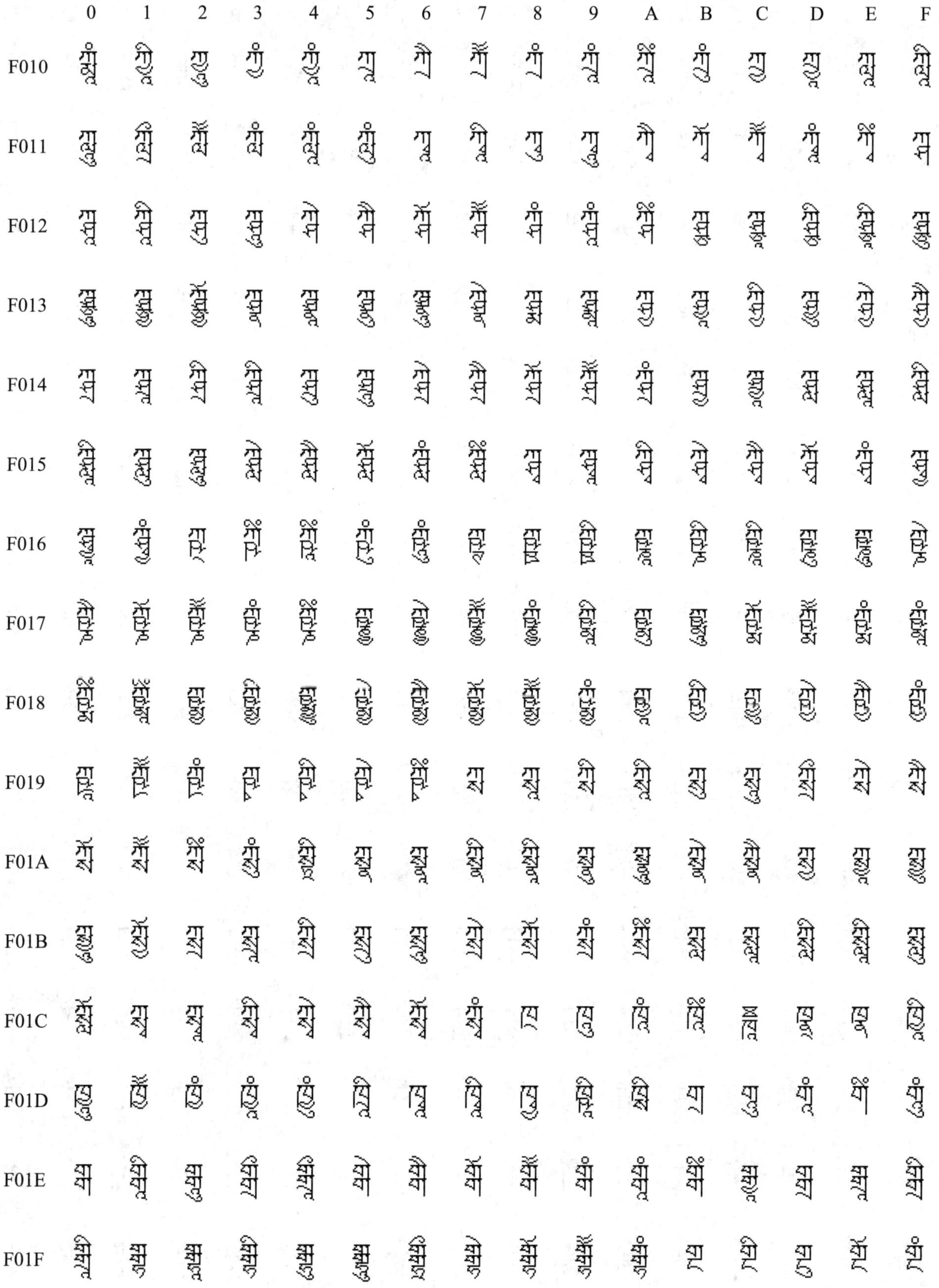

	0	1	2	3	4	5	6	7	8	9	A	B	C	D	E	F
F010	[illegible]	[illegible]	[illegible]	[illegible]	[illegible]	[illegible]	[illegible]	[illegible]	[illegible]	[illegible]	[illegible]	[illegible]	[illegible]	[illegible]	[illegible]	[illegible]
F011	[illegible]	[illegible]	[illegible]	[illegible]	[illegible]	[illegible]	[illegible]	[illegible]	[illegible]	[illegible]	[illegible]	[illegible]	[illegible]	[illegible]	[illegible]	[illegible]
F012	[illegible]	[illegible]	[illegible]	[illegible]	[illegible]	[illegible]	[illegible]	[illegible]	[illegible]	[illegible]	[illegible]	[illegible]	[illegible]	[illegible]	[illegible]	[illegible]
F013	[illegible]	[illegible]	[illegible]	[illegible]	[illegible]	[illegible]	[illegible]	[illegible]	[illegible]	[illegible]	[illegible]	[illegible]	[illegible]	[illegible]	[illegible]	[illegible]
F014	[illegible]	[illegible]	[illegible]	[illegible]	[illegible]	[illegible]	[illegible]	[illegible]	[illegible]	[illegible]	[illegible]	[illegible]	[illegible]	[illegible]	[illegible]	[illegible]
F015	[illegible]	[illegible]	[illegible]	[illegible]	[illegible]	[illegible]	[illegible]	[illegible]	[illegible]	[illegible]	[illegible]	[illegible]	[illegible]	[illegible]	[illegible]	[illegible]
F016	[illegible]	[illegible]	[illegible]	[illegible]	[illegible]	[illegible]	[illegible]	[illegible]	[illegible]	[illegible]	[illegible]	[illegible]	[illegible]	[illegible]	[illegible]	[illegible]
F017	[illegible]	[illegible]	[illegible]	[illegible]	[illegible]	[illegible]	[illegible]	[illegible]	[illegible]	[illegible]	[illegible]	[illegible]	[illegible]	[illegible]	[illegible]	[illegible]
F018	[illegible]	[illegible]	[illegible]	[illegible]	[illegible]	[illegible]	[illegible]	[illegible]	[illegible]	[illegible]	[illegible]	[illegible]	[illegible]	[illegible]	[illegible]	[illegible]
F019	[illegible]	[illegible]	[illegible]	[illegible]	[illegible]	[illegible]	[illegible]	[illegible]	[illegible]	[illegible]	[illegible]	[illegible]	[illegible]	[illegible]	[illegible]	[illegible]
F01A	[illegible]	[illegible]	[illegible]	[illegible]	[illegible]	[illegible]	[illegible]	[illegible]	[illegible]	[illegible]	[illegible]	[illegible]	[illegible]	[illegible]	[illegible]	[illegible]
F01B	[illegible]	[illegible]	[illegible]	[illegible]	[illegible]	[illegible]	[illegible]	[illegible]	[illegible]	[illegible]	[illegible]	[illegible]	[illegible]	[illegible]	[illegible]	[illegible]
F01C	[illegible]	[illegible]	[illegible]	[illegible]	[illegible]	[illegible]	[illegible]	[illegible]	[illegible]	[illegible]	[illegible]	[illegible]	[illegible]	[illegible]	[illegible]	[illegible]
F01D	[illegible]	[illegible]	[illegible]	[illegible]	[illegible]	[illegible]	[illegible]	[illegible]	[illegible]	[illegible]	[illegible]	[illegible]	[illegible]	[illegible]	[illegible]	[illegible]
F01E	[illegible]	[illegible]	[illegible]	[illegible]	[illegible]	[illegible]	[illegible]	[illegible]	[illegible]	[illegible]	[illegible]	[illegible]	[illegible]	[illegible]	[illegible]	[illegible]
F01F	[illegible]	[illegible]	[illegible]	[illegible]	[illegible]	[illegible]	[illegible]	[illegible]	[illegible]	[illegible]	[illegible]	[illegible]	[illegible]	[illegible]	[illegible]	[illegible]

表 1（续）

	0	1	2	3	4	5	6	7	8	9	A	B	C	D	E	F
F020	[illegible]	[illegible]	[illegible]	[illegible]	[illegible]	[illegible]	[illegible]	[illegible]	[illegible]	[illegible]	[illegible]	[illegible]	[illegible]	[illegible]	[illegible]	[illegible]
F021	[illegible]	[illegible]	[illegible]	[illegible]	[illegible]	[illegible]	[illegible]	[illegible]	[illegible]	[illegible]	[illegible]	[illegible]	[illegible]	[illegible]	[illegible]	[illegible]
F022	[illegible]	[illegible]	[illegible]	[illegible]	[illegible]	[illegible]	[illegible]	[illegible]	[illegible]	[illegible]	[illegible]	[illegible]	[illegible]	[illegible]	[illegible]	[illegible]
F023	[illegible]	[illegible]	[illegible]	[illegible]	[illegible]	[illegible]	[illegible]	[illegible]	[illegible]	[illegible]	[illegible]	[illegible]	[illegible]	[illegible]	[illegible]	[illegible]
F024	[illegible]	[illegible]	[illegible]	[illegible]	[illegible]	[illegible]	[illegible]	[illegible]	[illegible]	[illegible]	[illegible]	[illegible]	[illegible]	[illegible]	[illegible]	[illegible]
F025	[illegible]	[illegible]	[illegible]	[illegible]	[illegible]	[illegible]	[illegible]	[illegible]	[illegible]	[illegible]	[illegible]	[illegible]	[illegible]	[illegible]	[illegible]	[illegible]
F026	[illegible]	[illegible]	[illegible]	[illegible]	[illegible]	[illegible]	[illegible]	[illegible]	[illegible]	[illegible]	[illegible]	[illegible]	[illegible]	[illegible]	[illegible]	[illegible]
F027	[illegible]	[illegible]	[illegible]	[illegible]	[illegible]	[illegible]	[illegible]	[illegible]	[illegible]	[illegible]	[illegible]	[illegible]	[illegible]	[illegible]	[illegible]	[illegible]
F028	[illegible]	[illegible]	[illegible]	[illegible]	[illegible]	[illegible]	[illegible]	[illegible]	[illegible]	[illegible]	[illegible]	[illegible]	[illegible]	[illegible]	[illegible]	[illegible]
F029	[illegible]	[illegible]	[illegible]	[illegible]	[illegible]	[illegible]	[illegible]	[illegible]	[illegible]	[illegible]	[illegible]	[illegible]	[illegible]	[illegible]	[illegible]	[illegible]
F02A	[illegible]	[illegible]	[illegible]	[illegible]	[illegible]	[illegible]	[illegible]	[illegible]	[illegible]	[illegible]	[illegible]	[illegible]	[illegible]	[illegible]	[illegible]	[illegible]
F02B	[illegible]	[illegible]	[illegible]	[illegible]	[illegible]	[illegible]	[illegible]	[illegible]	[illegible]	[illegible]	[illegible]	[illegible]	[illegible]	[illegible]	[illegible]	[illegible]
F02C	[illegible]	[illegible]	[illegible]	[illegible]	[illegible]	[illegible]	[illegible]	[illegible]	[illegible]	[illegible]	[illegible]	[illegible]	[illegible]	[illegible]	[illegible]	[illegible]
F02D	[illegible]	[illegible]	[illegible]	[illegible]	[illegible]	[illegible]	[illegible]	[illegible]	[illegible]	[illegible]	[illegible]	[illegible]	[illegible]	[illegible]	[illegible]	[illegible]
F02E	[illegible]	[illegible]	[illegible]	[illegible]	[illegible]	[illegible]	[illegible]	[illegible]	[illegible]	[illegible]	[illegible]	[illegible]	[illegible]	[illegible]	[illegible]	[illegible]
F02F	[illegible]	[illegible]	[illegible]	[illegible]	[illegible]	[illegible]	[illegible]	[illegible]	[illegible]	[illegible]	[illegible]	[illegible]	[illegible]	[illegible]	[illegible]	[illegible]

表 1（续）

	0	1	2	3	4	5	6	7	8	9	A	B	C	D	E	F
F030	[illegible]	[illegible]	[illegible]	[illegible]	[illegible]	[illegible]	[illegible]	[illegible]	[illegible]	[illegible]	[illegible]	[illegible]	[illegible]	[illegible]	[illegible]	[illegible]
F031	[illegible]	[illegible]	[illegible]	[illegible]	[illegible]	[illegible]	[illegible]	[illegible]	[illegible]	[illegible]	[illegible]	[illegible]	[illegible]	[illegible]	[illegible]	[illegible]
F032	[illegible]	[illegible]	[illegible]	[illegible]	[illegible]	[illegible]	[illegible]	[illegible]	[illegible]	[illegible]	[illegible]	[illegible]	[illegible]	[illegible]	[illegible]	[illegible]
F033	[illegible]	[illegible]	[illegible]	[illegible]	[illegible]	[illegible]	[illegible]	[illegible]	[illegible]	[illegible]	[illegible]	[illegible]	[illegible]	[illegible]	[illegible]	[illegible]
F034	[illegible]	[illegible]	[illegible]	[illegible]	[illegible]	[illegible]	[illegible]	[illegible]	[illegible]	[illegible]	[illegible]	[illegible]	[illegible]	[illegible]	[illegible]	[illegible]
F035	[illegible]	[illegible]	[illegible]	[illegible]	[illegible]	[illegible]	[illegible]	[illegible]	[illegible]	[illegible]	[illegible]	[illegible]	[illegible]	[illegible]	[illegible]	[illegible]
F036	[illegible]	[illegible]	[illegible]	[illegible]	[illegible]	[illegible]	[illegible]	[illegible]	[illegible]	[illegible]	[illegible]	[illegible]	[illegible]	[illegible]	[illegible]	[illegible]
F037	[illegible]	[illegible]	[illegible]	[illegible]	[illegible]	[illegible]	[illegible]	[illegible]	[illegible]	[illegible]	[illegible]	[illegible]	[illegible]	[illegible]	[illegible]	[illegible]
F038	[illegible]	[illegible]	[illegible]	[illegible]	[illegible]	[illegible]	[illegible]	[illegible]	[illegible]	[illegible]	[illegible]	[illegible]	[illegible]	[illegible]	[illegible]	[illegible]
F039	[illegible]	[illegible]	[illegible]	[illegible]	[illegible]	[illegible]	[illegible]	[illegible]	[illegible]	[illegible]	[illegible]	[illegible]	[illegible]	[illegible]	[illegible]	[illegible]
F03A	[illegible]	[illegible]	[illegible]	[illegible]	[illegible]	[illegible]	[illegible]	[illegible]	[illegible]	[illegible]	[illegible]	[illegible]	[illegible]	[illegible]	[illegible]	[illegible]
F03B	[illegible]	[illegible]	[illegible]	[illegible]	[illegible]	[illegible]	[illegible]	[illegible]	[illegible]	[illegible]	[illegible]	[illegible]	[illegible]	[illegible]	[illegible]	[illegible]
F03C	[illegible]	[illegible]	[illegible]	[illegible]	[illegible]	[illegible]	[illegible]	[illegible]	[illegible]	[illegible]	[illegible]	[illegible]	[illegible]	[illegible]	[illegible]	[illegible]
F03D	[illegible]	[illegible]	[illegible]	[illegible]	[illegible]	[illegible]	[illegible]	[illegible]	[illegible]	[illegible]	[illegible]	[illegible]	[illegible]	[illegible]	[illegible]	[illegible]
F03E	[illegible]	[illegible]	[illegible]	[illegible]	[illegible]	[illegible]	[illegible]	[illegible]	[illegible]	[illegible]	[illegible]	[illegible]	[illegible]	[illegible]	[illegible]	[illegible]
F03F	[illegible]	[illegible]	[illegible]	[illegible]	[illegible]	[illegible]	[illegible]	[illegible]	[illegible]	[illegible]	[illegible]	[illegible]	[illegible]	[illegible]	[illegible]	[illegible]

表 1（续）

	0	1	2	3	4	5	6	7	8	9	A	B	C	D	E	F
F040	[illegible]	[illegible]	[illegible]	[illegible]	[illegible]	[illegible]	[illegible]	[illegible]	[illegible]	[illegible]	[illegible]	[illegible]	[illegible]	[illegible]	[illegible]	[illegible]
F041	[illegible]	[illegible]	[illegible]	[illegible]	[illegible]	[illegible]	[illegible]	[illegible]	[illegible]	[illegible]	[illegible]	[illegible]	[illegible]	[illegible]	[illegible]	[illegible]
F042	[illegible]	[illegible]	[illegible]	[illegible]	[illegible]	[illegible]	[illegible]	[illegible]	[illegible]	[illegible]	[illegible]	[illegible]	[illegible]	[illegible]	[illegible]	[illegible]
F043	[illegible]	[illegible]	[illegible]	[illegible]	[illegible]	[illegible]	[illegible]	[illegible]	[illegible]	[illegible]	[illegible]	[illegible]	[illegible]	[illegible]	[illegible]	[illegible]
F044	[illegible]	[illegible]	[illegible]	[illegible]	[illegible]	[illegible]	[illegible]	[illegible]	[illegible]	[illegible]	[illegible]	[illegible]	[illegible]	[illegible]	[illegible]	[illegible]
F045	[illegible]	[illegible]	[illegible]	[illegible]	[illegible]	[illegible]	[illegible]	[illegible]	[illegible]	[illegible]	[illegible]	[illegible]	[illegible]	[illegible]	[illegible]	[illegible]
F046	[illegible]	[illegible]	[illegible]	[illegible]	[illegible]	[illegible]	[illegible]	[illegible]	[illegible]	[illegible]	[illegible]	[illegible]	[illegible]	[illegible]	[illegible]	[illegible]
F047	[illegible]	[illegible]	[illegible]	[illegible]	[illegible]	[illegible]	[illegible]	[illegible]	[illegible]	[illegible]	[illegible]	[illegible]	[illegible]	[illegible]	[illegible]	[illegible]
F048	[illegible]	[illegible]	[illegible]	[illegible]	[illegible]	[illegible]	[illegible]	[illegible]	[illegible]	[illegible]	[illegible]	[illegible]	[illegible]	[illegible]	[illegible]	[illegible]
F049	[illegible]	[illegible]	[illegible]	[illegible]	[illegible]	[illegible]	[illegible]	[illegible]	[illegible]	[illegible]	[illegible]	[illegible]	[illegible]	[illegible]	[illegible]	[illegible]
F04A	[illegible]	[illegible]	[illegible]	[illegible]	[illegible]	[illegible]	[illegible]	[illegible]	[illegible]	[illegible]	[illegible]	[illegible]	[illegible]	[illegible]	[illegible]	[illegible]
F04B	[illegible]	[illegible]	[illegible]	[illegible]	[illegible]	[illegible]	[illegible]	[illegible]	[illegible]	[illegible]	[illegible]	[illegible]	[illegible]	[illegible]	[illegible]	[illegible]
F04C	[illegible]	[illegible]	[illegible]	[illegible]	[illegible]	[illegible]	[illegible]	[illegible]	[illegible]	[illegible]	[illegible]	[illegible]	[illegible]	[illegible]	[illegible]	[illegible]
F04D	[illegible]	[illegible]	[illegible]	[illegible]	[illegible]	[illegible]	[illegible]	[illegible]	[illegible]	[illegible]	[illegible]	[illegible]	[illegible]	[illegible]	[illegible]	[illegible]
F04E	[illegible]	[illegible]	[illegible]	[illegible]	[illegible]	[illegible]	[illegible]	[illegible]	[illegible]	[illegible]	[illegible]	[illegible]	[illegible]	[illegible]	[illegible]	[illegible]
F04F	[illegible]	[illegible]	[illegible]	[illegible]	[illegible]	[illegible]	[illegible]	[illegible]	[illegible]	[illegible]	[illegible]	[illegible]	[illegible]	[illegible]	[illegible]	[illegible]

表 1（续）

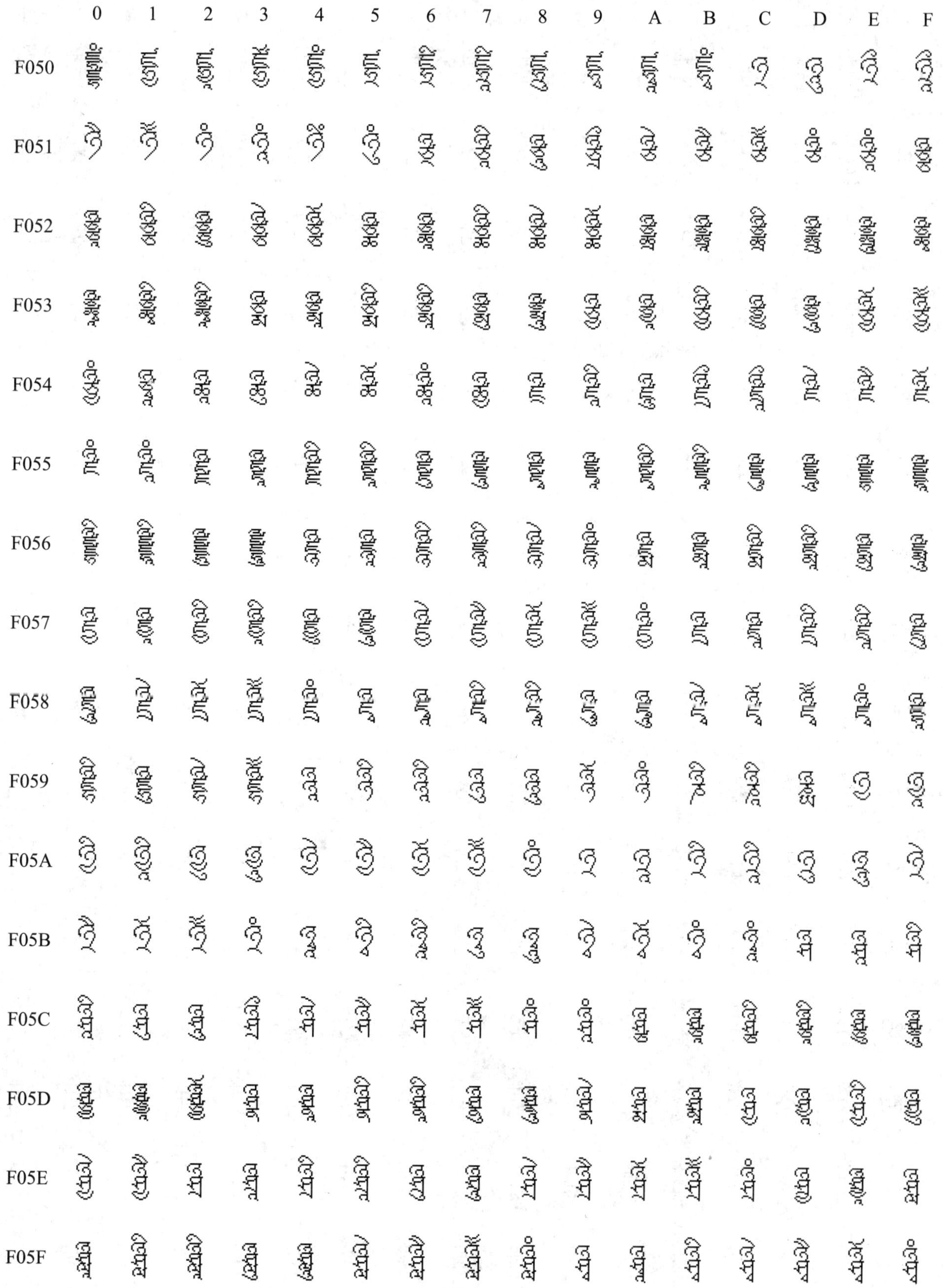

	0	1	2	3	4	5	6	7	8	9	A	B	C	D	E	F
F050	[illegible]	[illegible]	[illegible]	[illegible]	[illegible]	[illegible]	[illegible]	[illegible]	[illegible]	[illegible]	[illegible]	[illegible]	[illegible]	[illegible]	[illegible]	[illegible]
F051	[illegible]	[illegible]	[illegible]	[illegible]	[illegible]	[illegible]	[illegible]	[illegible]	[illegible]	[illegible]	[illegible]	[illegible]	[illegible]	[illegible]	[illegible]	[illegible]
F052	[illegible]	[illegible]	[illegible]	[illegible]	[illegible]	[illegible]	[illegible]	[illegible]	[illegible]	[illegible]	[illegible]	[illegible]	[illegible]	[illegible]	[illegible]	[illegible]
F053	[illegible]	[illegible]	[illegible]	[illegible]	[illegible]	[illegible]	[illegible]	[illegible]	[illegible]	[illegible]	[illegible]	[illegible]	[illegible]	[illegible]	[illegible]	[illegible]
F054	[illegible]	[illegible]	[illegible]	[illegible]	[illegible]	[illegible]	[illegible]	[illegible]	[illegible]	[illegible]	[illegible]	[illegible]	[illegible]	[illegible]	[illegible]	[illegible]
F055	[illegible]	[illegible]	[illegible]	[illegible]	[illegible]	[illegible]	[illegible]	[illegible]	[illegible]	[illegible]	[illegible]	[illegible]	[illegible]	[illegible]	[illegible]	[illegible]
F056	[illegible]	[illegible]	[illegible]	[illegible]	[illegible]	[illegible]	[illegible]	[illegible]	[illegible]	[illegible]	[illegible]	[illegible]	[illegible]	[illegible]	[illegible]	[illegible]
F057	[illegible]	[illegible]	[illegible]	[illegible]	[illegible]	[illegible]	[illegible]	[illegible]	[illegible]	[illegible]	[illegible]	[illegible]	[illegible]	[illegible]	[illegible]	[illegible]
F058	[illegible]	[illegible]	[illegible]	[illegible]	[illegible]	[illegible]	[illegible]	[illegible]	[illegible]	[illegible]	[illegible]	[illegible]	[illegible]	[illegible]	[illegible]	[illegible]
F059	[illegible]	[illegible]	[illegible]	[illegible]	[illegible]	[illegible]	[illegible]	[illegible]	[illegible]	[illegible]	[illegible]	[illegible]	[illegible]	[illegible]	[illegible]	[illegible]
F05A	[illegible]	[illegible]	[illegible]	[illegible]	[illegible]	[illegible]	[illegible]	[illegible]	[illegible]	[illegible]	[illegible]	[illegible]	[illegible]	[illegible]	[illegible]	[illegible]
F05B	[illegible]	[illegible]	[illegible]	[illegible]	[illegible]	[illegible]	[illegible]	[illegible]	[illegible]	[illegible]	[illegible]	[illegible]	[illegible]	[illegible]	[illegible]	[illegible]
F05C	[illegible]	[illegible]	[illegible]	[illegible]	[illegible]	[illegible]	[illegible]	[illegible]	[illegible]	[illegible]	[illegible]	[illegible]	[illegible]	[illegible]	[illegible]	[illegible]
F05D	[illegible]	[illegible]	[illegible]	[illegible]	[illegible]	[illegible]	[illegible]	[illegible]	[illegible]	[illegible]	[illegible]	[illegible]	[illegible]	[illegible]	[illegible]	[illegible]
F05E	[illegible]	[illegible]	[illegible]	[illegible]	[illegible]	[illegible]	[illegible]	[illegible]	[illegible]	[illegible]	[illegible]	[illegible]	[illegible]	[illegible]	[illegible]	[illegible]
F05F	[illegible]	[illegible]	[illegible]	[illegible]	[illegible]	[illegible]	[illegible]	[illegible]	[illegible]	[illegible]	[illegible]	[illegible]	[illegible]	[illegible]	[illegible]	[illegible]

表 1（续）

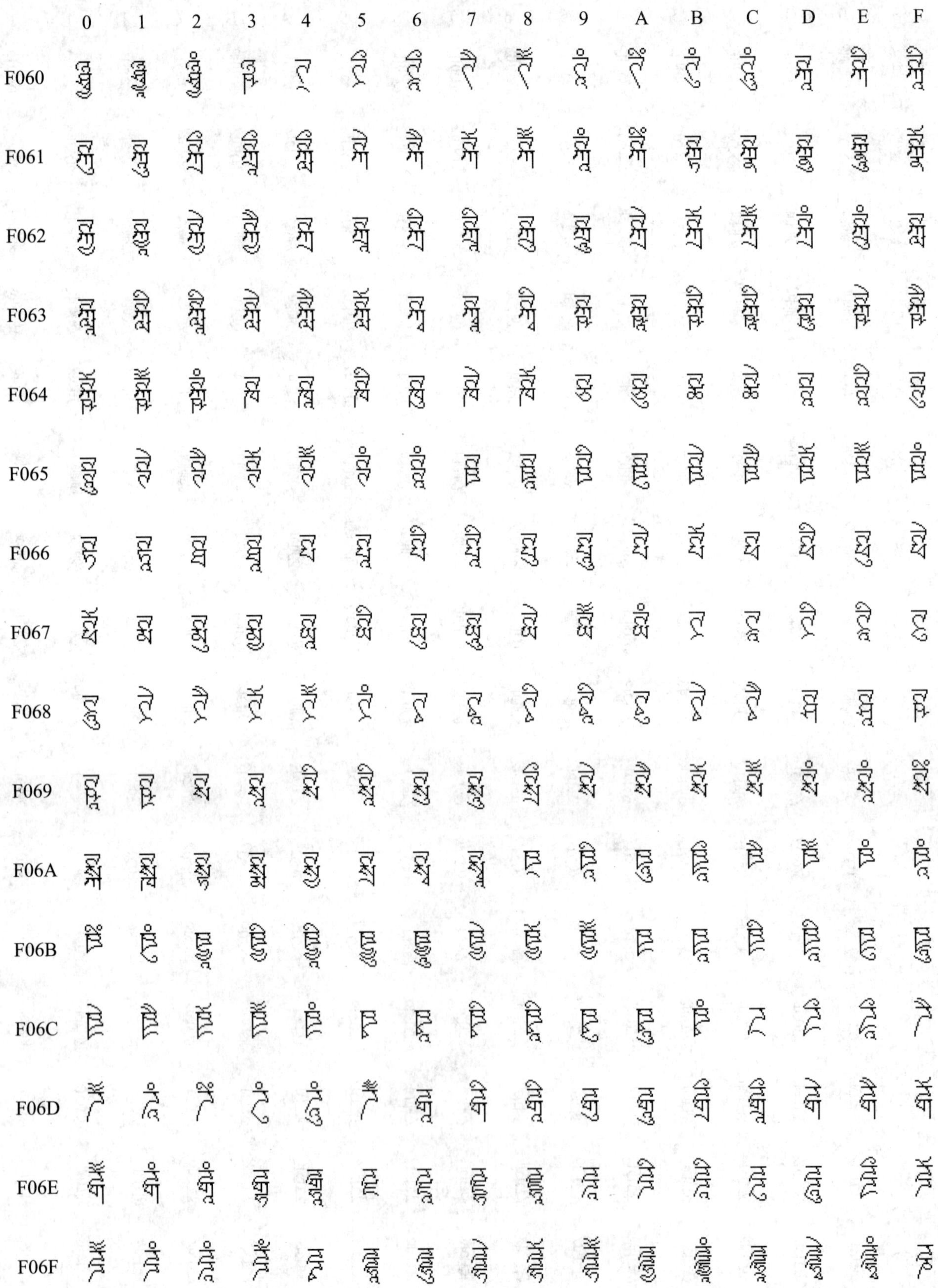

	0	1	2	3	4	5	6	7	8	9	A	B	C	D	E	F
F060	[illegible]	[illegible]	[illegible]	[illegible]	[illegible]	[illegible]	[illegible]	[illegible]	[illegible]	[illegible]	[illegible]	[illegible]	[illegible]	[illegible]	[illegible]	[illegible]
F061	[illegible]	[illegible]	[illegible]	[illegible]	[illegible]	[illegible]	[illegible]	[illegible]	[illegible]	[illegible]	[illegible]	[illegible]	[illegible]	[illegible]	[illegible]	[illegible]
F062	[illegible]	[illegible]	[illegible]	[illegible]	[illegible]	[illegible]	[illegible]	[illegible]	[illegible]	[illegible]	[illegible]	[illegible]	[illegible]	[illegible]	[illegible]	[illegible]
F063	[illegible]	[illegible]	[illegible]	[illegible]	[illegible]	[illegible]	[illegible]	[illegible]	[illegible]	[illegible]	[illegible]	[illegible]	[illegible]	[illegible]	[illegible]	[illegible]
F064	[illegible]	[illegible]	[illegible]	[illegible]	[illegible]	[illegible]	[illegible]	[illegible]	[illegible]	[illegible]	[illegible]	[illegible]	[illegible]	[illegible]	[illegible]	[illegible]
F065	[illegible]	[illegible]	[illegible]	[illegible]	[illegible]	[illegible]	[illegible]	[illegible]	[illegible]	[illegible]	[illegible]	[illegible]	[illegible]	[illegible]	[illegible]	[illegible]
F066	[illegible]	[illegible]	[illegible]	[illegible]	[illegible]	[illegible]	[illegible]	[illegible]	[illegible]	[illegible]	[illegible]	[illegible]	[illegible]	[illegible]	[illegible]	[illegible]
F067	[illegible]	[illegible]	[illegible]	[illegible]	[illegible]	[illegible]	[illegible]	[illegible]	[illegible]	[illegible]	[illegible]	[illegible]	[illegible]	[illegible]	[illegible]	[illegible]
F068	[illegible]	[illegible]	[illegible]	[illegible]	[illegible]	[illegible]	[illegible]	[illegible]	[illegible]	[illegible]	[illegible]	[illegible]	[illegible]	[illegible]	[illegible]	[illegible]
F069	[illegible]	[illegible]	[illegible]	[illegible]	[illegible]	[illegible]	[illegible]	[illegible]	[illegible]	[illegible]	[illegible]	[illegible]	[illegible]	[illegible]	[illegible]	[illegible]
F06A	[illegible]	[illegible]	[illegible]	[illegible]	[illegible]	[illegible]	[illegible]	[illegible]	[illegible]	[illegible]	[illegible]	[illegible]	[illegible]	[illegible]	[illegible]	[illegible]
F06B	[illegible]	[illegible]	[illegible]	[illegible]	[illegible]	[illegible]	[illegible]	[illegible]	[illegible]	[illegible]	[illegible]	[illegible]	[illegible]	[illegible]	[illegible]	[illegible]
F06C	[illegible]	[illegible]	[illegible]	[illegible]	[illegible]	[illegible]	[illegible]	[illegible]	[illegible]	[illegible]	[illegible]	[illegible]	[illegible]	[illegible]	[illegible]	[illegible]
F06D	[illegible]	[illegible]	[illegible]	[illegible]	[illegible]	[illegible]	[illegible]	[illegible]	[illegible]	[illegible]	[illegible]	[illegible]	[illegible]	[illegible]	[illegible]	[illegible]
F06E	[illegible]	[illegible]	[illegible]	[illegible]	[illegible]	[illegible]	[illegible]	[illegible]	[illegible]	[illegible]	[illegible]	[illegible]	[illegible]	[illegible]	[illegible]	[illegible]
F06F	[illegible]	[illegible]	[illegible]	[illegible]	[illegible]	[illegible]	[illegible]	[illegible]	[illegible]	[illegible]	[illegible]	[illegible]	[illegible]	[illegible]	[illegible]	[illegible]

表 1（续）

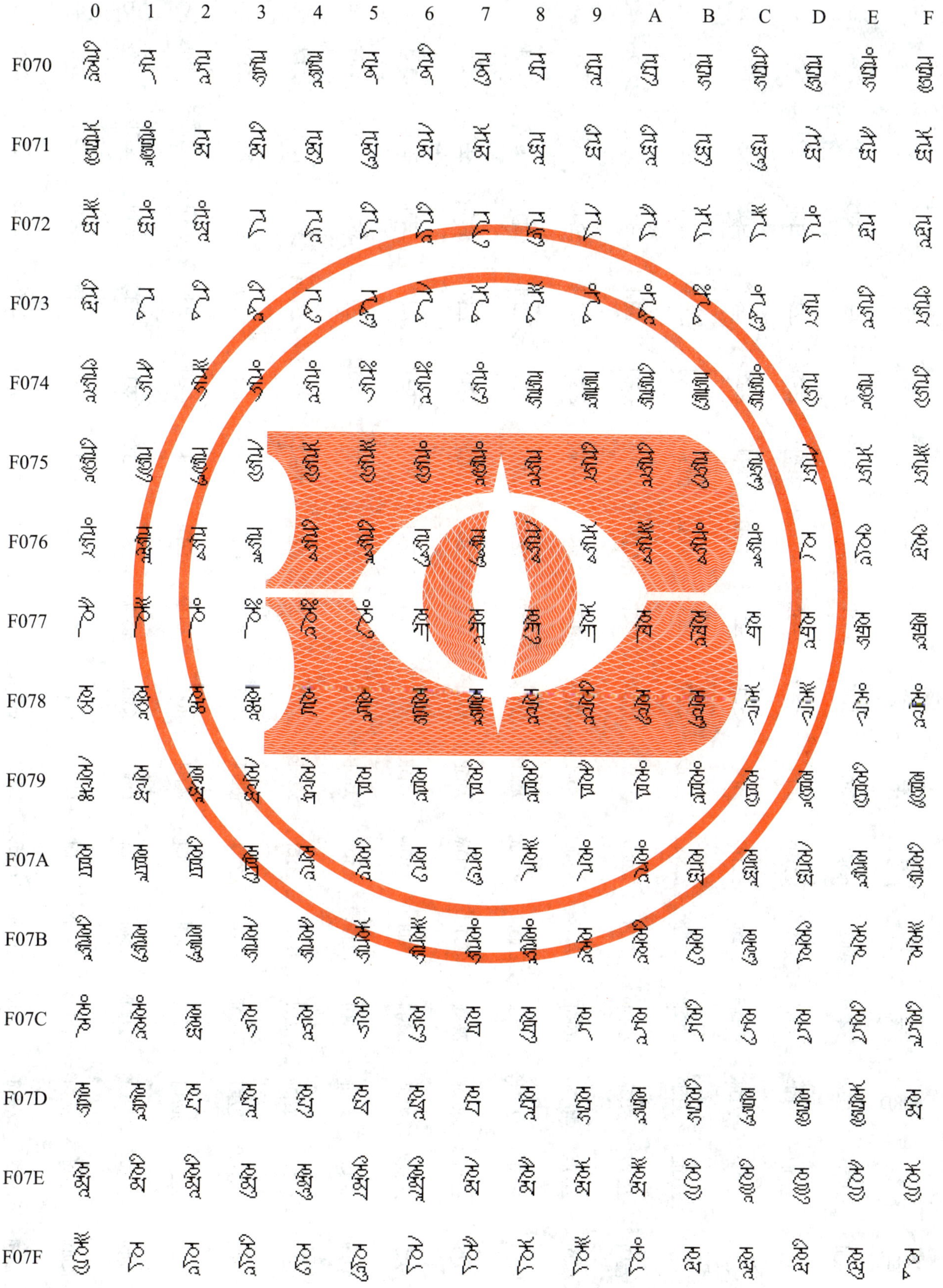

	0	1	2	3	4	5	6	7	8	9	A	B	C	D	E	F
F070	[illegible]	[illegible]	[illegible]	[illegible]	[illegible]	[illegible]	[illegible]	[illegible]	[illegible]	[illegible]	[illegible]	[illegible]	[illegible]	[illegible]	[illegible]	[illegible]
F071	[illegible]	[illegible]	[illegible]	[illegible]	[illegible]	[illegible]	[illegible]	[illegible]	[illegible]	[illegible]	[illegible]	[illegible]	[illegible]	[illegible]	[illegible]	[illegible]
F072	[illegible]	[illegible]	[illegible]	[illegible]	[illegible]	[illegible]	[illegible]	[illegible]	[illegible]	[illegible]	[illegible]	[illegible]	[illegible]	[illegible]	[illegible]	[illegible]
F073	[illegible]	[illegible]	[illegible]	[illegible]	[illegible]	[illegible]	[illegible]	[illegible]	[illegible]	[illegible]	[illegible]	[illegible]	[illegible]	[illegible]	[illegible]	[illegible]
F074	[illegible]	[illegible]	[illegible]	[illegible]	[illegible]	[illegible]	[illegible]	[illegible]	[illegible]	[illegible]	[illegible]	[illegible]	[illegible]	[illegible]	[illegible]	[illegible]
F075	[illegible]	[illegible]	[illegible]	[illegible]	[illegible]	[illegible]	[illegible]	[illegible]	[illegible]	[illegible]	[illegible]	[illegible]	[illegible]	[illegible]	[illegible]	[illegible]
F076	[illegible]	[illegible]	[illegible]	[illegible]	[illegible]	[illegible]	[illegible]	[illegible]	[illegible]	[illegible]	[illegible]	[illegible]	[illegible]	[illegible]	[illegible]	[illegible]
F077	[illegible]	[illegible]	[illegible]	[illegible]	[illegible]	[illegible]	[illegible]	[illegible]	[illegible]	[illegible]	[illegible]	[illegible]	[illegible]	[illegible]	[illegible]	[illegible]
F078	[illegible]	[illegible]	[illegible]	[illegible]	[illegible]	[illegible]	[illegible]	[illegible]	[illegible]	[illegible]	[illegible]	[illegible]	[illegible]	[illegible]	[illegible]	[illegible]
F079	[illegible]	[illegible]	[illegible]	[illegible]	[illegible]	[illegible]	[illegible]	[illegible]	[illegible]	[illegible]	[illegible]	[illegible]	[illegible]	[illegible]	[illegible]	[illegible]
F07A	[illegible]	[illegible]	[illegible]	[illegible]	[illegible]	[illegible]	[illegible]	[illegible]	[illegible]	[illegible]	[illegible]	[illegible]	[illegible]	[illegible]	[illegible]	[illegible]
F07B	[illegible]	[illegible]	[illegible]	[illegible]	[illegible]	[illegible]	[illegible]	[illegible]	[illegible]	[illegible]	[illegible]	[illegible]	[illegible]	[illegible]	[illegible]	[illegible]
F07C	[illegible]	[illegible]	[illegible]	[illegible]	[illegible]	[illegible]	[illegible]	[illegible]	[illegible]	[illegible]	[illegible]	[illegible]	[illegible]	[illegible]	[illegible]	[illegible]
F07D	[illegible]	[illegible]	[illegible]	[illegible]	[illegible]	[illegible]	[illegible]	[illegible]	[illegible]	[illegible]	[illegible]	[illegible]	[illegible]	[illegible]	[illegible]	[illegible]
F07E	[illegible]	[illegible]	[illegible]	[illegible]	[illegible]	[illegible]	[illegible]	[illegible]	[illegible]	[illegible]	[illegible]	[illegible]	[illegible]	[illegible]	[illegible]	[illegible]
F07F	[illegible]	[illegible]	[illegible]	[illegible]	[illegible]	[illegible]	[illegible]	[illegible]	[illegible]	[illegible]	[illegible]	[illegible]	[illegible]	[illegible]	[illegible]	[illegible]

表 1（续）

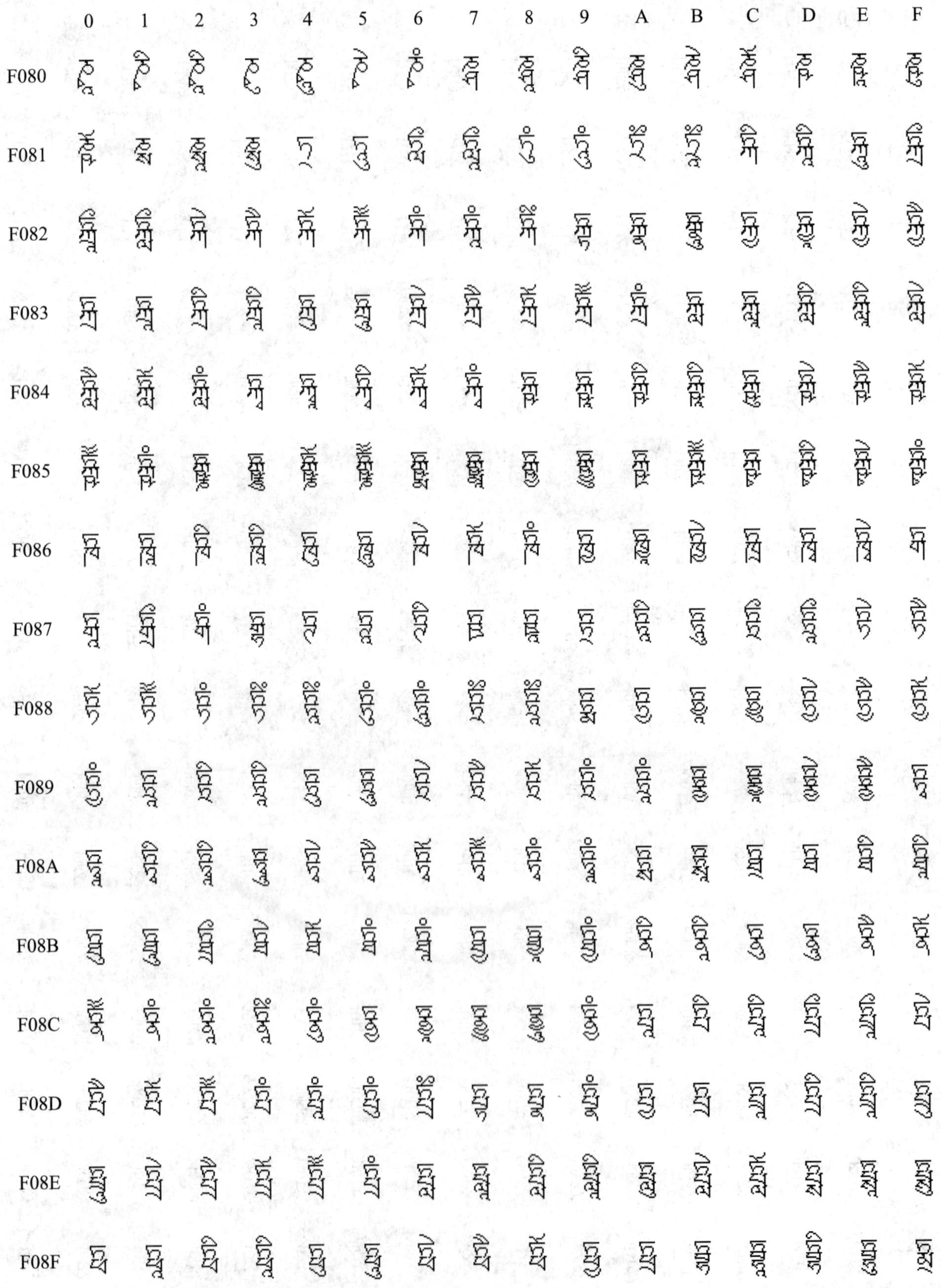

	0	1	2	3	4	5	6	7	8	9	A	B	C	D	E	F
F080	[illegible]	[illegible]	[illegible]	[illegible]	[illegible]	[illegible]	[illegible]	[illegible]	[illegible]	[illegible]	[illegible]	[illegible]	[illegible]	[illegible]	[illegible]	[illegible]
F081	[illegible]	[illegible]	[illegible]	[illegible]	[illegible]	[illegible]	[illegible]	[illegible]	[illegible]	[illegible]	[illegible]	[illegible]	[illegible]	[illegible]	[illegible]	[illegible]
F082	[illegible]	[illegible]	[illegible]	[illegible]	[illegible]	[illegible]	[illegible]	[illegible]	[illegible]	[illegible]	[illegible]	[illegible]	[illegible]	[illegible]	[illegible]	[illegible]
F083	[illegible]	[illegible]	[illegible]	[illegible]	[illegible]	[illegible]	[illegible]	[illegible]	[illegible]	[illegible]	[illegible]	[illegible]	[illegible]	[illegible]	[illegible]	[illegible]
F084	[illegible]	[illegible]	[illegible]	[illegible]	[illegible]	[illegible]	[illegible]	[illegible]	[illegible]	[illegible]	[illegible]	[illegible]	[illegible]	[illegible]	[illegible]	[illegible]
F085	[illegible]	[illegible]	[illegible]	[illegible]	[illegible]	[illegible]	[illegible]	[illegible]	[illegible]	[illegible]	[illegible]	[illegible]	[illegible]	[illegible]	[illegible]	[illegible]
F086	[illegible]	[illegible]	[illegible]	[illegible]	[illegible]	[illegible]	[illegible]	[illegible]	[illegible]	[illegible]	[illegible]	[illegible]	[illegible]	[illegible]	[illegible]	[illegible]
F087	[illegible]	[illegible]	[illegible]	[illegible]	[illegible]	[illegible]	[illegible]	[illegible]	[illegible]	[illegible]	[illegible]	[illegible]	[illegible]	[illegible]	[illegible]	[illegible]
F088	[illegible]	[illegible]	[illegible]	[illegible]	[illegible]	[illegible]	[illegible]	[illegible]	[illegible]	[illegible]	[illegible]	[illegible]	[illegible]	[illegible]	[illegible]	[illegible]
F089	[illegible]	[illegible]	[illegible]	[illegible]	[illegible]	[illegible]	[illegible]	[illegible]	[illegible]	[illegible]	[illegible]	[illegible]	[illegible]	[illegible]	[illegible]	[illegible]
F08A	[illegible]	[illegible]	[illegible]	[illegible]	[illegible]	[illegible]	[illegible]	[illegible]	[illegible]	[illegible]	[illegible]	[illegible]	[illegible]	[illegible]	[illegible]	[illegible]
F08B	[illegible]	[illegible]	[illegible]	[illegible]	[illegible]	[illegible]	[illegible]	[illegible]	[illegible]	[illegible]	[illegible]	[illegible]	[illegible]	[illegible]	[illegible]	[illegible]
F08C	[illegible]	[illegible]	[illegible]	[illegible]	[illegible]	[illegible]	[illegible]	[illegible]	[illegible]	[illegible]	[illegible]	[illegible]	[illegible]	[illegible]	[illegible]	[illegible]
F08D	[illegible]	[illegible]	[illegible]	[illegible]	[illegible]	[illegible]	[illegible]	[illegible]	[illegible]	[illegible]	[illegible]	[illegible]	[illegible]	[illegible]	[illegible]	[illegible]
F08E	[illegible]	[illegible]	[illegible]	[illegible]	[illegible]	[illegible]	[illegible]	[illegible]	[illegible]	[illegible]	[illegible]	[illegible]	[illegible]	[illegible]	[illegible]	[illegible]
F08F	[illegible]	[illegible]	[illegible]	[illegible]	[illegible]	[illegible]	[illegible]	[illegible]	[illegible]	[illegible]	[illegible]	[illegible]	[illegible]	[illegible]	[illegible]	[illegible]

表 1（续）

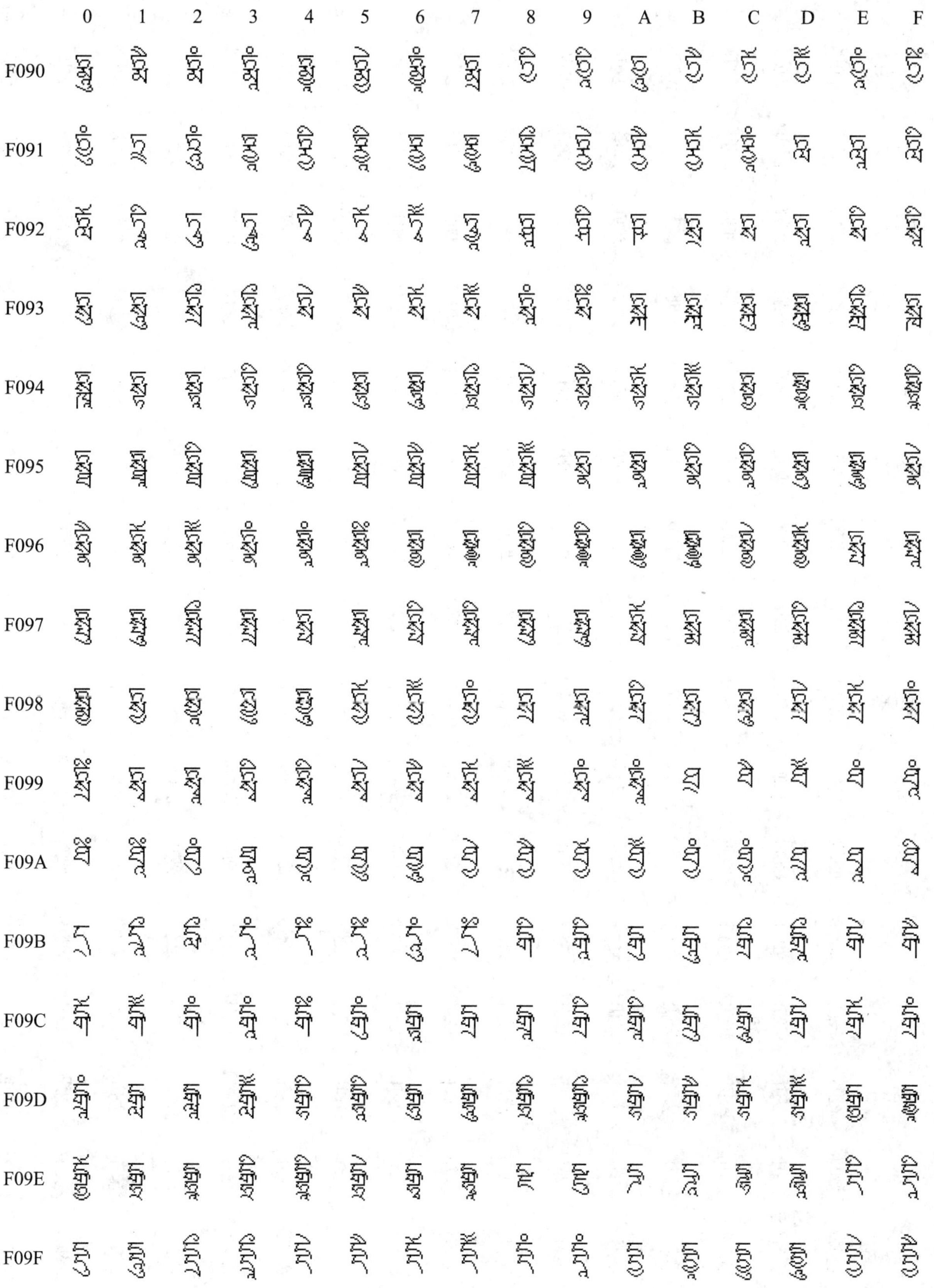

	0	1	2	3	4	5	6	7	8	9	A	B	C	D	E	F
F090	[illegible]	[illegible]	[illegible]	[illegible]	[illegible]	[illegible]	[illegible]	[illegible]	[illegible]	[illegible]	[illegible]	[illegible]	[illegible]	[illegible]	[illegible]	[illegible]
F091	[illegible]	[illegible]	[illegible]	[illegible]	[illegible]	[illegible]	[illegible]	[illegible]	[illegible]	[illegible]	[illegible]	[illegible]	[illegible]	[illegible]	[illegible]	[illegible]
F092	[illegible]	[illegible]	[illegible]	[illegible]	[illegible]	[illegible]	[illegible]	[illegible]	[illegible]	[illegible]	[illegible]	[illegible]	[illegible]	[illegible]	[illegible]	[illegible]
F093	[illegible]	[illegible]	[illegible]	[illegible]	[illegible]	[illegible]	[illegible]	[illegible]	[illegible]	[illegible]	[illegible]	[illegible]	[illegible]	[illegible]	[illegible]	[illegible]
F094	[illegible]	[illegible]	[illegible]	[illegible]	[illegible]	[illegible]	[illegible]	[illegible]	[illegible]	[illegible]	[illegible]	[illegible]	[illegible]	[illegible]	[illegible]	[illegible]
F095	[illegible]	[illegible]	[illegible]	[illegible]	[illegible]	[illegible]	[illegible]	[illegible]	[illegible]	[illegible]	[illegible]	[illegible]	[illegible]	[illegible]	[illegible]	[illegible]
F096	[illegible]	[illegible]	[illegible]	[illegible]	[illegible]	[illegible]	[illegible]	[illegible]	[illegible]	[illegible]	[illegible]	[illegible]	[illegible]	[illegible]	[illegible]	[illegible]
F097	[illegible]	[illegible]	[illegible]	[illegible]	[illegible]	[illegible]	[illegible]	[illegible]	[illegible]	[illegible]	[illegible]	[illegible]	[illegible]	[illegible]	[illegible]	[illegible]
F098	[illegible]	[illegible]	[illegible]	[illegible]	[illegible]	[illegible]	[illegible]	[illegible]	[illegible]	[illegible]	[illegible]	[illegible]	[illegible]	[illegible]	[illegible]	[illegible]
F099	[illegible]	[illegible]	[illegible]	[illegible]	[illegible]	[illegible]	[illegible]	[illegible]	[illegible]	[illegible]	[illegible]	[illegible]	[illegible]	[illegible]	[illegible]	[illegible]
F09A	[illegible]	[illegible]	[illegible]	[illegible]	[illegible]	[illegible]	[illegible]	[illegible]	[illegible]	[illegible]	[illegible]	[illegible]	[illegible]	[illegible]	[illegible]	[illegible]
F09B	[illegible]	[illegible]	[illegible]	[illegible]	[illegible]	[illegible]	[illegible]	[illegible]	[illegible]	[illegible]	[illegible]	[illegible]	[illegible]	[illegible]	[illegible]	[illegible]
F09C	[illegible]	[illegible]	[illegible]	[illegible]	[illegible]	[illegible]	[illegible]	[illegible]	[illegible]	[illegible]	[illegible]	[illegible]	[illegible]	[illegible]	[illegible]	[illegible]
F09D	[illegible]	[illegible]	[illegible]	[illegible]	[illegible]	[illegible]	[illegible]	[illegible]	[illegible]	[illegible]	[illegible]	[illegible]	[illegible]	[illegible]	[illegible]	[illegible]
F09E	[illegible]	[illegible]	[illegible]	[illegible]	[illegible]	[illegible]	[illegible]	[illegible]	[illegible]	[illegible]	[illegible]	[illegible]	[illegible]	[illegible]	[illegible]	[illegible]
F09F	[illegible]	[illegible]	[illegible]	[illegible]	[illegible]	[illegible]	[illegible]	[illegible]	[illegible]	[illegible]	[illegible]	[illegible]	[illegible]	[illegible]	[illegible]	[illegible]

表 1（续）

	0	1	2	3	4	5	6	7	8	9	A	B	C	D	E	F
F0A0	[illegible]	[illegible]	[illegible]	[illegible]	[illegible]	[illegible]	[illegible]	[illegible]	[illegible]	[illegible]	[illegible]	[illegible]	[illegible]	[illegible]	[illegible]	[illegible]
F0A1	[illegible]	[illegible]	[illegible]	[illegible]	[illegible]	[illegible]	[illegible]	[illegible]	[illegible]	[illegible]	[illegible]	[illegible]	[illegible]	[illegible]	[illegible]	[illegible]
F0A2	[illegible]	[illegible]	[illegible]	[illegible]	[illegible]	[illegible]	[illegible]	[illegible]	[illegible]	[illegible]	[illegible]	[illegible]	[illegible]	[illegible]	[illegible]	[illegible]
F0A3	[illegible]	[illegible]	[illegible]	[illegible]	[illegible]	[illegible]	[illegible]	[illegible]	[illegible]	[illegible]	[illegible]	[illegible]	[illegible]	[illegible]	[illegible]	[illegible]
F0A4	[illegible]	[illegible]	[illegible]	[illegible]	[illegible]	[illegible]	[illegible]	[illegible]	[illegible]	[illegible]	[illegible]	[illegible]	[illegible]	[illegible]	[illegible]	[illegible]
F0A5	[illegible]	[illegible]	[illegible]	[illegible]	[illegible]	[illegible]	[illegible]	[illegible]	[illegible]	[illegible]	[illegible]	[illegible]	[illegible]	[illegible]	[illegible]	[illegible]
F0A6	[illegible]	[illegible]	[illegible]	[illegible]	[illegible]	[illegible]	[illegible]	[illegible]	[illegible]	[illegible]	[illegible]	[illegible]	[illegible]	[illegible]	[illegible]	[illegible]
F0A7	[illegible]	[illegible]	[illegible]	[illegible]	[illegible]	[illegible]	[illegible]	[illegible]	[illegible]	[illegible]	[illegible]	[illegible]	[illegible]	[illegible]	[illegible]	[illegible]
F0A8	[illegible]	[illegible]	[illegible]	[illegible]	[illegible]	[illegible]	[illegible]	[illegible]	[illegible]	[illegible]	[illegible]	[illegible]	[illegible]	[illegible]	[illegible]	[illegible]
F0A9	[illegible]	[illegible]	[illegible]	[illegible]	[illegible]	[illegible]	[illegible]	[illegible]	[illegible]	[illegible]	[illegible]	[illegible]	[illegible]	[illegible]	[illegible]	[illegible]
F0AA	[illegible]	[illegible]	[illegible]	[illegible]	[illegible]	[illegible]	[illegible]	[illegible]	[illegible]	[illegible]	[illegible]	[illegible]	[illegible]	[illegible]	[illegible]	[illegible]
F0AB	[illegible]	[illegible]	[illegible]	[illegible]	[illegible]	[illegible]	[illegible]	[illegible]	[illegible]	[illegible]	[illegible]	[illegible]	[illegible]	[illegible]	[illegible]	[illegible]
F0AC	[illegible]	[illegible]	[illegible]	[illegible]	[illegible]	[illegible]	[illegible]	[illegible]	[illegible]	[illegible]	[illegible]	[illegible]	[illegible]	[illegible]	[illegible]	[illegible]
F0AD	[illegible]	[illegible]	[illegible]	[illegible]	[illegible]	[illegible]	[illegible]	[illegible]	[illegible]	[illegible]	[illegible]	[illegible]	[illegible]	[illegible]	[illegible]	[illegible]
F0AE	[illegible]	[illegible]	[illegible]	[illegible]	[illegible]	[illegible]	[illegible]	[illegible]	[illegible]	[illegible]	[illegible]	[illegible]	[illegible]	[illegible]	[illegible]	[illegible]
F0AF	[illegible]	[illegible]	[illegible]	[illegible]	[illegible]	[illegible]	[illegible]	[illegible]	[illegible]	[illegible]	[illegible]	[illegible]	[illegible]	[illegible]	[illegible]	[illegible]

表 1（续）

	0	1	2	3	4	5	6	7	8	9	A	B	C	D	E	F
F0B0																
F0B1																
F0B2																
F0B3																
F0B4																
F0B5																
F0B6																
F0B7																
F0B8																
F0B9																
F0BA																
F0BB																
F0BC																
F0BD																
F0BE																
F0BF																

表 1（续）

	0	1	2	3	4	5	6	7	8	9	A	B	C	D	E	F
F0C0	[illegible]	[illegible]	[illegible]	[illegible]	[illegible]	[illegible]	[illegible]	[illegible]	[illegible]	[illegible]	[illegible]	[illegible]	[illegible]	[illegible]	[illegible]	[illegible]
F0C1	[illegible]	[illegible]	[illegible]	[illegible]	[illegible]	[illegible]	[illegible]	[illegible]	[illegible]	[illegible]	[illegible]	[illegible]	[illegible]	[illegible]	[illegible]	[illegible]
F0C2	[illegible]	[illegible]	[illegible]	[illegible]	[illegible]	[illegible]	[illegible]	[illegible]	[illegible]	[illegible]	[illegible]	[illegible]	[illegible]	[illegible]	[illegible]	[illegible]
F0C3	[illegible]	[illegible]	[illegible]	[illegible]	[illegible]	[illegible]	[illegible]	[illegible]	[illegible]	[illegible]	[illegible]	[illegible]	[illegible]	[illegible]	[illegible]	[illegible]
F0C4	[illegible]	[illegible]	[illegible]	[illegible]	[illegible]	[illegible]	[illegible]	[illegible]	[illegible]	[illegible]	[illegible]	[illegible]	[illegible]	[illegible]	[illegible]	[illegible]
F0C5	[illegible]	[illegible]	[illegible]	[illegible]	[illegible]	[illegible]	[illegible]	[illegible]	[illegible]	[illegible]	[illegible]	[illegible]	[illegible]	[illegible]	[illegible]	[illegible]
F0C6	[illegible]	[illegible]	[illegible]	[illegible]	[illegible]	[illegible]	[illegible]	[illegible]	[illegible]	[illegible]	[illegible]	[illegible]	[illegible]	[illegible]	[illegible]	[illegible]
F0C7	[illegible]	[illegible]	[illegible]	[illegible]	[illegible]	[illegible]	[illegible]	[illegible]	[illegible]	[illegible]	[illegible]	[illegible]	[illegible]	[illegible]	[illegible]	[illegible]
F0C8	[illegible]	[illegible]	[illegible]	[illegible]	[illegible]	[illegible]	[illegible]	[illegible]	[illegible]	[illegible]	[illegible]	[illegible]	[illegible]	[illegible]	[illegible]	[illegible]
F0C9	[illegible]	[illegible]	[illegible]	[illegible]	[illegible]	[illegible]	[illegible]	[illegible]	[illegible]	[illegible]	[illegible]	[illegible]	[illegible]	[illegible]	[illegible]	[illegible]
F0CA	[illegible]	[illegible]	[illegible]	[illegible]	[illegible]	[illegible]	[illegible]	[illegible]	[illegible]	[illegible]	[illegible]	[illegible]	[illegible]	[illegible]	[illegible]	[illegible]
F0CB	[illegible]	[illegible]	[illegible]	[illegible]	[illegible]	[illegible]	[illegible]	[illegible]	[illegible]	[illegible]	[illegible]	[illegible]	[illegible]	[illegible]	[illegible]	[illegible]
F0CC	[illegible]	[illegible]	[illegible]	[illegible]	[illegible]	[illegible]	[illegible]	[illegible]	[illegible]	[illegible]	[illegible]	[illegible]	[illegible]	[illegible]	[illegible]	[illegible]
F0CD	[illegible]	[illegible]	[illegible]	[illegible]	[illegible]	[illegible]	[illegible]	[illegible]	[illegible]	[illegible]	[illegible]	[illegible]	[illegible]	[illegible]	[illegible]	[illegible]
F0CE	[illegible]	[illegible]	[illegible]	[illegible]	[illegible]	[illegible]	[illegible]	[illegible]	[illegible]	[illegible]	[illegible]	[illegible]	[illegible]	[illegible]	[illegible]	[illegible]
F0CF	[illegible]	[illegible]	[illegible]	[illegible]	[illegible]	[illegible]	[illegible]	[illegible]	[illegible]	[illegible]	[illegible]	[illegible]	[illegible]	[illegible]	[illegible]	[illegible]

表 1（续）

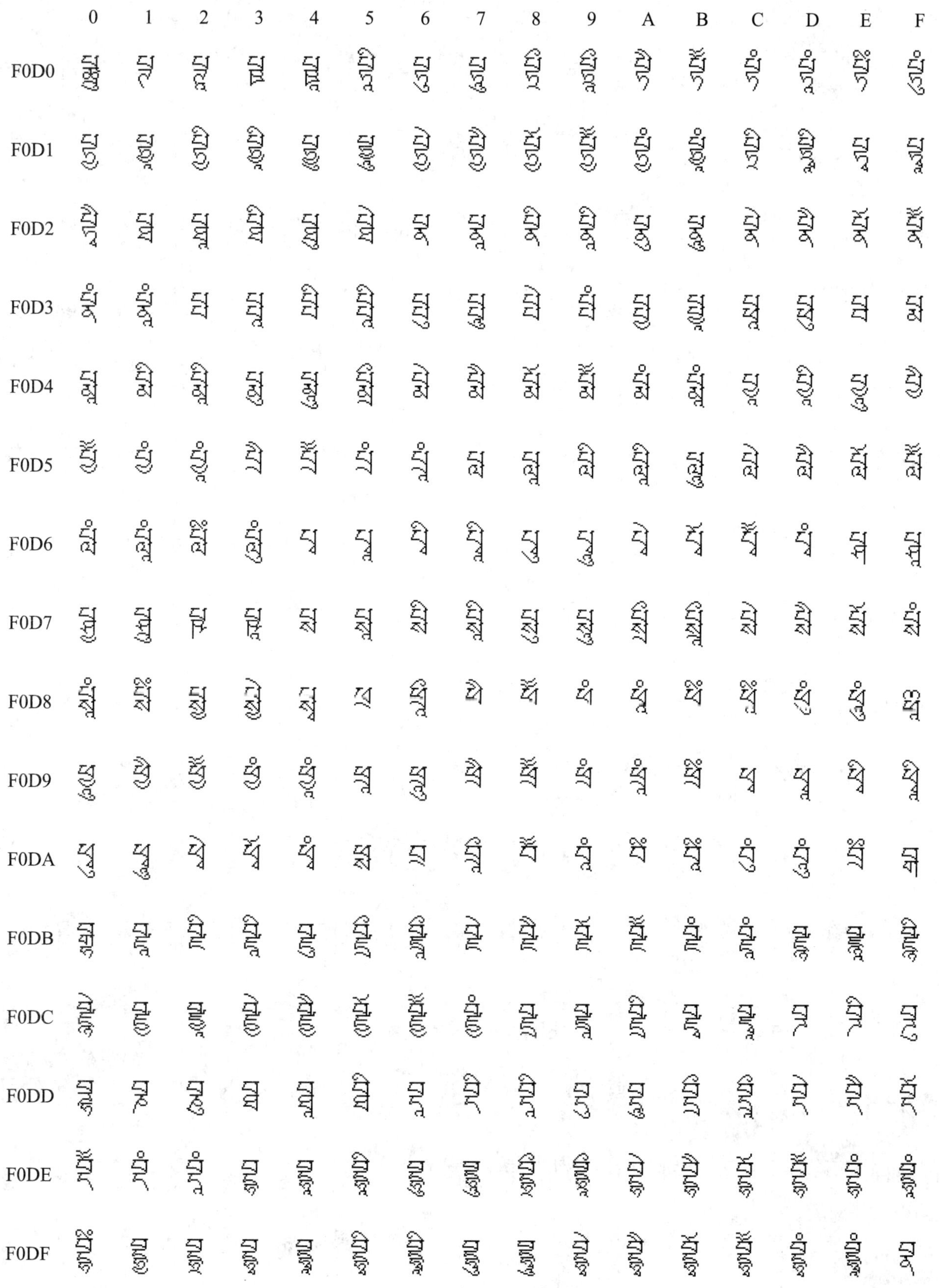

	0	1	2	3	4	5	6	7	8	9	A	B	C	D	E	F
F0D0	[illegible]	[illegible]	[illegible]	[illegible]	[illegible]	[illegible]	[illegible]	[illegible]	[illegible]	[illegible]	[illegible]	[illegible]	[illegible]	[illegible]	[illegible]	[illegible]
F0D1	[illegible]	[illegible]	[illegible]	[illegible]	[illegible]	[illegible]	[illegible]	[illegible]	[illegible]	[illegible]	[illegible]	[illegible]	[illegible]	[illegible]	[illegible]	[illegible]
F0D2	[illegible]	[illegible]	[illegible]	[illegible]	[illegible]	[illegible]	[illegible]	[illegible]	[illegible]	[illegible]	[illegible]	[illegible]	[illegible]	[illegible]	[illegible]	[illegible]
F0D3	[illegible]	[illegible]	[illegible]	[illegible]	[illegible]	[illegible]	[illegible]	[illegible]	[illegible]	[illegible]	[illegible]	[illegible]	[illegible]	[illegible]	[illegible]	[illegible]
F0D4	[illegible]	[illegible]	[illegible]	[illegible]	[illegible]	[illegible]	[illegible]	[illegible]	[illegible]	[illegible]	[illegible]	[illegible]	[illegible]	[illegible]	[illegible]	[illegible]
F0D5	[illegible]	[illegible]	[illegible]	[illegible]	[illegible]	[illegible]	[illegible]	[illegible]	[illegible]	[illegible]	[illegible]	[illegible]	[illegible]	[illegible]	[illegible]	[illegible]
F0D6	[illegible]	[illegible]	[illegible]	[illegible]	[illegible]	[illegible]	[illegible]	[illegible]	[illegible]	[illegible]	[illegible]	[illegible]	[illegible]	[illegible]	[illegible]	[illegible]
F0D7	[illegible]	[illegible]	[illegible]	[illegible]	[illegible]	[illegible]	[illegible]	[illegible]	[illegible]	[illegible]	[illegible]	[illegible]	[illegible]	[illegible]	[illegible]	[illegible]
F0D8	[illegible]	[illegible]	[illegible]	[illegible]	[illegible]	[illegible]	[illegible]	[illegible]	[illegible]	[illegible]	[illegible]	[illegible]	[illegible]	[illegible]	[illegible]	[illegible]
F0D9	[illegible]	[illegible]	[illegible]	[illegible]	[illegible]	[illegible]	[illegible]	[illegible]	[illegible]	[illegible]	[illegible]	[illegible]	[illegible]	[illegible]	[illegible]	[illegible]
F0DA	[illegible]	[illegible]	[illegible]	[illegible]	[illegible]	[illegible]	[illegible]	[illegible]	[illegible]	[illegible]	[illegible]	[illegible]	[illegible]	[illegible]	[illegible]	[illegible]
F0DB	[illegible]	[illegible]	[illegible]	[illegible]	[illegible]	[illegible]	[illegible]	[illegible]	[illegible]	[illegible]	[illegible]	[illegible]	[illegible]	[illegible]	[illegible]	[illegible]
F0DC	[illegible]	[illegible]	[illegible]	[illegible]	[illegible]	[illegible]	[illegible]	[illegible]	[illegible]	[illegible]	[illegible]	[illegible]	[illegible]	[illegible]	[illegible]	[illegible]
F0DD	[illegible]	[illegible]	[illegible]	[illegible]	[illegible]	[illegible]	[illegible]	[illegible]	[illegible]	[illegible]	[illegible]	[illegible]	[illegible]	[illegible]	[illegible]	[illegible]
F0DE	[illegible]	[illegible]	[illegible]	[illegible]	[illegible]	[illegible]	[illegible]	[illegible]	[illegible]	[illegible]	[illegible]	[illegible]	[illegible]	[illegible]	[illegible]	[illegible]
F0DF	[illegible]	[illegible]	[illegible]	[illegible]	[illegible]	[illegible]	[illegible]	[illegible]	[illegible]	[illegible]	[illegible]	[illegible]	[illegible]	[illegible]	[illegible]	[illegible]

表 1（续）

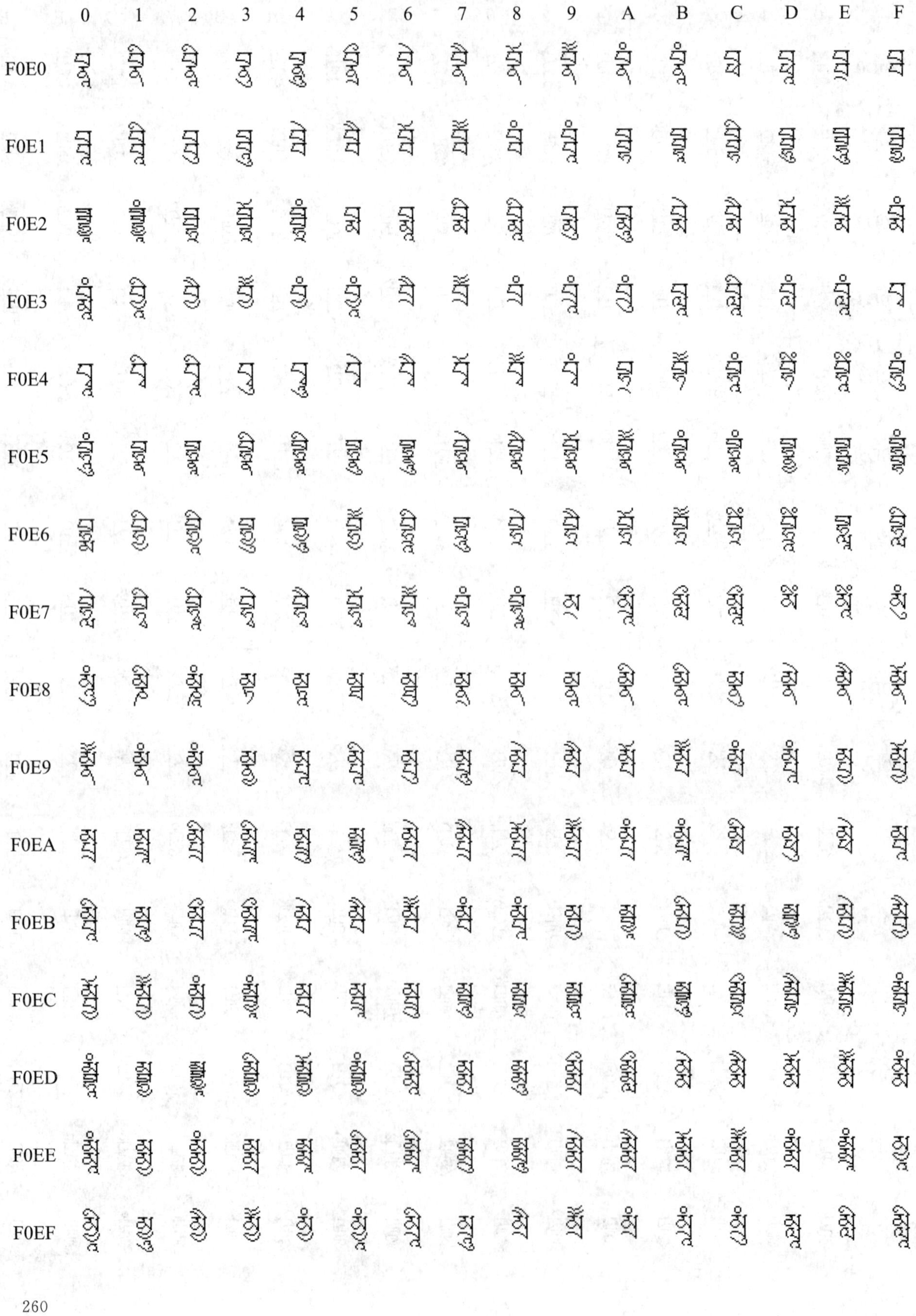

	0	1	2	3	4	5	6	7	8	9	A	B	C	D	E	F
F0E0																
F0E1																
F0E2																
F0E3																
F0E4																
F0E5																
F0E6																
F0E7																
F0E8																
F0E9																
F0EA																
F0EB																
F0EC																
F0ED																
F0EE																
F0EF																

表 1（续）

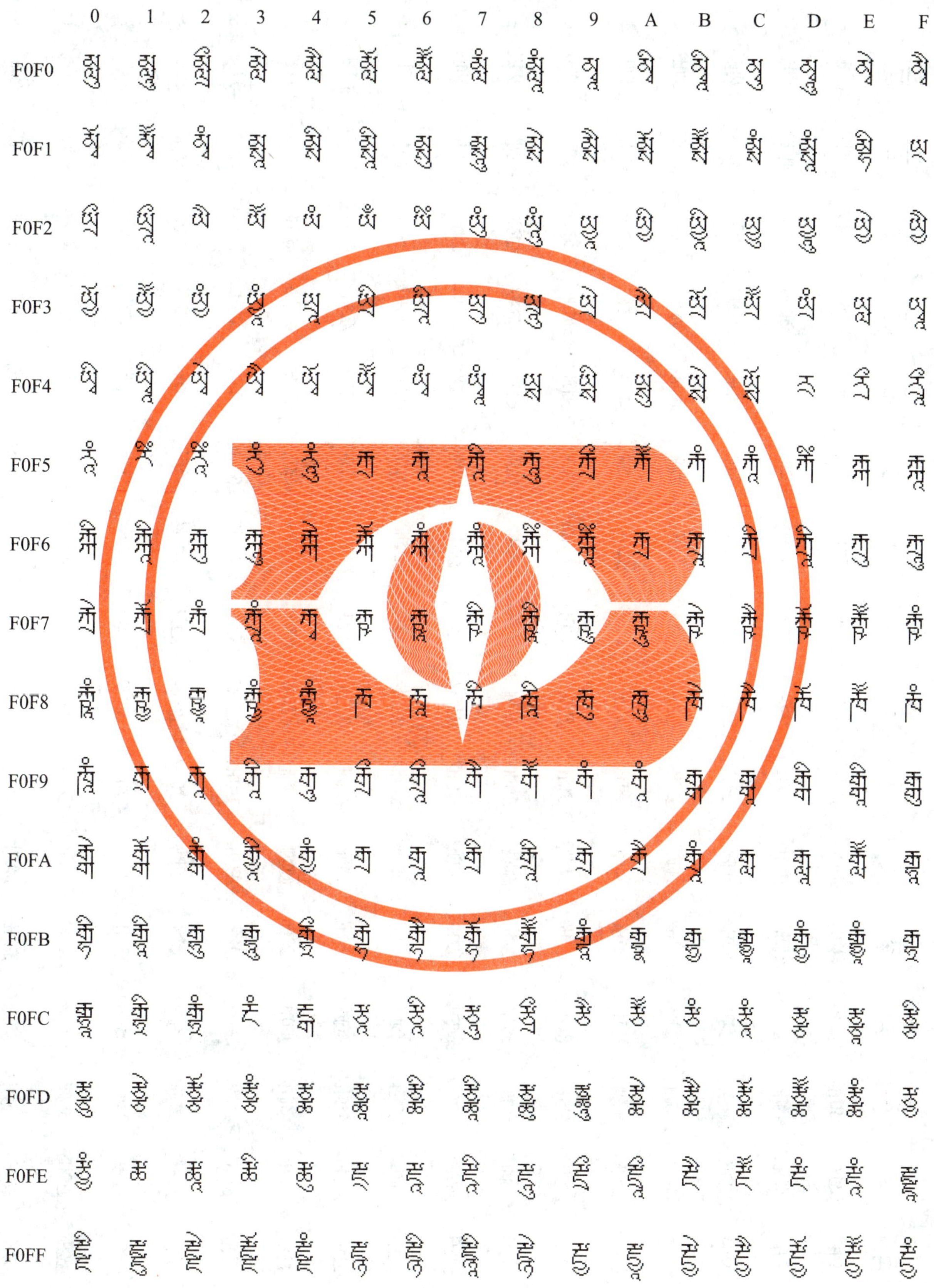

	0	1	2	3	4	5	6	7	8	9	A	B	C	D	E	F
F0F0	[illegible]	[illegible]	[illegible]	[illegible]	[illegible]	[illegible]	[illegible]	[illegible]	[illegible]	[illegible]	[illegible]	[illegible]	[illegible]	[illegible]	[illegible]	[illegible]
F0F1	[illegible]	[illegible]	[illegible]	[illegible]	[illegible]	[illegible]	[illegible]	[illegible]	[illegible]	[illegible]	[illegible]	[illegible]	[illegible]	[illegible]	[illegible]	[illegible]
F0F2	[illegible]	[illegible]	[illegible]	[illegible]	[illegible]	[illegible]	[illegible]	[illegible]	[illegible]	[illegible]	[illegible]	[illegible]	[illegible]	[illegible]	[illegible]	[illegible]
F0F3	[illegible]	[illegible]	[illegible]	[illegible]	[illegible]	[illegible]	[illegible]	[illegible]	[illegible]	[illegible]	[illegible]	[illegible]	[illegible]	[illegible]	[illegible]	[illegible]
F0F4	[illegible]	[illegible]	[illegible]	[illegible]	[illegible]	[illegible]	[illegible]	[illegible]	[illegible]	[illegible]	[illegible]	[illegible]	[illegible]	[illegible]	[illegible]	[illegible]
F0F5	[illegible]	[illegible]	[illegible]	[illegible]	[illegible]	[illegible]	[illegible]	[illegible]	[illegible]	[illegible]	[illegible]	[illegible]	[illegible]	[illegible]	[illegible]	[illegible]
F0F6	[illegible]	[illegible]	[illegible]	[illegible]	[illegible]	[illegible]	[illegible]	[illegible]	[illegible]	[illegible]	[illegible]	[illegible]	[illegible]	[illegible]	[illegible]	[illegible]
F0F7	[illegible]	[illegible]	[illegible]	[illegible]	[illegible]	[illegible]	[illegible]	[illegible]	[illegible]	[illegible]	[illegible]	[illegible]	[illegible]	[illegible]	[illegible]	[illegible]
F0F8	[illegible]	[illegible]	[illegible]	[illegible]	[illegible]	[illegible]	[illegible]	[illegible]	[illegible]	[illegible]	[illegible]	[illegible]	[illegible]	[illegible]	[illegible]	[illegible]
F0F9	[illegible]	[illegible]	[illegible]	[illegible]	[illegible]	[illegible]	[illegible]	[illegible]	[illegible]	[illegible]	[illegible]	[illegible]	[illegible]	[illegible]	[illegible]	[illegible]
F0FA	[illegible]	[illegible]	[illegible]	[illegible]	[illegible]	[illegible]	[illegible]	[illegible]	[illegible]	[illegible]	[illegible]	[illegible]	[illegible]	[illegible]	[illegible]	[illegible]
F0FB	[illegible]	[illegible]	[illegible]	[illegible]	[illegible]	[illegible]	[illegible]	[illegible]	[illegible]	[illegible]	[illegible]	[illegible]	[illegible]	[illegible]	[illegible]	[illegible]
F0FC	[illegible]	[illegible]	[illegible]	[illegible]	[illegible]	[illegible]	[illegible]	[illegible]	[illegible]	[illegible]	[illegible]	[illegible]	[illegible]	[illegible]	[illegible]	[illegible]
F0FD	[illegible]	[illegible]	[illegible]	[illegible]	[illegible]	[illegible]	[illegible]	[illegible]	[illegible]	[illegible]	[illegible]	[illegible]	[illegible]	[illegible]	[illegible]	[illegible]
F0FE	[illegible]	[illegible]	[illegible]	[illegible]	[illegible]	[illegible]	[illegible]	[illegible]	[illegible]	[illegible]	[illegible]	[illegible]	[illegible]	[illegible]	[illegible]	[illegible]
F0FF	[illegible]	[illegible]	[illegible]	[illegible]	[illegible]	[illegible]	[illegible]	[illegible]	[illegible]	[illegible]	[illegible]	[illegible]	[illegible]	[illegible]	[illegible]	[illegible]

表 1（续）

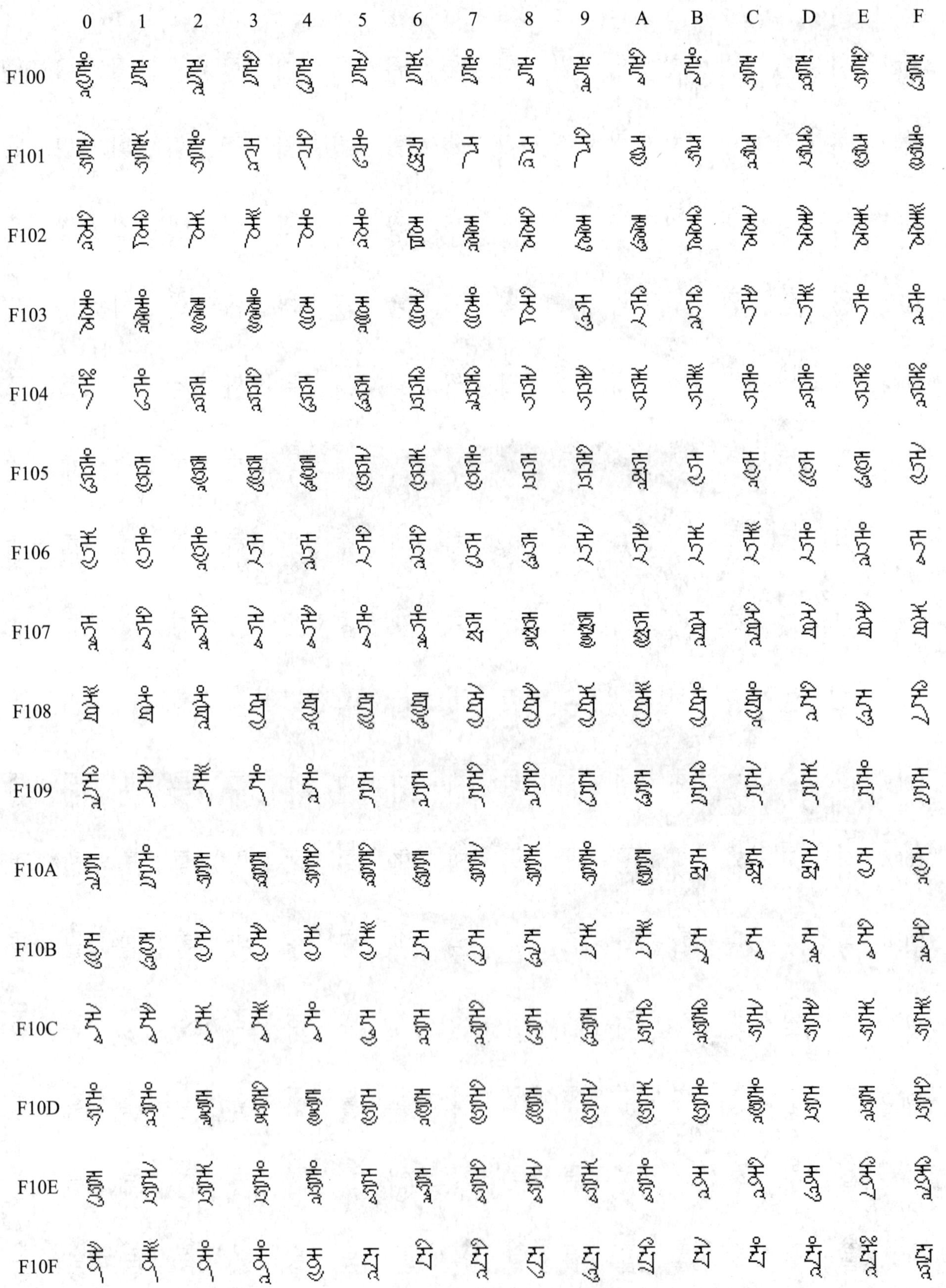

	0	1	2	3	4	5	6	7	8	9	A	B	C	D	E	F
F100																
F101																
F102																
F103																
F104																
F105																
F106																
F107																
F108																
F109																
F10A																
F10B																
F10C																
F10D																
F10E																
F10F																

表 1（续）

	0	1	2	3	4	5	6	7	8	9	A	B	C	D	E	F
F110	[illegible]	[illegible]	[illegible]	[illegible]	[illegible]	[illegible]	[illegible]	[illegible]	[illegible]	[illegible]	[illegible]	[illegible]	[illegible]	[illegible]	[illegible]	[illegible]
F111	[illegible]	[illegible]	[illegible]	[illegible]	[illegible]	[illegible]	[illegible]	[illegible]	[illegible]	[illegible]	[illegible]	[illegible]	[illegible]	[illegible]	[illegible]	[illegible]
F112	[illegible]	[illegible]	[illegible]	[illegible]	[illegible]	[illegible]	[illegible]	[illegible]	[illegible]	[illegible]	[illegible]	[illegible]	[illegible]	[illegible]	[illegible]	[illegible]
F113	[illegible]	[illegible]	[illegible]	[illegible]	[illegible]	[illegible]	[illegible]	[illegible]	[illegible]	[illegible]	[illegible]	[illegible]	[illegible]	[illegible]	[illegible]	[illegible]
F114	[illegible]	[illegible]	[illegible]	[illegible]	[illegible]	[illegible]	[illegible]	[illegible]	[illegible]	[illegible]	[illegible]	[illegible]	[illegible]	[illegible]	[illegible]	[illegible]
F115	[illegible]	[illegible]	[illegible]	[illegible]	[illegible]	[illegible]	[illegible]	[illegible]	[illegible]	[illegible]	[illegible]	[illegible]	[illegible]	[illegible]	[illegible]	[illegible]
F116	[illegible]	[illegible]	[illegible]	[illegible]	[illegible]	[illegible]	[illegible]	[illegible]	[illegible]	[illegible]	[illegible]	[illegible]	[illegible]	[illegible]	[illegible]	[illegible]
F117	[illegible]	[illegible]	[illegible]	[illegible]	[illegible]	[illegible]	[illegible]	[illegible]	[illegible]	[illegible]	[illegible]	[illegible]	[illegible]	[illegible]	[illegible]	[illegible]
F118	[illegible]	[illegible]	[illegible]	[illegible]	[illegible]	[illegible]	[illegible]	[illegible]	[illegible]	[illegible]	[illegible]	[illegible]	[illegible]	[illegible]	[illegible]	[illegible]
F119	[illegible]	[illegible]	[illegible]	[illegible]	[illegible]	[illegible]	[illegible]	[illegible]	[illegible]	[illegible]	[illegible]	[illegible]	[illegible]	[illegible]	[illegible]	[illegible]
F11A	[illegible]	[illegible]	[illegible]	[illegible]	[illegible]	[illegible]	[illegible]	[illegible]	[illegible]	[illegible]	[illegible]	[illegible]	[illegible]	[illegible]	[illegible]	[illegible]
F11B	[illegible]	[illegible]	[illegible]	[illegible]	[illegible]	[illegible]	[illegible]	[illegible]	[illegible]	[illegible]	[illegible]	[illegible]	[illegible]	[illegible]	[illegible]	[illegible]
F11C	[illegible]	[illegible]	[illegible]	[illegible]	[illegible]	[illegible]	[illegible]	[illegible]	[illegible]	[illegible]	[illegible]	[illegible]	[illegible]	[illegible]	[illegible]	[illegible]
F11D	[illegible]	[illegible]	[illegible]	[illegible]	[illegible]	[illegible]	[illegible]	[illegible]	[illegible]	[illegible]	[illegible]	[illegible]	[illegible]	[illegible]	[illegible]	[illegible]
F11E	[illegible]	[illegible]	[illegible]	[illegible]	[illegible]	[illegible]	[illegible]	[illegible]	[illegible]	[illegible]	[illegible]	[illegible]	[illegible]	[illegible]	[illegible]	[illegible]
F11F	[illegible]	[illegible]	[illegible]	[illegible]	[illegible]	[illegible]	[illegible]	[illegible]	[illegible]	[illegible]	[illegible]	[illegible]	[illegible]	[illegible]	[illegible]	[illegible]

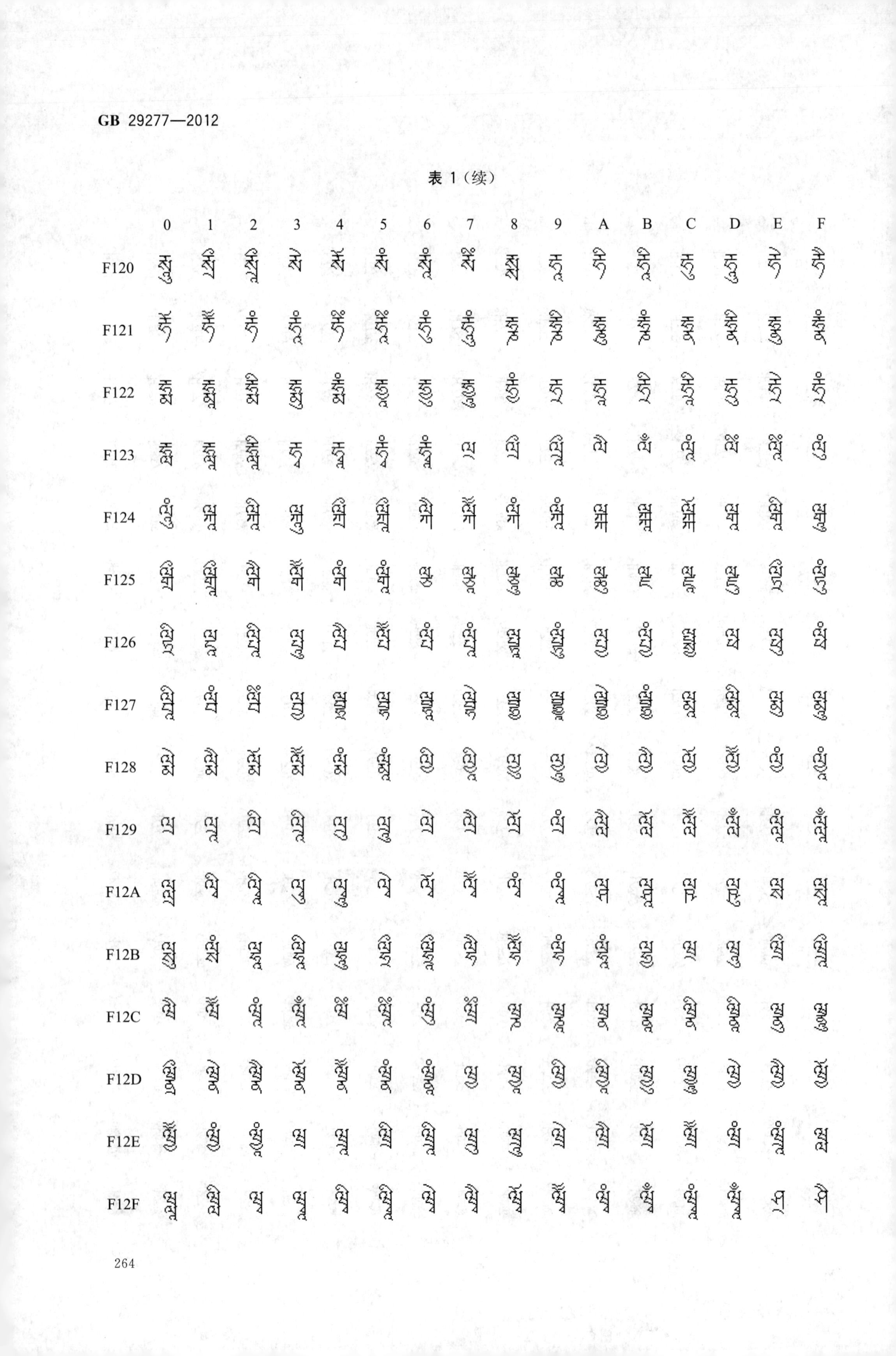

表 1（续）

	0	1	2	3	4	5	6	7	8	9	A	B	C	D	E	F
F120																
F121																
F122																
F123																
F124																
F125																
F126																
F127																
F128																
F129																
F12A																
F12B																
F12C																
F12D																
F12E																
F12F																

表 1（续）

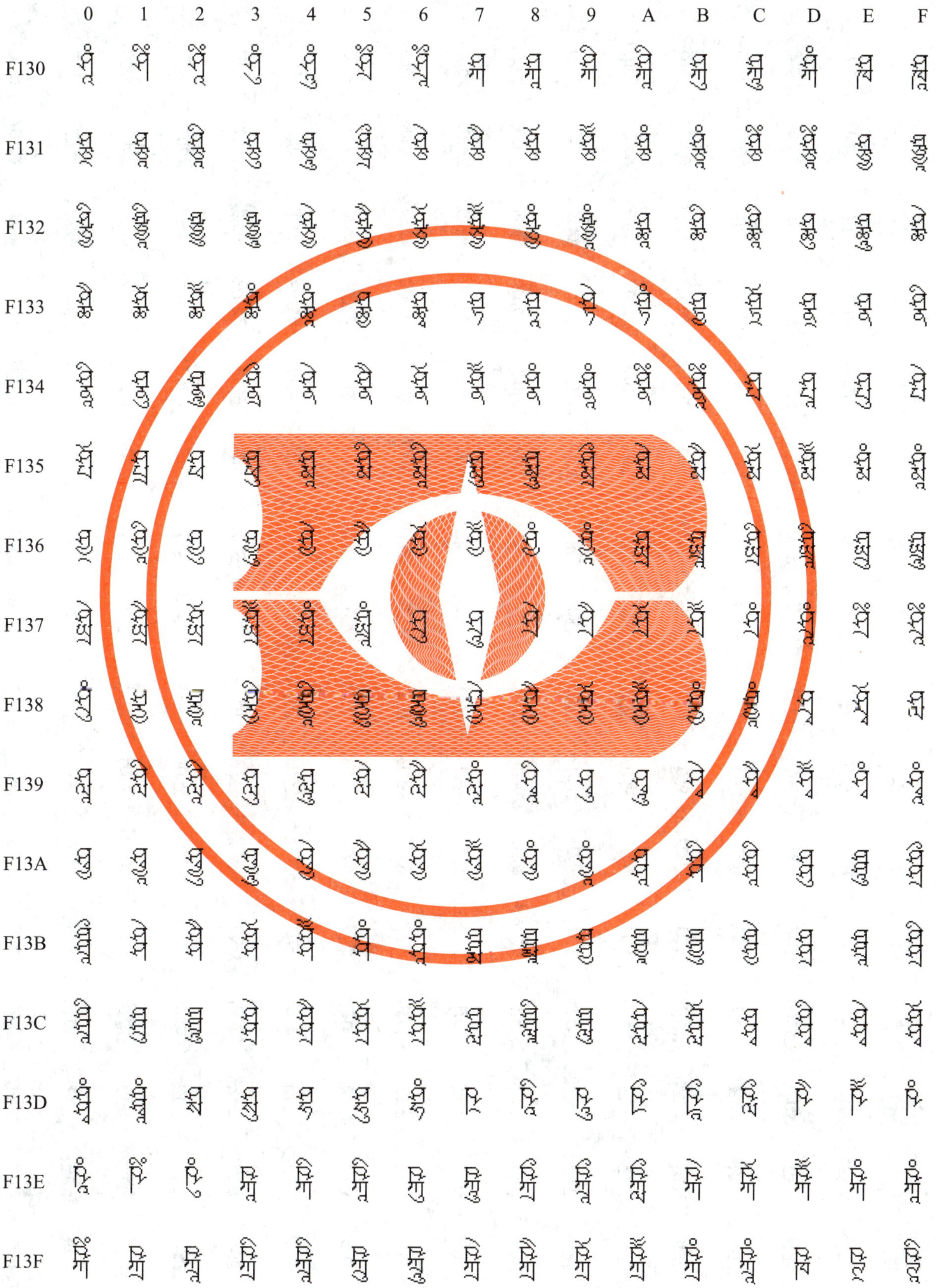

	0	1	2	3	4	5	6	7	8	9	A	B	C	D	E	F
F130																
F131																
F132																
F133																
F134																
F135																
F136																
F137																
F138																
F139																
F13A																
F13B																
F13C																
F13D																
F13E																
F13F																

表 1（续）

	0	1	2	3	4	5	6	7	8	9	A	B	C	D	E	F
F140	[illegible]	[illegible]	[illegible]	[illegible]	[illegible]	[illegible]	[illegible]	[illegible]	[illegible]	[illegible]	[illegible]	[illegible]	[illegible]	[illegible]	[illegible]	[illegible]
F141	[illegible]	[illegible]	[illegible]	[illegible]	[illegible]	[illegible]	[illegible]	[illegible]	[illegible]	[illegible]	[illegible]	[illegible]	[illegible]	[illegible]	[illegible]	[illegible]
F142	[illegible]	[illegible]	[illegible]	[illegible]	[illegible]	[illegible]	[illegible]	[illegible]	[illegible]	[illegible]	[illegible]	[illegible]	[illegible]	[illegible]	[illegible]	[illegible]
F143	[illegible]	[illegible]	[illegible]	[illegible]	[illegible]	[illegible]	[illegible]	[illegible]	[illegible]	[illegible]	[illegible]	[illegible]	[illegible]	[illegible]	[illegible]	[illegible]
F144	[illegible]	[illegible]	[illegible]	[illegible]	[illegible]	[illegible]	[illegible]	[illegible]	[illegible]	[illegible]	[illegible]	[illegible]	[illegible]	[illegible]	[illegible]	[illegible]
F145	[illegible]	[illegible]	[illegible]	[illegible]	[illegible]	[illegible]	[illegible]	[illegible]	[illegible]	[illegible]	[illegible]	[illegible]	[illegible]	[illegible]	[illegible]	[illegible]
F146	[illegible]	[illegible]	[illegible]	[illegible]	[illegible]	[illegible]	[illegible]	[illegible]	[illegible]	[illegible]	[illegible]	[illegible]	[illegible]	[illegible]	[illegible]	[illegible]
F147	[illegible]	[illegible]	[illegible]	[illegible]	[illegible]	[illegible]	[illegible]	[illegible]	[illegible]	[illegible]	[illegible]	[illegible]	[illegible]	[illegible]	[illegible]	[illegible]
F148	[illegible]	[illegible]	[illegible]	[illegible]	[illegible]	[illegible]	[illegible]	[illegible]	[illegible]	[illegible]	[illegible]	[illegible]	[illegible]	[illegible]	[illegible]	[illegible]
F149	[illegible]	[illegible]	[illegible]	[illegible]	[illegible]	[illegible]	[illegible]	[illegible]	[illegible]	[illegible]	[illegible]	[illegible]	[illegible]	[illegible]	[illegible]	[illegible]
F14A	[illegible]	[illegible]	[illegible]	[illegible]	[illegible]	[illegible]	[illegible]	[illegible]	[illegible]	[illegible]	[illegible]	[illegible]	[illegible]	[illegible]	[illegible]	[illegible]
F14B	[illegible]	[illegible]	[illegible]	[illegible]	[illegible]	[illegible]	[illegible]	[illegible]	[illegible]	[illegible]	[illegible]	[illegible]	[illegible]	[illegible]	[illegible]	[illegible]
F14C	[illegible]	[illegible]	[illegible]	[illegible]	[illegible]	[illegible]	[illegible]	[illegible]	[illegible]	[illegible]	[illegible]	[illegible]	[illegible]	[illegible]	[illegible]	[illegible]
F14D	[illegible]	[illegible]	[illegible]	[illegible]	[illegible]	[illegible]	[illegible]	[illegible]	[illegible]	[illegible]	[illegible]	[illegible]	[illegible]	[illegible]	[illegible]	[illegible]
F14E	[illegible]	[illegible]	[illegible]	[illegible]	[illegible]	[illegible]	[illegible]	[illegible]	[illegible]	[illegible]	[illegible]	[illegible]	[illegible]	[illegible]	[illegible]	[illegible]
F14F	[illegible]	[illegible]	[illegible]	[illegible]	[illegible]	[illegible]	[illegible]	[illegible]	[illegible]	[illegible]	[illegible]	[illegible]	[illegible]	[illegible]	[illegible]	[illegible]

表 1（续）

	0	1	2	3	4	5	6	7	8	9	A	B	C	D	E	F
F150	[illegible]	[illegible]	[illegible]	[illegible]	[illegible]	[illegible]	[illegible]	[illegible]	[illegible]	[illegible]	[illegible]	[illegible]	[illegible]	[illegible]	[illegible]	[illegible]
F151	[illegible]	[illegible]	[illegible]	[illegible]	[illegible]	[illegible]	[illegible]	[illegible]	[illegible]	[illegible]	[illegible]	[illegible]	[illegible]	[illegible]	[illegible]	[illegible]
F152	[illegible]	[illegible]	[illegible]	[illegible]	[illegible]	[illegible]	[illegible]	[illegible]	[illegible]	[illegible]	[illegible]	[illegible]	[illegible]	[illegible]	[illegible]	[illegible]
F153	[illegible]	[illegible]	[illegible]	[illegible]	[illegible]	[illegible]	[illegible]	[illegible]	[illegible]	[illegible]	[illegible]	[illegible]	[illegible]	[illegible]	[illegible]	[illegible]
F154	[illegible]	[illegible]	[illegible]	[illegible]	[illegible]	[illegible]	[illegible]	[illegible]	[illegible]	[illegible]	[illegible]	[illegible]	[illegible]	[illegible]	[illegible]	[illegible]
F155	[illegible]	[illegible]	[illegible]	[illegible]	[illegible]	[illegible]	[illegible]	[illegible]	[illegible]	[illegible]	[illegible]	[illegible]	[illegible]	[illegible]	[illegible]	[illegible]
F156	[illegible]	[illegible]	[illegible]	[illegible]	[illegible]	[illegible]	[illegible]	[illegible]	[illegible]	[illegible]	[illegible]	[illegible]	[illegible]	[illegible]	[illegible]	[illegible]
F157	[illegible]	[illegible]	[illegible]	[illegible]	[illegible]	[illegible]	[illegible]	[illegible]	[illegible]	[illegible]	[illegible]	[illegible]	[illegible]	[illegible]	[illegible]	[illegible]
F158	[illegible]	[illegible]	[illegible]	[illegible]	[illegible]	[illegible]	[illegible]	[illegible]	[illegible]	[illegible]	[illegible]	[illegible]	[illegible]	[illegible]	[illegible]	[illegible]
F159	[illegible]	[illegible]	[illegible]	[illegible]	[illegible]	[illegible]	[illegible]	[illegible]	[illegible]	[illegible]	[illegible]	[illegible]	[illegible]	[illegible]	[illegible]	[illegible]
F15A	[illegible]	[illegible]	[illegible]	[illegible]	[illegible]	[illegible]	[illegible]	[illegible]	[illegible]	[illegible]	[illegible]	[illegible]	[illegible]	[illegible]	[illegible]	[illegible]
F15B	[illegible]	[illegible]	[illegible]	[illegible]	[illegible]	[illegible]	[illegible]	[illegible]	[illegible]	[illegible]	[illegible]	[illegible]	[illegible]	[illegible]	[illegible]	[illegible]
F15C	[illegible]	[illegible]	[illegible]	[illegible]	[illegible]	[illegible]	[illegible]	[illegible]	[illegible]	[illegible]	[illegible]	[illegible]	[illegible]	[illegible]	[illegible]	[illegible]
F15D	[illegible]	[illegible]	[illegible]	[illegible]	[illegible]	[illegible]	[illegible]	[illegible]	[illegible]	[illegible]	[illegible]	[illegible]	[illegible]	[illegible]	[illegible]	[illegible]
F15E	[illegible]	[illegible]	[illegible]	[illegible]	[illegible]	[illegible]	[illegible]	[illegible]	[illegible]	[illegible]	[illegible]	[illegible]	[illegible]	[illegible]	[illegible]	[illegible]
F15F	[illegible]	[illegible]	[illegible]	[illegible]	[illegible]	[illegible]	[illegible]	[illegible]	[illegible]	[illegible]	[illegible]	[illegible]	[illegible]	[illegible]	[illegible]	[illegible]

表 1（续）

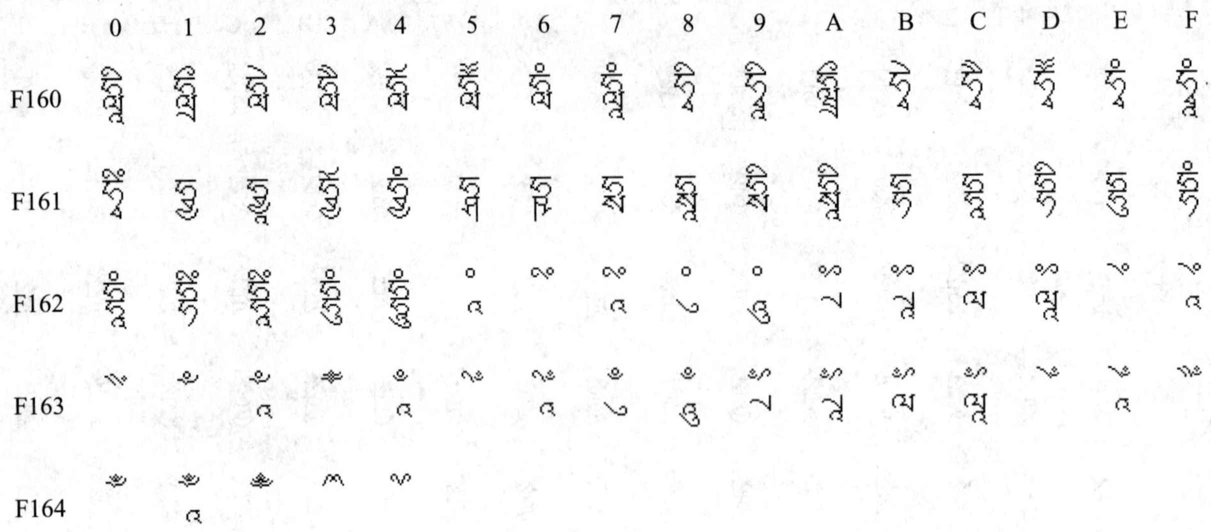

	0	1	2	3	4	5	6	7	8	9	A	B	C	D	E	F
F160	[illegible]	[illegible]	[illegible]	[illegible]	[illegible]	[illegible]	[illegible]	[illegible]	[illegible]	[illegible]	[illegible]	[illegible]	[illegible]	[illegible]	[illegible]	[illegible]
F161	[illegible]	[illegible]	[illegible]	[illegible]	[illegible]	[illegible]	[illegible]	[illegible]	[illegible]	[illegible]	[illegible]	[illegible]	[illegible]	[illegible]	[illegible]	[illegible]
F162	[illegible]	[illegible]	[illegible]	[illegible]	[illegible]	[illegible]	[illegible]	[illegible]	[illegible]	[illegible]	[illegible]	[illegible]	[illegible]	[illegible]	[illegible]	[illegible]
F163	[illegible]	[illegible]	[illegible]	[illegible]	[illegible]	[illegible]	[illegible]	[illegible]	[illegible]	[illegible]	[illegible]	[illegible]	[illegible]	[illegible]	[illegible]	[illegible]
F164	[illegible]	[illegible]	[illegible]	[illegible]	[illegible]											

附 录 A
(资料性附录)
藏文甘丹白体

本标准规定的藏文甘丹(དགའ་ལྡན།)白体参照德格木刻版、那塘木刻版《甘珠尔》《丹珠尔》等版本字体而创作,是众多不同风格的白体中独具特色的一种书体字型。

附 录 B
（规范性附录）
藏文 16×32 点阵字型数据

B.1 藏文 16×32 点阵字型数据的表示

本标准中，藏文的字型可由其点阵数据来表示。每个字型的点阵数据为 16×32（横行点数×纵列点数），共 512 二进制位，64 个字节。

B.2 藏文 16×32 点阵字型数据的记录格式

藏文 16×32 点阵字型数据的 64 个字节排列次序是以 0 字节开始至 63 个字节结束，均用十六进制表示，每行 2 个字节，其记录格式见表 B.1。

表 B.1 16×32 点阵字型数据记录格式

行数	列数															
	0	1	2	3	4	5	6	7	8	9	10	11	12	13	14	15
0	0 字节								1 字节							
1	2 字节								3 字节							
2	…								…							
⋮	…								…							
⋮	…								…							
30	…								…							
31	62 字节								63 字节							

B.3 藏文 16×32 点阵字型数据示例

藏文 16×32 点阵字型的数据示例见表 B.2。

表 B.2 藏文点阵字型数据示例

F00A1	F006C	F02E3
00 00	00 00	00 00
01 C0	0E 00	00 00
02 20	11 80	00 00
02 20	20 40	00 00
02 20	24 20	00 00
01 C0	18 10	00 00
00 00	00 08	00 00

表 **B.** 2（续）

F00A1	F006C	F02E3
1F FC	1F FC	1F FC
09 98	09 98	09 98
18 88	08 88	10 88
30 88	18 88	20 88
20 88	30 88	3C 88
00 08	20 88	03 88
0F F8	00 88	00 88
08 00	00 08	00 08
08 00	00 08	07 8C
05 E0	0F F8	09 18
06 10	00 20	10 88
02 10	00 10	10 88
00 20	00 10	13 C8
07 40	01 E8	08 38
08 E0	02 18	00 08
00 10	04 00	00 F8
01 E8	04 00	01 10
02 20	08 00	02 08
22 60	08 00	02 08
18 10	10 00	01 38
04 18	10 00	00 04
03 24	00 00	00 00
00 84	00 00	00 00
00 78	00 00	00 00
00 00	00 00	00 00

ICS 35.040
L 71

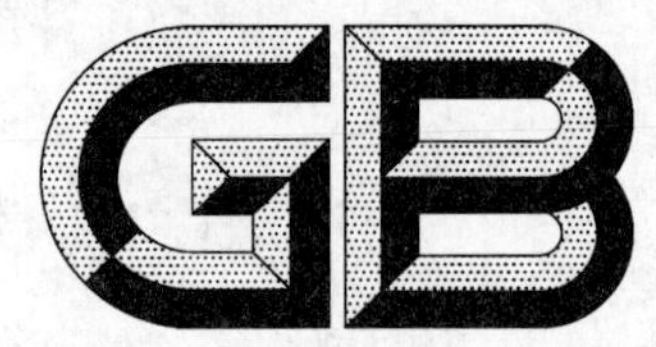

中华人民共和国国家标准

GB 29278—2012

信息技术 藏文编码字符集(扩充集B) 16×32点阵字型 甘丹黑体

Information technology—Tibetan ideogram coded character set (extension set B)—16×32 dot matrix font—Bkav bstan bold

2012-12-31发布 2013-12-01实施

中华人民共和国国家质量监督检验检疫总局
中国国家标准化管理委员会 发布

前　言

本标准的全部技术内容为强制性。

本标准按照GB/T 1.1—2009给出的规则起草。

本标准由全国信息技术标准化技术委员会(SAC/TC 28)提出并归口。

本标准起草单位:中国电子技术标准化研究所、潍坊北大青鸟华光照排有限公司、中国藏学研究中心、西藏自治区藏语文工作委员会办公室。

本标准起草人:陈壮、殷建民、聪博、代红、吕建春、周华、熊涛、徐志强、贡保达吉、赵翠、李满江。

引　　言

本标准根据 GB/T 22238—2008《信息技术　藏文编码字符集　扩充集 B》所规定的藏文及部分梵音转写藏文字符，以我国藏语地区规范的字型为基础，设计和规定了信息系统用藏文 16×32 点阵甘丹黑体（参见附录 A）字型。

有关字型数据的授权转让使用事宜，字型标准数据的维护、更新及修订工作，统一由归口单位负责。

地　　址：北京市东城区安定门东大街 1 号（北京市 1101 信箱）

邮　　编：100007

电　　话：64007689　84029173

传　　真：64007681

E-mail：daihong@cesi.ac.cn

信息技术　藏文编码字符集(扩充集 B) 16×32 点阵字型　甘丹黑体

1　范围

本标准规定了 GB/T 22238—2008 中藏文图形字符的 16×32 点阵甘丹黑体字型。

本标准主要适用于藏文信息处理系统中的显示设备、点阵式输出设备,也可用于其他相关设备。

2　规范性引用文件

下列文件对于本文件的应用是必不可少的。凡是注日期的引用文件,仅注日期的版本适用于本文件。凡是不注日期的引用文件,其最新版本(包括所有的修改单)适用于本文件。

GB/T 22238—2008　信息技术　藏文编码字符集　扩充集 B

3　术语和定义

下列术语和定义适用于本文件。

3.1

字形　glyph

一个可辨认的抽象图形符号,它不依赖于任何特定的设计。

3.2

字型　font

具有同一基本设计的字形图像的集合,如:甘丹黑体。

3.3

点阵字型　dot matrix font

以点的集合来表现图形字符的型(形)。

3.4

字序　character order

图形字符在集合中按一定规则排列的次序。

4　标准数据的管理

为加强对电子信息技术产品使用藏文字型标准数据的管理,保证本标准在实施中数据的正确性和一致性,有关字型数据的授权转让使用事宜,字型标准数据的维护、更新及修订工作,统一由归口单位负责。

5　点阵字型的表示方法

5.1　栅格

栅格由若干条等距离的垂直线与水平线相交而形成。

本标准规定的是 16×32 点阵字型，其栅格是横向 16 格，纵向 32 格。每个方格的中心定为点的中心位置。

栅格仅对构成点阵的各点进行定位，栅格图如图 1 所示。

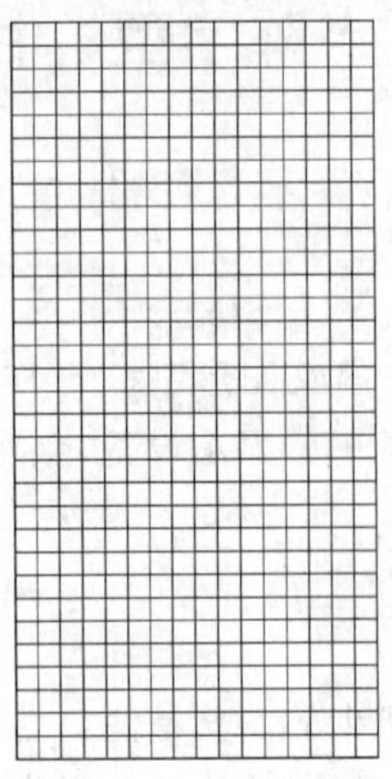

图 1　16×32 点阵栅格图

5.2　点

点是构成点阵字型的最小单位，它是位于各方格内的黑色区域。

5.3　点阵字样

藏文点阵字型的字样，由位于栅格内的若干个点的集合来表示。藏文"ཨོྃ"的 16×32 点阵字型如图 2 所示。

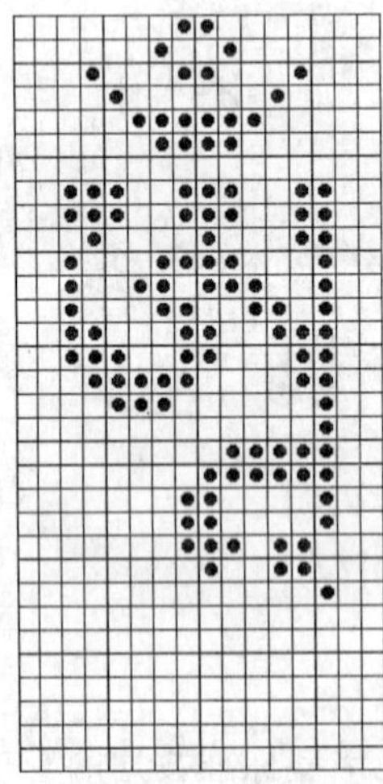

图 2　16×32 点阵藏文"ཨོྃ"的字型

6　藏文点阵字型

6.1　字符数

本标准提供了 GB/T 22238—2008 规定的 5 701 个藏文图形字符的 16×32 点阵甘丹黑体字型。

6.2 字序

本标准提供的5 701个藏文图形字符的16×32点阵甘丹黑体字型按照GB/T 22238—2008规定的字符字序排列。

6.3 藏文字型数据

藏文16×32点阵字型数据的表示，见附录B。

6.4 藏文点阵字型表

本标准提供的GB/T 22238—2008规定的5 701个藏文16×32点阵甘丹黑体字型见表1。

表 1　藏文字型表(扩充集 B)

	0	1	2	3	4	5	6	7	8	9	A	B	C	D	E	F
F000	[illegible]	[illegible]	[illegible]	[illegible]	[illegible]	[illegible]	[illegible]	[illegible]	[illegible]	[illegible]	[illegible]	[illegible]	[illegible]	[illegible]	[illegible]	[illegible]
F001	[illegible]	[illegible]	[illegible]	[illegible]	[illegible]	[illegible]	[illegible]	[illegible]	[illegible]	[illegible]	[illegible]	[illegible]	[illegible]	[illegible]	[illegible]	[illegible]
F002	[illegible]	[illegible]	[illegible]	[illegible]	[illegible]	[illegible]	[illegible]	[illegible]	[illegible]	[illegible]	[illegible]	[illegible]	[illegible]	[illegible]	[illegible]	[illegible]
F003	[illegible]	[illegible]	[illegible]	[illegible]	[illegible]	[illegible]	[illegible]	[illegible]	[illegible]	[illegible]	[illegible]	[illegible]	[illegible]	[illegible]	[illegible]	[illegible]
F004	[illegible]	[illegible]	[illegible]	[illegible]	[illegible]	[illegible]	[illegible]	[illegible]	[illegible]	[illegible]	[illegible]	[illegible]	[illegible]	[illegible]	[illegible]	[illegible]
F005	[illegible]	[illegible]	[illegible]	[illegible]	[illegible]	[illegible]	[illegible]	[illegible]	[illegible]	[illegible]	[illegible]	[illegible]	[illegible]	[illegible]	[illegible]	[illegible]
F006	[illegible]	[illegible]	[illegible]	[illegible]	[illegible]	[illegible]	[illegible]	[illegible]	[illegible]	[illegible]	[illegible]	[illegible]	[illegible]	[illegible]	[illegible]	[illegible]
F007	[illegible]	[illegible]	[illegible]	[illegible]	[illegible]	[illegible]	[illegible]	[illegible]	[illegible]	[illegible]	[illegible]	[illegible]	[illegible]	[illegible]	[illegible]	[illegible]
F008	[illegible]	[illegible]	[illegible]	[illegible]	[illegible]	[illegible]	[illegible]	[illegible]	[illegible]	[illegible]	[illegible]	[illegible]	[illegible]	[illegible]	[illegible]	[illegible]
F009	[illegible]	[illegible]	[illegible]	[illegible]	[illegible]	[illegible]	[illegible]	[illegible]	[illegible]	[illegible]	[illegible]	[illegible]	[illegible]	[illegible]	[illegible]	[illegible]
F00A	[illegible]	[illegible]	[illegible]	[illegible]	[illegible]	[illegible]	[illegible]	[illegible]	[illegible]	[illegible]	[illegible]	[illegible]	[illegible]	[illegible]	[illegible]	[illegible]
F00B	[illegible]	[illegible]	[illegible]	[illegible]	[illegible]	[illegible]	[illegible]	[illegible]	[illegible]	[illegible]	[illegible]	[illegible]	[illegible]	[illegible]	[illegible]	[illegible]
F00C	[illegible]	[illegible]	[illegible]	[illegible]	[illegible]	[illegible]	[illegible]	[illegible]	[illegible]	[illegible]	[illegible]	[illegible]	[illegible]	[illegible]	[illegible]	[illegible]
F00D	[illegible]	[illegible]	[illegible]	[illegible]	[illegible]	[illegible]	[illegible]	[illegible]	[illegible]	[illegible]	[illegible]	[illegible]	[illegible]	[illegible]	[illegible]	[illegible]
F00E	[illegible]	[illegible]	[illegible]	[illegible]	[illegible]	[illegible]	[illegible]	[illegible]	[illegible]	[illegible]	[illegible]	[illegible]	[illegible]	[illegible]	[illegible]	[illegible]
F00F	[illegible]	[illegible]	[illegible]	[illegible]	[illegible]	[illegible]	[illegible]	[illegible]	[illegible]	[illegible]	[illegible]	[illegible]	[illegible]	[illegible]	[illegible]	[illegible]

表 1（续）

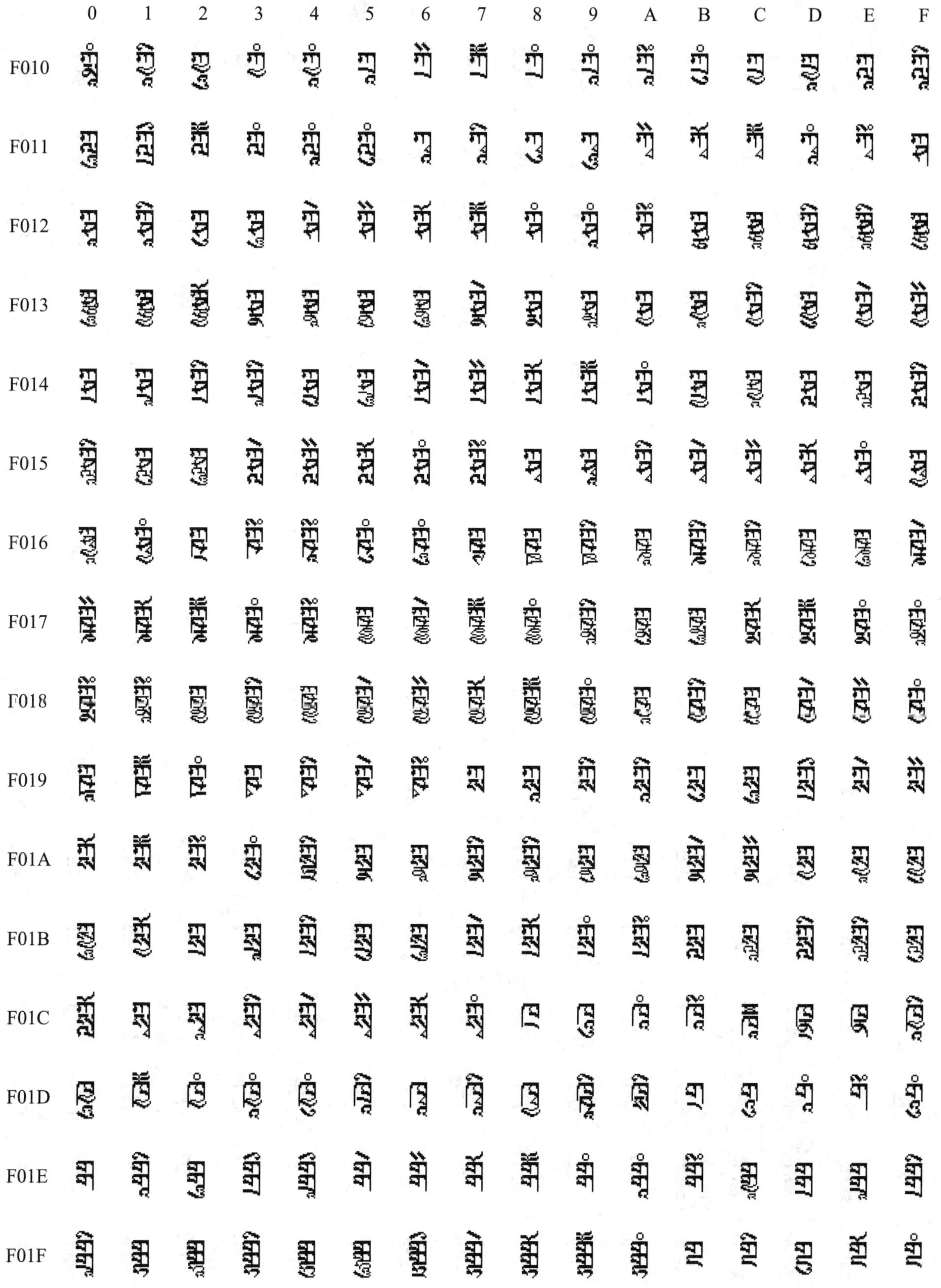

	0	1	2	3	4	5	6	7	8	9	A	B	C	D	E	F
F010																
F011																
F012																
F013																
F014																
F015																
F016																
F017																
F018																
F019																
F01A																
F01B																
F01C																
F01D																
F01E																
F01F																

表 1（续）

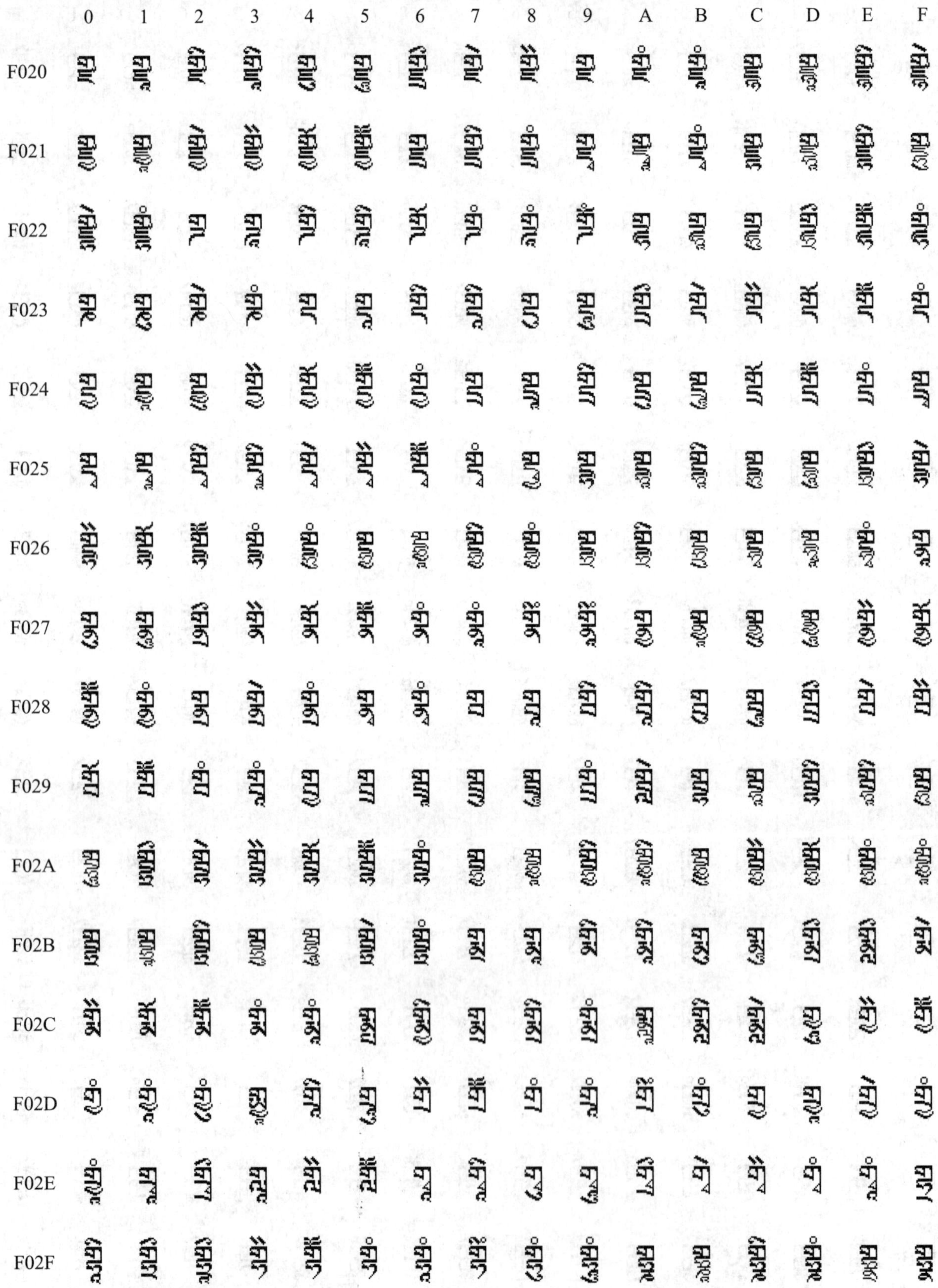

	0	1	2	3	4	5	6	7	8	9	A	B	C	D	E	F
F020	[illegible]	[illegible]	[illegible]	[illegible]	[illegible]	[illegible]	[illegible]	[illegible]	[illegible]	[illegible]	[illegible]	[illegible]	[illegible]	[illegible]	[illegible]	[illegible]
F021	[illegible]	[illegible]	[illegible]	[illegible]	[illegible]	[illegible]	[illegible]	[illegible]	[illegible]	[illegible]	[illegible]	[illegible]	[illegible]	[illegible]	[illegible]	[illegible]
F022	[illegible]	[illegible]	[illegible]	[illegible]	[illegible]	[illegible]	[illegible]	[illegible]	[illegible]	[illegible]	[illegible]	[illegible]	[illegible]	[illegible]	[illegible]	[illegible]
F023	[illegible]	[illegible]	[illegible]	[illegible]	[illegible]	[illegible]	[illegible]	[illegible]	[illegible]	[illegible]	[illegible]	[illegible]	[illegible]	[illegible]	[illegible]	[illegible]
F024	[illegible]	[illegible]	[illegible]	[illegible]	[illegible]	[illegible]	[illegible]	[illegible]	[illegible]	[illegible]	[illegible]	[illegible]	[illegible]	[illegible]	[illegible]	[illegible]
F025	[illegible]	[illegible]	[illegible]	[illegible]	[illegible]	[illegible]	[illegible]	[illegible]	[illegible]	[illegible]	[illegible]	[illegible]	[illegible]	[illegible]	[illegible]	[illegible]
F026	[illegible]	[illegible]	[illegible]	[illegible]	[illegible]	[illegible]	[illegible]	[illegible]	[illegible]	[illegible]	[illegible]	[illegible]	[illegible]	[illegible]	[illegible]	[illegible]
F027	[illegible]	[illegible]	[illegible]	[illegible]	[illegible]	[illegible]	[illegible]	[illegible]	[illegible]	[illegible]	[illegible]	[illegible]	[illegible]	[illegible]	[illegible]	[illegible]
F028	[illegible]	[illegible]	[illegible]	[illegible]	[illegible]	[illegible]	[illegible]	[illegible]	[illegible]	[illegible]	[illegible]	[illegible]	[illegible]	[illegible]	[illegible]	[illegible]
F029	[illegible]	[illegible]	[illegible]	[illegible]	[illegible]	[illegible]	[illegible]	[illegible]	[illegible]	[illegible]	[illegible]	[illegible]	[illegible]	[illegible]	[illegible]	[illegible]
F02A	[illegible]	[illegible]	[illegible]	[illegible]	[illegible]	[illegible]	[illegible]	[illegible]	[illegible]	[illegible]	[illegible]	[illegible]	[illegible]	[illegible]	[illegible]	[illegible]
F02B	[illegible]	[illegible]	[illegible]	[illegible]	[illegible]	[illegible]	[illegible]	[illegible]	[illegible]	[illegible]	[illegible]	[illegible]	[illegible]	[illegible]	[illegible]	[illegible]
F02C	[illegible]	[illegible]	[illegible]	[illegible]	[illegible]	[illegible]	[illegible]	[illegible]	[illegible]	[illegible]	[illegible]	[illegible]	[illegible]	[illegible]	[illegible]	[illegible]
F02D	[illegible]	[illegible]	[illegible]	[illegible]	[illegible]	[illegible]	[illegible]	[illegible]	[illegible]	[illegible]	[illegible]	[illegible]	[illegible]	[illegible]	[illegible]	[illegible]
F02E	[illegible]	[illegible]	[illegible]	[illegible]	[illegible]	[illegible]	[illegible]	[illegible]	[illegible]	[illegible]	[illegible]	[illegible]	[illegible]	[illegible]	[illegible]	[illegible]
F02F	[illegible]	[illegible]	[illegible]	[illegible]	[illegible]	[illegible]	[illegible]	[illegible]	[illegible]	[illegible]	[illegible]	[illegible]	[illegible]	[illegible]	[illegible]	[illegible]

表 1（续）

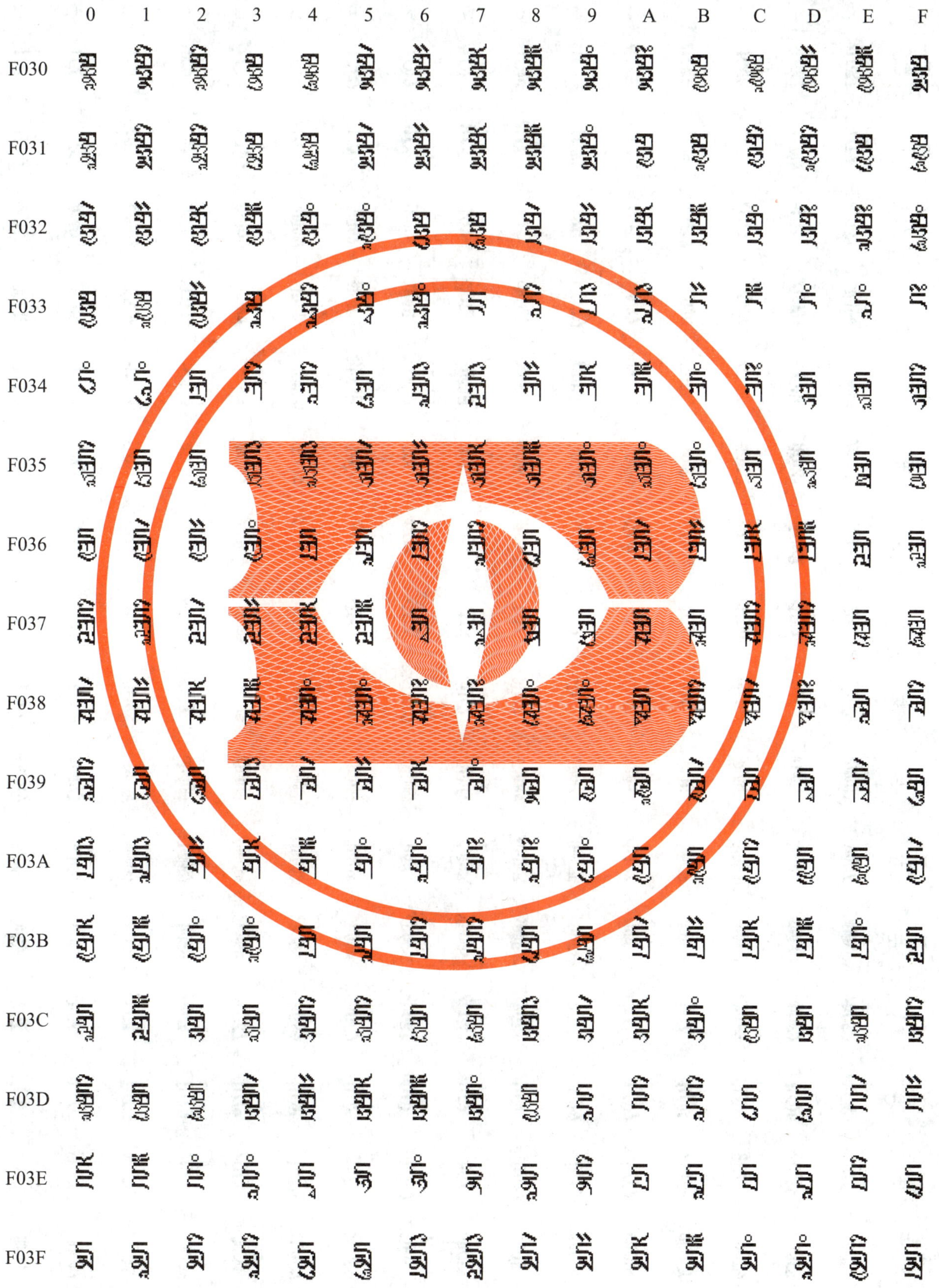

	0	1	2	3	4	5	6	7	8	9	A	B	C	D	E	F
F030	[illegible]	[illegible]	[illegible]	[illegible]	[illegible]	[illegible]	[illegible]	[illegible]	[illegible]	[illegible]	[illegible]	[illegible]	[illegible]	[illegible]	[illegible]	[illegible]
F031	[illegible]	[illegible]	[illegible]	[illegible]	[illegible]	[illegible]	[illegible]	[illegible]	[illegible]	[illegible]	[illegible]	[illegible]	[illegible]	[illegible]	[illegible]	[illegible]
F032	[illegible]	[illegible]	[illegible]	[illegible]	[illegible]	[illegible]	[illegible]	[illegible]	[illegible]	[illegible]	[illegible]	[illegible]	[illegible]	[illegible]	[illegible]	[illegible]
F033	[illegible]	[illegible]	[illegible]	[illegible]	[illegible]	[illegible]	[illegible]	[illegible]	[illegible]	[illegible]	[illegible]	[illegible]	[illegible]	[illegible]	[illegible]	[illegible]
F034	[illegible]	[illegible]	[illegible]	[illegible]	[illegible]	[illegible]	[illegible]	[illegible]	[illegible]	[illegible]	[illegible]	[illegible]	[illegible]	[illegible]	[illegible]	[illegible]
F035	[illegible]	[illegible]	[illegible]	[illegible]	[illegible]	[illegible]	[illegible]	[illegible]	[illegible]	[illegible]	[illegible]	[illegible]	[illegible]	[illegible]	[illegible]	[illegible]
F036	[illegible]	[illegible]	[illegible]	[illegible]	[illegible]	[illegible]	[illegible]	[illegible]	[illegible]	[illegible]	[illegible]	[illegible]	[illegible]	[illegible]	[illegible]	[illegible]
F037	[illegible]	[illegible]	[illegible]	[illegible]	[illegible]	[illegible]	[illegible]	[illegible]	[illegible]	[illegible]	[illegible]	[illegible]	[illegible]	[illegible]	[illegible]	[illegible]
F038	[illegible]	[illegible]	[illegible]	[illegible]	[illegible]	[illegible]	[illegible]	[illegible]	[illegible]	[illegible]	[illegible]	[illegible]	[illegible]	[illegible]	[illegible]	[illegible]
F039	[illegible]	[illegible]	[illegible]	[illegible]	[illegible]	[illegible]	[illegible]	[illegible]	[illegible]	[illegible]	[illegible]	[illegible]	[illegible]	[illegible]	[illegible]	[illegible]
F03A	[illegible]	[illegible]	[illegible]	[illegible]	[illegible]	[illegible]	[illegible]	[illegible]	[illegible]	[illegible]	[illegible]	[illegible]	[illegible]	[illegible]	[illegible]	[illegible]
F03B	[illegible]	[illegible]	[illegible]	[illegible]	[illegible]	[illegible]	[illegible]	[illegible]	[illegible]	[illegible]	[illegible]	[illegible]	[illegible]	[illegible]	[illegible]	[illegible]
F03C	[illegible]	[illegible]	[illegible]	[illegible]	[illegible]	[illegible]	[illegible]	[illegible]	[illegible]	[illegible]	[illegible]	[illegible]	[illegible]	[illegible]	[illegible]	[illegible]
F03D	[illegible]	[illegible]	[illegible]	[illegible]	[illegible]	[illegible]	[illegible]	[illegible]	[illegible]	[illegible]	[illegible]	[illegible]	[illegible]	[illegible]	[illegible]	[illegible]
F03E	[illegible]	[illegible]	[illegible]	[illegible]	[illegible]	[illegible]	[illegible]	[illegible]	[illegible]	[illegible]	[illegible]	[illegible]	[illegible]	[illegible]	[illegible]	[illegible]
F03F	[illegible]	[illegible]	[illegible]	[illegible]	[illegible]	[illegible]	[illegible]	[illegible]	[illegible]	[illegible]	[illegible]	[illegible]	[illegible]	[illegible]	[illegible]	[illegible]

表 1（续）

	0	1	2	3	4	5	6	7	8	9	A	B	C	D	E	F
F040	[illegible]	[illegible]	[illegible]	[illegible]	[illegible]	[illegible]	[illegible]	[illegible]	[illegible]	[illegible]	[illegible]	[illegible]	[illegible]	[illegible]	[illegible]	[illegible]
F041	[illegible]	[illegible]	[illegible]	[illegible]	[illegible]	[illegible]	[illegible]	[illegible]	[illegible]	[illegible]	[illegible]	[illegible]	[illegible]	[illegible]	[illegible]	[illegible]
F042	[illegible]	[illegible]	[illegible]	[illegible]	[illegible]	[illegible]	[illegible]	[illegible]	[illegible]	[illegible]	[illegible]	[illegible]	[illegible]	[illegible]	[illegible]	[illegible]
F043	[illegible]	[illegible]	[illegible]	[illegible]	[illegible]	[illegible]	[illegible]	[illegible]	[illegible]	[illegible]	[illegible]	[illegible]	[illegible]	[illegible]	[illegible]	[illegible]
F044	[illegible]	[illegible]	[illegible]	[illegible]	[illegible]	[illegible]	[illegible]	[illegible]	[illegible]	[illegible]	[illegible]	[illegible]	[illegible]	[illegible]	[illegible]	[illegible]
F045	[illegible]	[illegible]	[illegible]	[illegible]	[illegible]	[illegible]	[illegible]	[illegible]	[illegible]	[illegible]	[illegible]	[illegible]	[illegible]	[illegible]	[illegible]	[illegible]
F046	[illegible]	[illegible]	[illegible]	[illegible]	[illegible]	[illegible]	[illegible]	[illegible]	[illegible]	[illegible]	[illegible]	[illegible]	[illegible]	[illegible]	[illegible]	[illegible]
F047	[illegible]	[illegible]	[illegible]	[illegible]	[illegible]	[illegible]	[illegible]	[illegible]	[illegible]	[illegible]	[illegible]	[illegible]	[illegible]	[illegible]	[illegible]	[illegible]
F048	[illegible]	[illegible]	[illegible]	[illegible]	[illegible]	[illegible]	[illegible]	[illegible]	[illegible]	[illegible]	[illegible]	[illegible]	[illegible]	[illegible]	[illegible]	[illegible]
F049	[illegible]	[illegible]	[illegible]	[illegible]	[illegible]	[illegible]	[illegible]	[illegible]	[illegible]	[illegible]	[illegible]	[illegible]	[illegible]	[illegible]	[illegible]	[illegible]
F04A	[illegible]	[illegible]	[illegible]	[illegible]	[illegible]	[illegible]	[illegible]	[illegible]	[illegible]	[illegible]	[illegible]	[illegible]	[illegible]	[illegible]	[illegible]	[illegible]
F04B	[illegible]	[illegible]	[illegible]	[illegible]	[illegible]	[illegible]	[illegible]	[illegible]	[illegible]	[illegible]	[illegible]	[illegible]	[illegible]	[illegible]	[illegible]	[illegible]
F04C	[illegible]	[illegible]	[illegible]	[illegible]	[illegible]	[illegible]	[illegible]	[illegible]	[illegible]	[illegible]	[illegible]	[illegible]	[illegible]	[illegible]	[illegible]	[illegible]
F04D	[illegible]	[illegible]	[illegible]	[illegible]	[illegible]	[illegible]	[illegible]	[illegible]	[illegible]	[illegible]	[illegible]	[illegible]	[illegible]	[illegible]	[illegible]	[illegible]
F04E	[illegible]	[illegible]	[illegible]	[illegible]	[illegible]	[illegible]	[illegible]	[illegible]	[illegible]	[illegible]	[illegible]	[illegible]	[illegible]	[illegible]	[illegible]	[illegible]
F04F	[illegible]	[illegible]	[illegible]	[illegible]	[illegible]	[illegible]	[illegible]	[illegible]	[illegible]	[illegible]	[illegible]	[illegible]	[illegible]	[illegible]	[illegible]	[illegible]

表 1（续）

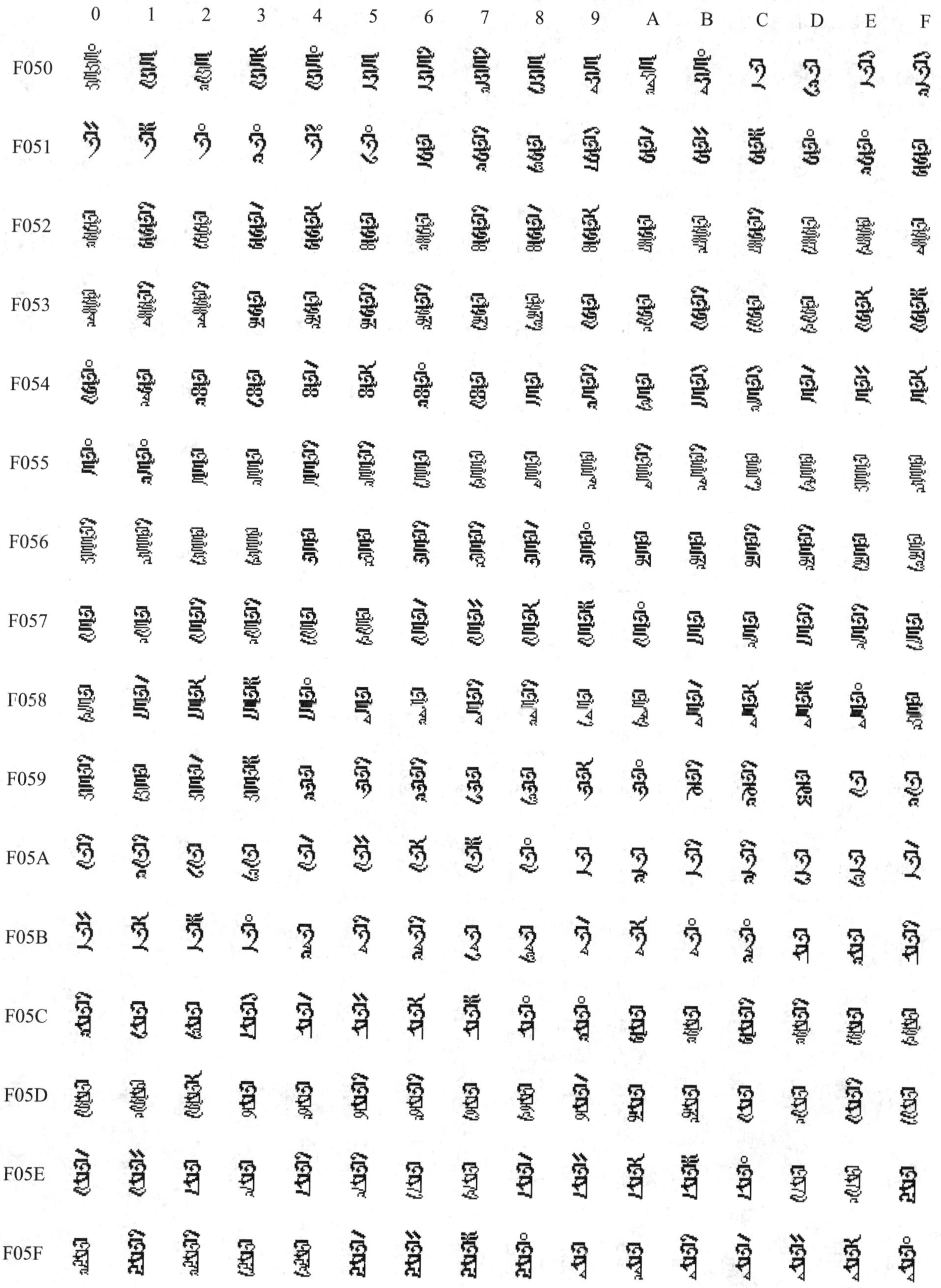

	0	1	2	3	4	5	6	7	8	9	A	B	C	D	E	F
F050	[illegible]	[illegible]	[illegible]	[illegible]	[illegible]	[illegible]	[illegible]	[illegible]	[illegible]	[illegible]	[illegible]	[illegible]	[illegible]	[illegible]	[illegible]	[illegible]
F051	[illegible]	[illegible]	[illegible]	[illegible]	[illegible]	[illegible]	[illegible]	[illegible]	[illegible]	[illegible]	[illegible]	[illegible]	[illegible]	[illegible]	[illegible]	[illegible]
F052	[illegible]	[illegible]	[illegible]	[illegible]	[illegible]	[illegible]	[illegible]	[illegible]	[illegible]	[illegible]	[illegible]	[illegible]	[illegible]	[illegible]	[illegible]	[illegible]
F053	[illegible]	[illegible]	[illegible]	[illegible]	[illegible]	[illegible]	[illegible]	[illegible]	[illegible]	[illegible]	[illegible]	[illegible]	[illegible]	[illegible]	[illegible]	[illegible]
F054	[illegible]	[illegible]	[illegible]	[illegible]	[illegible]	[illegible]	[illegible]	[illegible]	[illegible]	[illegible]	[illegible]	[illegible]	[illegible]	[illegible]	[illegible]	[illegible]
F055	[illegible]	[illegible]	[illegible]	[illegible]	[illegible]	[illegible]	[illegible]	[illegible]	[illegible]	[illegible]	[illegible]	[illegible]	[illegible]	[illegible]	[illegible]	[illegible]
F056	[illegible]	[illegible]	[illegible]	[illegible]	[illegible]	[illegible]	[illegible]	[illegible]	[illegible]	[illegible]	[illegible]	[illegible]	[illegible]	[illegible]	[illegible]	[illegible]
F057	[illegible]	[illegible]	[illegible]	[illegible]	[illegible]	[illegible]	[illegible]	[illegible]	[illegible]	[illegible]	[illegible]	[illegible]	[illegible]	[illegible]	[illegible]	[illegible]
F058	[illegible]	[illegible]	[illegible]	[illegible]	[illegible]	[illegible]	[illegible]	[illegible]	[illegible]	[illegible]	[illegible]	[illegible]	[illegible]	[illegible]	[illegible]	[illegible]
F059	[illegible]	[illegible]	[illegible]	[illegible]	[illegible]	[illegible]	[illegible]	[illegible]	[illegible]	[illegible]	[illegible]	[illegible]	[illegible]	[illegible]	[illegible]	[illegible]
F05A	[illegible]	[illegible]	[illegible]	[illegible]	[illegible]	[illegible]	[illegible]	[illegible]	[illegible]	[illegible]	[illegible]	[illegible]	[illegible]	[illegible]	[illegible]	[illegible]
F05B	[illegible]	[illegible]	[illegible]	[illegible]	[illegible]	[illegible]	[illegible]	[illegible]	[illegible]	[illegible]	[illegible]	[illegible]	[illegible]	[illegible]	[illegible]	[illegible]
F05C	[illegible]	[illegible]	[illegible]	[illegible]	[illegible]	[illegible]	[illegible]	[illegible]	[illegible]	[illegible]	[illegible]	[illegible]	[illegible]	[illegible]	[illegible]	[illegible]
F05D	[illegible]	[illegible]	[illegible]	[illegible]	[illegible]	[illegible]	[illegible]	[illegible]	[illegible]	[illegible]	[illegible]	[illegible]	[illegible]	[illegible]	[illegible]	[illegible]
F05E	[illegible]	[illegible]	[illegible]	[illegible]	[illegible]	[illegible]	[illegible]	[illegible]	[illegible]	[illegible]	[illegible]	[illegible]	[illegible]	[illegible]	[illegible]	[illegible]
F05F	[illegible]	[illegible]	[illegible]	[illegible]	[illegible]	[illegible]	[illegible]	[illegible]	[illegible]	[illegible]	[illegible]	[illegible]	[illegible]	[illegible]	[illegible]	[illegible]

表 1（续）

	0	1	2	3	4	5	6	7	8	9	A	B	C	D	E	F
F060	[illegible]	[illegible]	[illegible]	[illegible]	[illegible]	[illegible]	[illegible]	[illegible]	[illegible]	[illegible]	[illegible]	[illegible]	[illegible]	[illegible]	[illegible]	[illegible]
F061	[illegible]	[illegible]	[illegible]	[illegible]	[illegible]	[illegible]	[illegible]	[illegible]	[illegible]	[illegible]	[illegible]	[illegible]	[illegible]	[illegible]	[illegible]	[illegible]
F062	[illegible]	[illegible]	[illegible]	[illegible]	[illegible]	[illegible]	[illegible]	[illegible]	[illegible]	[illegible]	[illegible]	[illegible]	[illegible]	[illegible]	[illegible]	[illegible]
F063	[illegible]	[illegible]	[illegible]	[illegible]	[illegible]	[illegible]	[illegible]	[illegible]	[illegible]	[illegible]	[illegible]	[illegible]	[illegible]	[illegible]	[illegible]	[illegible]
F064	[illegible]	[illegible]	[illegible]	[illegible]	[illegible]	[illegible]	[illegible]	[illegible]	[illegible]	[illegible]	[illegible]	[illegible]	[illegible]	[illegible]	[illegible]	[illegible]
F065	[illegible]	[illegible]	[illegible]	[illegible]	[illegible]	[illegible]	[illegible]	[illegible]	[illegible]	[illegible]	[illegible]	[illegible]	[illegible]	[illegible]	[illegible]	[illegible]
F066	[illegible]	[illegible]	[illegible]	[illegible]	[illegible]	[illegible]	[illegible]	[illegible]	[illegible]	[illegible]	[illegible]	[illegible]	[illegible]	[illegible]	[illegible]	[illegible]
F067	[illegible]	[illegible]	[illegible]	[illegible]	[illegible]	[illegible]	[illegible]	[illegible]	[illegible]	[illegible]	[illegible]	[illegible]	[illegible]	[illegible]	[illegible]	[illegible]
F068	[illegible]	[illegible]	[illegible]	[illegible]	[illegible]	[illegible]	[illegible]	[illegible]	[illegible]	[illegible]	[illegible]	[illegible]	[illegible]	[illegible]	[illegible]	[illegible]
F069	[illegible]	[illegible]	[illegible]	[illegible]	[illegible]	[illegible]	[illegible]	[illegible]	[illegible]	[illegible]	[illegible]	[illegible]	[illegible]	[illegible]	[illegible]	[illegible]
F06A	[illegible]	[illegible]	[illegible]	[illegible]	[illegible]	[illegible]	[illegible]	[illegible]	[illegible]	[illegible]	[illegible]	[illegible]	[illegible]	[illegible]	[illegible]	[illegible]
F06B	[illegible]	[illegible]	[illegible]	[illegible]	[illegible]	[illegible]	[illegible]	[illegible]	[illegible]	[illegible]	[illegible]	[illegible]	[illegible]	[illegible]	[illegible]	[illegible]
F06C	[illegible]	[illegible]	[illegible]	[illegible]	[illegible]	[illegible]	[illegible]	[illegible]	[illegible]	[illegible]	[illegible]	[illegible]	[illegible]	[illegible]	[illegible]	[illegible]
F06D	[illegible]	[illegible]	[illegible]	[illegible]	[illegible]	[illegible]	[illegible]	[illegible]	[illegible]	[illegible]	[illegible]	[illegible]	[illegible]	[illegible]	[illegible]	[illegible]
F06E	[illegible]	[illegible]	[illegible]	[illegible]	[illegible]	[illegible]	[illegible]	[illegible]	[illegible]	[illegible]	[illegible]	[illegible]	[illegible]	[illegible]	[illegible]	[illegible]
F06F	[illegible]	[illegible]	[illegible]	[illegible]	[illegible]	[illegible]	[illegible]	[illegible]	[illegible]	[illegible]	[illegible]	[illegible]	[illegible]	[illegible]	[illegible]	[illegible]

表 1（续）

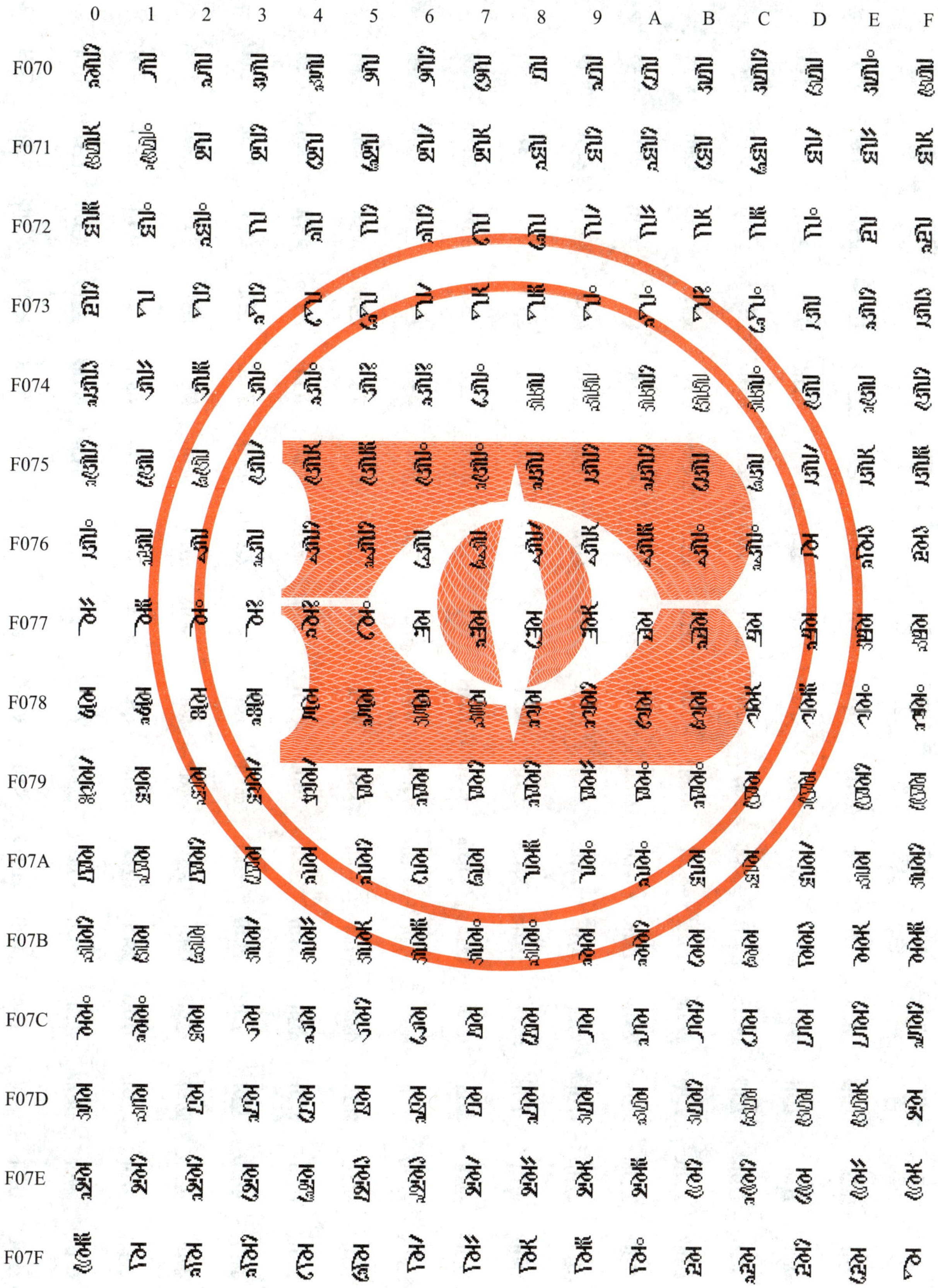

	0	1	2	3	4	5	6	7	8	9	A	B	C	D	E	F
F070	[illegible]	[illegible]	[illegible]	[illegible]	[illegible]	[illegible]	[illegible]	[illegible]	[illegible]	[illegible]	[illegible]	[illegible]	[illegible]	[illegible]	[illegible]	[illegible]
F071	[illegible]	[illegible]	[illegible]	[illegible]	[illegible]	[illegible]	[illegible]	[illegible]	[illegible]	[illegible]	[illegible]	[illegible]	[illegible]	[illegible]	[illegible]	[illegible]
F072	[illegible]	[illegible]	[illegible]	[illegible]	[illegible]	[illegible]	[illegible]	[illegible]	[illegible]	[illegible]	[illegible]	[illegible]	[illegible]	[illegible]	[illegible]	[illegible]
F073	[illegible]	[illegible]	[illegible]	[illegible]	[illegible]	[illegible]	[illegible]	[illegible]	[illegible]	[illegible]	[illegible]	[illegible]	[illegible]	[illegible]	[illegible]	[illegible]
F074	[illegible]	[illegible]	[illegible]	[illegible]	[illegible]	[illegible]	[illegible]	[illegible]	[illegible]	[illegible]	[illegible]	[illegible]	[illegible]	[illegible]	[illegible]	[illegible]
F075	[illegible]	[illegible]	[illegible]	[illegible]	[illegible]	[illegible]	[illegible]	[illegible]	[illegible]	[illegible]	[illegible]	[illegible]	[illegible]	[illegible]	[illegible]	[illegible]
F076	[illegible]	[illegible]	[illegible]	[illegible]	[illegible]	[illegible]	[illegible]	[illegible]	[illegible]	[illegible]	[illegible]	[illegible]	[illegible]	[illegible]	[illegible]	[illegible]
F077	[illegible]	[illegible]	[illegible]	[illegible]	[illegible]	[illegible]	[illegible]	[illegible]	[illegible]	[illegible]	[illegible]	[illegible]	[illegible]	[illegible]	[illegible]	[illegible]
F078	[illegible]	[illegible]	[illegible]	[illegible]	[illegible]	[illegible]	[illegible]	[illegible]	[illegible]	[illegible]	[illegible]	[illegible]	[illegible]	[illegible]	[illegible]	[illegible]
F079	[illegible]	[illegible]	[illegible]	[illegible]	[illegible]	[illegible]	[illegible]	[illegible]	[illegible]	[illegible]	[illegible]	[illegible]	[illegible]	[illegible]	[illegible]	[illegible]
F07A	[illegible]	[illegible]	[illegible]	[illegible]	[illegible]	[illegible]	[illegible]	[illegible]	[illegible]	[illegible]	[illegible]	[illegible]	[illegible]	[illegible]	[illegible]	[illegible]
F07B	[illegible]	[illegible]	[illegible]	[illegible]	[illegible]	[illegible]	[illegible]	[illegible]	[illegible]	[illegible]	[illegible]	[illegible]	[illegible]	[illegible]	[illegible]	[illegible]
F07C	[illegible]	[illegible]	[illegible]	[illegible]	[illegible]	[illegible]	[illegible]	[illegible]	[illegible]	[illegible]	[illegible]	[illegible]	[illegible]	[illegible]	[illegible]	[illegible]
F07D	[illegible]	[illegible]	[illegible]	[illegible]	[illegible]	[illegible]	[illegible]	[illegible]	[illegible]	[illegible]	[illegible]	[illegible]	[illegible]	[illegible]	[illegible]	[illegible]
F07E	[illegible]	[illegible]	[illegible]	[illegible]	[illegible]	[illegible]	[illegible]	[illegible]	[illegible]	[illegible]	[illegible]	[illegible]	[illegible]	[illegible]	[illegible]	[illegible]
F07F	[illegible]	[illegible]	[illegible]	[illegible]	[illegible]	[illegible]	[illegible]	[illegible]	[illegible]	[illegible]	[illegible]	[illegible]	[illegible]	[illegible]	[illegible]	[illegible]

表 1（续）

	0	1	2	3	4	5	6	7	8	9	A	B	C	D	E	F
F080																
F081																
F082																
F083																
F084																
F085																
F086																
F087																
F088																
F089																
F08A																
F08B																
F08C																
F08D																
F08E																
F08F																

表 1（续）

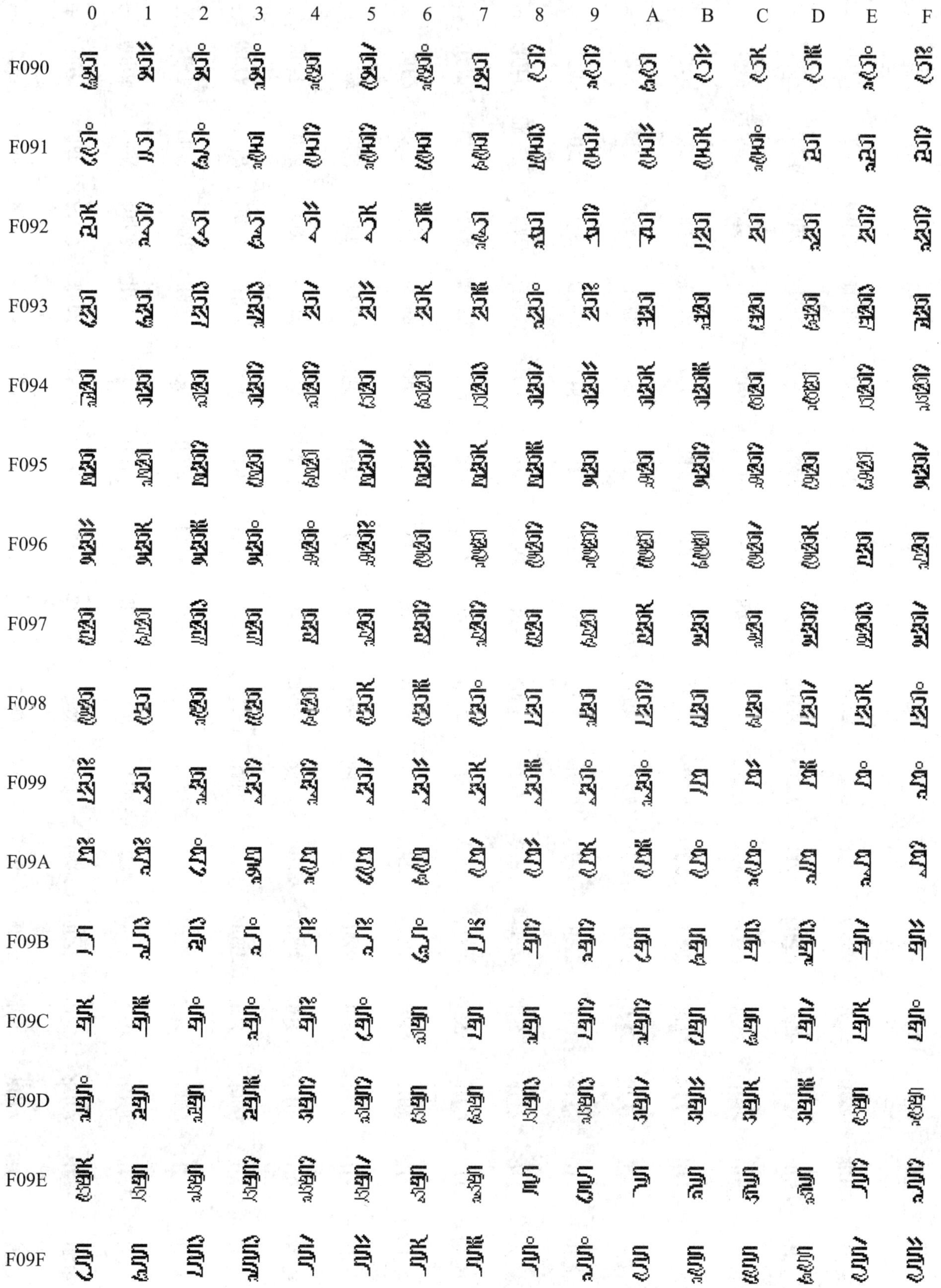

	0	1	2	3	4	5	6	7	8	9	A	B	C	D	E	F
F090	[illegible]	[illegible]	[illegible]	[illegible]	[illegible]	[illegible]	[illegible]	[illegible]	[illegible]	[illegible]	[illegible]	[illegible]	[illegible]	[illegible]	[illegible]	[illegible]
F091	[illegible]	[illegible]	[illegible]	[illegible]	[illegible]	[illegible]	[illegible]	[illegible]	[illegible]	[illegible]	[illegible]	[illegible]	[illegible]	[illegible]	[illegible]	[illegible]
F092	[illegible]	[illegible]	[illegible]	[illegible]	[illegible]	[illegible]	[illegible]	[illegible]	[illegible]	[illegible]	[illegible]	[illegible]	[illegible]	[illegible]	[illegible]	[illegible]
F093	[illegible]	[illegible]	[illegible]	[illegible]	[illegible]	[illegible]	[illegible]	[illegible]	[illegible]	[illegible]	[illegible]	[illegible]	[illegible]	[illegible]	[illegible]	[illegible]
F094	[illegible]	[illegible]	[illegible]	[illegible]	[illegible]	[illegible]	[illegible]	[illegible]	[illegible]	[illegible]	[illegible]	[illegible]	[illegible]	[illegible]	[illegible]	[illegible]
F095	[illegible]	[illegible]	[illegible]	[illegible]	[illegible]	[illegible]	[illegible]	[illegible]	[illegible]	[illegible]	[illegible]	[illegible]	[illegible]	[illegible]	[illegible]	[illegible]
F096	[illegible]	[illegible]	[illegible]	[illegible]	[illegible]	[illegible]	[illegible]	[illegible]	[illegible]	[illegible]	[illegible]	[illegible]	[illegible]	[illegible]	[illegible]	[illegible]
F097	[illegible]	[illegible]	[illegible]	[illegible]	[illegible]	[illegible]	[illegible]	[illegible]	[illegible]	[illegible]	[illegible]	[illegible]	[illegible]	[illegible]	[illegible]	[illegible]
F098	[illegible]	[illegible]	[illegible]	[illegible]	[illegible]	[illegible]	[illegible]	[illegible]	[illegible]	[illegible]	[illegible]	[illegible]	[illegible]	[illegible]	[illegible]	[illegible]
F099	[illegible]	[illegible]	[illegible]	[illegible]	[illegible]	[illegible]	[illegible]	[illegible]	[illegible]	[illegible]	[illegible]	[illegible]	[illegible]	[illegible]	[illegible]	[illegible]
F09A	[illegible]	[illegible]	[illegible]	[illegible]	[illegible]	[illegible]	[illegible]	[illegible]	[illegible]	[illegible]	[illegible]	[illegible]	[illegible]	[illegible]	[illegible]	[illegible]
F09B	[illegible]	[illegible]	[illegible]	[illegible]	[illegible]	[illegible]	[illegible]	[illegible]	[illegible]	[illegible]	[illegible]	[illegible]	[illegible]	[illegible]	[illegible]	[illegible]
F09C	[illegible]	[illegible]	[illegible]	[illegible]	[illegible]	[illegible]	[illegible]	[illegible]	[illegible]	[illegible]	[illegible]	[illegible]	[illegible]	[illegible]	[illegible]	[illegible]
F09D	[illegible]	[illegible]	[illegible]	[illegible]	[illegible]	[illegible]	[illegible]	[illegible]	[illegible]	[illegible]	[illegible]	[illegible]	[illegible]	[illegible]	[illegible]	[illegible]
F09E	[illegible]	[illegible]	[illegible]	[illegible]	[illegible]	[illegible]	[illegible]	[illegible]	[illegible]	[illegible]	[illegible]	[illegible]	[illegible]	[illegible]	[illegible]	[illegible]
F09F	[illegible]	[illegible]	[illegible]	[illegible]	[illegible]	[illegible]	[illegible]	[illegible]	[illegible]	[illegible]	[illegible]	[illegible]	[illegible]	[illegible]	[illegible]	[illegible]

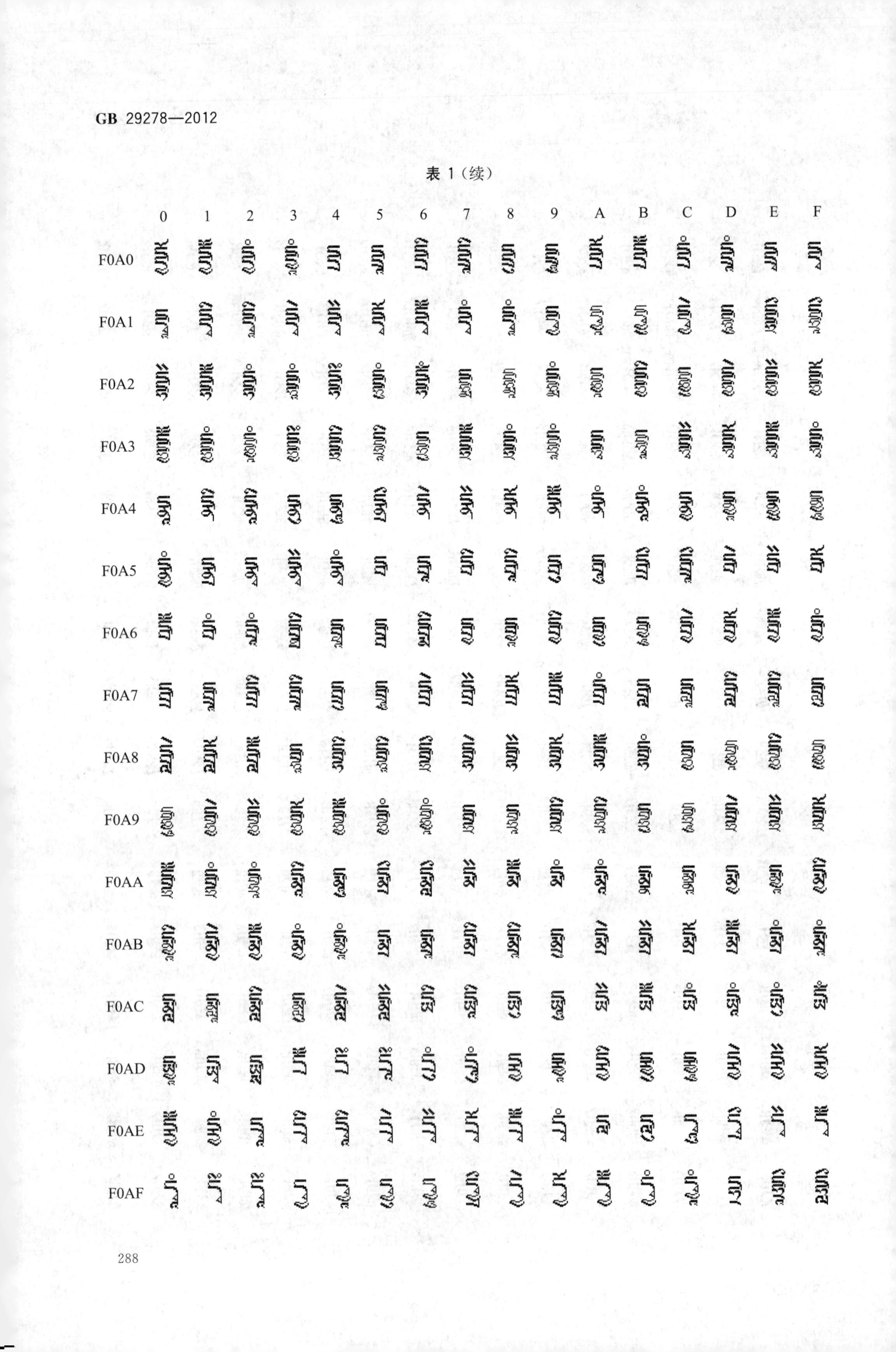

表 1（续）

	0	1	2	3	4	5	6	7	8	9	A	B	C	D	E	F
F0A0																
F0A1																
F0A2																
F0A3																
F0A4																
F0A5																
F0A6																
F0A7																
F0A8																
F0A9																
F0AA																
F0AB																
F0AC																
F0AD																
F0AE																
F0AF																

表 1（续）

	0	1	2	3	4	5	6	7	8	9	A	B	C	D	E	F
F0B0	[illegible]	[illegible]	[illegible]	[illegible]	[illegible]	[illegible]	[illegible]	[illegible]	[illegible]	[illegible]	[illegible]	[illegible]	[illegible]	[illegible]	[illegible]	[illegible]
F0B1	[illegible]	[illegible]	[illegible]	[illegible]	[illegible]	[illegible]	[illegible]	[illegible]	[illegible]	[illegible]	[illegible]	[illegible]	[illegible]	[illegible]	[illegible]	[illegible]
F0B2	[illegible]	[illegible]	[illegible]	[illegible]	[illegible]	[illegible]	[illegible]	[illegible]	[illegible]	[illegible]	[illegible]	[illegible]	[illegible]	[illegible]	[illegible]	[illegible]
F0B3	[illegible]	[illegible]	[illegible]	[illegible]	[illegible]	[illegible]	[illegible]	[illegible]	[illegible]	[illegible]	[illegible]	[illegible]	[illegible]	[illegible]	[illegible]	[illegible]
F0B4	[illegible]	[illegible]	[illegible]	[illegible]	[illegible]	[illegible]	[illegible]	[illegible]	[illegible]	[illegible]	[illegible]	[illegible]	[illegible]	[illegible]	[illegible]	[illegible]
F0B5	[illegible]	[illegible]	[illegible]	[illegible]	[illegible]	[illegible]	[illegible]	[illegible]	[illegible]	[illegible]	[illegible]	[illegible]	[illegible]	[illegible]	[illegible]	[illegible]
F0B6	[illegible]	[illegible]	[illegible]	[illegible]	[illegible]	[illegible]	[illegible]	[illegible]	[illegible]	[illegible]	[illegible]	[illegible]	[illegible]	[illegible]	[illegible]	[illegible]
F0B7	[illegible]	[illegible]	[illegible]	[illegible]	[illegible]	[illegible]	[illegible]	[illegible]	[illegible]	[illegible]	[illegible]	[illegible]	[illegible]	[illegible]	[illegible]	[illegible]
F0B8	[illegible]	[illegible]	[illegible]	[illegible]	[illegible]	[illegible]	[illegible]	[illegible]	[illegible]	[illegible]	[illegible]	[illegible]	[illegible]	[illegible]	[illegible]	[illegible]
F0B9	[illegible]	[illegible]	[illegible]	[illegible]	[illegible]	[illegible]	[illegible]	[illegible]	[illegible]	[illegible]	[illegible]	[illegible]	[illegible]	[illegible]	[illegible]	[illegible]
F0BA	[illegible]	[illegible]	[illegible]	[illegible]	[illegible]	[illegible]	[illegible]	[illegible]	[illegible]	[illegible]	[illegible]	[illegible]	[illegible]	[illegible]	[illegible]	[illegible]
F0BB	[illegible]	[illegible]	[illegible]	[illegible]	[illegible]	[illegible]	[illegible]	[illegible]	[illegible]	[illegible]	[illegible]	[illegible]	[illegible]	[illegible]	[illegible]	[illegible]
F0BC	[illegible]	[illegible]	[illegible]	[illegible]	[illegible]	[illegible]	[illegible]	[illegible]	[illegible]	[illegible]	[illegible]	[illegible]	[illegible]	[illegible]	[illegible]	[illegible]
F0BD	[illegible]	[illegible]	[illegible]	[illegible]	[illegible]	[illegible]	[illegible]	[illegible]	[illegible]	[illegible]	[illegible]	[illegible]	[illegible]	[illegible]	[illegible]	[illegible]
F0BE	[illegible]	[illegible]	[illegible]	[illegible]	[illegible]	[illegible]	[illegible]	[illegible]	[illegible]	[illegible]	[illegible]	[illegible]	[illegible]	[illegible]	[illegible]	[illegible]
F0BF	[illegible]	[illegible]	[illegible]	[illegible]	[illegible]	[illegible]	[illegible]	[illegible]	[illegible]	[illegible]	[illegible]	[illegible]	[illegible]	[illegible]	[illegible]	[illegible]

表 1（续）

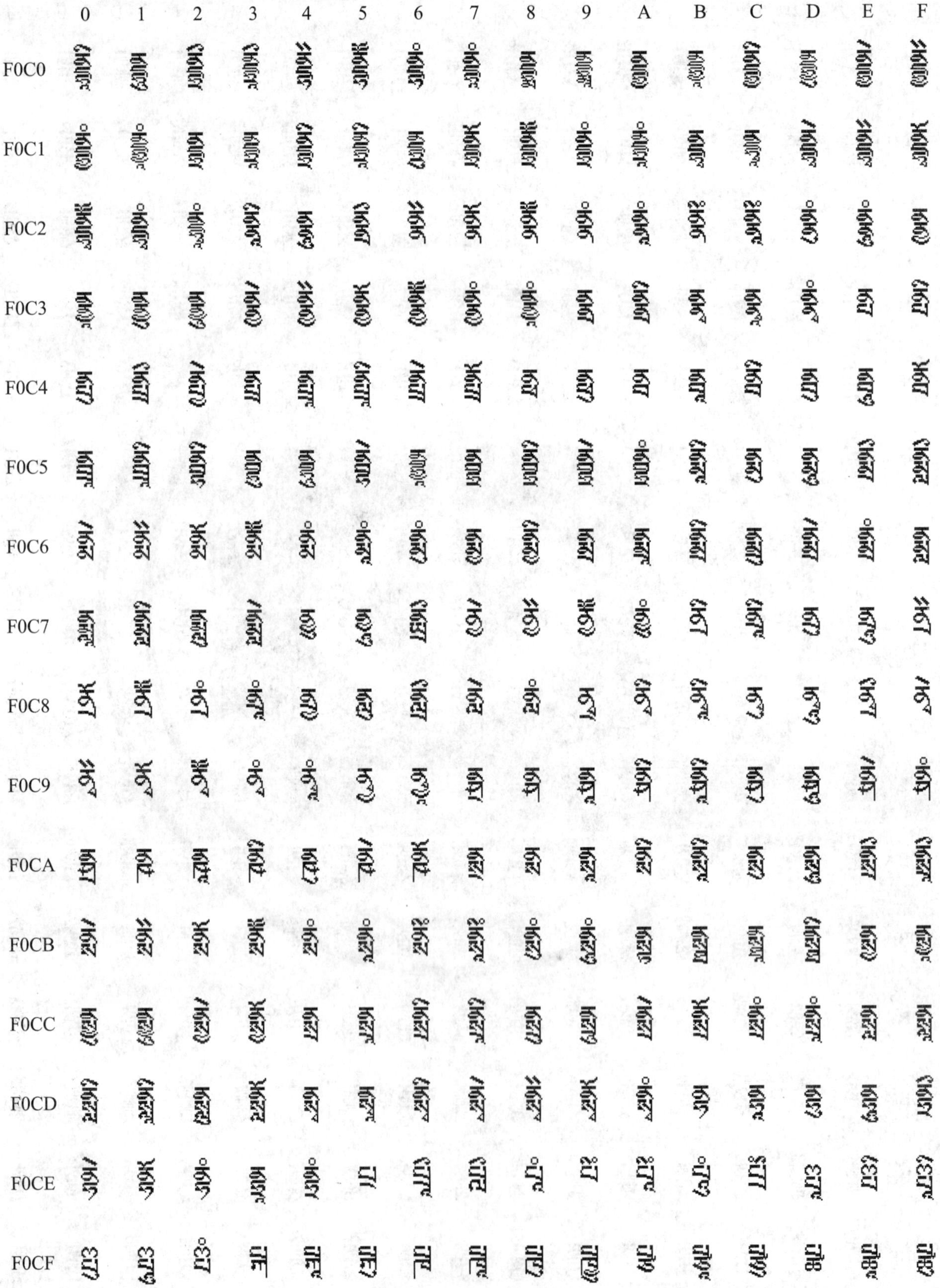

	0	1	2	3	4	5	6	7	8	9	A	B	C	D	E	F
F0C0																
F0C1																
F0C2																
F0C3																
F0C4																
F0C5																
F0C6																
F0C7																
F0C8																
F0C9																
F0CA																
F0CB																
F0CC																
F0CD																
F0CE																
F0CF																

表 1（续）

	0	1	2	3	4	5	6	7	8	9	A	B	C	D	E	F
F0D0	[illegible]	[illegible]	[illegible]	[illegible]	[illegible]	[illegible]	[illegible]	[illegible]	[illegible]	[illegible]	[illegible]	[illegible]	[illegible]	[illegible]	[illegible]	[illegible]
F0D1	[illegible]	[illegible]	[illegible]	[illegible]	[illegible]	[illegible]	[illegible]	[illegible]	[illegible]	[illegible]	[illegible]	[illegible]	[illegible]	[illegible]	[illegible]	[illegible]
F0D2	[illegible]	[illegible]	[illegible]	[illegible]	[illegible]	[illegible]	[illegible]	[illegible]	[illegible]	[illegible]	[illegible]	[illegible]	[illegible]	[illegible]	[illegible]	[illegible]
F0D3	[illegible]	[illegible]	[illegible]	[illegible]	[illegible]	[illegible]	[illegible]	[illegible]	[illegible]	[illegible]	[illegible]	[illegible]	[illegible]	[illegible]	[illegible]	[illegible]
F0D4	[illegible]	[illegible]	[illegible]	[illegible]	[illegible]	[illegible]	[illegible]	[illegible]	[illegible]	[illegible]	[illegible]	[illegible]	[illegible]	[illegible]	[illegible]	[illegible]
F0D5	[illegible]	[illegible]	[illegible]	[illegible]	[illegible]	[illegible]	[illegible]	[illegible]	[illegible]	[illegible]	[illegible]	[illegible]	[illegible]	[illegible]	[illegible]	[illegible]
F0D6	[illegible]	[illegible]	[illegible]	[illegible]	[illegible]	[illegible]	[illegible]	[illegible]	[illegible]	[illegible]	[illegible]	[illegible]	[illegible]	[illegible]	[illegible]	[illegible]
F0D7	[illegible]	[illegible]	[illegible]	[illegible]	[illegible]	[illegible]	[illegible]	[illegible]	[illegible]	[illegible]	[illegible]	[illegible]	[illegible]	[illegible]	[illegible]	[illegible]
F0D8	[illegible]	[illegible]	[illegible]	[illegible]	[illegible]	[illegible]	[illegible]	[illegible]	[illegible]	[illegible]	[illegible]	[illegible]	[illegible]	[illegible]	[illegible]	[illegible]
F0D9	[illegible]	[illegible]	[illegible]	[illegible]	[illegible]	[illegible]	[illegible]	[illegible]	[illegible]	[illegible]	[illegible]	[illegible]	[illegible]	[illegible]	[illegible]	[illegible]
F0DA	[illegible]	[illegible]	[illegible]	[illegible]	[illegible]	[illegible]	[illegible]	[illegible]	[illegible]	[illegible]	[illegible]	[illegible]	[illegible]	[illegible]	[illegible]	[illegible]
F0DB	[illegible]	[illegible]	[illegible]	[illegible]	[illegible]	[illegible]	[illegible]	[illegible]	[illegible]	[illegible]	[illegible]	[illegible]	[illegible]	[illegible]	[illegible]	[illegible]
F0DC	[illegible]	[illegible]	[illegible]	[illegible]	[illegible]	[illegible]	[illegible]	[illegible]	[illegible]	[illegible]	[illegible]	[illegible]	[illegible]	[illegible]	[illegible]	[illegible]
F0DD	[illegible]	[illegible]	[illegible]	[illegible]	[illegible]	[illegible]	[illegible]	[illegible]	[illegible]	[illegible]	[illegible]	[illegible]	[illegible]	[illegible]	[illegible]	[illegible]
F0DE	[illegible]	[illegible]	[illegible]	[illegible]	[illegible]	[illegible]	[illegible]	[illegible]	[illegible]	[illegible]	[illegible]	[illegible]	[illegible]	[illegible]	[illegible]	[illegible]
F0DF	[illegible]	[illegible]	[illegible]	[illegible]	[illegible]	[illegible]	[illegible]	[illegible]	[illegible]	[illegible]	[illegible]	[illegible]	[illegible]	[illegible]	[illegible]	[illegible]

表 1（续）

	0	1	2	3	4	5	6	7	8	9	A	B	C	D	E	F
F0E0	[illegible]	[illegible]	[illegible]	[illegible]	[illegible]	[illegible]	[illegible]	[illegible]	[illegible]	[illegible]	[illegible]	[illegible]	[illegible]	[illegible]	[illegible]	[illegible]
F0E1	[illegible]	[illegible]	[illegible]	[illegible]	[illegible]	[illegible]	[illegible]	[illegible]	[illegible]	[illegible]	[illegible]	[illegible]	[illegible]	[illegible]	[illegible]	[illegible]
F0E2	[illegible]	[illegible]	[illegible]	[illegible]	[illegible]	[illegible]	[illegible]	[illegible]	[illegible]	[illegible]	[illegible]	[illegible]	[illegible]	[illegible]	[illegible]	[illegible]
F0E3	[illegible]	[illegible]	[illegible]	[illegible]	[illegible]	[illegible]	[illegible]	[illegible]	[illegible]	[illegible]	[illegible]	[illegible]	[illegible]	[illegible]	[illegible]	[illegible]
F0E4	[illegible]	[illegible]	[illegible]	[illegible]	[illegible]	[illegible]	[illegible]	[illegible]	[illegible]	[illegible]	[illegible]	[illegible]	[illegible]	[illegible]	[illegible]	[illegible]
F0E5	[illegible]	[illegible]	[illegible]	[illegible]	[illegible]	[illegible]	[illegible]	[illegible]	[illegible]	[illegible]	[illegible]	[illegible]	[illegible]	[illegible]	[illegible]	[illegible]
F0E6	[illegible]	[illegible]	[illegible]	[illegible]	[illegible]	[illegible]	[illegible]	[illegible]	[illegible]	[illegible]	[illegible]	[illegible]	[illegible]	[illegible]	[illegible]	[illegible]
F0E7	[illegible]	[illegible]	[illegible]	[illegible]	[illegible]	[illegible]	[illegible]	[illegible]	[illegible]	[illegible]	[illegible]	[illegible]	[illegible]	[illegible]	[illegible]	[illegible]
F0E8	[illegible]	[illegible]	[illegible]	[illegible]	[illegible]	[illegible]	[illegible]	[illegible]	[illegible]	[illegible]	[illegible]	[illegible]	[illegible]	[illegible]	[illegible]	[illegible]
F0E9	[illegible]	[illegible]	[illegible]	[illegible]	[illegible]	[illegible]	[illegible]	[illegible]	[illegible]	[illegible]	[illegible]	[illegible]	[illegible]	[illegible]	[illegible]	[illegible]
F0EA	[illegible]	[illegible]	[illegible]	[illegible]	[illegible]	[illegible]	[illegible]	[illegible]	[illegible]	[illegible]	[illegible]	[illegible]	[illegible]	[illegible]	[illegible]	[illegible]
F0EB	[illegible]	[illegible]	[illegible]	[illegible]	[illegible]	[illegible]	[illegible]	[illegible]	[illegible]	[illegible]	[illegible]	[illegible]	[illegible]	[illegible]	[illegible]	[illegible]
F0EC	[illegible]	[illegible]	[illegible]	[illegible]	[illegible]	[illegible]	[illegible]	[illegible]	[illegible]	[illegible]	[illegible]	[illegible]	[illegible]	[illegible]	[illegible]	[illegible]
F0ED	[illegible]	[illegible]	[illegible]	[illegible]	[illegible]	[illegible]	[illegible]	[illegible]	[illegible]	[illegible]	[illegible]	[illegible]	[illegible]	[illegible]	[illegible]	[illegible]
F0EE	[illegible]	[illegible]	[illegible]	[illegible]	[illegible]	[illegible]	[illegible]	[illegible]	[illegible]	[illegible]	[illegible]	[illegible]	[illegible]	[illegible]	[illegible]	[illegible]
F0EF	[illegible]	[illegible]	[illegible]	[illegible]	[illegible]	[illegible]	[illegible]	[illegible]	[illegible]	[illegible]	[illegible]	[illegible]	[illegible]	[illegible]	[illegible]	[illegible]

表 1（续）

	0	1	2	3	4	5	6	7	8	9	A	B	C	D	E	F
F0F0	[illegible]	[illegible]	[illegible]	[illegible]	[illegible]	[illegible]	[illegible]	[illegible]	[illegible]	[illegible]	[illegible]	[illegible]	[illegible]	[illegible]	[illegible]	[illegible]
F0F1	[illegible]	[illegible]	[illegible]	[illegible]	[illegible]	[illegible]	[illegible]	[illegible]	[illegible]	[illegible]	[illegible]	[illegible]	[illegible]	[illegible]	[illegible]	[illegible]
F0F2	[illegible]	[illegible]	[illegible]	[illegible]	[illegible]	[illegible]	[illegible]	[illegible]	[illegible]	[illegible]	[illegible]	[illegible]	[illegible]	[illegible]	[illegible]	[illegible]
F0F3	[illegible]	[illegible]	[illegible]	[illegible]	[illegible]	[illegible]	[illegible]	[illegible]	[illegible]	[illegible]	[illegible]	[illegible]	[illegible]	[illegible]	[illegible]	[illegible]
F0F4	[illegible]	[illegible]	[illegible]	[illegible]	[illegible]	[illegible]	[illegible]	[illegible]	[illegible]	[illegible]	[illegible]	[illegible]	[illegible]	[illegible]	[illegible]	[illegible]
F0F5	[illegible]	[illegible]	[illegible]	[illegible]	[illegible]	[illegible]	[illegible]	[illegible]	[illegible]	[illegible]	[illegible]	[illegible]	[illegible]	[illegible]	[illegible]	[illegible]
F0F6	[illegible]	[illegible]	[illegible]	[illegible]	[illegible]	[illegible]	[illegible]	[illegible]	[illegible]	[illegible]	[illegible]	[illegible]	[illegible]	[illegible]	[illegible]	[illegible]
F0F7	[illegible]	[illegible]	[illegible]	[illegible]	[illegible]	[illegible]	[illegible]	[illegible]	[illegible]	[illegible]	[illegible]	[illegible]	[illegible]	[illegible]	[illegible]	[illegible]
F0F8	[illegible]	[illegible]	[illegible]	[illegible]	[illegible]	[illegible]	[illegible]	[illegible]	[illegible]	[illegible]	[illegible]	[illegible]	[illegible]	[illegible]	[illegible]	[illegible]
F0F9	[illegible]	[illegible]	[illegible]	[illegible]	[illegible]	[illegible]	[illegible]	[illegible]	[illegible]	[illegible]	[illegible]	[illegible]	[illegible]	[illegible]	[illegible]	[illegible]
F0FA	[illegible]	[illegible]	[illegible]	[illegible]	[illegible]	[illegible]	[illegible]	[illegible]	[illegible]	[illegible]	[illegible]	[illegible]	[illegible]	[illegible]	[illegible]	[illegible]
F0FB	[illegible]	[illegible]	[illegible]	[illegible]	[illegible]	[illegible]	[illegible]	[illegible]	[illegible]	[illegible]	[illegible]	[illegible]	[illegible]	[illegible]	[illegible]	[illegible]
F0FC	[illegible]	[illegible]	[illegible]	[illegible]	[illegible]	[illegible]	[illegible]	[illegible]	[illegible]	[illegible]	[illegible]	[illegible]	[illegible]	[illegible]	[illegible]	[illegible]
F0FD	[illegible]	[illegible]	[illegible]	[illegible]	[illegible]	[illegible]	[illegible]	[illegible]	[illegible]	[illegible]	[illegible]	[illegible]	[illegible]	[illegible]	[illegible]	[illegible]
F0FE	[illegible]	[illegible]	[illegible]	[illegible]	[illegible]	[illegible]	[illegible]	[illegible]	[illegible]	[illegible]	[illegible]	[illegible]	[illegible]	[illegible]	[illegible]	[illegible]
F0FF	[illegible]	[illegible]	[illegible]	[illegible]	[illegible]	[illegible]	[illegible]	[illegible]	[illegible]	[illegible]	[illegible]	[illegible]	[illegible]	[illegible]	[illegible]	[illegible]

表 1（续）

	0	1	2	3	4	5	6	7	8	9	A	B	C	D	E	F
F100	[illegible]	[illegible]	[illegible]	[illegible]	[illegible]	[illegible]	[illegible]	[illegible]	[illegible]	[illegible]	[illegible]	[illegible]	[illegible]	[illegible]	[illegible]	[illegible]
F101	[illegible]	[illegible]	[illegible]	[illegible]	[illegible]	[illegible]	[illegible]	[illegible]	[illegible]	[illegible]	[illegible]	[illegible]	[illegible]	[illegible]	[illegible]	[illegible]
F102	[illegible]	[illegible]	[illegible]	[illegible]	[illegible]	[illegible]	[illegible]	[illegible]	[illegible]	[illegible]	[illegible]	[illegible]	[illegible]	[illegible]	[illegible]	[illegible]
F103	[illegible]	[illegible]	[illegible]	[illegible]	[illegible]	[illegible]	[illegible]	[illegible]	[illegible]	[illegible]	[illegible]	[illegible]	[illegible]	[illegible]	[illegible]	[illegible]
F104	[illegible]	[illegible]	[illegible]	[illegible]	[illegible]	[illegible]	[illegible]	[illegible]	[illegible]	[illegible]	[illegible]	[illegible]	[illegible]	[illegible]	[illegible]	[illegible]
F105	[illegible]	[illegible]	[illegible]	[illegible]	[illegible]	[illegible]	[illegible]	[illegible]	[illegible]	[illegible]	[illegible]	[illegible]	[illegible]	[illegible]	[illegible]	[illegible]
F106	[illegible]	[illegible]	[illegible]	[illegible]	[illegible]	[illegible]	[illegible]	[illegible]	[illegible]	[illegible]	[illegible]	[illegible]	[illegible]	[illegible]	[illegible]	[illegible]
F107	[illegible]	[illegible]	[illegible]	[illegible]	[illegible]	[illegible]	[illegible]	[illegible]	[illegible]	[illegible]	[illegible]	[illegible]	[illegible]	[illegible]	[illegible]	[illegible]
F108	[illegible]	[illegible]	[illegible]	[illegible]	[illegible]	[illegible]	[illegible]	[illegible]	[illegible]	[illegible]	[illegible]	[illegible]	[illegible]	[illegible]	[illegible]	[illegible]
F109	[illegible]	[illegible]	[illegible]	[illegible]	[illegible]	[illegible]	[illegible]	[illegible]	[illegible]	[illegible]	[illegible]	[illegible]	[illegible]	[illegible]	[illegible]	[illegible]
F10A	[illegible]	[illegible]	[illegible]	[illegible]	[illegible]	[illegible]	[illegible]	[illegible]	[illegible]	[illegible]	[illegible]	[illegible]	[illegible]	[illegible]	[illegible]	[illegible]
F10B	[illegible]	[illegible]	[illegible]	[illegible]	[illegible]	[illegible]	[illegible]	[illegible]	[illegible]	[illegible]	[illegible]	[illegible]	[illegible]	[illegible]	[illegible]	[illegible]
F10C	[illegible]	[illegible]	[illegible]	[illegible]	[illegible]	[illegible]	[illegible]	[illegible]	[illegible]	[illegible]	[illegible]	[illegible]	[illegible]	[illegible]	[illegible]	[illegible]
F10D	[illegible]	[illegible]	[illegible]	[illegible]	[illegible]	[illegible]	[illegible]	[illegible]	[illegible]	[illegible]	[illegible]	[illegible]	[illegible]	[illegible]	[illegible]	[illegible]
F10E	[illegible]	[illegible]	[illegible]	[illegible]	[illegible]	[illegible]	[illegible]	[illegible]	[illegible]	[illegible]	[illegible]	[illegible]	[illegible]	[illegible]	[illegible]	[illegible]
F10F	[illegible]	[illegible]	[illegible]	[illegible]	[illegible]	[illegible]	[illegible]	[illegible]	[illegible]	[illegible]	[illegible]	[illegible]	[illegible]	[illegible]	[illegible]	[illegible]

表 1（续）

	0	1	2	3	4	5	6	7	8	9	A	B	C	D	E	F
F110																
F111																
F112																
F113																
F114																
F115																
F116																
F117																
F118																
F119																
F11A																
F11B																
F11C																
F11D																
F11E																
F11F																

表 1（续）

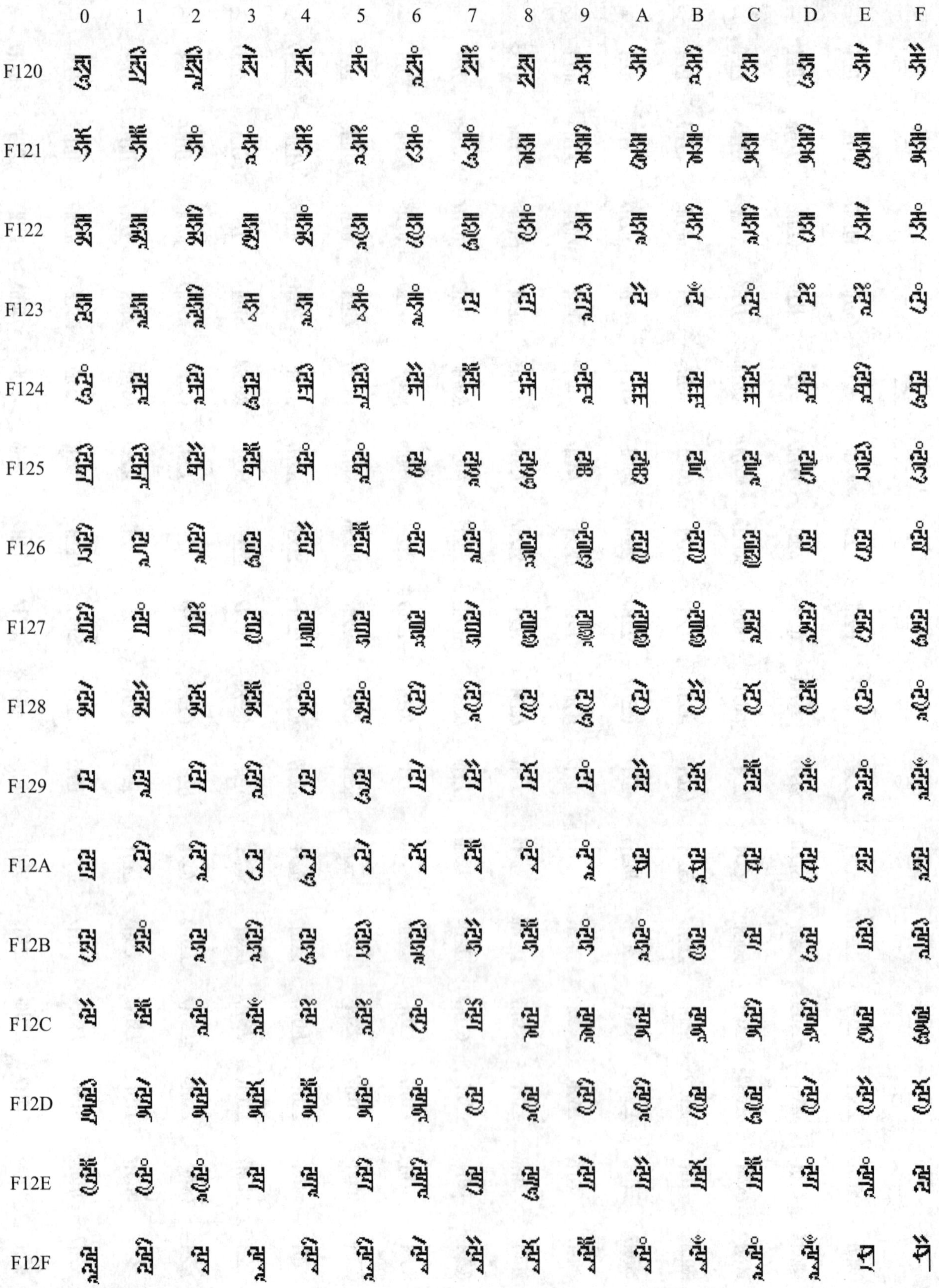

	0	1	2	3	4	5	6	7	8	9	A	B	C	D	E	F
F120																
F121																
F122																
F123																
F124																
F125																
F126																
F127																
F128																
F129																
F12A																
F12B																
F12C																
F12D																
F12E																
F12F																

表 1（续）

	0	1	2	3	4	5	6	7	8	9	A	B	C	D	E	F
F130	[illegible]	[illegible]	[illegible]	[illegible]	[illegible]	[illegible]	[illegible]	[illegible]	[illegible]	[illegible]	[illegible]	[illegible]	[illegible]	[illegible]	[illegible]	[illegible]
F131	[illegible]	[illegible]	[illegible]	[illegible]	[illegible]	[illegible]	[illegible]	[illegible]	[illegible]	[illegible]	[illegible]	[illegible]	[illegible]	[illegible]	[illegible]	[illegible]
F132	[illegible]	[illegible]	[illegible]	[illegible]	[illegible]	[illegible]	[illegible]	[illegible]	[illegible]	[illegible]	[illegible]	[illegible]	[illegible]	[illegible]	[illegible]	[illegible]
F133	[illegible]	[illegible]	[illegible]	[illegible]	[illegible]	[illegible]	[illegible]	[illegible]	[illegible]	[illegible]	[illegible]	[illegible]	[illegible]	[illegible]	[illegible]	[illegible]
F134	[illegible]	[illegible]	[illegible]	[illegible]	[illegible]	[illegible]	[illegible]	[illegible]	[illegible]	[illegible]	[illegible]	[illegible]	[illegible]	[illegible]	[illegible]	[illegible]
F135	[illegible]	[illegible]	[illegible]	[illegible]	[illegible]	[illegible]	[illegible]	[illegible]	[illegible]	[illegible]	[illegible]	[illegible]	[illegible]	[illegible]	[illegible]	[illegible]
F136	[illegible]	[illegible]	[illegible]	[illegible]	[illegible]	[illegible]	[illegible]	[illegible]	[illegible]	[illegible]	[illegible]	[illegible]	[illegible]	[illegible]	[illegible]	[illegible]
F137	[illegible]	[illegible]	[illegible]	[illegible]	[illegible]	[illegible]	[illegible]	[illegible]	[illegible]	[illegible]	[illegible]	[illegible]	[illegible]	[illegible]	[illegible]	[illegible]
F138	[illegible]	[illegible]	[illegible]	[illegible]	[illegible]	[illegible]	[illegible]	[illegible]	[illegible]	[illegible]	[illegible]	[illegible]	[illegible]	[illegible]	[illegible]	[illegible]
F139	[illegible]	[illegible]	[illegible]	[illegible]	[illegible]	[illegible]	[illegible]	[illegible]	[illegible]	[illegible]	[illegible]	[illegible]	[illegible]	[illegible]	[illegible]	[illegible]
F13A	[illegible]	[illegible]	[illegible]	[illegible]	[illegible]	[illegible]	[illegible]	[illegible]	[illegible]	[illegible]	[illegible]	[illegible]	[illegible]	[illegible]	[illegible]	[illegible]
F13B	[illegible]	[illegible]	[illegible]	[illegible]	[illegible]	[illegible]	[illegible]	[illegible]	[illegible]	[illegible]	[illegible]	[illegible]	[illegible]	[illegible]	[illegible]	[illegible]
F13C	[illegible]	[illegible]	[illegible]	[illegible]	[illegible]	[illegible]	[illegible]	[illegible]	[illegible]	[illegible]	[illegible]	[illegible]	[illegible]	[illegible]	[illegible]	[illegible]
F13D	[illegible]	[illegible]	[illegible]	[illegible]	[illegible]	[illegible]	[illegible]	[illegible]	[illegible]	[illegible]	[illegible]	[illegible]	[illegible]	[illegible]	[illegible]	[illegible]
F13E	[illegible]	[illegible]	[illegible]	[illegible]	[illegible]	[illegible]	[illegible]	[illegible]	[illegible]	[illegible]	[illegible]	[illegible]	[illegible]	[illegible]	[illegible]	[illegible]
F13F	[illegible]	[illegible]	[illegible]	[illegible]	[illegible]	[illegible]	[illegible]	[illegible]	[illegible]	[illegible]	[illegible]	[illegible]	[illegible]	[illegible]	[illegible]	[illegible]

表 1（续）

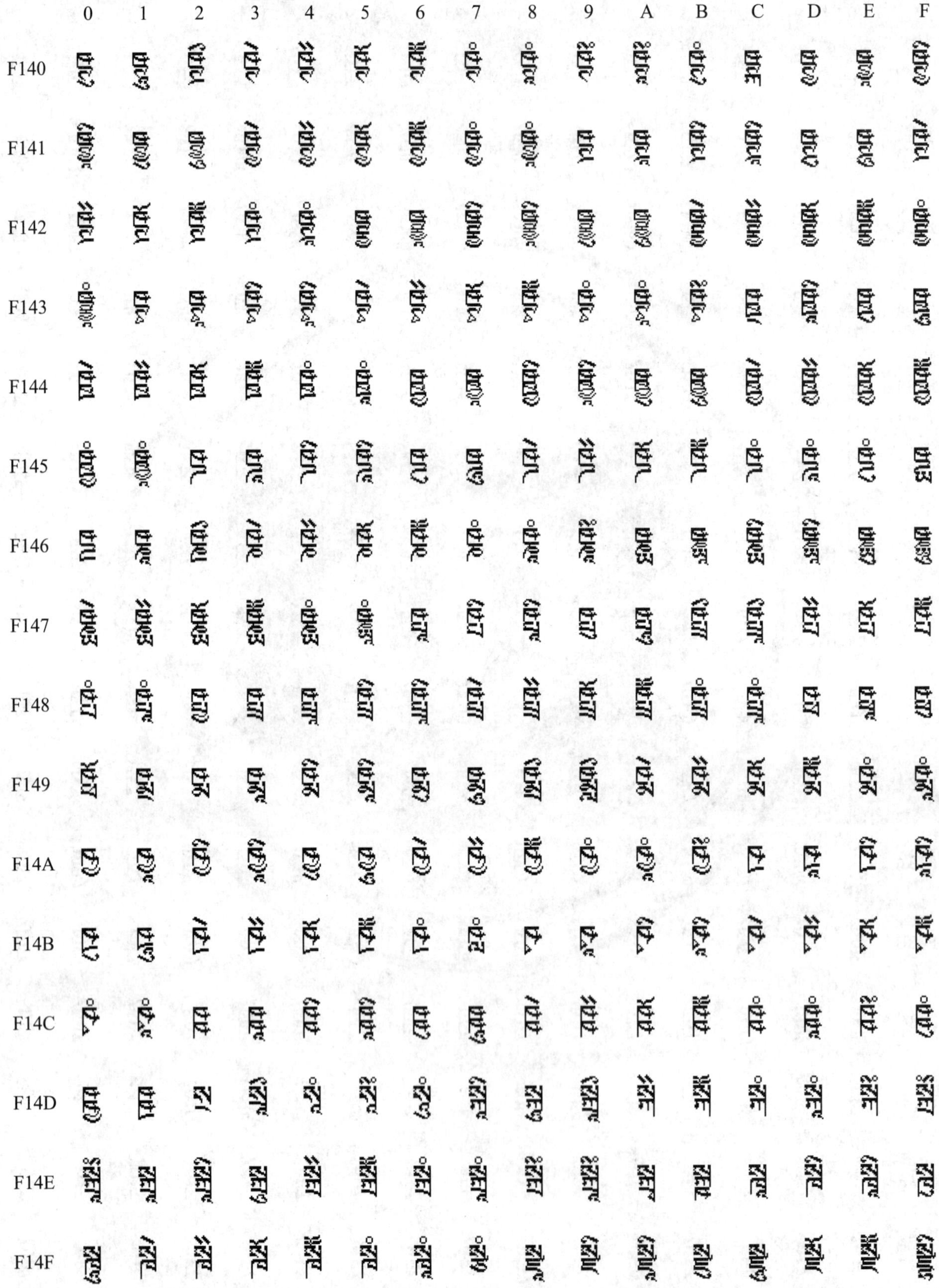

	0	1	2	3	4	5	6	7	8	9	A	B	C	D	E	F
F140	[illegible]	[illegible]	[illegible]	[illegible]	[illegible]	[illegible]	[illegible]	[illegible]	[illegible]	[illegible]	[illegible]	[illegible]	[illegible]	[illegible]	[illegible]	[illegible]
F141	[illegible]	[illegible]	[illegible]	[illegible]	[illegible]	[illegible]	[illegible]	[illegible]	[illegible]	[illegible]	[illegible]	[illegible]	[illegible]	[illegible]	[illegible]	[illegible]
F142	[illegible]	[illegible]	[illegible]	[illegible]	[illegible]	[illegible]	[illegible]	[illegible]	[illegible]	[illegible]	[illegible]	[illegible]	[illegible]	[illegible]	[illegible]	[illegible]
F143	[illegible]	[illegible]	[illegible]	[illegible]	[illegible]	[illegible]	[illegible]	[illegible]	[illegible]	[illegible]	[illegible]	[illegible]	[illegible]	[illegible]	[illegible]	[illegible]
F144	[illegible]	[illegible]	[illegible]	[illegible]	[illegible]	[illegible]	[illegible]	[illegible]	[illegible]	[illegible]	[illegible]	[illegible]	[illegible]	[illegible]	[illegible]	[illegible]
F145	[illegible]	[illegible]	[illegible]	[illegible]	[illegible]	[illegible]	[illegible]	[illegible]	[illegible]	[illegible]	[illegible]	[illegible]	[illegible]	[illegible]	[illegible]	[illegible]
F146	[illegible]	[illegible]	[illegible]	[illegible]	[illegible]	[illegible]	[illegible]	[illegible]	[illegible]	[illegible]	[illegible]	[illegible]	[illegible]	[illegible]	[illegible]	[illegible]
F147	[illegible]	[illegible]	[illegible]	[illegible]	[illegible]	[illegible]	[illegible]	[illegible]	[illegible]	[illegible]	[illegible]	[illegible]	[illegible]	[illegible]	[illegible]	[illegible]
F148	[illegible]	[illegible]	[illegible]	[illegible]	[illegible]	[illegible]	[illegible]	[illegible]	[illegible]	[illegible]	[illegible]	[illegible]	[illegible]	[illegible]	[illegible]	[illegible]
F149	[illegible]	[illegible]	[illegible]	[illegible]	[illegible]	[illegible]	[illegible]	[illegible]	[illegible]	[illegible]	[illegible]	[illegible]	[illegible]	[illegible]	[illegible]	[illegible]
F14A	[illegible]	[illegible]	[illegible]	[illegible]	[illegible]	[illegible]	[illegible]	[illegible]	[illegible]	[illegible]	[illegible]	[illegible]	[illegible]	[illegible]	[illegible]	[illegible]
F14B	[illegible]	[illegible]	[illegible]	[illegible]	[illegible]	[illegible]	[illegible]	[illegible]	[illegible]	[illegible]	[illegible]	[illegible]	[illegible]	[illegible]	[illegible]	[illegible]
F14C	[illegible]	[illegible]	[illegible]	[illegible]	[illegible]	[illegible]	[illegible]	[illegible]	[illegible]	[illegible]	[illegible]	[illegible]	[illegible]	[illegible]	[illegible]	[illegible]
F14D	[illegible]	[illegible]	[illegible]	[illegible]	[illegible]	[illegible]	[illegible]	[illegible]	[illegible]	[illegible]	[illegible]	[illegible]	[illegible]	[illegible]	[illegible]	[illegible]
F14E	[illegible]	[illegible]	[illegible]	[illegible]	[illegible]	[illegible]	[illegible]	[illegible]	[illegible]	[illegible]	[illegible]	[illegible]	[illegible]	[illegible]	[illegible]	[illegible]
F14F	[illegible]	[illegible]	[illegible]	[illegible]	[illegible]	[illegible]	[illegible]	[illegible]	[illegible]	[illegible]	[illegible]	[illegible]	[illegible]	[illegible]	[illegible]	[illegible]

表 1（续）

	0	1	2	3	4	5	6	7	8	9	A	B	C	D	E	F
F150																
F151																
F152																
F153																
F154																
F155																
F156																
F157																
F158																
F159																
F15A																
F15B																
F15C																
F15D																
F15E																
F15F																

表 1（续）

	0	1	2	3	4	5	6	7	8	9	A	B	C	D	E	F
F160																
F161																
F162																
F163																
F164																

附　录　A
（资料性附录）
藏文甘丹黑体

本标准规定的藏文甘丹(དགའ་ལྡན།)黑体参照德格木刻版、那塘木刻版《甘珠尔》《丹珠尔》等版本字体而创作，是众多不同风格的黑体中独具特色的一种书体字型。

附　录　B
（规范性附录）
藏文 16×32 点阵字型数据

B.1　藏文 16×32 点阵字型数据的表示

本标准中，藏文的字型可由其点阵数据来表示。每个字型的点阵数据为 16×32（横行点数×纵列点数），共 512 二进制位，64 个字节。

B.2　藏文 16×32 点阵字型数据的记录格式

藏文 16×32 点阵字型数据的 64 个字节排列次序是以 0 字节开始至 63 个字节结束，均用十六进制表示，每行 2 个字节，其记录格式见表 B.1。

表 B.1　16×32 点阵字型数据记录格式

<table>
<tr><td rowspan="2">行数</td><td colspan="16">列　　数</td></tr>
<tr><td>0</td><td>1</td><td>2</td><td>3</td><td>4</td><td>5</td><td>6</td><td>7</td><td>8</td><td>9</td><td>10</td><td>11</td><td>12</td><td>13</td><td>14</td><td>15</td></tr>
<tr><td>0</td><td colspan="8">0 字节</td><td colspan="8">1 字节</td></tr>
<tr><td>1
2
⋮
⋮
30</td><td colspan="8">2 字节
…
…
…
…</td><td colspan="8">3 字节
…
…
…
…</td></tr>
<tr><td>31</td><td colspan="8">62 字节</td><td colspan="8">63 字节</td></tr>
</table>

B.3　藏文 16×32 点阵字型数据示例

藏文 16×32 点阵字型的数据示例见表 B.2。

表 B.2　藏文点阵字型数据示例

F00A1	F006C	F02E3
00 00 01 C0 02 20 02 20 02 20 01 C0 00 00	00 00 0F 00 13 E0 20 F8 3C 3C 18 08 00 00	00 00 00 00 00 00 00 00 00 00 00 00 00 00

表 B.2（续）

F00A1	F006C	F02E3
3F FC	3F FC	1F FC
3F FC	3F FC	3F FC
11 8C	11 8C	21 8C
18 84	18 84	10 84
38 84	38 84	3C 84
10 84	38 84	3F 84
00 04	10 84	03 84
0F FC	00 04	00 84
1F FC	00 04	00 04
10 00	0F F8	0F CC
09 F0	0F FC	1F CC
0B F8	00 04	10 CC
04 18	00 08	30 44
04 10	03 FC	30 44
00 20	0F FC	39 E4
0F C0	0C 00	19 FC
0F F0	18 00	10 3C
00 18	10 00	00 04
00 F0	10 00	00 7C
01 10	10 00	00 FC
11 B0	00 00	01 84
38 88	00 00	01 84
1E 18	00 00	01 D8
07 84	00 00	00 98
01 F8	00 00	00 04

ICS 35.040
L 71

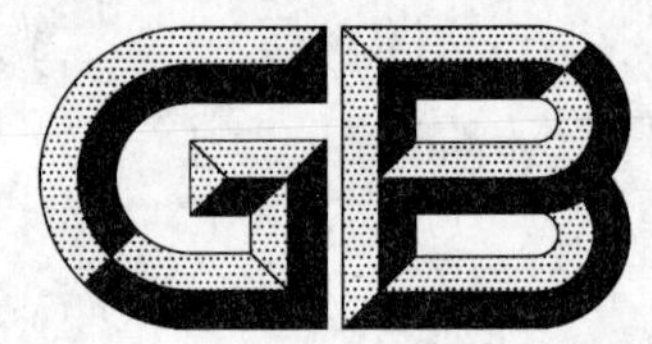

中华人民共和国国家标准

GB 29279—2012

信息技术　藏文编码字符集(扩充集B)
24×48点阵字型　甘丹白体

Information technology—Tibetan ideogram coded character set (extension set B)—
24×48 dot matrix font—Bkav bstan lean

2012-12-31发布　　2013-12-01实施

中华人民共和国国家质量监督检验检疫总局
中国国家标准化管理委员会　发布

前言

本标准的全部技术内容为强制性。

本标准按照GB/T 1.1—2009给出的规则起草。

本标准由全国信息技术标准化技术委员会(SAC/TC 28)提出并归口。

本标准起草单位:潍坊北大青鸟华光照排有限公司、中国电子技术标准化研究所、中国藏学研究中心、西藏自治区藏语文工作委员会办公室。

本标准起草人:殷建民、代红、聪博、徐志强、熊涛、周华、陈壮、吕建春、贡保达吉、魏明震、张羽宏。

引　言

本标准根据GB/T 22238—2008《信息技术　藏文编码字符集　扩充集B》所规定的藏文及部分梵音转写藏文字符，以我国藏语地区规范的字型为基础，设计和规定了信息系统用藏文24×48点阵甘丹白体(参见附录A)字型。

有关字型数据的授权转让使用事宜，字型标准数据的维护、更新及修订工作，统一由归口单位负责。

地　　址：北京市东城区安定门东大街1号(北京市1101信箱)

邮　　编：100007

电　　话：64007689　84029173

传　　真：64007681

E-mail：daihong@cesi.ac.cn

信息技术　藏文编码字符集(扩充集B)　24×48点阵字型　甘丹白体

1　范围

本标准规定了GB/T 22238—2008中藏文图形字符的24×48点阵甘丹白体字型。

本标准主要适用于藏文信息处理系统中的显示设备、点阵式输出设备,也可用于其他相关设备。

2　规范性引用文件

下列文件对于本文件的应用是必不可少的。凡是注日期的引用文件,仅注日期的版本适用于本文件。凡是不注日期的引用文件,其最新版本(包括所有的修改单)适用于本文件。

GB/T 22238—2008　信息技术　藏文编码字符集　扩充集B

3　术语和定义

下列术语和定义适用于本文件。

3.1

字形　glyph

一个可辨认的抽象图形符号,它不依赖于任何特定的设计。

3.2

字型　font

具有同一基本设计的字形图像的集合,如:甘丹白体。

3.3

点阵字型　dot matrix font

以点的集合来表现图形字符的型(形)。

3.4

字序　character order

图形字符在集合中按一定规则排列的次序。

4　标准数据的管理

为加强对电子信息技术产品使用藏文字型标准数据的管理,保证本标准在实施中数据的正确性和一致性,有关字型数据的授权转让使用事宜,字型标准数据的维护、更新及修订工作,统一由归口单位负责。

5　点阵字型的表示方法

5.1　栅格

栅格由若干条等距离的垂直线与水平线相交而形成。

本标准规定的是 24×48 点阵字型,其栅格是横向 24 格,纵向 48 格。每个方格的中心定为点的中心位置。

栅格仅对构成点阵的各点进行定位,栅格图如图 1 所示。

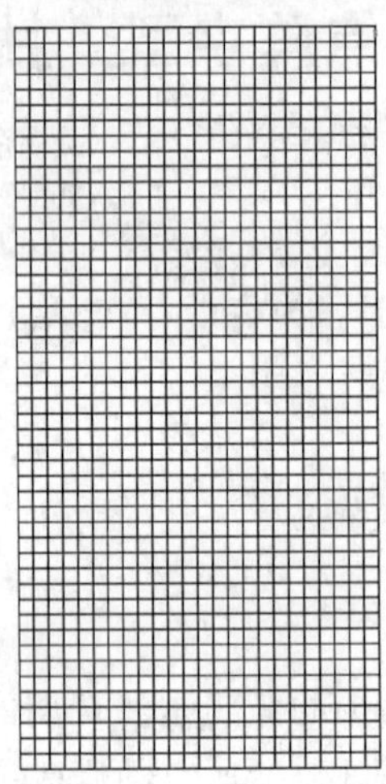

图 1　24×48 点阵栅格图

5.2　点

点是构成点阵字型的最小单位,它是位于各方格内的黑色区域。

5.3　点阵字样

藏文点阵字型的字样,由位于栅格内的若干个点的集合来表示。藏文"ཧཱུྃ"的 24×48 点阵字型如图 2 所示。

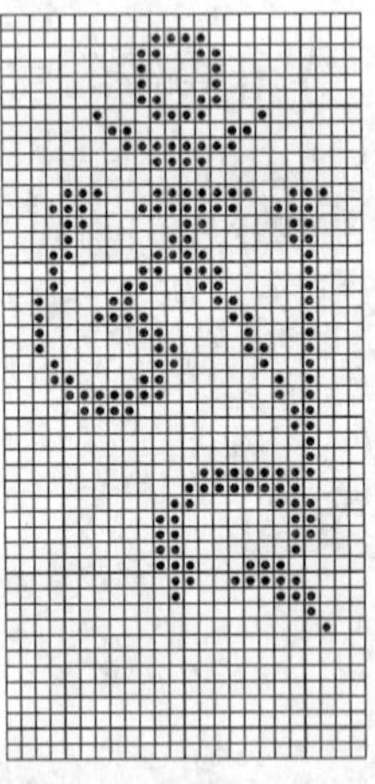

图 2　24×48 点阵藏文"ཧཱུྃ"的字型

6　藏文点阵字型

6.1　字符数

本标准提供了 GB/T 22238—2008 规定的 5 701 个藏文图形字符的 24×48 点阵甘丹白体字型。

6.2 字序

本标准提供的 5 701 个藏文图形字符的 24×48 点阵甘丹白体字型按照 GB/T 22238—2008 规定的字符字序排列。

6.3 藏文字型数据

藏文 24×48 点阵字型数据的表示，见附录 B。

6.4 藏文点阵字型表

本标准提供的 GB/T 22238—2008 规定的 5 701 个藏文 24×48 点阵甘丹白体字型见表 1。

表 1 藏文字型表(扩充集 B)

	0	1	2	3	4	5	6	7	8	9	A	B	C	D	E	F
F000	ཨཱུྃ	ཨོྃ	ཨཱུྃ	ཨཱུྃ	ཧོྃ	ཧཱུྃ	ཧཱུྃ	ཧྲིྃ	ཧྲཱུྃ	ཧྲཱུྃ	ཨོཾ	ཨོྃ	ཨོྃ	ཨོྃ	ཨོྃ	ཨོྃ
F001	ཨཱུྃ	ཀུ	ཀྃ	ཀིྃ	ཀཱིྃ	ཀུྃ	ཀཱུྃ	ཀིུ	ཀཱིུྃ	ཀིྃ	ཀེྃ	ཀོྃ	ཀྐཱ	ཀྐི	ཀྐཱི	ཀྐུ
F002	ཀྐཱུ	ཀྐྃ	ཀྐིྃ	ཀྐུ	ཀྐཱི	ཀྐཱུ	ཀྐི	ཀྐཱི	ཀྐེ	ཀྐོ	ཀྐཻ	ཀྐཾ	ཀྐཱཾ	ཀྐིྃ	ཀྐཱིྃ	ཀྐུཾ
F003	ཀྐཱུཾ	ཀྐྲུ	ཀྐྲཱུ	ཀྐྲུ	ཀྐྲུཾ	ཀྐྱཱ	ཀྐི	ཀྐཱི	ཀྐྱུ	ཀྐེ	ཀྐྲཱ	ཀྐྲཱི	ཀྵཱ	ཀྵ	ཀྵཱ	ཀྵི
F004	ཀྵཱི	ཀྵུ	ཀྵཱུ	ཀྵེ	ཀྵོ	ཀྵཾ	ཀྲི	ཀྨ	ཀྨཱ	ཀྨི	ཀྨཱི	ཀྨུ	ཀྨཱུ	ཀྨེ	ཀྨོ	ཀྨཻ
F005	ཀྨཾ	ཀྨཱཾ	ཀྩ	ཀྩཱ	ཀྩཱི	ཀྩཱུ	ཀྩི	ཀྩེ	ཀྩེ	ཀྩོ	ཀྩཻ	ཀྩཾ	ཀྟཱ	ཀྟཱི	ཀྟུ	ཀྟཱུ
F006	ཀྟི	ཀྟཾ	ཀྱ	ཀྱཱ	ཀྱི	ཀྱཱི	ཀྱཱུ	ཀྱེ	ཀྱེ	ཀྱོ	ཀྱཻ	ཀྱཾ	ཀྲི	ཀྲྀ	ཀྲཱྀ	ཀྲྀུ
F007	ཀྲྀི	ཀྲྀཻ	ཀྲྀཾ	ཀྲ	ཀྲུ	ཀྲཱུ	ཀྲི	ཀྲཱི	ཀྲེ	ཀྲཻ	ཀྲཾ	ཀྲཱཾ	ཀྲིྃ	ཀྲཱིྃ	ཀྲུཾ	ཀྲཱུཾ
F008	ཀྲིྃ	ཀྲཱིྃ	ཀྴ	ཀྲུ	ཀྲཱུ	ཀྲིུ	ཀྲཱིུ	ཀྲུ	ཀྲཱུ	ཀྲེུ	ཀྲེུ	ཀྲོུ	ཀྲཻུ	ཀྲུཾ	ཀྲཱུཾ	ཀྲིུྃ
F009	ཀྲཱིུྃ	ཀྲུཾ	ཀྲཱུཾ	ཀྲ	ཀྲཱ	ཀྲཱི	ཀྲུ	ཀྲཱུ	ཀྲེ	ཀྲེ	ཀྲོ	ཀྲཻ	ཀྲཾ	ཀྲཱཾ	ཀྲིྃ	ཀྲཱིྃ
F00A	ཀྲུཾ	ཀྲཱུཾ	ཀྲ	ཀྲཱ	ཀྲི	ཀྲཱི	ཀྲུ	ཀྲཱུ	ཀྲེ	ཀྲེ	ཀྲོ	ཀྲཻ	ཀྲཾ	ཀྲཱཾ	ཀྲིྃ	ཀྲཱིྃ
F00B	ཀྲུཾ	ཀྲཱུཾ	ཀྴ	ཀྴཱ	ཀྴི	ཀྴཱི	ཀྴུ	ཀྴཱུ	ཀྴེ	ཀྴེ	ཀྴཻ	ཀྴཱཾ	ཀྴིྃ	ཀྴཱིྃ	ཀྴུཾ	ཀྴཱུཾ
F00C	ཀྴྨ	ཀྴྨི	ཀྴྨོ	ཀྣ	ཀྣི	ཀྣུ	ཀྣཱུ	ཀྣེ	ཀྣེ	ཀྣོ	ཀྣཻ	ཀྣཾ	ཀྣིྃ	ཁྱ	ཁྱཱ	ཁྱི
F00D	ཁྱཱི	ཁྱུ	ཁྱཱུ	ཁྱི	ཁྱཱི	ཁྱེ	ཁྱེ	ཁྱོ	ཁྱཻ	ཁྱཾ	ཁྱཱཾ	ཁྴ	ཁྱ	ཁྱཱ	ཁྲ	ཁྲཱ
F00E	ཁྲི	ཁྲཱི	ཁྲེ	ཁྲེ	ཁྲོ	ཁྲཻ	ཁྲཾ	ཁྲཱ	ཁྲཱུ	ཁྲཱོ	ཁྭ	ཁྭཱ	ཁྭི	ཁྭཱི	ཁྭུ	ཁྭཱུ
F00F	ཁྭེ	ཁྭེ	ཁྭོ	ཁྭཻ	ཁྭཾ	ཁྨཱ	ཁྨི	ཁྨཱི	ཁྨུ	ཁྨཱུ	ཁྨི	ཁྨེ	ཁྨེ	ཁྨོ	ཁྨཻ	ཁྨཾ

表 1（续）

	0	1	2	3	4	5	6	7	8	9	A	B	C	D	E	F
F010	[illegible]	[illegible]	[illegible]	[illegible]	[illegible]	[illegible]	[illegible]	[illegible]	[illegible]	[illegible]	[illegible]	[illegible]	[illegible]	[illegible]	[illegible]	[illegible]
F011	[illegible]	[illegible]	[illegible]	[illegible]	[illegible]	[illegible]	[illegible]	[illegible]	[illegible]	[illegible]	[illegible]	[illegible]	[illegible]	[illegible]	[illegible]	[illegible]
F012	[illegible]	[illegible]	[illegible]	[illegible]	[illegible]	[illegible]	[illegible]	[illegible]	[illegible]	[illegible]	[illegible]	[illegible]	[illegible]	[illegible]	[illegible]	[illegible]
F013	[illegible]	[illegible]	[illegible]	[illegible]	[illegible]	[illegible]	[illegible]	[illegible]	[illegible]	[illegible]	[illegible]	[illegible]	[illegible]	[illegible]	[illegible]	[illegible]
F014	[illegible]	[illegible]	[illegible]	[illegible]	[illegible]	[illegible]	[illegible]	[illegible]	[illegible]	[illegible]	[illegible]	[illegible]	[illegible]	[illegible]	[illegible]	[illegible]
F015	[illegible]	[illegible]	[illegible]	[illegible]	[illegible]	[illegible]	[illegible]	[illegible]	[illegible]	[illegible]	[illegible]	[illegible]	[illegible]	[illegible]	[illegible]	[illegible]
F016	[illegible]	[illegible]	[illegible]	[illegible]	[illegible]	[illegible]	[illegible]	[illegible]	[illegible]	[illegible]	[illegible]	[illegible]	[illegible]	[illegible]	[illegible]	[illegible]
F017	[illegible]	[illegible]	[illegible]	[illegible]	[illegible]	[illegible]	[illegible]	[illegible]	[illegible]	[illegible]	[illegible]	[illegible]	[illegible]	[illegible]	[illegible]	[illegible]
F018	[illegible]	[illegible]	[illegible]	[illegible]	[illegible]	[illegible]	[illegible]	[illegible]	[illegible]	[illegible]	[illegible]	[illegible]	[illegible]	[illegible]	[illegible]	[illegible]
F019	[illegible]	[illegible]	[illegible]	[illegible]	[illegible]	[illegible]	[illegible]	[illegible]	[illegible]	[illegible]	[illegible]	[illegible]	[illegible]	[illegible]	[illegible]	[illegible]
F01A	[illegible]	[illegible]	[illegible]	[illegible]	[illegible]	[illegible]	[illegible]	[illegible]	[illegible]	[illegible]	[illegible]	[illegible]	[illegible]	[illegible]	[illegible]	[illegible]
F01B	[illegible]	[illegible]	[illegible]	[illegible]	[illegible]	[illegible]	[illegible]	[illegible]	[illegible]	[illegible]	[illegible]	[illegible]	[illegible]	[illegible]	[illegible]	[illegible]
F01C	[illegible]	[illegible]	[illegible]	[illegible]	[illegible]	[illegible]	[illegible]	[illegible]	[illegible]	[illegible]	[illegible]	[illegible]	[illegible]	[illegible]	[illegible]	[illegible]
F01D	[illegible]	[illegible]	[illegible]	[illegible]	[illegible]	[illegible]	[illegible]	[illegible]	[illegible]	[illegible]	[illegible]	[illegible]	[illegible]	[illegible]	[illegible]	[illegible]
F01E	[illegible]	[illegible]	[illegible]	[illegible]	[illegible]	[illegible]	[illegible]	[illegible]	[illegible]	[illegible]	[illegible]	[illegible]	[illegible]	[illegible]	[illegible]	[illegible]
F01F	[illegible]	[illegible]	[illegible]	[illegible]	[illegible]	[illegible]	[illegible]	[illegible]	[illegible]	[illegible]	[illegible]	[illegible]	[illegible]	[illegible]	[illegible]	[illegible]

表 1（续）

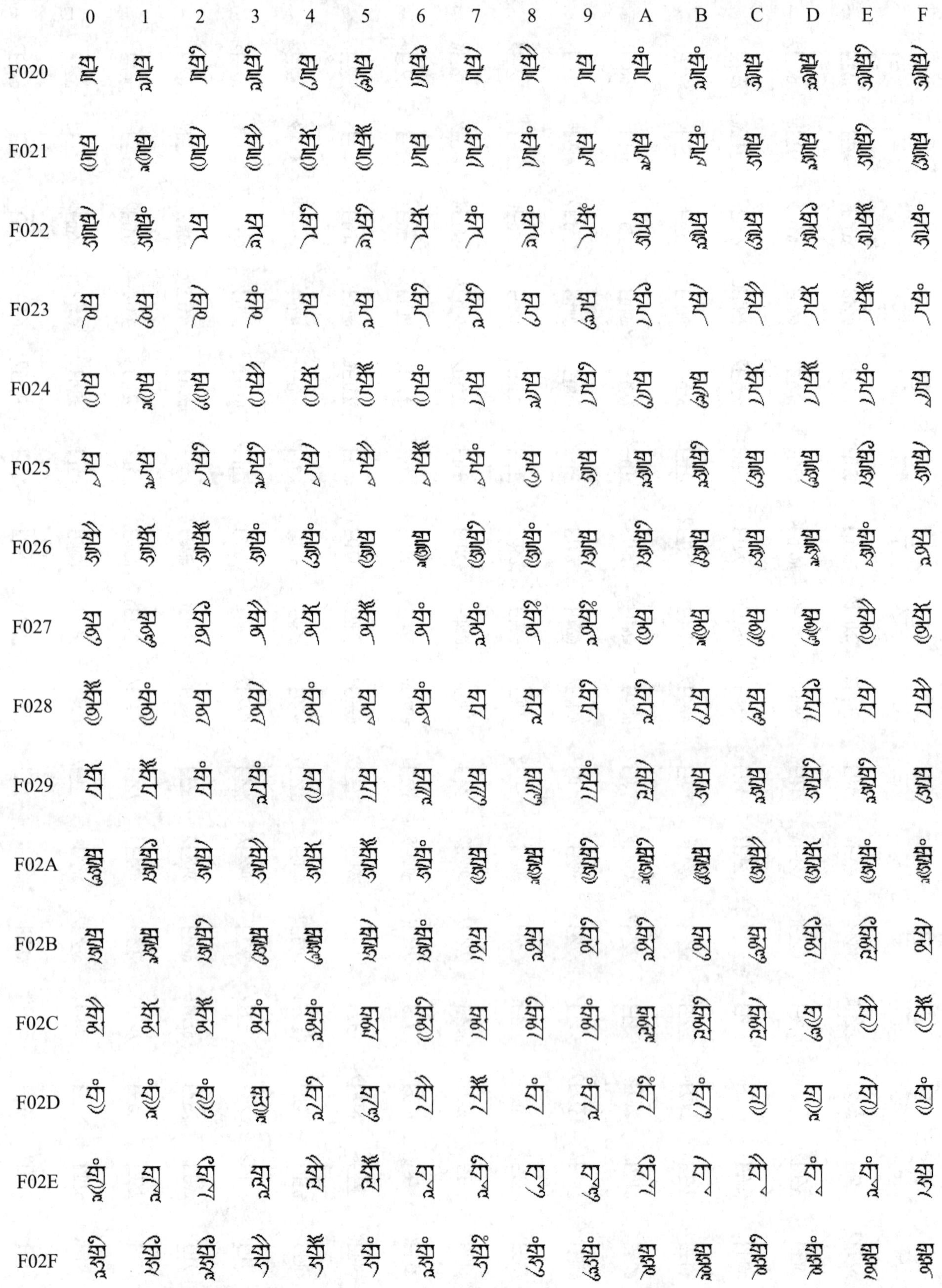

	0	1	2	3	4	5	6	7	8	9	A	B	C	D	E	F
F020	[illegible]	[illegible]	[illegible]	[illegible]	[illegible]	[illegible]	[illegible]	[illegible]	[illegible]	[illegible]	[illegible]	[illegible]	[illegible]	[illegible]	[illegible]	[illegible]
F021	[illegible]	[illegible]	[illegible]	[illegible]	[illegible]	[illegible]	[illegible]	[illegible]	[illegible]	[illegible]	[illegible]	[illegible]	[illegible]	[illegible]	[illegible]	[illegible]
F022	[illegible]	[illegible]	[illegible]	[illegible]	[illegible]	[illegible]	[illegible]	[illegible]	[illegible]	[illegible]	[illegible]	[illegible]	[illegible]	[illegible]	[illegible]	[illegible]
F023	[illegible]	[illegible]	[illegible]	[illegible]	[illegible]	[illegible]	[illegible]	[illegible]	[illegible]	[illegible]	[illegible]	[illegible]	[illegible]	[illegible]	[illegible]	[illegible]
F024	[illegible]	[illegible]	[illegible]	[illegible]	[illegible]	[illegible]	[illegible]	[illegible]	[illegible]	[illegible]	[illegible]	[illegible]	[illegible]	[illegible]	[illegible]	[illegible]
F025	[illegible]	[illegible]	[illegible]	[illegible]	[illegible]	[illegible]	[illegible]	[illegible]	[illegible]	[illegible]	[illegible]	[illegible]	[illegible]	[illegible]	[illegible]	[illegible]
F026	[illegible]	[illegible]	[illegible]	[illegible]	[illegible]	[illegible]	[illegible]	[illegible]	[illegible]	[illegible]	[illegible]	[illegible]	[illegible]	[illegible]	[illegible]	[illegible]
F027	[illegible]	[illegible]	[illegible]	[illegible]	[illegible]	[illegible]	[illegible]	[illegible]	[illegible]	[illegible]	[illegible]	[illegible]	[illegible]	[illegible]	[illegible]	[illegible]
F028	[illegible]	[illegible]	[illegible]	[illegible]	[illegible]	[illegible]	[illegible]	[illegible]	[illegible]	[illegible]	[illegible]	[illegible]	[illegible]	[illegible]	[illegible]	[illegible]
F029	[illegible]	[illegible]	[illegible]	[illegible]	[illegible]	[illegible]	[illegible]	[illegible]	[illegible]	[illegible]	[illegible]	[illegible]	[illegible]	[illegible]	[illegible]	[illegible]
F02A	[illegible]	[illegible]	[illegible]	[illegible]	[illegible]	[illegible]	[illegible]	[illegible]	[illegible]	[illegible]	[illegible]	[illegible]	[illegible]	[illegible]	[illegible]	[illegible]
F02B	[illegible]	[illegible]	[illegible]	[illegible]	[illegible]	[illegible]	[illegible]	[illegible]	[illegible]	[illegible]	[illegible]	[illegible]	[illegible]	[illegible]	[illegible]	[illegible]
F02C	[illegible]	[illegible]	[illegible]	[illegible]	[illegible]	[illegible]	[illegible]	[illegible]	[illegible]	[illegible]	[illegible]	[illegible]	[illegible]	[illegible]	[illegible]	[illegible]
F02D	[illegible]	[illegible]	[illegible]	[illegible]	[illegible]	[illegible]	[illegible]	[illegible]	[illegible]	[illegible]	[illegible]	[illegible]	[illegible]	[illegible]	[illegible]	[illegible]
F02E	[illegible]	[illegible]	[illegible]	[illegible]	[illegible]	[illegible]	[illegible]	[illegible]	[illegible]	[illegible]	[illegible]	[illegible]	[illegible]	[illegible]	[illegible]	[illegible]
F02F	[illegible]	[illegible]	[illegible]	[illegible]	[illegible]	[illegible]	[illegible]	[illegible]	[illegible]	[illegible]	[illegible]	[illegible]	[illegible]	[illegible]	[illegible]	[illegible]

表 1（续）

	0	1	2	3	4	5	6	7	8	9	A	B	C	D	E	F
F030	[illegible]	[illegible]	[illegible]	[illegible]	[illegible]	[illegible]	[illegible]	[illegible]	[illegible]	[illegible]	[illegible]	[illegible]	[illegible]	[illegible]	[illegible]	[illegible]
F031	[illegible]	[illegible]	[illegible]	[illegible]	[illegible]	[illegible]	[illegible]	[illegible]	[illegible]	[illegible]	[illegible]	[illegible]	[illegible]	[illegible]	[illegible]	[illegible]
F032	[illegible]	[illegible]	[illegible]	[illegible]	[illegible]	[illegible]	[illegible]	[illegible]	[illegible]	[illegible]	[illegible]	[illegible]	[illegible]	[illegible]	[illegible]	[illegible]
F033	[illegible]	[illegible]	[illegible]	[illegible]	[illegible]	[illegible]	[illegible]	[illegible]	[illegible]	[illegible]	[illegible]	[illegible]	[illegible]	[illegible]	[illegible]	[illegible]
F034	[illegible]	[illegible]	[illegible]	[illegible]	[illegible]	[illegible]	[illegible]	[illegible]	[illegible]	[illegible]	[illegible]	[illegible]	[illegible]	[illegible]	[illegible]	[illegible]
F035	[illegible]	[illegible]	[illegible]	[illegible]	[illegible]	[illegible]	[illegible]	[illegible]	[illegible]	[illegible]	[illegible]	[illegible]	[illegible]	[illegible]	[illegible]	[illegible]
F036	[illegible]	[illegible]	[illegible]	[illegible]	[illegible]	[illegible]	[illegible]	[illegible]	[illegible]	[illegible]	[illegible]	[illegible]	[illegible]	[illegible]	[illegible]	[illegible]
F037	[illegible]	[illegible]	[illegible]	[illegible]	[illegible]	[illegible]	[illegible]	[illegible]	[illegible]	[illegible]	[illegible]	[illegible]	[illegible]	[illegible]	[illegible]	[illegible]
F038	[illegible]	[illegible]	[illegible]	[illegible]	[illegible]	[illegible]	[illegible]	[illegible]	[illegible]	[illegible]	[illegible]	[illegible]	[illegible]	[illegible]	[illegible]	[illegible]
F039	[illegible]	[illegible]	[illegible]	[illegible]	[illegible]	[illegible]	[illegible]	[illegible]	[illegible]	[illegible]	[illegible]	[illegible]	[illegible]	[illegible]	[illegible]	[illegible]
F03A	[illegible]	[illegible]	[illegible]	[illegible]	[illegible]	[illegible]	[illegible]	[illegible]	[illegible]	[illegible]	[illegible]	[illegible]	[illegible]	[illegible]	[illegible]	[illegible]
F03B	[illegible]	[illegible]	[illegible]	[illegible]	[illegible]	[illegible]	[illegible]	[illegible]	[illegible]	[illegible]	[illegible]	[illegible]	[illegible]	[illegible]	[illegible]	[illegible]
F03C	[illegible]	[illegible]	[illegible]	[illegible]	[illegible]	[illegible]	[illegible]	[illegible]	[illegible]	[illegible]	[illegible]	[illegible]	[illegible]	[illegible]	[illegible]	[illegible]
F03D	[illegible]	[illegible]	[illegible]	[illegible]	[illegible]	[illegible]	[illegible]	[illegible]	[illegible]	[illegible]	[illegible]	[illegible]	[illegible]	[illegible]	[illegible]	[illegible]
F03E	[illegible]	[illegible]	[illegible]	[illegible]	[illegible]	[illegible]	[illegible]	[illegible]	[illegible]	[illegible]	[illegible]	[illegible]	[illegible]	[illegible]	[illegible]	[illegible]
F03F	[illegible]	[illegible]	[illegible]	[illegible]	[illegible]	[illegible]	[illegible]	[illegible]	[illegible]	[illegible]	[illegible]	[illegible]	[illegible]	[illegible]	[illegible]	[illegible]

表 1（续）

	0	1	2	3	4	5	6	7	8	9	A	B	C	D	E	F
F040	[illegible]	[illegible]	[illegible]	[illegible]	[illegible]	[illegible]	[illegible]	[illegible]	[illegible]	[illegible]	[illegible]	[illegible]	[illegible]	[illegible]	[illegible]	[illegible]
F041	[illegible]	[illegible]	[illegible]	[illegible]	[illegible]	[illegible]	[illegible]	[illegible]	[illegible]	[illegible]	[illegible]	[illegible]	[illegible]	[illegible]	[illegible]	[illegible]
F042	[illegible]	[illegible]	[illegible]	[illegible]	[illegible]	[illegible]	[illegible]	[illegible]	[illegible]	[illegible]	[illegible]	[illegible]	[illegible]	[illegible]	[illegible]	[illegible]
F043	[illegible]	[illegible]	[illegible]	[illegible]	[illegible]	[illegible]	[illegible]	[illegible]	[illegible]	[illegible]	[illegible]	[illegible]	[illegible]	[illegible]	[illegible]	[illegible]
F044	[illegible]	[illegible]	[illegible]	[illegible]	[illegible]	[illegible]	[illegible]	[illegible]	[illegible]	[illegible]	[illegible]	[illegible]	[illegible]	[illegible]	[illegible]	[illegible]
F045	[illegible]	[illegible]	[illegible]	[illegible]	[illegible]	[illegible]	[illegible]	[illegible]	[illegible]	[illegible]	[illegible]	[illegible]	[illegible]	[illegible]	[illegible]	[illegible]
F046	[illegible]	[illegible]	[illegible]	[illegible]	[illegible]	[illegible]	[illegible]	[illegible]	[illegible]	[illegible]	[illegible]	[illegible]	[illegible]	[illegible]	[illegible]	[illegible]
F047	[illegible]	[illegible]	[illegible]	[illegible]	[illegible]	[illegible]	[illegible]	[illegible]	[illegible]	[illegible]	[illegible]	[illegible]	[illegible]	[illegible]	[illegible]	[illegible]
F048	[illegible]	[illegible]	[illegible]	[illegible]	[illegible]	[illegible]	[illegible]	[illegible]	[illegible]	[illegible]	[illegible]	[illegible]	[illegible]	[illegible]	[illegible]	[illegible]
F049	[illegible]	[illegible]	[illegible]	[illegible]	[illegible]	[illegible]	[illegible]	[illegible]	[illegible]	[illegible]	[illegible]	[illegible]	[illegible]	[illegible]	[illegible]	[illegible]
F04A	[illegible]	[illegible]	[illegible]	[illegible]	[illegible]	[illegible]	[illegible]	[illegible]	[illegible]	[illegible]	[illegible]	[illegible]	[illegible]	[illegible]	[illegible]	[illegible]
F04B	[illegible]	[illegible]	[illegible]	[illegible]	[illegible]	[illegible]	[illegible]	[illegible]	[illegible]	[illegible]	[illegible]	[illegible]	[illegible]	[illegible]	[illegible]	[illegible]
F04C	[illegible]	[illegible]	[illegible]	[illegible]	[illegible]	[illegible]	[illegible]	[illegible]	[illegible]	[illegible]	[illegible]	[illegible]	[illegible]	[illegible]	[illegible]	[illegible]
F04D	[illegible]	[illegible]	[illegible]	[illegible]	[illegible]	[illegible]	[illegible]	[illegible]	[illegible]	[illegible]	[illegible]	[illegible]	[illegible]	[illegible]	[illegible]	[illegible]
F04E	[illegible]	[illegible]	[illegible]	[illegible]	[illegible]	[illegible]	[illegible]	[illegible]	[illegible]	[illegible]	[illegible]	[illegible]	[illegible]	[illegible]	[illegible]	[illegible]
F04F	[illegible]	[illegible]	[illegible]	[illegible]	[illegible]	[illegible]	[illegible]	[illegible]	[illegible]	[illegible]	[illegible]	[illegible]	[illegible]	[illegible]	[illegible]	[illegible]

表 1（续）

	0	1	2	3	4	5	6	7	8	9	A	B	C	D	E	F
F050	[illegible]	[illegible]	[illegible]	[illegible]	[illegible]	[illegible]	[illegible]	[illegible]	[illegible]	[illegible]	[illegible]	[illegible]	[illegible]	[illegible]	[illegible]	[illegible]
F051	[illegible]	[illegible]	[illegible]	[illegible]	[illegible]	[illegible]	[illegible]	[illegible]	[illegible]	[illegible]	[illegible]	[illegible]	[illegible]	[illegible]	[illegible]	[illegible]
F052	[illegible]	[illegible]	[illegible]	[illegible]	[illegible]	[illegible]	[illegible]	[illegible]	[illegible]	[illegible]	[illegible]	[illegible]	[illegible]	[illegible]	[illegible]	[illegible]
F053	[illegible]	[illegible]	[illegible]	[illegible]	[illegible]	[illegible]	[illegible]	[illegible]	[illegible]	[illegible]	[illegible]	[illegible]	[illegible]	[illegible]	[illegible]	[illegible]
F054	[illegible]	[illegible]	[illegible]	[illegible]	[illegible]	[illegible]	[illegible]	[illegible]	[illegible]	[illegible]	[illegible]	[illegible]	[illegible]	[illegible]	[illegible]	[illegible]
F055	[illegible]	[illegible]	[illegible]	[illegible]	[illegible]	[illegible]	[illegible]	[illegible]	[illegible]	[illegible]	[illegible]	[illegible]	[illegible]	[illegible]	[illegible]	[illegible]
F056	[illegible]	[illegible]	[illegible]	[illegible]	[illegible]	[illegible]	[illegible]	[illegible]	[illegible]	[illegible]	[illegible]	[illegible]	[illegible]	[illegible]	[illegible]	[illegible]
F057	[illegible]	[illegible]	[illegible]	[illegible]	[illegible]	[illegible]	[illegible]	[illegible]	[illegible]	[illegible]	[illegible]	[illegible]	[illegible]	[illegible]	[illegible]	[illegible]
F058	[illegible]	[illegible]	[illegible]	[illegible]	[illegible]	[illegible]	[illegible]	[illegible]	[illegible]	[illegible]	[illegible]	[illegible]	[illegible]	[illegible]	[illegible]	[illegible]
F059	[illegible]	[illegible]	[illegible]	[illegible]	[illegible]	[illegible]	[illegible]	[illegible]	[illegible]	[illegible]	[illegible]	[illegible]	[illegible]	[illegible]	[illegible]	[illegible]
F05A	[illegible]	[illegible]	[illegible]	[illegible]	[illegible]	[illegible]	[illegible]	[illegible]	[illegible]	[illegible]	[illegible]	[illegible]	[illegible]	[illegible]	[illegible]	[illegible]
F05B	[illegible]	[illegible]	[illegible]	[illegible]	[illegible]	[illegible]	[illegible]	[illegible]	[illegible]	[illegible]	[illegible]	[illegible]	[illegible]	[illegible]	[illegible]	[illegible]
F05C	[illegible]	[illegible]	[illegible]	[illegible]	[illegible]	[illegible]	[illegible]	[illegible]	[illegible]	[illegible]	[illegible]	[illegible]	[illegible]	[illegible]	[illegible]	[illegible]
F05D	[illegible]	[illegible]	[illegible]	[illegible]	[illegible]	[illegible]	[illegible]	[illegible]	[illegible]	[illegible]	[illegible]	[illegible]	[illegible]	[illegible]	[illegible]	[illegible]
F05E	[illegible]	[illegible]	[illegible]	[illegible]	[illegible]	[illegible]	[illegible]	[illegible]	[illegible]	[illegible]	[illegible]	[illegible]	[illegible]	[illegible]	[illegible]	[illegible]
F05F	[illegible]	[illegible]	[illegible]	[illegible]	[illegible]	[illegible]	[illegible]	[illegible]	[illegible]	[illegible]	[illegible]	[illegible]	[illegible]	[illegible]	[illegible]	[illegible]

表 1（续）

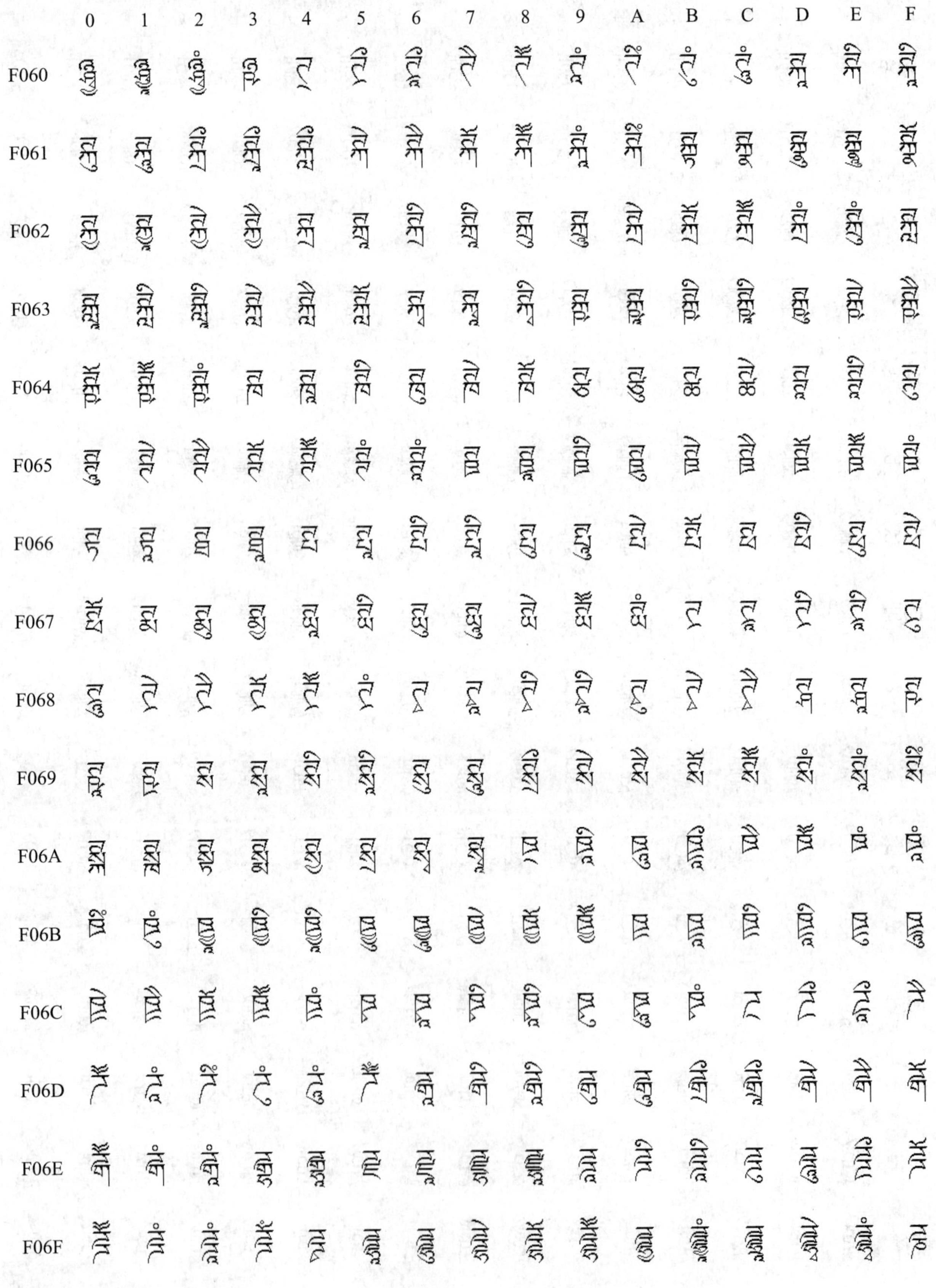

	0	1	2	3	4	5	6	7	8	9	A	B	C	D	E	F
F060	[illegible]	[illegible]	[illegible]	[illegible]	[illegible]	[illegible]	[illegible]	[illegible]	[illegible]	[illegible]	[illegible]	[illegible]	[illegible]	[illegible]	[illegible]	[illegible]
F061	[illegible]	[illegible]	[illegible]	[illegible]	[illegible]	[illegible]	[illegible]	[illegible]	[illegible]	[illegible]	[illegible]	[illegible]	[illegible]	[illegible]	[illegible]	[illegible]
F062	[illegible]	[illegible]	[illegible]	[illegible]	[illegible]	[illegible]	[illegible]	[illegible]	[illegible]	[illegible]	[illegible]	[illegible]	[illegible]	[illegible]	[illegible]	[illegible]
F063	[illegible]	[illegible]	[illegible]	[illegible]	[illegible]	[illegible]	[illegible]	[illegible]	[illegible]	[illegible]	[illegible]	[illegible]	[illegible]	[illegible]	[illegible]	[illegible]
F064	[illegible]	[illegible]	[illegible]	[illegible]	[illegible]	[illegible]	[illegible]	[illegible]	[illegible]	[illegible]	[illegible]	[illegible]	[illegible]	[illegible]	[illegible]	[illegible]
F065	[illegible]	[illegible]	[illegible]	[illegible]	[illegible]	[illegible]	[illegible]	[illegible]	[illegible]	[illegible]	[illegible]	[illegible]	[illegible]	[illegible]	[illegible]	[illegible]
F066	[illegible]	[illegible]	[illegible]	[illegible]	[illegible]	[illegible]	[illegible]	[illegible]	[illegible]	[illegible]	[illegible]	[illegible]	[illegible]	[illegible]	[illegible]	[illegible]
F067	[illegible]	[illegible]	[illegible]	[illegible]	[illegible]	[illegible]	[illegible]	[illegible]	[illegible]	[illegible]	[illegible]	[illegible]	[illegible]	[illegible]	[illegible]	[illegible]
F068	[illegible]	[illegible]	[illegible]	[illegible]	[illegible]	[illegible]	[illegible]	[illegible]	[illegible]	[illegible]	[illegible]	[illegible]	[illegible]	[illegible]	[illegible]	[illegible]
F069	[illegible]	[illegible]	[illegible]	[illegible]	[illegible]	[illegible]	[illegible]	[illegible]	[illegible]	[illegible]	[illegible]	[illegible]	[illegible]	[illegible]	[illegible]	[illegible]
F06A	[illegible]	[illegible]	[illegible]	[illegible]	[illegible]	[illegible]	[illegible]	[illegible]	[illegible]	[illegible]	[illegible]	[illegible]	[illegible]	[illegible]	[illegible]	[illegible]
F06B	[illegible]	[illegible]	[illegible]	[illegible]	[illegible]	[illegible]	[illegible]	[illegible]	[illegible]	[illegible]	[illegible]	[illegible]	[illegible]	[illegible]	[illegible]	[illegible]
F06C	[illegible]	[illegible]	[illegible]	[illegible]	[illegible]	[illegible]	[illegible]	[illegible]	[illegible]	[illegible]	[illegible]	[illegible]	[illegible]	[illegible]	[illegible]	[illegible]
F06D	[illegible]	[illegible]	[illegible]	[illegible]	[illegible]	[illegible]	[illegible]	[illegible]	[illegible]	[illegible]	[illegible]	[illegible]	[illegible]	[illegible]	[illegible]	[illegible]
F06E	[illegible]	[illegible]	[illegible]	[illegible]	[illegible]	[illegible]	[illegible]	[illegible]	[illegible]	[illegible]	[illegible]	[illegible]	[illegible]	[illegible]	[illegible]	[illegible]
F06F	[illegible]	[illegible]	[illegible]	[illegible]	[illegible]	[illegible]	[illegible]	[illegible]	[illegible]	[illegible]	[illegible]	[illegible]	[illegible]	[illegible]	[illegible]	[illegible]

表 1（续）

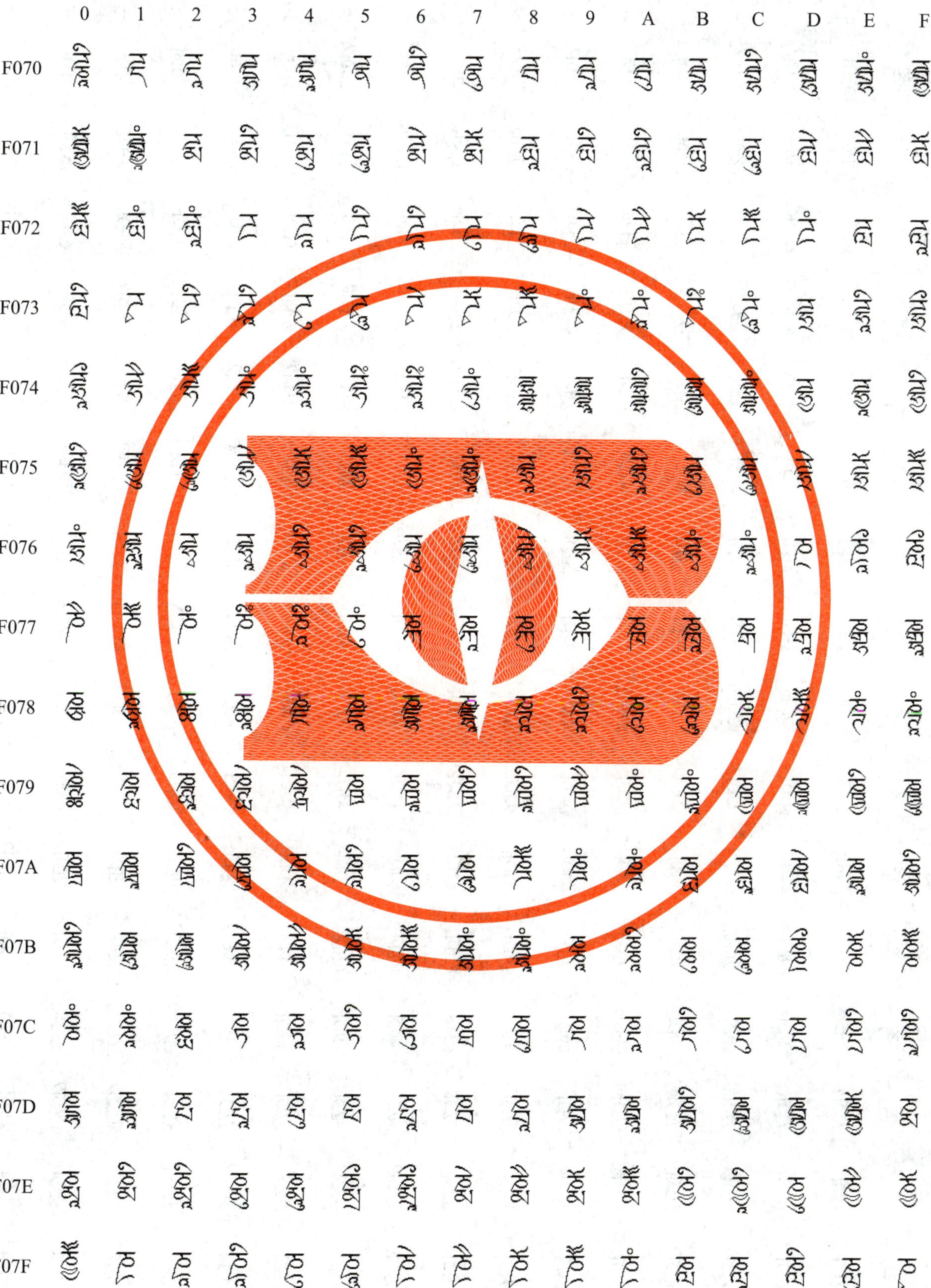

表 1（续）

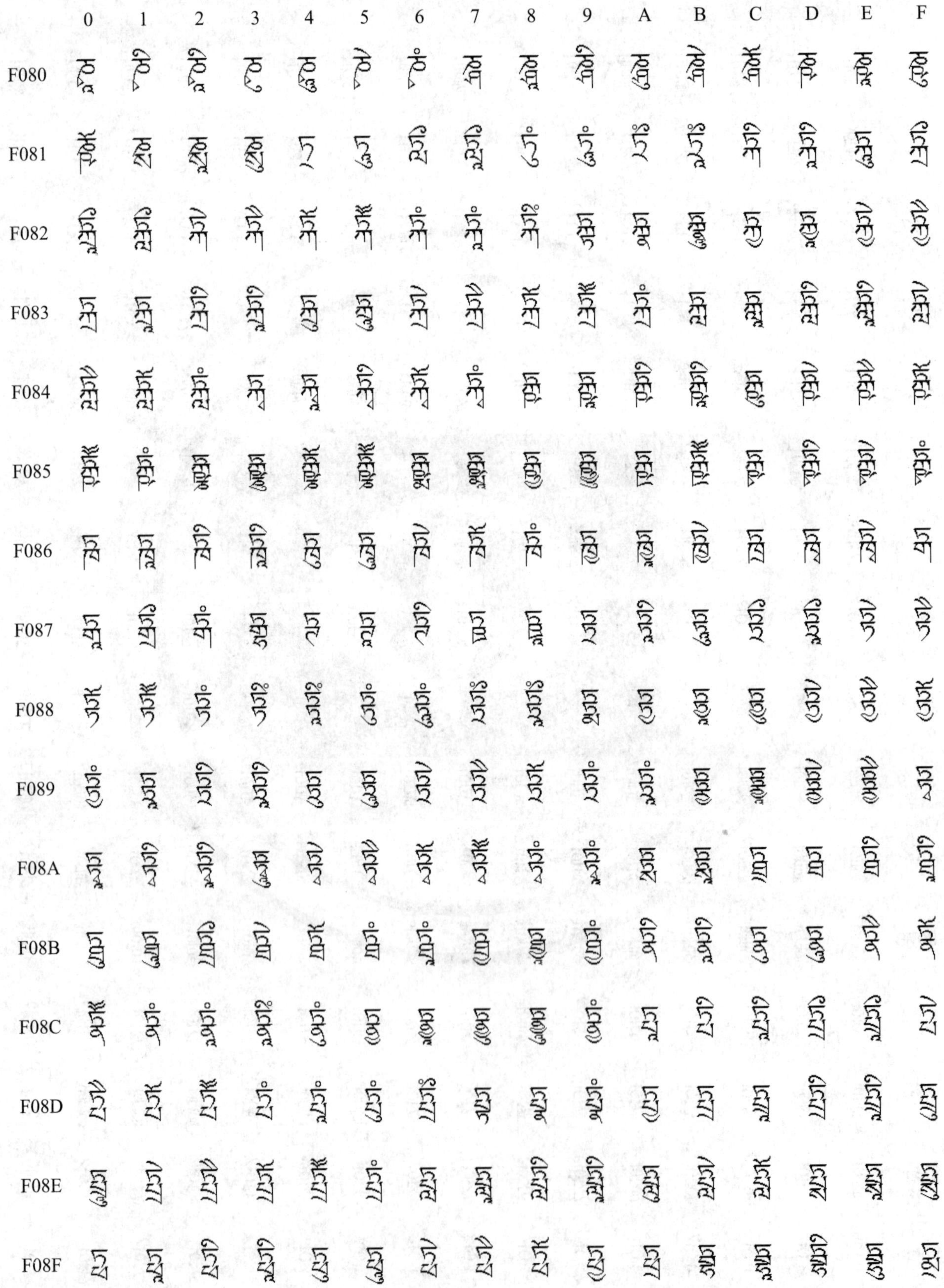

	0	1	2	3	4	5	6	7	8	9	A	B	C	D	E	F
F080																
F081																
F082																
F083																
F084																
F085																
F086																
F087																
F088																
F089																
F08A																
F08B																
F08C																
F08D																
F08E																
F08F																

表 1（续）

	0	1	2	3	4	5	6	7	8	9	A	B	C	D	E	F
F090	[illegible]	[illegible]	[illegible]	[illegible]	[illegible]	[illegible]	[illegible]	[illegible]	[illegible]	[illegible]	[illegible]	[illegible]	[illegible]	[illegible]	[illegible]	[illegible]
F091	[illegible]	[illegible]	[illegible]	[illegible]	[illegible]	[illegible]	[illegible]	[illegible]	[illegible]	[illegible]	[illegible]	[illegible]	[illegible]	[illegible]	[illegible]	[illegible]
F092	[illegible]	[illegible]	[illegible]	[illegible]	[illegible]	[illegible]	[illegible]	[illegible]	[illegible]	[illegible]	[illegible]	[illegible]	[illegible]	[illegible]	[illegible]	[illegible]
F093	[illegible]	[illegible]	[illegible]	[illegible]	[illegible]	[illegible]	[illegible]	[illegible]	[illegible]	[illegible]	[illegible]	[illegible]	[illegible]	[illegible]	[illegible]	[illegible]
F094	[illegible]	[illegible]	[illegible]	[illegible]	[illegible]	[illegible]	[illegible]	[illegible]	[illegible]	[illegible]	[illegible]	[illegible]	[illegible]	[illegible]	[illegible]	[illegible]
F095	[illegible]	[illegible]	[illegible]	[illegible]	[illegible]	[illegible]	[illegible]	[illegible]	[illegible]	[illegible]	[illegible]	[illegible]	[illegible]	[illegible]	[illegible]	[illegible]
F096	[illegible]	[illegible]	[illegible]	[illegible]	[illegible]	[illegible]	[illegible]	[illegible]	[illegible]	[illegible]	[illegible]	[illegible]	[illegible]	[illegible]	[illegible]	[illegible]
F097	[illegible]	[illegible]	[illegible]	[illegible]	[illegible]	[illegible]	[illegible]	[illegible]	[illegible]	[illegible]	[illegible]	[illegible]	[illegible]	[illegible]	[illegible]	[illegible]
F098	[illegible]	[illegible]	[illegible]	[illegible]	[illegible]	[illegible]	[illegible]	[illegible]	[illegible]	[illegible]	[illegible]	[illegible]	[illegible]	[illegible]	[illegible]	[illegible]
F099	[illegible]	[illegible]	[illegible]	[illegible]	[illegible]	[illegible]	[illegible]	[illegible]	[illegible]	[illegible]	[illegible]	[illegible]	[illegible]	[illegible]	[illegible]	[illegible]
F09A	[illegible]	[illegible]	[illegible]	[illegible]	[illegible]	[illegible]	[illegible]	[illegible]	[illegible]	[illegible]	[illegible]	[illegible]	[illegible]	[illegible]	[illegible]	[illegible]
F09B	[illegible]	[illegible]	[illegible]	[illegible]	[illegible]	[illegible]	[illegible]	[illegible]	[illegible]	[illegible]	[illegible]	[illegible]	[illegible]	[illegible]	[illegible]	[illegible]
F09C	[illegible]	[illegible]	[illegible]	[illegible]	[illegible]	[illegible]	[illegible]	[illegible]	[illegible]	[illegible]	[illegible]	[illegible]	[illegible]	[illegible]	[illegible]	[illegible]
F09D	[illegible]	[illegible]	[illegible]	[illegible]	[illegible]	[illegible]	[illegible]	[illegible]	[illegible]	[illegible]	[illegible]	[illegible]	[illegible]	[illegible]	[illegible]	[illegible]
F09E	[illegible]	[illegible]	[illegible]	[illegible]	[illegible]	[illegible]	[illegible]	[illegible]	[illegible]	[illegible]	[illegible]	[illegible]	[illegible]	[illegible]	[illegible]	[illegible]
F09F	[illegible]	[illegible]	[illegible]	[illegible]	[illegible]	[illegible]	[illegible]	[illegible]	[illegible]	[illegible]	[illegible]	[illegible]	[illegible]	[illegible]	[illegible]	[illegible]

表 1（续）

	0	1	2	3	4	5	6	7	8	9	A	B	C	D	E	F
F0A0	[illegible]	[illegible]	[illegible]	[illegible]	[illegible]	[illegible]	[illegible]	[illegible]	[illegible]	[illegible]	[illegible]	[illegible]	[illegible]	[illegible]	[illegible]	[illegible]
F0A1	[illegible]	[illegible]	[illegible]	[illegible]	[illegible]	[illegible]	[illegible]	[illegible]	[illegible]	[illegible]	[illegible]	[illegible]	[illegible]	[illegible]	[illegible]	[illegible]
F0A2	[illegible]	[illegible]	[illegible]	[illegible]	[illegible]	[illegible]	[illegible]	[illegible]	[illegible]	[illegible]	[illegible]	[illegible]	[illegible]	[illegible]	[illegible]	[illegible]
F0A3	[illegible]	[illegible]	[illegible]	[illegible]	[illegible]	[illegible]	[illegible]	[illegible]	[illegible]	[illegible]	[illegible]	[illegible]	[illegible]	[illegible]	[illegible]	[illegible]
F0A4	[illegible]	[illegible]	[illegible]	[illegible]	[illegible]	[illegible]	[illegible]	[illegible]	[illegible]	[illegible]	[illegible]	[illegible]	[illegible]	[illegible]	[illegible]	[illegible]
F0A5	[illegible]	[illegible]	[illegible]	[illegible]	[illegible]	[illegible]	[illegible]	[illegible]	[illegible]	[illegible]	[illegible]	[illegible]	[illegible]	[illegible]	[illegible]	[illegible]
F0A6	[illegible]	[illegible]	[illegible]	[illegible]	[illegible]	[illegible]	[illegible]	[illegible]	[illegible]	[illegible]	[illegible]	[illegible]	[illegible]	[illegible]	[illegible]	[illegible]
F0A7	[illegible]	[illegible]	[illegible]	[illegible]	[illegible]	[illegible]	[illegible]	[illegible]	[illegible]	[illegible]	[illegible]	[illegible]	[illegible]	[illegible]	[illegible]	[illegible]
F0A8	[illegible]	[illegible]	[illegible]	[illegible]	[illegible]	[illegible]	[illegible]	[illegible]	[illegible]	[illegible]	[illegible]	[illegible]	[illegible]	[illegible]	[illegible]	[illegible]
F0A9	[illegible]	[illegible]	[illegible]	[illegible]	[illegible]	[illegible]	[illegible]	[illegible]	[illegible]	[illegible]	[illegible]	[illegible]	[illegible]	[illegible]	[illegible]	[illegible]
F0AA	[illegible]	[illegible]	[illegible]	[illegible]	[illegible]	[illegible]	[illegible]	[illegible]	[illegible]	[illegible]	[illegible]	[illegible]	[illegible]	[illegible]	[illegible]	[illegible]
F0AB	[illegible]	[illegible]	[illegible]	[illegible]	[illegible]	[illegible]	[illegible]	[illegible]	[illegible]	[illegible]	[illegible]	[illegible]	[illegible]	[illegible]	[illegible]	[illegible]
F0AC	[illegible]	[illegible]	[illegible]	[illegible]	[illegible]	[illegible]	[illegible]	[illegible]	[illegible]	[illegible]	[illegible]	[illegible]	[illegible]	[illegible]	[illegible]	[illegible]
F0AD	[illegible]	[illegible]	[illegible]	[illegible]	[illegible]	[illegible]	[illegible]	[illegible]	[illegible]	[illegible]	[illegible]	[illegible]	[illegible]	[illegible]	[illegible]	[illegible]
F0AE	[illegible]	[illegible]	[illegible]	[illegible]	[illegible]	[illegible]	[illegible]	[illegible]	[illegible]	[illegible]	[illegible]	[illegible]	[illegible]	[illegible]	[illegible]	[illegible]
F0AF	[illegible]	[illegible]	[illegible]	[illegible]	[illegible]	[illegible]	[illegible]	[illegible]	[illegible]	[illegible]	[illegible]	[illegible]	[illegible]	[illegible]	[illegible]	[illegible]

表 1（续）

	0	1	2	3	4	5	6	7	8	9	A	B	C	D	E	F
F0B0	[illegible]	[illegible]	[illegible]	[illegible]	[illegible]	[illegible]	[illegible]	[illegible]	[illegible]	[illegible]	[illegible]	[illegible]	[illegible]	[illegible]	[illegible]	[illegible]
F0B1	[illegible]	[illegible]	[illegible]	[illegible]	[illegible]	[illegible]	[illegible]	[illegible]	[illegible]	[illegible]	[illegible]	[illegible]	[illegible]	[illegible]	[illegible]	[illegible]
F0B2	[illegible]	[illegible]	[illegible]	[illegible]	[illegible]	[illegible]	[illegible]	[illegible]	[illegible]	[illegible]	[illegible]	[illegible]	[illegible]	[illegible]	[illegible]	[illegible]
F0B3	[illegible]	[illegible]	[illegible]	[illegible]	[illegible]	[illegible]	[illegible]	[illegible]	[illegible]	[illegible]	[illegible]	[illegible]	[illegible]	[illegible]	[illegible]	[illegible]
F0B4	[illegible]	[illegible]	[illegible]	[illegible]	[illegible]	[illegible]	[illegible]	[illegible]	[illegible]	[illegible]	[illegible]	[illegible]	[illegible]	[illegible]	[illegible]	[illegible]
F0B5	[illegible]	[illegible]	[illegible]	[illegible]	[illegible]	[illegible]	[illegible]	[illegible]	[illegible]	[illegible]	[illegible]	[illegible]	[illegible]	[illegible]	[illegible]	[illegible]
F0B6	[illegible]	[illegible]	[illegible]	[illegible]	[illegible]	[illegible]	[illegible]	[illegible]	[illegible]	[illegible]	[illegible]	[illegible]	[illegible]	[illegible]	[illegible]	[illegible]
F0B7	[illegible]	[illegible]	[illegible]	[illegible]	[illegible]	[illegible]	[illegible]	[illegible]	[illegible]	[illegible]	[illegible]	[illegible]	[illegible]	[illegible]	[illegible]	[illegible]
F0B8	[illegible]	[illegible]	[illegible]	[illegible]	[illegible]	[illegible]	[illegible]	[illegible]	[illegible]	[illegible]	[illegible]	[illegible]	[illegible]	[illegible]	[illegible]	[illegible]
F0B9	[illegible]	[illegible]	[illegible]	[illegible]	[illegible]	[illegible]	[illegible]	[illegible]	[illegible]	[illegible]	[illegible]	[illegible]	[illegible]	[illegible]	[illegible]	[illegible]
F0BA	[illegible]	[illegible]	[illegible]	[illegible]	[illegible]	[illegible]	[illegible]	[illegible]	[illegible]	[illegible]	[illegible]	[illegible]	[illegible]	[illegible]	[illegible]	[illegible]
F0BB	[illegible]	[illegible]	[illegible]	[illegible]	[illegible]	[illegible]	[illegible]	[illegible]	[illegible]	[illegible]	[illegible]	[illegible]	[illegible]	[illegible]	[illegible]	[illegible]
F0BC	[illegible]	[illegible]	[illegible]	[illegible]	[illegible]	[illegible]	[illegible]	[illegible]	[illegible]	[illegible]	[illegible]	[illegible]	[illegible]	[illegible]	[illegible]	[illegible]
F0BD	[illegible]	[illegible]	[illegible]	[illegible]	[illegible]	[illegible]	[illegible]	[illegible]	[illegible]	[illegible]	[illegible]	[illegible]	[illegible]	[illegible]	[illegible]	[illegible]
F0BE	[illegible]	[illegible]	[illegible]	[illegible]	[illegible]	[illegible]	[illegible]	[illegible]	[illegible]	[illegible]	[illegible]	[illegible]	[illegible]	[illegible]	[illegible]	[illegible]
F0BF	[illegible]	[illegible]	[illegible]	[illegible]	[illegible]	[illegible]	[illegible]	[illegible]	[illegible]	[illegible]	[illegible]	[illegible]	[illegible]	[illegible]	[illegible]	[illegible]

表 1（续）

	0	1	2	3	4	5	6	7	8	9	A	B	C	D	E	F
F0C0																
F0C1																
F0C2																
F0C3																
F0C4																
F0C5																
F0C6																
F0C7																
F0C8																
F0C9																
F0CA																
F0CB																
F0CC																
F0CD																
F0CE																
F0CF																

表 1（续）

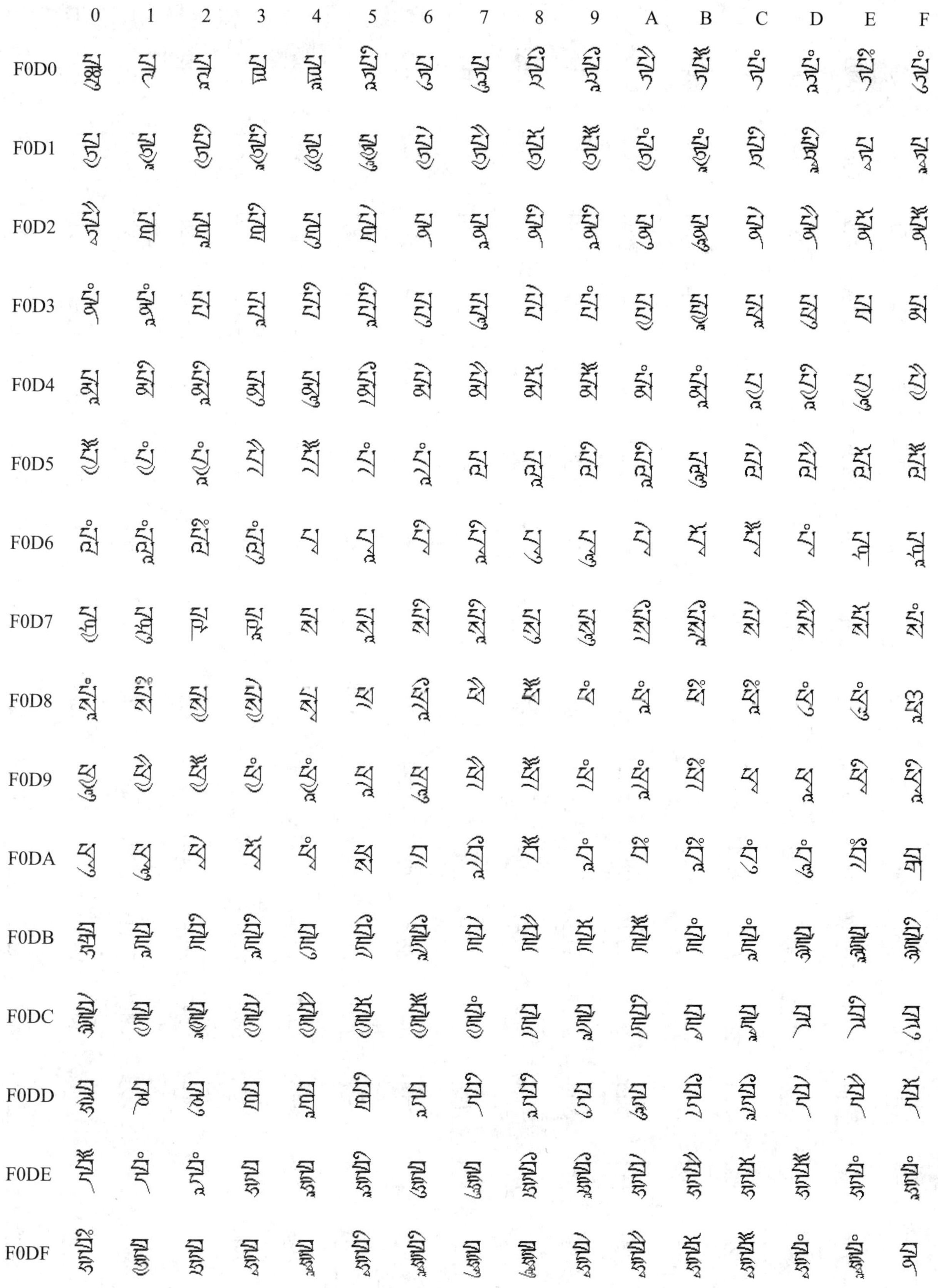

	0	1	2	3	4	5	6	7	8	9	A	B	C	D	E	F
F0D0	[illegible]	[illegible]	[illegible]	[illegible]	[illegible]	[illegible]	[illegible]	[illegible]	[illegible]	[illegible]	[illegible]	[illegible]	[illegible]	[illegible]	[illegible]	[illegible]
F0D1	[illegible]	[illegible]	[illegible]	[illegible]	[illegible]	[illegible]	[illegible]	[illegible]	[illegible]	[illegible]	[illegible]	[illegible]	[illegible]	[illegible]	[illegible]	[illegible]
F0D2	[illegible]	[illegible]	[illegible]	[illegible]	[illegible]	[illegible]	[illegible]	[illegible]	[illegible]	[illegible]	[illegible]	[illegible]	[illegible]	[illegible]	[illegible]	[illegible]
F0D3	[illegible]	[illegible]	[illegible]	[illegible]	[illegible]	[illegible]	[illegible]	[illegible]	[illegible]	[illegible]	[illegible]	[illegible]	[illegible]	[illegible]	[illegible]	[illegible]
F0D4	[illegible]	[illegible]	[illegible]	[illegible]	[illegible]	[illegible]	[illegible]	[illegible]	[illegible]	[illegible]	[illegible]	[illegible]	[illegible]	[illegible]	[illegible]	[illegible]
F0D5	[illegible]	[illegible]	[illegible]	[illegible]	[illegible]	[illegible]	[illegible]	[illegible]	[illegible]	[illegible]	[illegible]	[illegible]	[illegible]	[illegible]	[illegible]	[illegible]
F0D6	[illegible]	[illegible]	[illegible]	[illegible]	[illegible]	[illegible]	[illegible]	[illegible]	[illegible]	[illegible]	[illegible]	[illegible]	[illegible]	[illegible]	[illegible]	[illegible]
F0D7	[illegible]	[illegible]	[illegible]	[illegible]	[illegible]	[illegible]	[illegible]	[illegible]	[illegible]	[illegible]	[illegible]	[illegible]	[illegible]	[illegible]	[illegible]	[illegible]
F0D8	[illegible]	[illegible]	[illegible]	[illegible]	[illegible]	[illegible]	[illegible]	[illegible]	[illegible]	[illegible]	[illegible]	[illegible]	[illegible]	[illegible]	[illegible]	[illegible]
F0D9	[illegible]	[illegible]	[illegible]	[illegible]	[illegible]	[illegible]	[illegible]	[illegible]	[illegible]	[illegible]	[illegible]	[illegible]	[illegible]	[illegible]	[illegible]	[illegible]
F0DA	[illegible]	[illegible]	[illegible]	[illegible]	[illegible]	[illegible]	[illegible]	[illegible]	[illegible]	[illegible]	[illegible]	[illegible]	[illegible]	[illegible]	[illegible]	[illegible]
F0DB	[illegible]	[illegible]	[illegible]	[illegible]	[illegible]	[illegible]	[illegible]	[illegible]	[illegible]	[illegible]	[illegible]	[illegible]	[illegible]	[illegible]	[illegible]	[illegible]
F0DC	[illegible]	[illegible]	[illegible]	[illegible]	[illegible]	[illegible]	[illegible]	[illegible]	[illegible]	[illegible]	[illegible]	[illegible]	[illegible]	[illegible]	[illegible]	[illegible]
F0DD	[illegible]	[illegible]	[illegible]	[illegible]	[illegible]	[illegible]	[illegible]	[illegible]	[illegible]	[illegible]	[illegible]	[illegible]	[illegible]	[illegible]	[illegible]	[illegible]
F0DE	[illegible]	[illegible]	[illegible]	[illegible]	[illegible]	[illegible]	[illegible]	[illegible]	[illegible]	[illegible]	[illegible]	[illegible]	[illegible]	[illegible]	[illegible]	[illegible]
F0DF	[illegible]	[illegible]	[illegible]	[illegible]	[illegible]	[illegible]	[illegible]	[illegible]	[illegible]	[illegible]	[illegible]	[illegible]	[illegible]	[illegible]	[illegible]	[illegible]

表 1（续）

	0	1	2	3	4	5	6	7	8	9	A	B	C	D	E	F
F0E0	[illegible]	[illegible]	[illegible]	[illegible]	[illegible]	[illegible]	[illegible]	[illegible]	[illegible]	[illegible]	[illegible]	[illegible]	[illegible]	[illegible]	[illegible]	[illegible]
F0E1	[illegible]	[illegible]	[illegible]	[illegible]	[illegible]	[illegible]	[illegible]	[illegible]	[illegible]	[illegible]	[illegible]	[illegible]	[illegible]	[illegible]	[illegible]	[illegible]
F0E2	[illegible]	[illegible]	[illegible]	[illegible]	[illegible]	[illegible]	[illegible]	[illegible]	[illegible]	[illegible]	[illegible]	[illegible]	[illegible]	[illegible]	[illegible]	[illegible]
F0E3	[illegible]	[illegible]	[illegible]	[illegible]	[illegible]	[illegible]	[illegible]	[illegible]	[illegible]	[illegible]	[illegible]	[illegible]	[illegible]	[illegible]	[illegible]	[illegible]
F0E4	[illegible]	[illegible]	[illegible]	[illegible]	[illegible]	[illegible]	[illegible]	[illegible]	[illegible]	[illegible]	[illegible]	[illegible]	[illegible]	[illegible]	[illegible]	[illegible]
F0E5	[illegible]	[illegible]	[illegible]	[illegible]	[illegible]	[illegible]	[illegible]	[illegible]	[illegible]	[illegible]	[illegible]	[illegible]	[illegible]	[illegible]	[illegible]	[illegible]
F0E6	[illegible]	[illegible]	[illegible]	[illegible]	[illegible]	[illegible]	[illegible]	[illegible]	[illegible]	[illegible]	[illegible]	[illegible]	[illegible]	[illegible]	[illegible]	[illegible]
F0E7	[illegible]	[illegible]	[illegible]	[illegible]	[illegible]	[illegible]	[illegible]	[illegible]	[illegible]	[illegible]	[illegible]	[illegible]	[illegible]	[illegible]	[illegible]	[illegible]
F0E8	[illegible]	[illegible]	[illegible]	[illegible]	[illegible]	[illegible]	[illegible]	[illegible]	[illegible]	[illegible]	[illegible]	[illegible]	[illegible]	[illegible]	[illegible]	[illegible]
F0E9	[illegible]	[illegible]	[illegible]	[illegible]	[illegible]	[illegible]	[illegible]	[illegible]	[illegible]	[illegible]	[illegible]	[illegible]	[illegible]	[illegible]	[illegible]	[illegible]
F0EA	[illegible]	[illegible]	[illegible]	[illegible]	[illegible]	[illegible]	[illegible]	[illegible]	[illegible]	[illegible]	[illegible]	[illegible]	[illegible]	[illegible]	[illegible]	[illegible]
F0EB	[illegible]	[illegible]	[illegible]	[illegible]	[illegible]	[illegible]	[illegible]	[illegible]	[illegible]	[illegible]	[illegible]	[illegible]	[illegible]	[illegible]	[illegible]	[illegible]
F0EC	[illegible]	[illegible]	[illegible]	[illegible]	[illegible]	[illegible]	[illegible]	[illegible]	[illegible]	[illegible]	[illegible]	[illegible]	[illegible]	[illegible]	[illegible]	[illegible]
F0ED	[illegible]	[illegible]	[illegible]	[illegible]	[illegible]	[illegible]	[illegible]	[illegible]	[illegible]	[illegible]	[illegible]	[illegible]	[illegible]	[illegible]	[illegible]	[illegible]
F0EE	[illegible]	[illegible]	[illegible]	[illegible]	[illegible]	[illegible]	[illegible]	[illegible]	[illegible]	[illegible]	[illegible]	[illegible]	[illegible]	[illegible]	[illegible]	[illegible]
F0EF	[illegible]	[illegible]	[illegible]	[illegible]	[illegible]	[illegible]	[illegible]	[illegible]	[illegible]	[illegible]	[illegible]	[illegible]	[illegible]	[illegible]	[illegible]	[illegible]

表 1（续）

	0	1	2	3	4	5	6	7	8	9	A	B	C	D	E	F
F0F0	[illegible]	[illegible]	[illegible]	[illegible]	[illegible]	[illegible]	[illegible]	[illegible]	[illegible]	[illegible]	[illegible]	[illegible]	[illegible]	[illegible]	[illegible]	[illegible]
F0F1	[illegible]	[illegible]	[illegible]	[illegible]	[illegible]	[illegible]	[illegible]	[illegible]	[illegible]	[illegible]	[illegible]	[illegible]	[illegible]	[illegible]	[illegible]	[illegible]
F0F2	[illegible]	[illegible]	[illegible]	[illegible]	[illegible]	[illegible]	[illegible]	[illegible]	[illegible]	[illegible]	[illegible]	[illegible]	[illegible]	[illegible]	[illegible]	[illegible]
F0F3	[illegible]	[illegible]	[illegible]	[illegible]	[illegible]	[illegible]	[illegible]	[illegible]	[illegible]	[illegible]	[illegible]	[illegible]	[illegible]	[illegible]	[illegible]	[illegible]
F0F4	[illegible]	[illegible]	[illegible]	[illegible]	[illegible]	[illegible]	[illegible]	[illegible]	[illegible]	[illegible]	[illegible]	[illegible]	[illegible]	[illegible]	[illegible]	[illegible]
F0F5	[illegible]	[illegible]	[illegible]	[illegible]	[illegible]	[illegible]	[illegible]	[illegible]	[illegible]	[illegible]	[illegible]	[illegible]	[illegible]	[illegible]	[illegible]	[illegible]
F0F6	[illegible]	[illegible]	[illegible]	[illegible]	[illegible]	[illegible]	[illegible]	[illegible]	[illegible]	[illegible]	[illegible]	[illegible]	[illegible]	[illegible]	[illegible]	[illegible]
F0F7	[illegible]	[illegible]	[illegible]	[illegible]	[illegible]	[illegible]	[illegible]	[illegible]	[illegible]	[illegible]	[illegible]	[illegible]	[illegible]	[illegible]	[illegible]	[illegible]
F0F8	[illegible]	[illegible]	[illegible]	[illegible]	[illegible]	[illegible]	[illegible]	[illegible]	[illegible]	[illegible]	[illegible]	[illegible]	[illegible]	[illegible]	[illegible]	[illegible]
F0F9	[illegible]	[illegible]	[illegible]	[illegible]	[illegible]	[illegible]	[illegible]	[illegible]	[illegible]	[illegible]	[illegible]	[illegible]	[illegible]	[illegible]	[illegible]	[illegible]
F0FA	[illegible]	[illegible]	[illegible]	[illegible]	[illegible]	[illegible]	[illegible]	[illegible]	[illegible]	[illegible]	[illegible]	[illegible]	[illegible]	[illegible]	[illegible]	[illegible]
F0FB	[illegible]	[illegible]	[illegible]	[illegible]	[illegible]	[illegible]	[illegible]	[illegible]	[illegible]	[illegible]	[illegible]	[illegible]	[illegible]	[illegible]	[illegible]	[illegible]
F0FC	[illegible]	[illegible]	[illegible]	[illegible]	[illegible]	[illegible]	[illegible]	[illegible]	[illegible]	[illegible]	[illegible]	[illegible]	[illegible]	[illegible]	[illegible]	[illegible]
F0FD	[illegible]	[illegible]	[illegible]	[illegible]	[illegible]	[illegible]	[illegible]	[illegible]	[illegible]	[illegible]	[illegible]	[illegible]	[illegible]	[illegible]	[illegible]	[illegible]
F0FE	[illegible]	[illegible]	[illegible]	[illegible]	[illegible]	[illegible]	[illegible]	[illegible]	[illegible]	[illegible]	[illegible]	[illegible]	[illegible]	[illegible]	[illegible]	[illegible]
F0FF	[illegible]	[illegible]	[illegible]	[illegible]	[illegible]	[illegible]	[illegible]	[illegible]	[illegible]	[illegible]	[illegible]	[illegible]	[illegible]	[illegible]	[illegible]	[illegible]

表 1（续）

	0	1	2	3	4	5	6	7	8	9	A	B	C	D	E	F
F100																
F101																
F102																
F103																
F104																
F105																
F106																
F107																
F108																
F109																
F10A																
F10B																
F10C																
F10D																
F10E																
F10F																

表 1（续）

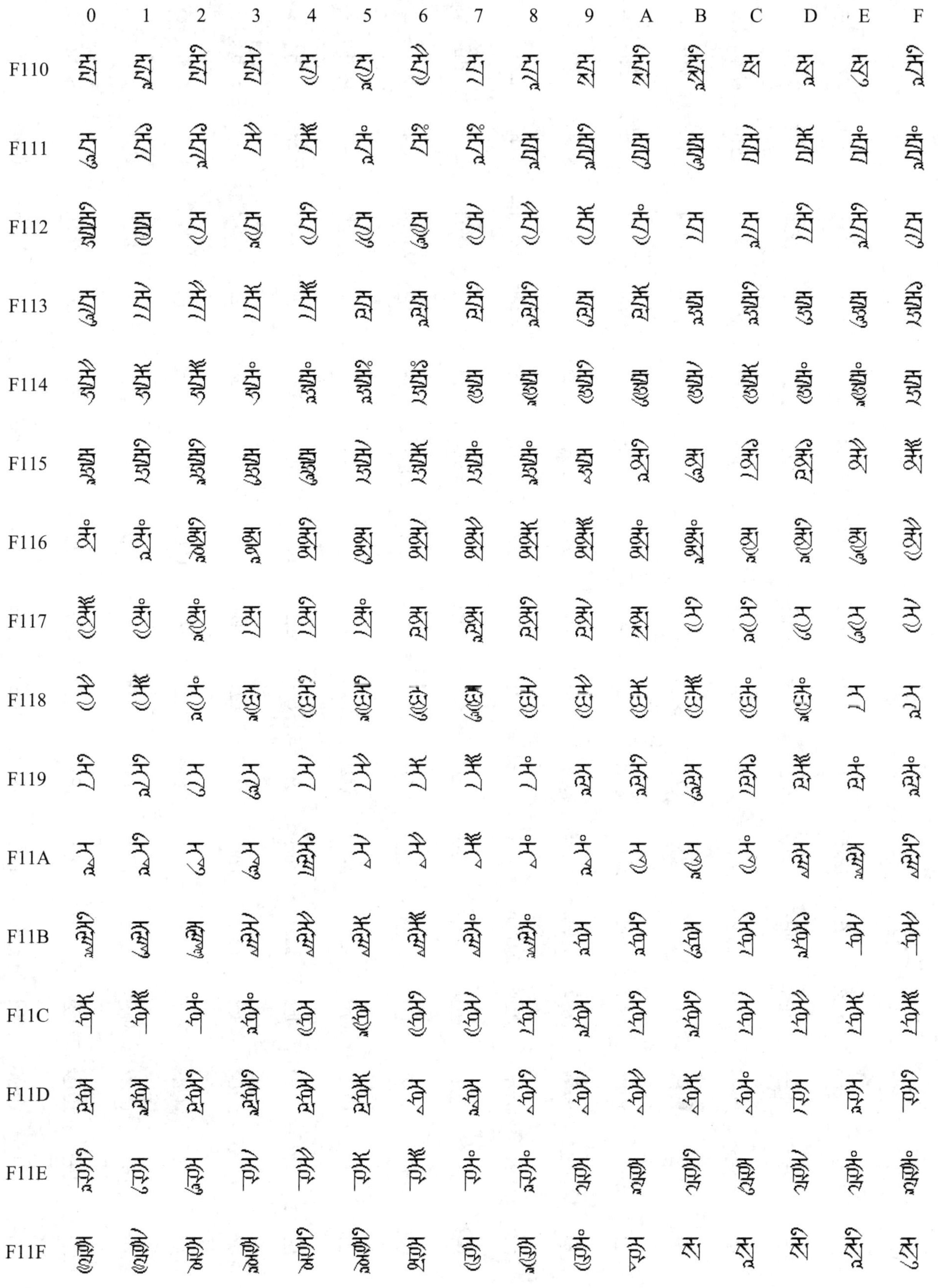

	0	1	2	3	4	5	6	7	8	9	A	B	C	D	E	F
F110	[illegible]	[illegible]	[illegible]	[illegible]	[illegible]	[illegible]	[illegible]	[illegible]	[illegible]	[illegible]	[illegible]	[illegible]	[illegible]	[illegible]	[illegible]	[illegible]
F111	[illegible]	[illegible]	[illegible]	[illegible]	[illegible]	[illegible]	[illegible]	[illegible]	[illegible]	[illegible]	[illegible]	[illegible]	[illegible]	[illegible]	[illegible]	[illegible]
F112	[illegible]	[illegible]	[illegible]	[illegible]	[illegible]	[illegible]	[illegible]	[illegible]	[illegible]	[illegible]	[illegible]	[illegible]	[illegible]	[illegible]	[illegible]	[illegible]
F113	[illegible]	[illegible]	[illegible]	[illegible]	[illegible]	[illegible]	[illegible]	[illegible]	[illegible]	[illegible]	[illegible]	[illegible]	[illegible]	[illegible]	[illegible]	[illegible]
F114	[illegible]	[illegible]	[illegible]	[illegible]	[illegible]	[illegible]	[illegible]	[illegible]	[illegible]	[illegible]	[illegible]	[illegible]	[illegible]	[illegible]	[illegible]	[illegible]
F115	[illegible]	[illegible]	[illegible]	[illegible]	[illegible]	[illegible]	[illegible]	[illegible]	[illegible]	[illegible]	[illegible]	[illegible]	[illegible]	[illegible]	[illegible]	[illegible]
F116	[illegible]	[illegible]	[illegible]	[illegible]	[illegible]	[illegible]	[illegible]	[illegible]	[illegible]	[illegible]	[illegible]	[illegible]	[illegible]	[illegible]	[illegible]	[illegible]
F117	[illegible]	[illegible]	[illegible]	[illegible]	[illegible]	[illegible]	[illegible]	[illegible]	[illegible]	[illegible]	[illegible]	[illegible]	[illegible]	[illegible]	[illegible]	[illegible]
F118	[illegible]	[illegible]	[illegible]	[illegible]	[illegible]	[illegible]	[illegible]	[illegible]	[illegible]	[illegible]	[illegible]	[illegible]	[illegible]	[illegible]	[illegible]	[illegible]
F119	[illegible]	[illegible]	[illegible]	[illegible]	[illegible]	[illegible]	[illegible]	[illegible]	[illegible]	[illegible]	[illegible]	[illegible]	[illegible]	[illegible]	[illegible]	[illegible]
F11A	[illegible]	[illegible]	[illegible]	[illegible]	[illegible]	[illegible]	[illegible]	[illegible]	[illegible]	[illegible]	[illegible]	[illegible]	[illegible]	[illegible]	[illegible]	[illegible]
F11B	[illegible]	[illegible]	[illegible]	[illegible]	[illegible]	[illegible]	[illegible]	[illegible]	[illegible]	[illegible]	[illegible]	[illegible]	[illegible]	[illegible]	[illegible]	[illegible]
F11C	[illegible]	[illegible]	[illegible]	[illegible]	[illegible]	[illegible]	[illegible]	[illegible]	[illegible]	[illegible]	[illegible]	[illegible]	[illegible]	[illegible]	[illegible]	[illegible]
F11D	[illegible]	[illegible]	[illegible]	[illegible]	[illegible]	[illegible]	[illegible]	[illegible]	[illegible]	[illegible]	[illegible]	[illegible]	[illegible]	[illegible]	[illegible]	[illegible]
F11E	[illegible]	[illegible]	[illegible]	[illegible]	[illegible]	[illegible]	[illegible]	[illegible]	[illegible]	[illegible]	[illegible]	[illegible]	[illegible]	[illegible]	[illegible]	[illegible]
F11F	[illegible]	[illegible]	[illegible]	[illegible]	[illegible]	[illegible]	[illegible]	[illegible]	[illegible]	[illegible]	[illegible]	[illegible]	[illegible]	[illegible]	[illegible]	[illegible]

表 1（续）

	0	1	2	3	4	5	6	7	8	9	A	B	C	D	E	F
F120	[illegible]	[illegible]	[illegible]	[illegible]	[illegible]	[illegible]	[illegible]	[illegible]	[illegible]	[illegible]	[illegible]	[illegible]	[illegible]	[illegible]	[illegible]	[illegible]
F121	[illegible]	[illegible]	[illegible]	[illegible]	[illegible]	[illegible]	[illegible]	[illegible]	[illegible]	[illegible]	[illegible]	[illegible]	[illegible]	[illegible]	[illegible]	[illegible]
F122	[illegible]	[illegible]	[illegible]	[illegible]	[illegible]	[illegible]	[illegible]	[illegible]	[illegible]	[illegible]	[illegible]	[illegible]	[illegible]	[illegible]	[illegible]	[illegible]
F123	[illegible]	[illegible]	[illegible]	[illegible]	[illegible]	[illegible]	[illegible]	[illegible]	[illegible]	[illegible]	[illegible]	[illegible]	[illegible]	[illegible]	[illegible]	[illegible]
F124	[illegible]	[illegible]	[illegible]	[illegible]	[illegible]	[illegible]	[illegible]	[illegible]	[illegible]	[illegible]	[illegible]	[illegible]	[illegible]	[illegible]	[illegible]	[illegible]
F125	[illegible]	[illegible]	[illegible]	[illegible]	[illegible]	[illegible]	[illegible]	[illegible]	[illegible]	[illegible]	[illegible]	[illegible]	[illegible]	[illegible]	[illegible]	[illegible]
F126	[illegible]	[illegible]	[illegible]	[illegible]	[illegible]	[illegible]	[illegible]	[illegible]	[illegible]	[illegible]	[illegible]	[illegible]	[illegible]	[illegible]	[illegible]	[illegible]
F127	[illegible]	[illegible]	[illegible]	[illegible]	[illegible]	[illegible]	[illegible]	[illegible]	[illegible]	[illegible]	[illegible]	[illegible]	[illegible]	[illegible]	[illegible]	[illegible]
F128	[illegible]	[illegible]	[illegible]	[illegible]	[illegible]	[illegible]	[illegible]	[illegible]	[illegible]	[illegible]	[illegible]	[illegible]	[illegible]	[illegible]	[illegible]	[illegible]
F129	[illegible]	[illegible]	[illegible]	[illegible]	[illegible]	[illegible]	[illegible]	[illegible]	[illegible]	[illegible]	[illegible]	[illegible]	[illegible]	[illegible]	[illegible]	[illegible]
F12A	[illegible]	[illegible]	[illegible]	[illegible]	[illegible]	[illegible]	[illegible]	[illegible]	[illegible]	[illegible]	[illegible]	[illegible]	[illegible]	[illegible]	[illegible]	[illegible]
F12B	[illegible]	[illegible]	[illegible]	[illegible]	[illegible]	[illegible]	[illegible]	[illegible]	[illegible]	[illegible]	[illegible]	[illegible]	[illegible]	[illegible]	[illegible]	[illegible]
F12C	[illegible]	[illegible]	[illegible]	[illegible]	[illegible]	[illegible]	[illegible]	[illegible]	[illegible]	[illegible]	[illegible]	[illegible]	[illegible]	[illegible]	[illegible]	[illegible]
F12D	[illegible]	[illegible]	[illegible]	[illegible]	[illegible]	[illegible]	[illegible]	[illegible]	[illegible]	[illegible]	[illegible]	[illegible]	[illegible]	[illegible]	[illegible]	[illegible]
F12E	[illegible]	[illegible]	[illegible]	[illegible]	[illegible]	[illegible]	[illegible]	[illegible]	[illegible]	[illegible]	[illegible]	[illegible]	[illegible]	[illegible]	[illegible]	[illegible]
F12F	[illegible]	[illegible]	[illegible]	[illegible]	[illegible]	[illegible]	[illegible]	[illegible]	[illegible]	[illegible]	[illegible]	[illegible]	[illegible]	[illegible]	[illegible]	[illegible]

表 1（续）

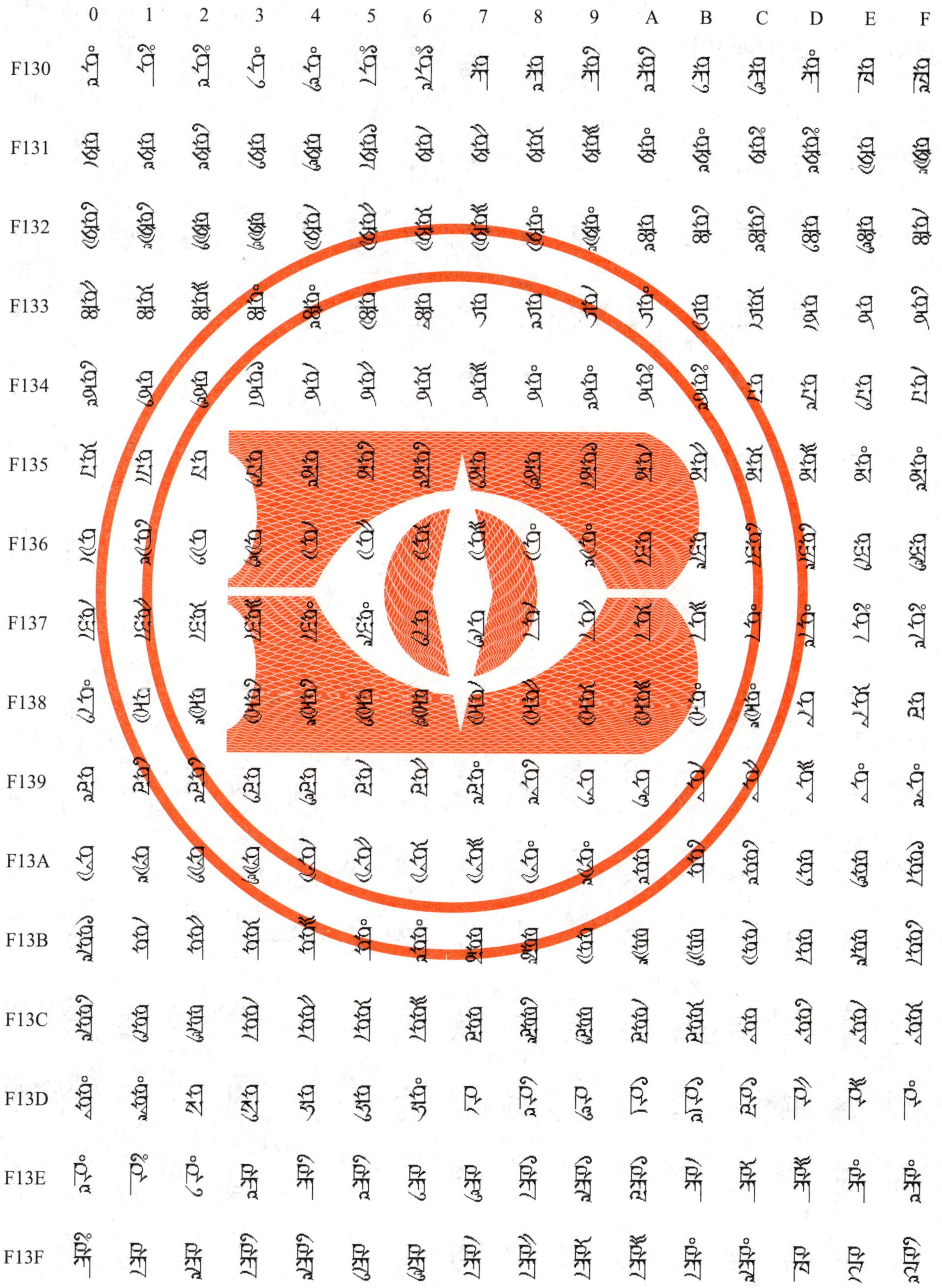

	0	1	2	3	4	5	6	7	8	9	A	B	C	D	E	F
F130																
F131																
F132																
F133																
F134																
F135																
F136																
F137																
F138																
F139																
F13A																
F13B																
F13C																
F13D																
F13E																
F13F																

表 1（续）

	0	1	2	3	4	5	6	7	8	9	A	B	C	D	E	F
F140	[illegible]	[illegible]	[illegible]	[illegible]	[illegible]	[illegible]	[illegible]	[illegible]	[illegible]	[illegible]	[illegible]	[illegible]	[illegible]	[illegible]	[illegible]	[illegible]
F141	[illegible]	[illegible]	[illegible]	[illegible]	[illegible]	[illegible]	[illegible]	[illegible]	[illegible]	[illegible]	[illegible]	[illegible]	[illegible]	[illegible]	[illegible]	[illegible]
F142	[illegible]	[illegible]	[illegible]	[illegible]	[illegible]	[illegible]	[illegible]	[illegible]	[illegible]	[illegible]	[illegible]	[illegible]	[illegible]	[illegible]	[illegible]	[illegible]
F143	[illegible]	[illegible]	[illegible]	[illegible]	[illegible]	[illegible]	[illegible]	[illegible]	[illegible]	[illegible]	[illegible]	[illegible]	[illegible]	[illegible]	[illegible]	[illegible]
F144	[illegible]	[illegible]	[illegible]	[illegible]	[illegible]	[illegible]	[illegible]	[illegible]	[illegible]	[illegible]	[illegible]	[illegible]	[illegible]	[illegible]	[illegible]	[illegible]
F145	[illegible]	[illegible]	[illegible]	[illegible]	[illegible]	[illegible]	[illegible]	[illegible]	[illegible]	[illegible]	[illegible]	[illegible]	[illegible]	[illegible]	[illegible]	[illegible]
F146	[illegible]	[illegible]	[illegible]	[illegible]	[illegible]	[illegible]	[illegible]	[illegible]	[illegible]	[illegible]	[illegible]	[illegible]	[illegible]	[illegible]	[illegible]	[illegible]
F147	[illegible]	[illegible]	[illegible]	[illegible]	[illegible]	[illegible]	[illegible]	[illegible]	[illegible]	[illegible]	[illegible]	[illegible]	[illegible]	[illegible]	[illegible]	[illegible]
F148	[illegible]	[illegible]	[illegible]	[illegible]	[illegible]	[illegible]	[illegible]	[illegible]	[illegible]	[illegible]	[illegible]	[illegible]	[illegible]	[illegible]	[illegible]	[illegible]
F149	[illegible]	[illegible]	[illegible]	[illegible]	[illegible]	[illegible]	[illegible]	[illegible]	[illegible]	[illegible]	[illegible]	[illegible]	[illegible]	[illegible]	[illegible]	[illegible]
F14A	[illegible]	[illegible]	[illegible]	[illegible]	[illegible]	[illegible]	[illegible]	[illegible]	[illegible]	[illegible]	[illegible]	[illegible]	[illegible]	[illegible]	[illegible]	[illegible]
F14B	[illegible]	[illegible]	[illegible]	[illegible]	[illegible]	[illegible]	[illegible]	[illegible]	[illegible]	[illegible]	[illegible]	[illegible]	[illegible]	[illegible]	[illegible]	[illegible]
F14C	[illegible]	[illegible]	[illegible]	[illegible]	[illegible]	[illegible]	[illegible]	[illegible]	[illegible]	[illegible]	[illegible]	[illegible]	[illegible]	[illegible]	[illegible]	[illegible]
F14D	[illegible]	[illegible]	[illegible]	[illegible]	[illegible]	[illegible]	[illegible]	[illegible]	[illegible]	[illegible]	[illegible]	[illegible]	[illegible]	[illegible]	[illegible]	[illegible]
F14E	[illegible]	[illegible]	[illegible]	[illegible]	[illegible]	[illegible]	[illegible]	[illegible]	[illegible]	[illegible]	[illegible]	[illegible]	[illegible]	[illegible]	[illegible]	[illegible]
F14F	[illegible]	[illegible]	[illegible]	[illegible]	[illegible]	[illegible]	[illegible]	[illegible]	[illegible]	[illegible]	[illegible]	[illegible]	[illegible]	[illegible]	[illegible]	[illegible]

表 1（续）

	0	1	2	3	4	5	6	7	8	9	A	B	C	D	E	F
F150	[illegible]	[illegible]	[illegible]	[illegible]	[illegible]	[illegible]	[illegible]	[illegible]	[illegible]	[illegible]	[illegible]	[illegible]	[illegible]	[illegible]	[illegible]	[illegible]
F151	[illegible]	[illegible]	[illegible]	[illegible]	[illegible]	[illegible]	[illegible]	[illegible]	[illegible]	[illegible]	[illegible]	[illegible]	[illegible]	[illegible]	[illegible]	[illegible]
F152	[illegible]	[illegible]	[illegible]	[illegible]	[illegible]	[illegible]	[illegible]	[illegible]	[illegible]	[illegible]	[illegible]	[illegible]	[illegible]	[illegible]	[illegible]	[illegible]
F153	[illegible]	[illegible]	[illegible]	[illegible]	[illegible]	[illegible]	[illegible]	[illegible]	[illegible]	[illegible]	[illegible]	[illegible]	[illegible]	[illegible]	[illegible]	[illegible]
F154	[illegible]	[illegible]	[illegible]	[illegible]	[illegible]	[illegible]	[illegible]	[illegible]	[illegible]	[illegible]	[illegible]	[illegible]	[illegible]	[illegible]	[illegible]	[illegible]
F155	[illegible]	[illegible]	[illegible]	[illegible]	[illegible]	[illegible]	[illegible]	[illegible]	[illegible]	[illegible]	[illegible]	[illegible]	[illegible]	[illegible]	[illegible]	[illegible]
F156	[illegible]	[illegible]	[illegible]	[illegible]	[illegible]	[illegible]	[illegible]	[illegible]	[illegible]	[illegible]	[illegible]	[illegible]	[illegible]	[illegible]	[illegible]	[illegible]
F157	[illegible]	[illegible]	[illegible]	[illegible]	[illegible]	[illegible]	[illegible]	[illegible]	[illegible]	[illegible]	[illegible]	[illegible]	[illegible]	[illegible]	[illegible]	[illegible]
F158	[illegible]	[illegible]	[illegible]	[illegible]	[illegible]	[illegible]	[illegible]	[illegible]	[illegible]	[illegible]	[illegible]	[illegible]	[illegible]	[illegible]	[illegible]	[illegible]
F159	[illegible]	[illegible]	[illegible]	[illegible]	[illegible]	[illegible]	[illegible]	[illegible]	[illegible]	[illegible]	[illegible]	[illegible]	[illegible]	[illegible]	[illegible]	[illegible]
F15A	[illegible]	[illegible]	[illegible]	[illegible]	[illegible]	[illegible]	[illegible]	[illegible]	[illegible]	[illegible]	[illegible]	[illegible]	[illegible]	[illegible]	[illegible]	[illegible]
F15B	[illegible]	[illegible]	[illegible]	[illegible]	[illegible]	[illegible]	[illegible]	[illegible]	[illegible]	[illegible]	[illegible]	[illegible]	[illegible]	[illegible]	[illegible]	[illegible]
F15C	[illegible]	[illegible]	[illegible]	[illegible]	[illegible]	[illegible]	[illegible]	[illegible]	[illegible]	[illegible]	[illegible]	[illegible]	[illegible]	[illegible]	[illegible]	[illegible]
F15D	[illegible]	[illegible]	[illegible]	[illegible]	[illegible]	[illegible]	[illegible]	[illegible]	[illegible]	[illegible]	[illegible]	[illegible]	[illegible]	[illegible]	[illegible]	[illegible]
F15E	[illegible]	[illegible]	[illegible]	[illegible]	[illegible]	[illegible]	[illegible]	[illegible]	[illegible]	[illegible]	[illegible]	[illegible]	[illegible]	[illegible]	[illegible]	[illegible]
F15F	[illegible]	[illegible]	[illegible]	[illegible]	[illegible]	[illegible]	[illegible]	[illegible]	[illegible]	[illegible]	[illegible]	[illegible]	[illegible]	[illegible]	[illegible]	[illegible]

表 1（续）

	0	1	2	3	4	5	6	7	8	9	A	B	C	D	E	F
F160	[illegible]	[illegible]	[illegible]	[illegible]	[illegible]	[illegible]	[illegible]	[illegible]	[illegible]	[illegible]	[illegible]	[illegible]	[illegible]	[illegible]	[illegible]	[illegible]
F161	[illegible]	[illegible]	[illegible]	[illegible]	[illegible]	[illegible]	[illegible]	[illegible]	[illegible]	[illegible]	[illegible]	[illegible]	[illegible]	[illegible]	[illegible]	[illegible]
F162	[illegible]	[illegible]	[illegible]	[illegible]	[illegible]	[illegible]	[illegible]	[illegible]	[illegible]	[illegible]	[illegible]	[illegible]	[illegible]	[illegible]	[illegible]	[illegible]
F163	[illegible]	[illegible]	[illegible]	[illegible]	[illegible]	[illegible]	[illegible]	[illegible]	[illegible]	[illegible]	[illegible]	[illegible]	[illegible]	[illegible]	[illegible]	[illegible]
F164	[illegible]	[illegible]	[illegible]	[illegible]	[illegible]											

附 录 A
（资料性附录）
藏文甘丹白体

本标准规定的藏文甘丹(བཀའ་བསྟན།)白体参照德格木刻版、那塘木刻版《甘珠尔》《丹珠尔》等版本字体而创作，是众多不同风格的白体中独具特色的一种书体字型。

附 录 B
（规范性附录）
藏文 24×48 点阵字型数据

B.1 藏文 24×48 点阵字型数据的表示

本标准中，藏文的字型可由其点阵数据来表示。每个字型的点阵数据为 24×48（横行点数×纵列点数），共 1 152 个二进制位，144 个字节。

B.2 藏文 24×48 点阵字型数据的记录格式

藏文 24×48 点阵字型数据的 144 个字节排列次序是以 0 字节开始至 143 个字节结束，均用十六进制表示，每行 3 个字节，其记录格式见表 B.1。

表 B.1 24×48 点阵字型数据记录格式

<table>
<tr><th rowspan="2">行数</th><th colspan="24">列 数</th></tr>
<tr><th>0</th><th>1</th><th>2</th><th>3</th><th>4</th><th>5</th><th>6</th><th>7</th><th>8</th><th>9</th><th>10</th><th>11</th><th>12</th><th>13</th><th>14</th><th>15</th><th>16</th><th>17</th><th>18</th><th>19</th><th>20</th><th>21</th><th>22</th><th>23</th></tr>
<tr><td>0</td><td colspan="8">0 字节</td><td colspan="8">1 字节</td><td colspan="8">2 字节</td></tr>
<tr><td>1
⋮
⋮
⋮
46</td><td colspan="8">3 字节
…
…
…
…</td><td colspan="8">4 字节
…
…
…
…</td><td colspan="8">5 字节
…
…
…
…</td></tr>
<tr><td>47</td><td colspan="8">141 字节</td><td colspan="8">142 字节</td><td colspan="8">143 字节</td></tr>
</table>

B.3 藏文 24×48 点阵字型数据示例

藏文 24×48 点阵字型的数据示例见表 B.2。

表 B.2 藏文点阵字型数据示例

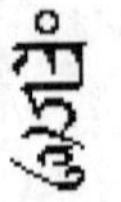 F00A1	 F006C	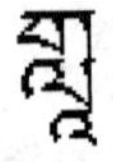 F02E3
00 00 00 00 00 00 00 00 00 00 3C 00 00 66 00 00 42 00 00 42 00	00 00 00 03 E0 00 0F F8 00 0C 1E 00 18 07 00 18 81 80 19 80 40	00 00 00 00 00 00 00 00 00 00 00 00 00 00 00 00 00 00 00 00 00

表 B.2（续）

F00A1	F006C	F02E3
00 66 00	0F 80 20	00 00 00
00 3C 00	07 00 10	00 00 00
00 00 00	00 00 08	00 00 00
00 00 00	00 00 00	00 00 00
0F FF FC	1F FF FC	0F FF FC
1F FF F8	3F FF F8	1F FF F8
02 1C 38	02 1C 38	03 1C 38
06 0C 18	06 0C 18	06 0C 18
0E 0C 18	0E 0C 18	0C 0C 18
1C 04 08	1C 04 08	10 04 08
18 04 08	38 04 08	3F 04 08
08 04 08	30 04 08	3F C4 08
00 00 08	10 04 08	00 F4 08
00 00 08	00 04 08	00 1C 08
03 FF F8	00 04 08	00 04 08
07 FF F0	00 00 08	00 00 08
03 00 00	00 00 08	03 FC 1C
01 00 00	00 00 08	07 F8 38
01 9F 00	03 FF F8	0C 18 18
00 BF C0	07 FF F0	0C 0C 18
00 E0 C0	00 01 C0	18 0C 08
00 C0 60	00 00 C0	18 10 08
00 40 60	00 00 60	18 7C 08
00 00 60	00 00 20	1C FF 08
00 00 C0	00 00 10	0C 03 88
01 F0 80	00 0F D0	08 00 C8
03 FD 00	00 3F F8	00 00 68
06 0F 00	00 70 38	00 00 18
00 01 C0	00 C0 08	00 00 08
00 00 30	01 80 00	00 07 F8
00 1F C8	01 00 00	00 0F F0
00 3F 80	02 00 00	00 18 30
00 60 C0	02 00 00	00 30 18
20 60 C0	04 00 00	00 30 18
18 27 80	04 00 00	00 30 F0
04 00 70	08 00 00	00 19 F8
03 00 F8	08 00 00	00 10 0C
00 C0 88	10 00 00	00 00 04
00 30 18	10 00 00	00 00 00
00 0F F0	00 00 00	00 00 00
00 03 E0	00 00 00	00 00 00

ICS 35.040
L 71

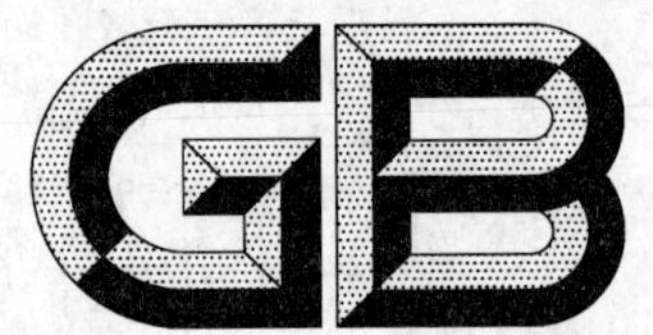

中华人民共和国国家标准

GB 29280—2012

信息技术 藏文编码字符集(扩充集B) 24×48点阵字型 甘丹黑体

Information technology—Tibetan ideogram coded character set (extension set B)—24×48 dot matrix font—Bkav bstan bold

2012-12-31 发布 2013-12-01 实施

中华人民共和国国家质量监督检验检疫总局
中国国家标准化管理委员会 发布

前　言

本标准的全部技术内容为强制性。

本标准按照 GB/T 1.1—2009 给出的规则起草。

本标准由全国信息技术标准化技术委员会(SAC/TC 28)提出并归口。

本标准起草单位：中国电子技术标准化研究所、潍坊北大青鸟华光照排有限公司、中国藏学研究中心、西藏自治区藏语文工作委员会办公室。

本标准起草人：高林、徐志强、代红、聪博、殷建民、熊涛、周华、陈壮、吕建春、贡保达吉、王建荣、张瑞华。

引　言

本标准根据GB/T 22238—2008《信息技术　藏文编码字符集　扩充集B》所规定的藏文及部分梵音转写藏文字符，以我国藏语地区规范的字型为基础，设计和规定了信息系统用藏文24×48点阵甘丹黑体（参见附录A）字型。

有关字型数据的授权转让使用事宜，字型标准数据的维护、更新及修订工作，统一由归口单位负责。

地　　址：北京市东城区安定门东大街1号（北京市1101信箱）

邮　　编：100007

电　　话：64007689　84029173

传　　真：64007681

E-mail：daihong@cesi.ac.cn

信息技术　藏文编码字符集(扩充集B)
24×48点阵字型　甘丹黑体

1　范围

本标准规定了GB/T 22238—2008中藏文图形字符的24×48点阵甘丹黑体字型。

本标准主要适用于藏文信息处理系统中的显示设备、点阵式输出设备,也可用于其他相关设备。

2　规范性引用文件

下列文件对于本文件的应用是必不可少的。凡是注日期的引用文件,仅注日期的版本适用于本文件。凡是不注日期的引用文件,其最新版本(包括所有的修改单)适用于本文件。

GB/T 22238—2008　信息技术　藏文编码字符集　扩充集B

3　术语和定义

下列术语和定义适用于本文件。

3.1

字形　glyph

一个可辨认的抽象图形符号,它不依赖于任何特定的设计。

3.2

字型　font

具有同一基本设计的字形图像的集合,如:甘丹黑体。

3.3

点阵字型　dot matrix font

以点的集合来表现图形字符的型(形)。

3.4

字序　character order

图形字符在集合中按一定规则排列的次序。

4　标准数据的管理

为加强对电子信息技术产品使用藏文字型标准数据的管理,保证本标准在实施中数据的正确性和一致性,有关字型数据的授权转让使用事宜,字型标准数据的维护、更新及修订工作,统一由归口单位负责。

5　点阵字型的表示方法

5.1　栅格

栅格由若干条等距离的垂直线与水平线相交而形成。

本标准规定的是 24×48 点阵字型,其栅格是横向 24 格,纵向 48 格。每个方格的中心定为点的中心位置。

栅格仅对构成点阵的各点进行定位,栅格图如图 1 所示。

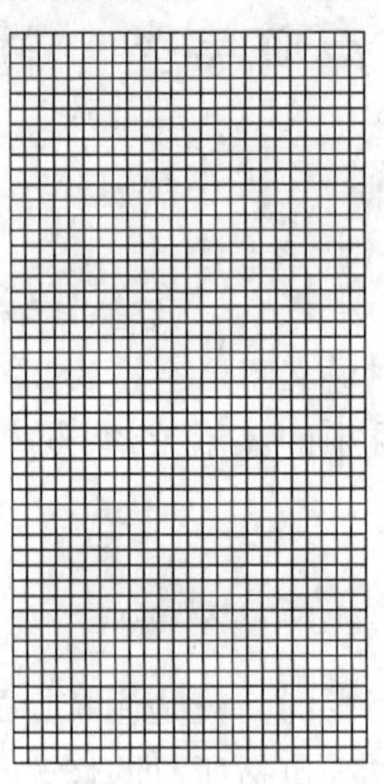

图 1　24×48 点阵栅格图

5.2　点

点是构成点阵字型的最小单位,它是位于各方格内的黑色区域。

5.3　点阵字样

藏文点阵字型的字样,由位于栅格内的若干个点的集合来表示。藏文“ཨྲོཾ”的 24×48 点阵字型如图 2 所示。

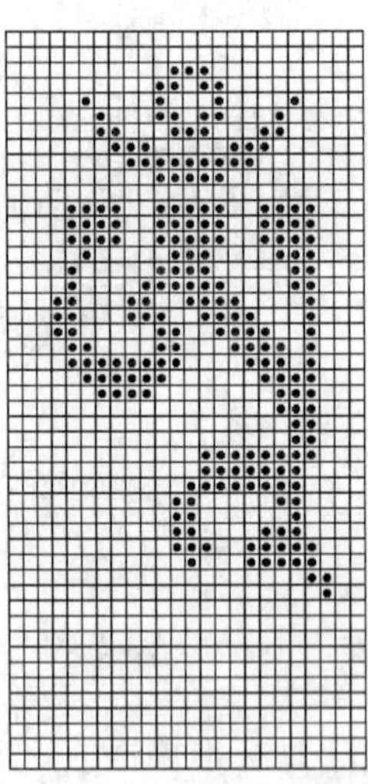

图 2　24×48 点阵藏文“ཨྲོཾ”的字型

6　藏文点阵字型

6.1　字符数

本标准提供了 GB/T 22238—2008 规定的 5 701 个藏文图形字符的 24×48 点阵甘丹黑体字型。

6.2 字序

本标准提供的 5 701 个藏文图形字符的 24×48 点阵甘丹黑体字型按照 GB/T 22238—2008 规定的字符字序排列。

6.3 藏文字型数据

藏文 24×48 点阵字型数据的表示，见附录 B。

6.4 藏文点阵字型表

本标准提供的 GB/T 22238—2008 规定的 5 701 个藏文 24×48 点阵甘丹黑体字型见表 1。

表 1　藏文字型表(扩充集 B)

	0	1	2	3	4	5	6	7	8	9	A	B	C	D	E	F
F000	[illegible]	[illegible]	[illegible]	[illegible]	[illegible]	[illegible]	[illegible]	[illegible]	[illegible]	[illegible]	[illegible]	[illegible]	[illegible]	[illegible]	[illegible]	[illegible]
F001	[illegible]	[illegible]	[illegible]	[illegible]	[illegible]	[illegible]	[illegible]	[illegible]	[illegible]	[illegible]	[illegible]	[illegible]	[illegible]	[illegible]	[illegible]	[illegible]
F002	[illegible]	[illegible]	[illegible]	[illegible]	[illegible]	[illegible]	[illegible]	[illegible]	[illegible]	[illegible]	[illegible]	[illegible]	[illegible]	[illegible]	[illegible]	[illegible]
F003	[illegible]	[illegible]	[illegible]	[illegible]	[illegible]	[illegible]	[illegible]	[illegible]	[illegible]	[illegible]	[illegible]	[illegible]	[illegible]	[illegible]	[illegible]	[illegible]
F004	[illegible]	[illegible]	[illegible]	[illegible]	[illegible]	[illegible]	[illegible]	[illegible]	[illegible]	[illegible]	[illegible]	[illegible]	[illegible]	[illegible]	[illegible]	[illegible]
F005	[illegible]	[illegible]	[illegible]	[illegible]	[illegible]	[illegible]	[illegible]	[illegible]	[illegible]	[illegible]	[illegible]	[illegible]	[illegible]	[illegible]	[illegible]	[illegible]
F006	[illegible]	[illegible]	[illegible]	[illegible]	[illegible]	[illegible]	[illegible]	[illegible]	[illegible]	[illegible]	[illegible]	[illegible]	[illegible]	[illegible]	[illegible]	[illegible]
F007	[illegible]	[illegible]	[illegible]	[illegible]	[illegible]	[illegible]	[illegible]	[illegible]	[illegible]	[illegible]	[illegible]	[illegible]	[illegible]	[illegible]	[illegible]	[illegible]
F008	[illegible]	[illegible]	[illegible]	[illegible]	[illegible]	[illegible]	[illegible]	[illegible]	[illegible]	[illegible]	[illegible]	[illegible]	[illegible]	[illegible]	[illegible]	[illegible]
F009	[illegible]	[illegible]	[illegible]	[illegible]	[illegible]	[illegible]	[illegible]	[illegible]	[illegible]	[illegible]	[illegible]	[illegible]	[illegible]	[illegible]	[illegible]	[illegible]
F00A	[illegible]	[illegible]	[illegible]	[illegible]	[illegible]	[illegible]	[illegible]	[illegible]	[illegible]	[illegible]	[illegible]	[illegible]	[illegible]	[illegible]	[illegible]	[illegible]
F00B	[illegible]	[illegible]	[illegible]	[illegible]	[illegible]	[illegible]	[illegible]	[illegible]	[illegible]	[illegible]	[illegible]	[illegible]	[illegible]	[illegible]	[illegible]	[illegible]
F00C	[illegible]	[illegible]	[illegible]	[illegible]	[illegible]	[illegible]	[illegible]	[illegible]	[illegible]	[illegible]	[illegible]	[illegible]	[illegible]	[illegible]	[illegible]	[illegible]
F00D	[illegible]	[illegible]	[illegible]	[illegible]	[illegible]	[illegible]	[illegible]	[illegible]	[illegible]	[illegible]	[illegible]	[illegible]	[illegible]	[illegible]	[illegible]	[illegible]
F00E	[illegible]	[illegible]	[illegible]	[illegible]	[illegible]	[illegible]	[illegible]	[illegible]	[illegible]	[illegible]	[illegible]	[illegible]	[illegible]	[illegible]	[illegible]	[illegible]
F00F	[illegible]	[illegible]	[illegible]	[illegible]	[illegible]	[illegible]	[illegible]	[illegible]	[illegible]	[illegible]	[illegible]	[illegible]	[illegible]	[illegible]	[illegible]	[illegible]

表 1（续）

	0	1	2	3	4	5	6	7	8	9	A	B	C	D	E	F
F010	[illegible]	[illegible]	[illegible]	[illegible]	[illegible]	[illegible]	[illegible]	[illegible]	[illegible]	[illegible]	[illegible]	[illegible]	[illegible]	[illegible]	[illegible]	[illegible]
F011	[illegible]	[illegible]	[illegible]	[illegible]	[illegible]	[illegible]	[illegible]	[illegible]	[illegible]	[illegible]	[illegible]	[illegible]	[illegible]	[illegible]	[illegible]	[illegible]
F012	[illegible]	[illegible]	[illegible]	[illegible]	[illegible]	[illegible]	[illegible]	[illegible]	[illegible]	[illegible]	[illegible]	[illegible]	[illegible]	[illegible]	[illegible]	[illegible]
F013	[illegible]	[illegible]	[illegible]	[illegible]	[illegible]	[illegible]	[illegible]	[illegible]	[illegible]	[illegible]	[illegible]	[illegible]	[illegible]	[illegible]	[illegible]	[illegible]
F014	[illegible]	[illegible]	[illegible]	[illegible]	[illegible]	[illegible]	[illegible]	[illegible]	[illegible]	[illegible]	[illegible]	[illegible]	[illegible]	[illegible]	[illegible]	[illegible]
F015	[illegible]	[illegible]	[illegible]	[illegible]	[illegible]	[illegible]	[illegible]	[illegible]	[illegible]	[illegible]	[illegible]	[illegible]	[illegible]	[illegible]	[illegible]	[illegible]
F016	[illegible]	[illegible]	[illegible]	[illegible]	[illegible]	[illegible]	[illegible]	[illegible]	[illegible]	[illegible]	[illegible]	[illegible]	[illegible]	[illegible]	[illegible]	[illegible]
F017	[illegible]	[illegible]	[illegible]	[illegible]	[illegible]	[illegible]	[illegible]	[illegible]	[illegible]	[illegible]	[illegible]	[illegible]	[illegible]	[illegible]	[illegible]	[illegible]
F018	[illegible]	[illegible]	[illegible]	[illegible]	[illegible]	[illegible]	[illegible]	[illegible]	[illegible]	[illegible]	[illegible]	[illegible]	[illegible]	[illegible]	[illegible]	[illegible]
F019	[illegible]	[illegible]	[illegible]	[illegible]	[illegible]	[illegible]	[illegible]	[illegible]	[illegible]	[illegible]	[illegible]	[illegible]	[illegible]	[illegible]	[illegible]	[illegible]
F01A	[illegible]	[illegible]	[illegible]	[illegible]	[illegible]	[illegible]	[illegible]	[illegible]	[illegible]	[illegible]	[illegible]	[illegible]	[illegible]	[illegible]	[illegible]	[illegible]
F01B	[illegible]	[illegible]	[illegible]	[illegible]	[illegible]	[illegible]	[illegible]	[illegible]	[illegible]	[illegible]	[illegible]	[illegible]	[illegible]	[illegible]	[illegible]	[illegible]
F01C	[illegible]	[illegible]	[illegible]	[illegible]	[illegible]	[illegible]	[illegible]	[illegible]	[illegible]	[illegible]	[illegible]	[illegible]	[illegible]	[illegible]	[illegible]	[illegible]
F01D	[illegible]	[illegible]	[illegible]	[illegible]	[illegible]	[illegible]	[illegible]	[illegible]	[illegible]	[illegible]	[illegible]	[illegible]	[illegible]	[illegible]	[illegible]	[illegible]
F01E	[illegible]	[illegible]	[illegible]	[illegible]	[illegible]	[illegible]	[illegible]	[illegible]	[illegible]	[illegible]	[illegible]	[illegible]	[illegible]	[illegible]	[illegible]	[illegible]
F01F	[illegible]	[illegible]	[illegible]	[illegible]	[illegible]	[illegible]	[illegible]	[illegible]	[illegible]	[illegible]	[illegible]	[illegible]	[illegible]	[illegible]	[illegible]	[illegible]

表 1（续）

	0	1	2	3	4	5	6	7	8	9	A	B	C	D	E	F
F020	[illegible]	[illegible]	[illegible]	[illegible]	[illegible]	[illegible]	[illegible]	[illegible]	[illegible]	[illegible]	[illegible]	[illegible]	[illegible]	[illegible]	[illegible]	[illegible]
F021	[illegible]	[illegible]	[illegible]	[illegible]	[illegible]	[illegible]	[illegible]	[illegible]	[illegible]	[illegible]	[illegible]	[illegible]	[illegible]	[illegible]	[illegible]	[illegible]
F022	[illegible]	[illegible]	[illegible]	[illegible]	[illegible]	[illegible]	[illegible]	[illegible]	[illegible]	[illegible]	[illegible]	[illegible]	[illegible]	[illegible]	[illegible]	[illegible]
F023	[illegible]	[illegible]	[illegible]	[illegible]	[illegible]	[illegible]	[illegible]	[illegible]	[illegible]	[illegible]	[illegible]	[illegible]	[illegible]	[illegible]	[illegible]	[illegible]
F024	[illegible]	[illegible]	[illegible]	[illegible]	[illegible]	[illegible]	[illegible]	[illegible]	[illegible]	[illegible]	[illegible]	[illegible]	[illegible]	[illegible]	[illegible]	[illegible]
F025	[illegible]	[illegible]	[illegible]	[illegible]	[illegible]	[illegible]	[illegible]	[illegible]	[illegible]	[illegible]	[illegible]	[illegible]	[illegible]	[illegible]	[illegible]	[illegible]
F026	[illegible]	[illegible]	[illegible]	[illegible]	[illegible]	[illegible]	[illegible]	[illegible]	[illegible]	[illegible]	[illegible]	[illegible]	[illegible]	[illegible]	[illegible]	[illegible]
F027	[illegible]	[illegible]	[illegible]	[illegible]	[illegible]	[illegible]	[illegible]	[illegible]	[illegible]	[illegible]	[illegible]	[illegible]	[illegible]	[illegible]	[illegible]	[illegible]
F028	[illegible]	[illegible]	[illegible]	[illegible]	[illegible]	[illegible]	[illegible]	[illegible]	[illegible]	[illegible]	[illegible]	[illegible]	[illegible]	[illegible]	[illegible]	[illegible]
F029	[illegible]	[illegible]	[illegible]	[illegible]	[illegible]	[illegible]	[illegible]	[illegible]	[illegible]	[illegible]	[illegible]	[illegible]	[illegible]	[illegible]	[illegible]	[illegible]
F02A	[illegible]	[illegible]	[illegible]	[illegible]	[illegible]	[illegible]	[illegible]	[illegible]	[illegible]	[illegible]	[illegible]	[illegible]	[illegible]	[illegible]	[illegible]	[illegible]
F02B	[illegible]	[illegible]	[illegible]	[illegible]	[illegible]	[illegible]	[illegible]	[illegible]	[illegible]	[illegible]	[illegible]	[illegible]	[illegible]	[illegible]	[illegible]	[illegible]
F02C	[illegible]	[illegible]	[illegible]	[illegible]	[illegible]	[illegible]	[illegible]	[illegible]	[illegible]	[illegible]	[illegible]	[illegible]	[illegible]	[illegible]	[illegible]	[illegible]
F02D	[illegible]	[illegible]	[illegible]	[illegible]	[illegible]	[illegible]	[illegible]	[illegible]	[illegible]	[illegible]	[illegible]	[illegible]	[illegible]	[illegible]	[illegible]	[illegible]
F02E	[illegible]	[illegible]	[illegible]	[illegible]	[illegible]	[illegible]	[illegible]	[illegible]	[illegible]	[illegible]	[illegible]	[illegible]	[illegible]	[illegible]	[illegible]	[illegible]
F02F	[illegible]	[illegible]	[illegible]	[illegible]	[illegible]	[illegible]	[illegible]	[illegible]	[illegible]	[illegible]	[illegible]	[illegible]	[illegible]	[illegible]	[illegible]	[illegible]

表 1（续）

	0	1	2	3	4	5	6	7	8	9	A	B	C	D	E	F
F030	[illegible]	[illegible]	[illegible]	[illegible]	[illegible]	[illegible]	[illegible]	[illegible]	[illegible]	[illegible]	[illegible]	[illegible]	[illegible]	[illegible]	[illegible]	[illegible]
F031	[illegible]	[illegible]	[illegible]	[illegible]	[illegible]	[illegible]	[illegible]	[illegible]	[illegible]	[illegible]	[illegible]	[illegible]	[illegible]	[illegible]	[illegible]	[illegible]
F032	[illegible]	[illegible]	[illegible]	[illegible]	[illegible]	[illegible]	[illegible]	[illegible]	[illegible]	[illegible]	[illegible]	[illegible]	[illegible]	[illegible]	[illegible]	[illegible]
F033	[illegible]	[illegible]	[illegible]	[illegible]	[illegible]	[illegible]	[illegible]	[illegible]	[illegible]	[illegible]	[illegible]	[illegible]	[illegible]	[illegible]	[illegible]	[illegible]
F034	[illegible]	[illegible]	[illegible]	[illegible]	[illegible]	[illegible]	[illegible]	[illegible]	[illegible]	[illegible]	[illegible]	[illegible]	[illegible]	[illegible]	[illegible]	[illegible]
F035	[illegible]	[illegible]	[illegible]	[illegible]	[illegible]	[illegible]	[illegible]	[illegible]	[illegible]	[illegible]	[illegible]	[illegible]	[illegible]	[illegible]	[illegible]	[illegible]
F036	[illegible]	[illegible]	[illegible]	[illegible]	[illegible]	[illegible]	[illegible]	[illegible]	[illegible]	[illegible]	[illegible]	[illegible]	[illegible]	[illegible]	[illegible]	[illegible]
F037	[illegible]	[illegible]	[illegible]	[illegible]	[illegible]	[illegible]	[illegible]	[illegible]	[illegible]	[illegible]	[illegible]	[illegible]	[illegible]	[illegible]	[illegible]	[illegible]
F038	[illegible]	[illegible]	[illegible]	[illegible]	[illegible]	[illegible]	[illegible]	[illegible]	[illegible]	[illegible]	[illegible]	[illegible]	[illegible]	[illegible]	[illegible]	[illegible]
F039	[illegible]	[illegible]	[illegible]	[illegible]	[illegible]	[illegible]	[illegible]	[illegible]	[illegible]	[illegible]	[illegible]	[illegible]	[illegible]	[illegible]	[illegible]	[illegible]
F03A	[illegible]	[illegible]	[illegible]	[illegible]	[illegible]	[illegible]	[illegible]	[illegible]	[illegible]	[illegible]	[illegible]	[illegible]	[illegible]	[illegible]	[illegible]	[illegible]
F03B	[illegible]	[illegible]	[illegible]	[illegible]	[illegible]	[illegible]	[illegible]	[illegible]	[illegible]	[illegible]	[illegible]	[illegible]	[illegible]	[illegible]	[illegible]	[illegible]
F03C	[illegible]	[illegible]	[illegible]	[illegible]	[illegible]	[illegible]	[illegible]	[illegible]	[illegible]	[illegible]	[illegible]	[illegible]	[illegible]	[illegible]	[illegible]	[illegible]
F03D	[illegible]	[illegible]	[illegible]	[illegible]	[illegible]	[illegible]	[illegible]	[illegible]	[illegible]	[illegible]	[illegible]	[illegible]	[illegible]	[illegible]	[illegible]	[illegible]
F03E	[illegible]	[illegible]	[illegible]	[illegible]	[illegible]	[illegible]	[illegible]	[illegible]	[illegible]	[illegible]	[illegible]	[illegible]	[illegible]	[illegible]	[illegible]	[illegible]
F03F	[illegible]	[illegible]	[illegible]	[illegible]	[illegible]	[illegible]	[illegible]	[illegible]	[illegible]	[illegible]	[illegible]	[illegible]	[illegible]	[illegible]	[illegible]	[illegible]

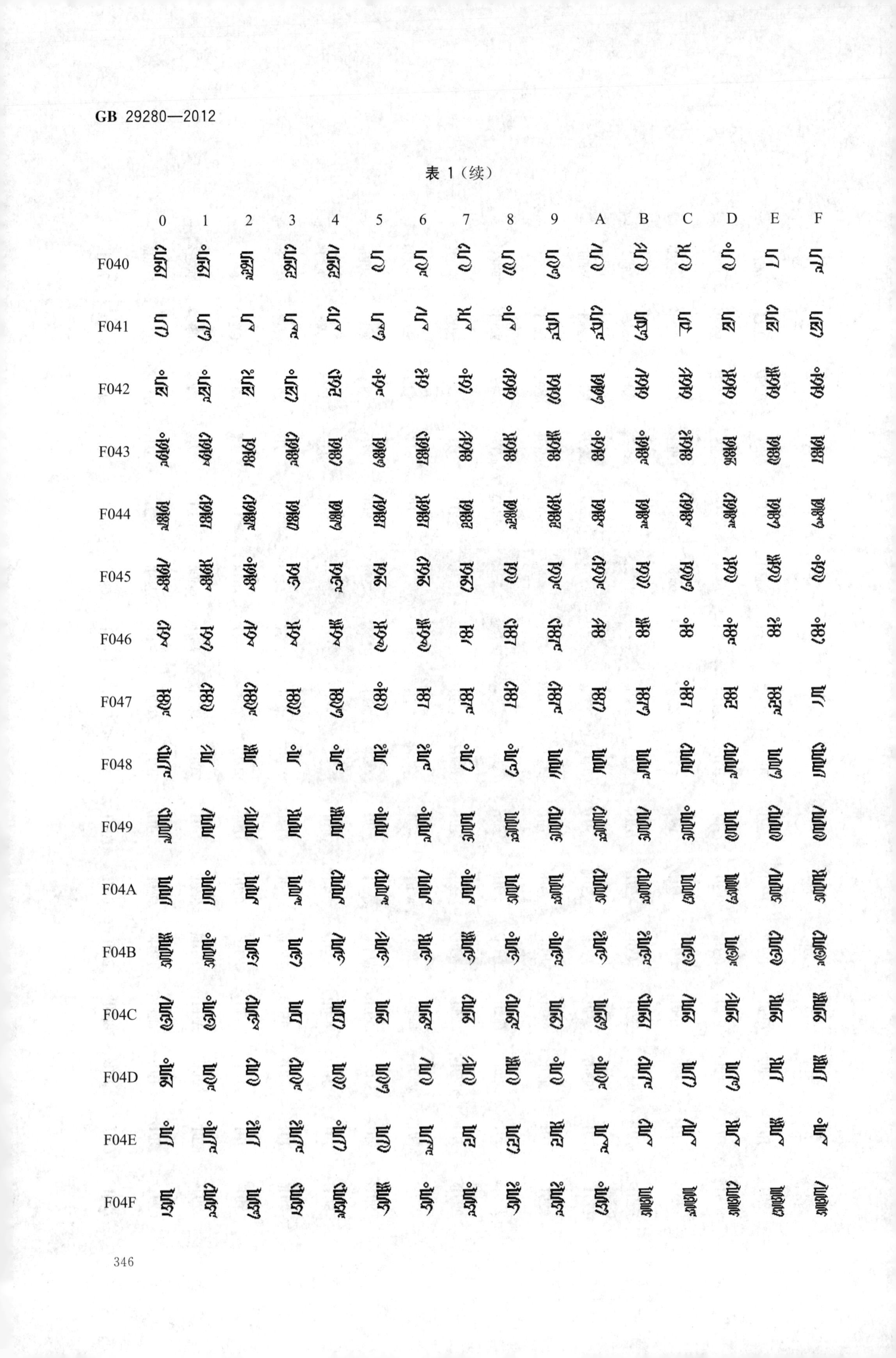

表 1（续）

	0	1	2	3	4	5	6	7	8	9	A	B	C	D	E	F
F040																
F041																
F042																
F043																
F044																
F045																
F046																
F047																
F048																
F049																
F04A																
F04B																
F04C																
F04D																
F04E																
F04F																

表 1（续）

	0	1	2	3	4	5	6	7	8	9	A	B	C	D	E	F
F050	[illegible]	[illegible]	[illegible]	[illegible]	[illegible]	[illegible]	[illegible]	[illegible]	[illegible]	[illegible]	[illegible]	[illegible]	[illegible]	[illegible]	[illegible]	[illegible]
F051	[illegible]	[illegible]	[illegible]	[illegible]	[illegible]	[illegible]	[illegible]	[illegible]	[illegible]	[illegible]	[illegible]	[illegible]	[illegible]	[illegible]	[illegible]	[illegible]
F052	[illegible]	[illegible]	[illegible]	[illegible]	[illegible]	[illegible]	[illegible]	[illegible]	[illegible]	[illegible]	[illegible]	[illegible]	[illegible]	[illegible]	[illegible]	[illegible]
F053	[illegible]	[illegible]	[illegible]	[illegible]	[illegible]	[illegible]	[illegible]	[illegible]	[illegible]	[illegible]	[illegible]	[illegible]	[illegible]	[illegible]	[illegible]	[illegible]
F054	[illegible]	[illegible]	[illegible]	[illegible]	[illegible]	[illegible]	[illegible]	[illegible]	[illegible]	[illegible]	[illegible]	[illegible]	[illegible]	[illegible]	[illegible]	[illegible]
F055	[illegible]	[illegible]	[illegible]	[illegible]	[illegible]	[illegible]	[illegible]	[illegible]	[illegible]	[illegible]	[illegible]	[illegible]	[illegible]	[illegible]	[illegible]	[illegible]
F056	[illegible]	[illegible]	[illegible]	[illegible]	[illegible]	[illegible]	[illegible]	[illegible]	[illegible]	[illegible]	[illegible]	[illegible]	[illegible]	[illegible]	[illegible]	[illegible]
F057	[illegible]	[illegible]	[illegible]	[illegible]	[illegible]	[illegible]	[illegible]	[illegible]	[illegible]	[illegible]	[illegible]	[illegible]	[illegible]	[illegible]	[illegible]	[illegible]
F058	[illegible]	[illegible]	[illegible]	[illegible]	[illegible]	[illegible]	[illegible]	[illegible]	[illegible]	[illegible]	[illegible]	[illegible]	[illegible]	[illegible]	[illegible]	[illegible]
F059	[illegible]	[illegible]	[illegible]	[illegible]	[illegible]	[illegible]	[illegible]	[illegible]	[illegible]	[illegible]	[illegible]	[illegible]	[illegible]	[illegible]	[illegible]	[illegible]
F05A	[illegible]	[illegible]	[illegible]	[illegible]	[illegible]	[illegible]	[illegible]	[illegible]	[illegible]	[illegible]	[illegible]	[illegible]	[illegible]	[illegible]	[illegible]	[illegible]
F05B	[illegible]	[illegible]	[illegible]	[illegible]	[illegible]	[illegible]	[illegible]	[illegible]	[illegible]	[illegible]	[illegible]	[illegible]	[illegible]	[illegible]	[illegible]	[illegible]
F05C	[illegible]	[illegible]	[illegible]	[illegible]	[illegible]	[illegible]	[illegible]	[illegible]	[illegible]	[illegible]	[illegible]	[illegible]	[illegible]	[illegible]	[illegible]	[illegible]
F05D	[illegible]	[illegible]	[illegible]	[illegible]	[illegible]	[illegible]	[illegible]	[illegible]	[illegible]	[illegible]	[illegible]	[illegible]	[illegible]	[illegible]	[illegible]	[illegible]
F05E	[illegible]	[illegible]	[illegible]	[illegible]	[illegible]	[illegible]	[illegible]	[illegible]	[illegible]	[illegible]	[illegible]	[illegible]	[illegible]	[illegible]	[illegible]	[illegible]
F05F	[illegible]	[illegible]	[illegible]	[illegible]	[illegible]	[illegible]	[illegible]	[illegible]	[illegible]	[illegible]	[illegible]	[illegible]	[illegible]	[illegible]	[illegible]	[illegible]

表 1（续）

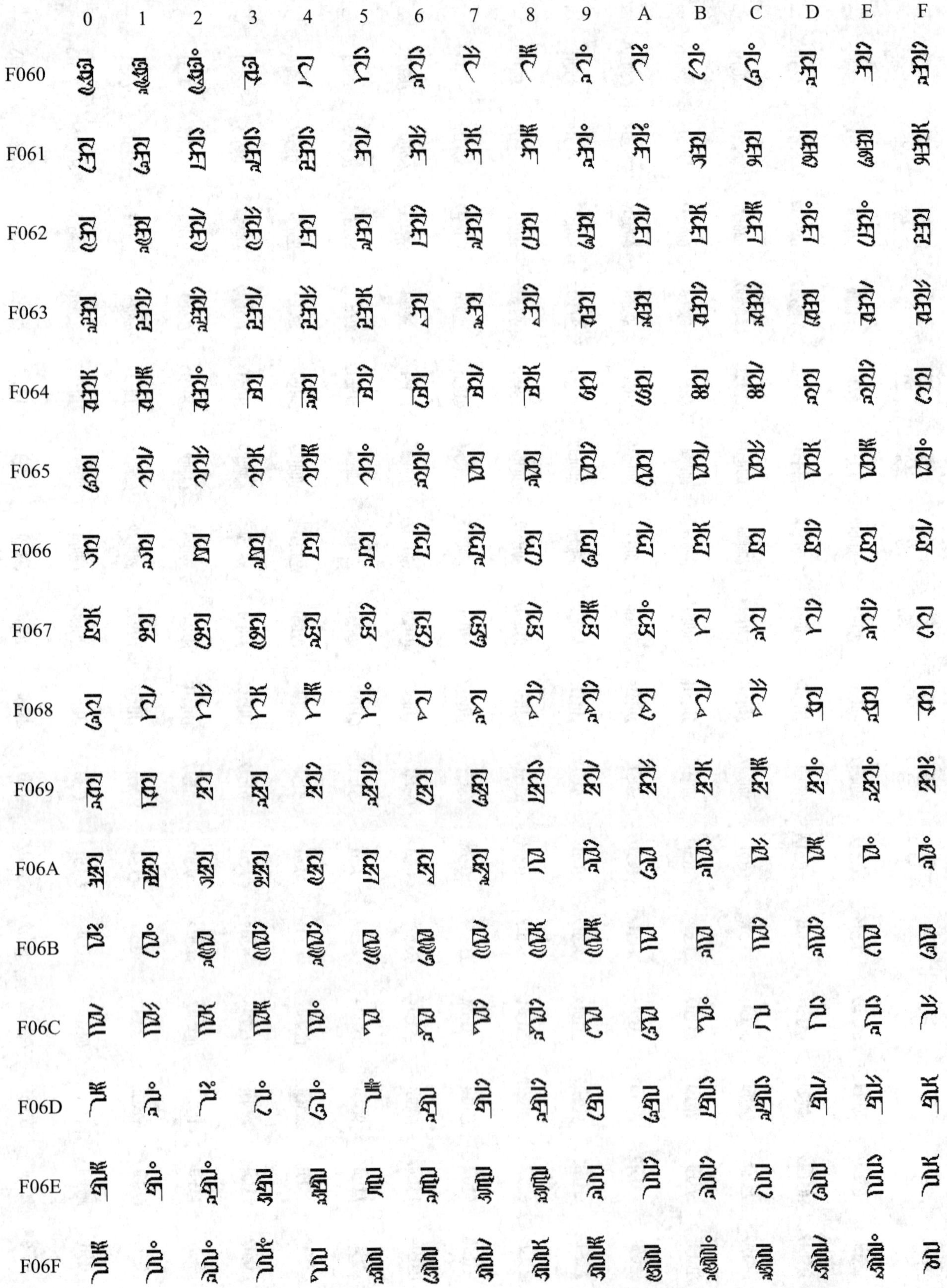

	0	1	2	3	4	5	6	7	8	9	A	B	C	D	E	F
F060	[illegible]	[illegible]	[illegible]	[illegible]	[illegible]	[illegible]	[illegible]	[illegible]	[illegible]	[illegible]	[illegible]	[illegible]	[illegible]	[illegible]	[illegible]	[illegible]
F061	[illegible]	[illegible]	[illegible]	[illegible]	[illegible]	[illegible]	[illegible]	[illegible]	[illegible]	[illegible]	[illegible]	[illegible]	[illegible]	[illegible]	[illegible]	[illegible]
F062	[illegible]	[illegible]	[illegible]	[illegible]	[illegible]	[illegible]	[illegible]	[illegible]	[illegible]	[illegible]	[illegible]	[illegible]	[illegible]	[illegible]	[illegible]	[illegible]
F063	[illegible]	[illegible]	[illegible]	[illegible]	[illegible]	[illegible]	[illegible]	[illegible]	[illegible]	[illegible]	[illegible]	[illegible]	[illegible]	[illegible]	[illegible]	[illegible]
F064	[illegible]	[illegible]	[illegible]	[illegible]	[illegible]	[illegible]	[illegible]	[illegible]	[illegible]	[illegible]	[illegible]	[illegible]	[illegible]	[illegible]	[illegible]	[illegible]
F065	[illegible]	[illegible]	[illegible]	[illegible]	[illegible]	[illegible]	[illegible]	[illegible]	[illegible]	[illegible]	[illegible]	[illegible]	[illegible]	[illegible]	[illegible]	[illegible]
F066	[illegible]	[illegible]	[illegible]	[illegible]	[illegible]	[illegible]	[illegible]	[illegible]	[illegible]	[illegible]	[illegible]	[illegible]	[illegible]	[illegible]	[illegible]	[illegible]
F067	[illegible]	[illegible]	[illegible]	[illegible]	[illegible]	[illegible]	[illegible]	[illegible]	[illegible]	[illegible]	[illegible]	[illegible]	[illegible]	[illegible]	[illegible]	[illegible]
F068	[illegible]	[illegible]	[illegible]	[illegible]	[illegible]	[illegible]	[illegible]	[illegible]	[illegible]	[illegible]	[illegible]	[illegible]	[illegible]	[illegible]	[illegible]	[illegible]
F069	[illegible]	[illegible]	[illegible]	[illegible]	[illegible]	[illegible]	[illegible]	[illegible]	[illegible]	[illegible]	[illegible]	[illegible]	[illegible]	[illegible]	[illegible]	[illegible]
F06A	[illegible]	[illegible]	[illegible]	[illegible]	[illegible]	[illegible]	[illegible]	[illegible]	[illegible]	[illegible]	[illegible]	[illegible]	[illegible]	[illegible]	[illegible]	[illegible]
F06B	[illegible]	[illegible]	[illegible]	[illegible]	[illegible]	[illegible]	[illegible]	[illegible]	[illegible]	[illegible]	[illegible]	[illegible]	[illegible]	[illegible]	[illegible]	[illegible]
F06C	[illegible]	[illegible]	[illegible]	[illegible]	[illegible]	[illegible]	[illegible]	[illegible]	[illegible]	[illegible]	[illegible]	[illegible]	[illegible]	[illegible]	[illegible]	[illegible]
F06D	[illegible]	[illegible]	[illegible]	[illegible]	[illegible]	[illegible]	[illegible]	[illegible]	[illegible]	[illegible]	[illegible]	[illegible]	[illegible]	[illegible]	[illegible]	[illegible]
F06E	[illegible]	[illegible]	[illegible]	[illegible]	[illegible]	[illegible]	[illegible]	[illegible]	[illegible]	[illegible]	[illegible]	[illegible]	[illegible]	[illegible]	[illegible]	[illegible]
F06F	[illegible]	[illegible]	[illegible]	[illegible]	[illegible]	[illegible]	[illegible]	[illegible]	[illegible]	[illegible]	[illegible]	[illegible]	[illegible]	[illegible]	[illegible]	[illegible]

表 1（续）

	0	1	2	3	4	5	6	7	8	9	A	B	C	D	E	F
F070	[illegible]	[illegible]	[illegible]	[illegible]	[illegible]	[illegible]	[illegible]	[illegible]	[illegible]	[illegible]	[illegible]	[illegible]	[illegible]	[illegible]	[illegible]	[illegible]
F071	[illegible]	[illegible]	[illegible]	[illegible]	[illegible]	[illegible]	[illegible]	[illegible]	[illegible]	[illegible]	[illegible]	[illegible]	[illegible]	[illegible]	[illegible]	[illegible]
F072	[illegible]	[illegible]	[illegible]	[illegible]	[illegible]	[illegible]	[illegible]	[illegible]	[illegible]	[illegible]	[illegible]	[illegible]	[illegible]	[illegible]	[illegible]	[illegible]
F073	[illegible]	[illegible]	[illegible]	[illegible]	[illegible]	[illegible]	[illegible]	[illegible]	[illegible]	[illegible]	[illegible]	[illegible]	[illegible]	[illegible]	[illegible]	[illegible]
F074	[illegible]	[illegible]	[illegible]	[illegible]	[illegible]	[illegible]	[illegible]	[illegible]	[illegible]	[illegible]	[illegible]	[illegible]	[illegible]	[illegible]	[illegible]	[illegible]
F075	[illegible]	[illegible]	[illegible]	[illegible]	[illegible]	[illegible]	[illegible]	[illegible]	[illegible]	[illegible]	[illegible]	[illegible]	[illegible]	[illegible]	[illegible]	[illegible]
F076	[illegible]	[illegible]	[illegible]	[illegible]	[illegible]	[illegible]	[illegible]	[illegible]	[illegible]	[illegible]	[illegible]	[illegible]	[illegible]	[illegible]	[illegible]	[illegible]
F077	[illegible]	[illegible]	[illegible]	[illegible]	[illegible]	[illegible]	[illegible]	[illegible]	[illegible]	[illegible]	[illegible]	[illegible]	[illegible]	[illegible]	[illegible]	[illegible]
F078	[illegible]	[illegible]	[illegible]	[illegible]	[illegible]	[illegible]	[illegible]	[illegible]	[illegible]	[illegible]	[illegible]	[illegible]	[illegible]	[illegible]	[illegible]	[illegible]
F079	[illegible]	[illegible]	[illegible]	[illegible]	[illegible]	[illegible]	[illegible]	[illegible]	[illegible]	[illegible]	[illegible]	[illegible]	[illegible]	[illegible]	[illegible]	[illegible]
F07A	[illegible]	[illegible]	[illegible]	[illegible]	[illegible]	[illegible]	[illegible]	[illegible]	[illegible]	[illegible]	[illegible]	[illegible]	[illegible]	[illegible]	[illegible]	[illegible]
F07B	[illegible]	[illegible]	[illegible]	[illegible]	[illegible]	[illegible]	[illegible]	[illegible]	[illegible]	[illegible]	[illegible]	[illegible]	[illegible]	[illegible]	[illegible]	[illegible]
F07C	[illegible]	[illegible]	[illegible]	[illegible]	[illegible]	[illegible]	[illegible]	[illegible]	[illegible]	[illegible]	[illegible]	[illegible]	[illegible]	[illegible]	[illegible]	[illegible]
F07D	[illegible]	[illegible]	[illegible]	[illegible]	[illegible]	[illegible]	[illegible]	[illegible]	[illegible]	[illegible]	[illegible]	[illegible]	[illegible]	[illegible]	[illegible]	[illegible]
F07E	[illegible]	[illegible]	[illegible]	[illegible]	[illegible]	[illegible]	[illegible]	[illegible]	[illegible]	[illegible]	[illegible]	[illegible]	[illegible]	[illegible]	[illegible]	[illegible]
F07F	[illegible]	[illegible]	[illegible]	[illegible]	[illegible]	[illegible]	[illegible]	[illegible]	[illegible]	[illegible]	[illegible]	[illegible]	[illegible]	[illegible]	[illegible]	[illegible]

表 1（续）

	0	1	2	3	4	5	6	7	8	9	A	B	C	D	E	F
F080	[illegible]	[illegible]	[illegible]	[illegible]	[illegible]	[illegible]	[illegible]	[illegible]	[illegible]	[illegible]	[illegible]	[illegible]	[illegible]	[illegible]	[illegible]	[illegible]
F081	[illegible]	[illegible]	[illegible]	[illegible]	[illegible]	[illegible]	[illegible]	[illegible]	[illegible]	[illegible]	[illegible]	[illegible]	[illegible]	[illegible]	[illegible]	[illegible]
F082	[illegible]	[illegible]	[illegible]	[illegible]	[illegible]	[illegible]	[illegible]	[illegible]	[illegible]	[illegible]	[illegible]	[illegible]	[illegible]	[illegible]	[illegible]	[illegible]
F083	[illegible]	[illegible]	[illegible]	[illegible]	[illegible]	[illegible]	[illegible]	[illegible]	[illegible]	[illegible]	[illegible]	[illegible]	[illegible]	[illegible]	[illegible]	[illegible]
F084	[illegible]	[illegible]	[illegible]	[illegible]	[illegible]	[illegible]	[illegible]	[illegible]	[illegible]	[illegible]	[illegible]	[illegible]	[illegible]	[illegible]	[illegible]	[illegible]
F085	[illegible]	[illegible]	[illegible]	[illegible]	[illegible]	[illegible]	[illegible]	[illegible]	[illegible]	[illegible]	[illegible]	[illegible]	[illegible]	[illegible]	[illegible]	[illegible]
F086	[illegible]	[illegible]	[illegible]	[illegible]	[illegible]	[illegible]	[illegible]	[illegible]	[illegible]	[illegible]	[illegible]	[illegible]	[illegible]	[illegible]	[illegible]	[illegible]
F087	[illegible]	[illegible]	[illegible]	[illegible]	[illegible]	[illegible]	[illegible]	[illegible]	[illegible]	[illegible]	[illegible]	[illegible]	[illegible]	[illegible]	[illegible]	[illegible]
F088	[illegible]	[illegible]	[illegible]	[illegible]	[illegible]	[illegible]	[illegible]	[illegible]	[illegible]	[illegible]	[illegible]	[illegible]	[illegible]	[illegible]	[illegible]	[illegible]
F089	[illegible]	[illegible]	[illegible]	[illegible]	[illegible]	[illegible]	[illegible]	[illegible]	[illegible]	[illegible]	[illegible]	[illegible]	[illegible]	[illegible]	[illegible]	[illegible]
F08A	[illegible]	[illegible]	[illegible]	[illegible]	[illegible]	[illegible]	[illegible]	[illegible]	[illegible]	[illegible]	[illegible]	[illegible]	[illegible]	[illegible]	[illegible]	[illegible]
F08B	[illegible]	[illegible]	[illegible]	[illegible]	[illegible]	[illegible]	[illegible]	[illegible]	[illegible]	[illegible]	[illegible]	[illegible]	[illegible]	[illegible]	[illegible]	[illegible]
F08C	[illegible]	[illegible]	[illegible]	[illegible]	[illegible]	[illegible]	[illegible]	[illegible]	[illegible]	[illegible]	[illegible]	[illegible]	[illegible]	[illegible]	[illegible]	[illegible]
F08D	[illegible]	[illegible]	[illegible]	[illegible]	[illegible]	[illegible]	[illegible]	[illegible]	[illegible]	[illegible]	[illegible]	[illegible]	[illegible]	[illegible]	[illegible]	[illegible]
F08E	[illegible]	[illegible]	[illegible]	[illegible]	[illegible]	[illegible]	[illegible]	[illegible]	[illegible]	[illegible]	[illegible]	[illegible]	[illegible]	[illegible]	[illegible]	[illegible]
F08F	[illegible]	[illegible]	[illegible]	[illegible]	[illegible]	[illegible]	[illegible]	[illegible]	[illegible]	[illegible]	[illegible]	[illegible]	[illegible]	[illegible]	[illegible]	[illegible]

表 1（续）

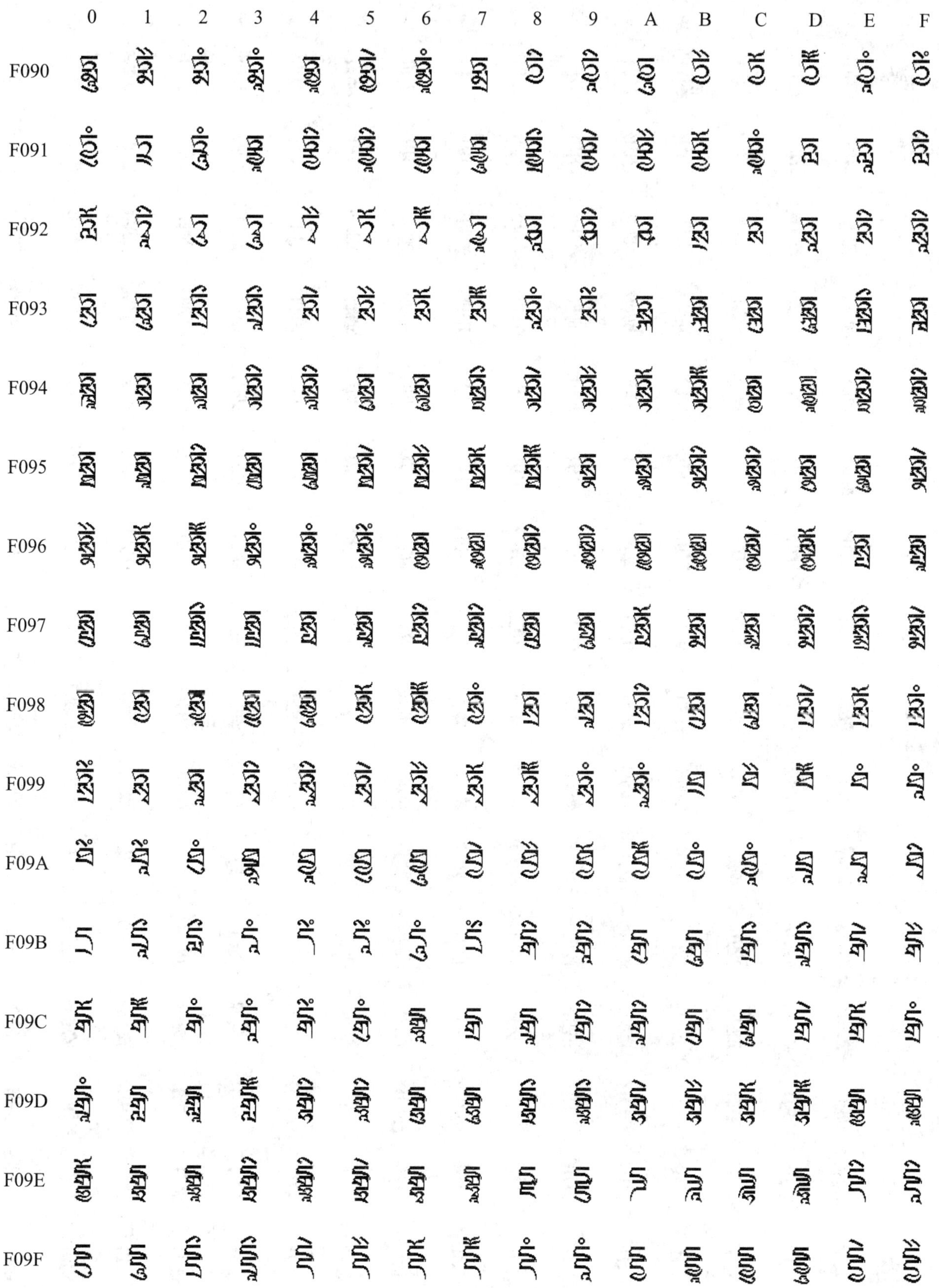

	0	1	2	3	4	5	6	7	8	9	A	B	C	D	E	F
F090	[illegible]	[illegible]	[illegible]	[illegible]	[illegible]	[illegible]	[illegible]	[illegible]	[illegible]	[illegible]	[illegible]	[illegible]	[illegible]	[illegible]	[illegible]	[illegible]
F091	[illegible]	[illegible]	[illegible]	[illegible]	[illegible]	[illegible]	[illegible]	[illegible]	[illegible]	[illegible]	[illegible]	[illegible]	[illegible]	[illegible]	[illegible]	[illegible]
F092	[illegible]	[illegible]	[illegible]	[illegible]	[illegible]	[illegible]	[illegible]	[illegible]	[illegible]	[illegible]	[illegible]	[illegible]	[illegible]	[illegible]	[illegible]	[illegible]
F093	[illegible]	[illegible]	[illegible]	[illegible]	[illegible]	[illegible]	[illegible]	[illegible]	[illegible]	[illegible]	[illegible]	[illegible]	[illegible]	[illegible]	[illegible]	[illegible]
F094	[illegible]	[illegible]	[illegible]	[illegible]	[illegible]	[illegible]	[illegible]	[illegible]	[illegible]	[illegible]	[illegible]	[illegible]	[illegible]	[illegible]	[illegible]	[illegible]
F095	[illegible]	[illegible]	[illegible]	[illegible]	[illegible]	[illegible]	[illegible]	[illegible]	[illegible]	[illegible]	[illegible]	[illegible]	[illegible]	[illegible]	[illegible]	[illegible]
F096	[illegible]	[illegible]	[illegible]	[illegible]	[illegible]	[illegible]	[illegible]	[illegible]	[illegible]	[illegible]	[illegible]	[illegible]	[illegible]	[illegible]	[illegible]	[illegible]
F097	[illegible]	[illegible]	[illegible]	[illegible]	[illegible]	[illegible]	[illegible]	[illegible]	[illegible]	[illegible]	[illegible]	[illegible]	[illegible]	[illegible]	[illegible]	[illegible]
F098	[illegible]	[illegible]	[illegible]	[illegible]	[illegible]	[illegible]	[illegible]	[illegible]	[illegible]	[illegible]	[illegible]	[illegible]	[illegible]	[illegible]	[illegible]	[illegible]
F099	[illegible]	[illegible]	[illegible]	[illegible]	[illegible]	[illegible]	[illegible]	[illegible]	[illegible]	[illegible]	[illegible]	[illegible]	[illegible]	[illegible]	[illegible]	[illegible]
F09A	[illegible]	[illegible]	[illegible]	[illegible]	[illegible]	[illegible]	[illegible]	[illegible]	[illegible]	[illegible]	[illegible]	[illegible]	[illegible]	[illegible]	[illegible]	[illegible]
F09B	[illegible]	[illegible]	[illegible]	[illegible]	[illegible]	[illegible]	[illegible]	[illegible]	[illegible]	[illegible]	[illegible]	[illegible]	[illegible]	[illegible]	[illegible]	[illegible]
F09C	[illegible]	[illegible]	[illegible]	[illegible]	[illegible]	[illegible]	[illegible]	[illegible]	[illegible]	[illegible]	[illegible]	[illegible]	[illegible]	[illegible]	[illegible]	[illegible]
F09D	[illegible]	[illegible]	[illegible]	[illegible]	[illegible]	[illegible]	[illegible]	[illegible]	[illegible]	[illegible]	[illegible]	[illegible]	[illegible]	[illegible]	[illegible]	[illegible]
F09E	[illegible]	[illegible]	[illegible]	[illegible]	[illegible]	[illegible]	[illegible]	[illegible]	[illegible]	[illegible]	[illegible]	[illegible]	[illegible]	[illegible]	[illegible]	[illegible]
F09F	[illegible]	[illegible]	[illegible]	[illegible]	[illegible]	[illegible]	[illegible]	[illegible]	[illegible]	[illegible]	[illegible]	[illegible]	[illegible]	[illegible]	[illegible]	[illegible]

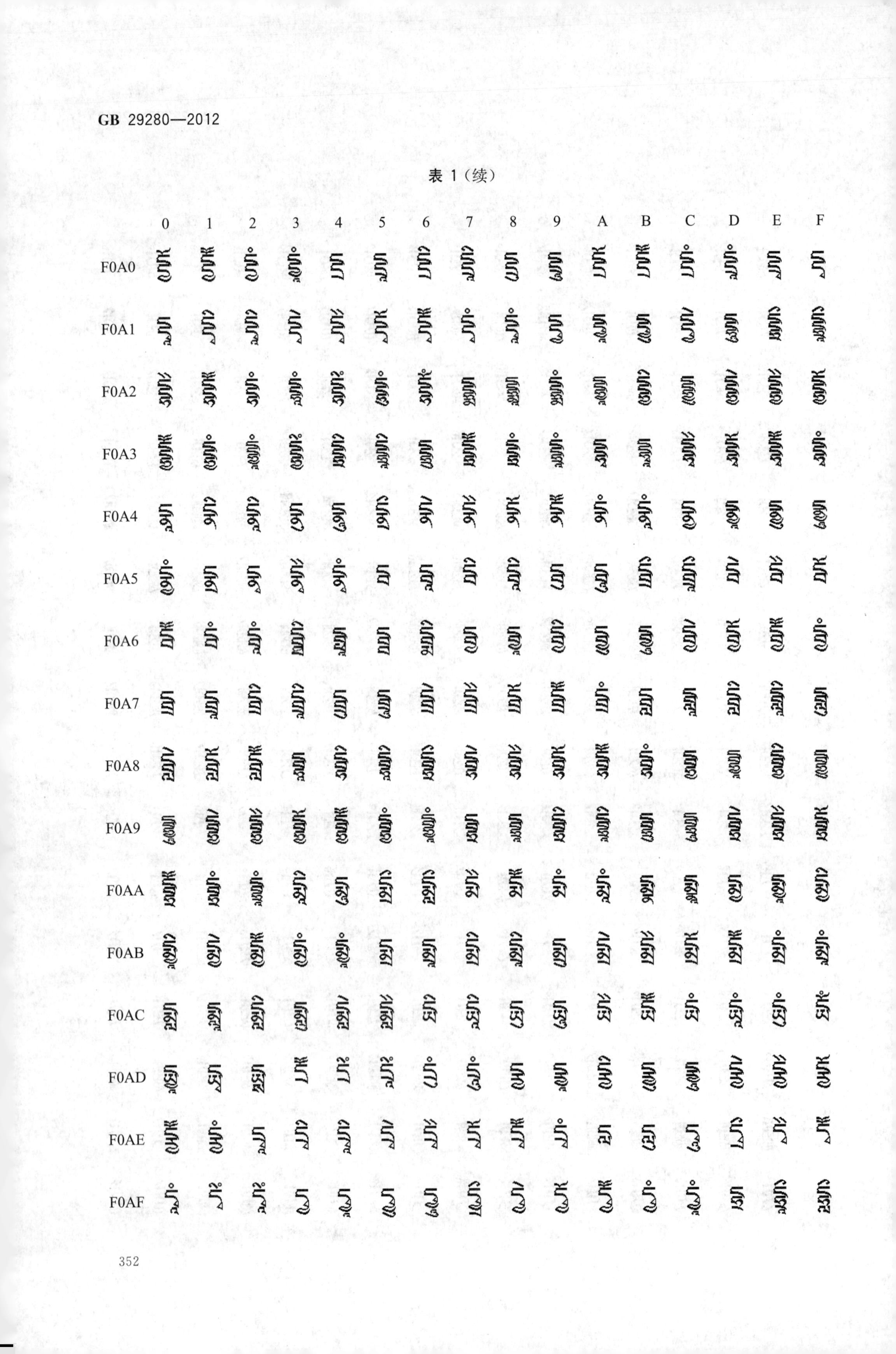

表 1（续）

	0	1	2	3	4	5	6	7	8	9	A	B	C	D	E	F
F0A0																
F0A1																
F0A2																
F0A3																
F0A4																
F0A5																
F0A6																
F0A7																
F0A8																
F0A9																
F0AA																
F0AB																
F0AC																
F0AD																
F0AE																
F0AF																

表 1（续）

	0	1	2	3	4	5	6	7	8	9	A	B	C	D	E	F
F0B0																
F0B1																
F0B2																
F0B3																
F0B4																
F0B5																
F0B6																
F0B7																
F0B8																
F0B9																
F0BA																
F0BB																
F0BC																
F0BD																
F0BE																
F0BF																

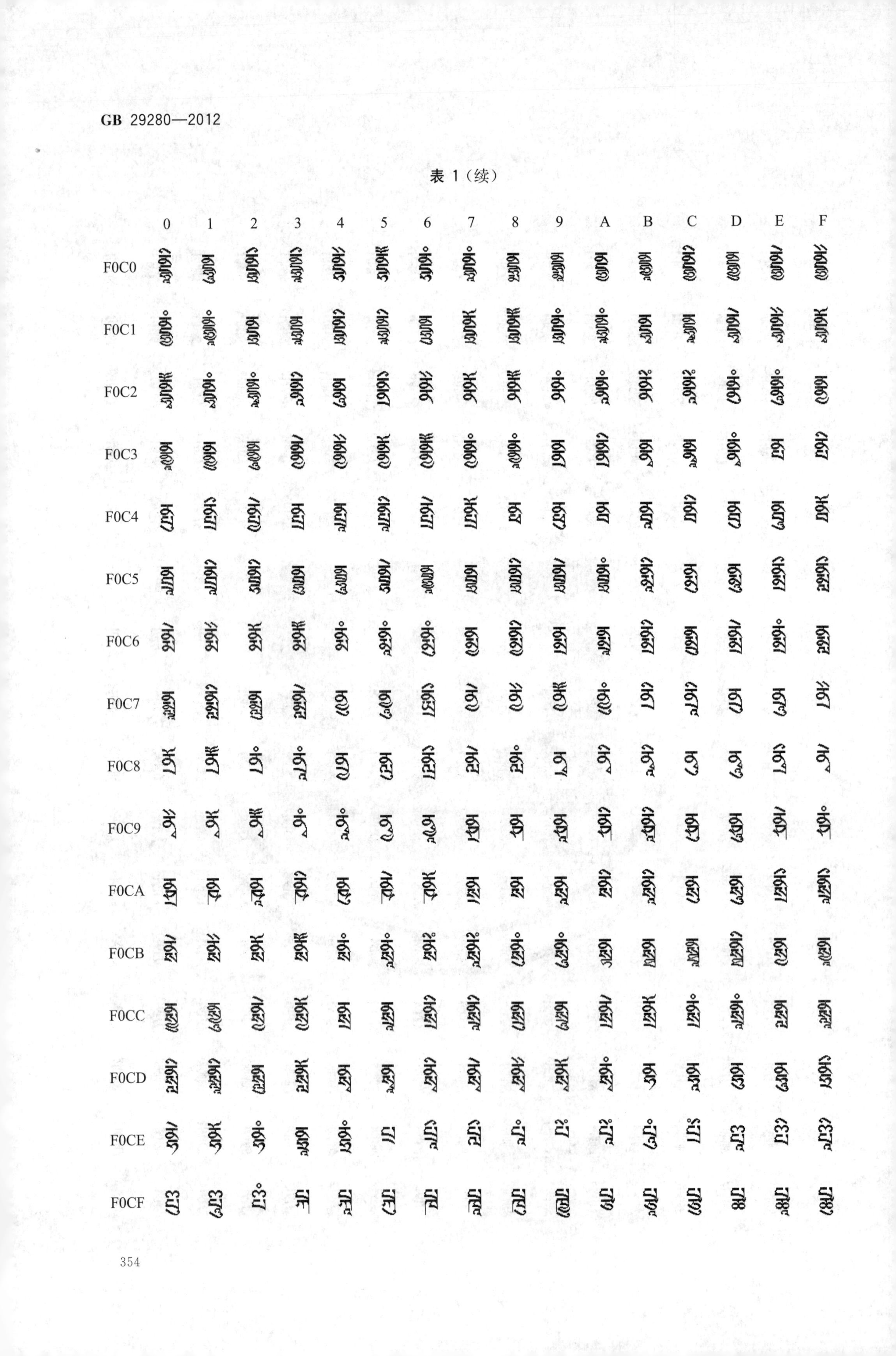

表 1（续）

	0	1	2	3	4	5	6	7	8	9	A	B	C	D	E	F
F0C0																
F0C1																
F0C2																
F0C3																
F0C4																
F0C5																
F0C6																
F0C7																
F0C8																
F0C9																
F0CA																
F0CB																
F0CC																
F0CD																
F0CE																
F0CF																

表 1（续）

	0	1	2	3	4	5	6	7	8	9	A	B	C	D	E	F
F0D0	[illegible]	[illegible]	[illegible]	[illegible]	[illegible]	[illegible]	[illegible]	[illegible]	[illegible]	[illegible]	[illegible]	[illegible]	[illegible]	[illegible]	[illegible]	[illegible]
F0D1	[illegible]	[illegible]	[illegible]	[illegible]	[illegible]	[illegible]	[illegible]	[illegible]	[illegible]	[illegible]	[illegible]	[illegible]	[illegible]	[illegible]	[illegible]	[illegible]
F0D2	[illegible]	[illegible]	[illegible]	[illegible]	[illegible]	[illegible]	[illegible]	[illegible]	[illegible]	[illegible]	[illegible]	[illegible]	[illegible]	[illegible]	[illegible]	[illegible]
F0D3	[illegible]	[illegible]	[illegible]	[illegible]	[illegible]	[illegible]	[illegible]	[illegible]	[illegible]	[illegible]	[illegible]	[illegible]	[illegible]	[illegible]	[illegible]	[illegible]
F0D4	[illegible]	[illegible]	[illegible]	[illegible]	[illegible]	[illegible]	[illegible]	[illegible]	[illegible]	[illegible]	[illegible]	[illegible]	[illegible]	[illegible]	[illegible]	[illegible]
F0D5	[illegible]	[illegible]	[illegible]	[illegible]	[illegible]	[illegible]	[illegible]	[illegible]	[illegible]	[illegible]	[illegible]	[illegible]	[illegible]	[illegible]	[illegible]	[illegible]
F0D6	[illegible]	[illegible]	[illegible]	[illegible]	[illegible]	[illegible]	[illegible]	[illegible]	[illegible]	[illegible]	[illegible]	[illegible]	[illegible]	[illegible]	[illegible]	[illegible]
F0D7	[illegible]	[illegible]	[illegible]	[illegible]	[illegible]	[illegible]	[illegible]	[illegible]	[illegible]	[illegible]	[illegible]	[illegible]	[illegible]	[illegible]	[illegible]	[illegible]
F0D8	[illegible]	[illegible]	[illegible]	[illegible]	[illegible]	[illegible]	[illegible]	[illegible]	[illegible]	[illegible]	[illegible]	[illegible]	[illegible]	[illegible]	[illegible]	[illegible]
F0D9	[illegible]	[illegible]	[illegible]	[illegible]	[illegible]	[illegible]	[illegible]	[illegible]	[illegible]	[illegible]	[illegible]	[illegible]	[illegible]	[illegible]	[illegible]	[illegible]
F0DA	[illegible]	[illegible]	[illegible]	[illegible]	[illegible]	[illegible]	[illegible]	[illegible]	[illegible]	[illegible]	[illegible]	[illegible]	[illegible]	[illegible]	[illegible]	[illegible]
F0DB	[illegible]	[illegible]	[illegible]	[illegible]	[illegible]	[illegible]	[illegible]	[illegible]	[illegible]	[illegible]	[illegible]	[illegible]	[illegible]	[illegible]	[illegible]	[illegible]
F0DC	[illegible]	[illegible]	[illegible]	[illegible]	[illegible]	[illegible]	[illegible]	[illegible]	[illegible]	[illegible]	[illegible]	[illegible]	[illegible]	[illegible]	[illegible]	[illegible]
F0DD	[illegible]	[illegible]	[illegible]	[illegible]	[illegible]	[illegible]	[illegible]	[illegible]	[illegible]	[illegible]	[illegible]	[illegible]	[illegible]	[illegible]	[illegible]	[illegible]
F0DE	[illegible]	[illegible]	[illegible]	[illegible]	[illegible]	[illegible]	[illegible]	[illegible]	[illegible]	[illegible]	[illegible]	[illegible]	[illegible]	[illegible]	[illegible]	[illegible]
F0DF	[illegible]	[illegible]	[illegible]	[illegible]	[illegible]	[illegible]	[illegible]	[illegible]	[illegible]	[illegible]	[illegible]	[illegible]	[illegible]	[illegible]	[illegible]	[illegible]

表 1（续）

	0	1	2	3	4	5	6	7	8	9	A	B	C	D	E	F
F0E0																
F0E1																
F0E2																
F0E3																
F0E4																
F0E5																
F0E6																
F0E7																
F0E8																
F0E9																
F0EA																
F0EB																
F0EC																
F0ED																
F0EE																
F0EF																

表 1（续）

	0	1	2	3	4	5	6	7	8	9	A	B	C	D	E	F
F0F0	[illegible]	[illegible]	[illegible]	[illegible]	[illegible]	[illegible]	[illegible]	[illegible]	[illegible]	[illegible]	[illegible]	[illegible]	[illegible]	[illegible]	[illegible]	[illegible]
F0F1	[illegible]	[illegible]	[illegible]	[illegible]	[illegible]	[illegible]	[illegible]	[illegible]	[illegible]	[illegible]	[illegible]	[illegible]	[illegible]	[illegible]	[illegible]	[illegible]
F0F2	[illegible]	[illegible]	[illegible]	[illegible]	[illegible]	[illegible]	[illegible]	[illegible]	[illegible]	[illegible]	[illegible]	[illegible]	[illegible]	[illegible]	[illegible]	[illegible]
F0F3	[illegible]	[illegible]	[illegible]	[illegible]	[illegible]	[illegible]	[illegible]	[illegible]	[illegible]	[illegible]	[illegible]	[illegible]	[illegible]	[illegible]	[illegible]	[illegible]
F0F4	[illegible]	[illegible]	[illegible]	[illegible]	[illegible]	[illegible]	[illegible]	[illegible]	[illegible]	[illegible]	[illegible]	[illegible]	[illegible]	[illegible]	[illegible]	[illegible]
F0F5	[illegible]	[illegible]	[illegible]	[illegible]	[illegible]	[illegible]	[illegible]	[illegible]	[illegible]	[illegible]	[illegible]	[illegible]	[illegible]	[illegible]	[illegible]	[illegible]
F0F6	[illegible]	[illegible]	[illegible]	[illegible]	[illegible]	[illegible]	[illegible]	[illegible]	[illegible]	[illegible]	[illegible]	[illegible]	[illegible]	[illegible]	[illegible]	[illegible]
F0F7	[illegible]	[illegible]	[illegible]	[illegible]	[illegible]	[illegible]	[illegible]	[illegible]	[illegible]	[illegible]	[illegible]	[illegible]	[illegible]	[illegible]	[illegible]	[illegible]
F0F8	[illegible]	[illegible]	[illegible]	[illegible]	[illegible]	[illegible]	[illegible]	[illegible]	[illegible]	[illegible]	[illegible]	[illegible]	[illegible]	[illegible]	[illegible]	[illegible]
F0F9	[illegible]	[illegible]	[illegible]	[illegible]	[illegible]	[illegible]	[illegible]	[illegible]	[illegible]	[illegible]	[illegible]	[illegible]	[illegible]	[illegible]	[illegible]	[illegible]
F0FA	[illegible]	[illegible]	[illegible]	[illegible]	[illegible]	[illegible]	[illegible]	[illegible]	[illegible]	[illegible]	[illegible]	[illegible]	[illegible]	[illegible]	[illegible]	[illegible]
F0FB	[illegible]	[illegible]	[illegible]	[illegible]	[illegible]	[illegible]	[illegible]	[illegible]	[illegible]	[illegible]	[illegible]	[illegible]	[illegible]	[illegible]	[illegible]	[illegible]
F0FC	[illegible]	[illegible]	[illegible]	[illegible]	[illegible]	[illegible]	[illegible]	[illegible]	[illegible]	[illegible]	[illegible]	[illegible]	[illegible]	[illegible]	[illegible]	[illegible]
F0FD	[illegible]	[illegible]	[illegible]	[illegible]	[illegible]	[illegible]	[illegible]	[illegible]	[illegible]	[illegible]	[illegible]	[illegible]	[illegible]	[illegible]	[illegible]	[illegible]
F0FE	[illegible]	[illegible]	[illegible]	[illegible]	[illegible]	[illegible]	[illegible]	[illegible]	[illegible]	[illegible]	[illegible]	[illegible]	[illegible]	[illegible]	[illegible]	[illegible]
F0FF	[illegible]	[illegible]	[illegible]	[illegible]	[illegible]	[illegible]	[illegible]	[illegible]	[illegible]	[illegible]	[illegible]	[illegible]	[illegible]	[illegible]	[illegible]	[illegible]

表 1（续）

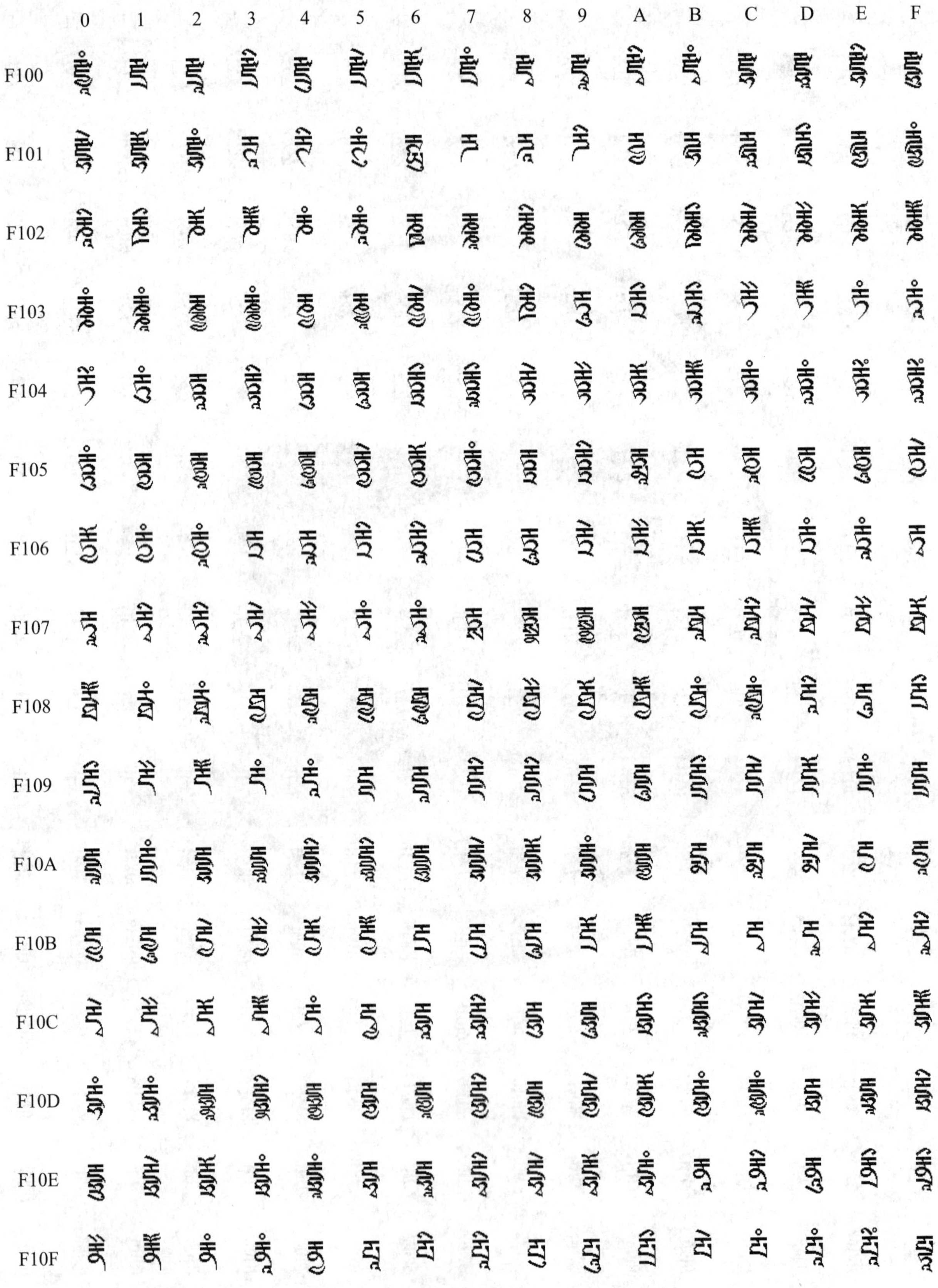

	0	1	2	3	4	5	6	7	8	9	A	B	C	D	E	F
F100																
F101																
F102																
F103																
F104																
F105																
F106																
F107																
F108																
F109																
F10A																
F10B																
F10C																
F10D																
F10E																
F10F																

表 1（续）

	0	1	2	3	4	5	6	7	8	9	A	B	C	D	E	F
F110																
F111																
F112																
F113																
F114																
F115																
F116																
F117																
F118																
F119																
F11A																
F11B																
F11C																
F11D																
F11E																
F11F																

表 1（续）

	0	1	2	3	4	5	6	7	8	9	A	B	C	D	E	F
F120	[illegible]	[illegible]	[illegible]	[illegible]	[illegible]	[illegible]	[illegible]	[illegible]	[illegible]	[illegible]	[illegible]	[illegible]	[illegible]	[illegible]	[illegible]	[illegible]
F121	[illegible]	[illegible]	[illegible]	[illegible]	[illegible]	[illegible]	[illegible]	[illegible]	[illegible]	[illegible]	[illegible]	[illegible]	[illegible]	[illegible]	[illegible]	[illegible]
F122	[illegible]	[illegible]	[illegible]	[illegible]	[illegible]	[illegible]	[illegible]	[illegible]	[illegible]	[illegible]	[illegible]	[illegible]	[illegible]	[illegible]	[illegible]	[illegible]
F123	[illegible]	[illegible]	[illegible]	[illegible]	[illegible]	[illegible]	[illegible]	[illegible]	[illegible]	[illegible]	[illegible]	[illegible]	[illegible]	[illegible]	[illegible]	[illegible]
F124	[illegible]	[illegible]	[illegible]	[illegible]	[illegible]	[illegible]	[illegible]	[illegible]	[illegible]	[illegible]	[illegible]	[illegible]	[illegible]	[illegible]	[illegible]	[illegible]
F125	[illegible]	[illegible]	[illegible]	[illegible]	[illegible]	[illegible]	[illegible]	[illegible]	[illegible]	[illegible]	[illegible]	[illegible]	[illegible]	[illegible]	[illegible]	[illegible]
F126	[illegible]	[illegible]	[illegible]	[illegible]	[illegible]	[illegible]	[illegible]	[illegible]	[illegible]	[illegible]	[illegible]	[illegible]	[illegible]	[illegible]	[illegible]	[illegible]
F127	[illegible]	[illegible]	[illegible]	[illegible]	[illegible]	[illegible]	[illegible]	[illegible]	[illegible]	[illegible]	[illegible]	[illegible]	[illegible]	[illegible]	[illegible]	[illegible]
F128	[illegible]	[illegible]	[illegible]	[illegible]	[illegible]	[illegible]	[illegible]	[illegible]	[illegible]	[illegible]	[illegible]	[illegible]	[illegible]	[illegible]	[illegible]	[illegible]
F129	[illegible]	[illegible]	[illegible]	[illegible]	[illegible]	[illegible]	[illegible]	[illegible]	[illegible]	[illegible]	[illegible]	[illegible]	[illegible]	[illegible]	[illegible]	[illegible]
F12A	[illegible]	[illegible]	[illegible]	[illegible]	[illegible]	[illegible]	[illegible]	[illegible]	[illegible]	[illegible]	[illegible]	[illegible]	[illegible]	[illegible]	[illegible]	[illegible]
F12B	[illegible]	[illegible]	[illegible]	[illegible]	[illegible]	[illegible]	[illegible]	[illegible]	[illegible]	[illegible]	[illegible]	[illegible]	[illegible]	[illegible]	[illegible]	[illegible]
F12C	[illegible]	[illegible]	[illegible]	[illegible]	[illegible]	[illegible]	[illegible]	[illegible]	[illegible]	[illegible]	[illegible]	[illegible]	[illegible]	[illegible]	[illegible]	[illegible]
F12D	[illegible]	[illegible]	[illegible]	[illegible]	[illegible]	[illegible]	[illegible]	[illegible]	[illegible]	[illegible]	[illegible]	[illegible]	[illegible]	[illegible]	[illegible]	[illegible]
F12E	[illegible]	[illegible]	[illegible]	[illegible]	[illegible]	[illegible]	[illegible]	[illegible]	[illegible]	[illegible]	[illegible]	[illegible]	[illegible]	[illegible]	[illegible]	[illegible]
F12F	[illegible]	[illegible]	[illegible]	[illegible]	[illegible]	[illegible]	[illegible]	[illegible]	[illegible]	[illegible]	[illegible]	[illegible]	[illegible]	[illegible]	[illegible]	[illegible]

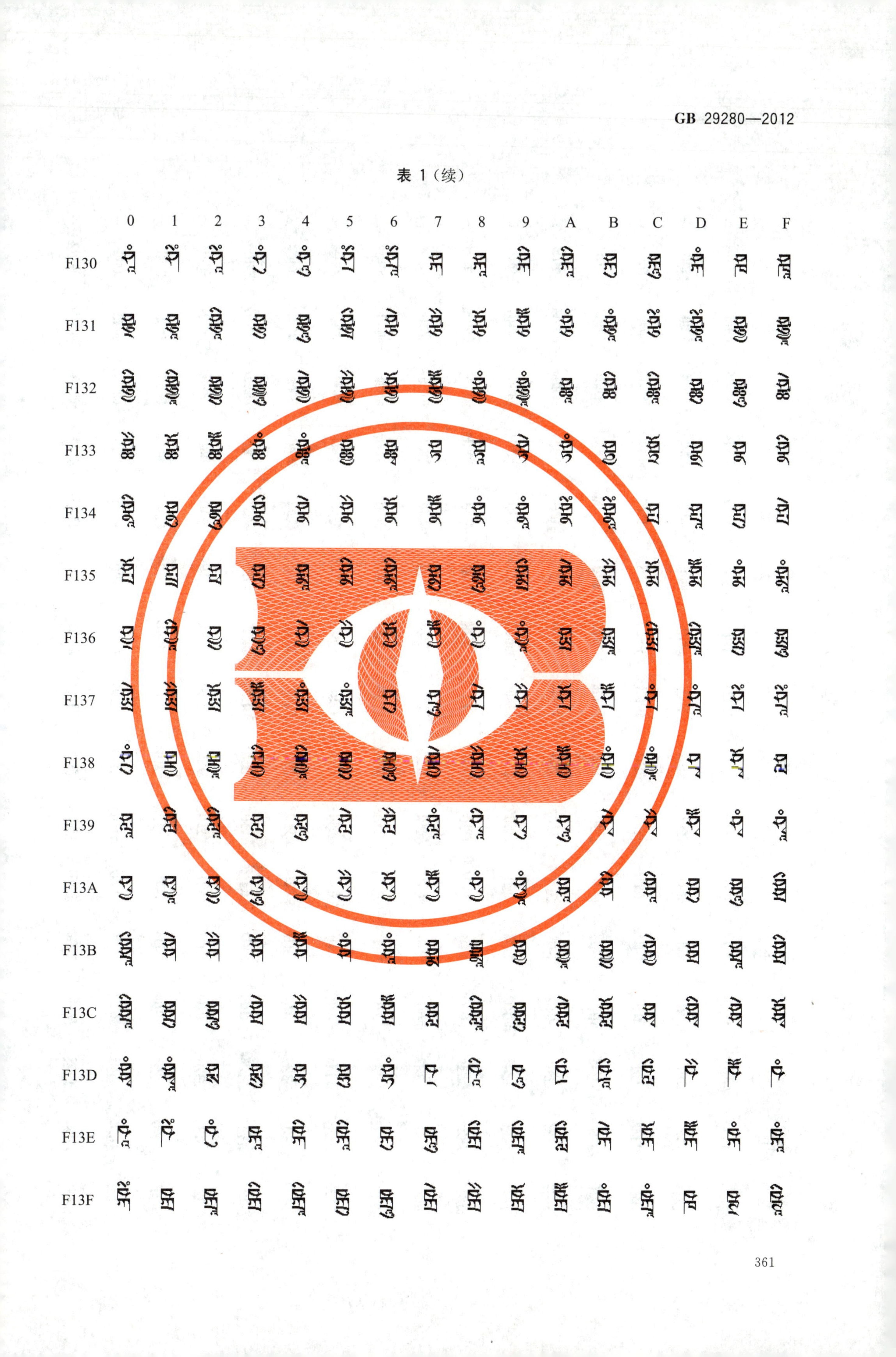

表 1（续）

	0	1	2	3	4	5	6	7	8	9	A	B	C	D	E	F
F130																
F131																
F132																
F133																
F134																
F135																
F136																
F137																
F138																
F139																
F13A																
F13B																
F13C																
F13D																
F13E																
F13F																

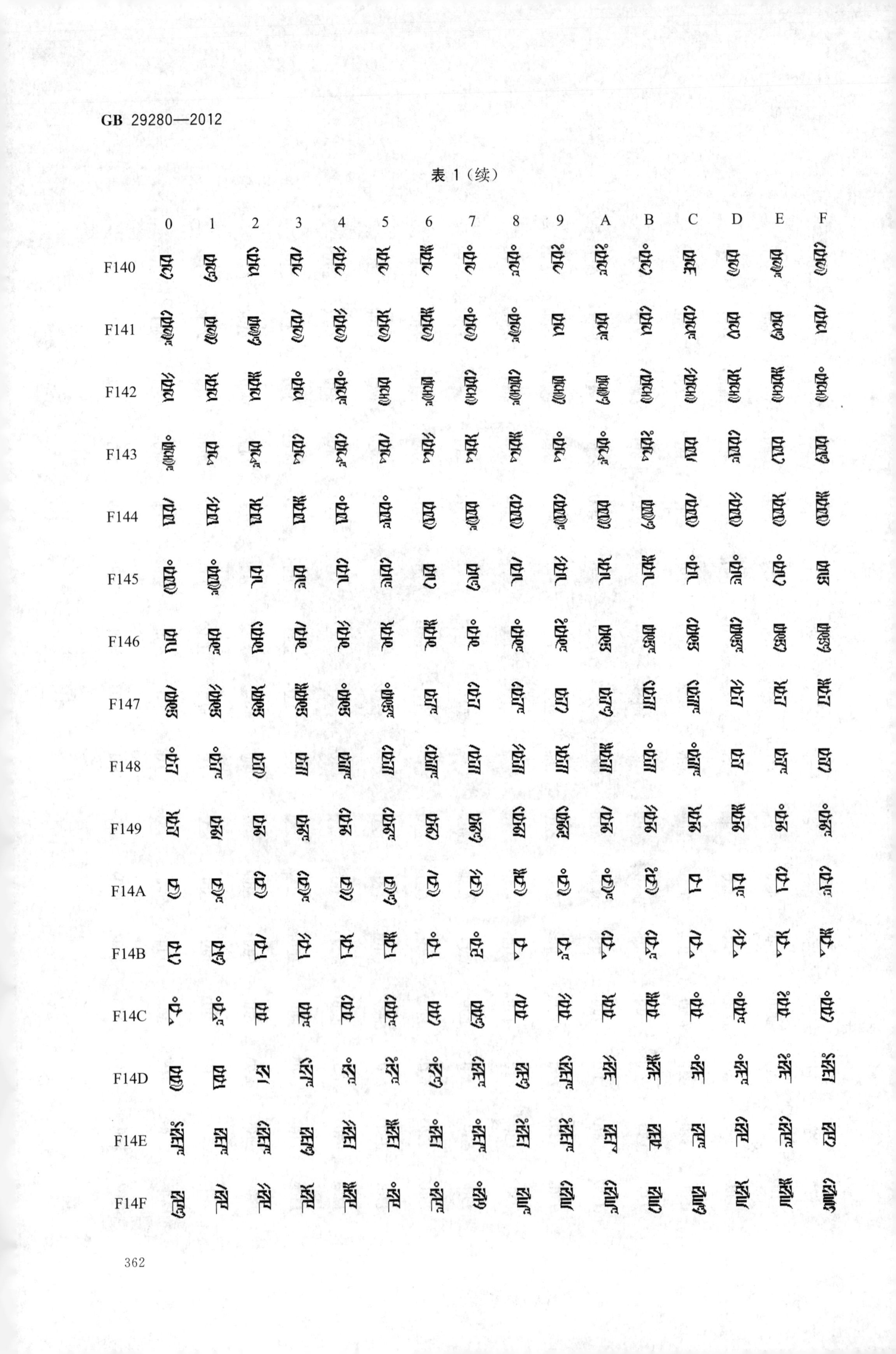

表 1（续）

	0	1	2	3	4	5	6	7	8	9	A	B	C	D	E	F
F140																
F141																
F142																
F143																
F144																
F145																
F146																
F147																
F148																
F149																
F14A																
F14B																
F14C																
F14D																
F14E																
F14F																

表 1（续）

	0	1	2	3	4	5	6	7	8	9	A	B	C	D	E	F
F150	[illegible]	[illegible]	[illegible]	[illegible]	[illegible]	[illegible]	[illegible]	[illegible]	[illegible]	[illegible]	[illegible]	[illegible]	[illegible]	[illegible]	[illegible]	[illegible]
F151	[illegible]	[illegible]	[illegible]	[illegible]	[illegible]	[illegible]	[illegible]	[illegible]	[illegible]	[illegible]	[illegible]	[illegible]	[illegible]	[illegible]	[illegible]	[illegible]
F152	[illegible]	[illegible]	[illegible]	[illegible]	[illegible]	[illegible]	[illegible]	[illegible]	[illegible]	[illegible]	[illegible]	[illegible]	[illegible]	[illegible]	[illegible]	[illegible]
F153	[illegible]	[illegible]	[illegible]	[illegible]	[illegible]	[illegible]	[illegible]	[illegible]	[illegible]	[illegible]	[illegible]	[illegible]	[illegible]	[illegible]	[illegible]	[illegible]
F154	[illegible]	[illegible]	[illegible]	[illegible]	[illegible]	[illegible]	[illegible]	[illegible]	[illegible]	[illegible]	[illegible]	[illegible]	[illegible]	[illegible]	[illegible]	[illegible]
F155	[illegible]	[illegible]	[illegible]	[illegible]	[illegible]	[illegible]	[illegible]	[illegible]	[illegible]	[illegible]	[illegible]	[illegible]	[illegible]	[illegible]	[illegible]	[illegible]
F156	[illegible]	[illegible]	[illegible]	[illegible]	[illegible]	[illegible]	[illegible]	[illegible]	[illegible]	[illegible]	[illegible]	[illegible]	[illegible]	[illegible]	[illegible]	[illegible]
F157	[illegible]	[illegible]	[illegible]	[illegible]	[illegible]	[illegible]	[illegible]	[illegible]	[illegible]	[illegible]	[illegible]	[illegible]	[illegible]	[illegible]	[illegible]	[illegible]
F158	[illegible]	[illegible]	[illegible]	[illegible]	[illegible]	[illegible]	[illegible]	[illegible]	[illegible]	[illegible]	[illegible]	[illegible]	[illegible]	[illegible]	[illegible]	[illegible]
F159	[illegible]	[illegible]	[illegible]	[illegible]	[illegible]	[illegible]	[illegible]	[illegible]	[illegible]	[illegible]	[illegible]	[illegible]	[illegible]	[illegible]	[illegible]	[illegible]
F15A	[illegible]	[illegible]	[illegible]	[illegible]	[illegible]	[illegible]	[illegible]	[illegible]	[illegible]	[illegible]	[illegible]	[illegible]	[illegible]	[illegible]	[illegible]	[illegible]
F15B	[illegible]	[illegible]	[illegible]	[illegible]	[illegible]	[illegible]	[illegible]	[illegible]	[illegible]	[illegible]	[illegible]	[illegible]	[illegible]	[illegible]	[illegible]	[illegible]
F15C	[illegible]	[illegible]	[illegible]	[illegible]	[illegible]	[illegible]	[illegible]	[illegible]	[illegible]	[illegible]	[illegible]	[illegible]	[illegible]	[illegible]	[illegible]	[illegible]
F15D	[illegible]	[illegible]	[illegible]	[illegible]	[illegible]	[illegible]	[illegible]	[illegible]	[illegible]	[illegible]	[illegible]	[illegible]	[illegible]	[illegible]	[illegible]	[illegible]
F15E	[illegible]	[illegible]	[illegible]	[illegible]	[illegible]	[illegible]	[illegible]	[illegible]	[illegible]	[illegible]	[illegible]	[illegible]	[illegible]	[illegible]	[illegible]	[illegible]
F15F	[illegible]	[illegible]	[illegible]	[illegible]	[illegible]	[illegible]	[illegible]	[illegible]	[illegible]	[illegible]	[illegible]	[illegible]	[illegible]	[illegible]	[illegible]	[illegible]

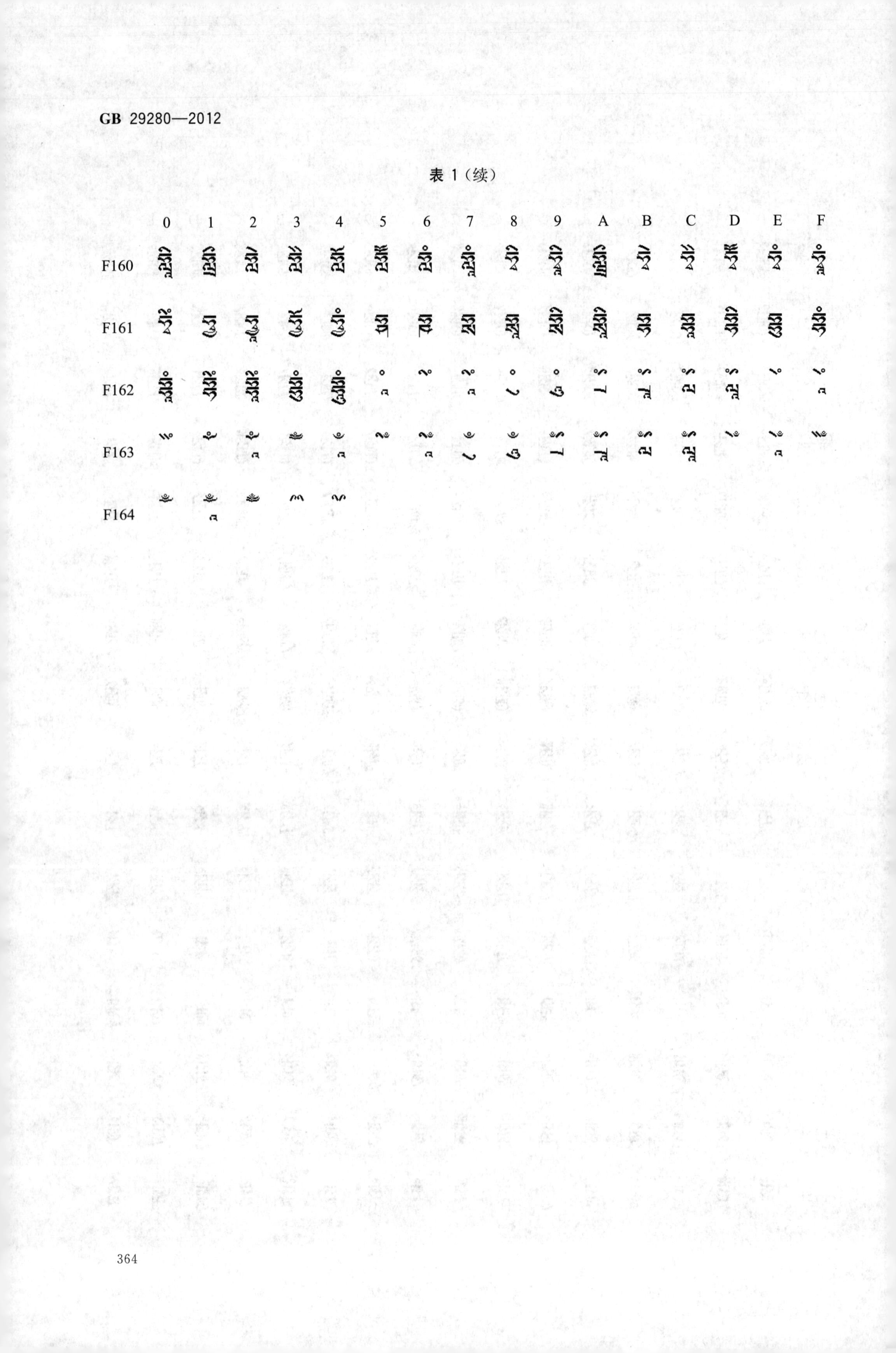

表 1（续）

	0	1	2	3	4	5	6	7	8	9	A	B	C	D	E	F
F160	[illegible]	[illegible]	[illegible]	[illegible]	[illegible]	[illegible]	[illegible]	[illegible]	[illegible]	[illegible]	[illegible]	[illegible]	[illegible]	[illegible]	[illegible]	[illegible]
F161	[illegible]	[illegible]	[illegible]	[illegible]	[illegible]	[illegible]	[illegible]	[illegible]	[illegible]	[illegible]	[illegible]	[illegible]	[illegible]	[illegible]	[illegible]	[illegible]
F162	[illegible]	[illegible]	[illegible]	[illegible]	[illegible]	[illegible]	[illegible]	[illegible]	[illegible]	[illegible]	[illegible]	[illegible]	[illegible]	[illegible]	[illegible]	[illegible]
F163	[illegible]	[illegible]	[illegible]	[illegible]	[illegible]	[illegible]	[illegible]	[illegible]	[illegible]	[illegible]	[illegible]	[illegible]	[illegible]	[illegible]	[illegible]	[illegible]
F164	[illegible]	[illegible]	[illegible]	[illegible]	[illegible]											

附 录 A
（资料性附录）
藏文甘丹黑体

本标准规定的藏文甘丹（དགའ་ལྡན།）黑体参照德格木刻版、那塘木刻版《甘珠尔》《丹珠尔》等版本字体而制作，是众多不同风格的黑体中独具特色的一种书体字型。

附 录 B
（规范性附录）
藏文 24×48 点阵字型数据

B.1 藏文 24×48 点阵字型数据的表示

本标准中，藏文的字型可由其点阵数据来表示。每个字型的点阵数据为 24×48（横行点数×纵列点数），共 1 152 个二进制位，144 个字节。

B.2 藏文 24×48 点阵字型数据的记录格式

藏文 24×48 点阵字型数据的 144 个字节排列次序是以 0 字节开始至 143 个字节结束，均用十六进制表示，每行 3 个字节，其记录格式见表 B.1。

表 B.1 24×48 点阵字型数据记录格式

<table>
<tr><th rowspan="2">行数</th><th colspan="24">列 数</th></tr>
<tr><th>0</th><th>1</th><th>2</th><th>3</th><th>4</th><th>5</th><th>6</th><th>7</th><th>8</th><th>9</th><th>10</th><th>11</th><th>12</th><th>13</th><th>14</th><th>15</th><th>16</th><th>17</th><th>18</th><th>19</th><th>20</th><th>21</th><th>22</th><th>23</th></tr>
<tr><td>0</td><td colspan="8">0 字节</td><td colspan="8">1 字节</td><td colspan="8">2 字节</td></tr>
<tr><td>1
⋮
⋮
⋮
46</td><td colspan="8">3 字节
…
…
…
…</td><td colspan="8">4 字节
…
…
…
…</td><td colspan="8">5 字节
…
…
…
…</td></tr>
<tr><td>47</td><td colspan="8">141 字节</td><td colspan="8">142 字节</td><td colspan="8">143 字节</td></tr>
</table>

B.3 藏文 24×48 点阵字型数据示例

藏文 24×48 点阵字型的数据示例见表 B.2。

表 B.2 藏文点阵字型数据示例

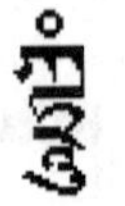 F00A1	 F006C	 F02E3
00 00 00	00 00 00	00 00 00
00 00 00	00 00 00	00 00 00
00 1C 00	00 F0 00	00 00 00
00 3E 00	03 FC 00	00 00 00
00 63 00	06 3F 00	00 00 00
00 63 00	0E 0F 80	00 00 00
00 63 00	0F 83 E0	00 00 00

表 B.2（续）

 F00A1	 F006C	 F02E3
00 3E 00	07 81 F0	00 00 00
00 1C 00	01 00 70	00 00 00
00 00 00	00 00 20	00 00 00
00 00 00	00 00 00	00 00 00
07 FF F8	07 FF F8	03 FF F8
07 FF F8	07 FF F8	03 FF F8
07 FF F8	07 FF F8	03 FF F8
02 1C 38	02 1C 38	06 1C 38
03 0C 18	03 0C 18	0C 0C 18
07 0C 18	07 0C 18	0C 0C 18
1F 04 08	1F 04 08	06 04 08
0E 04 08	0E 04 08	0F C4 08
04 04 08	04 04 08	1F FC 08
00 00 08	00 04 08	1F FC 08
00 FF F8	00 00 08	00 3C 08
00 FF F8	03 FF E8	00 04 08
01 FF F8	03 FF E0	00 00 08
01 00 00	03 FF F0	03 FC 38
01 07 C0	00 00 18	03 FC 38
00 9F F0	00 00 18	03 FC 38
00 B8 78	00 00 30	06 0C 18
00 60 38	00 7F F8	0C 0C 18
00 40 30	01 FF F8	0C 04 08
00 00 60	03 FF F8	0E 3F 88
00 FE C0	03 80 00	0F 3F E8
00 FF 80	06 00 00	07 3F F8
00 FF C0	06 00 00	02 00 F8
00 01 E0	04 00 00	00 00 18
00 00 70	04 00 00	00 07 F8
00 0F D8	04 00 00	00 07 F0
00 1F C0	04 00 00	00 0F F0
00 30 C0	04 00 00	00 18 30
00 30 40	04 00 00	00 18 10
00 3B C0	04 00 00	00 18 70
00 13 E0	00 00 00	00 1C F8
03 00 30	00 00 00	00 08 F8
07 C0 78	00 00 00	00 00 0C
01 F0 78	00 00 00	00 00 04
00 7C 18	00 00 00	00 00 00
00 1F F0	00 00 00	00 00 00
00 03 E0	00 00 00	00 00 00

ICS 97.200.50
Y 57

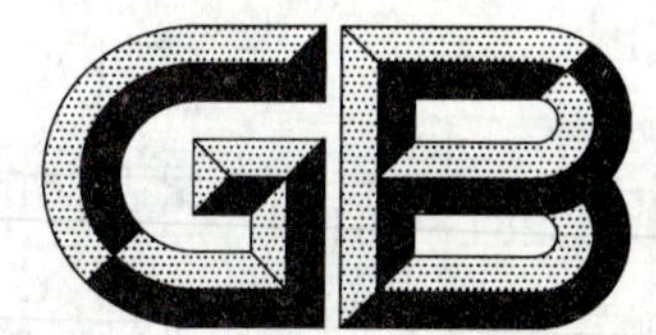

中华人民共和国国家标准

GB 29281—2012

游戏围栏及类似用途童床的安全要求

Safety requirements for playpens and similar cribs

2012-12-31 发布　　2014-05-01 实施

中华人民共和国国家质量监督检验检疫总局
中国国家标准化管理委员会　发布

前　言

本标准的第4章为强制性的，其余为推荐性的。

本标准按GB/T 1.1—2009给出的规则编写。

本标准参考BS EN 12227-1:1999《家用游戏围栏　第1部分：安全要求》、BS EN 12227-2:1999《家用游戏围栏　第2部分：试验方法》、ISO 7175-1:1997《家用童床和折叠小床　第1部分：安全要求》、ISO 7175-2:1997《家用童床和折叠小床　第2部分：试验方法》，一致性程度为非等效。

本标准由中国轻工业联合会提出。

本标准由全国玩具标准化技术委员会(SAC/TC 253)归口。

本标准起草单位：上海市质量监督检验技术研究院、广东乐美达集团有限公司、中山市隆成日用品有限公司、好孩子儿童用品有限公司、宁波妈咪宝婴童用品制造有限公司、宁波神马集团有限公司、广东出入境检验检疫局检验检疫技术中心玩具实验室、福建省产品质量检验研究院、北京中轻联认证中心。

本标准主要起草人：章若红、陈静茹、雷再明、彭心宇、陈钊仁、周佳鹏、徐银昌、李骏奇、陈伟。

游戏围栏及类似用途童床的安全要求

1 范围

本标准规定了游戏围栏及类似用途童床的安全要求、试验方法。

本标准适用于供体重不大于15 kg儿童使用的家用游戏围栏和类似围栏用途童床，不适用于摇篮和吊床。

本标准不适用于游戏围栏及类似用途童床上的悬挂玩具、健身玩具及类似玩具，且不适用于游戏围栏和类似用途童床能被转换成其他功能的安全技术要求。

2 规范性引用文件

下列文件对于本文件的应用是必不可少的。凡是注日期的引用文件，仅注日期的版本适用于本文件。凡是不注日期的引用文件，其最新版本(包括所有的修改单)适用于本文件。

GB/T 2912.1—2009 纺织品 甲醛的测定 第1部分:游离和水解的甲醛(水萃取法)

GB/T 3920—2008 纺织品 色牢度试验 耐摩擦色牢度

GB/T 3922—1995 纺织品耐汗渍色牢度试验方法

GB 5296.5—2006 消费品使用说明 第5部分:玩具

GB 5296.6—2004 消费品使用说明 第6部分:家具

GB/T 5713—1997 纺织品 色牢度试验 耐水色牢度

GB 6675 国家玩具安全技术规范

GB/T 7573—2009 纺织品 水萃取液pH值的测定

GB/T 10807—2006 软质泡沫聚合材料 硬度的测定(压陷法)

GB/T 17592—2011 纺织品 禁用偶氮染料的测定

GB 18401 国家纺织产品基本安全技术规范

GB 18584 室内装饰装修材料 木家具中有害物质限量

GB/T 18886—2002 纺织品 色牢度试验 耐唾液色牢度

3 术语和定义

下列术语和定义适用于本文件。

3.1

游戏围栏 playpen

预定将儿童短期置于其中，并可供儿童在此区域内玩耍的四周带有护栏的装置。

3.2

类似用途童床 similar crib

具有游戏围栏用途的儿童床。

3.3

折叠式围栏和类似用途童床 folding playpen and similar crib

可以拆卸或折叠以便运输和储存的围栏和类似用途童床。

3.4

可触及区域 access zone

在正常使用和可预见的使用时，能接触到的游戏围栏和类似用途童床的周围区域。

围栏和类似用途童床由封闭式的侧板和可从侧面穿出的侧板结合而成，围栏和类似用途童床上的可从侧面穿出的侧板或板上方的任意点为中心，半径 300 mm 以内的区域为可触及区域。

3.4.1

可触及区域 1 access zone 1

预定手不可从侧面穿出的围栏和类似用途童床的整个内部，和以围栏和类似用途童床的床铺面为基准垂直测量，底部以上 1 400 mm 至上边框以下 300 mm 的外部区域为可触及区域 1[见图 1 a)的虚线]。

如果有床垫覆盖，床铺面被视作不易接触的部分。

单位为毫米

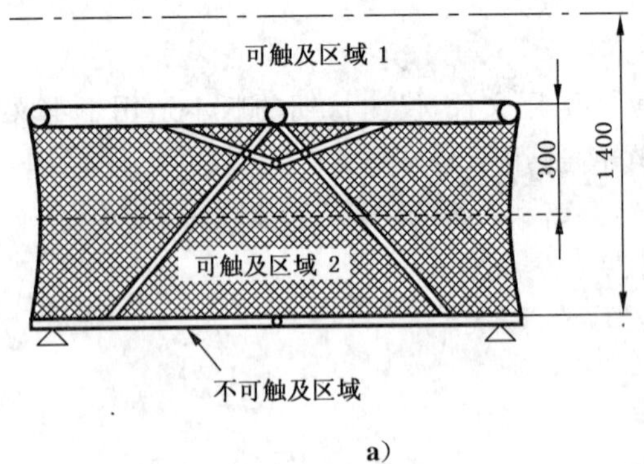

a)

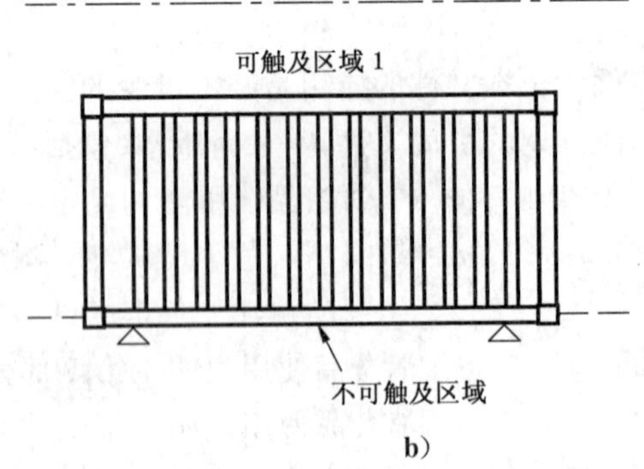

b)

图 1 可触及区域

或者：

预定手可从侧面穿出的围栏和类似用途童床的整个内部及围栏外部虚线以上的区域为可触及区域 1[见图 1 b)]。

3.4.2

可触及区域 2 access zone 2

预定手不可从侧面穿出的围栏和类似用途童床的外部虚线以下的区域为可触及区域 2[见图 1 a)]。

或者：

预定手可从侧面穿出的围栏和类似用途童床，无可触及区域 2[见图 1 b)]。

3.4.3

不可触及区域 out of access

床铺面之下区域定义为不可触及区域[见图 1 a)、图 1 b)]。

3.5

剪切和挤夹点 shear and squeeze points

剪切和挤夹点是指两个部件因相对移动而产生的可能对身体造成伤害的危险夹缝。

3.6

抓手 grab handle

围栏和类似用途童床内部可供支撑和保持儿童站立的结构件。

3.7

床铺面　base

构成游戏围栏和童床的基底以支撑儿童的结构。

3.8

床垫　mattress

以弹簧或软质填充物为内芯材料，表面罩有织物面料或软席等其他材料制成的卧具。

4　安全要求

4.1　材料

4.1.1　所有材料应清洁、无污染。

4.1.2　木材、以木材为基材的材料和源自植物的材料应无腐朽和虫蛀。

4.1.3　儿童可触及范围内(可触及区域1、可触及区域2)的金属应采用防腐蚀材料，或经防腐蚀处理。

4.1.4　儿童可触及范围内(可触及区域1、可触及区域2)的材料和表面涂层中可迁移元素的含量，应低于或等于表1中相应元素的最大限量要求。

表1　材料中可迁移元素的最大限量

元素	锑 Sb	砷 As	钡 Ba	镉 Cd	铬 Cr	铅 Pb	汞 Hg	硒 Se
最大限量/(mg/kg)	60	25	1 000	75	60	90	60	500

4.1.5　游戏围栏及类似用途童床上使用的纺织品材料，应符合GB 18401婴幼儿用品要求的规定。

4.1.6　游戏围栏及类似用途童床上使用的纺织品材料的易燃性能，应符合GB 6675中燃烧性能的规定。

4.1.7　木制游戏围栏及类似用途童床甲醛释放量应符合GB 18584的规定。

4.2　结构

4.2.1　孔、开口和间隙

4.2.1.1　夹住手指的孔、开口和间隙

在可触及区域1和可触及区域2内：

a)　不应存在尾端开口的管子；

b)　当按5.3.2.2进行测试时，不应有尺寸大于5 mm且小于12 mm的孔和间隙，深度小于10 mm的除外；

c)　组装孔允许的最大直径为7 mm；

d)　当按5.3.2.2用直径7 mm的锥头以30 N的推力测试时，锥头应不能穿过网状物的孔。

4.2.1.2　夹住四肢的孔、开口和间隙

当按5.3.2.3进行测试时，在可触及区域1内不应有直径大于等于25 mm且小于45 mm的孔、开口和间隙。

4.2.1.3 夹住头、颈和躯体的孔、开口和间隙

应符合如下要求：

a) 当按 5.3.2.4 测试时，在可触及区域 1 内不允许有半封闭式、V 形开口；

b) 当按 5.3.2.5 测试时，可触及区域 1 内不应有直径大于等于 65 mm 的孔、开口和间隙；

c) 在可触及区 2 内的任何孔、开口和间隙，当按 5.3.2.5 测试时，不允许Ⅰ型探头完全通过，或允许Ⅱ型探头能完全通过并且与孔的最低点完全接触。如果Ⅱ型探头不能与孔的最低点接触，则 25 mm 的探规不应能通过Ⅱ型探头与孔最低点之间的间隙。

4.2.1.4 床铺面

应符合如下要求：

a) 床铺面是由网状结构组成，则不应有直径大于等于 85 mm 的网状孔。由金属丝网构成的床铺面，则金属丝的直径应不小于 2 mm；

b) 床铺面是由板条组成，则相邻两根板条之间的间隙不应大于等于 60 mm。

表 2 孔、开口和间隙所允许的最大/最小尺寸

单位为毫米

部位及区域	尾端开口的管子	孔、开口和间隙的大小 δ					
		$\delta\leqslant 7$	$7<\delta<12$	$12\leqslant\delta<25$	$25\leqslant\delta<45$	$45\leqslant\delta<65$	$\delta\geqslant 65$
目的为保护身体各部分	手指	—	手指	—	四肢	—	头、颈和躯体
可触及区 1	不允许	允许	深度大于 10 mm 的，不允许	允许	不允许	允许	不允许
可触及区 2	不允许	允许	深度大于 10 mm 的，不允许	允许	允许	允许	允许

4.2.2 边缘、点、角

4.2.2.1 任何部分都没有可触及的危险锐利尖端和木刺，如钉子、螺丝等突出。

4.2.2.2 所有的 U 形钉尖端不允许突出于材料表面。

4.2.2.3 可触及区域 1 和可触及区域 2 内的边缘、点、角都应符合图 2 a)或 b)或 c)，如果厚度小于 4 mm的边缘形成锐利边缘，应至少符合下面的任一要求：

a) 按 GB 6675 中锐利边缘、锐利尖端的方法测试，不应存在危险的锐利边缘和锐利尖端；

b) 参见图 2 d)所示，将边缘折转、卷曲或成螺旋形；

c) 用塑料帽或其他适当方法防护，见图 2 e)。

单位为毫米

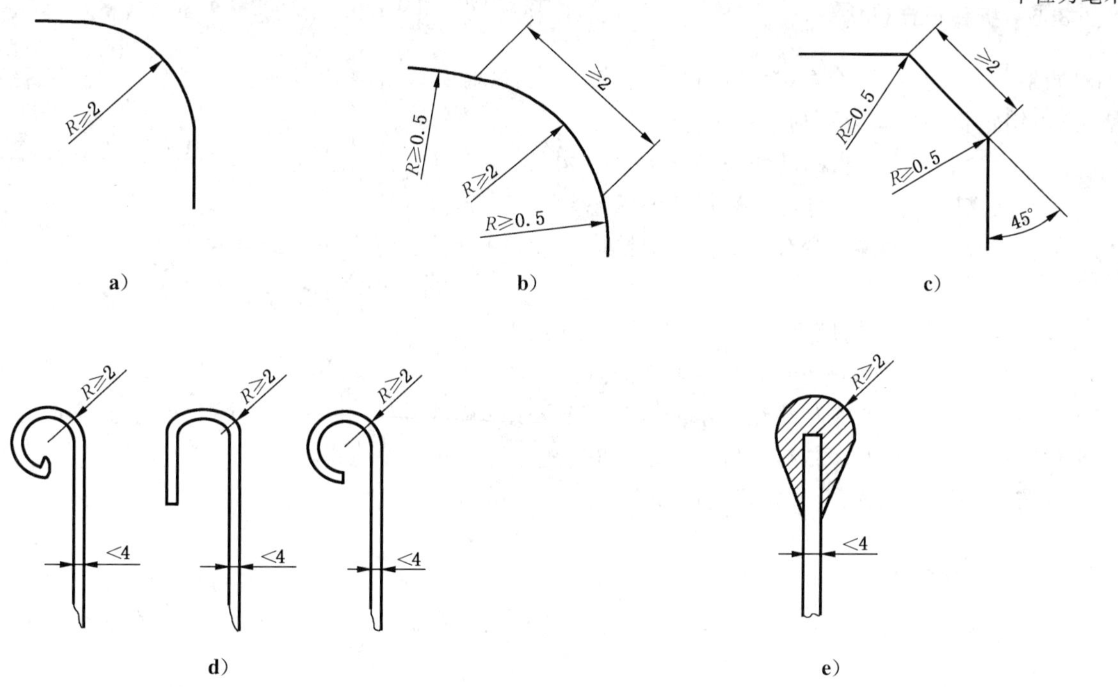

注：如图所示的最小半径不适用于小的装配件，如铰链、托架和拉手等。钩环应充分旋入。

图 2 边和角的最小半径

4.2.3 移动部件

4.2.3.1 一般要求

为避免产生剪切和挤夹点，相对移动的零部件之间的间隙应大于 18 mm 或小于 5 mm。

非功能需要而产生的剪切和挤夹点，应满足 4.2.3.2、4.2.3.3 和 4.2.3.4 的要求。

4.2.3.2 围栏及类似用途童床展开和折叠时的剪切和挤夹点

手动展开和折叠围栏或类似用途童床时，所产生的剪切和挤夹点除外，因为用户能自己控制零部件移动，当感觉到痛时会立即停止施力。

4.2.3.3 驱动机构引起的剪切和挤夹点

当使用动力装置时，含弹簧等，不应产生剪切和挤夹点。

4.2.3.4 由儿童体重引起的剪切和挤夹点

由儿童体重造成的移动、结构损坏、锁定机构的不当操作导致零部件错误运动，不应产生剪切和挤夹点。

零部件的错误运动是可以防止的，只要符合下面的任一要求：

a) 对移动的零部件，至少使用 2 种不同的锁定机构；

b) 如果锁定机构具有自锁结构，作用的载荷应使锁定机构具有正效应；

c) 载荷作用下的锁定机构不因第三者的无意介入而松开。

4.2.3.5 折叠锁定机构

如果围栏和类似用途童床可以折叠，当按5.9测试时不应折叠。当围栏和类似用途童床展开以供使用时，锁定机构应符合下列条件之一：

a) 至少有两个连贯的动作来松开锁定机构，第一个动作的释放力不小于50 N，且当执行第二个动作时第一个动作应在被保持的状态；
b) 松开锁定机构至少有两个独立但同时产生的作用力，每个作用力要求不小于50 N，两种力作用的原理应不相同；
c) 升降床铺面时，应启动折叠装置；
d) 有至少相距850 mm的两组独立的且能同时操作的锁定机构。

向内折叠的围栏或类似用途童床应至少装备两组锁定机构。如果有一个锁定机构，同时床铺面上的儿童重量对锁定具有正效应，可以等效于两组锁定机构。

当按5.9测试时，折叠锁定机构应能正确地发生作用。

4.2.3.6 其他锁定机构

不用于侧翻和折叠装置的其他锁定机构，当按5.9.3测试时，至少应施加50 N的力才能松开锁定机构。

4.2.3.7 侧板侧翻装置

用来控制侧板侧翻的装置应是自动工作的，其组成应符合下列条件之一：

a) 两个至少相距850 mm的扣紧装置，应同时动作；
b) 至少有两个独立的、以不同原理同时工作的系统；
c) 至少有两个连贯的、以不同原理工作的系统，且当第二个系统工作时第一个系统应在被保持的状态；
d) 当按5.9.3测试时，至少施加50 N的力才能松开锁定装置。

4.2.4 围栏和类似用途童床填充材料

在按5.7所述程序测试时，不应有任何填充物被拉出。

4.2.5 脚轮或滚轮

除下面两种情况之外，不应安装脚轮或滚轮：

a) 有脚轮或滚轮时，应至少有两条不带脚轮或滚轮的腿；
b) 有四个或四个以上脚轮或滚轮，其中至少有两个脚轮或滚轮能被锁定。

锁定后应能防止脚轮或滚轮滚动，当按5.13测试时，脚轮或滚轮不得解锁。

4.2.6 连接螺钉

因运输或储存需要拆开或松开的零部件，不应使用可直接拴紧的螺丝，如自攻螺钉。

4.2.7 由突出物引起的障碍

当按5.8进行测试时，在可触及区域1内不应有可挂住带环测试链(见图13)的突出物。

4.2.8 床铺面

4.2.8.1 当按5.10.1进行测试时，床铺面不应脱落。在围栏和类似用途童床内部的床铺面或部分床铺面不应能被儿童提起。

4.2.8.2 当按5.10.2进行测试时，围栏和类似用途童床的任何部分都不应断裂，床铺面不应脱落，不应有任何结构的损坏。

4.2.8.3 如果床铺面是可调的，除非锁定机构符合4.2.3.5的要求，不使用工具应不能将床铺面从较高位置调到较低位置。

4.2.9 侧板

4.2.9.1 侧板的强度

当按5.11.1和5.11.2进行测试时，板条或侧板不应与紧固装置分开。固定或扣紧装置不应损坏或分离，应仍能起作用。

4.2.9.2 框架和紧固件的强度

4.2.9.2.1 垂直静态强度

当按5.11.3.1进行测试时，不应断裂、变形或损坏。

4.2.9.2.2 疲劳强度

当按5.11.3.2进行测试时，装配和扣紧装置不应损坏、松开或分离。

4.2.9.2.3 网眼或织物侧面的强度

当按5.11.4进行测试时，不应出现断裂、裂缝或松开的缝合线。

4.2.10 稳定性

当按5.12进行测试时，围栏和类似用途童床至少有三条不在一直线上的腿和(或)轮子保持与地板持久地接触。

4.2.11 尺寸

4.2.11.1 当按5.3.1测试时，以及5.11.3.1在载荷下测试时，床铺面和任何踏脚点同护栏上表面任何部位的最小垂直距离至少为600 mm。当测试的力撤除后，仍至少为600 mm。如果满足5.5的条件，则存在一个踏脚点。

4.2.11.2 如果装有可调的床铺面，当床铺面调至最高位时，床铺面的上表面与处在最低位的床护栏上表面任何部位之间的最小垂直距离至少为300 mm。

4.2.11.3 围栏和类似用途童床上用来系紧或抓手的绳索，其厚度应大于或等于1.5 mm。

4.2.11.4 当以25 N±2 N的力拉伸时，绳索或其他细织物条，其自由长度不得超过220 mm。

4.2.11.5 当以25 N±2 N的力拉伸时，可能会形成活套或固定环的绳圈的周长应小于360 mm。

4.2.12 小零件

4.2.12.1 当依据5.6进行测试时，任何可以被小孩用拇指和食指抓住或用牙咬住的可脱落的零件或部件(包括不借助工具可被卸下的零部件)，都不应完全容入小零件试验器。

4.2.12.2 在可触及区域1内，不应使用自粘性的标贴或贴花纸。

4.3 包装

任何用来包装围栏或类似用途童床的塑料套应符合GB 6675中塑料袋和塑料薄膜的要求，或应显著地标记如下的警告语：

“使用前拆开塑料套，为避免窒息的危险，
请销毁塑料套，或远离儿童保存”。

4.4 标识和使用说明

4.4.1 标识和使用说明应同时符合本标准相关要求。

4.4.2 除本标准规定的内容，其他应符合GB 5296.5—2006、GB 5296.6—2004。

4.4.3 说明书应有类似的提示：**“重要资料，请保存供以后参考，请仔细阅读”**。

4.4.4 说明书应包括以下内容：

a) 应注明游戏围栏和类似用途童床的适用年龄、体重；

b) 如果床铺面的高度是可调的，要警告：**最低位置是最安全的，只要孩子长到足以能坐、跪或站起，床铺面总是应该处在最低位置下使用**；当配备可调节的侧板时，要说明：如果你把无人陪伴的儿童留在围栏和类似用途童床内，始终要确定侧板处于最高位置；

c) 若提供有可拆卸的支撑杆支撑在床铺面的最低位置上，则应作以下说明：在围栏处在最低位置使用前，请拆除支撑杆；

d) 要说明：只有当折叠系统的锁定机械装置被啮合时围栏和类似用途童床才能使用；

e) 所有装配需要的零部件和工具的装配图、一览表和说明书，以及所需的螺钉和其他紧固件的图；

f) 要说明：所有的组装件都应适当地紧固；

g) 要说明：围栏或类似用途童床不能在没有床铺面情况下使用；

h) 关于床垫厚度的说明：当床铺面处于最低位置时，应使内高(从床垫表面到床框架的上侧边)至少为500 mm，而当床铺面处于最高位置时，应使内高至少为200 mm。当床垫不是与围栏和类似用途童床一起销售时，应有床垫尺寸的推荐；

i) 若有可能，建议经常清洁和保养围栏或类似用途童床；

j) 要说明：当儿童可从围栏和类似用途童床爬出或身高达到xxx时，应停止使用该产品；

k) 警告语要置于显著位置，易于识别，并说明不依循这些警告语及使用说明会导致严重伤害；

l) **警告：不要将可能作为踏脚点或引起窒息、勒死的任何东西遗留在围栏和类似用途童床中；**

m) **警告：在围栏和类似用途童床附近，要避免明火和其他强热源，如电火花、气体火焰等；**

n) **警告：若围栏和类似用途童床任何部分损坏、撕裂或丢失，不得使用该围栏和类似用途童床；**

o) **警告：当儿童开始用手或膝支撑站立时，如果不移去玩具，可能发生缠结或勒死的伤害；**

p) **警告：当儿童处于围栏和类似用途童床玩耍时，不要让儿童处于无人照看状态。**

5 试验方法

5.1 总则

若无特殊说明，所有测力的精度为±5%，所有质量的精度为±0.5%，所有尺寸的精度为±0.5 mm，本标准的测试方法用来测试已安装待用的儿童围栏或类似用途童床。

测试前，试样应在室内15 ℃～25 ℃条件下至少放置48 h。当检测所引用的试验方法标准有规定时，按所引用的试验方法标准执行，其他任何不同于本标准要求的地方都应在报告中说明。

测试前，应确定每件织物的质量。除非制造商指定了不同的洗涤方法、其他可洗涤的织物应进行机器洗涤和滚筒甩干六次。

任何适宜商用洗衣机、干燥机或家庭使用的洗衣机、干燥机均可用于本测试。

待洗涤的织物总干重最小为1.8 kg，一起放入全自动洗涤机器中，使用温水(水温约40 ℃)，普通负载条件下洗涤循环约 12 min。甩干织物，当甩干后质量未超过洗涤前的干重的 10%时，应认为织物已甩干。

试验在室内常温条件下进行，如果试验中室温超过 15 ℃～25 ℃的范围，在报告中记录最高和(或)最低温度。

围栏和类似用途童床按使用状态进行测试，若是可拆卸的，则按说明书组装。如果有几种不同的组装或结合方法，则每一试验都应按最不利的方法组装。试验按顺序在同一试样上进行。材料的测试可在其他试样上进行。

拆卸型围栏和类似用途童床测试前应装配紧固，在测试期间自始至终不得重新紧固。

对于不能完全满足本标准程序的试验情况，应尽可能按照本标准要求进行试验，并列出与本标准试验程序不同的地方。

5.2 材料测试

5.2.1 4.1.1、4.1.2、4.1.3 测试材料的检查应通过目视检查而非放大检查。

5.2.2 儿童可触及范围内(可触及区域 1、可触及区域 2)的材料和表面涂层特定元素的迁移，按 GB 6675中规定的方法进行测试，测试结果应校正。

5.2.3 游戏围栏及类似用途童床上使用的纺织品材料，甲醛按 GB/T 2912.1—2009、耐摩擦色牢度按 GB/T 3920—2008、耐汗渍色牢度按 GB/T 3922—1995、耐水色牢度按 GB/T 5713—1997、pH 值按 GB/T 7573—2009、耐唾液色牢度按 GB/T 18886—2002、可分解芳香胺染料按 GB/T 17592—2011 进行测试。

5.2.4 游戏围栏及类似用途童床上使用的纺织品材料的易燃性能，按 GB 6675 规定的方法进行测试。

5.2.5 木制游戏围栏及类似用途童床甲醛释放量，按 GB 18584 规定的方法进行测试。

5.3 结构尺寸的测量

5.3.1 侧板高度的测量

测量从床铺面(除去床垫)的最低点到侧面的上端间的距离。如果存在踏脚点，测量从踏脚点位置到侧面的上端间的距离。按 5.11.3.1 进行垂直静态加载试验后，卸去作用力再测量侧板高度。

5.3.2 刚性材料上的孔、开口和间隙的测量

5.3.2.1 尾端开孔的管子

在可触及区域内目视检查是否有尾端开口的管子。

5.3.2.2 可夹住手指的孔

用锥头直径 7 mm 和 12 mm 的滑规检测可触及区域 1 和可触及区域 2 中所有可接触的孔、间隙和开口。

对滑规施加如表 3 所示的力，观察滑规能否通过孔，检测相邻部件间的间隙。对直径 7 mm 的锥头施加 30 N 的力，对直径 12 mm 的锥头不施加力。检查深度是否超过 10 mm。

表 3 锥头的直径和施加的力

锥头直径/mm	力/N
	4.2.1 和 4.2.3
5	30
7	30
12	0
18	0
25	30
45	0
60	30
65	30
85	90

5.3.2.3 可夹住四肢的孔

检测可触及区域 1 内尺寸 25 mm～45 mm 的孔、间隙和开口。对直径 25 mm 的锥头施加 30 N 的力，对直径 45 mm 的锥头不施加力。

5.3.2.4 半封闭式、V 形开口

V 形开口试验模板应由塑胶或其他硬质光滑材料制成，尺寸如图 3 所示。

单位为毫米

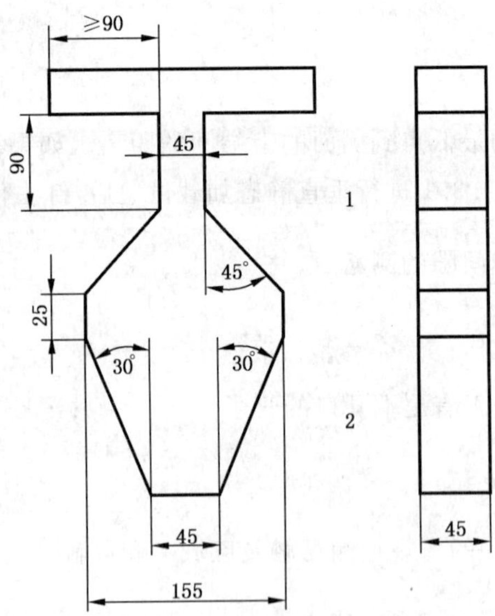

说明：

1——B 部分；

2——A 部分。

注：除另有规定，V 形开口试验模板的尺寸公差为±1 mm，角度公差±1°。

图 3 V 形开口试验模板

将试验模板的“B”部分垂直放置于开口的边界之间，如图 4 所示。观察开口是否能插入试验模板

的整个厚度，如果不能完全插入模板的整个厚度，则不存在危险，如果可以插入，则存在危险。

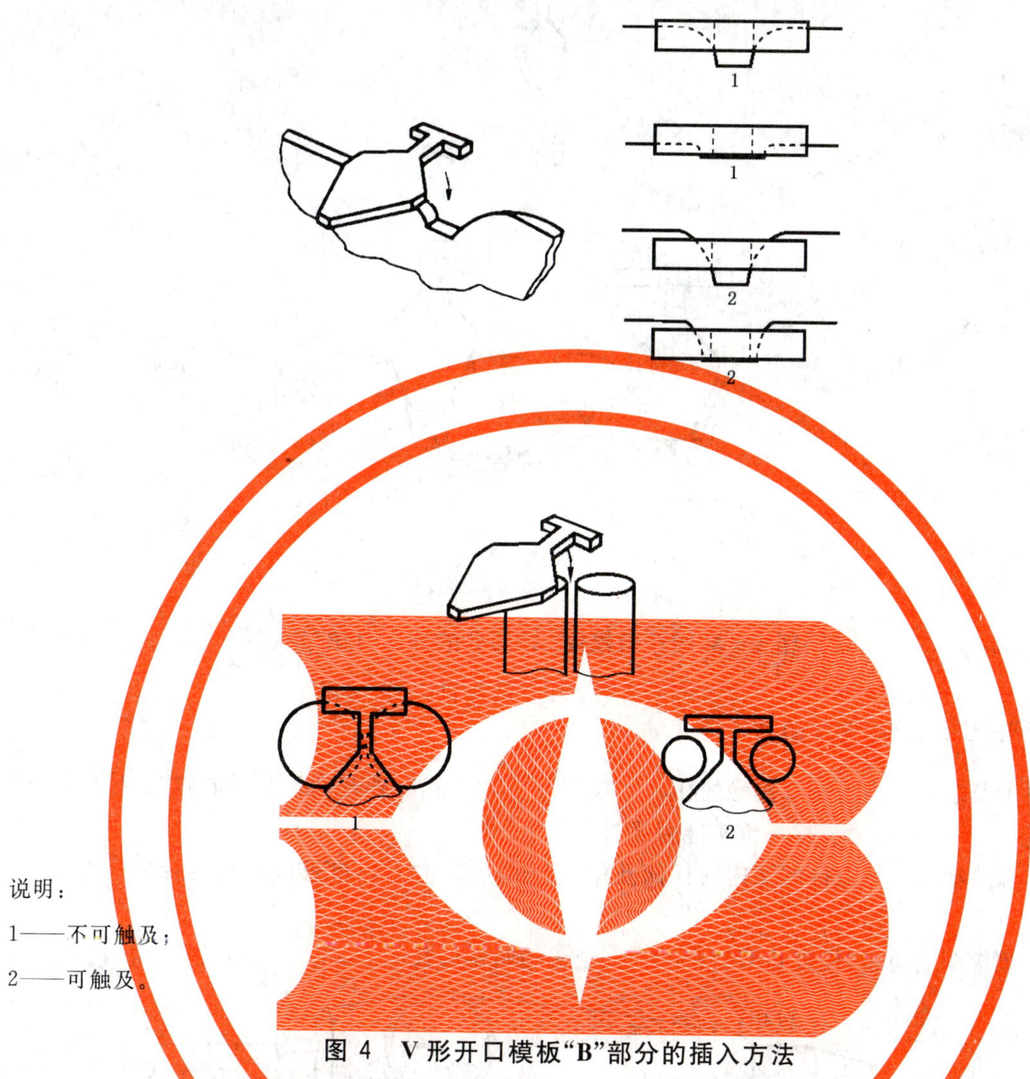

说明：

1——不可触及；

2——可触及。

图 4 V 形开口模板“B”部分的插入方法

如果 V 形开口能插入的深度比试验模板的厚度(45 mm)还要大，则使用试验模板的 A 部分，使它的中心线与开口的中心线平行，如图 5 所示。沿开口中心线方向插入试验模板，直到与开口边界接触而停止，如果试验模板接触到开口的底部，则不存在危险，如果试验模板的侧边接触到开口的侧边，则存在危险。

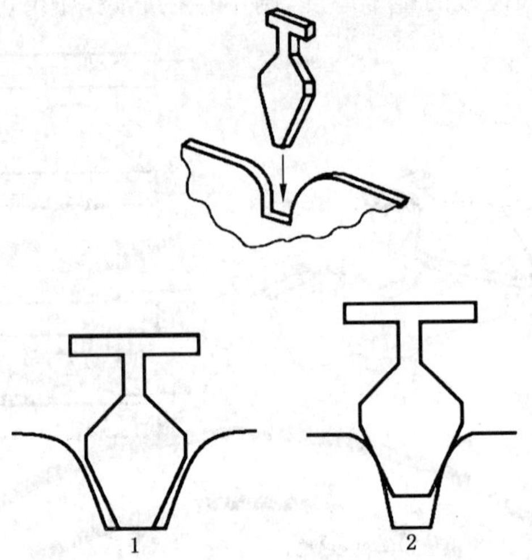

说明：

1——不可触及；

2——可触及。

图5 V形开口模板"A"部分的插入方法

5.3.2.5 可夹住头、颈和躯体的孔

检测可触及区域1内所有可接触的孔和间隙，对直径45 mm锥头的滑规不施加力，对直径65 mm锥头的滑规施加30 N的力。检测锥头能否通过。

将Ⅰ型探头插入可触及区域2内的任何孔中，施加30 N的力。检查该探头是否能完全插入或通过孔。

如果Ⅰ型探头能通过，检查Ⅱ型探头能否完全通过同样的孔。

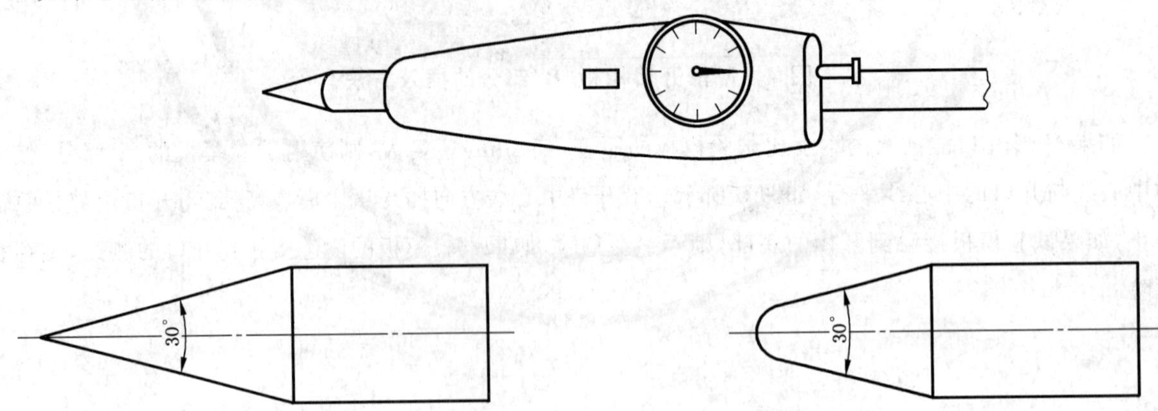

注：由用塑料或硬质、光滑材料制成的锥头组成，安装在一个测力装置上。锥头分别有直径5 mm、7 mm、12 mm、18 mm、25 mm、45 mm、60 mm、65 mm和85 mm九种规格，其中直径5 mm、7 mm、25 mm、60 mm、65 mm和85 mm锥头的公差为(0/−0.1)mm，直径12 mm、18 mm和45 mm锥头的公差为(+0.1/0)mm。

图6 滑规和测量锥头的示意图

单位为毫米

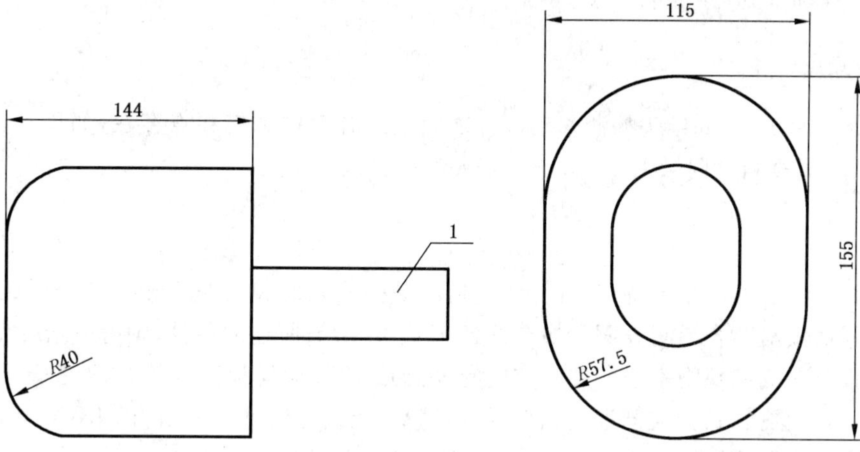

说明：

1——手柄，由硬质光滑材料制成。

图 7 Ⅰ型探头

单位为毫米

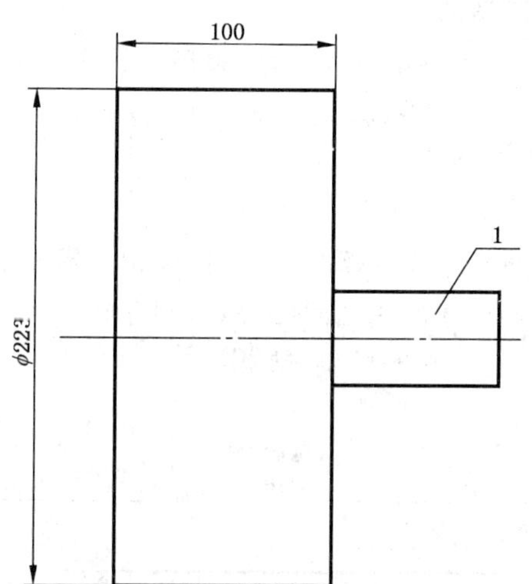

说明：

1——手柄，由硬质光滑材料制成。

图 8 Ⅱ型探头

5.3.2.6 网状床铺面

用锥头直径 85 mm 的滑规，施加 90 N 的力作用在网状床铺面，观察能否通过。用游标卡尺测量金属丝的直径。

5.3.2.7 板条床铺面

用锥头直径 60 mm 的滑规，施加 30 N 的力作用在相邻两板条间隙上，观察能否通过。

5.3.2.8 绳索和绳圈

对绳索施加 25 N±2 N 的拉力，用仪器精度为±0.1 mm 测厚仪测量沿绳索长度的 3 个至 5 个点的绳线厚度。计算绳索厚度的平均值,厚度应符合 4.2.11.3。绳索和绳圈从固定点到其尾端的自由长度,应符合 4.2.11.4、4.2.11.5 的要求。

5.4 剪切和挤夹点

用直径 5 mm 和 18 mm 锥头检测移动部件之间是否有剪切和挤夹点存在,如果有,检查是否满足 4.2.3 的要求。参见资料性附录 B 的"剪切和挤夹点检测流程图"。

5.5 踏脚点

将试验模板有标记的面置于待测表面上,包括不平整的表面和由两个相邻部分形成的表面。试验模板可以与水平面倾斜贴合待测表面。如果符合 a)或 b)或 c)所述的条件,则有一踏脚点存在。

当检测柔性材料或编织物覆盖的硬质结构的表面时,将试验模板置于其上,沿着试验模板的纵轴方向施加 30 N 的水平推力,该力应与通过试验模板的 A 点或 B 点(见图 9)作用的不小于 50 N 的垂直力相结合。如果有 4 个相邻标记的三角形被待测表面遮挡,则存在一个踏脚点。

a) 有足够面积提供支撑的部件

一个与水平面倾斜角小于 55°的表面,试验模板置于其上,如果有 4 个相邻标记的三角形被待测表面遮挡,则存在一个踏脚点。见图 10 a)和 b)的例子。

注意:这意味着支撑面积至少 50 mm^2。

b) 有足够长度提供支撑的薄型部件

一个与水平面倾斜角小于 55°的薄型部件表面,试验模板置于其上,如果薄型部件的长度超过试验模板上两条粗记号线的长度,则存在一个踏脚点。见图 10 c)的例子。如果该薄型部件表面存在一缺口,缺口侧面应无障碍,见图 10 d)的例子。

c) 可阻止滑动的相交或相邻的斜坡面

一个与水平面倾斜 55°~80°的相交或相邻的斜坡面,该相交或相邻的斜坡面可阻止脚的滑动。试验模板置于其上,如其存在 a)或 b)所述的遮挡面(或线),则存在一个踏脚点。并且踏脚点在不超出试验模板宽度的任何表面上。见图 10 e)和 f)的例子。

单位为毫米

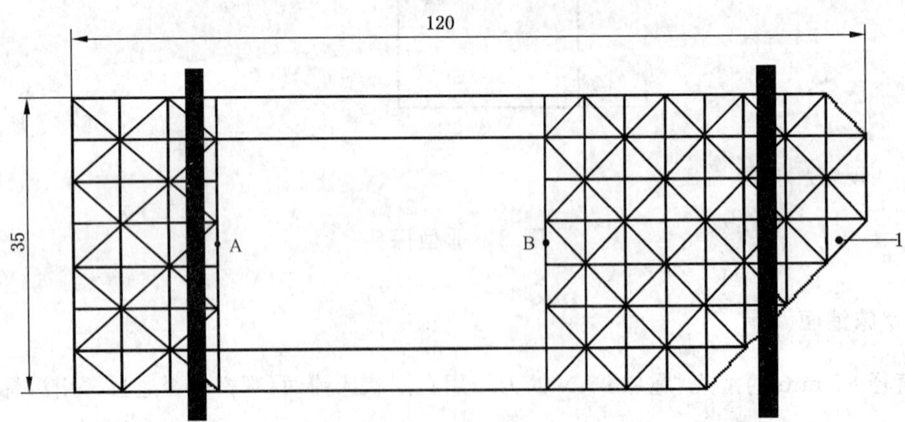

注:1 mm~10 mm 厚的透明材料板条,切割成图示形状,试验模板两侧用所示花纹标记。试验模板边缘倒角,半径最大 1 mm。必要时,将准备好的试验模板与测力装置连接。左右手各一块试验模板。

图 9 踏脚点模板(左手模板图)

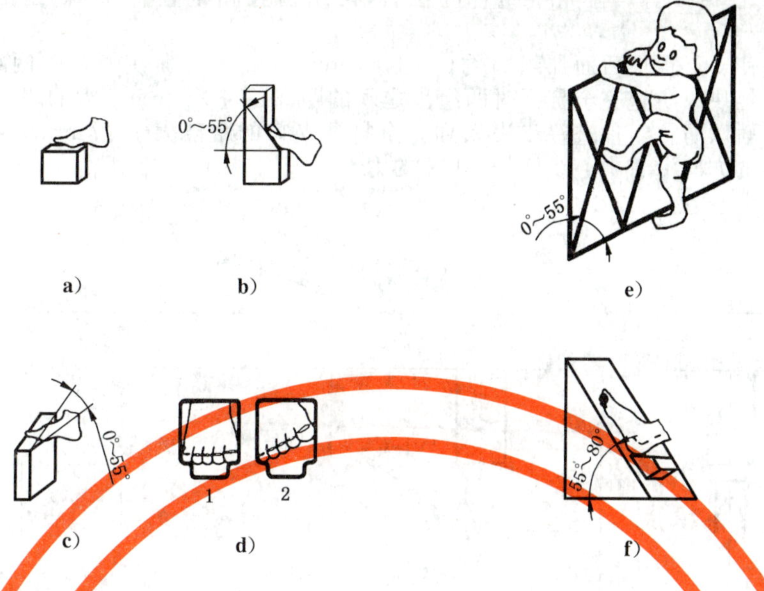

说明：
1——踏脚点；
2——非踏脚点。

图 10 踏脚点的例子

5.6 小零件

任何可以被儿童用拇指和食指抓住或用牙咬住的可脱落的零件或部件，用夹具或其他合适的工具对受检零部件施加一个拉力。施加的拉力为 70 N±2 N，在 5 s 内逐步施加拉力并保持 10 s。

脱落的零部件以及不借助工具可被卸下的零部件，检查该零部件是否能完全容入小零件试验器内（见图 11），明显不能完全容入小零件试验器内的部件不必测试。

单位为毫米

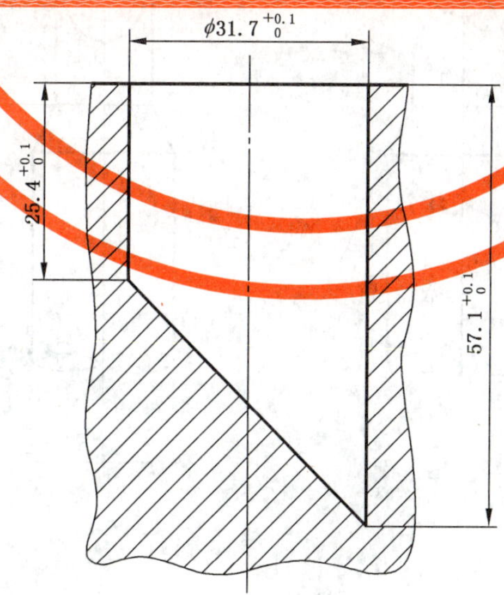

图 11 小零件试验器

5.7 咬合试验

咬合试验装置（见图 12）：装置由两组齿组成，一组的两个齿在顶部，另一组的两个齿在底部。两组齿的垂直中心线互相平行。在完全闭合的位置，两组齿互相重叠 1 mm。齿的最外部倒角半径为 1 mm。

齿的装配应使支点距最后面那组齿约(50±1)mm，位置要对准使闭合时两组齿的中心线互相平行。装置配备有挡块以防止完全打开时两组齿之间的距离超过 28 mm。齿的闭合力设定为(50±5)N。

装置装有导轨以防止组件进一步进入到完全打开夹口的距离大于 17 mm，仪器配备有工具，可以在将齿拉出样品的方向沿着中心线施加 50 N 的力。

单位为毫米

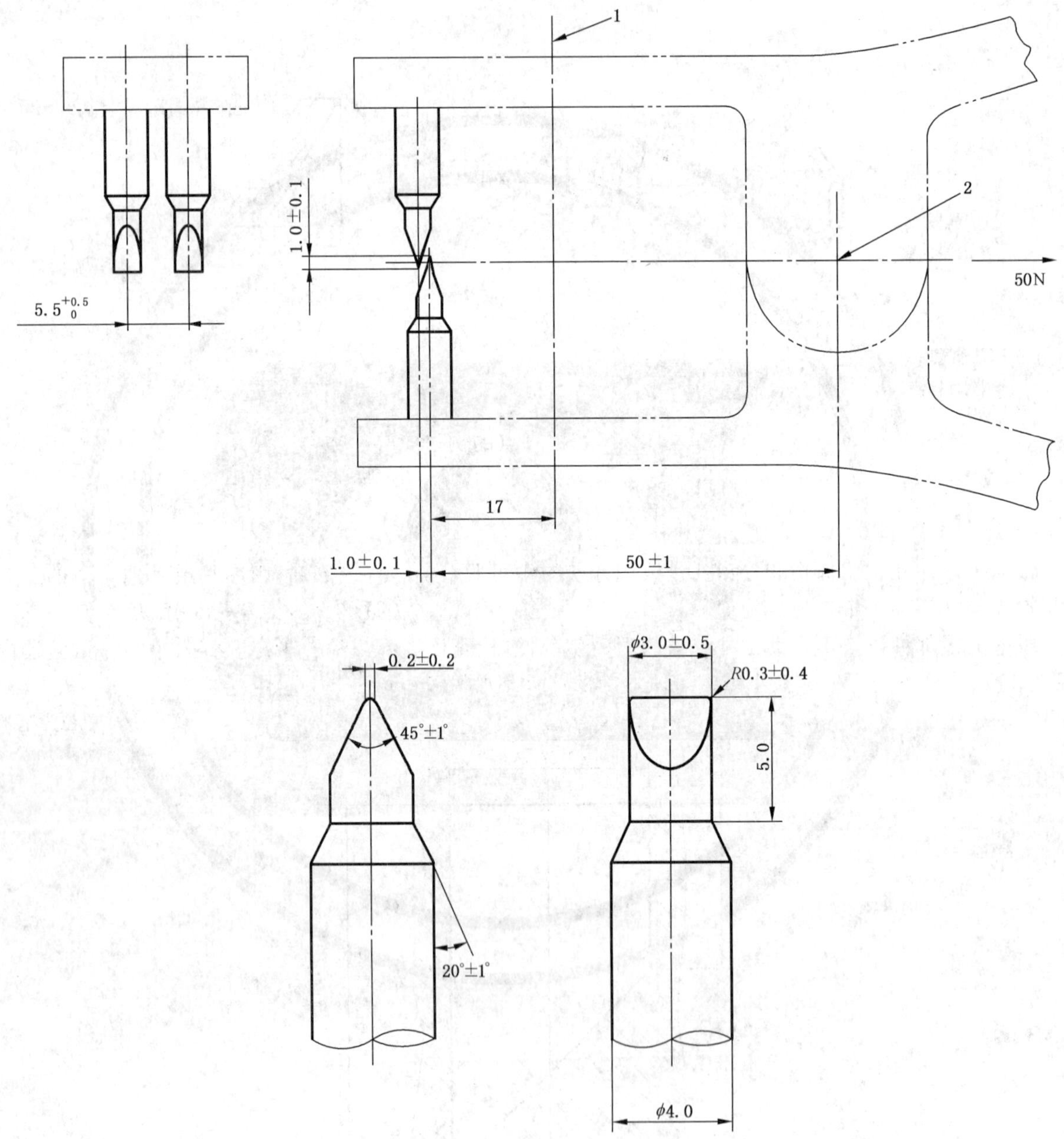

说明：

1——导轨的位置；

2——支点。

材料：钢。

图 12 咬合试验装置

在下列部位进行试验：

a) 最长边的中心；

b) 最长弧形部分的中心；

c) 最短弧形部分的中心；

d) 任何连接或接缝处；

e) 其他疑似薄弱的点。

按如下方法在任何位置用试验装置操作两次：

a) 用手指和拇指捏住围栏和类似用途童床内表面的材料，夹到试验装置中，在4个齿全部接触的前提下，"咬"住尽可能少的材料；

b) 尽可能地张开试验装置的夹口，水平方向去夹边缘直到顶到护栏，让模拟牙齿尽可能靠近边缘；

c) 施加50 N的水平力，维持10 s；

d) 在试验过程中，若外层材料被齿刺破，除去外层材料暴露出内层或填充物。并重复步骤a)和b)，直至填充物接触不到或没有填充物脱落，一旦有填充物脱落，立刻停止测试。

5.8 检测突出物

将床铺面置于最低位置，高于床铺面1 400 mm部分被认为是接触不到的区域。

用一只手托住球体，将试验链条(见图13)的链圈在围栏和类似用途童床的内部绕过突出物，然后慢慢放低球体，使球体自由悬挂。观察链条在球体的负荷下环是否被挂住。重复试验3次。

注：带环的测试链中的球体链条见图14。

单位为毫米

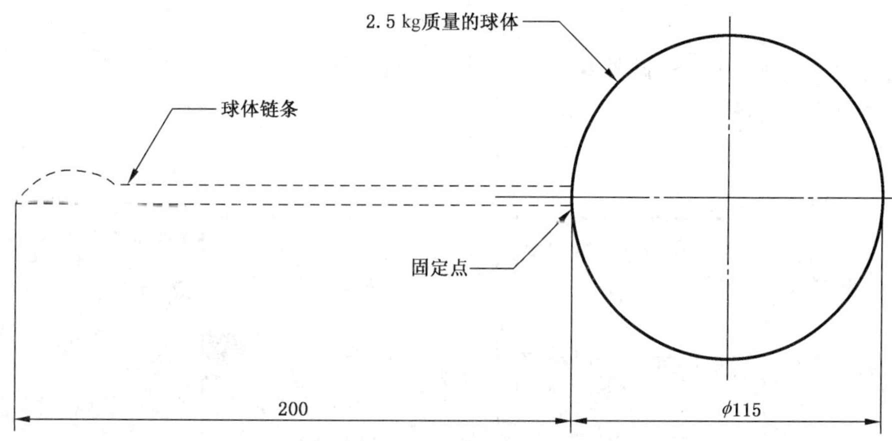

图13 带环的测试链

单位为毫米

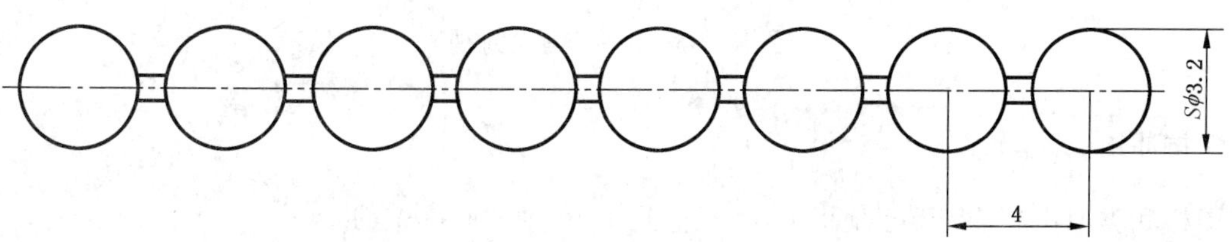

图14 球体链条

5.9 折叠和锁定机构

5.9.1 锁定机构的安全性

检查是否满足4.2.3.5的要求。

在按5.9.2进行试验的前后，用合适的工具在锁定机构正常操作使用的任何方向施加50 N的力。

检查机构是否松开。

5.9.2 围栏和类似用途童床的锁定和折叠

将围栏和类似用途童床置于其最展开的位置。

逐渐施加力5次，每次维持2 min。

操作(关闭和打开)锁定和折叠机构300次。

检查折叠锁定机构能否正常发生作用。

5.9.3 锁定机构的试验

操作(关闭和打开)锁定机构300次，试验后，测定操作所需要的力。在旋转部件的情况下，测定切向力。

检查是否满足4.2.3.6的要求。

5.10 床铺面

5.10.1 围栏床铺面的连接

将围栏置于地板上，地板应是水平、硬质和平整的。

在床铺面最薄弱位置10 mm×10 mm的面积上施加15 kg的力(砝码质量15 kg，横截面100 mm×100 mm)。

对侧板最薄弱处施加50 N的向外水平力，保持30 s。

检查床铺面是否从侧板结构中脱开(见图15)。

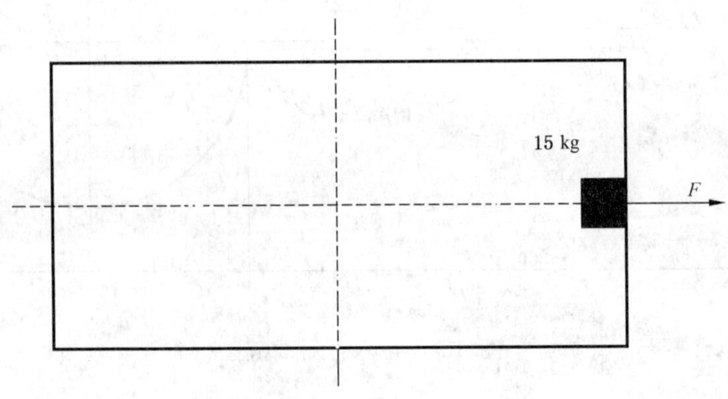

图15 施力的例图(俯视)

5.10.2 抗冲击试验

将围栏和类似用途童床置于地板上，地板应是水平、硬质和平整的。

将试验软垫平放在床铺面上。试验软垫由一块厚度为50 mm的软质聚酯泡沫片组成，泡沫的体积密度为(30±2)kg/m^3，按照GB/T 10807—2006中方法A测定，其压陷硬度指数为(170±20)N。在试验过程中，试验软垫应有一个至少为400 mm×800 mm的区域，但不得大于床垫基面。试验软垫外套棉布套，棉布套材料单位面积质量:100 g/m^2～120 g/m^2。

将床铺面置于最低位置，从距床铺面上方150 mm落下基底冲击器(见图16)1 000次，每分钟不超过30次，在冲击试验位置(见图17)使冲击器自由落下。

若床铺面的高度可调且支撑结构与最低位置时不同，则将床铺面处在最高位置，在连接点附近重复试验。

注 1：推荐使用导轨（导引冲击器）。

注 2：如果床铺面所有的冲击点都与地板接触则无需此试验。

选下列点进行冲击试验（见图 17）：

a） 任一角；

b） 底部看上去最薄弱的位置，若挑选不出明显的薄弱位置，则选 a）的对角位；

c） 侧边的中心；

d） 底边的中心；

e） 床铺面的中心；

f） 连接点附近；

在图 17 点 a、c 和 d，冲击器侧面与框架内表面之间的水平距离不大于 50 mm。

移开试验软垫检查试样，围栏各部分是否有脱开、断裂或出现裂纹。

单位为毫米

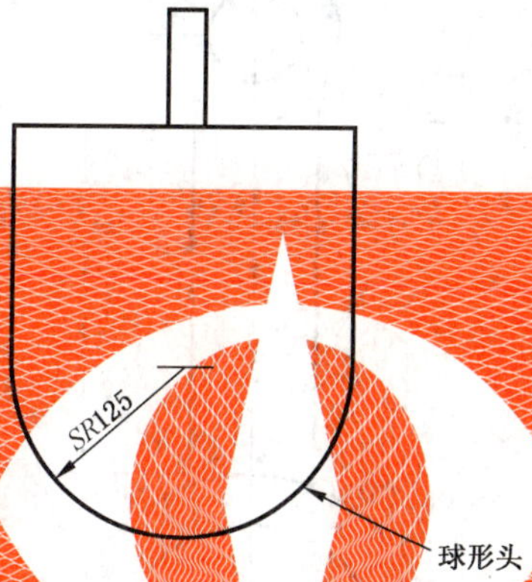

注：总质量 10 kg，由硬木或相当材料组成的一种冲击器。

图 16 基底冲击器

单位为毫米

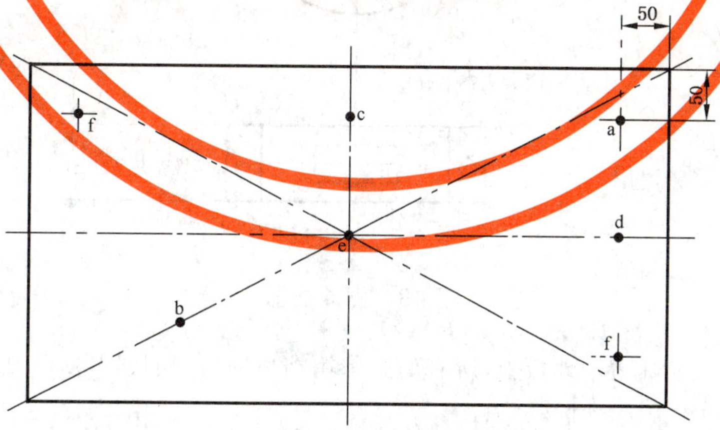

图 17 冲击试验位置

5.11 强度

5.11.1 侧板条的强度（弯曲试验）

将围栏和类似用途童床置于地板上，所有的脚都用挡块挡住，挡块用来防止滑动，但不固定，其高度不超过 12 mm,除非设计要求使用较高的挡块。在这种情况下,应采用可防止滑动的最低的挡块。床铺面处在最低位置,防止围栏和类似用途童床倾翻。

使用合适的测力装置,对一块位于中间的侧板和一块位于端部的侧板施加 250 N 的力,力应水平地作用在围栏和类似用途童床的纵和横两条轴线上。载荷施加在板条顶部和底部的中间,保持 30 s。

检查板条是否有断裂、变形或有任何其他的损坏。

5.11.2 侧面或侧板板条的强度(冲击试验)

侧冲击器(见图 18):由钢制成的圆筒形摆锤,摆锤的头部包有硬度 76 IRHD～78 IRHD 的橡胶层。其重心距支点 A 的中心 250 mm±2 mm。支点的位置应固定,冲击点距摆动支点 300 mm±1 mm。总质量为 2 kg。

单位为毫米

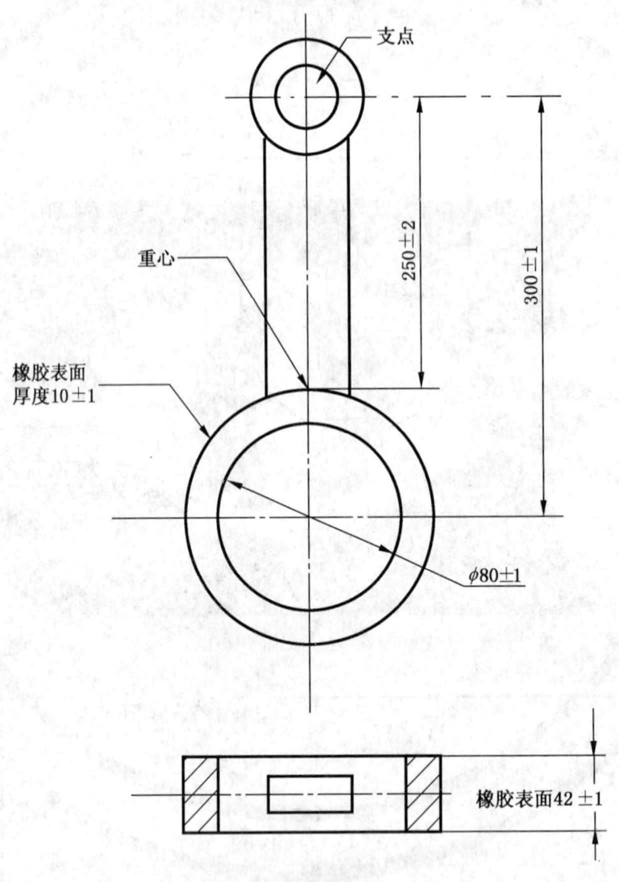

图 18 侧冲击器

将围栏和类似用途童床置于地板上,所有的脚都用挡块固定,挡块同 5.11.1,床铺面处在最低位置,防止围栏或类似用途童床翻到。

若围栏和类似用途童床具有条形侧板,安置好侧冲击器,使冲击锤从内外两个方向作用在侧板或侧板板条的上边缘下方 200 mm 高度处(见图 19)。

单位为毫米

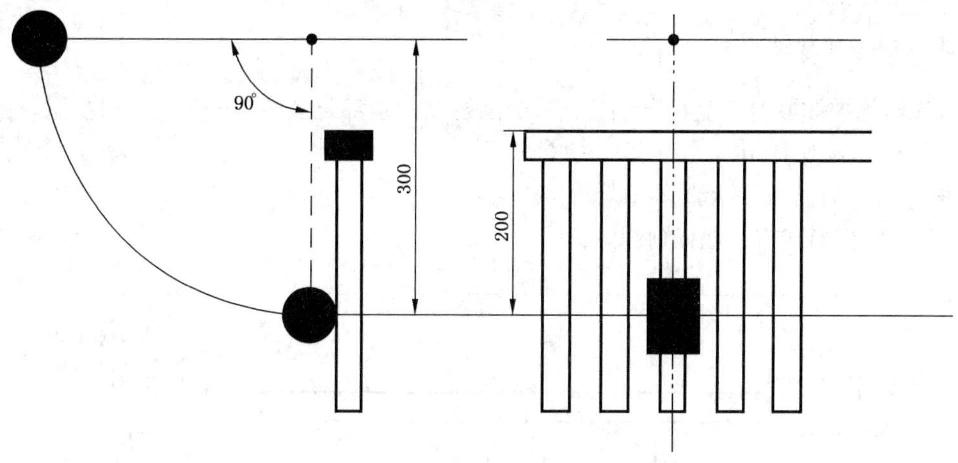

图 19 侧冲击试验

一块板条从外侧冲击，下一块板条从内侧冲击，依次交替。

当围栏和类似用途童床具有整体的侧面时，冲击应作用在两相对侧面的 10 等分处以及另两个相对侧面的 4 等分处，内外方向交替冲击。

当围栏和类似用途童床具有网眼或编织物的侧面时，冲击试验应在疑是最薄弱的 10 个点上进行，5 个从内向冲击，5 个从外向冲击。

使摆锤从水平位置自由落下冲击侧板板条或侧面，重复 10 次，然后再进行下一板条或下一点的冲击，直至所有板条或所有预定测试的点全部测试完毕。

调整摆锤位置尽可能接近角柱以冲击侧框(见图 20)，使摆锤从偏垂直方向 60°角自由落下，对围栏或类似用途童床的每一角上的每一侧框进行冲击，在每一位置，从围栏或类似用途童床内侧冲击 5 次，从围栏或类似用途童床外测冲击 5 次。

检查板条是否断裂、变形或有任何其他的损坏。

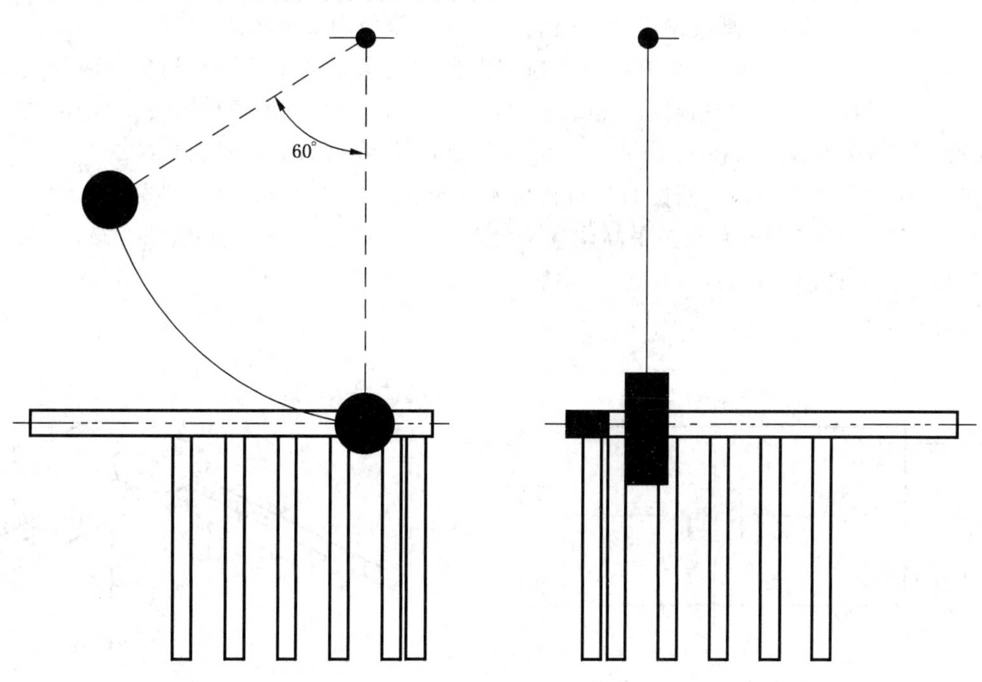

图 20 角冲击试验

5.11.3 框架和紧固件的强度

5.11.3.1 垂直静态加载试验

按图 21,逐渐施加 300 N 垂直向下的力 F_{SV} 于围栏侧面顶部长度的 1/4 位置 10 次。

每次加载的力至少保持 10 s。

不同结构的所有侧板和端部都应测试。

检查是否断裂、变形或有其他任何损坏。

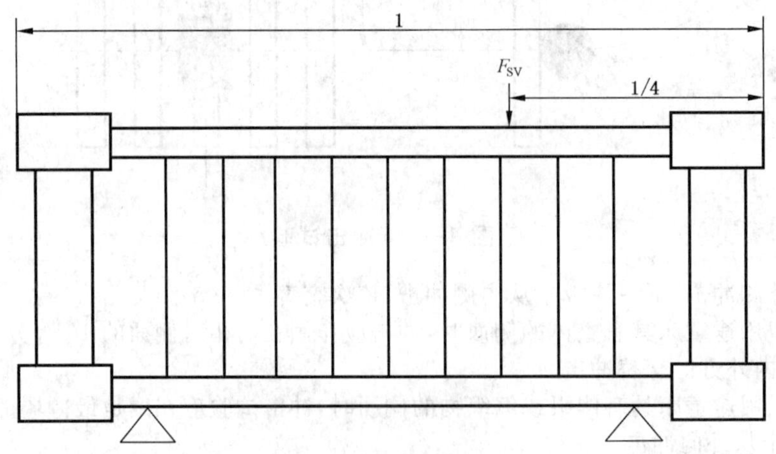

图 21 垂直静态加载试验

5.11.3.2 框架和紧固件的强度(疲劳试验)

将围栏和类似用途童床放在地板上,所有的脚都用挡块固定。

在围栏或类似用途童床底部的中心加试验载荷 20 kg,横截面 150 mm×150 mm。

通过加载垫和一个可从四个水平方向对围栏和类似用途童床加压的装置施加 100 N 的力,2 个力纵向,2 个力横向(AB/CD),两两相对(见图 22)。依次以 A、B、C、D 的顺序(等于一个循环)在每一点加载 4 000 个循环,每次加载的力在 1s 内从 0 N 增加到 100 N,再从 100 N 回到 0 N。

加载垫:一个直径为 100 mm 刚性的圆筒状物体,有光滑硬质的表面,倒圆半径 12 mm。

加力点(A、B、C、D)应位于距角上最高位置两侧框中心线交点 50 mm 处(见图 22)。

检查配件或紧固件的任何损坏、松开和脱落。

单位为毫米

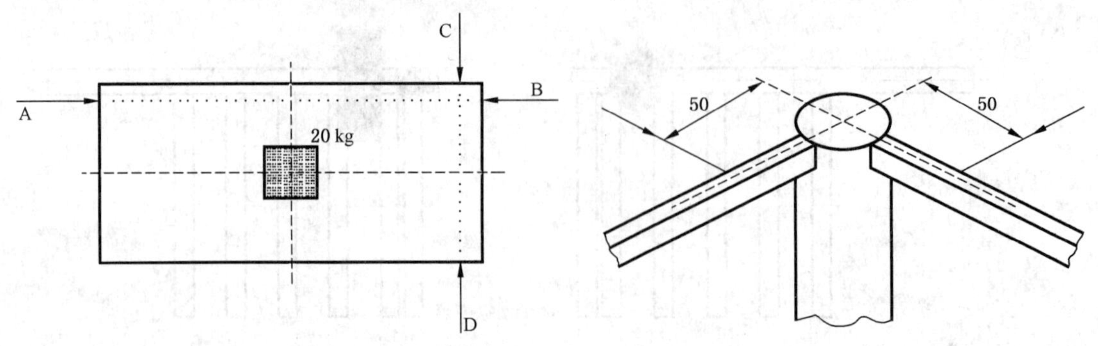

图 22 疲劳试验

5.11.4 网眼或织物侧面的强度

将围栏和类似用途童床放在地板上，脚用挡块固定，床铺面处在最低位置。

在待测的侧面，将两保持块放置在如下的位置：使其前侧与栏杆的外侧接触（见图 23）但不对栏杆施加力。

保持块之间的距离为 400 mm。

力应作用在每个网眼或织物侧面高度的中点以及最薄弱的点上，以使加载点处在保持块之间中点的垂直线上。

然后用加载垫从围栏内侧对网眼侧面施加水平向外的力 250 N，维持 30 s。保持块不应拆除。

每点试验 3 次。

检查任何断裂、裂缝或接缝线的松开。

单位为毫米

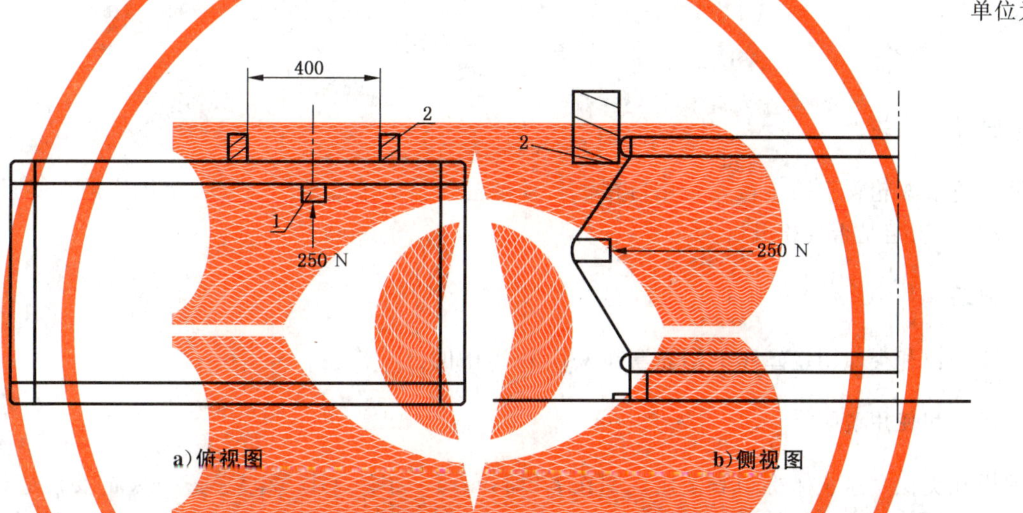

说明：

1——加载垫：一种刚性的圆筒状物体，有平滑硬质的表面和半径 12 mm 的圆形边缘；

2——保持块：有两块保持块，用刚性材料制成，其高度为 200 mm，宽度为 50 mm，前边缘半径为 5 mm。

图 23 对网眼或织物侧面加载

5.12 稳定性试验

将围栏和类似用途童床放在地板上，用档块挡住腿，但不限制其翻到的倾向。

围栏和类似用途童床有脚轮或滚轮，则将脚轮或滚轮处在最不利的位置。

将床铺面调到最高位置。在围栏和类似用途童床侧面上边缘的中心内侧加载荷（见图 24），然后施加 30 N 水平向外的力。

检查是否有一个以上的脚轮或滚轮、腿离开地面。

单位为毫米

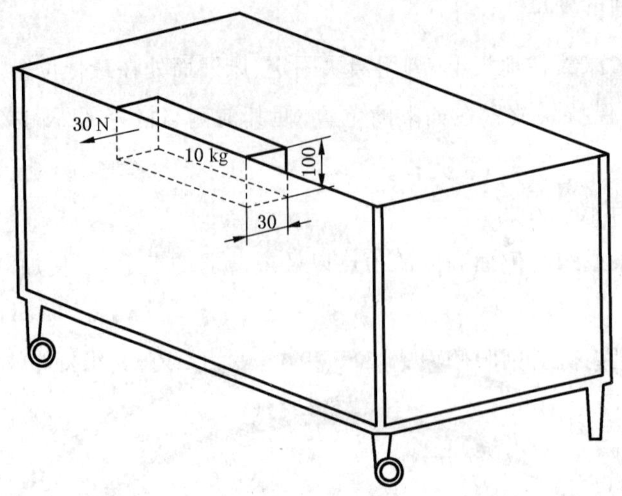

图 24　水平稳定性

5.13　脚轮或滚轮

将脚轮或滚轮置于锁定位置。用目视和转动围栏和类似用途童床检查锁定机构是否能阻止脚轮或滚轮滚动，或锁定是否会松开。

5.14　包装

包装围栏和类似用途童床的塑料套按 GB 6675 中的方法检测。

5.15　标识和使用说明

围栏和类似用途童床标识和使用说明按 GB 5296.5—2006、GB 5296.6—2004 的要求进行检验。

附 录 A
（资料性附录）
尺寸视图

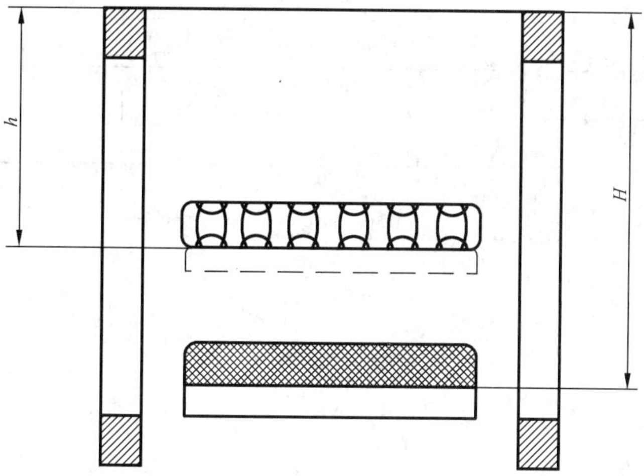

图 A.1 剖视图

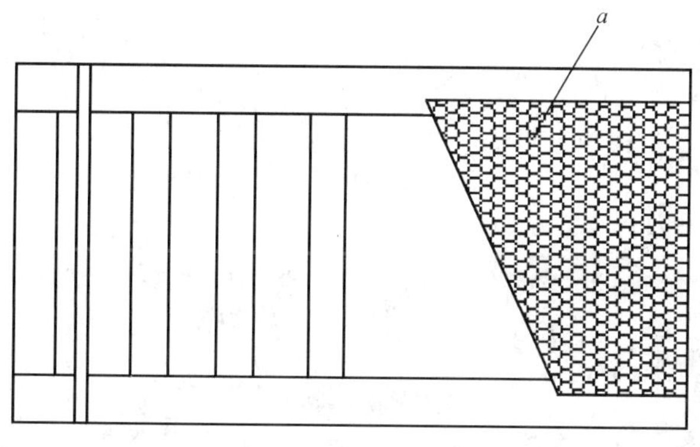

图 A.2 侧板和床头正视图

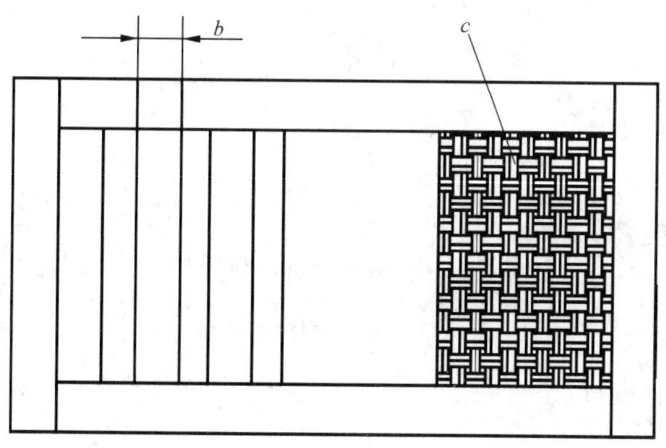

图 A.3 床铺面的俯视图

表 A.1 图 A.1～图 A.3 中尺寸与标准条款对应表

代　号	相应条款	尺寸/mm
a	4.2.1.1 d)	7
b	4.2.1.3 a)	65
c	4.2.1.4	85
h	4.2.11.2	300
H	4.2.11.1	600

附 录 B
（资料性附录）
剪切和挤夹点检测流程图

B.1 剪切和挤夹点检测流程图(见图B.1)用于在各种不同功能的情况下系统性检验时的指导，测试下表中任何一种可能的情况。

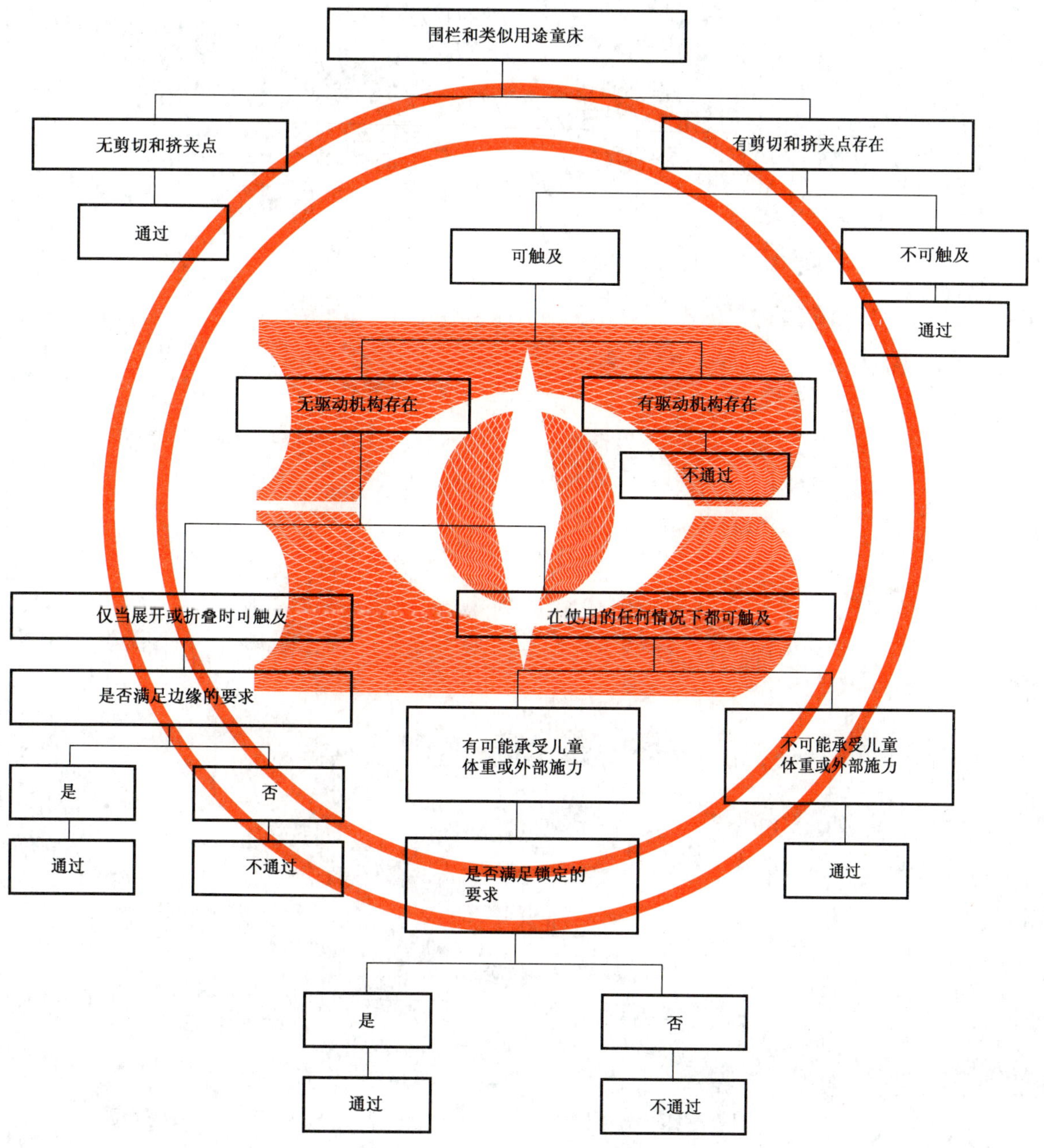

图 B.1 剪切和挤夹点检测流程图

ICS 85.060
Y 32

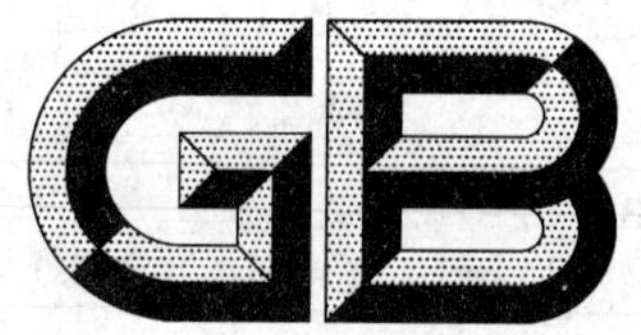

中华人民共和国国家标准

GB/T 29282—2012

格拉辛纸

Glassine paper

2012-12-31 发布　　2013-09-01 实施

中华人民共和国国家质量监督检验检疫总局
中国国家标准化管理委员会　发布

前　言

本标准按照 GB/T 1.1—2009 给出的规则起草。

请注意本文件的某些内容可能涉及专利。本文件的发布机构不承担识别这些专利的责任。

本标准由中国轻工业联合会提出。

本标准由全国造纸工业标准化技术委员会(SAC/TC 141)归口。

本标准起草单位:民丰特种纸股份有限公司、芬欧汇川集团(中国)有限公司、中国制浆造纸研究院、国家纸张质量监督检验中心、中国造纸协会标准化专业委员会。

本标准主要起草人:黄晓钢、刘海宁、戴蒨。

格拉辛纸

1 范围

本标准规定了格拉辛纸的分类、要求、试验方法、检验规则、标志、包装、贮存、运输。

本标准适用于经超级压光，可直接涂硅油，且具有一定透明度、用于不干胶标签底纸的格拉辛纸。

2 规范性引用文件

下列文件对于本文件的应用是必不可少的。凡是注日期的引用文件，仅注日期的版本适用于本文件。凡是不注日期的引用文件，其最新版本(包括所有的修改单)适用于本文件。

GB/T 450 纸和纸板 试样的采取及试样纵横向、正反面的测定

GB/T 451.1 纸和纸板尺寸及偏斜度的测定

GB/T 451.2 纸和纸板定量的测定

GB/T 451.3 纸和纸板厚度的测定

GB/T 455 纸和纸板撕裂度的测定

GB/T 456 纸和纸板平滑度的测定(别克法)

GB/T 462 纸、纸板和纸浆 分析试样水分的测定

GB/T 1541—1989 纸和纸板尘埃度的测定法

GB/T 2679.1 纸透明度的测定法

GB/T 2828.1 计数抽样检验程序 第1部分：按接收质量限(AQL)检索的逐批检验抽样计划

GB/T 7974 纸、纸板和纸浆亮度(白度)的测定 漫射/垂直法

GB/T 8941.3—1988 纸和纸板镜面光泽度测定 75°角测定法

GB/T 10342 纸张的包装和标志

GB/T 10739 纸、纸板和纸浆试样处理和试验的标准大气条件

GB/T 12914 纸和纸板 抗张强度的测定

3 分类

格拉辛纸为卷筒纸。

4 要求

4.1 格拉辛纸的技术指标应符合表1或订货合同要求。

表 1

指标名称	单 位	规 定			
定量[a]	g/m²	40.0±2.0	62.0±3.0	80.0±4.0	100±4
紧度 ≥	g/cm³	1.00			

表 1(续)

指标名称			单位	规定			
撕裂度(横向)		≥	mN	300	380	450	470
抗张强度 ≥	纵向		kN/m	3.20	4.80	5.00	5.50
	横向			2.00	2.50	3.00	3.50
透明度		≥	%	42.0	37.0	27.0	23.0
平滑度		≥	s	1 000		800	
亮度(白度)[b]		≥	%	75.0			
油吸收性[c]	IGT 法	≥	cm	13.0			
	Cobb Unger 法	≤	g/m^2	1.1			
光泽度(75°)		≥	光泽度单位	40			
水分			%	6.0±2.0			
尘埃度 ≤	$0.3\ mm^2 \sim 1.5\ mm^2$		个/m^2	40			
	$>1.5\ mm^2$			不应有			

[a] 其他定量采用插入法计算。

[b] 仅适用于白色格拉辛纸。

[c] 油吸收性检测的 IGT 法和 Cobb Unger 法可任选其一,有一项合格即判为合格。

4.2 外观

4.2.1 纸张纤维组织应均匀,纸面应平整,不应有折子、孔洞、皱纹、斑点、条痕、硬质块以及其他影响使用的外观纸病。

4.2.2 纸张正面应有良好的光泽,不应有严重麻坑点、明显条印及对使用有影响的尘埃。

4.2.3 卷筒纸应切边复卷,端面洁净;卷筒纸应紧密,全幅松紧一致。不应有毛边、锯齿状和裂口。纸卷内不应卷入碎纸、纸条或其他杂物。

4.2.4 产品接头每卷应不多于 1 个,接头处用耐高温的牛皮纸胶带粘接牢固。

4.3 规格尺寸

4.3.1 卷筒宽度为 1 023 mm、1 092 mm、1 115 mm、1 556 mm 或按订货合同的规定。

4.3.2 纸卷幅宽偏差应不超过±3 mm。

5 试验方法

5.1 试样的采取和处理按照 GB/T 450 和 GB/T 10739 的规定进行。

5.2 定量按 GB/T 451.2 进行测定。

5.3 紧度按 GB/T 451.3 进行测定,厚度以单层纸样进行检测。

5.4 撕裂度按 GB/T 455 进行测定。

5.5 抗张强度按 GB/T 12914 进行测定,仲裁时按 GB/T 12914 中恒速拉伸法进行。

5.6 透明度按 GB/T 2679.1 进行测定。

5.7 平滑度按 GB/T 456 进行测定,测涂硅面。

5.8 亮度(白度)按 GB/T 7974 进行测定。

5.9 油吸收性按附录 A 或附录 B 进行测定,测涂硅面,仲裁时按附录 A 的方法进行。

5.10 光泽度按 GB/T 8941.3—1988 进行测定,测涂硅面。
5.11 水分按 GB/T 462 进行测定。
5.12 尘埃度按 GB/T 1541—1989 进行测定。
5.13 尺寸及尺寸偏差按 GB/T 451.1 进行测定。
5.14 外观质量采用目测检验。

6 检验规则

6.1 以一次交货为一批,但每批应不多于 100 t。
6.2 生产厂应保证所生产的纸张符合本标准或合同的规定,每件(卷)纸内应附有一份产品合格证。
6.3 计数抽样检验程序按 GB/T 2828.1 规定进行,样本单位为件或卷。接收质量限(AQL):透明度、油吸收性 AQL=4.0;定量、紧度、抗张强度、光泽度、撕裂度、平滑度、尘埃度、水分、亮度(白度)、尺寸、尺寸偏差及各项外观指标 AQL=6.5。抽样方案采用正常检验二次抽样方案,检验水平为特殊检验水平 S-2,见表 2。

表 2

批量/件(卷)	正常检验二次抽样方案 特殊检验水平 S-2				
	样本量	AQL=4.0		AQL=6.5	
		Ac	Re	Ac	Re
2～150	3	0	1	—	—
	2	—	—	0	1
151～500	3	0	1	—	—
	5 5(10)	— —	— —	0 1	2 2

6.4 可接收性的确定:第一次检验的样品数量应等于该方案给出的第一样本量。如果第一样本中发现的不合格数小于或等于第一接收数,应认为该批是可接收的;如果第一样本中发现的不合格品数大于或等于第一拒收数,则该批是不可接收的。如果第一样本中发现的不合格品数介于第一接收数与第一拒收数之间,应检验由方案给出样本量的第二样本并累计在第一样本和第二样本中发现的不合格品数。如果不合格品累计数小于或等于第二接收数,则判定该批是可接收的;如果不合格品累计数大于或等于第二拒收数,则判定该批是不可接收的。
6.5 需方有权按本标准或合同规定要求来检验产品,检验时应先检查外部包装,然后从中取样进行检验。若对产品质量有异议,应在到货后一个月内(或订货合同规定)通知供方共同取样复验,或委托共同商定的检验部门进行仲裁;复验结果或仲裁结果如仍不合格,则判为批不合格,由供方负责处理;如合格,则判为批合格,由需方负责处理。

7 标志、包装、贮存、运输

7.1 格拉辛纸的包装和标志按 GB/T 10342 的规定执行或按订货合同的规定进行。
7.2 每件(卷)产品上应贴有一份检验合格证。产品或包装上的标识应标明产品名称、规格、生产日期、生产厂厂名和厂址、标准代号及“禁止受潮”“小心轻放”等产品防护的字样或图案。
7.3 格拉辛纸纸件应妥善保管,以防雨、雪和地面潮气及有害物质的影响。
7.4 装卸时不应使纸件受冲撞,不应将纸件从高处扔下。
7.5 运输时应使用有篷而洁净的运输工具,避免在货物装卸、搬运时使纸卷受到挤压。

附 录 A
（规范性附录）
纸张油吸收性的测定方法 IGT 法

A.1 原理

一定体积的油滴在纸张表面经一定压力的印轮以一定的速度碾压后，在纸张表面形成一定长度的油渍。纸张表面粗糙度或（和）表面吸油性越小，油渍的长度则越长。

A.2 仪器设备和材料

A.2.1 切纸刀。
A.2.2 印刷适性仪：IGT AIC2-5。
A.2.3 印盘：铝制，宽度 50 mm。
A.2.4 胶垫：宽度 55 mm。
A.2.5 针筒。
A.2.6 针管。
A.2.7 支架。
A.2.8 专用印油，配 1%苏丹红。
A.2.9 直尺。
A.2.10 清洁用酒精。
A.2.11 洁净柔软的麻布。

A.3 备样

A.3.1 每个样品至少切取 5 条 55 mm×340 mm 试样，标明正反面和纵横向，以及样品编号。
A.3.2 试样要求在温度（23±1）℃，湿度（50±2）%的标准环境条件下平衡 6 h 以上。

A.4 测定步骤

A.4.1 在扇轮上安好胶垫，用扇轮的前夹头将试样夹紧。
A.4.2 在上方的印盘轴上安装好印盘，把压力调整到 1 kN，打印速度调整为“加速，1.2 m/s”。
A.4.3 转动扇轮到起始位置，同时使印盘处于操作位。
A.4.4 水平安装好针筒支架并用螺丝固定。
A.4.5 在针筒内小心注入红色印油，安装到支架上的同时要注意把下方的接液器移到针管下方，避免污染印盘。
A.4.6 准备就绪后，移开接液器，针管内的油滴到印盘表面的同时，按动仪器两侧的按钮执行印刷操作，扇轮止动后松开按钮并取下试样。
A.4.7 立即测量试样上油渍的长度。
A.4.8 从轴上移下印盘，用洁净柔软的麻布和酒精清洁印盘并使之干燥。
A.4.9 更换新的试样重复上述 A.4.1～A.4.8 步骤。

A.4.10 所有试样测试完成后，清洁全部配件并贮放好。

A.5 结果表示

油吸收性以5条试样上油渍的平均长度表示，单位为厘米(cm)，结果精确到0.1 cm。

A.6 测定报告

测定报告应包括以下内容：

a) 本标准的编号；

b) 测试仪器的型号和测试环境条件；

c) 试样的标识及说明。

附 录 B
（规范性附录）
纸张油吸收性的测定方法 Cobb Unger 法

B.1 原理

单位面积的纸张在一定压力、温度下，在规定时间内表面吸收的油量，以 g/m^2 计。

B.2 仪器设备和材料

B.2.1 切样板：可确保试样面积 10 cm^2。
B.2.2 可勃吸油性测试仪。
B.2.3 擦油纸：建议使用低尘擦拭纸，以保证无纸毛粘附试样表面。
B.2.4 蓖麻油：密度为 952 g/mL～966 g/mL，碘值为 82.0 g/100 g～90.0 g/100 g，皂值为 177 mg/g～187 mg/g，粘度为 785 mPa·s±40 mPa·s(23 ℃)。
B.2.5 电子天平：分度值为 0.000 1 g，量程应适应于称量试样。
B.2.6 酒精或其他表面活性剂(松节油)等。

B.3 备样

用切样板(B.2.1)准确裁取试样，每个样品准备 5 张试样，标明正反面，以及样品编号。

B.4 测定步骤

B.4.1 测试环境要求：温度(23±1)℃、湿度(50±2)%。
B.4.2 清洁容器内壁，往容器内壁注入蓖麻油 250 mL。
B.4.3 点击计时器上的"memory"按钮，即选择事先设定好的"25，28，30"程序(CU30 程序)，具体按表 B.1实验步骤进行操作。

表 B.1

实验步骤	测试时间(CU30，从开始测试算起)/s
容器面朝上	0
把容器面返回原始状态	25
把容器盖子锁扣打开，但是不要打开盖子，把测试试样从盖下抽出来	28
开始擦掉蓖麻油	30
停止擦蓖麻油	32

B.4.4 打开盖子，将准备好的试样测试面面向容器内，平放在容器上，盖上盖子，锁好。
B.4.5 顺时针 180°转动控制杆，此时计时器自动倒数计时。

B.4.6 当 25 s 结束后，计时器报警，此时逆时针 180°转动控制杆，松开盖子，但不要打开。

B.4.7 压紧盖子取出试样，这样试样上的油会沿着容器壁流向容器内，防止更多的油带出来。此操作最好 3 s 内完成。

B.4.8 迅速将试样吸油面朝上放在一张擦油纸上，用另一张擦油纸快速地擦除测试面的油。此操作最好 2 s 内完成。

B.4.9 称重，完成测试。

B.4.10 更换新的试样重复 B.4.2～B.4.9 的步骤。

B.4.11 所有试样测试完成后，清洁全部配件并贮放好。

B.5 注意事项

B.5.1 取样时请使用取样板，为避免试样纸边有毛边而过多的吸油，所以取样时务必使用裁纸刀沿着取样板划着取样。

B.5.2 容器内的蓖麻油最多可测试 250 张试样。

B.5.3 每次测试完后，容器的边缘和盖子上都会残留蓖麻油，应用无尘纸擦拭干净后进行下一次测试。不能使用普通卫生纸，避免纸毛掉入蓖麻油中。

B.5.4 请勿随便摘下计时器和更改测试程序。

B.5.5 防止没有盖好盖子就翻转容器。

B.5.6 长时间不用测试仪时，应清洗掉容器里的蓖麻油。

B.5.7 每次换油时，应用沾有酒精或其他表面活性剂(松节油)清洗干净。

B.6 结果表示

纸张的油吸收性按式(B.1)计算。

$$X = (m_2 - m_1)/A \quad \cdots\cdots\cdots (B.1)$$

式中：

X ——Cobb-Unger 油吸收值，单位为克每平方米(g/m^2)；

m_2——测试后试样质量，单位为克(g)；

m_1——测试前试样质量，单位为克(g)；

A ——测试面积，$0.01\ m^2$。

油吸收性以 5 张试样的平均值表示，以 g/m^2 表示，结果精确到 $0.1\ g/m^2$。

B.7 测定报告

测定报告应包括以下内容：

a) 本标准的编号；

b) 测试仪器的型号和测试环境条件；

c) 试样的标识及说明。

ICS 85.060
Y 32

中华人民共和国国家标准

GB/T 29283—2012

水转移印花底纸

Waterslide decal paper

2012-12-31 发布　　　　2013-09-01 实施

中华人民共和国国家质量监督检验检疫总局
中国国家标准化管理委员会　发布

前　言

本标准按照 GB/T 1.1—2009 给出的规则起草。

请注意本文件的某些内容可能涉及专利。本文件的发布机构不承担识别这些专利的责任。

本标准由中国轻工业联合会提出。

本标准由全国造纸工业标准化技术委员会(SAC/TC 141)归口。

本标准起草单位:中国制浆造纸研究院、沧州意达花纸印刷材料有限公司。

本标准主要起草人:刘金刚、王比松、李全胜、胡云、王庆吉、张清华。

水转移印花底纸

1 范围

本标准规定了水转移印花底纸的分类、要求、试验方法、检验规则、标志、包装、运输和贮存。

本标准适用于印刷水转移贴花纸所用的水转移印花底纸。

2 规范性引用文件

下列文件对于本文件的应用是必不可少的。凡是注日期的引用文件,仅注日期的版本适用于本文件。凡是不注日期的引用文件,其最新版本(包括所有的修改单)适用于本文件。

GB/T 450 纸和纸板 试样的采取及试样纵横向、正反面的测定

GB/T 451.1 纸和纸板尺寸及偏斜度的测定

GB/T 451.2 纸和纸板定量的测定

GB/T 456 纸和纸板平滑度的测定(别克法)

GB/T 459 纸和纸板伸缩性的测定

GB/T 2828.1 计数抽样检验程序 第1部分:按接收质量限(AQL)检索的逐批检验抽样计划

GB/T 10342 纸张的包装和标志

GB/T 10739 纸、纸板和纸浆试样处理和试验的标准大气条件

GB/T 22363—2008 纸和纸板 粗糙度的测定(空气泄漏法) 本特生法和印刷表面法

GB/T 22364—2008 纸和纸板 弯曲挺度的测定

QB/T 2422 封箱用BOPP压敏胶粘带

3 分类

水转移印花底纸按质量分为优等品、一等品和合格品三个等级。

4 要求

4.1 水转移印花底纸的技术指标应该符合表1或订货合同规定。

表 1

指标名称	单位	规定		
		优等品	一等品	合格品
定量	g/m^2	160、180		
定量偏差	g/m^2	±10		
印刷表面粗糙度 ≤	μm	1.2	2.0	2.5

表 1（续）

指标名称		单位	规定		
			优等品	一等品	合格品
平滑度	≥	s	1 000	500	200
横向挺度	≥	mN·m	2.5	2.0	1.5
横向伸缩性	≤	%	1.6	2.0	2.4
脱膜时间	≤	s	60		
注：仲裁时印刷表面粗糙度作为考核项目，平滑度不作为考核项目。					

4.2 水转移印花底纸为平板纸，尺寸为 390 mm×540 mm、400 mm×600 mm、457 mm×635 mm、480 mm×610 mm、500 mm×700 mm、520 mm×720 mm、600 mm×800 mm、620 mm×830 mm，也可按订货合同生产，其尺寸偏差应不超过$^{+3}_{-1}$ mm，偏斜度不得超过 2 mm。

4.3 水转移印花底纸应表面平整，无明显卷曲，纸面无褶子、皱纹、条痕、斑点等外观纸病，胶面不应有明显针眼状漏涂等外观缺陷。

5 试验方法

5.1 试样的处理和试验的标准大气条件按 GB/T 10739 进行。

5.2 试样的采取按 GB/T 450 进行。

5.3 尺寸、偏斜度应按 GB/T 451.1 进行测定。

5.4 定量按 GB/T 451.2 进行测定。

5.5 印刷表面粗糙度按 GB/T 22363—2008 中印刷表面法进行测定，采用硬垫，压力为 981 kPa。

5.6 平滑度按 GB/T 456 进行测定。

5.7 横向挺度按 GB/T 22364—2008 中共振法进行测定。

5.8 横向伸缩性按 GB/T 459 进行测定，浸水时间为 15 min。

5.9 脱膜时间按附录 A 进行测定。

5.10 外观质量采用目测检验。

6 检验规则

6.1 供方应保证水转移印花底纸符合本标准或合同规定。每箱纸内应附有一份产品质量合格证，每批交货时应附产品质量检验报告。

6.2 以一次交货数量为一批，但每批应不多于 2 000 箱。

6.3 计数抽样检验程序按 GB/T 2828.1 规定进行。样本单位为箱。接收质量限（AQL）：印刷表面粗糙度、横向挺度、横向伸缩性为 4.0；定量、定量偏差、平滑度、脱膜时间、尺寸偏差及外观质量为 6.5。抽样方案采用正常检验二次抽样方案，检验水平为特殊检验水平 S-2，见表 2。

表 2

批量/箱	正常检验二次抽样方案　特殊检验水平 S-2				
	样本量	AQL＝4.0		AQL＝6.5	
		Ac	Re	Ac	Re
2～150	3	0	1	—	—
	2	—	—	0	1
151～1 200	3	0	1	—	—
	5	—	—	0	2
	5(10)	—	—	1	2
1 201～3 200	8	0	2	—	—
	8(16)	1	2	—	—
	5	—	—	0	2
	5(10)	—	—	1	2

6.4　可接收性的确定:第一次检验的样品数量应等于该方案给出的第一样本量。如果第一样本中发现的不合格品数小于或等于第一接收数,应认为该批是可以接收的;如果第一样本中发现的不合格品数大于或等于第一拒收数,应认为该批是不可接收的。如果第一样本中发现的不合格品数介于第一接收数与第一拒收数之间,应检验由方案给出样本量的第二样本并累计在第一样本和第二样本中发现的不合格品数。如果不合格品累计数小于或等于第二接收数,则判定该批是可以接收的;如果不合格品累计数大于或等于第二拒收数,则判定该批是不可以接收的。

6.5　需方有权按本标准或合同对批产品进行验收,如对该批产品质量有异议,应在到货后一个月内(或按合同规定)通知供方,由供需双方共同抽样检验。如检验结果不符合本标准或合同规定,则判该批不可接收,由供方负责处理;如检验结果符合本标准或合同规定,则判该批合格,由需方负责处理。

7　标志、包装、运输和贮存

7.1　水转移印花底纸的包装与标志按 GB/T 10342 进行,每箱产品应有塑料薄膜密封包装,要求全封,封口整齐牢固,不应有破损。包装应注明生产企业名称、品名、规格、数量、生产日期。亦可按订货合同的规定进行包装和标志。

7.2　水转移印花底纸运输时应使用防雨、防潮、洁净的运输工具,不应与有污染、腐蚀及易燃物品等共同运输。

7.3　水转移印花底纸在搬运时,不应将包装箱从高处扔下或就地翻滚移动。

7.4　水转移印花底纸应存放在干燥、通风、洁净的地方妥善保管,严防雨、雪和地面潮湿的影响,并严禁大型物品挤压。

附 录 A
(规范性附录)
脱膜时间的测定

A.1 原理

将透明胶带紧密贴于试样的胶面上,然后将贴有胶带的试样浸没于水中,水从试样背面渗入纸中并将胶面溶解,从而使试样与胶带脱开。脱膜时间反映印刷后的水转移印花底纸应用时脱膜的快慢。

A.2 试验材料及器材

A.2.1 透明胶带:封箱用BOPP压敏胶粘带,符合QB/T 2422要求,宽度(50±5)mm。

A.2.2 橡胶辊:质量(2±0.2)kg,宽度(50±5)mm。

A.2.3 秒表。

A.2.4 蒸馏水。

A.2.5 砝码:质量50 g。

A.2.6 烧杯:1 000 mL。

A.2.7 横木:长度不小于150 mm,可贴敷透明胶带。

A.2.8 夹子:质量不大于5 g。

A.3 试样准备

切取至少4条60 mm×45 mm的试样,试样长边为纵向。

A.4 试验步骤

A.4.1 测试准备

将切好的试样放于水平台面上,胶面朝上。取长度不少于60 mm的透明胶带(A.2.1)。将透明胶带的胶面朝下,并使透明胶带长边方向与试样长边方向垂直。粘贴时,将透明胶带的一长边与试样的一宽边对齐,粘贴有效面积为50 mm×45 mm。粘贴时尽可能减少气泡。贴好后,去掉多余透明胶带,如图A.1所示。然后用橡胶辊(A.2.2)往返压在有效面积上一次。

取长度不少于60 mm的透明胶带,用于粘贴横木和贴有透明胶带的试样。试样要粘贴在有透明胶带的一面,如图2所示。试样顶端与横木距离应不小于5 mm。试样下端未贴透明胶带部分利用夹子(A.2.8)将砝码(A.2.5)与试样进行连接,如图A.2所示。

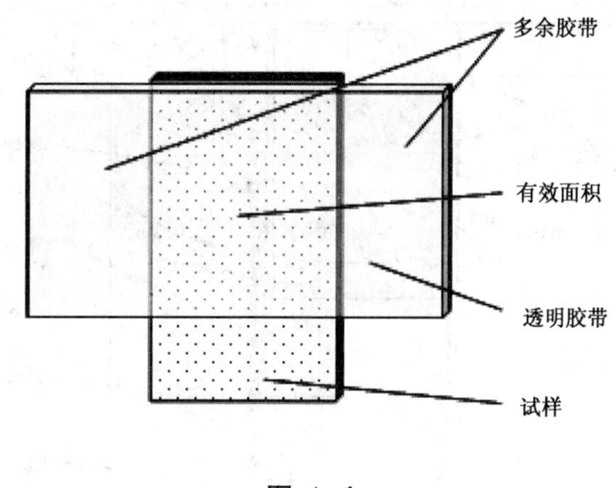

图 A.1

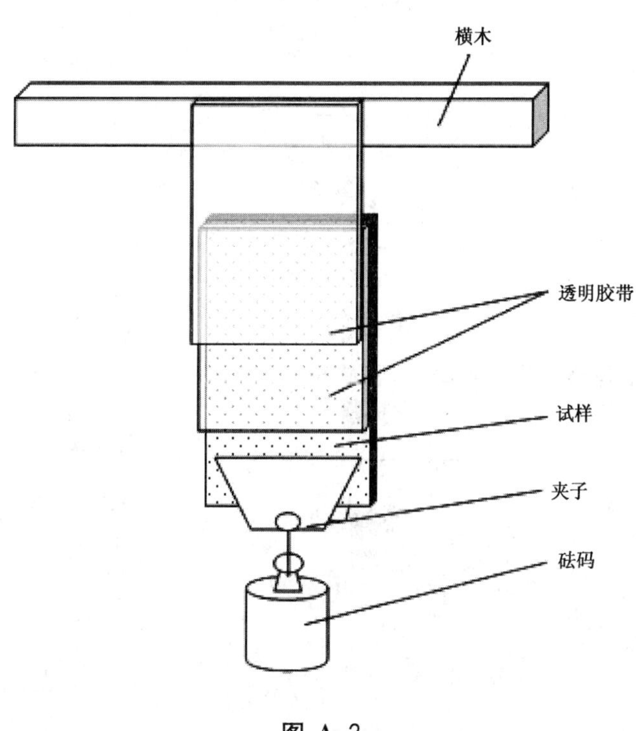

图 A.2

A.4.2 测试

在烧杯(A.2.6)中加满 25 ℃±2 ℃的蒸馏水(A.2.4)。然后提起粘贴有试样并悬挂砝码的横木，将砝码及试样迅速浸没于蒸馏水中，将横木架于烧杯口上，并确保砝码处于悬挂状态，如图 A.3 所示。从试样入水开始计时，直到试样从透明胶带上垂直滑落约 1 mm 距离，即为终点，并停止计时。用所计的时间表示脱膜时间，以秒计。

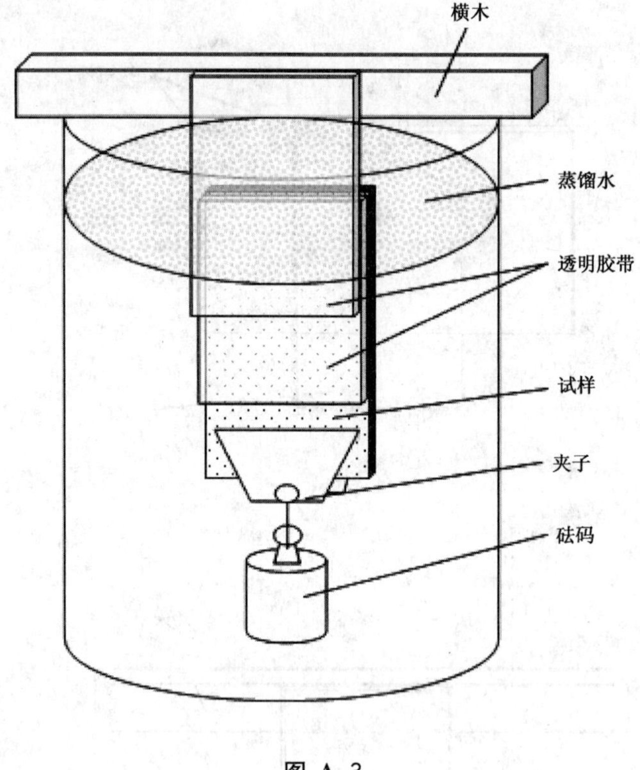

图 A.3

A.5 试验结果的处理

取四次试验的算术平均值作为最终结果,精确至 1 s。

ICS 83.080.01
Y 28

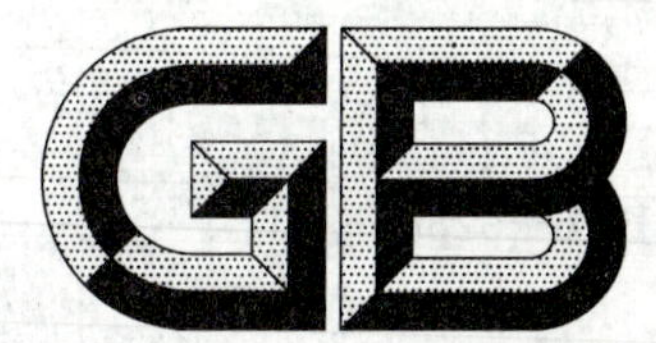

中华人民共和国国家标准

GB/T 29284—2012

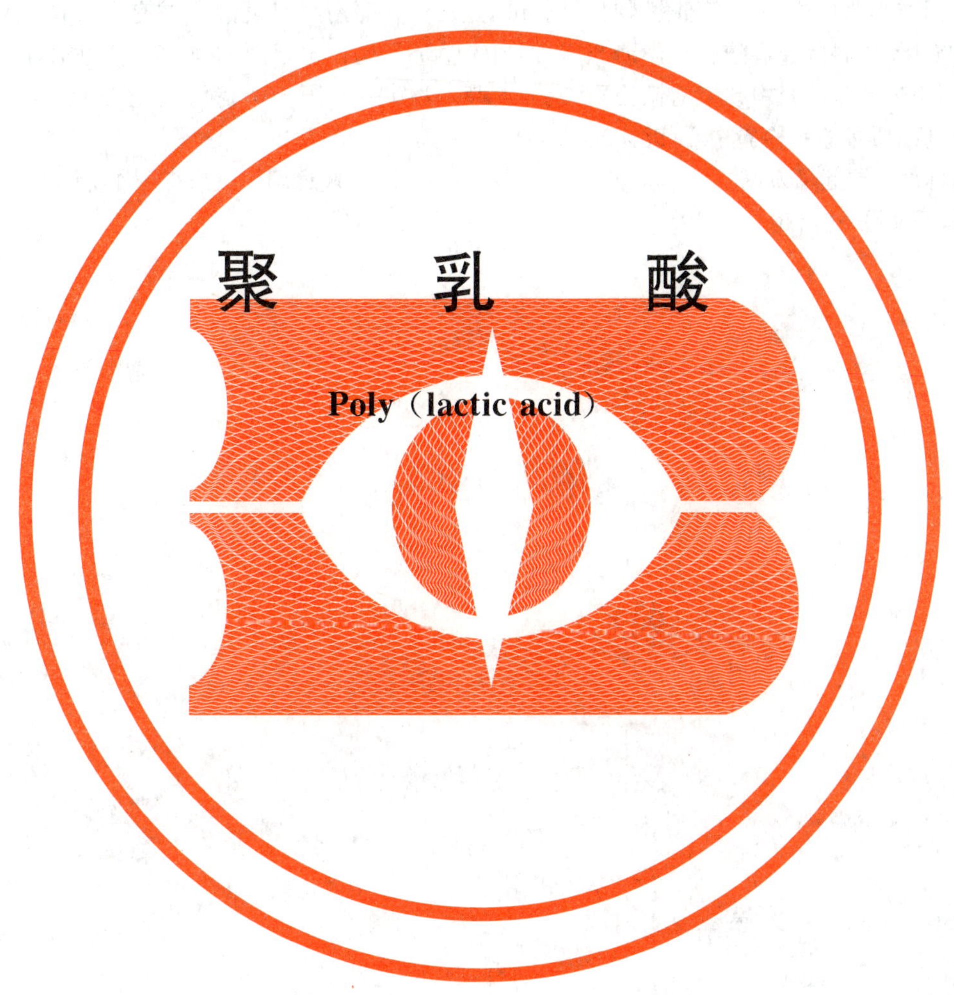

2012-12-31 发布　　　　2013-09-01 实施

中华人民共和国国家质量监督检验检疫总局
中国国家标准化管理委员会　发布

前　言

本标准按照 GB/T 1.1—2009 给出的规则起草。

请注意本文件的某些内容可能涉及专利。本文件的发布机构不应承担识别这些专利的责任。

本标准由中国轻工业联合会提出。

本标准由全国塑料制品标准化技术委员会(SAC/TC 48)归口。

本标准起草单位:浙江海正生物材料股份有限公司、河南金丹乳酸科技有限公司、轻工业塑料加工应用研究所、中科院长春应用化学研究所、四川大学环保型高分子材料国家地方联合工程实验室、同济大学、四川琢新生物材料研究有限公司、南通九鼎生物工程有限公司、深圳市光华伟业实业有限公司、国家塑料制品质量监督检验中心(北京)。

本标准主要起草人:翁云宣、陈学思、陈志明、卢秀剑、董丽松、王玉忠、崔耀军、于培星、任杰、袁明龙、阮刘文、杨义浒、边新超。

聚　乳　酸

1　范围

本标准规定了聚乳酸树脂的术语和定义、要求、试验方法、检验规则及标志、包装、运输和贮存。

本标准适用于以乳酸或丙交酯为原料，经聚合得到的聚乳酸(以下简称 PLA)树脂。

2　规范性引用文件

下列文件对于本文件的应用是必不可少的。凡是注日期的引用文件，仅注日期的版本适用于本文件。凡是不注日期的引用文件，其最新版本(包括所有的修改单)适用于本文件。

GB/T 1033.1—2008　塑料　非泡沫塑料密度的测定　第1部分：浸渍法、液体比重瓶法和滴定法

GB/T 1040.2—2006　塑料　拉伸性能的测定　第2部分：模塑和挤塑塑料的试验条件(ISO 527-2：1993，IDT)

GB/T 1843—2008　塑料　悬臂梁冲击强度的测定

GB/T 2547—2008　塑料　取样方法

GB/T 2918—1998　塑料试样状态调节和试验的标准环境

GB/T 3682—2000　热塑性塑料熔体质量流动速率和熔体体积流动速率的测定

GB/T 9352—2008　塑料　热塑性塑料材料试样的压塑

GB 17931—2003　瓶用聚对苯二甲酸乙二醇酯(PET)树脂

GB/T 19276.1—2003　水性培养液中材料最终需氧生物分解能力的测定　采用测定密闭呼吸计中需氧量的方法

GB/T 19276.2—2003　水性培养液中材料最终需氧生物分解能力的测定　采用测定释放的二氧化碳的方法

GB/T 19277.1—2011　受控堆肥条件下材料最终需氧生物分解和崩解能力的测定　采用测定释放的二氧化碳的方法　第1部分：通用方法

GB/T 19466.2—2004　塑料　差示扫描量热法(DSC)　第2部分：玻璃化转变温度的测定

GB/T 19466.3—2004　塑料　差示扫描量热法(DSC)　第3部分：熔融和结晶温度及热焓的测定

3　术语和定义

下列术语和定义适用于本文件。

3.1

聚乳酸　poly (lactic acid)；polylactide

以乳酸或乳酸的二聚体丙交酯为单体由化学合成得到的，具有图1所示化学结构式的聚合物。

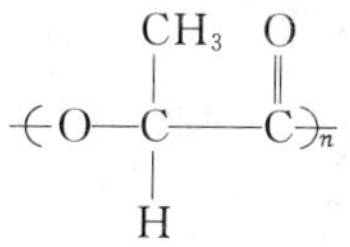

$$\left[O - \underset{\displaystyle H}{\overset{\displaystyle CH_3}{\underset{|}{\overset{|}{C}}}} - \overset{\displaystyle O}{\overset{\|}{C}} \right]_n$$

图1　聚乳酸化学结构式

4 要求

PLA 树脂性能要求见表 1。

表 1 PLA 树脂性能要求

序号	检验项目		要求
1	感观		一般为透明或半透明颗粒，无异嗅，无异物
2	水分/%		≤0.05
3	密度/(g/cm³)		1.25±0.05
4	熔体质量流动速率[*MFR*/(g/10 min)]偏差(2.16 kg)/%	*MFR*<5	±0.5
		5≤*MFR*<10	±2
		10≤*MFR*<20	±5
		MFR≥20	±10
5	熔点/℃		≥125
6	玻璃化转变温度/℃		≥50
7	拉伸强度/MPa		≥45
8	缺口冲击强度/(kJ/m²)		≥1
9	生物分解率/%		≥60
10	灼烧残渣/%		≤0.3
11	正己烷提取物/%		≤2
12	挥发性物质含量/%		≤0.5
13	特性粘度偏差/(dL/g)		±0.02
14	重均分子量偏差/%		±20

注 1：10～12 项检验项目仅当树脂被用于加工成食品用包装材料时进行检验。

注 2：13～14 项为可选择项(有要求时，一般情况下两者中有其中一项要求即可)。

注 3：对表中未列出的性能要求如弯曲强度、断裂标称应变等，感兴趣各方可以协商确定具体技术要求和试验方法。

5 试验方法

5.1 试样的制备

70 ℃的真空干燥 PLA 树脂，使其水分在 0.02%以下。

按 GB/T 9352—2008 规定进行。选用塑料式模具和 A 冷却方法，即平均冷却速率为 10 ℃/min±5 ℃/min，模塑温度 190 ℃。

5.2 试样状态调节和试验的环境

按 GB/T 2918—1998 中的标准环境(23 ℃±2 ℃、50%±10% RH)进行，并在此条件下进行试验。状态调节时间应大于 4 h。

5.3 感观

正常光线和室内环境下进行。

5.4 水分

5.4.1 方法1

称取1 g样品(精确至0.000 1 g),放入90 ℃烘干至恒重的称量瓶内,在70 ℃真空干燥箱内烘至少4 h后,放入干燥器中冷却至室温后称量,再放入真空干燥箱内烘0.5 h,冷却后称量,直至前后两次称量之差≤0.000 3 g,即为恒重,记下称量结果。

结果按式(1)计算:

$$\Delta w = \frac{w-(w_1-w_2)}{w} \times 100\% \qquad \cdots\cdots(1)$$

式中:

Δw ——水分含量,%;

w ——称取的PLA质量,单位为克(g);

w_1 ——烘干后PLA和称量瓶的总质量,单位为克(g);

w_2 ——称量瓶质量,单位为克(g)。

5.4.2 方法2

把铝盘放入热天平中105 ℃烘干,调零,快速加入样品10 g~15 g,105 ℃加热15 min,计算加热损失的质量分数,即为水分含量。

产品在仲裁检验时,水分试验按方法1进行。

5.5 密度

用5.1规定,制得样条。按GB/T 1033.1—2008中A方法进行。

5.6 熔体质量流动速率偏差

熔体质量流动速率按GB/T 3682—2000规定进行,试验温度190 ℃,标称负荷2.16 kg。

取50 g样品在真空烘箱中90 ℃烘4 h,取出后立即试验,得到熔体质量流动速率。

按式(2)计算熔体质量流动速率偏差。

$$\varepsilon = \frac{MFR_1 - MFR_0}{MFR_0} \times 100\% \qquad \cdots\cdots(2)$$

式中:

ε ——熔体质量流动速率偏差,%;

MFR_1 ——熔体质量流动速率测试算术平均值,单位为克每十分钟(g/10 min);

MFR_0 ——标识的熔体质量流动速率,单位为克每十分钟(g/10 min)。

5.7 熔点

按GB/T 19466.3—2004进行。

5.8 玻璃化转变温度

按GB/T 19466.2—2004进行。

5.9 拉伸强度

用5.1规定,制得样条。按GB/T 1040.2—2006规定进行,采用1A型试样,试验速度为50 mm/min。

5.10 缺口冲击强度

按GB/T 1843—2008进行。

5.11 生物分解率

按GB/T 19277.1—2011或GB/T 19276.1—2003或GB/T 19276.2—2003执行。产品在仲裁检验时,采用GB/T 19277.1—2011。

5.12 灼烧残渣

5.12.1 方法1

称取5.0 g～10.0 g试样,放于已在800 ℃灼烧至恒重的坩埚中4 h,再放于650 ℃马弗炉内灼烧2 h,冷后取出,放干燥器内冷却30 min称量,再放进马弗炉内,于650 ℃灼烧30 min,冷却称量,直至两次称量之差不超过0.002 g。

按式(3)计算结果。

$$X=\frac{m_1-m_2}{m_3}\times 100\% \qquad \cdots\cdots(3)$$

式中:

X ——试样的灼烧残渣,%;

m_1——坩埚加残渣质量,单位为克(g);

m_2——空坩埚质量,单位为克(g);

m_3——试样质量,单位为克(g)。

计算结果保留三位有效数字。

5.12.2 方法2

称取5 mg～10 mg试样,用热重分析仪空气中测定,升温速率10 ℃/min,升温至650 ℃,计算650 ℃的残余量质量分数。

产品在仲裁检验时,灼烧残渣试验按方法1进行。

5.13 正己烷提取物

称取约1.00 g～2.00 g试样,于250 mL回流冷凝器的烧瓶中,加100 mL正己烷,接好冷凝管,于水浴中加热回流2 h,立即用快速定性滤纸过滤,用少量正己烷洗涤滤器及试样,洗液与滤液合并。将正己烷放入已恒量的浓缩器的小瓶中,浓缩并回收正己烷,残渣于100 ℃～105 ℃干燥2 h,在干燥器中冷却30 min,称量。

按式(4)计算结果。

$$y=\frac{W_1-W_2}{W_3}\times 100\% \qquad \cdots\cdots(4)$$

式中:

y ——试样中正己烷的提取物,%;

W_1——残渣加浓缩器小瓶的质量,单位为克(g);

W_2——浓缩器的小瓶质量,单位为克(g);

W_3 ——试样质量,单位为克(g)。

计算结果保留三位有效数字。

5.14 挥发性物质

将敞口称量瓶置于温度为(100±5)℃鼓风干燥箱内放置1 h,取出后马上放入室温下的干燥器内,冷却放置1 h,然后用精度为0.1 mg天平称量(v_1)。

称取10.00 g左右试样,放入已恒量的称量瓶中,然后置于温度为(100±5)℃鼓风干燥箱内放置1 h,取出后马上放入室温下的干燥器内,冷却放置1 h,称量(v_2)。

将上述称量后的称量瓶和试样再放入温度为(100±5)℃的鼓风干燥箱内放置4 h,在干燥器内冷却放置1 h,称量(v_3)。

按式(5)计算挥发性物质含量。

$$\Delta v = \frac{v_2 - v_3}{v_2 - v_1} \times 100\% \qquad \cdots\cdots(5)$$

式中:

Δv ——挥发性物质含量,%;

v_2 ——挥发前试样加称量瓶的质量,单位为克(g);

v_3 ——挥发后试样加称量瓶的质量,单位为克(g);

v_1 ——称量瓶的质量,单位为克(g)。

计算结果保留三位有效数字。

在重复性条件下获得的两次独立测定结果的绝对差值不得超过算术平均值的20%,结果取两次测定结果的平均值。

5.15 特性粘度偏差

特性粘度测试按GB 17931—2003的附录A进行,溶剂为三氯甲烷。

按式(6)计算特性粘度偏差。

$$\Delta[\eta] = [\eta]_1 - [\eta]_0 \qquad \cdots\cdots(6)$$

式中:

$\Delta[\eta]$——特性粘度偏差,单位为分升每克(dL/g);

$[\eta]_1$ ——特性粘度测试值,单位为分升每克(dL/g);

$[\eta]_0$ ——标识的特性粘度,单位为分升每克(dL/g)。

5.16 重均分子量及其偏差

重均分子量用凝胶色谱法(GPC)测得。

按式(7)计算重均分子量偏差。

$$\Delta M = \frac{M_1 - M_0}{M_0} \times 100\% \qquad \cdots\cdots(7)$$

式中:

ΔM ——重均分子量偏差,%;

M_1 ——重均分子量测试值;

M_0 ——标识的重均分子量。

6 检验规则

6.1 组批

按同一原料、同一配方、同一工艺生产的产品为一批次，同一批次不超过50 t。

6.2 抽样

按表2抽取样品。

表2 取样方法

批量范围/包或袋	样本大小/包或袋
1～25	3
26～150	5
151～500	8
＞500	13

按GB/T 2547—2008规定进行，每包取样200 g～300 g，样品分别装入两个干燥、洁净的铝塑袋或可密封的广口瓶中，封好袋口，贴上标签，一份进行分析，另一份保存备查。

6.3 出厂检验

出厂检验项目为感官、水分、熔体质量流动速率。

6.4 型式检验

型式检验为本标准中除生物分解率外的全部项目，一般情况下一年进行一次型式检验。若有以下情况之一，应进行型式检验：

a) 新产品试制和生产定型时；

b) 原料及生产工艺有较大变动可能影响产品性能时；

c) 停产半年以上恢复生产时；

d) 出厂检验和上次型式检验有较大差异时；

e) 国家质量技术监督部门有要求时。

6.5 判定规则

当检验结果中，有一项检验项目不合格时，应重新自同批产品中抽取两倍量的样本复验不合格项，以复验结果为准，有一项不合格，则判整批为不合格产品。

7 标志、包装、运输和贮存

7.1 标志

7.1.1 包装袋上应标识：

a) 本标准号；

b) 产品名称；

c) 生产厂名；

d） 批号或生产日期；

e） 净重。

7.1.2 包装袋或说明书或检验合格证上应标识：

a） 熔体质量流动速率、特性粘度或重均分子量；

b） 树脂用途，如注塑、挤片、吹膜等；

c） 保质期。

7.2 包装

应密封包装，宜充氮保护，包装应能防潮，例如采用内包装为铝塑复合或塑料袋，外包装为纸袋或编织袋等包装方式。

7.3 运输和贮存

在装卸过程中严禁使用铁勾等锐利工具，切忌抛掷以免损坏包装袋，运输时，不得在阳光下曝晒或雨淋，不得与沙土、碎金属、煤炭等混合装运，更不可与有毒物品、腐蚀性物品以及易燃物混装。运输时产品环境温度不宜超过 40 ℃。

应存放在通风、干燥的仓库内，应远离火源，防止阳光直接照射，不得露天堆放。贮存时产品环境温度不应超过 40 ℃。

ICS 85.060
Y 30

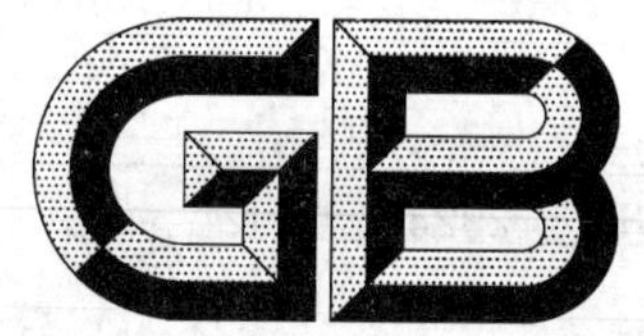

中华人民共和国国家标准

GB/T 29285—2012

纸浆　实验室湿解离　机械浆解离

Pulps—Laboratory wet disintegration—Disintegration of mechanical pulps

(ISO 5263-2:2004,Pulps—Laboratory wet disintegration—
Part 2:Disintegration of mechanical pulps at 20 ℃,
ISO 5263-3:2004,Pulps—Laboratory wet disintegration—
Part 3:Disintegration of mechanical pulps at ≥85 ℃,MOD)

2012-12-31 发布　　2013-09-01 实施

中华人民共和国国家质量监督检验检疫总局
中国国家标准化管理委员会　发布

前　言

本标准按照 GB/T 1.1—2009 给出的规则起草。

请注意本文件的某些内容可能涉及专利。本文件的发布机构不承担识别这些专利的责任。

本标准使用重新起草法修改采用 ISO 5263-2:2004《纸浆　实验室湿解离　第 2 部分:机械浆解离(20 ℃)》和 ISO 5263-3:2004《纸浆　实验室湿解离　第 3 部分:机械浆解离(≥85 ℃)》。

本标准与 ISO 5263-2:2004 和 ISO 5263-3:2004 相比,主要技术差异如下:

——关于规范性引用文件,本标准做了具有技术性差异的调整,以适应我国的技术条件,调整的情况集中反映在第 2 章“规范性引用文件”中,具体调整如下:

- 用修改采用国际标准的 GB/T 462 代替 ISO 287、ISO 638;
- 用等同采用国际标准的 GB/T 5399 代替 ISO 4119;

——天平分度值调整为 0.1 g,精确度更高;

——标准水规定为蒸馏水或去离子水,或相当纯度的水。

本标准与 ISO 5263-2:2004 和 ISO 5263-3:2004 相比在结构上有较多调整,附录 A 列出了本标准与国际标准的章条编号对照一览表。

本标准由中国轻工业联合会提出。

本标准由全国造纸工业标准化技术委员会(SAC/TC 141)归口。

本标准起草单位:中国制浆造纸研究院、国家纸张质量监督检验中心、中国造纸协会标准化专业委员会。

本标准主要起草人:史记、左建波。

纸浆 实验室湿解离 机械浆解离

1 范围

本标准规定了机械浆实验室湿解离的仪器及试验步骤。

本标准适用于各种机械浆(即机械浆、半化学浆和化学机械浆)。

2 规范性引用文件

下列文件对于本文件的应用是必不可少的。凡是注日期的引用文件,仅注日期的版本适用于本文件。凡是不注日期的引用文件,其最新版本(包括所有的修改单)适用于本文件。

GB/T 462 纸、纸板和纸浆 分析试样水分的测定(GB/T 462—2008,ISO 287:1985,ISO 638:1978,MOD)

GB/T 5399 纸浆 浆料浓度的测定(GB/T 5399—2004,ISO 4119:1995,IDT)

3 术语和定义

下列术语和定义适用于本文件。

3.1

机械浆解离 disintegration of mechanical pulp

在水中对游离在浆料中、相互缠结的纤维进行机械处理,使其彼此分离,但不改变其结构性质。

3.2

潜态 latency

机械浆的某些性能受抑制,需要在较高温度下解离而得到改善,这一情况称为潜态。

注1:潜态是在机械处理过程中,尤其在高浓条件下处理后再冷却的情况下,纤维的扭曲而形成。据推测,潜态由木素的硬化造成。

注2:浆料中潜态的高低主要与机械加工过程中浆料浓度和能量消耗有关。

3.3

消潜 latency removal

同时使用机械处理(即解离)和加热处理(高于木素软化温度)的过程。

注:消潜的温度不低于85 ℃。

4 仪器

4.1 解离器

4.1.1 标准解离器

结构如附录B所示。

如需消潜,则标准解离器应装备有电力加热圆筒或热水补给,以保持纤维-水悬浮液的温度不低于85 ℃。

注:标准解离器的检查步骤见附录C。

4.1.2 循环解离器

Domtar 型，其结构见附录 D。循环解离器需配有一个可提供 90 ℃～95 ℃热水的补给装置，且泵应能在短时间间隔内运行。为了防止对泵造成损坏，泵在干态下运行应不超过 3 s。

4.2 天平

分度值为 0.1 g。

4.3 标准水

蒸馏水或去离子水，或相当纯度的水。

5 试样的制备

5.1 对于湿浆和风干浆，应按照 GB/T 462 的规定测定绝干物含量。对于液体浆，应按照 GB/T 5399 的规定测定绝干物含量。

5.2 如果液体浆的浓度低于 1.5%（质量分数），应将其浓缩至合适的体积，谨慎操作应避免纤维损失。最简单的方法是沉降悬浮液后移走一部分水，也可以通过在布氏漏斗上放一张滤纸来脱水。

5.3 在某些试验中，纸浆的滤水性能非常重要，此时应使用标准水（4.3）解离纸浆，在解离的整个过程中，均应使用标准水。

5.4 对于标准解离器（4.1.1），解离时应采取相当于（50.0±5.0）g 绝干质量的试样。对于循环解离器（4.1.2），解离时应采取相当于（56.0±1.0）g 绝干质量的试样。对于浆板，不应通过切割来取样，且应避免取用切边处的试样。

5.5 如果试样纸浆的绝干物含量大于等于 20%时，应用 1 L～1.5 L 的（20±5）℃标准水浸泡试样，最低浸泡时间应符合表 1 中的规定。对于浆板或浆块，应在浸泡后将浆样撕成大约 25 mm×25 mm 的片状。试验证明，若浸泡时间超过规定的最低时间，不会对结果产生明显的影响。但是，对于任何纸浆，浸泡时间应不超过 24 h。

注：闪急干燥的机械浆至少浸泡 10 min。

5.6 考虑到气候的因素，浸泡温度可以为 25 ℃～30 ℃，但应在试验报告中说明。

表 1

试样的绝干物含量（质量分数）/%	最低浸泡时间
<20	0 min
20～60	30 min
>60	4 h

6 实验步骤

6.1 不消潜解离

按上述步骤制备好试样后，将其转移到标准解离器（4.1.1）的圆筒中。

将（20±5）℃标准水加到圆筒中，直至圆筒中的总体积达到（2 500±25）mL。将回转计数器清零，启动发动机，使螺旋桨的转数符合表 2 的规定。转动停止后，从圆筒中取出少量试样，用水稀释，在玻璃量筒中迎光观察，目测试样是否已完全解离。如果没有完全解离，则继续解离至纤维间完全分开或纤维束和碎片被分散至纸浆生产时预期的最大程度。

表 2

试样的绝干物含量（质量分数）/%	转数/r
<20	10 000
≥20	30 000

如果试料用量或转数与上述规定不同，则应在试验报告中说明。

6.2 消潜解离

警告：由于热解离在超过 85 ℃ 的温度下处理试样，因此应小心避免烫伤。

6.2.1 标准解离器

将按照第 5 章的规定制备好的试样转移到标准解离器（4.1.1）的圆筒中。

将标准水加到圆筒中，直至圆筒中的总体积达到（2 500±25）mL。将混合物加热至 85 ℃或以上。将回转计数器清零，启动发动机，使螺旋桨回转次数设定为 30 000 r。转动停止后，目测试样是否已完全解离。如果没有完全解离，则继续解离至纤维间完全分开或纤维团和碎片被分散至纸浆生产时预期的最大程度。解离结束时，温度应不低于 85 ℃。如果浆料用量或次数与上述规定不同，则应在试验报告中注明。

解离结束后，立即用标准水稀释纸浆悬浮液，保证浓度不低于 3 g/L，并将悬浮液冷却至 20 ℃左右。

6.2.2 循环解离器

向解离器圆筒中加入 90 ℃～95 ℃的水加热循环解离器（4.1.2），水面与圆筒杯顶的距离应小于 4 cm。盖紧杯盖，开动循环泵，运行（120±6）s。当泵停止运行后，轻轻地打开圆筒的排水口，排除圆筒里的水，并测定排出水的温度。待水完全排尽后，重复该操作直至排出水温超过 90 ℃。

注 1：该预处理过程是为了加热圆筒、管线和泵。

立即加入 90 ℃～95 ℃标准水，直至圆筒容积的一半左右。将按照第 5 章的规定制备好的试样转移到循环解离器的圆筒中后，再加入 90 ℃～95 ℃标准水，直至水面与圆筒杯顶的距离小于 4 cm。盖紧杯盖，开动计时器，控制泵的运行时间为（120±6）s。揭开盖子时应小心操作，因为杯中可能形成一定的压力。

测定排出水的温度，如果温度低于 85 ℃则重复解离。如果纤维束和碎片的解离程度未能达到制浆时预期的程度，则继续解离。

解离结束后，打开排水阀，以较短的时间间隔开动泵，用小桶收集排出的部分。关闭排水阀，打开盖子，向容器中加入约 4 L 热水。盖紧杯盖，控制泵运行 2 s，然后打开排水阀冲洗系统。

解离结束后，立即将悬浮液冷却至 20 ℃左右。

注 2：有关机械浆（或木素含量高的纸浆）中潜态的影响见附录 E。

7 试验报告

试验报告应包括以下内容：

a） 本国家标准编号；

b) 完整鉴别试样所需的信息；

c) 浸泡时间；

d) 试样的绝干物含量；

e) 试验过程中观察到的任何异常情况；

f) 任何偏离本标准的内容，或者任何可能影响结果的因素。

附 录 A
（资料性附录）
本标准与 ISO 5263-2:2004 和 ISO 5263-3:2004 相比的结构变化情况

本标准与 ISO 5263-2:2004 和 ISO 5263-3:2004 相比在结构上有较多调整，具体章条编号对照情况见表 A.1。

表 A.1 本标准与 ISO 5263-2:2004 和 ISO 5263-3:2004 的章条编号对照情况

本标准章条编号	对应 ISO 5263-2 章条编号	对应 ISO 5263-3 章条编号
1	1	1
2	2	2
3	3	3
4.1.1	4.1	4.1.1
4.1.2	—	4.1.2
4.2	4.2	4.2
4.3	4.3	4.3
5	5	5
—	—	6.1
6.1	6	—
6.2.1	—	6.2
6.2.2	—	6.3
7	7	7
附录 A	—	—
附录 B	附录 A	附录 A
附录 C	附录 B	附录 B
附录 D	—	附录 C
附录 E	—	附录 D

附　录　B
（规范性附录）
标准解离器的结构

B.1　材料

接触纸浆悬浮液的所有材料都应防水、抗弱酸和弱碱。通常使用不锈钢或由玻璃纤维包覆的塑料。

B.2　标准解离器

B.2.1　如图 B.1 所示，圆柱形圆筒内有四个等距安装的挡板，挡板距筒底 32 mm，距筒盖 57 mm，每个挡板横跨圆筒内部的半个圆周。挡板被设计成沿顺时针方向向下延伸。在圆筒内部，筒底圆角半径为 13 mm。配有三个叶片的螺旋桨被固定在圆筒中部一根垂直的轴上，距底部一定距离。螺旋桨在浆料中按照规定的速度旋转，计数器用于记录转数。计数器应可预先设定，可以在到达规定转数后自动关闭解离器。从上往下观察时，螺旋桨沿顺时针方向旋转。

单位为毫米

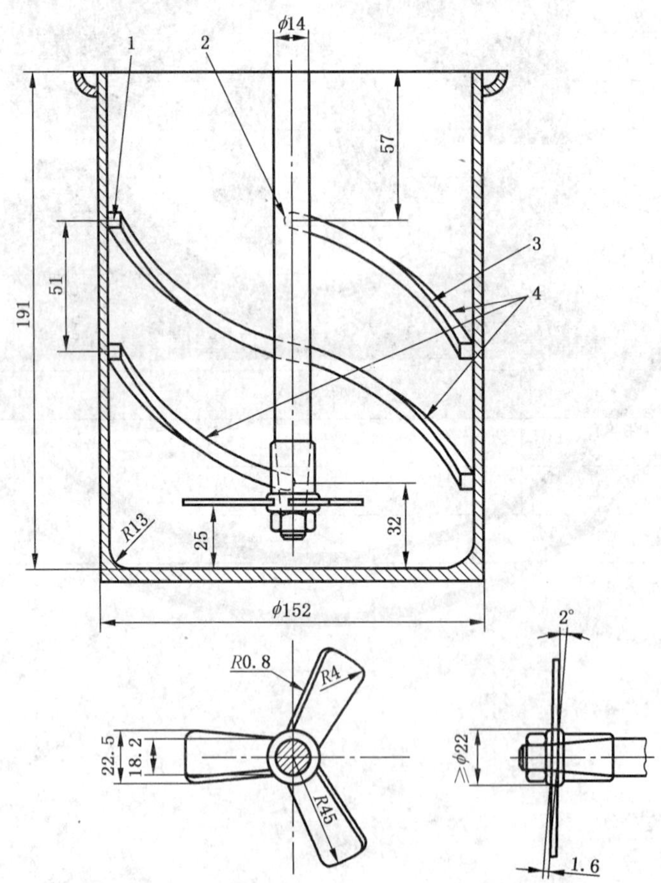

说明：

1——6.5 mm×6.5 mm 部分；

2——端部，半径为 3；

3——边缘，半径为 0.4；

4——四个挡板，每个挡板横跨半个圆周(示出三个)。

图 B.1　标准解离器详图

B.2.2 圆筒配有盖子，在大多数解离器中，盖子的尺寸与螺旋桨和发动机相匹配。

B.2.3 在解离器运行时，圆筒应被牢固固定。但是，圆筒可以方便快捷地移动或被其他装置取代。

B.3 尺寸

标准解离器的尺寸见表B.1。

表 B.1

部件	尺寸	标准值 (有特殊说明除外)	偏差
圆筒	内高	191 mm	±2 mm
	内径	152 mm	±2 mm
	底部内圆角半径	13 mm	±2 mm
挡板	方切面	6.5 mm	±1 mm
	与圆筒底部的距离	32 mm	±1 mm
	与圆筒边缘的距离	57 mm	±1 mm
	端部半径	3 mm	±0.5 mm
	边缘半径	0.4 mm	±0.1 mm
	两个挡板间距(以中心计)	51 mm	±1 mm
螺旋浆	直径	90 mm	±0.5 mm
	轴套直径	22 mm	—
	分离叶片容器底的距离	25 mm	±2 mm
螺旋浆叶片	接轴套处的宽度	18.2 mm	±0.5 mm
	最大宽度	22.5 mm	±0.5 mm
	厚度	1.6 mm	±0.5 mm
	边缘半径	0.8 mm	±0.2 mm
	搅拌叶片端半径	4 mm	±1 mm
	间距	2°	±15′
螺旋浆轴	直径	≤20 mm	—
	端部斜切	适于所有螺旋桨中轴	—

B.4 旋转频率

螺旋桨轴的旋转频率为(49.0±1.5)s^{-1}。

附 录 C
（规范性附录）
标准解离器检查

C.1 定期检查标准解离器。应特别注意保证以下几点：

a） 螺旋浆轴应平稳转动，并总位于圆筒的中心；

b） 螺旋浆轴应按规定的频率转动；

c） 螺旋浆刀片应按规定装备(可以用一个搅拌器量尺检查)；

d） 螺旋浆刀片的尺寸应符合规定(见 B.3)，并不应有损伤。

C.2 如果正常使用仪器，标准解离器的其他尺寸应恒定，而且应定期检查尺寸。

附 录 D
（规范性附录）
循环解离器

D.1 结构

Domtar 型循环解离器由圆筒、离心泵和计时器组成。

D.2 圆筒

不锈钢材质，直径 0.1 m，配备有封闭系统，总容积为 3 L。

为了避免在泵的入口形成气穴，纤维悬浮液应沿圆筒的切线方向进入和排出。圆筒的盖子应能十分紧密。为了排出蒸汽、防止气压累积，盖子中部有一个直径 8 mm 的气孔。为了防止从气孔喷溅，盖子上方装有一个同轴挡板，其直径是圆筒的一半。

注：也可使用较大的圆筒（直径 0.2 m），容积 7 L。在这种情况下，纸浆用量为(136.0±2.0)g 绝干浆。

D.3 离心泵

能够持续地循环纤维悬浮液，发动机的功率为 0.56 kW～0.75 kW，3 450 r/min 时的排气量约为 240 L/min。

泵的输入管的直径应为 38 mm，输出管的直径应为 25 mm。泵和连接管与纤维悬浮液接触的部分应为不锈钢或其他耐腐蚀的材料，并应配有排气阀。

D.4 计时器

控制循环泵的运行，时间间隔为(120±6)s。

附 录 E
（资料性附录）
机械浆中潜态的影响

E.1 引言

1966年，当Beath等人发现，通过简单正确地处理可以获得一些潜在的性能，这种情况也同样存在于纸浆中，他们将这种现象称为“潜态”。

潜态可能存在于木素含量较高的纸浆中，例如用机械法分离纤维而制得的纸浆。本附录描述了潜态现象，并给出了一些通过加热解离消潜改变纸浆性能的例子。

E.2 “潜态”现象

在机械浆的制造过程中，纤维在高于木素软化温度的条件下分离。在分离过程中，如果纤维发生卷曲，等到冷却后，这种状态将不会再改变，如图E.1所示。在室温下用水解离纸浆时，潜态不会被释放出来。

为了消除纸浆的潜态，必须在高于木素软化温度的条件下在水中解离纤维，即在不低于85 ℃的温度下进行热解离。

注：木素的软化温度受化学处理的影响，同时，软化温度反过来影响纤维分离的温度。

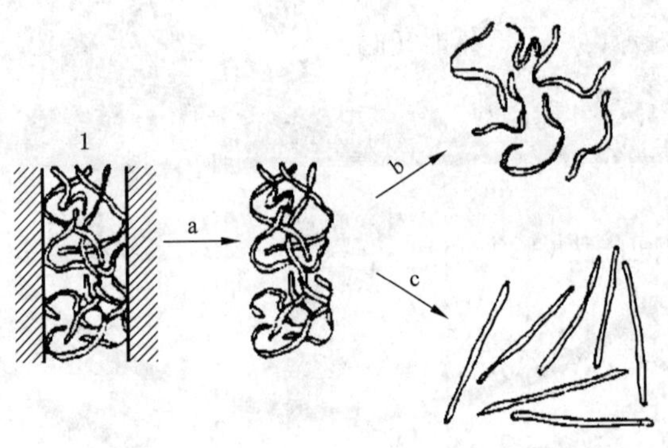

说明：

1——盘磨机；

a——冷却；

b——冷解离（25 ℃）；

c——热解离（≥85 ℃）。

图E.1 热解离和冷解离对机械浆中潜态的影响

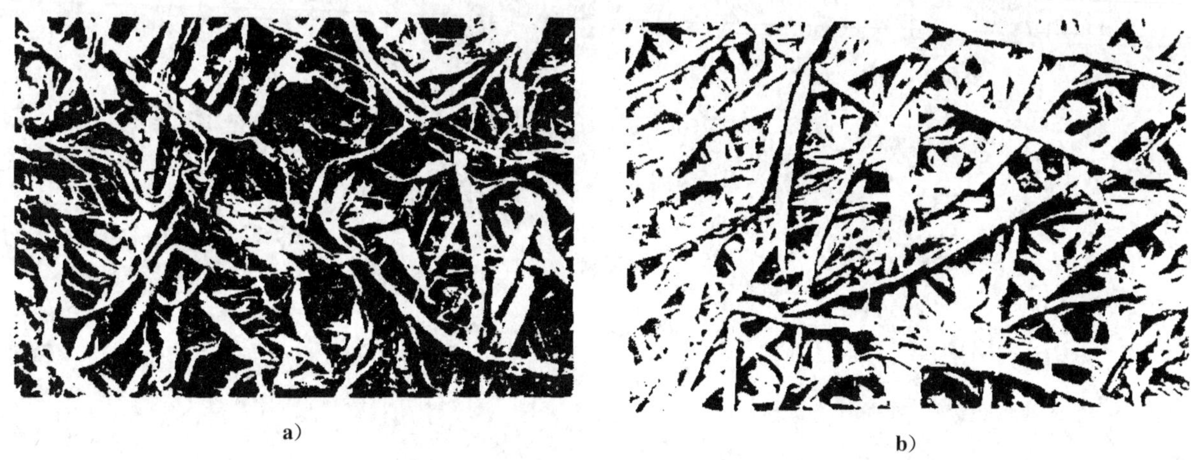

a)　　　　　　　　　　　　　　　　b)

图 E.2　具有潜态 a)和没有潜态 b)的纸浆纤维(能通过纤维筛分仪中 30 目但不能通过 50 目的纤维部分)的扫描电镜图片

纤维卷曲时纸浆的性能与纤维挺直时纸浆的性能不同。

E.3　潜态对纸浆性能的影响

热解离是指在低浓和高温下处理,冷解离是指在低浓和低温下处理。磨石磨木浆(SGW)和精磨机械浆(RMP)的热解离与冷解离相比,热解离可以降低加拿大游离度值(CSF),并提高耐破度。

热磨机械浆(TMP)的抗张强度和耐破度受潜态的影响较大。结合强度(Scott 强度和 Z 向抗张强度)和撕裂指数不受潜态影响。

ICS 85-010
Y 30

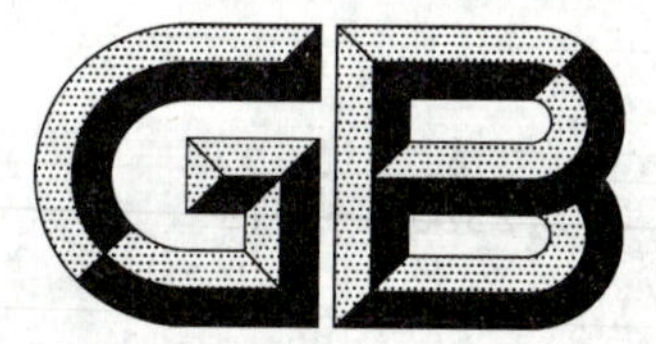

中华人民共和国国家标准

GB/T 29286—2012

纸浆 保水值的测定

Pulps—Determination of water retention value(WRV)

(ISO 23714:2007,MOD)

2012-12-31 发布 2013-09-01 实施

中华人民共和国国家质量监督检验检疫总局
中国国家标准化管理委员会 发布

前　言

本标准按照 GB/T 1.1—2009 给出的规则起草。

请注意本文件的某些内容可能涉及专利。本文件的发布机构不承担识别这些专利的责任。

本标准使用重新起草法修改采用 ISO 23714:2007《纸浆　保水值的测定(WRV)》。

本标准与 ISO 23714:2007 的主要技术差异及其原因如下：

——关于规范性引用文件，本标准做了具有技术性差异的调整，以适应我国的技术条件，调整的情况集中反映在第 2 章“规范性引用文件”中，具体调整如下：

- 用等同采用国际标准的 GB/T 740 代替 ISO 7213；
- 用修改采用国际标准的 GB/T 22903 代替 ISO 14487；
- 用修改采用国际标准的 GB/T 24237 代替 ISO 5263-1；
- 用修改采用国际标准的 GB/T 29285 代替 ISO 5263-2、ISO 5263-3；

——删除了 ISO 23714:2007 中第 11 章精度，该章内容不适应我国国情。

本标准由中国轻工业联合会提出。

本标准由全国造纸工业标准化技术委员会(SAC/TC 141)归口。

本标准起草单位：山东华泰纸业股份有限公司、中国制浆造纸研究院、国家纸张质量监督检验中心、中国造纸协会标准化专业委员会。

本标准主要起草人：李萍、高君、张凤山。

纸浆　保水值的测定

1　范围

本标准规定了纸浆保水值的测定方法。

本标准适用于各种纸浆。

2　规范性引用文件

下列文件对于本文件的应用是必不可少的。凡是注日期的引用文件，仅注日期的版本适用于本文件。凡是不注日期的引用文件，其最新版本(包括所有的修改单)适用于本文件。

GB/T 740　纸浆试样的采取(GB/T 740—2003,ISO 7213:1981,IDT)

GB/T 22903　纸浆　物理试验用标准水(GB/T 22903—2009,ISO 14487:1997,MOD)

GB/T 24327　纸浆　实验室湿解离　化学浆解离(GB/T 24327—2009,ISO 5263-1:2004,MOD)

GB/T 29285　纸浆　实验室湿解离　机械浆解离(GB/T 29285—2012,ISO 5263-2:2004,ISO 5264-3:2004,MOD)

3　术语和定义

下列术语和定义适用于本文件。

3.1

保水值　water retention value

湿纸浆在规定的条件下离心后，纸浆中所保留的水分与其烘干后质量的比值。

4　原理

取一定量的浆料，用漏斗抽滤制备成浆块。然后把浆块放入离心机中，在规定的条件下脱水，称重，将其烘干后再次称重，纸浆的保水值由离心后的浆块烘干前后的质量计算得出。

注：对于同一种浆料，未经干燥与经过干燥后测得的保水值会有差异。

5　试剂

标准水，符合 GB/T 22903 规定。若使用其他水，则应在报告中说明。

6　仪器

6.1　实验室用离心机

离心机带有外摆式端头和离心室，离心室内径约为 45 mm，容积约 100 mL，由惰性材料如不锈钢或电镀铝制成。测试时浆块(距试样篮底端约 15 mm)处的离心力应能到达(3 000±50)g(g 为重力加速度，9.81 m/s^2)。离心机应配有计时装置和制动装置。

离心时环境温度宜保持在(23±3)℃。

旋转速率按式(1)计算得出。

$$N=\sqrt{\frac{896Z}{r}} \qquad \cdots\cdots(1)$$

式中：

N ——旋转速率，单位为每分钟(min^{-1})或转每分钟(r/min)；

Z ——离心力，为(3 000±50)g；

r ——旋转半径，单位为米(m)。

6.2 布氏漏斗或类似的漏斗

布氏漏斗或类似的漏斗，材质为耐腐蚀性材料，内径大于 30 mm，底部平整且带有小孔。

6.3 滤纸

由玻璃纤维或其他合适的材料制成。

6.4 抽滤瓶

与真空泵等抽滤装置相连，用于抽真空。

6.5 试样篮

试样篮有一内径为(30±5)mm 的金属离心管，管的一端与磷青铜网相连接，金属网的孔径约为 125 μm，网丝直径为 90 μm，离心管应配有盖子，用以防止水分挥发。

试样篮的设计取决于所用的离心机，标准中不予指定。该容器的尺寸应与离心机内筒的尺寸适合，从而使离心后的试样篮中的试样不会被重新润胀。附录 A 中描述了两个试样篮结构以供参考。

试样篮的数量取决于离心机，所有试样篮的质量应相同。

6.6 带盖称量瓶

容积为 25 mL。

6.7 烘箱

能使温度保持在(105±2)℃。

7 试样的采取

如果实验用来评价一批纸浆，试样的采取按 GB/T 740 进行，如测试其他类型样品，则报告样品来源，如有可能，报告取样程序。试样的采取应确保试样具有代表性。

8 试样的制备

若为风干样品，则按 GB/T 24327 或 GB/T 29285 进行解离。如果需要在 85 ℃以上解离机械浆，应按 GB/T 29285 进行，然后将浆料冷却到(23±3)℃后方可使用。

已解离的样品，报告中应说明解离方法。

用标准水稀释至浆料浓度为 2 g/L～5 g/L，对于滤水较慢的浆样，可以使用更高的浓度。

报告中应说明浆样是否为重新润胀或未经干燥过的湿浆。

9 步骤

9.1 总则

从稀释并充分搅拌的浆料中取两份平行试样，在(23±3)℃下立即测试浆料的保水值。取样后应尽快完成所有的测定。

若因实际原因，未能立即进行测试，则保水值一般会比正常情况下偏高(一般不会高于 0.03 g/g)，测试过程中若有重大延误，则应在报告中注明。

9.2 浆块的制备

连接布氏漏斗(6.2)与抽滤瓶(6.4)，将玻璃纤维滤纸(6.3)放入布氏漏斗中，用水润湿后开始抽滤。将一定体积的浆料倒入布氏漏斗中，使最终制成的浆块绝干质量为(1 700±100)g/m^2。

浆料的体积确定后，过滤掉 100 mL 后停止抽滤，如果细小纤维流失较多，则将首次滤液再次过滤。

当浆块表面的水消失时停止抽滤，浆块的绝干物浓度宜在 5%～15%之间。将浆块从布氏漏斗中移出，放入试样篮(6.5)。

9.3 离心

将装有浆块的试样篮连同试样放入离心室中(见 6.1)。在浆块底端离心力为(3 000±50)g 的条件下离心(1 800±30)s。该时间不包括加速和减速的时间。

离心时浆料的温度会影响到测试结果，因此建议试验时环境温度保持在(23±3)℃，否则应在报告中指明，如果要测试多种试样，则做完一个试样后应将离心机冷却后再使用。

离心完成后立即将浆块转移至预先称量过的称量瓶(6.6)中称量，精确至 1 mg。将称量瓶盖子打开并一起在(105±2)℃下烘干至恒重，将称量瓶盖子盖好放入干燥器中冷却 30 min，迅速打开盖子使内外气压平衡，称量称量瓶，精确至 1 mg。

10 计算结果

纸浆的保水值 WRV 按式(2)计算，以质量分数表示。

$$WRV = \frac{m_1}{m_2} - 1 \qquad \cdots\cdots(2)$$

式中：

WRV ——纸浆的保水值，单位为克每克(g/g)；

m_1 ——离心后湿浆的质量，单位为克(g)；

m_2 ——烘干后试样的质量，单位为克(g)。

计算两份平行试样的平均值，结果精确至小数点后两位，两份平行试样测试结果之差应不大于其平均值的 5%。

11 试验报告

试验报告应包含以下项目：

a） 本国家标准的编号；

b） 用于准确鉴定试样的全部信息；

c) 试验的日期和地点；

d) 所用浆的状态:重新润胀过的浆或从未干燥过的浆；

e) 试验结果；

f) 偏离本标准并可能影响试验结果的任何情况。

附 录 A
（资料性附录）
试样篮的设计

A.1 悬挂在离心机内壁的试样篮

此类型的试样篮（见图 A.1）共有四部分组成：离心管底部为金属网，金属网不用焊接在离心管上，但当离心管放入下面的容器时，金属网与离心管之间应无缝隙，下面的容器底部应有孔。盖子上面有小孔，可以使空气进入。所有的部件需相互吻合。离心时，此试样篮可以悬挂在离心机内壁上，以保证下面留有足够的空间容纳离心过程中产生的水。

放入试样前，离心管、金属网、底部穿孔的容器 3 个部件需预先组合好，在离心前再盖上盖子。

A.2 放在离心机底部的试样篮

此类型的试样篮（见图 A.2）的金属网焊接在离心管上。离心管恰好固定在底部装置的凸起部位上。圆形的金属盘通过弹簧压在底部装置的凸起部位上。金属盘起到活塞的作用，当离心机全速运转时圆盘打开，以使离心机停止后试样不会被重新润胀。盖子与底部装置需吻合完好。

在离心过程中，试样篮位于离心机的底部。装置底部为半球形金属支撑物，用来支撑离心管，并在离心管底部形成一定的空间从而使离心过程中的水排出。

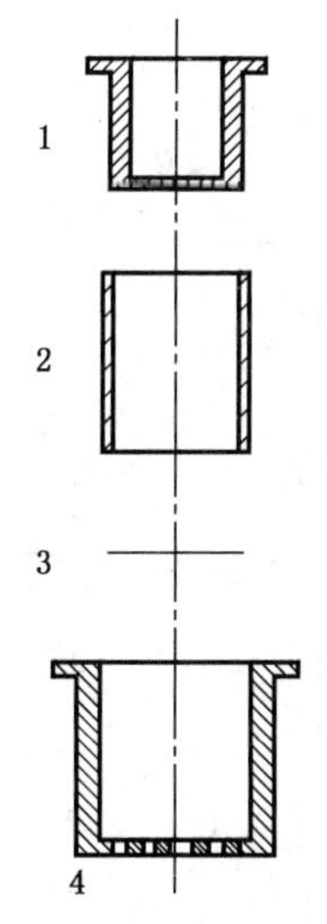

说明：
1——盖子；
2——离心管；
3——金属网；
4——底部穿孔的容器。

图 A.1 悬挂在离心机内筒边缘的试样篮

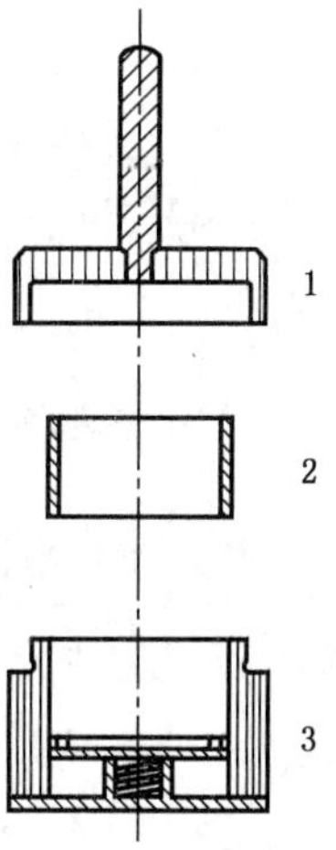

说明：
1——盖子；
2——离心管，焊接有金属丝筛；
3——底部装置。

图 A.2 放在离心机底部的试样篮

ICS 85.040
Y 31

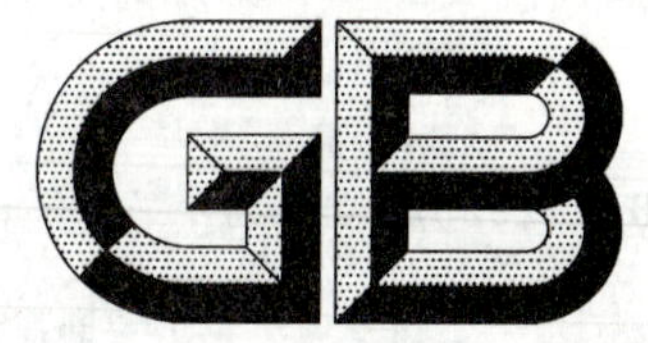

中华人民共和国国家标准

GB/T 29287—2012

纸浆 实验室打浆 PFI磨法

Pulps—Laboratory beating—PFI mill method

(ISO 5264-2:2002,MOD)

2012-12-31 发布 2013-09-01 实施

中华人民共和国国家质量监督检验检疫总局
中国国家标准化管理委员会 发布

前　言

本标准按照 GB/T 1.1—2009 给出的规则起草。

请注意本文件的某些内容可能涉及专利。本文件的发布机构不承担识别这些专利的责任。

本标准使用重新起草法修改采用 ISO 5264-2:2002《纸浆实验室打浆　第 2 部分:PFI 磨法》。

本标准与 ISO 5264-2:2002 的主要技术差异及原因如下:

——关于规范性引用文件,本标准做了具有技术性差异的调整,以适应我国的技术条件,调整的情况集中反映在第 2 章“规范性引用文件”中,具体调整如下:

- 用修改采用国际标准的 GB/T 462 代替 ISO 287、ISO 638;
- 用等同采用国际标准的 GB/T 740 代替 ISO 7213;
- 用等同采用国际标准的 GB/T 5399 代替 ISO 4119;
- 用修改采用国际标准的 GB/T 24327 代替 ISO 5263-1;
- 用修改采用国际标准的 GB/T 29285 代替 ISO 5263-2 和 ISO 5263-3。

——将实验室仪器与试剂中天平的误差由±0.2 g 缩小为±0.1 g,提高标准的准确性;

——标准水更改为蒸馏水、去离子水或质量相似的水,增强标准的可操作性;

——试验仪器与试剂增加了布氏漏斗。

本标准由中国轻工业联合会提出。

本标准由全国造纸工业标准化技术委员会(SAC/TC 141)归口。

本标准起草单位:中国制浆造纸研究院、国家纸张质量监督检验中心、中国造纸协会标准化专业委员会。

本标准主要起草人:史记、张青。

纸浆　实验室打浆　PFI磨法

1　范围

本标准规定了采用PFI磨进行实验室打浆的方法。该方法仅限于纸浆的取样和打浆、样品的采取和分配及打浆设备。

注：打浆是检验纸浆物理性能的预备阶段。

本标准适用于各种化学浆和半化学浆。在实际操作中，对于某些纤维非常长的纸浆，用本方法测定时可能得不到令人满意的结果。

2　规范性引用文件

下列文件对于本文件的应用是必不可少的。凡是注日期的引用文件，仅注日期的版本适用于本文件。凡是不注日期的引用文件，其最新版本(包括所有的修改单)适用于本文件。

GB/T 462　纸、纸板和纸浆　分析试样水分的测定(GB/T 462—2008，ISO 287：1985，ISO 638：1978，MOD)

GB/T 740　纸浆　试样的采取(GB/T 740—2003，ISO 7213：1981，IDT)

GB/T 5399　纸浆　浆料浓度的测定(GB/T 5399—2004，ISO 4119：1995，IDT)

GB/T 24327—2009　纸浆　实验室的湿解离　化学浆解离(ISO 5263-1：2004，MOD)

GB/T 29285—2012　纸浆　实验室的湿解离　机械浆解离(ISO 5263-2：2004，ISO 5263-3：2004，MOD)

3　原理

将规定浓度的纸浆在带飞刀的打浆辊和光滑的打浆室之间打浆，打浆辊和打浆室以不同圆周速度沿相同方向旋转。

4　试验仪器与试剂

4.1　PFI磨：见附录A。

4.2　标准解离器：见GB/T 24327—2009中的附录A或GB/T 29285—2012中的附录B。

4.3　天平：分度值为0.1 g。

4.4　蒸馏水、去离子水或质量相似的水。

4.5　标准浆：用于打浆控制，其存储时间应足够长，以避免纸浆的物理性能发生改变。如可能，标准浆的种类最好与打浆设备中正常处理的浆的种类相同。有些纸浆不够稳定，因此可能必须选择另外一种纸浆。

为了避免受到储存时间的影响，标准浆应保存在室温(相对湿度不能太高)、黑暗且无尘的环境中。

注：若标准浆储存在推荐的环境下，在大多数情况下可以稳定保存十年左右。若抗张强度和撕裂度发生变化，则说明标准浆已不再稳定。可以通过测定标准浆的粘度来检查其稳定性，例如一年检查两次。

4.6　布氏漏斗。

5 取样

当试验目的是为了评价某一批纸浆的质量，样品的采取按 GB/T 740 进行。如果测试其他类型的样品，则需注明样品来源，如有可能还应注明所使用的取样方法。

从样品中采取试样时应使试样能够代表整个样品。

6 试样的制备

6.1 对于湿浆或风干浆，按 GB/T 462 测定其水分，如试样为液体浆，则按 GB/T 5399 测定其绝干物含量。

6.2 取相当于(30.0±0.5)g 绝干浆样的纸浆。取样时不应裁切浆板，且应避免取用切边处的样品。对于纸机干燥的浆板或急骤干燥的浆块，应在室温下用 0.5 L 水(4.4)将其彻底浸泡 4 h 以上，将浸泡过的浆板撕成约 25 mm×25 mm 的小片。为了保证最初的解离作用只产生最小的打浆效果，应通过浸泡使浆料彻底松软。湿浆可不浸泡就进行解离。

7 试验步骤

7.1 总则

对于打浆程度不同的每个试样，按照下述步骤操作。

7.2 解离

7.2.1 按照 GB/T 24327 或 GB/T 29285—2012，对最初状态为湿浆或浸泡后的纸浆进行解离。使用(20±5)℃的水(4.4)解离，总体积为(2 000±25)mL。解离器中悬浮液的质量百分比应达到 1.5%。

7.2.2 纸浆初始绝干物含量大于或等于 20%(质量分数)时，应解离 30 000 r。初始绝干物含量小于 20%(质量分数)时，应解离 10 000 r。

7.2.3 解离结束后，目测纸浆是否已完全解离。如果没有，则继续解离，直至纤维间彼此完全分离。

注：考虑到气候的原因，可以使用(20±5)℃范围以外的温度，但是需在试验报告中注明。

7.3 浓缩

纸浆解离后，在布氏漏斗中脱水至浓度 20%左右，为避免纤维流失，应通过纤维层重新过滤滤液，必要时可过滤数次，用水(4.4)稀释浓缩后的纸浆至总重为(300±5)g，相当于纸浆浓度为 10%。

7.4 打浆

7.4.1 打浆条件

检查打浆条件是否正确(见 A.2)。

对于大多数纸浆而言，飞刀单位长度上的打浆压力应为(3.33±0.10)N/mm，假定每次只有一个刀片与打浆室接触。打浆过程中释放调距螺旋，即不使用固定的距离。

注：对于一些需要使用较低的打浆压力以评估纸浆物理性能的纸浆，飞刀单位长度上的打浆压力应为(1.77±0.10)N/mm。这种偏离标准方法的内容需在试验报告中注明。

7.4.2 打浆步骤

7.4.2.1 将 PFI 磨(4.1)的打浆元件以及按照 7.3 制备的浓缩浆样的温度控制在(20±5)℃(见 7.2 中

注)。把浆样转移到打浆室,尽可能均匀地分布在壁上。纸浆的均匀分布保证打浆操作平稳开始,并能减少不必要的振动,获得一个更稳定的打浆。确保打浆室底部和打浆辊横切面相对应的区域内没有纸浆残留。将打浆辊放入打浆室内,并盖好盖子。

警告:当打浆转数较高时,打浆元件的温度可能会升高。如有必要,在下次打浆前用水冷却打浆元件,使其温度降至规定的范围。

7.4.2.2 开动打浆室,使浆料被甩到打浆室的壁上,然后开动打浆辊。当两个打浆元件都达到满速时,施加所需的压力,在 2 s 内施加压力至恒定。在施加压力瞬间,同时开动转数计算器。

7.4.2.3 当打浆辊达到规定转数时,去掉打浆压力停止打浆。关闭马达,等待打浆辊和打浆室完全停止运转。打开盖子,将打浆辊置于初始位置。

7.4.2.4 将浆料转移到容量至少为 2 L 的量筒或容器中。用水(4.4)冲洗打浆元件,洗涤水倒入量筒/容器中。保证彻底转移所有浆料。

7.4.2.5 用水(4.4)稀释浆料至(2 000±25)mL,在解离器(4.2)中解离 10 000 r。随后按照相关标准进行试验或检测。如需测定滤水性能,在打浆后的 30 min 内进行操作。

7.4.2.6 每次打浆后,用水彻底清洗打浆元件,如果必要,可在水洗前用树脂洗涤。

7.4.3 不同浆种的打浆

改变浆料种类时,例如,将阔叶木换成针叶木,需重新调整打浆条件。取新浆料的两个样品进行打浆,每次打浆转数为 10 000 r,将打浆后的样品取出丢弃。

8 报告

试验报告应包括以下内容:

a) 本标准的编号;

b) 完全鉴定试样所必需的全部内容;

c) 打浆的时间和地点;

d) 预解离的转数;

e) 打浆辊的转数;

f) 刀片单位长度上的打浆压力;

g) 若有,则报告滤水试验的结果;

h) 测定过程中观察到的任何异常现象;

i) 任何偏离本标准的内容,或者任何可能影响结果的因素。

附 录 A
（规范性附录）
PFI 磨

A.1 PFI 磨的描述

A.1.1 总则

A.1.1.1 PFI 磨（见图 A.1）由打浆辊、带盖的打浆室和施加打浆压力（刀片单位长度上的压力）的加压装置组成。打浆元件由不锈钢制成。打浆辊和打浆室沿垂直轴旋转。

注：以前，PFI 磨的打浆元件由铜制成。由这两种不同材质的打浆元件得到的结果不一定相同。

A.1.1.2 若打浆元件由铜制成，则应在试验报告中说明。

A.1.2 打浆辊

打浆辊有 33 个刀片，每个刀片长（50.0±0.1）mm，宽（5.0±0.2）mm。刀片平行于打浆辊轴线并呈辐射状排列。打浆辊直径为 199.5 mm～202.2 mm（包括刀片），刀片间槽深（30±1）mm。打浆辊由 1 kW 左右的电机带动。空载时，辊的转动频率应为（24.3±0.5）s^{-1}。转数由计数器来显示。辊由同步皮带或皮带传送驱动。

A.1.3 打浆室

打浆室内径为（250.0±0.5）mm，内高（52.1±0.1）mm。由 400 W 左右的电机带动。空载时，辊的转动频率应为（24.3±0.5）s^{-1}，打浆辊和打浆室的圆周线速差为 6.0 m/s±0.2 m/s。为了满足该要求，打浆室的转动频率应低于打浆辊。打浆室由同步齿形带或皮带传送驱动。

A.1.4 加压装置

加压装置应按以下任一原理工作：

——通过杠杆施力，将打浆辊压向打浆室内壁；

——通过气缸施力，将打浆辊压向打浆室内壁。

A.1.5 间隙调节装置

该装置用于调节打浆室和打浆辊之间的距离，包括一个调距螺旋，用此调节 PFI 磨。

A.2 操作条件

为了保证打浆操作的再现性，应满足以下条件：

a） PFI 磨应牢固地固定在水平、无振动的基座上。升起打浆辊，将其摆向一侧锁定，在底座上放一个水平仪观察，通过调节水平脚垫来调节 PFI 磨的水平；

b） 打浆室和打浆辊按正确的速度运转；

c） 皮带不应打滑。当施加压力时，打浆辊转动频率一般要减少 0.3 s^{-1}～0.6 s^{-1}，而打浆室的转动频率要稍微增加一些；

注：如果使用同步齿形带，则不会发生打滑现象。

d） 所有部件能自由运行，以使施加的所有负荷都作为打浆压力而传递；

e) 调距螺旋在打浆过程中应松开；

f) 打浆辊和打浆室应干净，无沉积物。可以用非腐蚀性溶剂去除树脂沉积物；

g) 应经常使用标准浆(4.5)打浆来检查 PFI 磨的一般情况。依照标准转数对标准浆进行打浆，使其滤水性能值为 50°SR 或加拿大标准游离度 200 mL。误差应不超过±5%。

单位为毫米

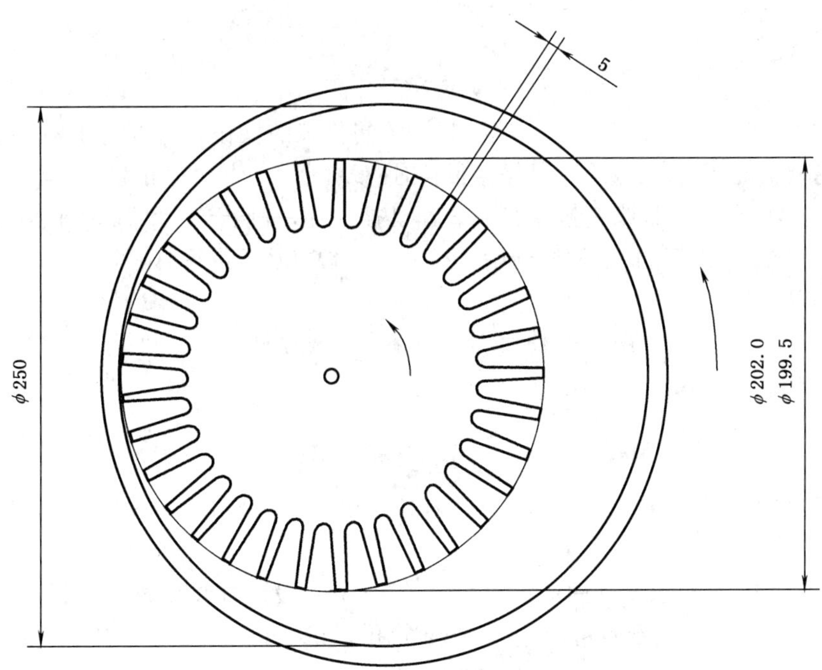

图 A.1 PFI 磨的打浆辊和打浆室的尺寸

附 录 B
（规范性附录）
PFI 磨的控制和维护

B.1 通则

B.1.1 经常使用标准浆检查 PFI 磨的打浆效果。控制打浆的操作频率取决于磨的使用情况，因此需要经常检验。通常情况下，打浆效果可以保持很长时间。

B.1.2 若打浆效果降低，即打浆变慢或打浆表面已被破坏，按照 B.2 和 B.3 所述的程序恢复打浆效果。通常按照 B.3 所述方法以精磨程序开始。如果 B.3 的方法不够用，则可在 B.2 所述粗磨方法后接着使用 B.3 的方法。

B.1.3 若打浆效果提高，即打浆变快，使用 B.4 所述调节程序恢复打浆效果。

B.2 粗磨程序

B.2.1 改变驱动打浆室的电机转动方向，使之顺时针转动。按照 PFI 磨厂商的说明测定调距螺旋的零点位置。

B.2.2 调节调距螺旋，使打浆元件间的距离约为 2.0 mm。设定打浆转数 5 000 r～6 000 r，检查打浆压力 3.33 N/mm。将 15 g 金刚砂粉（通过 90 μm 筛孔）加到 50 mL 可溶性油中，用 50 mL 水稀释，制成悬浮液。保证金刚砂粉、剪切油和水在打浆室开动前混合均匀。

警告 1：如果上述三组分不能很好地混合，金刚砂粉将产生聚集在打浆室底部附近的趋势，并将磨圆打浆刀片的底边。

警告 2：为了获得均匀的混合物，温度控制非常重要。可参考 PFI 磨使用说明书中推荐的方法。如果混合物不均匀，则会形成油珠和水珠，将影响研磨程序。

B.2.3 开动打浆室，使悬浮液冲刷打浆室。停止打浆室。保证盖子在支座合适的位置上，放入打浆辊，盖好盖子。

B.2.4 随后立刻同时开动两个打浆元件，加压，小心地通过调距螺旋减小打浆元件间的距离，直至能听到研磨的声音。当声音略微降低时，进一步减小距离。每次减小的距离不得小于 0.3 mm。继续减小距离，研磨，直至损坏被修复。

B.2.5 最后，用肥皂和水清洗打浆元件和盖子。确保无油或金刚砂粉残留。

B.3 精磨程序

B.3.1 粗磨结束后，使用金刚砂粉（通过 45 μm 筛孔）按照 B.2 步骤进行精磨一次或两次。

B.3.2 使用一个细磨石去除边缘的毛刺，然后用抛光石抛光。毛刺可以从刀片边缘观察到。彻底清洗打浆辊。

B.3.3 改变驱动打浆室的电机转动方向，使之顺时针转动。

B.4 调节程序

B.4.1 按照 B.2 或 B.3 研磨后，打浆表面通常比较粗糙。需要在规定的转数下，通过试验和修正，使用纸浆和金刚砂粉的混合物进行打磨，直至要求的打浆效果(SR/CSF 水平)。

B.4.2 调节调距螺旋，使打浆元件间的距离为 2.0 mm。依照研磨粉粗糙程度，设定打浆转数，一般 10 000 r 比较合适。

B.4.3 将 30 g 纸浆和 15 g 金刚砂粉(通过 45 μm 筛孔)混合物加到打浆室中。然后进行常规的打浆操作(见 7.4)。

B.4.4 打浆后，用肥皂和水彻底清洗打浆元件。确保无金刚砂粉或油残留在打浆室和打浆辊上。松开调距螺旋。通过相当于 10 000 r 打浆的操作对纸浆进行打浆一段时间，以去除所有的残留物。

B.5 控制打浆

B.5.1 研磨或调节后，使用标准浆(4.5)进行控制打浆，检查肖伯尔-瑞格勒打浆度或加拿大标准游离度(SR/CSF)水平。

B.5.2 如果打浆度值过高(即游离度值过低)，应重复 B.4 所述调节程序；反之则重复 B.2 和 B.3 所述研磨程序。

附　录　C
（资料性附录）
PFI 磨稳定性的检查

C.1　通则

目前有几种检查 PFI 磨性能的方法，下述方法为常用的两种，建议实验室根据具体情况选择最合适的方法，周期性地检查打浆机的性能。

C.2　内控打浆用标准浆

实验室可以定期（例如一个月）通过使用标准浆进行内控打浆，来检查 PFI 磨打浆重复性，标准浆与最常使用 PFI 磨打浆的纸浆类型相同。所选标准浆的物理性能应稳定。

C.3　实验室间比对

除了内控打浆外，建议实验室通过定期参与实验室间对比试验来检查 PFI 磨打浆的再现性，通过不同实验室间的比较来检查打浆机。

注：内控打浆和实验室间对比试验均可使用阔叶木浆和针叶木浆。有些实验室甚至指明阔叶木浆和针叶木浆的使用情况，因为不同的纸浆对 PFI 磨打浆速率有不同的影响。

ICS 83.100
G 30

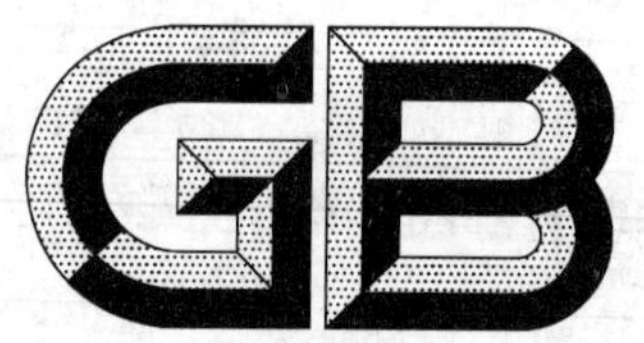

中华人民共和国国家标准

GB/T 29288—2012

热塑性硬质聚氨酯泡沫塑料通用技术条件

General requirement for thermoformable rigid polyurethane cellular plastics

2012-12-31 发布　　2013-09-01 实施

中华人民共和国国家质量监督检验检疫总局
中国国家标准化管理委员会　发布

前言

本标准按照 GB/T 1.1—2009 给出的规则起草。

请注意本文件的某些内容有可能涉及专利。本文件的发布机构不应承担识别这些专利的责任。

本标准由中国轻工业联合会提出。

本标准由全国塑料制品标准化技术委员会(SAC/TC 48)归口。

本标准起草单位:江苏省化工研究所有限公司、北京工商大学、江苏省聚氨酯产品质量监督检测站。

本标准主要起草人:吴昊、张志忠、陈倩、谢奕。

热塑性硬质聚氨酯泡沫塑料通用技术条件

1 范围

本标准规定了热塑性硬质聚氨酯泡沫塑料的分类、要求、试验方法、检验规则。

本标准适用于以聚醚多元醇与多异氰酸酯为主要原料生产制备的，主要用于制造顶内饰等的热塑性硬质聚氨酯泡沫塑料。

2 规范性引用文件

下列文件对于本文件的应用是必不可少的。凡是注日期的引用文件，仅注日期的版本适用于本文件。凡是不注日期的引用文件，其最新版本(包括所有的修改单)适用于本文件。

GB/T 2918—1998 塑料试样状态调节和试验的标准环境

GB/T 6343—2009 泡沫塑料及橡胶 表观密度的测定

GB/T 6678—2003 化工产品采用总则

GB/T 6680—2003 液体化工产品采样通则

GB/T 8811—2008 硬质泡沫塑料 尺寸稳定性试验方法

GB/T 8812.2—2007 硬质泡沫塑料 弯曲性能的测定 第2部分 弯曲强度和表观弯曲弹性模量的测定

GB/T 8813—2008 硬质泡沫塑料 压缩试验方法

GB/T 9641—1988 硬质泡沫塑料拉伸性能试验方法

GB/T 10799—2008 硬质泡沫塑料 开孔和闭孔体积百分率的测定

GB/T 12008.3—2009 塑料 聚醚多元醇 第3部分：羟值的测定

GB/T 12008.7—2010 塑料 聚醚多元醇 第7部分：黏度的测定

GB/T 22313—2008 塑料 用于聚氨酯生产的多元醇 水含量的测定

3 分类

产品按生产顶内饰时的成型方法分为两类。

干法(热模法)：对热塑性硬质聚氨酯泡沫塑料高温加热软化，在常温模具中与面料复合成型。

湿法(冷模法)：常温下对热塑性硬质聚氨酯泡沫塑料进行面料冷粘接，再在一定温度下模压成型。

4 要求

4.1 外观

产品颜色、泡孔大小应基本均匀。

4.2 物理力学性能

热塑性硬质聚氨酯泡沫塑料的物理力学性能应符合表1要求。

注：热塑性硬质聚氨酯泡沫塑料的原料——热塑性组合聚醚的要求参见附录A。

表 1 物理力学性能

项目		单位	性能指标	
			干法	湿法
表观芯密度[a]		kg/m^3	37.0±5.0	25.0±5.0
压缩强度或10%形变时的压缩应力	≥	kPa	120	80
拉伸强度	≥	kPa	180	140
拉伸伸长率	≥	%	8	12
弯曲强度	≥	kPa	130	100
开孔率	≥	%	80	
尺寸稳定性 110 ℃,24 h −30 ℃,24 h 55 ℃,相对湿度95%,48 h	 ≤ ≤ ≤	%	1.0 1.0 1.0	1.0 1.0 1.0
[a] 表观芯密度也可按供需双方商定。				

4.3 气味等级

气味等级≤3.5 级。

5 试验方法

5.1 时效和状态调节

试验样品应自生产起在自然条件下放置 72 h 后进行,取样试样从产品的中部切取。试验按 GB/T 2918—1998 中 23/50 二级环境条件进行,样品应在温度(23±2)℃,相对湿度(50±5)%的条件下进行不少于 16 h 的状态调节。

5.2 外观

在自然光线下目测检验外观。

5.3 表观芯密度

按 GB/T 6343—2009 进行。试样尺寸(50±1)mm×(50±1)mm×原厚,试样数量 3 个。

5.4 压缩强度或 10%形变时的压缩应力

按 GB/T 8813—2008 进行。试样尺寸(50±1)mm×(50±1)mm×(50±1)mm,试样数量 5 个。速度为 5 mm/min。施加负荷的方向应是平行于试样厚度(泡沫起发)的方向。

5.5 拉伸强度和拉伸伸长率

按 GB/T 9641—1988 进行。

5.6 弯曲强度

按 GB/T 8812.2—2007 进行。

5.7 开孔率

按 GB/T 10799—2008 进行。

5.8 尺寸稳定性

按 GB/T 8811—2008 进行。试样尺寸(100±1)mm×(100±1)mm×(25±0.5)mm,每一试验条件试样数量 3 个。

5.8.1 高温尺寸稳定性

试验条件为温度(110±2)℃、时间 24 h。

5.8.2 低温尺寸稳定性

试验条件为温度(−30±2)℃、时间 24 h。

5.8.3 湿热尺寸稳定性

试验条件为温度(55±2)℃、相对湿度(95±5)%,时间 48 h。

5.9 气味等级

按附录 B 的规定进行。

6 检验规则

6.1 检验分类

6.1.1 出厂检验

出厂检验项目为表观芯密度、拉伸强度、拉伸伸长率。

6.1.2 型式检验

型式检验为第 4 章的全部项目。有下列情况之一时应进行型式检验:

a) 新产品试制的定型鉴定;
b) 正式生产后,如结构、原料、工艺有重大改变,可能影响产品性能时;
c) 正常生产时每半年进行一次检验;
d) 产品长期停产半年后,恢复生产时;
e) 出厂检验结果与上次型式检验结果有较大差异时;
f) 国家质量监督机构提出进行型式检验的要求时。

6.2 组批和抽样

6.2.1 组批

同一原料、同一配方、同一工艺条件,数量不超过 10 t 组合聚醚为一批,连续生产 7 天,不足 10 t,以 7 天的生产量为一批。

6.2.2 抽样

外观从每批中随机抽取 10 片产品作为样品进行检验,其他性能从 10 片块样品中抽取其中 1 块检验,当试样数量不足以满足检验要求时,从其余样品中随机抽取。

6.3 判定规则

6.3.1 外观抽取10片产品进行检验,若有不合格,整批剔除不合格品。

6.3.2 物理力学性能中的任何一项不合格时应重新从原批中双倍取样,对不合格项目进行复验,复验结果取双倍样的算术平均值。仍不合格则该批为不合格。

6.3.3 用户应在原料保质期内按本标准进行验收。

附 录 A
（资料性附录）
热塑性硬质聚氨酯泡沫塑料的原料——热塑性组合聚醚的要求

A.1 原料

热塑性硬质聚氨酯泡沫塑料的原料——热塑性组合聚醚是以聚醚多元醇为主要原料，填加助剂生产制备的，是用于制造车用顶内饰等的原液。

A.2 技术要求

热塑性组合聚醚的技术要求应至少考核羟值、水分和黏度(25 ℃)等指标，具体指标要求可由供需双方商定。

A.3 试验方法

A.3.1 羟值的测定

按 GB/T 12008.3—2009 中规定的方法进行。

A.3.2 水分的测定

按 GB/T 22313—2008 中规定的方法进行。

A.3.3 黏度的测定

按 GB/T 12008.7—2010 中规定的方法进行。

A.4 检验规则

A.4.1 热塑性组合聚醚由生产单位质量检验部门进行检查，合格后方可出厂，并附有质量合格证明。

A.4.2 热塑性组合聚醚取样按 GB/T 6678—2003 及 GB/T 6680—2003 进行，取样管必须干燥、清洁。总取样量不得少于 500 g。所取得样品分别装入两个干燥、清洁的密闭瓶中，注明产品名称、型号、批号、生产日期、取样日期，一瓶用于分析，一瓶留样。

A.5 标志、包装、运输、贮存、保质期

A.5.1 标志

热塑性组合聚醚包装外应有标志，标志应标明：产品名称、毛量、净重、批号、生产日期、制造单位名称、厂址、产品执行标准号、保质期及注意事项。

A.5.2 包装

热塑性组合聚醚采用镀锌桶进行包装，包装桶封口要严密、牢固。

A.5.3　运输

热塑性组合聚醚为非危险品,运输过程中应防止日晒、雨淋。

A.5.4　贮存

热塑性组合聚醚应贮存在阴凉干燥处,远离热源及酸、碱等腐蚀性物品。

A.5.5　保质期

热塑性组合聚醚在上述的贮存条件下,保质期为 6 个月。

附 录 B
（规范性附录）
气味等级试验方法

B.1 试验装置

B.1.1 试验箱：有循环空气的恒温试验箱，温度精度控制在±2 ℃；

B.1.2 容器：带有无味密封垫和盖的容积为 1 L 的玻璃容器。每次试验之前应将容器进行清洗，以保证容器清洁、无味。

B.2 试验样品

泡沫上整体剥下的一段，质量约为 20 g±2 g，建议分割成若干小块，以便放入容器中，并保证样品接受测试的表面积为 250 cm^2±25 cm^2。

B.3 试验步骤

在温度 80 ℃±2 ℃条件下，将放有样品的玻璃容器盖严后放置在恒温试验箱中，放置时间 2 h±0.2 h，然后取出容器，使其冷却到 60 ℃±2 ℃，进行试验结果的评价。

B.4 试验结果的评价

气味试验结果的评价分为 6 个等级，也可以是 2 个等级之间的中间值。评价至少应由 3 名测试者进行，结果取 3 个测试值的算术平均值。如果单个评价结果差别大于 2 级，则应由 5 名测试者进行重复测试，结果取 5 个测试值的算术平均值。

试验结束后取出容器，使其冷却到 60 ℃±2 ℃，通过 3 名测试者评价后，需再将容器放入 80 ℃±2 ℃的恒温箱中 30 min 后再进行评价。

气味评价等级：

1 级：感觉不到气味；

2 级：可感觉到气味，但对人无刺激；

3 级：明显感觉到气味，但对人无刺激；

4 级：可明显感觉到气味，对人刺激大；

5 级：气味对人刺激强烈；

6 级：气味对人刺激强烈，不能忍受。

ICS 03.120.99
A 00

中华人民共和国国家标准

GB/T 29289—2012

消费品安全设计通则

Design rules for consumer products safety

2012-12-31 发布 2013-09-01 实施

中华人民共和国国家质量监督检验检疫总局
中国国家标准化管理委员会 发布

前　言

本标准按照GB/T 1.1—2009给出的规则起草。

本标准由全国消费品安全标准化技术委员会(SAC/TC 508)提出并归口。

本标准主要起草单位:中国标准化研究院、机械科学研究总院、中国包装和食品机械总公司、中国电器工业协会、中国地质大学(北京)。

本标准主要起草人:宋荷靓、胡靖、富锐、杨跃翔、王国扣、曾雁鸿、樊运晓、刘霞。

引　　言

消费品安全关系到消费者的人身健康与财产安全。控制消费品安全风险的手段有很多,对消费品进行安全设计是其中最重要的步骤。在消费品的设计阶段引入风险评估是消除或减小消费品安全风险的最直接和最有效措施。

本标准的主要目的是为消费品设计人员提供安全设计总体思路和通用设计原则。

消费品安全设计通则

1 范围

本标准规定了消费品安全设计总则、信息识别、预期使用分析、风险评估以及安全设计。

本标准适用于各种类型消费品安全的设计。

2 规范性引用文件

下列文件对于本文件的应用是必不可少的。凡是注日期的引用文件，仅注日期的版本适用于本文件。凡是不注日期的引用文件，其最新版本(包括所有的修改单)适用于本文件。

GB/T 15706.2—2007 机械安全 基本概念与设计通则 第2部分:技术原则

GB/T 22760—2008 消费品安全风险评估通则

GB/T 25295—2010 电气设备安全设计导则

3 术语和定义

下列术语和定义适用于本文件。

3.1

消费品 consumer products

为满足社会成员生活需要而销售的产品。

[GB/T 22760—2008，定义2.1]

3.2

预期使用 intended use

按照供方提供的信息，对产品、过程或服务的使用。

[GB/T 20000.4—2003，定义3.13]

3.3

可合理预见的误使用 reasonably foreseeable misuse

未按供方的规定对产品、过程或服务的使用，但这种结果是由很容易预见的人为活动所引起的。

[GB/T 20000.4—2003，定义3.14]

3.4

危害 hazard

可能导致伤害的潜在根源。

[GB/T 22760—2008，定义2.3]

3.5

伤害 injury

对人身健康、财产或环境的损害。

注：改写自GB/T 20000.4—2003，定义3.3。

3.6

风险 risk

对伤害的一种综合衡量，包括伤害发生的可能性和伤害的程度。

[GB/T 22760—2008，定义 2.5]

3.7

可容许风险 tolerable risk

按当今的社会价值取向在一定范围内可以接受的风险。

[GB/T 20000.4—2003，定义 3.7]

3.8

残余风险 residual risk

在实施防护措施后还存在的风险。

[GB/T 20000.4—2003，定义 3.9]

3.9

风险评估 risk assessment

包括风险分析和风险评价的全过程。

[GB/T 22760—2008，定义 2.11]

3.10

使用说明 instruction for use

向使用者传达如何正确、安全使用产品的信息工具。它通常以使用说明书、标签、标志等形式表达，它可以用文件、词语、标牌、符号、图表、图示以及听觉或视觉信息，采取单独或组合的方法使用，它们可以用于产品上、包装上，也可作为随同资料，如：活页资料、手册、录音带、录像带、光盘以及计算机用资料交付。

[GB/T 5296.1—1997，定义 3.2]

4 总则

4.1 总体要求

消费品安全设计时：

a) 应保护消费者安全为核心；

b) 应符合相关法律法规和相关标准的要求；

c) 应符合资源、环境保护及卫生等方面的相关要求；

d) 应系统考虑消费者、消费品和使用环境三个方面的因素；

e) 应考虑消费品整个生命周期，保障消费者在消费品预期正常使用、可合理预见的误使用及故障情况下的安全。

4.2 一般流程

消费品安全设计一般流程如图 1 所示，包括以下几个部分：

a) 信息识别；

b) 预期使用分析；

c) 风险评估；

d) 安全设计。

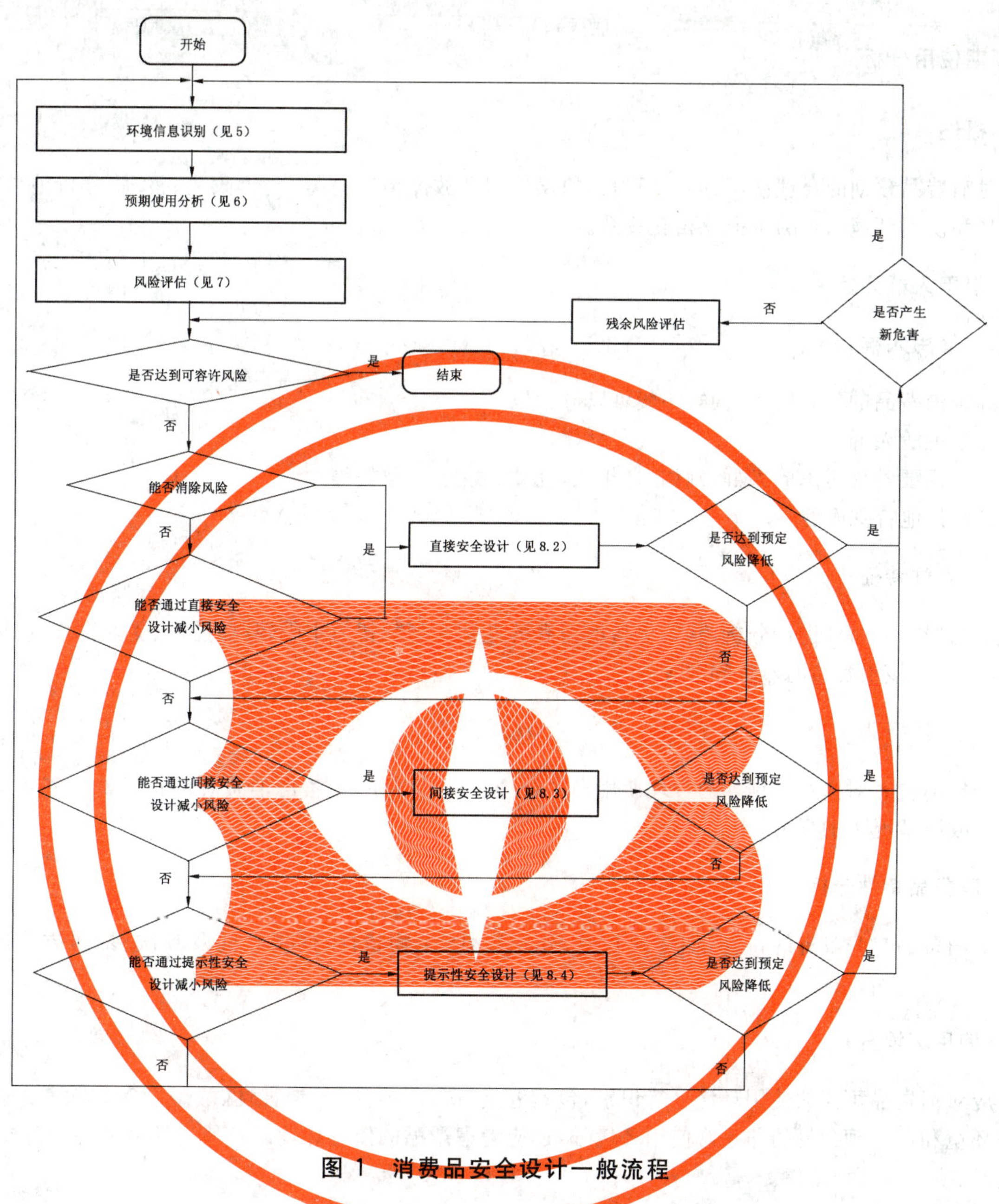

图 1　消费品安全设计一般流程

5　信息识别

应识别、收集、整理与消费品安全设计相关的各类信息，信息主要来源包括以下几个方面：

a)　相关法律法规，包括与消费品相关的法律、行政法规、部门规章、地方性法规、地方规章等；

b)　相关消费品标准，包括与消费品相关的国家标准、行业标准、地方标准、国际标准和国外标准等；

c)　相关数据库信息，如召回通报、消费警示等；

d)　消费者投诉信息；

e)　媒体报道信息；

f)　行业研究报告、专家意见等；

g)　其他相关信息。

6 预期使用分析

6.1 概述

对消费品预期的合理使用、可合理预见的误使用和故障情况进行分析，收集、整理、分析消费人群、消费品和使用环境三者的特征及相互关系。

6.2 消费人群分析

6.2.1 使用人群

确定消费品的预期使用人群，一般可以分为以下几类：

a) 一般人群；

b) 需要特殊考虑的人群，例如，老年人、儿童、残疾人、孕妇等；

c) 其他特殊人群。

6.2.2 人群特征

对消费人群特征进行分析，具体包括消费者的性别、年龄、智力水平、身体能力、受教育程度、风险偏好程度、使用该消费品的熟练程度等。

6.2.3 使用行为

分析消费者对消费品预期的合理使用和可合理预见的误使用，考虑消费者的正常操作和可能的误操作及故障情况下的行为。

6.3 消费品特性分析

对消费品自身具有的特性，如物理特性、化学特性、生物特性、使用时间及频次、暴露方式等进行分析。

6.4 使用环境分析

应对消费品可能的使用环境进行识别，包括温度、湿度、能见度、毒害性、酸碱度等。除考虑正常的使用环境和可合理预见的非正常使用环境外，还应考虑严酷的使用环境以及使用环境的突变情况，如极端气候、粉尘等环境条件。

7 风险评估

7.1 概述

风险评估主要包括危害识别、风险估计及风险评价三个步骤，尽可能识别出消费品生命周期各阶段、各环节给最终消费者在消费品的使用过程中带来的危害，包括物理危害、化学危害及生物危害，研究消费品安全事故的触发、传递、致害机理，确定消费者受到伤害的关键路径，指导消费品安全设计，使安全设计技术措施具有针对性。

7.2 危害识别

危害识别应从消费人群、消费品和使用环境三方面综合考虑，并可通过采用不同的危害识别方法来实现，例如情景分析法、故障树分析法(FTA)、事件树分析法(ETA)、失效模式及后果分析法(FMEA)、

预先危险分析法(PHA)、危险与可操作性分析法(HAZOP)等,分析并参考以下因素:

a) 与伤害事故相关的统计数据:

——类似消费品的失效统计;

——类似消费品已发生的事故;

——同类消费品的典型使用。

b) 根据以下要素进行的预测:

——用户使用同类消费品的典型暴露情况;

——可能导致伤害的用户习惯;

——危害因素的致害机理;

——典型伤害案例分析;

——场景的再构造模拟。

c) 不同类型的消费品危害,应采取不同的分析方法:

——物理危害可采用使用场景模拟、物理性能试验等;

——化学危害可采用化学暴露分析、材料化学特性分析、化学物质迁移分析等;

——生物危害可采用生物化验、细菌及病毒环境培养实验等;

——应充分考虑各类危害之间的相互影响。

消费品危害类型和伤害类型参见 GB/T 22760—2008 附录 A 和附录 B;具体的危害识别方法参见 GB/T 22760—2008 的 4.3。

7.3 风险估计及评价

针对识别出的各类危害,应定性定量相结合,综合衡量科技、经济和知识等的发展水平,确定风险可容许程度,然后根据各危害导致的伤害发生的可能性、严重程度等进行相应的风险估计及评价。

风险估计的方法见 GB/T 22760—2008 的 4.4,风险评价的方法见 GB/T 22760—2008 的 4.5。

8 安全设计

8.1 概述

对超过可容许风险水平的风险因素应采取相应的技术措施减小其风险,使其达到可容许风险的水平。当安全技术措施与经济效益产生矛盾时,应优先考虑安全技术上的要求,并应按照以下三个递进顺序选择安全技术措施:

a) 直接安全设计——通过不断改进和完善设计方案,从根本上消除或减小风险,提高消费品自身安全性,使风险达到可容许风险水平(见 8.2)。

b) 间接安全设计——受消费品自身结构、功能、使用条件等因素制约使得无法通过直接安全设计将可预见的风险彻底消除或减小到可容许风险的水平时,应通过设计必要的防护措施等间接安全设计来进一步减小风险(见 8.3)。

c) 提示性安全设计——当采用间接性安全设计仍无法将风险控制到可容许风险的水平时,应通过采取提示性安全设计对使用者提供必要的使用帮助和警示信息等(见 8.4)。

8.2 直接安全设计

8.2.1 概述

消费品的直接安全设计应从根本上将识别出的消费品生命周期的所有危害通过消费品安全设计消

除或减小到可容许风险水平，使得设计出的消费品具有安全性。对于识别出来的不同类型危害，分别采取不同的设计手段来进行消除，由于不同的消费品性质、特点不同，因此不同种类的消费品所侧重的方面亦不相同，主要通过物理因素、化学因素、生物因素、资源环境保护等几个方面予以考虑。

8.2.2 物理因素

对于物理方面的设计，应该遵循人类工效学和系统安全的原则，在设计阶段考虑消费者和消费品的相互作用、功能分配等内容，从材料、结构等方面消除消费品的可能危害，具体包括以下几个方面：

a) 几何特性
   1) 消费品形状和尺寸设计，如减小盲点，考虑人类视觉特点，在必要处设计间接观察装置；
   2) 零部件形状及相对位置设计；
   3) 避免锐边、尖角和凸出部分；
   4) 避免可能勒伤的绳和带等；
   5) 设计合理的操作位置及手动控制装置的可接近性；
   6) 其他与几何有关安全设计。
b) 运动特性
   1) 使用本质安全的动力源；
   2) 对致动力的限制，使其足够低，保证所致动的部件不产生机械危险；
   3) 对运动部件的质量和(或)速度机器动能的限制；
   4) 其他与运动有关安全设计。
c) 电气相关特性
   1) 使用本质安全的电气设备；
   2) 使用安全电压；
   3) 其他与电气有关安全设计。
d) 排放相关物理特性
   1) 从声源处减少噪音的措施，比如采用电气设备代替气动设备；
   2) 从振动源减少振动的措施，包括诸如重新分配或附加质量及改变过程参数，例如：运动的频率和(或)振幅等；
   3) 减少物理性危险物质的排放的措施，例如：使用更安全的物质或使用降低粉尘的工艺；
   4) 减少电离辐射的措施，例如：避免使用危险放射源，将辐射源功率限制在可接受的低水平，通过设计使放射性射线束集中于目标之上，加大放射源和操作者之间的距离或提供远程操作装置；
   5) 减小非电离辐射的措施；
   6) 其他与物理排放有关安全设计。
e) 材料相关物理特性
   1) 使用满足抗腐蚀、抗老化、抗磨损性、硬度等方面要求的材料；
   2) 易燃材料的阻燃设计；
   3) 使用符合导电安全的材料；
   4) 特殊零部件或者对安全起关键作用的部件，其材料应满足特定的安全要求；
   5) 其他与材料有关安全设计。
f) 稳定性

消费品应设计成具有足够的稳定性，使得在规定的使用条件下可以安全的使用，需要考虑的因素包括但不限于以下这些方面：

1) 底座的几何形状要具备一定的稳定性；
2) 包括载荷在内的重量分布；
3) 对由于运动部件运动产生的可能使消费品倾覆的力矩的动力进行限制；
4) 考虑振动对稳定的影响；
5) 设计合理的重心摆动；
6) 设备行走或安装于不同地点处的支撑面的特性；
7) 外力对稳定的影响；
8) 其他与稳定有关安全设计。

g) 可维护性
1) 设计消费品时考虑维护的可接近性，考虑环境和人体尺寸；
2) 设计要易于处理，考虑人的能力，方便消费者维护；
3) 其他与维护有关安全设计。

h) 其他物理危害相关安全设计

机械类相关危害安全设计技术参见 GB/T 15706.2—2007，电气相关危害安全设计技术参见GB/T 25295—2010。

8.2.3 化学因素

化学危害因素包括重金属及其化合物、挥发性气体、有机化合物等，其相关安全设计主要从控制有害物质的量、接触时间、接触方式、接触频率等要素入手，阻断伤害产生的路径。主要考虑以下几个方面的内容：

a) 材料的化学特性
1) 设计使用不产生危害的化学原材料，主要采用替代技术，例如使用无毒材料替代有毒材料；
2) 控制消费品生命周期各阶段中主动或被动添加的化学材料，确保其不产生危害；
3) 设计应考虑化学成分的配伍禁忌；
4) 对不能避免使用到的有危害化学物质进行控制，尽量减少其剂量和可被消费者接触到的几率；
5) 其他化学材料方面安全设计。

b) 材料化学特性的转变
1) 控制消费品生命周期各阶段中材料化学特性的转变，确保其化学特性能满足最初的设计要求，并防止起生成新的化学危害；
2) 对由于特性转变而可能产生危害的化学物质进行控制，减少其剂量，控制其转变条件，减少其转变可能；
3) 其他化学特性转变方面安全设计。

c) 材料的化学排放
1) 使用没有挥发性的材料，确保化学材料不对外排放危害物质；
2) 考虑化学有害物质的排放方式，控制排放条件；
3) 考虑消费者接触到化学危害物质的途径，减少接触几率；
4) 对不可避免要使用到的排放危害物质的化学材料进行控制，减少其使用量，控制其排放条件，减少其排放可能性和排放量；
5) 其他化学排放方面安全设计。

d) 其他化学危害相关安全设计。

8.2.4 生物因素

生物危害因素主要由病原性微生物、病毒、寄生虫等对消费品的污染造成,其安全技术措施主要包括以下内容:

a) 对于选材产生的生物危害进行控制,提高选材的安全性,对原料进行安全处理,确保使用无生物污染的原料;
b) 严格控制生命周期其他阶段产生的生物危害,通过改进生产工艺、安全包装、安全储运等,防止消费品被生物污染;
c) 对不能消除的生物危害进行控制,通过设计限制其含量,阻断其与消费者接触的途径,减少消费者接触的几率;
d) 其他生物危害相关安全设计。

8.2.5 资源环境保护

消费品可能对资源环境方面的危害包括高能耗、高污染、破坏生态、浪费资源等,其安全设计主要考虑以下内容:

a) 使用节能、环保的新材料、新方法、新工艺替代产生危害的旧材料、旧方法、旧工艺;
b) 设计考虑消费品在消费者的使用中对环境的影响,限制其危害;
c) 对消费品的废弃、回收处理进行相应的资源环境保护方面设计,设计其处理方式等;
d) 其他资源环境保护方面安全设计。

8.3 间接安全设计

8.3.1 概述

间接全设计包括设计防护罩、保护装置、附加防护设备等补充保护措施。安全防护措施包括主动防护措施和被动防护措施。

主动防护措施指在危害发生时自动触发,控制或减小危害的防护措施,主动防护措施多通过光电、传感器等电气系统实现。

被动防护措施指通过被动的阻止能量转移的方法达到安全防护的目的,被动防护措施多采用物理方式实现。

8.3.2 间接安全设计一般方式

间接性的安全设计一般采用包括但不限于以下几个方面:

a) 预防,当无法消除危害因素时,可采取预防性技术措施,预防危害的发生,如使用安全屏障、漏电保护装置等;
b) 减弱,在无法消除和预防危害情况下,可以采取降低危害的措施,如低毒代替高毒物质、降温措施、设置避雷、消除静电、减振、消声等装置;
c) 隔离,在无法消除、预防和减弱的情况下,设计应将危害因素与消费者和环境隔离开来,如隔离屏、防护服、防毒器具等;
d) 联锁,当出现误使用或消费品达到危险状态时,通过联锁装置控制危害的发生;
e) 增强误使用或故障情况下的安全防护,如设计危害发生时的自救设备、个体防护设备等;
f) 其他间接性的安全设计。

8.4 提示性安全设计

8.4.1 概述

对于通过采取直接安全设计和间接安全设计减小风险后的残余风险，设计者应采取相应的提示性安全设计，以使用说明、培训等方式将使用中各种可能产生或存在的风险告知消费者，指导消费者正确使用消费品，减少消费品的误使用、故障和损坏率，同时提醒消费者采取正确的对策措施来控制、应对风险，从而降低风险。

8.4.2 提示性安全信息的位置

应根据风险、消费者需要安全信息的时间和消费品的设计情况，决定在下述位置是否需要提供提示性安全信息或部分信息：

a) 在消费品上；

b) 在消费品包装上；

c) 通过其他手段。

应采用标准化措词传达说明、警示等重要信息。

8.4.3 提示性安全设计基本形式

提示性安全设计的形式可以有多种，设计可以采用单独或组合的方法，主要有以下基本形式：

a) 使用说明书、电子类使用资料或其他使用资料；

b) 警告标志(如象形图)；

c) 安全使用标签和标识(如安全色)；

d) 安全提示性听觉或视觉信号(如喇叭、铃、灯光等)；

e) 其他安全提示性设计(如振动等)。

8.4.4 提示性安全设计基本内容

提示性安全设计包括但不限于以下几类安全信息：

a) 消费品使用对象及其能力要求，特别是仅适用人群说明，对需要特殊考虑的人群及其他特殊人群进行针对性的安全信息提示；

b) 消费品使用环境要求，特别是仅适用使用环境说明；

c) 正确使用消费品的方法、可预见的误使用说明、禁用及警告；

d) 故障的识别、定位、修复及调修后的再使用；

e) 消费品存在的遗留风险类型、风险大小、风险控制应对措施等；

f) 特殊防护措施说明及要求进行的培训，例如穿戴特殊服装、由成年人监护等；

g) 储运、装配、安装、清洗、保养、修理等方面的安全信息；

h) 消费品报废、回收、处置等对资源环境的影响及安全措施；

i) 生产商或第三方机构对消费品安全的支持信息；

j) 其他特殊的安全要求。

参 考 文 献

[1] GB/T 5083—1999 生产设备安全卫生设计总则

[2] GB 5296.1—1997 消费品使用说明总则

[3] GB/T 15706.1—2007 机械安全 基本概念与设计通则 第1部分:基本术语和方法

[4] GB/T 16856.1—2008 机械安全 风险评价 第1部分:原则

[5] GB/T 16856.2—2008 机械安全 风险评价 第2部分:实施指南和方法举例

[6] GB/T 20000.4—2003 标准化工作指南 第4部分:标准中涉及安全的内容

[7] GB/T 22696.1—2008 电气设备的安全 风险评估和风险降低 第1部分:总则

[8] GB/T 22696.2—2008 电气设备的安全 风险评估和风险降低 第2部分:风险分析和风险评价

[9] GB/T 22696.3—2008 电气设备的安全 风险评估和风险降低 第3部分:危险、危险处境和危险事件的示例

[10] GB/T 23694—2009 风险管理 术语

[11] GB/T 24353—2009 风险管理原则与实施指南

[12] GB/T 25321—2010 消费品安全制造管理指南

[13] Handbook for manufacturing safer consumer products

[14] PRODUCT SAFETY IN EUROPE:A Guide to corrective action including recalls

ICS 61.040
Y 76

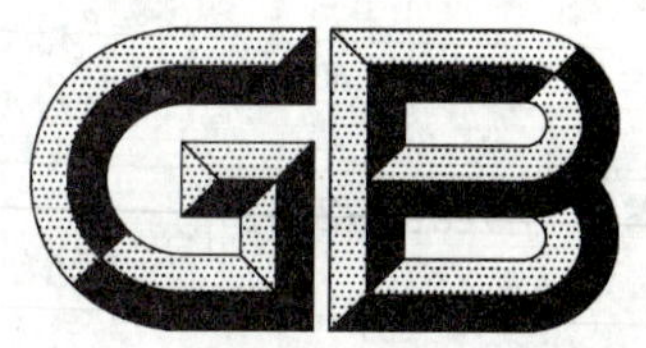

中华人民共和国国家标准

GB/T 29290—2012

钮扣通用技术要求和检测方法 不饱和聚酯树脂类

Button general technical requirements and testing methods—Unsaturated polyester resin buttons

2012-12-31 发布　　　　2013-09-01 实施

中华人民共和国国家质量监督检验检疫总局
中 国 国 家 标 准 化 管 理 委 员 会　发布

前　言

本标准按照 GB/T 1.1—2009 给出的规则起草。

请注意本文件的某些内容可能涉及专利。本文件的发布机构不承担识别这些专利的责任。

本标准由中国轻工业联合会提出。

本标准由全国钮扣标准化技术委员会(SAC/TC 400)归口。

本标准主要起草单位为:浙江伟星实业发展股份有限公司、浙江奥华服饰实业有限公司。

本标准参与起草单位为:福建省石狮市华联服装配件企业有限公司、嘉善县银螺钮扣有限公司、广东东莞添成钮扣有限公司、山东威海金鹰钮塑有限公司、上海新天和树脂有限公司、浙江理工大学、浙江嘉善县产品质量检验所、浙江嘉善县四方服装辅料厂、浙江嘉善县世闻服饰制品厂、嘉善县飞虹钮扣厂、嘉善天路达工贸有限公司、嘉善县新利来服饰辅料厂。

本标准主要起草人为:刘艳新、王春桥、黄文远、李银林、陈元登、卢进生、张鹏升、阎玉秀、吴丽珍、凌雪萍、马世闻、姚力平、俞善锋、黄勇。

钮扣通用技术要求和检测方法 不饱和聚酯树脂类

1 范围

本标准规定了不饱和聚酯树脂钮扣(以下简称聚酯钮扣)产品分类、技术要求、试验方法、检验规则、标志、包装、运输和贮存。

本标准适用于以不饱和聚酯树脂为主要原料,加入适量添加剂,在特定设备和模具内进行凝胶、固化而成珠光或非珠光板、棒,经机械加工后制成的钮扣。

本标准不适用于成型后染色的聚酯钮扣。

2 规范性引用文件

下列文件对于本文件的应用是必不可少的。凡是注日期的引用文件,仅注日期的版本适用于本文件。凡是不注日期的引用文件,其最新版本(包括所有的修改单)适用于本文件。

GB/T 191 包装储运图示标志

GB/T 250 纺织品 色牢度试验 评定变色用灰色样卡

GB/T 251 纺织品 色牢度试验 评定沾色用灰色样卡

GB/T 2828.1 计数抽样检验程序 第1部分:按接收质量限(AQL)检索的逐批检验抽样计划

GB/T 3921 纺织品 色牢度试验 耐皂洗色牢度

GB/T 5711 纺织品 色牢度试验 耐干洗色牢度

GB/T 6152 纺织品 色牢度试验 耐热压色牢度

GB/T 6543 运输包装用单瓦楞纸箱和双瓦楞纸箱

GB/T 7069 纺织品 色牢度试验 耐次氯酸盐漂白色牢度

GB/T 28490 钮扣分类及术语

3 术语和定义

GB/T 28490界定的术语和定义适用于本文件。

4 产品分类

4.1 品种

按款式可分为明眼扣、暗眼扣;明眼扣又可分为两眼扣、四眼扣。

4.2 规格

应符合表1、表2的规定。特殊要求可由供需求双方协商确定。

5 技术要求

5.1 结构尺寸及偏差

5.1.1 明眼扣的基本尺寸及偏差应符合表1的规定，示意图见图1、图2。

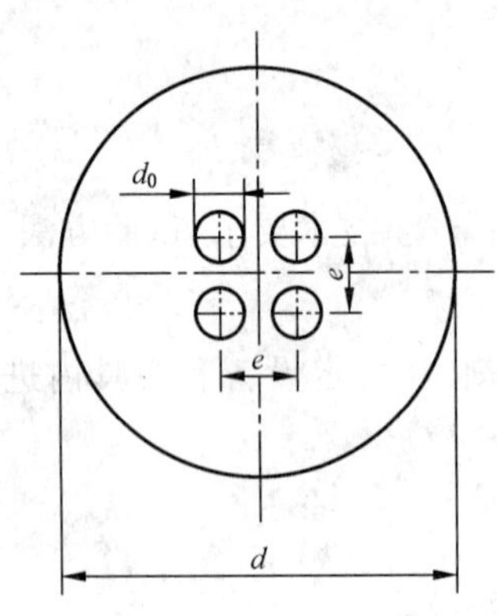

图1 四眼明眼扣

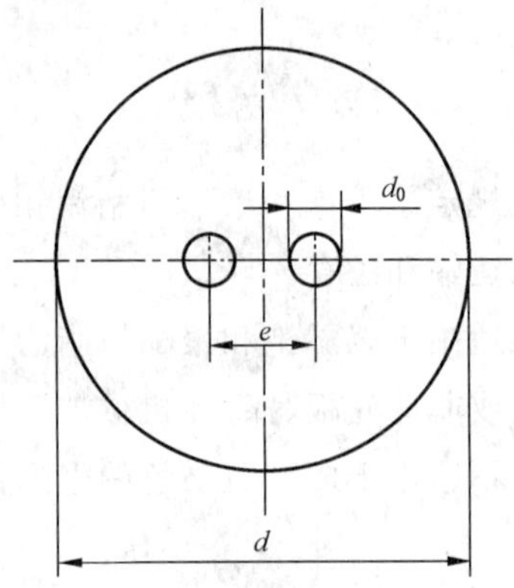

图2 两眼明眼扣

5.1.2 暗眼扣的基本尺寸偏差应符合表2的规定，示意图见图3、图4。

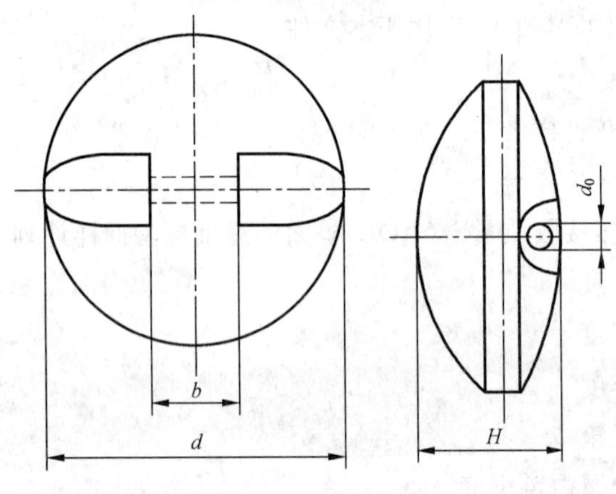

图3 暗眼扣

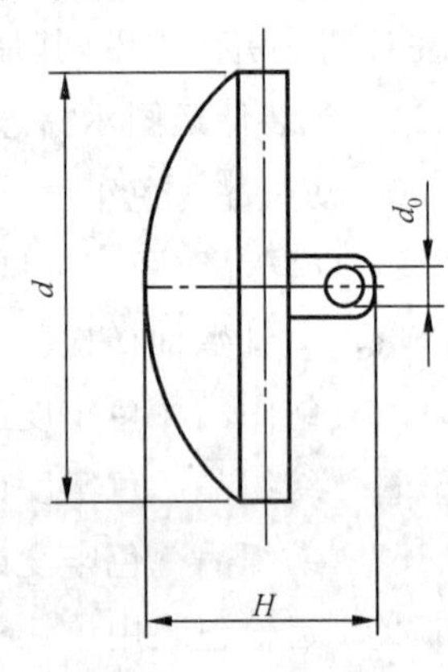

图4 暗眼扣

表1 明眼扣的基本尺寸及偏差(圆形款)

单位为毫米

规格	外径 d				孔距 e				孔径 d_0			同批产品厚度差		
	基本尺寸	极限偏差 Δd			基本尺寸	极限偏差 Δe			基本尺寸		极限偏差 Δd_0			
		优等品	一等品	合格品		优等品	一等品	合格品	两眼	四眼		优等品	一等品	合格品
14L	8.9	±0.3	±0.4	±0.5	由供需双方协商决定	±0.1	±0.2	±0.2	1.8	1.6	$^{+0.2}_{-0.1}$	≤0.2	≤0.3	≤0.4
16L	10.2								1.6	1.6				
18L	11.4								1.8	1.8				
20L	12.7													
22L	14.0								2.0	2.0				
24L	15.2													

表 1（续）

单位为毫米

规格	外径 d				孔距 e				孔径 d_0			同批产品厚度差		
	基本尺寸	极限偏差 Δd			基本尺寸	极限偏差 Δe			基本尺寸		极限偏差 Δd_0			
		优等品	一等品	合格品		优等品	一等品	合格品	两眼	四眼		优等品	一等品	合格品
26L	16.5								2.1	2.1	+0.2 −0.1			
28L	17.8								2.3	2.3				
30L	19.0													
32L	20.3													
34L	21.6													
36L	22.9				由供需双方协商决定									
40L	25.4	±0.3	±0.4	±0.5		±0.1	±0.2	±0.2				≤0.2	≤0.3	≤0.4
42L	26.7								2.4	2.4	+0.3 −0.1			
44L	27.9													
46L	29.2													
48L	30.5													
50L	31.8													

注 1：1L＝0.635 mm。

注 2：对于非圆形款明眼扣的外径，取其最大对角距离。

表 2　暗眼扣的基本尺寸及偏差（圆形款）

单位为毫米

规格	外径 d				同批产品钮柄尺寸差			孔径 d_0	同批产品厚度差		
	基本尺寸	极限偏差 Δd			极限偏差 Δb				ΔH		
		优等品	一等品	合格品	优等品	一等品	合格品	基本尺寸	优等品	一等品	合格品
14L	8.9										
16L	10.2							≥1.2			
18L	11.4										
20L	12.7										
22L	14.0										
24L	15.2										
26L	16.5	±0.3	±0.4	±0.5	≤0.3	≤0.6	≤1.0		≤0.2	≤0.3	≤0.4
28L	17.8							≥1.4			
30L	19.0										
32L	20.3										
34L	21.6										
36L	22.9										
40L	25.4										

表 2（续） 单位为毫米

<table>
<tr><th rowspan="3">规格</th><th colspan="4">外径 d</th><th colspan="3">同批产品钮柄尺寸差</th><th rowspan="2">孔径 d_0</th><th colspan="3">同批产品厚度差</th></tr>
<tr><th rowspan="2">基本尺寸</th><th colspan="3">极限偏差 Δd</th><th colspan="3">极限偏差 Δb</th><th colspan="3">ΔH</th></tr>
<tr><th>优等品</th><th>一等品</th><th>合格品</th><th>优等品</th><th>一等品</th><th>合格品</th><th>基本尺寸</th><th>优等品</th><th>一等品</th><th>合格品</th></tr>
<tr><td>42L</td><td>26.7</td><td rowspan="5">±0.3</td><td rowspan="5">±0.4</td><td rowspan="5">±0.5</td><td rowspan="5">≤0.3</td><td rowspan="5">≤0.6</td><td rowspan="5">≤1.0</td><td rowspan="5">≥1.4</td><td rowspan="5">≤0.2</td><td rowspan="5">≤0.3</td><td rowspan="5">≤0.4</td></tr>
<tr><td>44L</td><td>27.9</td></tr>
<tr><td>46L</td><td>29.2</td></tr>
<tr><td>48L</td><td>30.5</td></tr>
<tr><td>50L</td><td>31.8</td></tr>
<tr><td colspan="12">注 1：1L=0.635 mm。
注 2：对于非圆形款暗眼扣的外径，取其最大对角距离。</td></tr>
</table>

5.2 外观质量

应符合表 3 规定。

表 3 外观质量

序号	项目	要 求
1	表面	不应有裂纹、缺口、凹凸明显伤痕
2	眼孔	光洁畅通，无缺损、缺眼
3	暗眼扣背面	槽子应较光滑，允许有轻微不对称和深浅，不明显爆边
4	色差	同批钮扣应不低于 GB/T 250 规定的 4 级，与来样相比应不低于 GB/T 250 规定的 3 级

5.3 理化性能

应符合表 4 规定。

表 4 理化性能

<table>
<tr><th>序号</th><th>项目</th><th>要求</th></tr>
<tr><td>1</td><td>眼孔拉力</td><td>≥40 N</td></tr>
<tr><td>2</td><td>耐皂洗色牢度[a]（变色、沾色）</td><td rowspan="4">变色牢度应不低于 GB/T 250 规定的 3-4 级，沾色牢度应不低于 GB/T 251 规定的 3-4 级，表面应无裂纹、缺口、变形，光泽应无明显变化</td></tr>
<tr><td>3</td><td>耐干洗色牢度[b]（变色、沾色）</td></tr>
<tr><td>4</td><td>耐热压色牢度（变色、沾色）</td></tr>
<tr><td>5</td><td>耐氯漂色牢度（变色）</td></tr>
<tr><td colspan="3">[a] 测试选用多纤维贴衬布。
[b] 耐干洗色牢度仅考核可干洗类产品用钮扣。</td></tr>
</table>

5.4 其他要求

当需方提出其他要求时,可按供需双方合同执行,且确定检验方法。

6 试验方法

6.1 外观检验

6.1.1 检验条件

钮扣的表面、眼孔、暗眼扣背面在天然散射光线或无反射光的白色透射光线下进行,光的强度相当于 40 W 日光灯,距离 0.3 m 目测。

6.1.2 检验方法

6.1.2.1 色差按 GB/T 250 规定判定。

6.1.2.2 其他以目视观感和手感检验,并与需方的样品进行比对。

6.2 尺寸检验

6.2.1 钮扣的外径、厚度、扣柄等尺寸检验用精度为 0.02 mm 游标卡尺测量,精确到 0.1 mm。

6.2.2 明眼扣的孔径、孔距使用读数数显卡尺测量,精确到 0.1 mm。

6.2.3 暗眼扣的孔径测量按孔径大小选用不同精度的金属圆棒检测。

6.3 理化性能检验

6.3.1 眼孔拉力

6.3.1.1 调湿和测试条件

试样应在温度(23 ± 2)℃的条件下进行试验。

6.3.1.2 试验步骤

试验设备:拉力试验机。拉伸速度:(10±2)mm/min。试样夹具如图 5 如示。将直径 1.1 mm～1.2 mm 软金属丝穿入钮扣相邻的两眼孔内,把钮扣放入夹具后,另一端软金属丝用螺丝固定在金属板上,分别与拉伸试验机上、下夹头连接,然后按试验条件施加负荷至眼孔破坏,读取负荷值。精确到 1 N。

6.3.2 耐皂洗色牢度

按照 GB/T 3921 A(1) 进行测试。试样制备:从样品中抽 3 颗～12 颗钮扣作为试样(18*L* 以下包括 18*L* 抽 12 粒;18*L* 以上 32*L* 以下包括 32*L* 抽 6 粒;34*L* 以上包括 34*L* 抽 3 粒),将试样缝合在100 mm×40 mm 的多纤维贴衬织物上,确保每种纤维都能紧贴试样。

6.3.3 耐干洗色牢度

按照 GB/T 5711 进行测试。试样制备同 6.3.2。评定试样的变色及多纤维布的沾色。

6.3.4 耐热压色牢度

按照 GB/T 6152 进行测试。测试条件:潮压,150 ℃。试样制备:从样品中抽 3 颗～12 颗钮扣作为试样(18*L* 以下包括 18*L* 抽 12 粒;18*L* 以上 32*L* 以下包括 32*L* 抽 6 粒;34*L* 以上包括 34*L* 抽 3 粒)。

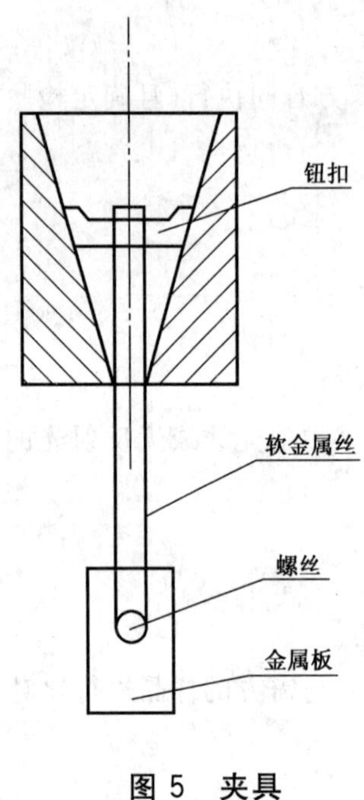

图5 夹具

6.3.5 耐氯漂色牢度

按照 GB/T 7069 进行测试。试样制备同 6.3.4。

7 检验规则

7.1 检验分类

7.1.1 每批产品必须经质检部检验合格,并附合格证出厂。

7.1.2 产品检验分出厂检验和型式检验。

7.1.2.1 出厂检验项目:结构尺寸,外观质量。

7.1.2.2 型式检验项目:技术要求的项目。

7.1.2.3 有下列情况之一需进行型式检验:

a) 新产品或者产品转厂生产的试制定型鉴定;

b) 正式生产后,如结构、材料、工艺有较大改变,考核对产品性能影响时;

c) 正常生产过程中,定期或积累一定产量后,周期性地进行一次检验,考核产品质量稳定性时;

d) 产品长期停产后,恢复生产时;

e) 出厂检验结果与上次型式检验结果有较大差异时;

f) 国家质量监督机构提出进行型式检验的要求时。

7.2 组批、抽样

按 GB/T 2828.1 正常检验二次抽样方案,其中 5.1、5.2 采用一般检验水平为Ⅰ,AQL 为 4.0,5.3 采用特殊检验水平 S-1,AQL 为 4.0 并符合转移规则。

7.3 判定

具体判定见表 5。

表 5 抽样及合格判定

批量范围/粒	IL 为Ⅰ,AQL 为 4.0			IL 为 S-1,AQL 为 4.0		
	样本大小	Ac	Re	样本大小	Ac	Re
1 201~3 200	第一 32 第二 32	2 6	5 7	第一 5 第二 5	0 0	2 2
3 201~10 000	第一 50 第二 50	3 9	6 10			
10 001~35 000	第一 80 第二 80	5 12	9 13			
35 001~150 000	第一 125 第二 125	7 18	11 19			
150 001~500 000	第一 200 第二 200	11 26	16 27			
≥500 001	第一 315 第二 315	11 26	16 27			
注:Ac 为接收数,Re 为拒收数。						

8 标志、包装、运输、贮存

8.1 标志

8.1.1 产品内包装里应标明以下内容:

a) 检验合格标识及生产日期;

b) 制造单位名称、地址;

c) 产品商标;

d) 产品名称、规格、货号、产品等级;

e) 产品标准代号;

f) 颜色。

8.1.2 产品外包装箱上应清晰地标明以下内容:

a) 制造单位名称、地址;

b) 产品名称、规格;

c) 产品商标;

d) 产品颜色、数量、净质量;

e) 生产日期;

f) 包装外形尺寸:长(mm)×宽(mm)×高(mm)。

8.1.3 产品储运标志应符合 GB/T 191 的规定。

8.2 包装

8.2.1 钮扣经计数后装入塑胶类薄膜袋内,然后再装入小包装纸盒或大包装纸箱。必要时在小包装袋外加上气泡袋,箱内应有相应的标签。或双方协商可简易包装。

8.2.2 纸箱质量应符合 GB/T 6543 中不低于 2 类纸箱的规定。

8.3 运输

钮扣运输应远离火源，并注意防压、防机械损伤，不得曝晒或者雨雪直接浸淋，严禁与酸碱混运。装卸时严禁抛掷包装箱，做到小心轻放。

8.4 贮存

8.4.1 钮扣贮存于干燥通风的库房内，并垫起 200 mm 以上，不得与地面直接接触，严禁与酸碱共贮，远离火源，贮藏环境应有干燥、通风条件。

8.4.2 钮扣自出厂日期起，贮存期为一年。

ICS 61.040
Y 76

中华人民共和国国家标准

GB/T 29291—2012

钮扣通用技术要求和检测方法 锌合金类

Button general technical requirements and testing methods—Zinc alloy buttons

2012-12-31 发布　　2013-09-01 实施

中华人民共和国国家质量监督检验检疫总局
中国国家标准化管理委员会　发布

前　言

本标准按照 GB/T 1.1—2009 给出的规则起草。

请注意本文件的某些内容可能涉及专利。本文件的发布机构不承担识别这些专利的责任。

本标准由中国轻工业联合会提出。

本标准由全国钮扣标准化技术委员会(SAC/TC 400)归口。

本标准主要起草单位:福建省石狮市华联服装配件企业有限公司、浙江伟星实业发展股份有限公司。

本标准参与起草单位:嘉善华亿达服装辅料有限公司、广东东莞添成钮扣有限公司、温州新城钮扣饰品有限公司、温州市方圆金属钮扣有限公司、浙江嘉善县恒祥服饰有限公司、石狮市新永佳辅料服饰有限公司、石狮市观奇钮扣、嘉善县华友钮扣辅料厂、江苏泰兴市双环服饰制造有限公司、永嘉县产品质量监督检验所。

本标准主要起草人:黄文远、杨海林、刘艳新、李木龙、陈元登、柯永国、邹德道、徐林根、蔡小平、林志峰、俞友金、殷奇明、陈素娟。

钮扣通用技术要求和检测方法
锌合金类

1 范围

本标准规定了锌合金钮扣的产品分类、技术要求、试验方法、检验规则及标志、包装、运输和贮存。

本标准适用于以锌合金为主要原料经压铸成型、修边、抛光、电镀、喷漆等工艺加工而成的锌合金钮扣的生产及检验。

2 规范性引用文件

下列文件对于本文件的应用是必不可少的。凡是注日期的引用文件，仅注日期的版本适用于本文件。凡是不注日期的引用文件，其最新版本(包括所有的修改单)适用于本文件。

GB/T 191 包装储运图示标志

GB/T 250 纺织品 色牢度试验 评定变色用灰色样卡

GB/T 251 纺织品 色牢度试验 评定沾色用灰色样卡

GB/T 1720 漆膜附着力测定法

GB/T 2828.1 计数抽样检验程序 第1部分：按接收质量限(AQL)检索的逐批检验抽样计划

GB/T 3921 纺织品 色牢度试验 耐皂洗色牢度

GB/T 5711 纺织品 色牢度试验 耐干洗色牢度

GB/T 6462 金属和氧化物覆盖层 厚度测量 显微镜法

GB/T 6543 运输包装用单瓦楞纸箱和双瓦楞纸箱

GB/T 7069 纺织品 色牢度试验 耐次氯酸盐漂白牢度

GB/T 28490 钮扣分类及术语

QB/T 3826 轻工产品金属镀层和化学处理层的耐腐蚀试验方法 中性盐雾试验(NSS)法

3 术语和定义

GB/T 28490 界定的术语和定义适用于本文件。

4 产品分类

4.1 按款式分类

4.1.1 锌合金钮扣按款式分为明眼扣、暗眼扣和铜脚扣三种。

4.1.2 明眼钮扣可分为两眼、四眼钮扣。

4.1.3 暗眼钮扣按扣柄方向分为横柄(水平方向)和竖柄(垂直方向)。

4.2 按形状分类

锌合金钮扣按形状可分为圆形扣和非圆形扣。

5 技术要求

5.1 规格尺寸要求

5.1.1 明眼扣的基本尺寸及允许偏差应符合表 1 的规定，示意图见图 1、图 2。客户特殊要求可按供需双方协商决定。

表 1 明眼扣的基本尺寸及偏差(圆形款)

单位为毫米

<table>
<tr><th rowspan="3">规格</th><th colspan="4">外径 d</th><th colspan="4">孔距 e</th><th rowspan="3">孔径 d_0</th><th rowspan="3">极限偏差 Δd_0</th><th colspan="3" rowspan="2">同批产品厚度偏差</th></tr>
<tr><th rowspan="2">基本尺寸</th><th colspan="3">极限偏差 Δd</th><th rowspan="2">基本尺寸</th><th colspan="3">极限偏差 Δe</th></tr>
<tr><th>优等品</th><th>一等品</th><th>合格品</th><th>优等品</th><th>一等品</th><th>合格品</th><th>优等品</th><th>一等品</th><th>合格品</th></tr>
<tr><td>14L</td><td>8.9</td><td rowspan="19">±0.3</td><td rowspan="19">±0.4</td><td rowspan="19">±0.5</td><td rowspan="19">由供需双方协商决定</td><td rowspan="19">±0.1</td><td rowspan="19">±0.2</td><td rowspan="19">±0.2</td><td rowspan="8">≥1.5</td><td rowspan="8">+0.2
−0.1</td><td rowspan="19">≤0.2</td><td rowspan="19">≤0.3</td><td rowspan="19">≤0.4</td></tr>
<tr><td>16L</td><td>10.2</td></tr>
<tr><td>18L</td><td>11.4</td></tr>
<tr><td>20L</td><td>12.7</td></tr>
<tr><td>22L</td><td>14.0</td></tr>
<tr><td>24L</td><td>15.2</td></tr>
<tr><td>26L</td><td>16.5</td></tr>
<tr><td>28L</td><td>17.8</td></tr>
<tr><td>30L</td><td>19.0</td><td rowspan="11">≥2.0</td><td rowspan="11">+0.3
−0.1</td></tr>
<tr><td>32L</td><td>20.3</td></tr>
<tr><td>34L</td><td>21.6</td></tr>
<tr><td>36L</td><td>22.9</td></tr>
<tr><td>40L</td><td>25.4</td></tr>
<tr><td>42L</td><td>26.7</td></tr>
<tr><td>44L</td><td>27.9</td></tr>
<tr><td>46L</td><td>29.2</td></tr>
<tr><td>48L</td><td>30.5</td></tr>
<tr><td>50L</td><td>31.8</td></tr>
<tr><td colspan="14">注 1：1L=0.635 mm。
注 2：对于非圆形款明眼扣的外径，取其最大对角距离。
注 3：外径基本尺寸采用公制单位的钮扣，其相应允许偏差同本表要求。</td></tr>
</table>

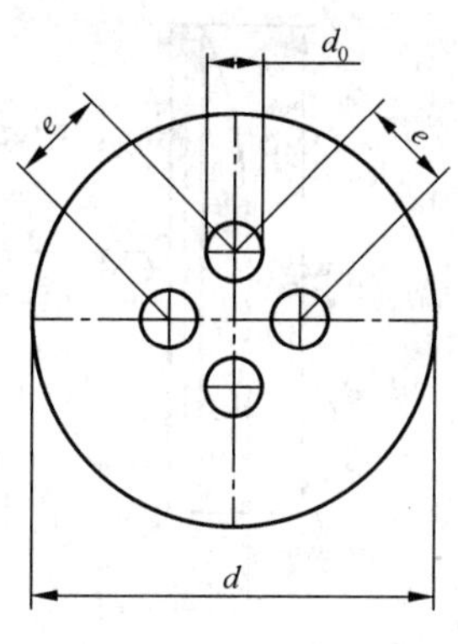

图 1 四眼明眼扣

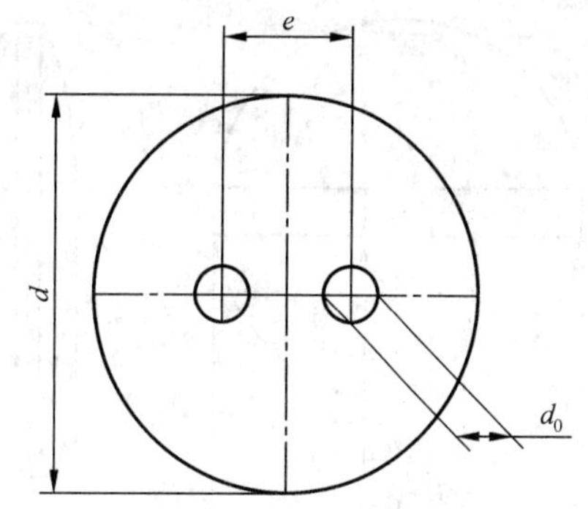

图 2 两眼明眼扣

5.1.2 暗眼扣的基本尺寸及允许偏差应符合表 2 的规定，示意图见图 3、图 4。客户特殊要求可按供需双方协商决定。

表 2 暗眼扣的基本尺寸及允许偏差(圆形款)

单位为毫米

<table>
<tr><th rowspan="3">规格</th><th colspan="4">外径 d</th><th colspan="3">同批产品钮柄尺寸</th><th rowspan="2">孔径
d_0</th><th colspan="3">同批产品厚度偏差</th></tr>
<tr><th rowspan="2">基本尺寸</th><th colspan="3">极限偏差 Δd</th><th colspan="3">极限偏差 Δb</th><th colspan="3">ΔH</th></tr>
<tr><th>优等品</th><th>一等品</th><th>合格品</th><th>优等品</th><th>一等品</th><th>合格品</th><th>基本尺寸</th><th>优等品</th><th>一等品</th><th>合格品</th></tr>
<tr><td>14L</td><td>8.9</td><td rowspan="18">±0.3</td><td rowspan="18">±0.4</td><td rowspan="18">±0.5</td><td rowspan="18">≤0.3</td><td rowspan="18">≤0.6</td><td rowspan="18">≤1.0</td><td rowspan="3">≥1.2</td><td rowspan="18">≤0.2</td><td rowspan="18">≤0.3</td><td rowspan="18">≤0.4</td></tr>
<tr><td>16L</td><td>10.2</td></tr>
<tr><td>18L</td><td>11.4</td></tr>
<tr><td>20L</td><td>12.7</td><td rowspan="15">≥1.4</td></tr>
<tr><td>22L</td><td>14.0</td></tr>
<tr><td>24L</td><td>15.2</td></tr>
<tr><td>26L</td><td>16.5</td></tr>
<tr><td>28L</td><td>17.8</td></tr>
<tr><td>30L</td><td>19.0</td></tr>
<tr><td>32L</td><td>20.3</td></tr>
<tr><td>34L</td><td>21.6</td></tr>
<tr><td>36L</td><td>22.9</td></tr>
<tr><td>40L</td><td>25.4</td></tr>
<tr><td>42L</td><td>26.7</td></tr>
<tr><td>44L</td><td>27.9</td></tr>
<tr><td>46L</td><td>29.2</td></tr>
<tr><td>48L</td><td>30.5</td></tr>
<tr><td>50L</td><td>31.8</td></tr>
<tr><td colspan="12">注 1：1L=0.635 mm。
注 2：对于非圆形款明眼扣的外径，取其最大对角距离。
注 3：外径基本尺寸采用公制单位的钮扣，其相应允许偏差同本表要求。</td></tr>
</table>

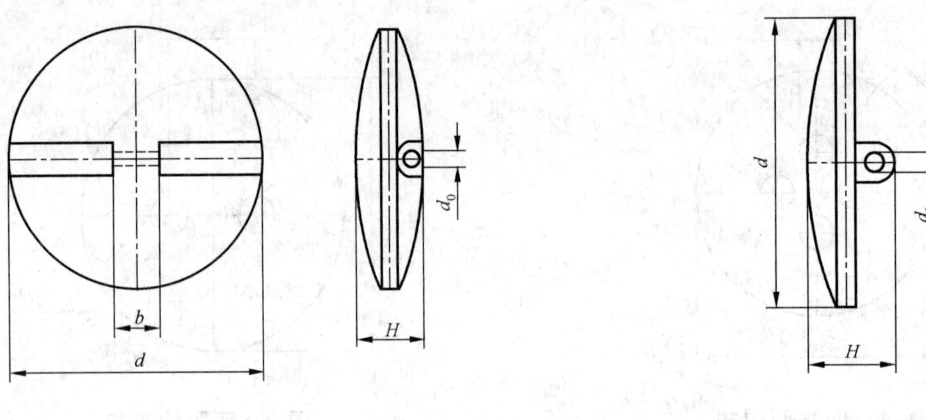

图 3　暗眼扣　　　　图 4　暗眼扣

5.1.3　锌合金面铜脚扣的基本尺寸及允许偏差应符合表 3 的规定，示意图见图 5。客户特殊要求可按供需双方协商决定。

表 3　锌合金面铜脚扣的基本尺寸及允许偏差（圆形款）　　单位为毫米

<table>
<tr><th rowspan="3">规格</th><th colspan="4">外径 d</th><th colspan="2">铜管外径 d_0</th><th colspan="2">铜管长度 h_0</th><th colspan="3">同批产品厚度偏差</th></tr>
<tr><th rowspan="2">基本尺寸</th><th colspan="3">极限偏差 Δd</th><th rowspan="2">基本尺寸</th><th rowspan="2">极限偏差 Δd_0</th><th rowspan="2">基本尺寸</th><th rowspan="2">极限偏差 Δh_0</th><th colspan="3">ΔH</th></tr>
<tr><th>优等品</th><th>一等品</th><th>合格品</th><th>优等品</th><th>一等品</th><th>合格品</th></tr>
<tr><td>$14L$</td><td>8.9</td><td rowspan="19">±0.3</td><td rowspan="19">±0.4</td><td rowspan="19">±0.5</td><td rowspan="2">2.2</td><td rowspan="19">0.0
−0.1</td><td rowspan="19">由供需双方协商决定</td><td rowspan="19">±0.5</td><td rowspan="19">≤0.3</td><td rowspan="19">≤0.4</td><td rowspan="19">≤0.5</td></tr>
<tr><td>$16L$</td><td>10.2</td></tr>
<tr><td>$18L$</td><td>11.4</td><td rowspan="17">3.0</td></tr>
<tr><td>$20L$</td><td>12.7</td></tr>
<tr><td>$22L$</td><td>14.0</td></tr>
<tr><td>$24L$</td><td>15.2</td></tr>
<tr><td>$26L$</td><td>16.5</td></tr>
<tr><td>$28L$</td><td>17.8</td></tr>
<tr><td>$30L$</td><td>19.0</td></tr>
<tr><td>$32L$</td><td>20.3</td></tr>
<tr><td>$34L$</td><td>21.6</td></tr>
<tr><td>$36L$</td><td>22.9</td></tr>
<tr><td>$38L$</td><td>24.1</td></tr>
<tr><td>$40L$</td><td>25.4</td></tr>
<tr><td>$42L$</td><td>26.7</td></tr>
<tr><td>$44L$</td><td>27.9</td></tr>
<tr><td>$46L$</td><td>29.2</td></tr>
<tr><td>$48L$</td><td>30.5</td></tr>
<tr><td>$50L$</td><td>31.8</td></tr>
<tr><td colspan="12">注 1：$1L=0.635$ mm。
注 2：对于非圆形款铜脚扣的外径，取其最大对角距离。
注 3：外径基本尺寸采用公制单位的钮扣，其相应允许偏差同本表要求。</td></tr>
</table>

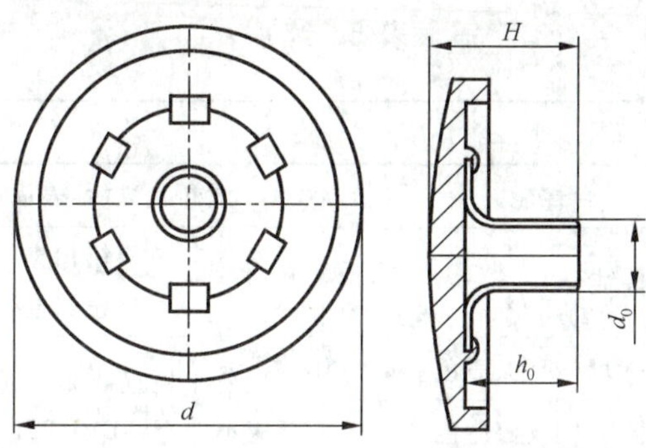

图5 铜脚扣面

5.2 组装要求

锌合金面铜脚扣与铜管应铆合牢固，不得出现异常松脱现象。

5.3 外观要求

5.3.1 产品的结构、图案、花纹、颜色等应符合需方要求。

5.3.2 人体可触及的部位与相应工作物配合的部位不应有明显的毛刺、锐边、棱角等缺陷。

5.3.3 其他外观质量要求见表4。

表4 其他外观质量要求

项目		要求
扣面		不应有裂纹、缺口及明显伤痕，表面无气泡、无凹洞，光面扣表面光泽明亮，沙面扣小凸点有立体感
眼孔		应光洁畅通，无刮线锐边，无缺损，缺眼
装饰	镶配件	位置端正，结合牢固
	激光	字母、图案清晰，位置正确、端正，线条符合要求
	丝印	
镀层、漆层		无明显流挂、漏涂、脱层、起皮等缺陷
色差		同批内颜色偏差应不低于GB/T 250规定的4级，与来样对比应不低于GB/T 250规定的3级

5.4 理化性能

锌合金钮扣的理化性能要求应符合表5的规定。

表5 理化性能

序号	项目	要求
1	眼孔拉力[a]	≥90N
2	耐中性盐雾腐蚀	主要表面无明显腐蚀
3	漆膜附着力[b]	≥4级
4	镀层厚度	≥0.025 mm

表 5（续）

<table>
<tr><th>序号</th><th>项目</th><th>要求</th></tr>
<tr><td>5</td><td>镀层结合性能</td><td>试样测试后，表面应无皱褶、毛疵、起皮或脱落</td></tr>
<tr><td>6</td><td>扣件结合力[c]</td><td>钮扣直径≤10 mm：≥50 N
钮扣直径>10 mm：≥90 N</td></tr>
<tr><td>7</td><td>耐皂洗色牢度[d]（变色、沾色）</td><td rowspan="3">变色牢度应不低于 GB/T 250 规定的 3-4 级，沾色牢度应不低于 GB/T 251 规定的 3-4 级，表面应无裂纹、缺口、变形，光泽应无明显变化</td></tr>
<tr><td>8</td><td>耐干洗色牢度[e]（变色、沾色）</td></tr>
<tr><td>9</td><td>耐氯漂色牢度（变色）</td></tr>
<tr><td colspan="3">[a] 测试适用于明眼扣和暗眼扣。
[b] 漆膜附着力的检测，应使用相同工艺条件下的试片。
[c] 测试适用于铜脚扣。
[d] 选用多纤维贴衬布。
[e] 测试仅适用于考核可干洗产品用的钮扣。</td></tr>
</table>

6 试验方法

6.1 基本尺寸及偏差

6.1.1 钮扣的外径、厚度、钮柄、孔径、孔距用精度为 0.02 mm 的游标卡尺测量，精确到 0.1 mm。

6.1.2 明眼扣的孔径、孔距使用读数数显卡测量，精确到 0.1 mm。

6.1.3 暗眼扣的孔径测量按孔径大小选用不同精度的金属圆棒检测。

6.2 装配检验

锌合金面铜脚扣与铜管的铆合牢固以手工强力转动，不出现异常松脱为正常。

6.3 外观检验

6.3.1 钮扣面、眼孔、镀层、漆层及装饰在自然光线或在无反射光的白色透射光线下，光的强度相当于 40 W 日光灯线下距约 0.3 m 目测。

6.3.2 色差按 GB/T 250 规定判断。

6.3.3 其他项目以目测观感和手感检验，并与需方的样品进行比对。

6.4 理化性能试验

6.4.1 眼孔拉力

6.4.1.1 试验状态调节和试验标准环境：试样应在(23±2)℃的条件下进行试验。

6.4.1.2 试验设备：拉力试验机。测力精度为示值的 2%以内，量程至少为 200 N。

6.4.1.3 拉伸速度：(10±2)mm/min。

6.4.1.4 试验步骤：试样夹具如图 6 如示。从样品中抽取 6 粒钮扣作为试样，将直径 1.1 mm～1.2 mm 软金属丝穿入明眼钮扣相邻的两眼孔内或暗眼扣背面的孔内，把钮扣放入夹具后，另一端软金属丝用螺丝固定在金属板上，分别与拉力试验机上、下夹头连接，然后按试验条件施加负荷至眼孔破坏，读取负荷值。精确到 1 N。

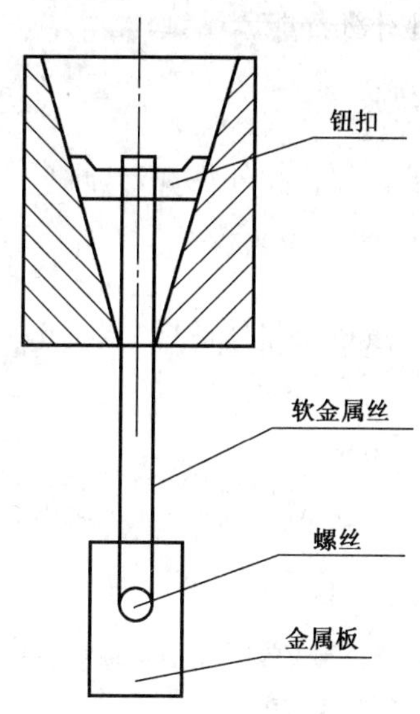

图 6 眼孔拉力示意图

6.4.2 耐中性盐雾腐蚀

抽取三粒钮扣按 QB/T 3826 规定方法进行，盐雾浓度为 5%，测试 8 h 后与原样目测比较，三粒钮扣均需符合要求。

6.4.3 漆膜附着力

抽取三粒钮扣按 GB/T 1720 规定方法进行。

6.4.4 镀层厚度

抽取三粒钮扣按 GB/T 6462 规定方法进行。

6.4.5 镀层结合性能

抽取三粒钮扣用 30°锐角的硬质钢刀在钮扣表面划若干个深达基体金属的划痕，这些划痕是互相平行(间距约 2 mm)和交错，用 4 倍～5 倍放大镜观察镀层是否皱褶、毛疵、起皮或脱落。测试三粒钮扣均需符合要求。

6.4.6 扣件结合力

6.4.6.1 试验设备采用拉力试验机。测力精度为示值的 2%以内，量程至少 200 N。拉伸速度为(10±2)mm/min。夹具之间的距离按测试样调整。

6.4.6.2 将要测试的钮扣四件分别装订在布料上，每粒间距≥50 mm，每 6 粒为一组进行检测，也可按客户提供的样品直接测试。

6.4.6.3 启动拉力试验机，放置样品，调整夹具位置，保证样本纵向中心轴垂直经过上下夹具中心线，放置样本时应确保无任何损坏或滑移。

6.4.6.4 开始拉力测试，上夹具拉动钮扣部件直至脱离布料或破损，读取试验值。

6.4.6.5 记录每个样本的最大拉力，以最低测试结果为最终结果，单位为牛顿，精确到 1 N。

6.4.7 耐皂洗色牢度

按照 GB/T 3921A (1)试验方法进行测试。试样制备：从样品中抽 3 粒～12 粒钮扣作为试样[18*L*(含)以下抽 12 粒；18*L* 以上 32*L*(含)以下抽 6 粒；34*L*(含)以上抽 3 粒]，将试样缝合在 100 mm×

40 mm 的多纤维贴衬织物上，确保每种纤维都能紧贴试样。

6.4.8 耐干洗色牢度

按照 GB/T 5711 进行测试，测试粒数按钮扣外径规定，同 6.4.7。

6.4.9 耐氯漂色牢度

按照 GB/T 7069 进行测试，测试粒数按钮扣外径规定，同 6.4.7。

7 检验规则

7.1 检验分类

7.1.1 产品检验分出厂检验和型式检验。

7.1.2 每批产品应经生产厂家质检部门检验合格，并附合格证出厂。

7.1.3 出厂检验项目：外观、规格尺寸和装配要求。

7.1.4 型式检验项目：第 5 章要求的全部项目。

7.1.5 有下列情况之一时应进行型式检验：

a) 新产品或产品转厂生产的试制定型鉴定；
b) 原材料、结构、设备、工艺有较大改变可能影响产品质量时；
c) 产品停产半年后，恢复生产时或连续生产半年；
d) 出厂检验结果与上次型式检验结果有较大差异时；
e) 国家质量监督机构或客户提出型式检验的要求时。

7.2 组批、抽样

按 GB/T 2828.1 正常检验二次抽样方案，其中 5.1、5.2、5.3 采用一般检验水平Ⅰ，AQL 为 4.0，5.4 采用特殊检验水平 S-1，AQL 为 4.0 并符合转移规则。

7.3 判定规则

具体判定见表 6。

表 6 抽样及合格判定

<table>
<tr><th rowspan="2">批量范围/粒</th><th colspan="3">IL 为Ⅰ，AQL 为 4.0</th><th colspan="3">IL 为 S-1，AQL 为 4.0</th></tr>
<tr><th>样本大小</th><th>Ac</th><th>Re</th><th>样本大小</th><th>Ac</th><th>Re</th></tr>
<tr><td>1 201～3 200</td><td>第一 32
第二 32</td><td>2
6</td><td>5
7</td><td rowspan="6">第一 5
第二 5</td><td rowspan="6">0
1</td><td rowspan="6">2
2</td></tr>
<tr><td>3 201～10 000</td><td>第一 50
第二 50</td><td>3
9</td><td>6
10</td></tr>
<tr><td>10 001～35 000</td><td>第一 80
第二 80</td><td>5
12</td><td>9
13</td></tr>
<tr><td>35 001～150 000</td><td>第一 125
第二 125</td><td>7
18</td><td>11
19</td></tr>
<tr><td>150 001～500 000</td><td>第一 200
第二 200</td><td>11
26</td><td>16
27</td></tr>
<tr><td>≥500 001</td><td>第一 315
第二 315</td><td>11
26</td><td>16
27</td></tr>
<tr><td colspan="7">注：Ac 为接收数，Re 为拒收数。</td></tr>
</table>

8 标志、包装、运输、贮存

8.1 标志

8.1.1 包装标志

8.1.1.1 纸盒标志

纸盒正面需注明产品名称、数量、生产单位及生产日期、产品标准代号、质量等级等。

8.1.1.2 纸箱标志

产品外包装需注明如下内容：

a) 产品名称、规格；

b) 数量；

c) 重量；

d) 体积：长×宽×高(mm)；

e) 生产单位名称及地址。

包装储运标志应符合 GB/T 191 的规定。

纸箱外标志印刷布局应合理，字体大小合宜。字迹应清晰、工整。

8.2 包装

8.2.1 钮扣经计数后装入塑胶类薄膜袋内，然后再装入小包装纸盒或大包装纸箱。必要时在小包装袋外加上气泡袋，箱内应有相应的标签。或双方协商可简易包装。

8.2.2 纸箱质量应符合 GB/T 6543 中不低于 2 类纸箱的规定。

8.3 运输

钮扣运输应远离火源，并注意防压、防机械损伤，不得曝晒或者雨雪直接浸淋，严禁与酸碱混运。装卸时严禁抛掷包装箱，做到小心轻放。

8.4 贮存

8.4.1 钮扣贮存于干燥通风的库房内，并垫起 200 mm 以上，不得与地面直接接触，严禁与酸碱共贮，远离火源，贮藏环境应有干燥、通风条件。

8.4.2 钮扣自出厂日期起，贮存期为一年。

ICS 61.060
Y 78

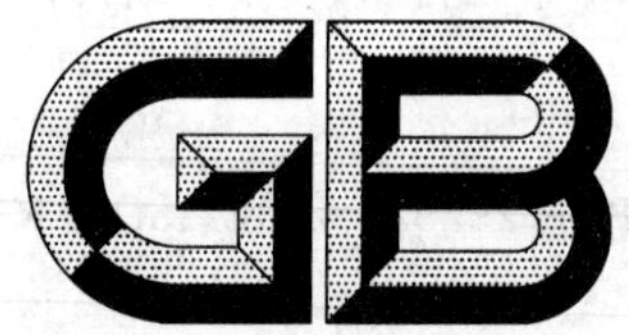

中华人民共和国国家标准

GB/T 29292—2012/ISO/TR 16178:2010

鞋类 鞋类和鞋类部件中存在的限量物质

Footwear—Critical substances potentially present in footwear and footwear components

(ISO/TR 16178:2010,IDT)

2012-12-31 发布　　2013-09-01 实施

中华人民共和国国家质量监督检验检疫总局
中国国家标准化管理委员会　发布

前　言

本标准按照 GB/T 1.1—2009 给出的规则起草。

本标准使用翻译法等同采用 ISO/TR 16178:2010《鞋类　鞋类和鞋类部件中存在的限量物质》。

本标准做了下列编辑性修改：

——将国际标准中的“nylon6.6”，翻译为“尼龙 66”；

——小数点符号用“.”代替“,”；

——对印刷错误的改正，第 3 章中用“见 2.6”代替“见 3.6”；

——对印刷错误的改正，A.17 中“1,1-二氯乙烯(亚乙烯基氯化物)基”代替“I,J-二氯乙烯(亚乙烯基氯化物)基”；

——为了符合中文习惯，改变标准名称，由“鞋类和鞋类部件中存在的限量物质”代替“鞋类　鞋类和鞋类部件中存在的限量物质”；

——用“本标准”代替“本国际标准报告”；

——删除国际标准中资料性概述要素；

——为了方便使用，对表 1 加入序号列；

——增加了资料性附录 NA，标准中试验方法与国内标准对照情况一览表。

请注意本文件的某些内容可能涉及专利。本文件的发布机构不承担识别这些专利的责任。

本标准由中国轻工业联合会提出。

本标准由全国制鞋标准化技术委员会(SAC/TC 305)归口。

本标准起草单位：中国皮革和制鞋工业研究院、美丽华企业(南京)有限公司、温州泰马鞋业有限公司、佛山星期六鞋业有限公司、金猴集团有限公司、特步(中国)有限公司。

本标准主要起草人：戚晓霞、张伟娟、蔡树荣、王先豪、李礼、谷方国、张宝春、钟锡豪。

鞋类 鞋类和鞋类部件中存在的限量物质

1 范围

本标准给出了鞋类和鞋类部件中存在限量物质汇总表。

本标准给出了限量物质、危害程度、可能存在的材料、测试用试验方法等。本标准不包括指标要求；应由使用者设定可接受限量水平，例如规定浓度、检测限或定量限等。

本标准所推荐的试验方法为是基于目前技术水平上的。有些物质没有相应的试验方法，因为在本标准制定时这些试验方法还没有发布实施。如果可能，在本标准修订时会被加入。

本标准适用于鞋类产品和鞋类材料。

2 术语和定义

下列术语和定义适用于本文件。

2.1

过敏原 allergen

能够诱发过敏反应的物质。

2.2

过敏反应 allergy

对特定物质(过敏原)产生免疫方面的反应。

注：IgE抗体产生1型过敏，可能引起哮喘、鼻炎、风疹。T细胞产生4型过敏，可能引起皮炎。

2.3

检测限 detection limit

一种物质被检出的最小值。

注：响应信号为噪音3倍时的待测物质的浓度或质量。实验室对每种物质进行检测，得出检测限。

2.4

定量限 quantification limit

一种物质可被准确测量的最小值。

注：即测量不确定度等于定性值的50%的值。

2.5

未检出 absence of a chemical

当使用试验方法未能检测出某种化学物质时，说明该种化学物质不存在于材料中。

注：化学物质含量小于试验方法检测限。

2.6

限量物质 critical substances

在鞋类产品或部件中存在的化学物质，其化学特性危害穿着者健康和对环境产生影响。

注1：限量物质产生各种各样的影响。如致癌、诱发机体突变、过敏、毒性等。

注2：本标准在出版时给出了可得到的信息。由于法规可能会改变，本标准使用者负责查新。

2.6.1

限量物质类别1 critical substances category 1

已证实对穿着者产生危害的物质。

注：欧洲法规中对这些物质进行了限制。

2.6.2

限量物质类别 2　critical substances category 2

对穿着者产生危害的物质。

注：一些国家在国家法规中进行了限制。

2.6.3

限量物质类别 3　critical substances category 3

对环境产生危害的物质。

注：在欧洲生态标签中涉及该类物质。

2.6.4

限量物质类别 4　critical substances category 4

高度怀疑对穿着者有危害的物质。

注：目前这些物质可能没有被限制。

2.6.5

限量物质类别 5　critical substances category 5

怀疑对穿着者有危害的物质。

注：目前这些物质可能没有被限制。

3　鞋类材料中存在的化学物质

在鞋类材料中有许多化学物质存在，见表 1：

a)　认为存在限量物质的材料(参见附录 A)；

b)　限量物质列表(参见附录 B)；

c)　能证实限量物质存在和对其进行定量的试验方法；

d)　通过限量物质类别(见 2.6)，评估其危害级别。

对于复合材料，应对全部成分进行试验。

示例 1：涂层纺织品(棉＋PVC 涂层)，对 PVC 和有纤维质的天然纤维进行试验。

示例 2：混合纺织品(PES＋棉)，对纤维质的天然纤维和 PES 纺织品进行试验。

表 1　鞋类和鞋类部件中存在的限量物质

序号	物质名称（参见附录 B）	试验方法	皮革			合成材料									天然材料				其他材料			
			皮革	涂层皮革	皮板	聚氯乙烯 PVC	乙烯-乙酸乙烯聚合物 EVA	橡胶	PU-TPU 氨纶	PE-TP	聚酯	聚酰胺	含氯纤维	聚丙烯酸	乳胶	天然织物	蛋白织物	木头-软木	粘合剂	金属件	纺织品用印染剂	纤维板
1	丙烯腈	—						5											5			
2	AZO-芳香胺	ISO 17234-1	1	1	1																	
3	AZO-芳香胺　当怀疑有4-氨基偶氮苯	ISO 17234-2	1	1	1																	
4	AZO-芳香胺	EN 14362-1										1	1	1		1	1				1	
5	AZO-芳香胺	EN 14362-2									1										1	
6	AZO-芳香胺　当怀疑有4-氨基偶氮苯	EN 14362-3									1	1	1	1		1	1				1	
7	镉　针对 PVC 要求	EN 1122		1		1	1	1	1	1											1	
8	有机氯载体	—									3											
9	六价铬	ISO 17075	2	2	2																	
10	松香																		5			
11	二甲基甲酰胺(DMF)			4					4													
12	富马酸二甲酯(DMFU)		1	1	1	1	1	1	1	1	1	1	1	1	1	1	1	1			1	1
13	分散剂和染料	DIN 54231:2005									2	2	2	2		2	2					

表 1（续）

序号	物质名称（参见附录 B）		试验方法	皮革			合成材料									天然材料				其他材料			
				皮革	涂层皮革	皮板	聚氯乙烯 PVC	乙烯-乙酸乙烯聚合物 EVA	橡胶	PU-TPU 氨纶	PE-TP	聚酯	聚酰胺	含氯纤维	聚丙烯酸	乳胶	天然织物	蛋白织物	木头-软木	粘合剂	金属件	纺织品用印染剂	纤维板
14	阻燃剂	只针对声称具有阻燃作用的产品		1	1	1	1	1	1	1	1	1	1	1	1	1	1	1	1			1	1
15	甲醛		ISO 17226-1 ISO 17226-2	2	2	2																	
16	甲醛		EN 120																2				2
17	甲醛		ISO 14184-1									2	2	2	2		2	2					
18	重金属	可萃取（Sb-As-Pb-Cd-Cr-Co-Cu-Ni-Hg-Zn）	ISO 17072-1	4	4	4	4	4	4	4	4	4	4	4	4	4	4	4	4	4		4	4
		总量（Sb-As-Pb-Cd-Cr-Co-Cu-Ni-Hg-Zn）	ISO 17072-2	4	4	4	4	4	4	4	4	4	4	4	4	4	4	4	4	4		4	4
		总量（As-Pb-Cd）	EN 14602:2004	3	3	3	3	3	3	3	3	3	3	3	3	3	3	3	3	3		3	3
		36 个月以下儿童的鞋（Sb-As-Ba-Pb-Cd-Cr-Hg-Se）	EN 71-3	2	2	2	2	2	2	2	2	2	2	2	2	2	2	2	2	2		2	2
19	巯基苯并噻唑								5														
20	可提取的乳胶蛋白		EN 455-3													4							
21	N-乙基苯胺								5							4							
22	镍	皮肤接触	EN 1811 CR 12471（与 EN 12472 结合使用或不适用 EN 12472）																		1		

表 1（续）

序号	物质名称（参见附录 B）	试验方法	皮革：皮革	皮革：涂层皮革	皮革：皮板	合成材料：聚氯乙烯 PVC	合成材料：乙烯-乙酸乙烯聚合物 EVA	合成材料：橡胶	合成材料：PU-TPU 氨纶	合成材料：PE-TP	合成材料：聚酯	合成材料：聚酰胺	合成材料：含氯纤维	合成材料：聚丙烯酸	天然材料：乳胶	天然材料：天然织物	天然材料：蛋白织物	天然材料：木头-软木	其他材料：粘合剂	其他材料：金属件	其他材料：纺织品用印染剂	其他材料：纤维板
23	亚硝胺 36 个月以下儿童的鞋	EN 12868						2														
24	亚硝胺	EN12868						3														
25	壬基酚和烷基酚聚氧乙烯醚类物质		4	4	4						3	3	3	3		3	3					
26	有机锡(TBT,TPT)	ISO 17353:2004	1	1	1	1	1	1	1	1	1	1	1	1	1	1	1	1			1	1
27	有机锡(MBT,DBT,DOT)	ISO 17353:2004	4	4	4	4	4	4	4	4	3	3	3	3	4	3	3	4			4	4
28	邻-苯基苯酚		5	5	5		5				5	5	5	5	5	5	5	5				5
29	消耗臭氧物质										3	3	3	3		3	3					
30	多环芳烃(PAH)					4	4	4	4	4												
31	五氯苯酚-四氯苯酚-三氯苯酚(PCP-TeCP-TriCP)	ISO 17070	2	2	2																	
32	五氯苯酚-四氯苯酚-三氯苯酚(PCP-TeCP-TriCP)	CEN/TR 14823																2				
33	五氯苯酚-四氯苯酚-三氯苯酚(PCP-TeCP-TriCP)	XP G 08-015														2	2					
34	杀虫剂		5	5	5											3	3					5
35	全氟辛烷磺酸盐/全氟辛酸 PFOS/PFOA 只针对声称具有防污性能和防水性的产品		1	1	1						1	1	1	1		1	1					

表 1（续）

序号	物质名称（参见附录 B）	试验方法	皮革			合成材料									天然材料				其他材料			
			皮革	涂层皮革	皮板	聚氯乙烯 PVC	乙烯-乙酸乙烯聚合物 EVA	橡胶	PU-TPU 氨纶	PE-TP	聚酯	聚酰胺	含氯纤维	聚丙烯酸	乳胶	天然织物	蛋白织物	木头-软木	粘合剂	金属件	纺织品用印染剂	纤维板
36	pH	ISO 4045	4	4	4																	
37	pH	ISO 3071									4	4	4	4		4	4					
38	邻苯二甲酸酯	ISO 18856				1	1	1	1	1												
39	邻苯二甲酸酯 纺织品	EN 15777		1							1	1	1	1		1	1				1	
40	邻苯二甲酸酯 36 个月以下儿童的鞋	EN 71-10 和 EN 71-11		1		1	1	1	1	1	1	1	1	1		1	1				1	
41	多氯联苯（PCB）		5	5	5						3	3	3	3		3	3					
42	氯丁橡胶或氯丁（二烯）橡胶							5											5			
43	对苯二胺（PPD）		5	5	5						5	5		5		5	5				5	5
44	对叔丁基苯酚甲醛（PTBF）																		5			
45	短链氯化石蜡（C10～C13）		3	3	3			3			3	3	3	3		3	3					
46	硫氰酸甲基巯基苯并噻唑 TCMTB		5	5	5																	
47	福美联（杀菌剂）和硫代氨基甲酸盐（或酯）							5														
48	氯乙烯单体	ISO 64015		4		4																

附 录 A
（资料性附录）
鞋用材料

A.1 皮革

指带毛或不带毛的动物皮，原纤维保持基本的完整性、通过鞣制具有防腐性。动物皮亦可在进行分层或分割前后进行鞣制得到皮革。但是，如果鞣制后的皮被机械和（或）化学碎裂成纤维片段、碎片、粉末，无论是否使用粘合剂使其成为板材或其他形态，都不是皮革。如果皮革表面有涂层，厚度不能超过0.15 mm。

A.2 涂层皮革

皮革表面的涂层没有超过总体厚度的三分之一，但超过0.15 mm。

A.3 皮纤维板

鞣制后的皮被机械和（或）化学碎裂成纤维片段、碎片、粉末，无论是否使用粘合剂使其制成的板材或其他形态材料称为皮板。同时要求皮革绝干质量不低于50%才能称之为皮板。

A.4 聚氯乙烯

聚合的氯乙烯构成的聚合物。在制鞋材料中，聚氯乙烯与增塑剂一起使用增加柔韧性。它也可以作为涂层在涂层织物和漆皮上使用。

A.5 EVA发泡材料

乙烯-乙酸乙烯的聚合物，可膨胀发泡。它可作为运动鞋的轻便中底，也可作为不要求耐磨性的夏天凉鞋。

A.6 橡胶、合成橡胶、发泡橡胶

橡胶是对合成或天然材料进行交联的聚合物，具有所需的物理性能和抗化学性。广泛用于各种鞋类的外底（见ISO 1382）。

A.7 热塑性聚氨酯

异氰酸酯和多元醇缩聚而成的化合物，加热后可再定型。可制成致密型和微孔型。

A.8 热塑性弹性体或热塑性橡胶

具有塑料的可加工性和橡胶的柔韧性和耐用性，同时更轻且更易成型。由于其结构包括嵌段共聚物，既含有带橡胶性能的弹性链段，又含有刚性链段（室温下），这些性能为热塑性材料的生产提供了有利条件。它们具有与硫化过程中形成的硫键相同的作用，如防止受到应力时的链迁移。即在施加应力时链段不会产生位移。同时，由于缺少交联结构，当超过玻璃化温度时，会失去内聚力，材料变得可流动而适宜注入模具。

A.9 乳胶

橡浆是水性的胶体溶液，包括直径小于 1 μm 的球状橡胶颗粒，分散在连续水相中并相对稳定。具有不溶于水的特性，但每个橡胶颗粒被一层天然的或合成的乳化剂包覆，因此悬浮液很稳定（见 ISO 1382）。

A.10 发泡材料，泡棉

具有闭孔或非闭孔结构的合成发泡聚合物，柔韧或坚硬，可用于多种产品。

A.11 复合材料

复合物如复合材料或加强塑料，含有聚合物基质或连续相以及分离相。分离相可以是一种或多种以矿物质和（或）合成纤维形式存在的填料或加强物。因此，得到一种结构性材料，其物理机械性能至少比单个成分性能的线性加和要高。比如，碳或玻璃纤维通常用作加强材料。

A.12 聚氨酯(PU)

不论链段上其余部分的化学组成如何，聚氨酯的分子骨架中必含有氨酯基。氨酯基（见图 A.1）通过二异氰酸酯和多元醇反应生成。因此，典型的聚氨酯除了含有氨酯基外，还包含脂肪烃、芳香烃、酯、醚、酰胺、脲、异氰酸酯等基团。因其所用化学组分不同可获得很多性能：热塑性、热固性、坚硬或柔韧、微孔或紧密等。聚氨酯通常被用于结构材料、涂层、粘合剂、密封剂。

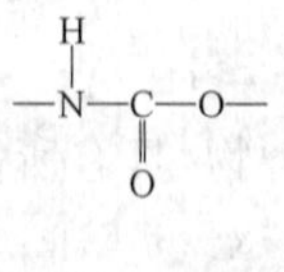

$$-\overset{\displaystyle H}{\overset{|}{N}}-\underset{\displaystyle O}{\underset{\|}{C}}-O-$$

图 A.1 氨酯基

A.13 织物

该术语最初用来描述织物，现在适用于天然的或人造的纤维、细丝或纱线及其制成品。

注： 通过编、织、制毡、粘合、结、簇等方式制成的线、绳、索、辫、带、刺绣、网、布都属于织物。

A.14 聚酯

以酯连接为主链的聚合物(见图 A.2)。现在,聚酯定义是合成聚合物的大家族,包括最常用的聚碳酸酯和大多数的对苯二酸-乙二醇聚合物(PET)。

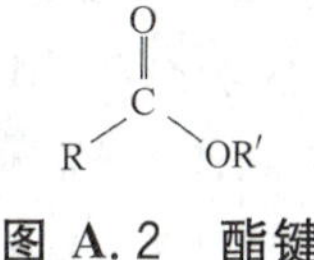

图 A.2 酯键

A.15 聚酯纤维

纤维由合成的线性大分子构成,该大分子链上含有至少 85%(质量分数)的由二醇和苯-1,4-二羧酸(对苯二酸)形成的酯基。

A.16 聚酰胺

一种合成线性聚合物,是由一种或多种简单化合物通过酰胺键连接形成的聚合物。

例如:[—R—CO—NH—R—CO—NH—]$_n$ 或[—R_1—NH—CO—R_2—CO—NH—]$_n$,其中 R、R_1 和 R_2 通常但不必须是线性二价碳氢链(—CH_2—)$_m$。

根据重复单元的碳原子数或两种反应物构成的聚酰胺单元数用以区分不同的聚酰胺。后者是先给出二胺中碳原子的数量,再给出二羧酸的数量,例如:

——己内酰胺(E-己内酰胺),[—NH—(CH_2)$_5$—CO—]$_n$(尼龙 6);

——1,6-己二胺+己二酸,[—NH—(CH_2)$_6$—NH—CO(CH_2)$_4$—CO—]$_n$(尼龙 66);

——1,6-己二胺+癸二酸,[—NH—(CH_2)$_6$—NH—CO—(CH_2)$_8$—CO—]$_n$(尼龙 610)。

聚酰胺(合成纤维)和尼龙[1)](合成纤维)用来描述含有重复酰胺基链段线性大分子的纤维,其中至少 85%连接到脂族基或环脂族基。尼龙是属于聚酰胺系(PA)的热塑性聚合物,具有很好的拉伸性能、高硬度和韧性。在纺织业尼龙纤维通常用于制线。该材料的主链由含酰胺基的长链合成聚酰胺(—CONH—)组成。虽然有多种型号的尼龙,最常见的是尼龙 66 和尼龙 6。

A.17 含氯纤维

该术语描述的是一种合成线性大分子构成的纤维,分子链中含有大于 50%(质量)的氯乙烯(乙烯基氯化物)基或 1,1-二氯乙烯(亚乙烯基氯化物)基。[改良聚丙烯纤维不属于此类物质,因为其链段的其他部分含有大于 65%的氰基乙烯(丙烯腈)]。

A.18 聚丙烯酸

聚丙烯酸化合物是聚丙烯腈(PAN)和聚甲基-甲基丙烯酸酯(PMMA)共聚物纺织品的同义词,PAN 含量应大于 85%。典型材料是特拉纶、奥纶或多纶[2)]。

1) 尼龙是商标。该信息为方便文件的使用者,未经 CEN 的设立和认可。如果能显示相同的结果,相似的产品能够被使用。

2) 特拉纶、奥纶或多纶是商标。该信息为方便文件的使用者,未经 CEN 的设立和认可。如果能显示相同的结果,相似的产品能够被使用。

A.19 天然织物

A.19.1 通则

根据相关标准用天然纤维生产的面料和纺织品。天然纤维应是未处理的或至少处理程度很低的。任何情况下都必须保证纤维的多孔性,并且天然纺织品应具有透水汽性。

注:天然纤维是指动物、植物、矿物等(如棉、羊毛、丝、亚麻等)的纤维。经化学处理后具有可纺性的天然来源的纤维,比如粘纤(人造丝)或其他形式,不属于天然织物。

A.19.2 蛋白织物

动物纤维制成的织物。

A.19.3 纤维素织物

植物纤维制成的织物。

A.19.4 人造纤维织物

不是由蛋白或纤维素纤维制成的织物。

A.19.5 混合织物

混合织物包括天然纤维和化学纤维的混合物。

A.20 织物印染剂

织物的印染是将颜色以清晰的图案或设计应用到织物或无纺布上的工艺。在印染适当的织物上染料和纤维结合,具有防水洗和耐磨性。织物印染与染色有关,染色适当织物着色均匀,在局部用一种或多种颜色印花得到清晰印染图案。

模板、蜡纸、刻板、滚筒或丝网印刷被用于织物印染,使用的着色剂包括染料和颜料。

注:传统的织物印染技术可大致分为四类:

——直接印染,将着色剂按所需图案印到纺织品上,着色剂中包括染料、增稠剂和媒染剂或将颜色固定到纺织品上的物质;

——媒染,在染色前先按图案印媒染剂,颜色只吸附在有媒染剂的地方;

——仿染,将蜡或其他物质在印染之前印到织物上,将得到着色和未着色部分构成的图案;

——拔染,将漂白剂印在已染色的织物上,去除部分或全部颜色。

所有印染色浆含有工艺上所说的着色物质如染料和颜料及固染物质,还含有作为在印染中做载体的增稠剂(如淀粉、面粉、阿拉伯胶、糊精或蛋白)、填料及可将染料固定在织物里的媒染剂。

A.21 木头

木头坚硬,含纤维,木质化结构组织。通常用木本植物(如常见的树或者灌木)再生木质生产。木头具有多样性、吸湿性、多孔性和各向异性。木头由富含木质素的纤维素和半纤维素的纤维构成。

在制鞋业,木头在特别类型的鞋中广泛使用,如凉鞋,这种鞋类需要原材料的硬度和结构稳定性。

通常采用化学法处理保存木头。

A.22　软木

软木为普通软木组织的子集，商业用途的软木通常取自软木橡树、栓皮栎。软木富有弹性、质量轻、几乎不透水，适用范围很广。

软木材料亦可以用在对结构稳定性要求不是很高的地方，例如可用作某种鞋的内底材料。

A.23　粘合剂

非金属化合物能够将两个物体粘合在一起，通过表面固定（粘合）将这些材料连接在一起，在这种情况下，内部会有一定的阻力（粘合）。在制鞋业，多种粘合剂被用于鞋帮和鞋底等大部件粘合，也用于小部件的粘合。

依据溶解粘合树脂的载体，粘合剂大体分为水溶型和溶剂型。

另一种分类主要是根据粘合剂树脂类型进行分类，常见的是氯丁胶和聚氨酯。更多分类区别是交联过程中用于活化的添加剂，交联可克服结构阻力获得更好的粘合。对于两个部件间粘合剂的活化，通常使用溶于甲苯或乙酸乙酯中的二异氰酸酯作为交联剂。

A.24　金属件

整件材料由单一金属元素或多种金属元素（合金）组成。

表面可能通过上漆、电镀或抛光赋予所需外观。

金属部件可用于饰扣、装饰件、结构部件、组合件等。

A.25　纤维素材料

纤维素纤维（比如纸）制作的材料。可用于内底材料，含有粘合剂。

附 录 B
（资料性附录）
鞋类和鞋类部件中存在的限量物质

B.1 通则

本附录描述鞋类及其部件中可能存在的限量物质。

依据测试对象和用途（见表1）可以选用不同的测试方法。

B.2 丙烯腈

B.2.1 通则

化学式为 CH_2CHCN 的化合物，分子结构见图 B.1。

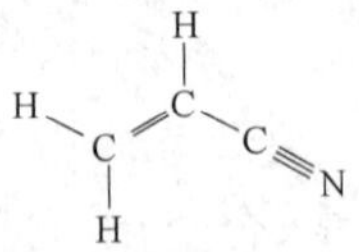

图 B.1 丙烯腈的分子结构

丙烯腈是有刺激性气味的无色液体，因含有杂质呈现黄色，是制造塑料的重要单体。分子结构中包括一个连接到腈上的乙烯基。

丙烯腈作为一种单体主要用于合成聚合物的生产，特别是由丙烯酸纤维构成的聚丙烯腈。在其他用途中丙烯酸纤维可作为碳纤维的前体，也可作为合成橡胶的一个组分。基于 SBR（苯乙烯-丁二烯橡胶）的合成橡胶和含丙烯腈的合成橡胶，具有一些特性适合作为鞋底材料使用，特别是用于高电阻的专业鞋。

B.2.2 危害

丙烯腈具有较高的易燃性和毒性，易发生爆聚。材料燃烧会释放出氰化氢和氮氧化物烟雾。丙烯腈定类为已经证实的致癌物。

当聚合或作为合成橡胶组分时，它被认为是惰性材料而且不会出现特别的问题。

在制鞋业中丙烯腈的使用产生的问题集中体现在废料处理中，应避免无控制措施的燃烧以免向环境中释放危险的烟雾。

丙烯腈具有较高的易燃性和毒性，会发生剧烈的聚合反应。这种材料燃烧时会释放出氰化氢和氮氧化物烟雾。

经过聚合或作为合成橡胶的组分时，它被认为是惰性材料，在使用中不会发生特别的问题。

在鞋类产品中丙烯腈的使用产生的问题本质上与废弃物管理有关，应避免不受控制的燃烧过程以免向环境中释放危险的烟雾。

B.2.3 试验方法

在本标准发布时没有现行标准用于检测鞋类及其部件中的丙烯腈。

B.3 芳香胺

B.3.1 通则

有一个芳香基的胺，也就是在—NH_2、—NH—或氮基团上连接一个芳香烃，包括一个或多个苯环。例如对二氨基联苯(见图 B.2)。

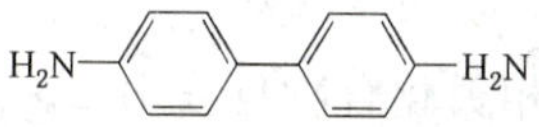

$$H_2N-C_6H_4-C_6H_4-NH_2$$

图 B.2 对二氨基联苯的分子结构

偶氮染料降解时释放出芳香胺，有害芳香胺见表 B.1。

表 B.1 偶氮染料分解出有害芳香胺

化合物	化学文摘编号(CAS)	化合物	化学文摘编号(CAS)
4-氨基联苯	92-67-1	3,3-′二甲基-4,4′-二氨基二苯甲烷	838-88-0
联苯胺	92-87-5	3-氨基对甲苯甲醚(p-克利酊)	120-71-8
4-氯邻甲苯胺	95-69-2	4,4′-亚甲基-双-(2-氯苯胺)	101-14-4
2-萘胺	91-59-8	4,4′-二氨基二苯醚	101-80-4
邻氨基偶氮甲苯	97-56-3	4,4′-二氨基二苯硫醚	139-65-1
2-氨基-4-硝基甲苯	99-55-8	邻甲苯胺	95-53-4
对氯苯胺	106-47-8	2,4-二氨基甲苯	95-80-7
2,4-二氨基苯甲醚	615-05-4	2,4,5-三甲基苯胺	137-17-7
4,4′-二氨基二苯甲烷	101-77-9	邻甲氧基苯胺(邻氨基苯甲醚)	90-04-0
3,3′-二氯联苯胺	91-94-1	2,4-二甲基苯胺	95-68-1
3,3′-二甲氧基联苯胺	119-90-4	2,6-二甲基苯胺	87-62-7
3,3′-二甲基联苯胺	119-93-7	4-氨基偶氮苯	60-09-3

B.3.2 危害

表 B.1 中列出的芳香胺被认为是致癌物(4-氨基联苯，对二氨基联苯，4-氯邻甲苯胺，2-萘胺)或怀疑为致癌物(其他芳香胺)。

这些物质在很多国家被禁止使用。

B.3.3 试验方法

可使用下列试验方法检测芳香胺含量：

——prEN ISO 17234-1；

——prEN ISO 17234-2；

——EN 14362-1；

——EN 14362-2；或

——prEN 14362-3。

B.4 镉

见 B.13。

B.5 氯代有机物载体

B.5.1 通则

卤代物载体主要用于聚酯的生产。相关化合物见表 B.2。

表 B.2 氯代有机物载体列表

化 合 物	化学文摘编号(CAS)
二氯代苯	1,2-二氯代苯[95-50-1] 1,4-二氯代苯[106-46-7] 1,3-二氯代苯[541-73-1]
三氯代苯	1,2,3-三氯代苯[87-61-6] 1,2,4-三氯代苯[120-81-1] 1,3,5-三氯代苯[108-70-3]
四氯苯	四氯苯 E[634-66-2]
五氯苯	五氯苯[608-93-5]
六氯苯	六氯苯[118-74-1]
氯甲苯	2-氯甲苯[95-49-9] 3-氯甲苯[108-41-8] 4-氯甲苯[106-43-4]
二氯甲苯	2,3-二氯甲苯[32768-54-0] 2,4-二氯甲苯[95-73-8] 2,5-二氯甲苯[19398-61-9] 2,6-二氯甲苯[118-69-4] 3,4-二氯甲苯[95-75-0]
三氯甲苯	2,3,6-三氯甲苯[2077-46-5] 2,4,5-三氯甲苯[6639-30-1] 三氯甲苯[98-07-7] 2,4-二氯氯苄[94-99-5] 2,6-二氯氯苄[2014-83-7] 3,4-二氯氯苄[102-47-6]
四氯甲苯	2,6-二氯苄叉二氯[81-19-6] 邻氯三氯甲苯[2136-89-2] 对氯三氯甲苯[5216-25-1]
五氯甲苯	2,3,4,5,6-五氯甲苯[877-11-2]

B.5.2 危害

这些化学物质具有毒性,其中部分是致癌的。

B.5.3 试验方法

在本标准发布时没有现行标准用于检测鞋类及其部件中的氯代有机物载体。

B.6 铬和六价铬

见 B.13。

B.7 松香

B.7.1 通则

松香又被称为希腊沥青或松酯。目前使用的松香主要来自称之为浮油松酯的纸浆(PULP)工业副产品。尽管主要产品相同,但两种松香的组成不同,其不同化合物成分的量不同。松香的使用目的通常相同,应用到鞋类上的多数是浮油松香。

两种类型的松香包括90%的松脂酸和10%的中性材料。胶质树脂型松香中,主要的树脂酸是松香酸,而浮油松香中主要是脱氢松香酸。7-氧-脱氢松香酸是一种稳定的氧化产物,在松香中用来标记其他自氧化物的存在,例如9-氢过氧化松香酸。后者被认为是松香中的主要过敏原。但是,这个氢过氧化物因其没有足够的稳定性不适合分析检测。

松香是印刷油墨、清漆、(胶水)粘合剂、肥皂、上浆纸、苏打和以往的密封蜡的原料。

B.7.2 危害

敏感个体持续暴露在焊接时释放的松香烟中会引起职业性哮喘,因此它被认为是过敏原。

皮肤接触松香通常可引起过敏。它被列入世界上的十大皮肤过敏原。因此松香是鞋中诱发过敏的一个主要原因。

注:因为皮肤对松香的敏感性,欧盟法规要求如果产品中松香含量超过1%时应标注R43(引起皮肤过敏),但是欧盟法规没有要求标注R42(肺的过敏原)。

B.7.3 试验方法

在本标准发布时没有现行标准用来检测鞋类及其部件中的松香。

B.8 二甲基甲酰胺

B.8.1 通则

有机化合物二甲基甲酰胺的化学式为$(CH_3)_2NC(O)H$,简称DMF,是无色液体,可与水和多种有机液体混合。DMF是化学反应中的常用溶剂。纯二甲基甲酰胺无味,工业级或降解的二甲基甲酰胺由于混有二甲胺(化学文摘编号[68-12-2])因此有鱼腥味。二甲基酰胺的分子结构见图B.3。

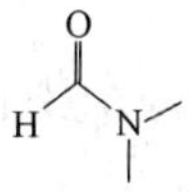

图B.3 二甲基甲酰胺的分子结构

它的名字来自于甲酰胺、蚁酸酰胺衍生物,因其挥发性低主要用作溶剂,可用于丙烯酸纤维和塑料的生产中,也可用于粘合剂、合成革、纤维、胶片和表面涂饰剂的生产。

B.8.2 危害

吸入、摄入或皮肤接触都是有害的甚或是致癌的。食入或皮肤吸收是致命的。暴露在其中可能引起胎儿死亡。长期接触可引起肾脏或肝脏的损害,并具有刺激性。

B.8.3 试验方法

在本标准发布时没有现行标准用来检测鞋类及其部件中的二甲基甲酰胺。

B.9 富马酸二甲酯

B.9.1 通则

富马酸二甲酯(化学文摘编号[624-49-7])被用来治疗牛皮癣。在人体组织中具有亲脂性和流动性,但是因为是一种 α,β-不饱和酯,可迅速与解毒剂谷胱甘肽发生 Michael 加成反应。

富马酸二甲酯的另一个作用是防霉,它通常被作为一种杀虫剂。富马酸二甲酯的分子结构见图 B.4。

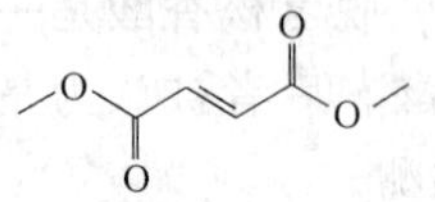

图 B.4 富马酸二甲酯的分子结构

B.9.2 危害

已经发现富马酸二甲酯在很低浓度时就会引起过敏,产生湿疹很难治愈。低浓度(大约 1 mg/L 或 1 μg/g)就可能产生过敏反应。

注:"毒沙发"事件引起人们对其严重致敏危险的广泛关注,即中国生产的两座沙发中含有在储存运输过程中用做防霉剂的富马酸二甲酯。因此富马酸二甲酯被认为具有致敏性。

B.9.3 试验方法

在本标准发布时没有现行国际标准用来检测鞋类及其部件中的富马酸二甲酯[3]。

B.10 分散染料

B.10.1 通则

分散染料被描述为一种有颜色的物质,与被染色的物体有吸附性。分散染料通常用于水溶液中,有时需要用到媒染剂以提高纤维的染色牢度。染料和颜料因为它们可吸收某种波长的光线而呈现颜色。与染料不同,颜料通常不溶于水,与物体没有吸附性。向一些染料中加入惰性盐可使其沉淀而得到色淀颜料。

表 B.3 和表 B.4 分别列出了可引起过敏反应的染料和致癌性染料。

表 B.3 可引起过敏的染料

名　称	缩　写	化学文摘编号(CAS)	颜色检索号(C.I.)
分散蓝 3	DB3	2475-46-9	61505
分散蓝 7	DB7	3179-90-6	62500
分散蓝 26	DB26	3860-63-7	63305
分散蓝 102	DB102	69766-79-6	
分散棕 1		23355-64-8	

3) GB/T 26713—2011《鞋类　化学试验方法　富马酸二甲酯(DMF)的测定》于 2011 年 12 月 1 日实施。

表 B.3（续）

名　　称	缩　　写	化学文摘编号(CAS)	颜色检索号(C.I.)
分散黄 1	DG1	119-15-3	10345
分散黄 9	DG9	6373-73-5	10375
分散黄 39	DG39	12236-29-2	
分散黄 49	DG49	54824.37-2	
分散橙 1	DO1	2581-69-3	11080
分散红 11	DR11	2872-48-2	62015
分散红 17	DR17	3179-89-3	11210
分散黄 7	DG7	6300-37-4	
分散黄 56	DG56	54077-16-6	
分散红 151			
溶剂红 23			

表 B.4　致癌性分散染料列表

名　　称	缩　　写	化学文摘编号(CAS)	颜色检索号(C.I.)
深蓝	深蓝	118685-33-9	611-070-00-2
分散蓝 1	DB1	2475-45-8	64500
分散蓝 35	DB35	12222-75-2	
分散蓝 106	DB106	12223-01-7	
分散蓝 124	DB124	61951-51-7	
分散黄 3	DG3	2832-40-8	11855
分散橙 3	DO3	730-40-5	11005
分散橙 37/59/76[a]	DO37	12223-33-5	11110
分散红 9	DR1	2872-52-8	
基础红 9		569-61-9	
蓝紫 3			
分散黄 23	DY23	6250-22-3	

a) 分散橙 59 和分散橙 76 是分散橙 37 的同义词。

分散染料(见表 B.3 和表 B.4)最初用于醋酸纤维染色，不完全溶于水。一般是与分散剂一起精细研磨制成颜料膏出售或喷雾干燥后制成粉末状出售。

有时也用于尼龙、纤维素三醋酸酯、涤纶和丙烯酸纤维的染色。有时需要在 130℃ 加压染色池中染色。因其颗粒细小具有极大的表面积，有助于它的溶解，从而适合纤维的吸收。在研磨时选用的分散剂会明显影响染色速度。

B.10.2 危害

某些染料可致癌和引起过敏反应。

B.10.3 试验方法

在本标准发布时没有现行国际标准用来检测鞋类及其部件中的分散性染料[4)]。

B.11 阻燃剂

B.11.1 通则

阻燃剂是防止着火或阻止火势蔓延的材料，例如天然物质石棉以及合成材料，通常是卤代烃如多溴化联苯醚(PBDEs)、多氯化联苯(PCBs)。

阻燃剂可以在多种高分子材料中添加，比如电器、电子设备、涂料和纺织品。多溴化联苯醚(PBDE)也称为阻燃添加剂。常用的 PBDEs 通常是不同溴化程度的混合物。PBDEs 的添加量通常为产品总质量的 5%～20%。因为该化学物质没有化学结合，因此可能从聚合物产品中“释放”出来而进入环境。

B.11.2 危害

PBDEs 在人体中积蓄，对人体健康和环境有害，显示出对肝脏、甲状腺、神经发育的毒性。

危险阻燃剂见表 B.5。

表 B.5 危险阻燃剂

化合物		化学文摘编号(CAS)
OBDE	2,2’,3,3’,4,4’,5,6—八溴二苯醚 2,2’,3,3’,4,4’,6,6’—八溴二苯醚 2,2’,3,4,4’,5,5’,6—八溴二苯醚 2,3,3’,4,4’,5,5’,6—八溴二苯醚	32536-52-0
PBDE	2,2’,4,4’,5—五溴联苯醚 2,2’,4,4’,6—五溴联苯醚	60348-60-9 189084-64-8
TEPA	三吖啶基氧化磷	5455-55-1
TRIS	磷酸三(2,3-二溴丙基)酯	126-72-7
PBB	多溴化联苯	
TCEP	磷酸三(-2-氯乙酯)	
注：这些物质为了满足可燃性要求可能在儿童拖鞋中使用。		

B.11.3 试验方法

在本标准发布时没有现行标准用来检测鞋类及其部件中的阻燃剂。

4) GB/T 20383—2006《纺织品 致敏性分散染料的测定》于 2006 年 12 月 1 日实施。

B.12 甲醛

B.12.1 通则

甲醛的化学式为 H_2CO。甲醛除 H_2CO 外还存在其他形式:三聚甲醛和多聚甲醛。它的化学文摘编号是[50-00-0]。

甲醛是甲烷及碳化物氧化或燃烧的中间产物。森林大火、汽车尾气、香烟中都发现有甲醛。大气中的甲醛来自于阳光和氧气与大气中的甲烷以及其他碳氢化物反应,因此它是烟雾污染的一部分。甲醛的分子结构见图 B.5。

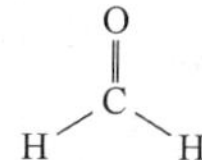

图 B.5 甲醛的分子结构

B.12.2 危害

甲醛具有毒性,能引起过敏,有致癌性。甲醛树脂应用于建筑材料的生产,是室内常见的污染物。空气中甲醛浓度高于 0.1 μg/g 时,甲醛可刺激眼睛和粘膜,并伴有流泪现象。如果吸入相同浓度的甲醛可能引起头疼、咽喉灼烧感、呼吸困难,也可能引起或恶化哮喘症状。甲醛还被归类为致癌物。世界癌症研究组织有足够证据表明甲醛可能引起鼻咽癌。甲醛能引起过敏反应,是系列测试标准的一部分。

B.12.3 试验方法

以下试验方法可以检测甲醛:

——EN 120;

——EN ISO 17226-1;

——EN ISO 17226-2;或

——EN ISO 14184-1。

B.13 重金属 heavy metals

B.13.1 通则

根据不同要求对各种重金属或金属元素进行测定。

本标准确定锑(Sb)、砷(As)、钡(Ba)、镉(Cd)、铬(Cr)、钴(Co)、铜(Cu)、铅(Pb)、汞(Hg)、镍(Ni)、硒(Se)和锌(Zn)为重金属。

B.13.1.1 重金属名单

B.13.1.1.1 可提取的重金属

可使用溶剂从材料或产品中提取出来的重金属(Sb、As、Ba、Pb、Cd、Cr、Co、Cu、Ni、Hg、Se 和 Zn)含量。依据检测目的选择提取溶剂。比如:

——水用于废弃物淋滤;

——盐酸模拟食入;

——人工汗液模拟穿着。

B.13.1.1.2 重金属总量

重金属总量(Sb、As、Ba、Pb、Cd、Cr、Co、Cu、Ni、Hg、Se 和 Zn)是材料或产品中重金属的总量。测试方法包括样品消解和定量分析。

重金属含量的测定多数时候被用来确定废弃物是否可以被填埋。

B.13.1.1.3 36 个月以下儿童鞋的重金属含量

用酸性溶液提取材料中的重金属(Sb、As、Ba、Cd、Cr、Pb、Hg 和 Se)含量。只有在可能食入时使用该方法。

B.13.2 危害

重金属和它们潜在的危险见表 B.6。

表 B.6 重金属及其危害

重金属	通则	危险
锑	锑用来制造防火剂、颜料、陶瓷、珐琅、多种合金、电子器件和橡胶,锑还用来生产涤纶纺织品	锑及其多种化合物都有毒。临床上锑中毒与砷中毒很相似。小剂量时,锑会引起头疼、头晕和抑郁;大剂量时,会引起呕吐甚至死亡
砷	砷及其化合物被用于杀虫剂、除草剂和各种合金	砷及其化合物具有很强毒性,砷可通过一些机制扰乱腺三磷的生产
钡		所有水溶或酸溶钡化合物都有毒。小剂量时,钡可作为肌肉兴奋剂,但是大剂量时会影响神经系统,引起心跳不规律、震颤、心衰、焦虑、呼吸困难和中风
镉	镉在电池和颜料中大量使用,比如在塑料产品中,特别是 PVC	镉及其化合物是致癌物,可引发癌症。目前研究发现镉的毒性可能被通过锌与蛋白结合而进体内 镉对环境有危害。镉是欧盟指令中电子或电器产品中的六种禁用物质之一
钴	钴及其化合物用于生产油墨、涂料和清漆	钴化合物因其轻微毒性应被管控。钴是公认的可引起皮炎(接触过敏)的过敏原
铜		如无特殊说明,所有铜化合物应视为有毒。铜中毒的症状与砷相似,症状是抽筋、瘫痪、失去知觉
铬	在制鞋领域铬有三种形态能稳定存在,铬金属、三价铬和六价铬,且互相可以转化 铬化合物常用于制革染料、涂料、电镀和皮革鞣制	通常认为铬金属和三价铬对人体健康无害,是必不可少的微量元素。但是吃入或吸入六价铬都是有毒的
铅	铅常用于建筑行业、铅酸电池、弹药、铸模、焊料、合金 铅也常用于颜料	长期蓄积在软组织和骨骼中的铅是一种神经毒素。铅是有毒金属,能损害神经元连接(特别对儿童)和引发血液和脑疾病。长期暴露于铅及其盐类(特别是可溶盐或强氧化剂二氧化铅)中可引起肾病。出于铅对儿童影响的担心,铅的使用已经大幅减少(精神分裂与接触铅有关)

表 B.6（续）

重金属	通则	危险
汞	汞在世界上以沉淀物分布存在，当以不溶物存在时无害，比如硫化汞，但是它以可溶物形式存在时比如氯化汞或甲基汞更具有毒性	金属汞能通过生物反应转化为有机甲基汞，有潜在的危险性 汞及其大部分化合物有毒，需小心处理。温度计或荧光灯管中泄露的汞应使用特殊清理工具处理，以防中毒
镍		应严格控制暴露于镍金属和镍污染的行为。硫化镍及其他镍化合物的烟和尘被认为是致癌的
硒	硒化物广泛用于电子、影印、玻璃、颜料、橡胶、金属合金、纺织、石油、药物、摄影乳液	该物质刺激眼睛，吸入烟尘可能引起肺水肿、窒息、寒战、发烧和气管炎。反应有延迟性。反复或持续接触皮肤会引起皮炎。该物质对呼吸道、胃肠道和皮肤有影响，能引起呕吐、咳嗽、皮肤发黄、指甲脱落、坏牙等
锌	锌常用于金属电镀	锌是人体健康必需的元素，过多则会损害健康。过度吸收锌会阻碍铜和铁的吸收。溶液中的自由锌离子对植物、无脊椎动物，甚至有脊椎的鱼有很强的毒性

B.13.3　试验方法

以下试验方法可以检测重金属：

——EN 71-3；

——EN 14602；

——prEN ISO 17072-1；或

——prEN ISO 17072-2。

B.13.4　特殊情况

B.13.4.1　镉

镉大量用于塑料生产，特别是 PVC，在欧盟指令中规定了在 PVC 中镉(Cd)的使用。

镉试验方法依据 EN 1122。

B.13.4.2　六价铬

在铬鞣革中会出现六价铬是由于一些不希望的化学反应造成的结果，这取决于大量参数(皮革水洗、储存条件、鞣剂等)。

六价铬曾用于纺织品媒染工艺中。

六价铬可刺激眼睛、皮肤和黏膜。长期暴露于六价铬化合物中会造成眼睛的永久伤害，因此要适当处理防护。六价铬被认为是致癌物和过敏原。

使用 EN ISO 17075 可直接检测皮革中或陈放后的皮革中的六价铬。

B.13.4.3　镍

镍涂层用于金属件的整饰。鞋类生产中经常使用金属扣或装饰件。这些部件由不同的金属和特殊合金制成，通过外部整饰获得最终的效果，如光亮、褪色、仿旧等。

外部整饰可以通过不同的工艺如磨光、喷砂、镀镍等实现。

本标准只关注长期接触皮肤的金属件(金属环、扣、拉链等)。

过敏性体质的人与镍接触时可能对镍过敏。

镍可根据 EN 1811、EN 12472 和 CR 12471 进行检测。

B.14 巯基苯并噻唑

B.14.1 通则

巯基苯并噻唑用于橡胶(天然和合成)的生产。将其添加到乳胶或合成物中可以改进硫化性和减缓老化速度(抗氧化剂)。化学文摘编号为[149-30-4]。巯基苯并噻唑的分子结构见图 B.6。

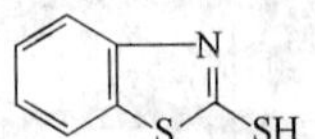

图 B.6 巯基苯并噻唑的分子结构

B.14.2 危害

巯基苯并噻唑是过敏原。

B.14.3 试验方法

在本标准发布时没有现行标准用来检测鞋类及其部件中的巯基苯并噻唑。

B.15 可提取乳胶蛋白

B.15.1 通则

天然乳胶(顺-1,4-聚异戊二烯)硫化后用于多种产品。当乳胶浓缩后用于生产医用手套、避孕套、弹力绳和粘合剂时,会残留蛋白。

B.15.2 危害

这些物质为过敏原,能对过敏性体质的人引起过敏,称为“1 型橡胶过敏症”。

B.15.3 试验方法

可提取乳胶蛋白可依据 EN 455-3(生物学评估)其中一种方法进行检测。

B.16 *N*-乙基苯胺

B.16.1 通则

N-乙基苯胺是一种仲胺,可作为染料的中间体,化学文摘编号为[103-69-5]。*N*-乙基苯胺分子结构见图 B.7。

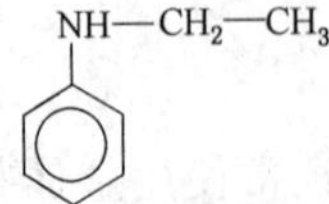

图 B.7 *N*-乙基苯胺的分子结构

B.16.2 危害

吸入、皮肤接触和吞咽 *N*-乙基苯胺是有毒的。

B.16.3 试验方法

在本标准发布时没有现行标准用来检测鞋类及其部件中的 *N*-乙基苯胺。

B.17 镍

见 B.13。

B.18 亚硝胺类

B.18.1 通则

亚硝胺类化合物的化学结构是 $R_1N(—R_2)—N=O$,其中一些具有致癌性。

亚硝胺可用于橡胶、杀虫剂、化妆品的生产。亚硝胺分子结构见图 B.8。

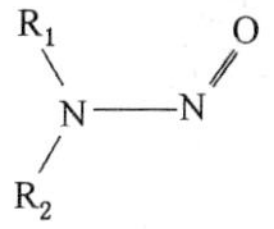

$$\begin{array}{l} R_1 \quad\quad\quad O \\ \quad\backslash \quad\quad\quad // \\ \quad\; N —— N \\ \quad / \\ R_2 \end{array}$$

图 B.8 亚硝胺类的分子结构

B.18.2 危害

亚硝胺类能够使多种动物引起癌症,对人也有致癌性。

流行病学资料表明在食品中的亚硝胺类可引发胃癌。

在 36 个月以下儿童鞋中应检测该物质。

B.18.3 试验方法

亚硝胺可依据 EN 12868 进行检测。

B.19 壬基酚和烷基酚聚氧乙烯醚

B.19.1 通则

烷基酚(AP)和烷基酚聚氧乙烯醚(APEO)常用于塑料中,作为添加剂和表面活性剂用于去污剂和乳化剂生产。乙氧基化烷基酚(又称烷基酚聚氧乙烯醚,APEO)作为工业表面活性剂用于羊毛和金属的生产;作为乳化剂用于乳液聚合、用作实验室去污剂和杀虫剂。

常用的烷基酚是壬基苯酚(NP)和少量的辛基酚(OP),主要成分都是对位取代异构体(>90%)。AP 和环氧乙烷缩聚反应得到 APEO。缩合度较低的(大约 4 个乙氧基)常作为乳化剂,缩合度较高的乙氧基化物用于纺织品和地毯清洁、及作为溶剂和农业杀虫剂中的乳化剂。

与烷基酚一样,壬基酚聚氧乙烯醚(NPEO)的使用多于辛基酚聚氧乙烯醚(OPEO)。APEO 的水溶性强于 AP。

注:APEO 是家用清洁剂的组分;在欧洲,出于环境问题考虑,它们已被价格较高但较安全的脂肪醇聚氧乙烯醚取代。

B.19.2 危害

壬基酚和壬基酚聚氧乙烯醚(NPEO)在化学制备过程(不是最终产品)中危害人体健康和环境安全。

B.19.3 试验方法

在本标准发布时没有现行标准用来检测鞋类及其部件中的壬基酚和烷基酚聚氧乙烯醚。

B.20 有机锡

B.20.1 通则

有机锡或锡烷是锡类化合物。三丁基锡氧化物广泛用于木材的防腐。三丁基锡化合物也可用于海洋防污剂。有机锡的三个主要应用:

a) 三丁基锡用于船的防污涂层;

b) 三苯基锡(TPT)作为杀虫剂;

c) 丁基和辛基锡作为聚合物稳定剂。

因此,一些含聚合物的纺织品如印染的T恤、卫生绷带、胶布和尿布都可能含有有机锡。有时有机锡作为杀菌剂用于一些暴露在极端天气条件下的纺织品中,如帆布。

B.20.2 危害

三有机锡有剧毒。三烷基锡具有植物毒性,因此不能用于农业。根据其有机基团,有机锡可作为强力杀虫剂和杀菌剂。三丁基锡用于工业杀菌剂,比如纺织品、纸张、木浆、造纸厂、啤酒厂、工业冷却系统的抗真菌剂。三丁基锡也被用于海洋防污剂。三苯基锡作为抗菌涂料和农业杀菌剂的活性组分。其他有机锡用于杀螨虫和蛆。

二有机锡中除了二苯基锡外,其他的杀菌性、毒性较低。它们常用于聚合物生产,如作为PVC的热稳定剂和聚氨酯、硅油生产的催化剂。

单有机锡没有杀灭性,且对于哺乳动物毒性较低。甲基锡、丁基锡、辛基锡和单酯锡用作PVC的热稳定剂。

B.20.3 试验方法

在本标准发布时没有现行标准用来检测鞋类及其部件中的有机锡。

B.21 邻苯基苯酚

B.21.1 通则

2-苯基苯酚或*o*-苯基苯酚是有机化合物,包含两个相连的苯环和一个酚羟基,它用于防腐剂。

2-苯基苯酚主要用于农业杀真菌剂,也用于医疗设备、纤维和其他材料的消毒。其他还可用于橡胶工业和作为实验试剂和生产杀虫剂、染料、树脂和橡胶化学品。它的化学文摘编号是[90-43-7]。

邻苯基苯酚及其钠盐可作为防腐剂。邻苯基苯酚的分子结构见图B.9。

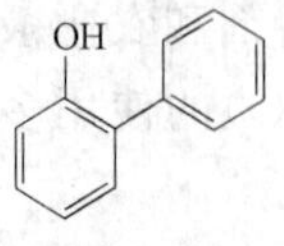

OH

图B.9 邻苯基苯酚的分子结构

B.21.2 危害

该物质与眼睛接触会刺激、伤害眼睛。对于一些个体，2-苯基苯酚也会刺激皮肤，对儿童也有相同的伤害。

B.21.3 试验方法

在本标准发布时没有现行标准用来检测鞋类及其部件中的邻苯基苯酚。

B.22 消耗臭氧物质

B.22.1 通则

含氯氟烃(CFCs)从20世纪80年代起用于空调机的喷雾推进剂，也用于电子设备的清洁工序。它们是一些化学工艺的副产品，而没有重要的天然来源。它们在大气层的出现完全来自于人类的生产。

分为两类物质：

a) Ⅰ类物质：臭氧消耗指数为0.2或更高的化学物质；

b) Ⅱ类物质：臭氧消耗指数为小于0.2的化学物质。

Ⅰ类消耗臭氧物质见表B.7。

表B.7 Ⅰ类消耗臭氧物质

化合物名称	化学式	化学文摘编号
一氟三氯甲烷(CFC-11)	$CFCl_3$	75-69-4
二氯二氟甲烷(CFC-12)	CF_2Cl_2	75-71-8
1,1,1-三氯三氟乙烷(CFC-113)	$C_2F_3Cl_3$	354-58-5
1,1,2-三氯三氟乙烷(CFC-113)	$C_2F_4Cl_2$	76-13-1
1,2-二氯四氟乙烷(CFC-114)	$C_2F_4Cl_2$	76-14-2
氯五氟乙烷(CFC-115)	C_2F_5Cl	76-15-3
一溴一氯二氟甲烷(Halon-1211)	CF_2ClBr	353-59-3
三氟溴甲烷(Halon-1301)	CF_3Br	75-63-8
氟利昂(Halon-2402)	$C_2F_4Br_2$	124-73-2
三氟一氯甲烷(CFC-13)	CF_3Cl	75-72-9
氟五氯乙烷(CFC-111)	C_2FCl_5	354-56-3
四氯二氟乙烷(CFC-112)	$C_2F_2Cl_4$	76-12-0
七氯氟丙烷(CFC-211)	C_3FCl_7	422-78-6
氯二氟丙烷(CFC-212)	$C_3F_2Cl_6$	3182-26-1
五氯三氟丙烷(CFC-213)	$C_3F_3Cl_5$	2354-06-5
四氯四氟丙烷(CFC-214)	$C_3F_4Cl_4$	29255-31-0
1,2,2-三溴五氟丙烷(CFC-215)	$C_3F_5Cl_3$	1599-41-3
1,2-二氯-1,1,2,3,3,3-六氟丙烷(CFC-216)	$C_3F_6Cl_2$	661-97-2
氯七氟丙烷(CFC-217)	C_3F_7Cl	422-86-6

表 B.7（续）

化合物名称	化学式	化学文摘编号
四氯化碳(CCl_4)	CCl_4	56-23-5
1,1,1-三氯乙烷(甲基氯仿)	$C_2H_3Cl_3$	71-55-6
一溴甲烷	CH_3Br	74-83-9
一氯二氟甲烷(HCFC-22)	CHF_2Cl	75-45-6
2,2-二氯-1,1,1-三氟乙烷(HCFC-123)	$C_2HF_3Cl_2$	306-83-2
1,1,1,2-四氟-2-氯乙烷(HCFC-124)	C_2HF_4Cl	2837-89-0
1-氟-1,1-二氯乙烷(HCFC-141B)	$C_2H_3FCl_2$	1717-00-6
一氯二氟乙烷(HCFC-142B)	$C_2H_3F_2Cl$	75-68-3

B.22.2 危害

当消耗臭氧物质到达平流层时，它们被紫外线照射解离释放出氯原子。氯原子作为催化剂，在移出平流层前每个氯原子可以破坏几万个臭氧分子。如果长期含有氯氟烃，修复时间需几十年。含氯氟烃平均用 15 年从地面上升到大气层上方，并将停留一个世纪，破坏十万个臭氧分子。

B.22.3 试验方法

在本标准发布时没有现行标准用来检测鞋类及其部件中的消耗臭氧物质。

B.23 杀虫剂

B.23.1 通则

杀虫剂(见表 B.8 和表 B.9)是一种物质或多种物质的混合物，用于防止、破坏、抗拒或减少害虫的破坏。杀虫剂可能是化学物质、生物制剂(比如病毒或细菌)、抗菌剂或杀毒剂。

表 B.8 用于纺织品的杀虫剂

化合物	化学文摘编号	化合物	化学文摘编号
O,P'-滴滴涕	789-02-6	二氯丙酸	309-00-2
滴滴涕	50-29-3	狄氏剂	60-57-1
4,4-滴滴滴	72-54-8	异狄氏剂	72-20-3
4,4′-滴滴伊	72-55-9	内环硫烷	
DDE		全氯环戊癸烷	2385-85-5
不含 γ-六氯化苯的六六六		毒杀芬	8001-35-2
γ-六氯环己烷	58-89-9	七氯	76-44-8
六氯苯	118-74-1	2,4,5-三氯苯氧乙酸	93-76-5
1-萘基-N-甲基氨基甲酸脂	63-25-2	2,4-二氯苯氧乙酸	94-75-7
氟乐宁	1582-09-8	2,4,5-三氯苯氧乙酸	93-76-5
甲氧氯	72-43-5		

表 B.9 用于皮革的杀虫剂

化合物	化学文摘编号	化合物	化学文摘编号
O,P'-滴滴涕	789-02-6	狄氏剂	60-57-1
滴滴涕	50-29-3	对硫磷	56-38-2
4,4-滴滴滴	72-54-8	内环硫烷	
4,4′-滴滴伊	72-55-9	全氯环戊癸烷	2385-85-5
滴滴伊		苯氟磺胺	1085-98-9
不含 γ-六氯化苯的六六六		2,4,5-三氯苯氧乙酸	93-76-5
γ-六氯化苯	58-89-9	五氯甲氧基苯	1825-21-4
马拉硫磷	121-75-5	氯菊酯	52645-53-1
甲氧滴滴涕	72-43-5	甲苯氟磺胺	731-27-1
艾氏剂	309-00-2	百菌清	1897-45-6

B.23.2 危害

很多杀虫剂可能对人体有害。

B.23.3 试验方法

在本标准发布时没有现行标准用来检测鞋类及其部件中的杀虫剂。

B.24 全氟辛烷磺酸盐和全氟辛酸

B.24.1 通则

全氟辛酸(PFOA)有 8 个碳,是具有多种工业用途的人造酸。PFOA 可用于命名其本身或其主要盐类(全氟辛酸铵)。全氟辛烷磺酸盐(PFOS)是一种相关化合物,可用于表面活性剂。PFOS 和 PFOA 结构见图 B.10 和图 B.11。

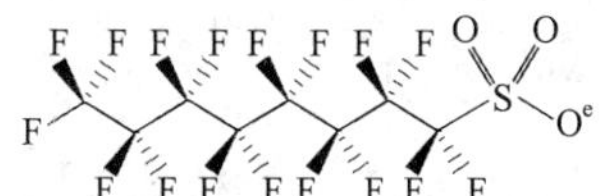

图 B.10 PFOS 的分子结构

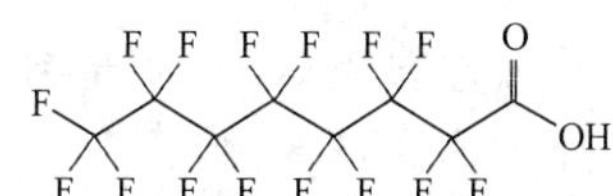

图 B.11 PFOA 的分子结构

全氟辛烷磺酸盐(PFOS)的阴离子化学式是 $C_8F_{17}SO_3^-$。它是全氟辛烷磺酸的共轭碱。该阴离子盐用于表面活性剂。PFOS 可能只用在产品的某些部分、或部分涂层中,比如纺织品,但是特殊的辛烷磺酸盐是禁用的。

根据经济合作与发展组织 2002 年的研究表明 PFOS 在环境中很难被降解,具有蓄积性,对人体有毒,应建立危险评估,以减少环境中 PFOS 对人体健康的危害。

PFOS 属于全氟系表面活性剂,对于化学、热、光线(紫外线)非常稳定。它们有卓越的防污、防油和防水性。因此,PFOS可用于包装材料、地毯、纺织品、皮革和家具的表面整饰。聚合物与基体有稳定的化学连接,可防止被水洗脱(比如纺织地毯)。全氟表面活性剂也可用在化妆品、颜料、植物保护剂和灭火器中。

PFOS有机表面活性剂是氟原子取代碳骨架上的氢原子,较稳定的分子结构使得它具有较强的生物积聚性和毒性。氟和碳的化学键是最稳定的化学键之一。某些多氟化合物如PFOS几乎是不可能破坏的。

PFOS不是天然产品,而是因其特殊性能而工业化生产出来并被用于多种产品中。

注:2002年以后多家德国化学公司已停止了PFOS的生产。

B.24.2 危害

PFOS被归为致癌物。PFOS的毒性仍不清楚,需要做更多的研究。

B.24.3 试验方法

在本标准发布时没有现行标准用来检测鞋类及其部件中的全氟辛烷磺酸盐。

B.25 pH

B.25.1 通则

pH用于测定溶液的酸性和碱性。pH代表氢离子浓度指数,也就是通常意义上溶液酸碱程度的衡量标准。25℃水溶液的pH低于7为酸性,高于7为碱性。

B.25.2 危害

强酸(pH低于3.2)或强碱(pH高于9.5)的材料会刺激皮肤。

B.25.3 试验方法

以下测试方法可以检测pH:

——EN ISO 4045;或

——EN ISO 3071。

B.26 邻苯二甲酸酯

B.26.1 通则

邻苯二甲酸盐或邻苯二甲酸酯主要用于增塑剂(添加到塑料中增加其韧性),使PVC从硬塑料转变为韧性塑料。

邻苯二甲酸酯是1,2-邻苯二甲酸的二烷基酯或芳香烷酯;邻苯二甲酸酯的命名来自邻苯二甲酸。当邻苯二甲酸酯添加到塑料中,长链聚乙烯分子可以彼此间滑动,表现出低水溶性、高油溶性和低挥发性。邻苯二甲酸酯的分子结构见图B.12。

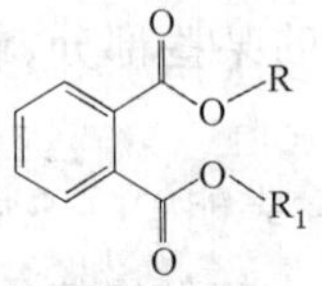

图 B.12 邻苯二甲酸酯的分子结构

应用最广的邻苯二甲酸酯是邻苯二甲酸二(2-乙基已基)酯(DEHP)、邻苯二甲酸二异癸酯(DIDP)和邻苯二甲酸二异壬酯(DINP)。由于 DEHP 的价格低,因此是 PVC 的主要增塑剂。

邻苯二甲酸酯(见表 B.10)也频繁使用在指甲油、鱼饵、粘合剂、堵缝剂和涂料颜料中。邻苯二甲酸酯是有争议的,因为在啮齿类动物研究中发现大剂量使用会表现出激素效应。

表 B.10　邻苯二甲酸酯

名称	缩写	化学文摘编号	1907/2006/ECREACH 附录 14
邻苯二甲酸二异壬酯	DINP	28553-12-0	是
邻苯二甲酸二正辛酯	DNOP	117-84-0	是
邻苯二甲酸二(2-乙基已基)酯	DEHP	117-81-7	是
邻苯二甲酸二异癸酯	DIDP	26761-40-0	否
邻苯二甲酸丁苄酯	BBP	85-68-7	否
邻苯二甲酸二丁酯	DBP	84-74-2	否

B.26.2　危害

邻苯二甲酸酯被怀疑是人体致癌物,能够损害肝脏、肾脏、生殖系统的生长,还起到雌性激素的作用。研究发现 DEHP、BBP 与儿童变态反应有关,邻苯二甲酸酯可能有雌性激素的作用。

B.26.3　试验方法

以下测试方法可以检测邻苯二甲酸酯:

——EN 71-11;

——EN 14372;

——EN ISO 18856;或

——EN 15777。

B.27　多氯联苯

B.27.1　通则

多氯联苯(PCBs)是具有 1 个～10 个氯原子与联苯相连的一类有机物质。化学式为 $C_{12}H_{10-x}Cl_x$。人造 PCBs 作为工业变压器和电容器的冷却剂、绝缘液,在电线、电器部件的 PVC 涂层中作为稳定剂添加,还可添加在杀虫剂、阻燃剂、液压、密封剂(用于堵缝等)、粘合剂、木地板修饰剂、涂料、除尘剂、无碳复写纸中。曾在纺织品表面处理剂中检出 PCB。多氯联苯的分子结构见 B.13。

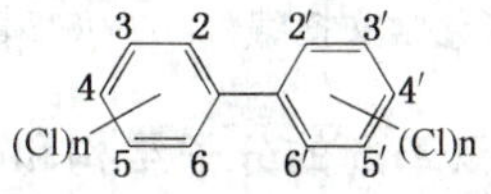

图 B.13　多氯联苯的分子结构

B.27.2　危害

同系 PCBs 的毒性不同。共面 PCBs,被称为非邻位 PCBs,因为它们取代的位置不与另外的环相邻(比如 PCBs77,126,169 等),往往会有二噁英的性质并且是最大毒性的同系物。

注:20 世纪 70 年代 PCB 停止生产,因为多数 PCB 同系物和混合物有较高毒性。PCBs 被归为持久有机污染物。

PCB被提及对脑、神经系统、内分泌系统、癌症、生殖、分娩、生长、免疫系统(包括感受性和变应性)、生物积累有持久影响。

B.27.3 试验方法

在本标准发布时没有合适的标准检测鞋类及其部件中的多氯联苯。

B.28 多氯苯酚

B.28.1 通则

多氯苯酚(PCP)是人造物质,最初生产在20世纪30年代。它以两种形式被发现:PCP或PCP钠盐,易溶于水。以前它被用于灭草剂、杀虫剂、杀真菌剂、除海藻剂、消毒剂和房屋涂料。应用在种子(非食用)、皮革、石工工程、木材、冷却水、绳索、造纸厂。

四氯苯酚是用于乳胶、木材、皮革保藏的杀虫剂、杀菌剂。五氯苯酚是消毒剂、杀真菌剂和有效的木材防腐剂。

三氯苯酚包括三个氯原子共价键的有机氯化苯酚。三氯苯酚用亲电子的苯酚与氯反应制得。三氯苯酚同分异构体根据氯原子在苯环的位置而不同。例如2,4,6-三氯苯酚有两个氯原子在邻位和一个氯原子在对位,见图B.14。

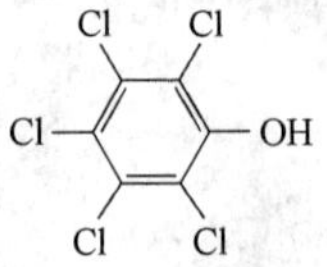

a) 五氯苯酚

(化学文摘编号[87-86-5])

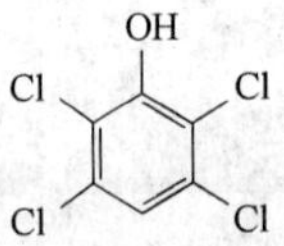

b) 四氯苯酚

(化学文摘编号[58-90-2])

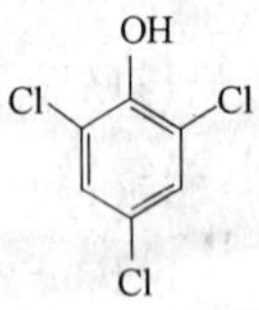

c) 三氯苯酚

(化学文摘编号[88-06-2])

图B.14 多氯苯酚的分子结构和化学文摘编号

B.28.2 危害

短期接触大量多氯苯酚会对肝脏、肾脏、血液、肺、神经系统、免疫系统和肠道产生损伤。

多氯苯酚(特别是蒸气)会刺激皮肤、眼睛和嘴。长期接触低水平的多氯苯酚(如在工作场所),会损伤肝脏、肾脏、血液和神经系统。多氯苯酚有致癌性,对肾脏和神经系统有影响。多氯苯酚被归为致癌物。

B.28.3 试验方法

以下测试方法可以检测多氯苯酚：
——CEN/TR 14823；
——EN ISO 17070。

B.29 氯丁橡胶

B.29.1 通则

氯丁橡胶是具有特殊性质的弹性体，由氯丁二烯以均聚物和共聚物形式生产。

B.29.2 危害

该物质可能是过敏原。

B.29.3 试验方法

在本标准发布时没有现行标准用来检测鞋类及其部件中的氯丁橡胶。

B.30 对苯二胺

B.30.1 通则

对苯二胺是芳香胺化合物，化学式为 $C_6H_8N_2$ 或 $C_6H_4(NH_2)_2$，化学文摘编号是[106-50-3]。
对苯二胺用于皮革和纺织工业的染色。

B.30.2 危害

该物质可能刺激眼睛，吸入可能引起哮喘，食入可能引起嘴和喉咙肿胀；影响血液，形成变性血红素。暴露其中可能导致死亡。
反复或长期接触可能引起皮肤过敏，反复或长期吸入可能引起哮喘。该物质可能损害肾脏。

B.30.3 试验方法

在本标准发布时没有现行标准用来检测鞋类及其部件中的对苯二胺。

B.31 对叔丁基苯酚甲醛树脂

B.31.1 通则

对叔丁基苯酚甲醛树脂是一个可用作粘合剂的粘性树脂，化学文摘编号[25085-50-1]。

B.31.2 危害

该物质可能是过敏原。

B.31.3 试验方法

在本标准发布时没有合适的标准检测鞋类及其部件中的对叔丁基苯酚甲醛树脂。

B.32 短链氯化石蜡

B.32.1 通则

氯化石蜡(CPs)是20世纪30年代出现的复杂的多氯烷烃混合物。氯化度从30%到70%。CPs根据碳链长度细分,短链CPs(SCCPs,C_{10-13}),中链CPs(MCCPs,C_{14-17})和长链CPs(LCCPs,$C_{>17}$)。目前,超过200种CP在工业中有所应用,比如添加在防火剂、增塑剂、金属液、密封剂、染料、涂料中。

B.32.2 危害

短链氯化石蜡归类为持久性有害物质,它的物理性能表明具有生物蓄积性。CPs对水生有机体有毒性,对鼠类有致癌性。SCCPs对人类有致癌作用。

B.32.3 方法

在本标准发布时没有现行标准用来检测鞋类及其部件中的短链氯化石蜡(C_{10}~C_{13})。

B.33 2-(硫氰酸甲基巯基)1,3-苯并噻唑

B.33.1 通则

TCMTB[2-(硫氰酸甲基巯基)1,3-苯并噻唑]是一种生物灭杀剂,化学文摘编号是[21564-17-0],其分子结构见图B.15。

注:TCMTB的另一个化学名称是2-硫氰基甲基硫代苯并噻唑。

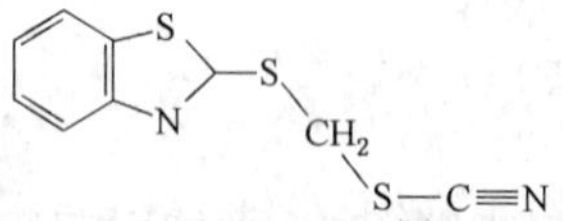

图 B.15 TCMTB的分子结构

B.33.2 危害

TCMTB可能产生过敏反应,而且可能刺激眼睛、呼吸系统和皮肤,如果吞咽也会造成损害。

B.33.3 试验方法

在本标准发布时没有合适的标准检测鞋类及其部件中的2-(硫氰酸甲基巯基)1,3-苯并噻唑。

B.34 秋兰姆和硫代氨基甲酸盐

B.34.1 通则

秋兰姆和硫代氨基甲酸盐是硫化橡胶生产的助促进剂。

B.34.2 危害

秋兰姆和硫代氨基甲酸盐可能引起过敏反应和刺激皮肤。

B.34.3 试验方法

在本标准发布时没有合适的标准检测鞋类及其部件中的秋兰姆和硫代氨基甲酸盐。

B.35 氯乙烯单体

B.35.1 通则

氯乙烯是生产聚氯乙烯(PVC)的重要工业原料，化学文摘编号是[75-01-4]，其分子结构见图B.16。

注：乙烯氯化物的另一个名字是氯乙烯。

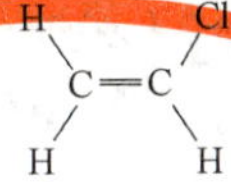

图 B.16 氯乙烯单体的分子结构

B.35.2 危害

室温下氯乙烯是无色、有毒、甜味气体。氯乙烯被归为人类致癌物。由于氯乙烯有毒的特性，因此没有产品使用氯乙烯单体作为终产物。一旦氯乙烯被聚合，它将非常稳定且没有危害，被用于多种最终产品。

B.35.3 试验方法

可以用 ISO 6401 检测氯乙烯单体含量。

B.36 多环芳烃

B.36.1 通则

多环芳烃(PAH)包括100多种不同的物质。它们有相似的分子结构，至少有两个缩合芳香环。然而关注的焦点主要在4～7稠环的多芳香基化合物上，如萘、蒽、苣或者苯并芘。

注1：美国保护环境机构把16种PAH列为主要污染物：萘、苊、氟、菲、荧蒽、芘、氘代苯并(*a*)蒽、苣、苯并(*a*)芘、苯并(*a*)荧蒽、苯并(*k*)荧蒽、二苯并(*a*,*n*)蒽、茚苯(1,2,3-*c*,*d*)芘。

以蒽为例(见图B.17)。

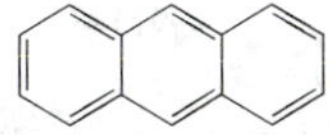

图 B.17 蒽的分子结构

注2：为避免对健康的伤害，消费品应符合德国食品、饲料法第30章、设备和产品安全条例第4章或禁止化学品条例要求。德国技术设备和消费品委员会决定在2007年11月增加PAH测试，增加测试原因在于检测橡胶和塑料中油性增塑剂、橡胶和塑料及涂料中作为着色物的碳黑以及产品运输和储存用做防腐剂的萘的污染。

B.36.2 危害

因为PAH的激素性、机体诱变性、致癌性、损害生殖能力而被禁用。进入身体后，它们积累在脂肪组织，甚至吸附在灰尘上吸入肺中。而且，PAH可能不仅危害健康，而且还会长期存在。PAH是煤和石油的天然组分,因此也可能存在于以此为原料的产品中,如沥青、柏油。它们也添加在塑料中以改善性能。它们在有机材料(如木材、烟草)燃烧时放出,使用燃烧残渣作为低值着色剂将不可避免地引入PAH。

B.36.3 试验方法

在本标准发布时没有合适的标准检测鞋类及其部件中的多环芳烃。

附　录　NA
（资料性附录）
标准中试验方法与国内标准对照情况一览表

表 NA.1　标准中试验方法与国内标准对照情况一览表

序号	本标准中试验方法标准编号	国内标准	对应关系
1	丙烯腈 无对应国际标准	GB/T 23296.8—2007 《食品接触材料　高分子材料　食品模拟物中丙烯腈的测定　气相色谱法》	—
2	ISO 17234-1	—	—
3	ISO 17234-2	—	—
4	EN 14362-1	—	—
5	EN 14362-2	—	—
6	EN 14362-3	GB/T 23344—2009 《纺织品　4-氨基偶氮苯的测定》	无
7	EN 1122	—	—
8	有机氯载体 无对应国际标准	GB/T 20384—2006 《纺织品　氯化苯和氯化甲苯残留量的测定》	—
9	ISO 17075	GB/T 22807—2008 《皮革和毛皮　化学实验　六价铬含量的测定》	参考
10	松香 无对应国际标准	GB/T 8146—2003 《松香试验方法》	—
11	二甲基甲酰胺(DMF) 无对应国际标准	—	—
12	富马酸二甲酯(DMFU) 无对应国际标准	GB/T 26713—2011 《鞋类　化学试验方法　富马酸二甲酯(DMF)的测定》	—
13	DIN 54231:2005	—	—
14	阻燃剂 无对应国际标准	—	—
15	ISO 17226-1 ISO 17226-2	—	—
16	EN 120	—	—
17	ISO 14184-1	GB/T 2912.2—2009 《纺织品　甲醛的测定　第 2 部分：释放的甲醛(蒸汽吸收法)》	无

表 NA.1（续）

序号	本标准中试验方法标准编号	国内标准	对应关系
18	ISO 17072-1	QB/T 4339—2012 《鞋类　化学试验方法　可萃取重金属含量的测定　电感耦合等离子体发射光谱法》	无
	ISO 17072-2	QB/T 4340—2012 《鞋类　化学试验方法　重金属总含量的测定　电感耦合等离子体发射光谱法》	无
	EN 14602:2004	—	—
	EN 71-3	—	—
19	巯基苯并噻唑 无对应国际标准	HG/T 3518—2003 《工业循环冷却水中巯基苯并噻唑测定方法》	—
20	EN 455-3	—	—
21	N-乙基苯胺 无对应国际标准	GB/T 5009.26—2003《食品中 N-亚硝胺类的测定》	—
22	EN 1811 CR 12471(与 EN 12472 结合使用或不适用 EN 12472)	—	—
23	EN 12868	GB/T 5009.26—2003 《食品中 N-亚硝胺类的测定》	无
24	EN12868	—	—
25	壬基酚和烷基酚聚氧乙烯醚类物质 无对应国际标准	GB/T 23322—2009《纺织品　表面活性剂的测定　烷基酚聚氧乙烯醚》,GB/T 23972—2009 《纺织染整助剂中烷基苯酚及烷基苯酚聚氧乙烯醚的测定　高效液相色谱/质谱法》	—
26	ISO 17353:2004	GB/T 20385—2006 《纺织品　有机锡化合物的测定》 GB/T 22932—2008 《皮革和毛皮　化学试验　有机锡化合物的测定》	无 无
27	ISO 17353:2004	—	—
28	邻-苯基苯酚 无对应国际标准	GB/T 20386—2006 《纺织品　邻苯基苯酚的测定》	—
29	消耗臭氧物质 无对应国际标准	—	—
30	多环芳烃(PAH) 无对应国际标准	—	—
31	ISO 17070	GB/T 24166—2009《染料产品中含氯苯酚的测定》	无
32	CEN/TR 14823	—	—
33	XP G 08-015	—	—

表 NA.1（续）

序号	本标准中试验方法标准编号	国内标准	对应关系
34	杀虫剂 无对应国际标准	GB/T 13595—2004 《烟草及烟草制品　拟除虫菊酯杀虫剂、有机磷杀虫剂、含氮农药残留量的测定》	—
35	全氟辛烷磺酸盐/全氟辛酸 PFOS/PFOA 无对应国际标准	GB/T 23243—2009 《食品包装材料中全氟辛烷磺酰基化合物(PFOS)的测定　高效液相色谱-串联质谱法》	—
36	ISO 4045	—	—
37	ISO 3071	GB/T 20388—2006 《纺织品　邻苯二甲酸酯的测定》	无
38	ISO 18856	—	—
39	EN 15777	GB/T 20388—2006 《纺织品　邻苯二甲酸酯的测定》	无
40	EN 71-10 和 EN 71-11	—	—
41	多氯联苯(PCB) 无对应国际标准	GB/T 20387—2006 《纺织品　多氯联苯的测定》	—
42	氯丁橡胶活氯丁(二烯)橡胶 无对应国际标准	—	—
43	对苯二胺(PPD) 无对应国际标准	GB/T 24800.12—2009 《化妆品中对苯二胺、邻苯二胺和间苯二胺的测定》	—
44	对叔丁基苯酚甲醛(PTBF) 无对应国际标准	—	—
45	短链氯化石蜡(C_{10}～C_{13}) 无对应国际标准	SN/T 2570—2010 《皮革中短链氯化石蜡残留量检测方法　气相色谱法》	—
46	硫氰酸甲基巯基苯并噻唑 TCMTB 无对应国际标准	—	—
47	福美联(杀菌剂)和硫代氨基甲酸盐(或酯) 无对应国际标准	—	—
48	ISO 6401	GB/T 4615—2008《聚氯乙烯树脂残留氯乙烯单体含量的测定　气相色谱法》	无

参 考 文 献

[1] EN 1122 Plastics—Determination of cadmium—Wet decomposition method

[2] ISO 5398 (all parts) Leather—Chemical determination of chromic oxide content

[3] ISO 17226-1 Leather—Chemical determination of formaldehyde content—Part 1:Method using high performance liquid chromatography

[4] ISO 18856 Water quality—Determination of selected phthalates using gas chromatography/mass spectrometry

[5] EN 14372 Child use and care articles—Cutlery and feeding utensils—Safety requirements and tests

[6] EN 71-3 Safety of toys—Part 3:Migration of certain elements

[7] EN 71-11 Safety of toys—Part 11:Organic chemical compounds—Methods of analysis

[8] EN 120 Wood-based panels—Determination of formaldehyde content—Extraction method called the perforator method

[9] EN 455-3 Medical gloves for single use—Part 3:Requirements and testing for biological evaluation

[10] EN 1811 Reference test method for release of nickel from products intended to come into direct and prolonged contact with the skin

[11] EN 12472 Method for the simulation of wear and corrosion for the detection of nickel release from coated items

[12] EN 12868 Child use and care articles—Methods for determining the release of N-Nitrosamines and N-Nitrosatable substances from elastomer or rubber teats and soothers

[13] EN 14362-1 Textiles—Methods for the determination of certain aromatic amines derived from azo colorants—Part 1:Detection of the use of certain azo colorants accessible without extraction

[14] EN 14362-2 Textiles—Methods for the determination of certain aromatic amines derived from azo colorants—Part 2:Detection of the use of certain azo colorants accessible by extracting the fibres

[15] EN 14602:2004 Footwear—Test methods for the assessment of ecological criteria

[16] EN 15777 Textiles—Test method for phthalates

[17] CEN/TR 14823 Durability of wood and wood-based products—Quantitative determination of pentachlorophenol in wood—Gas chromatographic method

[18] ISO 3071 Textiles—Determination of pH of aqueous extract

[19] ISO 4045 Leather—Chemical tests—Determination of pH

[20] ISO 14184-1 Textiles—Determination of formaldehyde—Part 1: Free and hydrolized formaldehyde (water extraction method)

[21] ISO 17070 Leather—Chemical tests—Determination of pentachlorophenol content

[22] ISO 17075 Leather—Chemical tests—Determination of chromium (VI) content

[23] ISO 17226-2 Leather—Chemical determination of formaldehyde content—Part 2:Method using colorimetric analysis

[24] CR 12471 Screening tests for nickel release from alloys and coatings in items that come into direct and prolonged contact with the skin

[25] ISO 1382 Rubber—Vocabulary

[26] ISO 6401 Plastics—Poly (vinyl chloride)—Determination of residual vinyl chloride monomer—Gas-chromatographic method

[27] ISO 17353 Water quality—Determination of selected organotin compounds—Gas chromatographic method

[28] DIN 54231:2005 Textiles—Detection of disperse dyestuffs

[29] EN 14362-3 Textiles—Methods for the determination of certain aromatic amines derived from azo colorants—Detection of the use of certain azo colorants which may release 4-aminoazobenzene, accessible without extraction

[30] ISO 17072-1 Leather—Chemical determination of metal content—Part 1: Extractable metals

[31] ISO 17072-2 Leather—Chemical determination of metal content—Part 2: Total metal content

[32] ISO 17234-1 Leather—Chemical tests for the determination of certain azo colorants in dyed leathers—Part 1: Determination of certain aromatic amines derived from azo colorants

[33] ISO 17234-2 Leather—Chemical tests for the determination of certain azo colorants in dyed leathers—Part 2: Determination of 4-aminoazobenzene

[34] XP G 08-015 PCP-TeCP-TriCP (Cellulosic natural textile and proteinic natural textile)

ICS 29.140.50
K 72

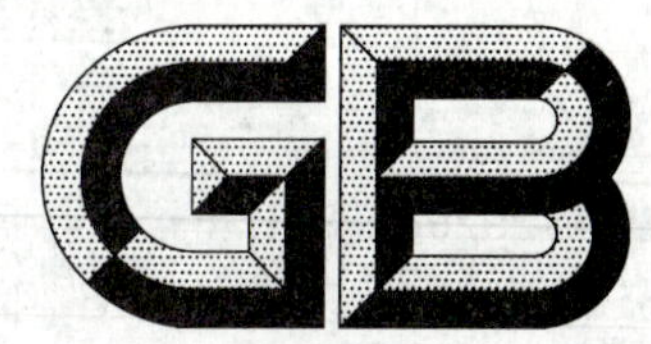

中华人民共和国国家标准

GB/T 29293—2012

LED 筒灯性能测量方法

Measurement methods of the performance for LED downlights

2012-12-31 发布 2013-09-01 实施

中华人民共和国国家质量监督检验检疫总局
中国国家标准化管理委员会 发布

前言

本标准按照GB/T 1.1—2009给出的规则起草。

本标准由中国轻工业联合会提出。

本标准由全国照明电器标准化技术委员会灯具分技术委员会(SAC/TC 224/SC 2)归口。

本标准起草单位:半导体照明产业技术创新战略联盟(北京半导体照明科技促进中心)、上海时代之光照明电器检测有限公司、杭州远方光电信息股份有限公司、中国质量认证中心、飞利浦灯具(上海)有限公司、中山市质量计量监督检测所、常州市产品质量监督检验所、欧司朗(中国)照明有限公司、上海半导体照明工程技术研究中心、浙江生辉照明有限公司、上海市照明学会、鹤山银雨照明有限公司、广东省东莞市质量监督检测中心、国家电光源质量监督检验中心(上海)。

本标准主要起草人:高伟、杨樾、陈超中、王晔、李为军、施晓红、潘建根、陈松、桑高元、彭振坚、施朝阳、张俊斌、杨卫桥、刘磊、陆光明、俞安琪、陶玖祥、李本亮。

LED 筒灯性能测量方法

1 范围

本标准规定了以 LED 为光源、电源电压不超过 250 V 的一般照明用 LED 筒灯性能的测量方法。

本标准适用于使用一体化 LED 模块、半一体化 LED 模块、非一体化 LED 模块、半一体化 LED 灯或非一体化 LED 灯的筒灯。

本标准不适用于使用一体化 LED 灯的筒灯。

本标准与 GB/T 29294—2012 一起使用。

2 规范性引用文件

下列文件对于本文件的应用是必不可少的。凡是注日期的引用文件，仅注日期的版本适用于本文件。凡是不注日期的引用文件，其最新版本(包括所有的修改单)适用于本文件。

GB/T 2423.1—2008 电工电子产品环境试验 第 2 部分：试验方法 试验 A：低温(IEC 60068-2-1：2007，IDT)

GB 7000.1—2007 灯具 第 1 部分：一般要求与试验(IEC 60598-1：2003，IDT)

GB/T 9468 灯具分布光度测量的一般要求

GB/T 24824—2009 普通照明用 LED 模块测试方法

GB/T 29294—2012 LED 筒灯性能要求

3 术语和定义

GB/T 29294—2012 第 3 章界定的术语和定义适用于本文件。

4 试验方法的一般要求

除非另有规定，测量应在相对湿度不超过 65%、温度为 25 ℃±1 ℃的无空气对流环境下进行，并应使 LED 筒灯应处于稳定工作状态。

测量时试验电压应稳定在±0.2%范围内。光通量维持率试验期间试验电压稳定在±2%范围内。输入电流的总谐波含量不应超过 3%。

测量前，被测样品需要点亮足够长时间达到稳定，达到稳定所需时间取决于被测样品的类型，稳定时间一般为 30 min～120 min 或更长。每隔 15 min 测量一次光输出和电功率，当 30 min 内光输出和电功率中的各 3 个读数值的差异(最大-最小)小于 3 个读数平均值的 0.5%时认为达到稳定。样品的稳定时间应在测试报告中说明。

所有试验应在额定电源频率下进行，除非因为某一特殊目的由制造商或责任销售商另外规定。

在光通量维持率试验过程中，为了不影响测量结果，应避免样品在试验期间可能发生的污染(灰尘等)。

5 电性能

5.1 输入功率、输入电流和功率因数

应在额定电压下进行测量。如果额定电压是一个范围,应在对温度最不利的情形下进行测量。

测量设备应符合 GB/T 24824—2009 中附录 A.2 的要求。

5.2 电参数匹配度

按照图 1 给出的电路图进行测量。

5.2.1 配有电压输出型的 LED 模块控制装置的 LED 筒灯

配有非稳定电压输出 LED 模块控制装置的筒灯,试验电压为额定电源电压。

配有稳定电压输出的 LED 模块控制装置筒灯,试验电压为 92%~106%额定电源电压。

5.2.2 配有电流输出型的 LED 模块控制装置的 LED 筒灯

配有非稳定电流输出的 LED 模块控制装置的 LED 筒灯,试验电压为额定电源电压。

配有稳定电流输出的 LED 模块控制装置的 LED 筒灯,试验电压为 92%~106%额定电源电压。

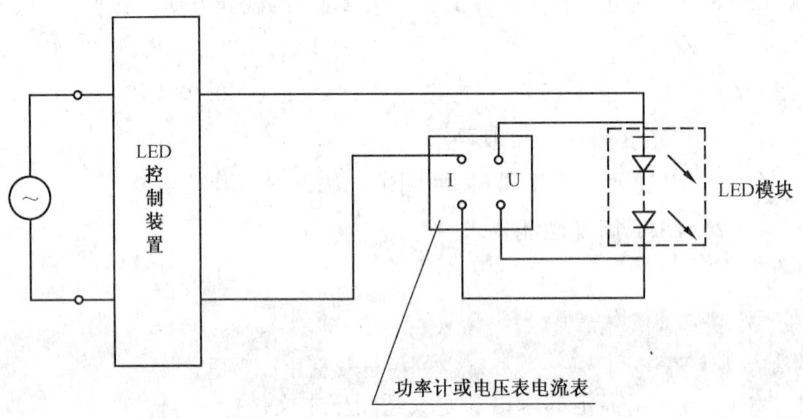

图 1 电性能匹配度测量示意图

6 光度性能

6.1 试验电压

应在额定电压下进行测量。如果额定电压是一个范围,应在对温度最不利的情形下进行测量。

6.2 初始光通量

按照 GB/T 9468 进行测量。

6.3 光通量维持率

光通量维持率试验期间,试验环境温度应为 $t_q \pm 2$ ℃。若制造商未提供 t_q,则认为 t_q 为 25 ℃。

试验时，按照6.2测量每个样品的初始光通量和光通量维持率期间的维持光通量。当光通量维持率试验时间为6 000 h时，维持光通量的测量间隔为1 000 h。当试验时间小于6 000 h时，测量间隔不应大于试验时间的1/5。当达不到光通量维持率要求时，不需要继续试验。

6.4 灯具效能

按照5.1测量输入功率，按照6.2测量初始光通量，并计算灯具效能。

6.5 灯具光输出比

按照GB/T 9468进行测量。

6.6 光强分布

按照GB/T 9468测量。

为了便于应用，LED筒灯光强分布数据应采用公认的国际或地区格式。

7 眩光控制

7.1 保护角

使用亮度计测量灯具内光源的亮度。测量亮度时，应使亮度计正对着光源的法线方向测量光源的亮度。

按图2和以下步骤测量灯具实际的保护角S：

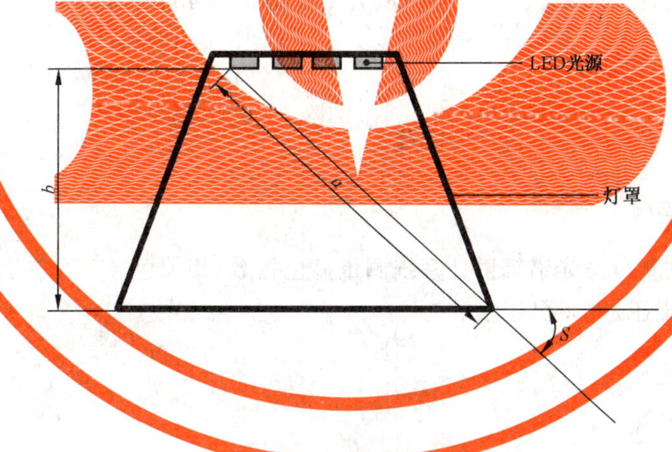

图2 保护角示意图

a) 测量灯具内光源的发光边界和不发光的灯罩边缘的连线长度a；

b) 测量光源发光边界至灯具口面的高度b；

c) 保护角S由以下公式求得：$S=\arcsin\left(\frac{b}{a}\right)$。

注：当LED模块带有配光的透镜，光源包括该透镜。

7.2 亮度限制

测量应按照以下步骤进行：

a) 应按照GB/T 9468测量规定C平面和γ角上的光强；

b) 计算灯具出光口面的面积A。典型的灯具出光口面见图3；

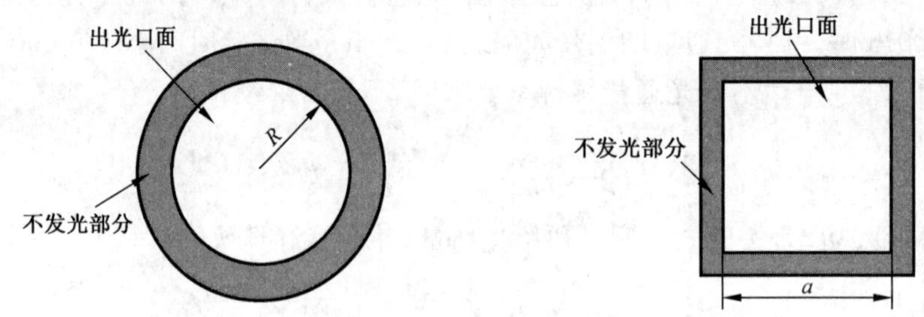

图 3　典型出光口面示意图

c)　计算平均亮度。

在横向(C0 和 C180)、纵向(C90 和 C270)和 45°方向(C45、C135、C225、C315)分别计算 65°、75°和 85°γ 角的 9 个光强算术平均值 $I(\gamma)_{av}$，然后按照式(1)计算亮度平均值 $L(\gamma)_{av}$。

$$L(\gamma)_{av}=\frac{I(\gamma)_{av}}{A\cdot\cos\gamma} \qquad \cdots\cdots(1)$$

式中：

$L(\gamma)_{av}$——γ 角的亮度平均值；

$I(\gamma)_{av}$——γ 角光强平均值；

A　　——计算灯具出光口面的面积。

横向(C0 和 C90)的 3 个 γ 角平均亮度为 $L_{横}(65)_{av}$，$L_{横}(75)_{av}$，$L_{横}(85)_{av}$；纵向(C90 和 C270)的 3 个 γ 角平均亮度为 $L_{纵}(65)_{av}$，$L_{纵}(75)_{av}$，$L_{纵}(85)_{av}$；45°方向(C45、C135、C225、C315)的 3 个 γ 角平均亮度为 $L_{45}(65)_{av}$，$L_{45}(75)_{av}$，$L_{45}(85)_{av}$。

8　色度

8.1　显色指数和相关色温

采用满足附录 A 的积分球光谱辐射计系统测量显色指数、相关色温和色差异。应在报告中说明测量设备是 4π 积分球系统还是 2π 积分球系统。

8.2　色品空间不一致性

8.2.1　总则

色品空间不一致性应在两个垂直面(C0 和 C90)进行测量，并按照 8.2.2 计算平均色品坐标。当测量色品坐标为(x,y)时，应先按照公式计算平均值(x_a,y_a)后再转换为(u',v')。

8.2.2　测角仪光谱辐射计系统或测角仪色度计系统测量平均色品坐标

8.2.2.1　确定 γ 角测量范围

根据 C 平面相关 γ 角光强的算术平均值，以不小于 10%峰值光强值的 γ 角为测量范围。

8.2.2.2　测量色品坐标

在 C0 和 C90 平面测量色品坐标和光强。根据具体光分布情况，决定色品坐标和光强的 γ 角测量间隔，测量间隔不应大于 10°。图 4 给出了使用测角仪在 C0 和 C90 平面内进行测量的示例。

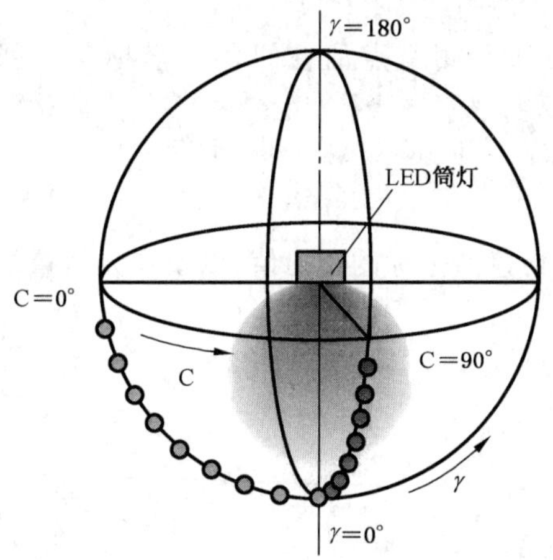

注：本图所示是 LED 产品仅有下射光的情况。

图 4 使用测角仪在 C0 和 C90 平面内进行光度学和色度学测量的示例

8.2.2.3 计算空间平均色品坐标

计算每个 γ_i 角上对应的 C0 和 C90 平面的色品坐标和光强算术平均值 $x(\gamma_i)$，$y(\gamma_i)$ 和 $I(\gamma_i)$。按照式(2)加权平均计算平均色品坐标 x_a。y_a 的计算与 x_a 相同。

$$x_a = \sum_{i=1}^{n} x(\gamma_i) \cdot w_i(\gamma_i) \qquad \cdots\cdots(2)$$

式中：

x_a ——平均色品坐标；

n ——与测试间隔有关，当间隔 $\Delta\gamma=10°$ 时，$n=19$；

$x(\gamma_i)$ ——光强算术平均值；

$w_i(\gamma_i)$——γ_i 角的加权系数，计算见式(3)。

$$w_i(\gamma_i) = \frac{I(\gamma_i) \cdot \Omega(\gamma_i)}{\sum_{i=1}^{n} I(\gamma_i) \cdot \Omega(\lambda_i)} \qquad \cdots\cdots(3)$$

式中：

$w_i(\gamma_i)$——γ_i 角的加权系数；

$I(\gamma_i)$ ——同一个 γ_i 角上所有 C 平面测得光强的算术平均值；

$\Omega(\gamma_i)$ ——关于 γ_i 角的环带立体角，计算见式(4)。

$$\Omega(\gamma_i) = \begin{cases} 2\pi\left[\cos(\gamma_i) - \cos\left(\gamma_i + \frac{\Delta\gamma}{2}\right)\right]；\text{其中 } \gamma_i = 0° \\ 2\pi\left[\cos\left(\gamma_i - \frac{\Delta\gamma}{2}\right) - \cos\left(\gamma_i + \frac{\Delta\gamma}{2}\right)\right]；\text{其中 } \gamma_i = \Delta\gamma, 2\Delta\gamma, \cdots, 180° - \Delta\gamma \\ 2\pi\left[\cos\left(\gamma_i - \frac{\Delta\gamma}{2}\right) - \cos(\gamma_i)\right]；\text{其中 } \gamma_i = 180° \end{cases} \qquad \cdots\cdots(4)$$

式中：

$\Omega(\gamma_i)$——关于 γ_i 角的环带立体角；

$\Delta\gamma$ ——γ 角的测试间隔，当测试间隔为 10°时，$\Delta\gamma=10°$。

8.2.3 色品空间不一致性的计算

色品空间不一致性 $\Delta u'v'$ 由所有测量点的空间色品坐标与空间平均色品坐标的最大差异[在1976CIE($u'v'$)图上的距离]确定。

8.3 色维持

按照8.2测量每个样品的平均色品坐标的初始值，以及在光通量维持率试验结束后，按照8.2测量平均色品坐标。

8.4 距高比

8.4.1 提供全套数据的灯具

8.4.1.1 具有旋转对称光强分布的灯具

步骤如下：

a) 将光强分布的测试结果中所有C平面各个 γ 角的光强数据取算术平均值，得到一组 γ_i 角 0°～90°的光强数据 $I(\gamma_i)$。

b) 在式(5)、式(6)中，依次代入 γ_i 角 0°～90°的余弦值(除0°以外)和光强值 $I(\gamma_i)$ 进行计算，寻找满足式(5)的 $\gamma_{1/2}$ 和满足式(6)的 $\gamma_{1/4}$，即 $I(\gamma_{1/2})\times\cos^3\gamma_{1/2}=\frac{1}{2}I_0$ 和 $I(\gamma_{1/4})\times\cos^3\gamma_{1/4}=\frac{1}{4}I_0$。

$$I(\gamma_i)\times\cos^3\gamma_i=\frac{1}{2}I_0 \qquad \cdots\cdots(5)$$

$$I(\gamma_i)\times\cos^3\gamma_i=\frac{1}{4}I_0 \qquad \cdots\cdots(6)$$

式中：

$\gamma_{1/2}$——1/2照度时对应的 γ 角；

$\gamma_{1/4}$——1/4照度时对应的 γ 角；

I_0 ——灯下点光强。

若式(5)和式(6)计算 γ 角的解在测试角度之间，应用插入法进行计算。

c) $\frac{1}{2}$照度角决定的距高比见式(7)。$\frac{1}{4}$照度角决定的距高比见式(8)。

$$S/H=2\cdot\mathrm{tg}(\gamma_{1/2}) \qquad \cdots\cdots(7)$$

$$S/H=\sqrt{2}\cdot\mathrm{tg}(\gamma_{1/4}) \qquad \cdots\cdots(8)$$

取式(7)和式(8)中的较小值为灯具的距高比，四舍五入修正到0.1。

8.4.1.2 具有两面对称配光的灯具

步骤如下：

a) 将光强分布的测试结果中C0和C180平面各个对应的 γ 角的光强数据取算术平均值，得到一组 γ 在0°～90°范围内所对应的光强数据 $I(\gamma_i)$。同时，用相同方法得到另一组在C90和C270平面各个 γ 角的光强数据 $I(\gamma_i)$；

b) 应用8.4.1.1b)和8.4.1.1c)，分别计算C0-180平面和C90-270平面的距高比，修整到0.1。

8.4.2 具有配光曲线的灯具

8.4.2.1 具有旋转对称光强分布的灯具

步骤如下：

a) 利用灯具配光曲线，将各个角度对应的光强画入图5中(光强值取相对数值)；

b) 在纵坐标上取配光曲线在0°光强的1/2点，过该点作图5中粗斜线的平行线。如果0°附近光强变化很大，取0°～5°光强的平均光强；

c) 过这条线与光强曲线的交点，向上作与纵坐标的平行线，读出标尺A上的交点；

d) 在纵坐标上取配光曲线0°光强的1/4点，重复步骤b)；

e) 过这条线与光强曲线的交点，向上作与纵坐标的平行线，读出标尺B上的交点；

f) 来自步骤c)和步骤e)的较小值就是灯具的距高比。修整到0.1。

8.4.2.2 具有不对称配光的灯具

步骤如下：

a) 对平行和垂直平面(0°和90°)的光强分布进行单独评估；

b) 对每个光强曲线按照8.4.2.1计算距高比。修整到0.1。

在某些情况下，可能适合于评估45°平面的光强分布。

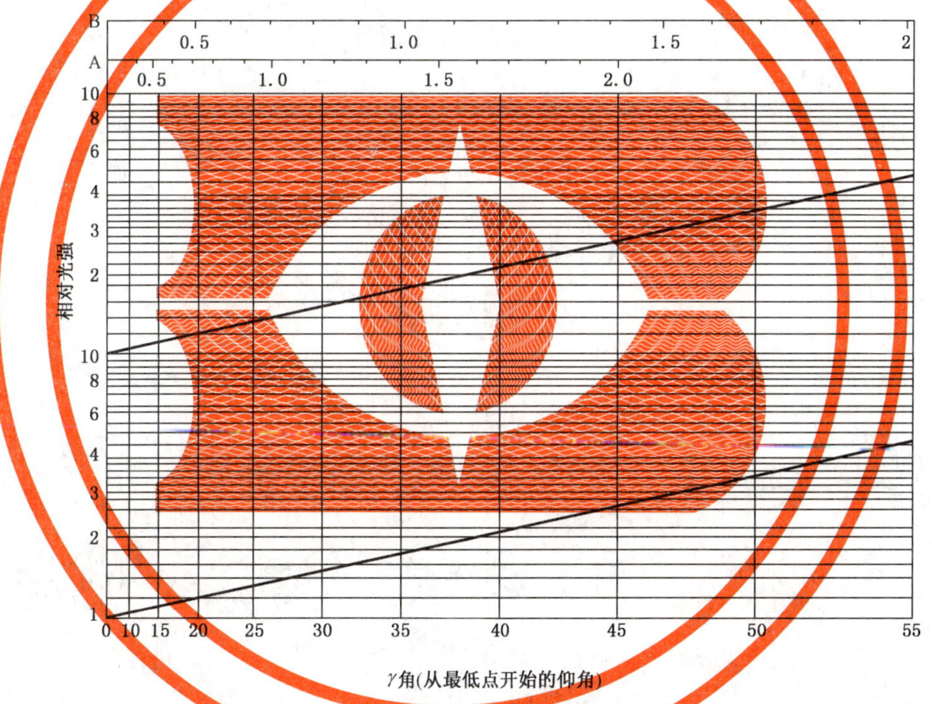

注：图5中的斜线实际上为与灯下点(0°)有同样照度的其他角度上需要光强的光强曲线(为了方便，将两个坐标轴的标尺适当改变，使该光强曲线为直线)。

图5 灯具距高比计算图

9 结构

部件的可替换性用目测和手工试验检验。

10 热试验

除了试验环境温度以外，按照GB 7000.1—2007中12.4的规定。

试验的环境温度应为$t_q \pm 2$ ℃，最好是t_q值，有多个t_q时，按照最高t_q进行试验。

11 可靠性

可靠性的试验方法正在考虑中。

12 温度适宜性

按照 GB/T 2423.1—2008 中 5.3 试验 Ad 要求进行试验。

试验温度:−20 ℃或声称的温度。

试验持续时间:2 h。

试验要求:当试验样品的温度达到稳定后,给样品通电,在该条件下持续到规定的试验时间。

在低温试验的通电期间,试验样品应能正常启动和工作。

附 录 A
（资料性附录）
测量设备要求

A.1 积分球

积分球应足够大，确保在测量时挡板和自吸收造成的测量误差不会很明显。球体尺寸与被测样品尺寸有关，见 A.2。

积分球必须安装辅助灯来测量被测物体的自吸收。积分球光谱辐射计系统的辅助灯必须发射能覆盖光谱辐射计光谱的宽带辐射。所以，通常使用石英卤钨灯。辅助灯在整个自吸收测量过程中的光输出必须稳定。

根据球体的尺寸和用途，建议球壁内涂层的反射率为 90%～98%，各个波长反射率相同。

如果球体有开口，必须考虑平均反射率。更高的涂层反射率有利于补偿平均反射率的下降。

A.2 球体几何结构

建议采用图 A.1 中的积分球光谱辐射计系统的球体几何结构测量。建议使用图 A.1a）测量所有类型的样品，包括各向发光（4π）或前向发光（不考虑方向）。图 A.1b）可用于仅前向发光（不考虑方向）的样品。

如果被测样品的壳体或支架太大不能用 4π 结构，也可使用 2π 结构。无论哪种几何结构，对于给定尺寸的积分球应限制被测样品的尺寸，确保光的积分空间一致性和自吸收的准确修正。

作为指导，在 4π 几何结构中，被测样品的表面积应该小于球壁面积的 2%。

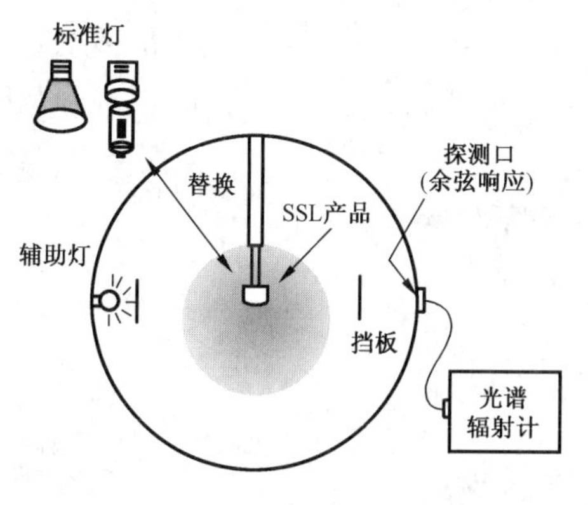

适用于各种类型的 SSL 产品

a） 4π 几何形

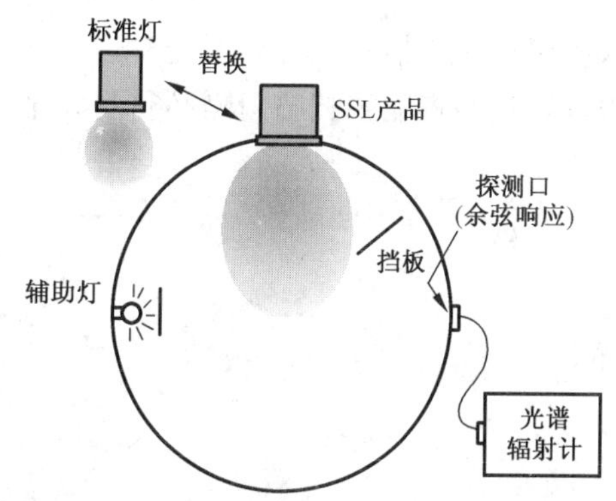

适用于只有正向发光的 SSL 产品

b） 2π 几何形

图 A.1 用光谱辐射计测量时推荐采用的球体几何结构

在 2π 几何结构中，用于安装被测样品的开口直径应小于球体直径的 1/3。被测样品应安装在圆形开口中，这样，样品的前部边缘与开口的边缘齐平（也可以稍微在球体里面，保证所有发出的光都在球体内）。开口边缘与被测样品（或标准灯）的缝隙可以用盖板覆盖（里面为白色），积分球里外完全隔离，可以在一个正常日光照环境的房间里测量。见图 A.2a）。

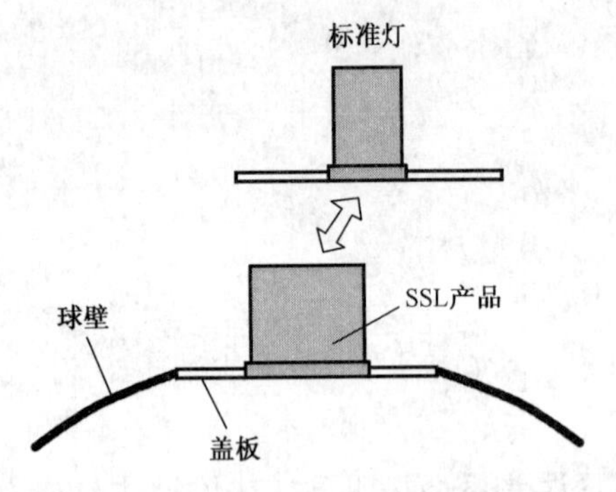

a） 带盖板的样品安装

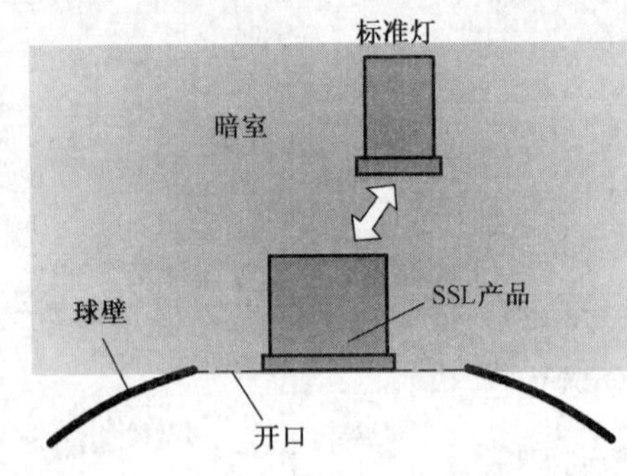

b） 不带盖板的样品安装

图 A.2 被测样品的安装条件

如果缝隙无法遮蔽，则需要一个暗室（至少在开口处）以保证没有外部光线或反射光进入球内，见图 A.2b）。

无论哪种情况，被测样品必须安装到球体上以保证支撑材料或结构不会把热量传到球壁。

无论哪种几何机构，挡板尺寸必须尽量小并保证探头不会被样品或标准灯直接照射。建议挡板位于距离探测器 1/3 到 1/2 球半径处。辅助灯也应该有个挡板，使其直射光线不会照射到探测器口或被测样品。

全光谱辐射通量的标准灯通常为石英卤钨灯，其宽带光谱可校准光谱辐射计的整个视觉区域。对于 2π 几何结构，需要只有前向发光的标准灯。例如带反射镜的有适当亮度分布的石英卤钨灯可作为标准光源。在 4π 几何结构中，通常使用全方向亮度分布的标准灯，但也需要前向亮度分布的标准灯。注意：如果燃点位置发生改变，标准灯的光输出也会改变。

A.3 光谱辐射计

可以使用机械扫描型或阵列型光谱辐射计测量。光谱辐射计最小光谱范围为 380 nm～780 nm。

光谱辐射计的带宽和扫描间隔必须不大于 5 nm。

ICS 29.140.50
K 72

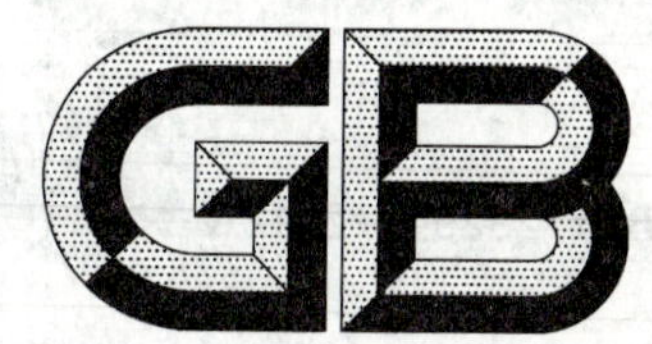

中华人民共和国国家标准

GB/T 29294—2012

LED筒灯性能要求

Performance requirements for LED downlights

2012-12-31 发布　　　　2013-09-01 实施

中华人民共和国国家质量监督检验检疫总局
中国国家标准化管理委员会　发布

前　言

本标准按照 GB/T 1.1—2009 给出的规则起草。

本标准由中国轻工业联合会提出。

本标准由全国照明电器标准化技术委员会灯具分技术委员会(SAC/TC 224/SC 2)归口。

本标准起草单位:上海时代之光照明电器检测有限公司、半导体照明产业技术创新战略联盟(北京半导体照明科技促进中心)、飞利浦灯具(上海)有限公司、中山市质量计量监督检测所、欧司朗(中国)照明有限公司、常州市产品质量监督检验所、杭州浙大三色仪器有限公司、中国质量认证中心、北京朗波尔光电股份有限公司、浙江生辉照明有限公司、深圳市邦贝尔电子有限公司、浙江阳光照明电器集团股份有限公司、惠州雷士光电科技有限公司、上海市照明学会、北京松下电工有限公司、东莞勤上光电股份有限公司、中山品上照明有限公司、国家灯具质量监督检验中心。

本标准主要起草人:施晓红、杨樾、陈超中、王晔、李为军、赵璐冰、桑高元、彭振坚、李俊、杨静华、牟同升、陈松、闫晓婧、刘磊、陆光明、何琳、吕军、熊飞、章海骢、朱鸿斌、刘金兰、江智强。

LED 筒灯性能要求

1 范围

本标准规定了以 LED 为光源、电源电压不超过 250 V 的一般照明用 LED 筒灯的性能要求。

本标准不包括使用一体化 LED 灯的筒灯。

2 规范性引用文件

下列文件对于本文件的应用是必不可少的。凡是注日期的引用文件,仅注日期的版本适用于本文件。凡是不注日期的引用文件,其最新版本(包括所有的修改单)适用于本文件。

GB 7000.1—2007 灯具 第1部分:一般要求与试验(IEC 60598-1:2003,IDT)

GB 19510.14—2009 灯的控制装置 第14部分:LED模块用直流或交流电子控制装置的特殊要求(IEC 61347-2-13:2006,IDT)

GB 24819—2009 普通照明用 LED 模块 安全要求(IEC 62031:2008,IDT)

GB/T 24825 LED 模块用直流或交流电子控制装置 性能要求(GB/T 24825—2009,IEC 62384:2006,MOD)

GB/T 29293—2012 LED 筒灯性能测量方法

EN 12464-1:2011 光和照明 工作场所照明 第1部分:室内工作场所

3 术语和定义

GB 7000.1—2007、GB 24819—2009、GB/T 24825、GB 19510.14—2009 界定的以及下列术语和定义适用于本文件。

3.1

LED 灯具 LED luminaire

打算使用 LED 光源的灯具。

注:灯具的定义见 GB 7000.1—2007 中 1.2.1。

3.2

整体式 LED 灯具 integral LED luminaire

除非永久性损坏,不能拆卸的灯具,内部含有 LED 光源及光源启动和稳定工作必需的所有附加元件。

3.3

LED 筒灯 LED downlights

一种使用 LED 光源,光线向下照射的小型直接照明灯具,它可以是嵌入安装或固定安装。

3.4

嵌入式 LED 筒灯 LED recessed downlights

LED 筒灯的一种,灯具的全部或部分嵌入到天花板内安装。

3.5

固定式 LED 筒灯 LED fixed downlights

LED 筒灯的一种,灯具在天花板表面吸顶安装或悬挂安装。

3.6

LED 光源 LED light source

作为 LED 灯或 LED 模块提供的部件

3.7

LED 灯 LED lamp

带有一个灯头、组合了一个或多个 LED 模块的光源，除非永久性损坏，LED 模块不能拆除。

注 1：LED 灯可以是一体化(也称"自镇流")、半一体化(也称"半镇流")或非一体化(也称非镇流)的，相关图解见附录 A。

注 2：包括符合 IEC 60061-1 单端或双端灯头。

注 3：LED 灯通常设计成可以被终端用户或普通人更换。

3.8

一体化 LED 灯 integrated LED lamp

设计成直接连接到电源电压的 LED 灯，包括控制装置、以及光源启动和稳定工作必需的所有附加元件。

3.9

非一体化 LED 灯 non-integrated LED lamp

工作时需要一个单独的控制装置的 LED 灯。

3.10

半一体化 LED 灯 semi-integrated LED lamp

带有控制装置中的控制电路，并由单独的控制装置的电源驱动的 LED 灯。

3.11

一体化 LED 模块 integrated LED module

设计成可以通过灯具连接到电源电压的 LED 模块，包括控制装置、以及光源启动和稳定工作必需的所有附加元件。

注：也称自镇流 LED 模块。

3.12

非一体化 LED 模块 non-integrated LED module

工作时需要一个单独的控制装置的 LED 模块。

注：也称非镇流 LED 模块。

3.13

半一体化 LED 模块 semi-integrated LED module

带有控制装置中的控制电路，并由单独的控制装置的电源驱动的 LED 模块。

注：也称半镇流 LED 模块。

3.14

额定光通量 rated luminous flux

制造商给出的初始光通量。

注：本标准的额定光通量是指 LED 筒灯的额定光通量。

3.15

寿命(单只的) life(of individual)

在标准规定的试验条件下，单只 LED 筒灯提供达到所声称的初始光通量的 70%时的时间长度。

3.16

灯具效能 luminaire efficacy

在声称的灯具使用条件下，灯具发出的初始总光通量与其所消耗的功率之比，单位为 1 m/W。

3.17

(灯具)光输出比　light output ratio (of a luminaire) ;LOR

使用其自身的光源和设备在规定使用条件下测得的灯具总光通量，与在规定条件下使用相同的光源、相同的设备在灯具外测得的总光源光通量的比值。

注 1：灯具可能使用一个或一个以上光源，总光源光通量是指单个光源光通量的总和。

注 2：(灯具)光输出比适用于使用 LED 灯的筒灯。

3.18

色品空间不一致性　spatial non-uniformity of chromaticity

LED 产品在规定垂直平面上所有测量点的色坐标与该产品空间平均色品坐标在 1976CIE($u'v'$)图上的最大距离。

3.19

灯具性能的环境温度　ambient temperature of luminaire performance

t_q

表征灯具性能质量的灯具周围的环境温度。

注 1：$t_q \leqslant t_a$。关于 t_a，见 GB 7000.1—2007 中的 1.2.25。

注 2：对于给定的寿命时间，t_q 温度是一个定值，不是变值。

注 3：根据声称的寿命时间，可以有多于一个的 t_q 温度。

3.20

热管理装置　thermal management device

将高导热性材料或装置通过机械固定等方式与 LED 芯片紧贴在一起的以促进 LED 其热量耗散的一种导热部件。该导热部件可以用金属或其他材料制成。

3.21

稳定时间　stabilization time

在恒定电源条件下 LED 灯具达到稳定光度条件需要的时间。

3.22

老炼　ageing

产品的预处理阶段。

3.23

初始值　initial values

样品在稳定时间时所测得的光度和电学特征。

注：LED 灯具的初始值测量不需要老炼。

3.24

光通量维持率　lumen maintenance

LED 灯具寿命期间某一给定时间的灯具维持光通量除以灯具的初始光通量，并以百分比表达。

3.25

额定值　rated value

规定工作条件下的产品特征量。该值及条件由本标准规定，或由制造商或责任销售商指定。

3.26

t_p-点　t_p-point

在 LED 模块表面测量性能温度 t_p 点的位置。

3.27

t_p 温度　t_p temperature

t_p-点上的温度，与 LED 模块性能相关。

注 1：$t_p \leqslant t_c$，这是仅当 t_p 点与 t_c 点位置相同时的情况。t_c 见 GB 24819—2009 中的 3.10。

注 2：t_p 与 t_c 的位置可以不同，但 t_c 值是主要的。

注 3：t_p 可能多于一个，取决于声称的寿命时间，对于给定的寿命时间，t_p 温度是一个定值，不是变值。

3.28

保护角　shielding angle

在以灯具出光口面为水平面的某个方向上，光源发光边界和不发光的灯具外罩边缘的连线与水平面之间最小的夹角。

3.29

VDT（视觉显示终端）亮度限制　VDT（visual display terminal）luminance limits

在 VDT（视觉显示终端）的作业环境里，使用直接照明灯具时，为减少在视觉显示终端对人眼的光幕眩光和反射眩光而设定的对灯具所有发亮面上亮度的限制值。

3.30

眩光　glare

由于光亮度的分布或范围不适当，或对比度太强，而引起不舒适感或分辨细节或物体的能力减弱的视觉条件。

3.31

反射眩光　reflected glare

在视觉范围内来自抛光或光泽表面高亮度反射产生的眩光。通常它与来自于视觉作业或能观察到的区域附近的眩光有关。

3.32

光幕眩光　veiling glare

若视觉作业中，照明体或明亮的物体发出的光线经镜面反射或漫反射后进入人眼，造成视觉作业对比度的下降，称为光幕眩光。

3.33

直接照明灯具　direct lighting luminaire

向下投射的光通量占整个灯具输出光通量的 90%～100%的灯具。

3.34

色偏差　deviation of chromaticity

D_{uv}

色坐标在 1960 年 CIE 均匀色空间 u,v（相当于 1976 色空间坐标的 u', 2/3 v'）图上与黑体轨迹的最短距离，符号“＋”表示坐标值在黑体轨迹之上，符号“－”表示坐标值在黑体轨迹之下。

3.35

距高比　spacing-to-mounting-height ratio

S/MH_{wp}

安装灯具时，相邻灯具间的安装距离与灯具的安装高度之比。

4 分类

GB 7000.1—2007 中的第 2 章与下述 4.1～4.5 一起使用。

4.1 按出光口面形状分类

按 LED 筒灯出光口面的几何形状分类，如圆形或其他形状。

4.2 按光通量分类

按灯具的额定光通量，LED 筒灯分类为 300 lm、400 lm、600 lm、800 lm、1 100 lm、1 500 lm、2 000 lm、2 500 lm、3 000 lm、4 000 lm 或 5 000 lm。

4.3 按口径分类

按 LED 筒灯的口径尺寸，圆形嵌入式 LED 筒灯分类为 51 mm、64 mm、76 mm、89 mm、102 mm、127 mm、152 mm、178 mm、203 mm 或 254 mm。

圆形嵌入式 LED 筒灯口径尺寸的公制-英制对照表见附录 B。

筒灯口径的示意图见图 1。

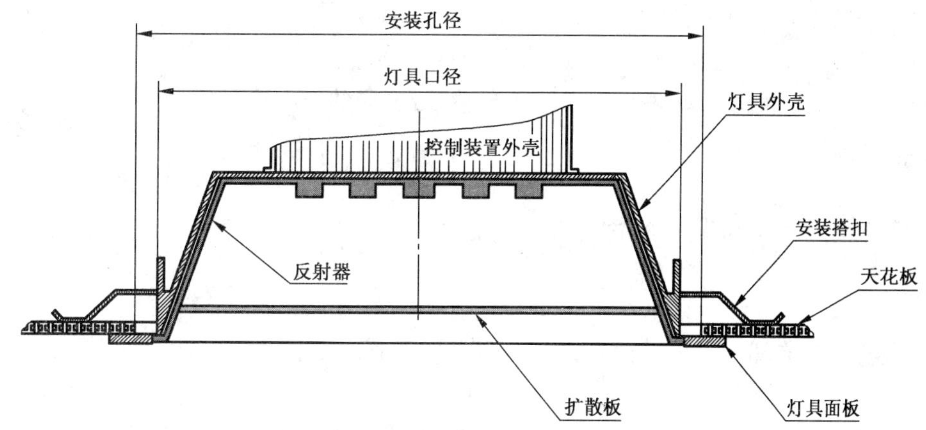

注：对嵌入式 LED 筒灯，口径是指与建筑物安装孔径相关的筒灯的最大外径。

图 1 筒灯口径示意图

4.4 按安装形式分类

按安装形式，LED 筒灯分类为嵌入式 LED 筒灯和固定式 LED 筒灯。

4.5 按使用的 LED 光源的类型分类

按使用的 LED 光源的类型，LED 筒灯可以分类为使用一体化 LED 模块、半一体化 LED 模块、非一体化 LED 模块、半一体化 LED 灯或非一体化 LED 灯。

5 一般要求

LED 筒灯的设计和制造应使其在正常使用时能安全工作的同时，符合其声称的性能指标。通常需要用所有规定的试验来检验其合格性。

LED 筒灯应符合 GB 7000 标准系列相应的安全标准、相关的光生物安全标准和相关的电磁兼容标准。

在符合本标准的同时，LED 筒灯的性能还应符合其他相关的灯具性能标准。

所有样品均符合规定的要求为合格。

6 一般试验要求

6.1 总则

本标准的试验是型式试验,试验时光源包括在内。

带有调光控制的 LED 灯具应调节到最大输出功率进行所有试验。

带有可调色温的 LED 灯具应按制造商或责任销售商的指示调节/设置到一个功率最大的固定值。

一般选择一个灯具型号进行试验,若是一个系列相似的灯具,选择系列中一个代表性的型号进行试验。

本标准的要求应按 GB/T 29293—2012 的规定测量。

6.2 系列或单元

同一系列或单元的 LED 筒灯应同时具有下列特征:

——按本标准第 4 章,相同的灯具分类;

——按 GB 24819—2009 第 6 章,相同 LED 模块的安装方法;

——根据材料、元件、和(或)处理方法和热管理特征,相同的结构设计特性。

6.3 样品数量

本标准要求的试验样品数量为 3 个。

6.4 灯具部件

所有部件应符合与该部件安全和性能有关的国家标准或 IEC 标准。

7 性能要求

7.1 电性能

7.1.1 输入功率

LED 筒灯的输入功率不应超过额定值的 110%。

7.1.2 输入电流

LED 筒灯的输入电流与额定值的偏离不应超过 10%。

7.1.3 功率因数

LED 筒灯的功率因数不应低于额定值 0.05。

7.1.4 电参数匹配度

LED 筒灯使用的 LED 模块控制装置输出电参数与 LED 模块的输入电参数应匹配。

使用整体式 LED 模块控制装置、整体式 LED 模块或 LED 灯的筒灯,本要求不适用。

7.1.4.1 使用电压输出型 LED 模块控制装置的 LED 筒灯

LED 模块控制装置标记的输出电压应等于 LED 模块的额定输入电压。

LED 模块标记的额定电流或额定功率不应超过 LED 模块控制装置标记的最大输出电流或最大输

出功率。

配有非稳定电压输出LED模块控制装置的筒灯在额定电源电压下，以及配有稳定电压输出的LED模块控制装置在92%～106%额定电源电压下，LED模块控制装置的输出电压与LED模块的额定值及LED模块控制装置额定值的偏差不应超过±10%。

LED模块控制装置的输出电流或功率的测量值不应超过LED模块控制装置的额定最大值，同时也不超出LED模块的额定输入电流或额定输入功率范围。

7.1.4.2 使用电流输出型的LED模块控制装置的LED筒灯

LED模块控制装置标记的输出电流应等于LED模块的额定输入电流。

LED模块标记的额定电压或额定功率不应超过LED模块控制装置标记的最大输出电压或最大输出功率。

配有非稳定电流输出LED模块控制装置的筒灯在额定电源电压下，以及配有稳定电流输出的LED模块控制装置在92%～106%额定电源电压下，LED模块控制装置输出电流与LED模块的额定值及LED模块控制装置额定值的偏差不应超过±10%。

LED模块控制装置的输出电压或功率的测量值不应超过LED模块控制装置的额定最大值，同时也不超过LED模块的额定输入电压或额定输入功率范围。

注：LED模块额定值来源于GB/T 24819—2009规定的独立式和内装式模块的标记，LED模块用控制装置的输出参数来源于GB 19510.14—2009规定的标记。

7.2 光度性能

7.2.1 初始光通量

LED筒灯初始光通量不应低于90%额定光通量。

7.2.2 光通量维持率

在25%额定寿命(最大持续时间6 000 h)时所测得的光通量维持率不应低于与额定寿命相关的光通量维持率要求值。

本要求不适用于使用LED灯的LED筒灯。

根据声称的寿命，光通量维持率的要求值用式(1)计算。

$$\frac{\Phi}{\Phi_0}=e^{-\alpha t} \qquad \cdots\cdots(1)$$

式中：

Φ ——维持光通量，单位为流明(lm)；

Φ_0——初始光通量，单位为流明(lm)；

α ——衰减系数；

t ——光通量维持率试验的时间，单位为小时(h)。

α的计算方法见式(2)。

$$\alpha=-\frac{\ln(70\%)}{t_0} \qquad \cdots\cdots(2)$$

式中：

t_0——额定寿命，单位为小时(h)。

示例：额定寿命为35 000 h时，光通量维持率要求值的计算如下：

计算衰减系数α：

$$\alpha=-\frac{\ln(70\%)}{35\ 000}$$

计算光通量维持率的要求值：

$$\frac{\Phi}{\Phi_0}=e^{-(-\frac{\ln 0.7}{35\,000})\times 6\,000}=94.1\%$$

即对于声称 35 000 h 额定寿命的 LED 筒灯，其 6 000 h 光通量维持率的要求值为 94.1%。

注：以上计算仅考虑了模块或芯片，灯具光通量维持率与 LED 灯具系统的元件的可靠性有关，包括电子产品、材料、罩壳、接线、连接器、密封件等。

式(1)不适用于计算预期寿命高于 50 000 h 时的光通量维持率要求值。

光通量维持率试验期间，3 只试验样品都应满足要求。

光通量维持率试验期间，在 LED 模块上制造商指定的最高温度点上的温度 t_p 不应超过制造商的指定值。如制造商没有指定最高温度点及其温度，LED 模块外壳最高温度不应超过 65 ℃，LED 控制装置外壳的最高温度不能超过 50 ℃。

减少试验时间的相关要求正在考虑中。

7.2.3 灯具效能

LED 筒灯的初始效能不应低于 90%额定值，而且其初始效能不应低于 35 lm/W。

7.2.4 灯具光输出比

使用 LED 灯的筒灯，其初始光输出比不应低于 90%额定值。

7.2.5 光强分布

与 LED 筒灯几何中心垂直轴夹角 60°的圆锥区域内，初始光通量应占灯具输出总光通量的 75%以上。

注：灯具的 C 平面光度学坐标系统的介绍见附录 C。

7.2.6 距高比

根据灯具光强分布得到的灯具安装距高比与额定值的偏差不应超过±0.1。

对于旋转对称配光的灯具，应给出一个距高比数据。

对于具有两面对称配光的灯具，应分别给出 C0-C180 平面的距高比数据和 C90-C270 平面的距高比数据。

注 1：灯具标称的距高比是 1/2 照度角决定的距高比和 1/4 照度角决定的距高比中的较小值。

注 2：距高比是低精确度的指标，为一般照明灯具提供可接受的水平照度均匀度而决定的安装间隔。它仅以直接照明为基础(忽略室内各表面间的相互反射)，不能应用于间接照明。

注 3：附录 D 是关于室内灯具距高比的资料性附录。

7.3 眩光控制

7.3.1 灯具的保护角

灯具上应有适当的结构以形成保护角，以遮挡灯具内光源亮度造成的眩光，根据光源的亮度水平，保护角的最小值不应低于表 1 中的数值。

表 1 灯具保护角的要求

亮度/(kcd/m²)	最小保护角/(°)
1≤L<20	10
20≤L<50	15
50≤L<500	20
500≤L	30

注 1：在实际的照明应用中，保护角所能提供的眩光控制水平还与照明设计的其他因素有关。

注 2：在本标准中，大于等于 500 kcd/m² 为高亮度。

7.3.2 亮度限制

灯具在 65°及以上 γ 角的平均亮度不应大于声称值。

分别在 γ 65°、γ 75°和 γ 85°的横向(C0 和 C180)、纵向(C90 和 C270)、以及 45°方向(C45、C135、C225 和 C315)测量和计算平均亮度，9 个平均亮度值均应满足要求。

在灯具说明书内有“灯具不适于安装在 VDT 视觉作业环境”提示的，本要求不适用。

注：VDT 应用环境与亮度限制的资料性提示见附录 E。

7.4 色度

7.4.1 显色指数(CRI)

LED 筒灯的初始一般显色指数额定值 R_a 不应低于 80，R_9 应大于 0。

测得的所有受试样品的一般显色指数的减少不应大于：

——对于 CRI 初始值，额定 CRI 值的 3 个数值；

——光通量维持率试验 6 000 h 时的 CRI 维持值，额定 CRI 值的 5 个数值。

7.4.2 相关色温(CCT)

LED 筒灯的初始相关色温(CCT)应是表 2 中给出的一个值。

表 2 初始相关色温的要求

标称 CCT/K[a]	目标 CCT 及其允差/K	目标 D_{uv} 及其容差
2 700	2 725±145	0.000±0.006
3 000	3 045±175	0.000±0.006
3 500	3 465±245	0.000±0.006
4 000	3 985±275	0.001±0.006
4 500	4 503±243	0.001±0.006
5 000	5 028±283	0.002±0.006
5 700[b]	5 665±355	0.002±0.006

表 2（续）

标称 CCT/K[a]	目标 CCT 及其允差/K	目标 D_{uv} 及其容差
6 500[b]	6 530±510	0.003±0.006
灵活的 CCT (2 700 K～6 500 K)	$T^{c}\pm\Delta T^{d}$	$D_{uv}{}^{e}\pm0.006$

[a] 6 个标称 CCT 符合对荧光灯相应 2 700 K，3 000 K(暖白)，3 500 K(白)，4 100 K(冷白)，5 000 K 和 6 500 K(日光)的规定。

[b] 仅商业照明。

[c] T 的选择以 100K 为步幅(2 800，2 900，…，6 400K)，表 2 中列出的 8 个 CCT 除外。

[d] ΔT 由 $\Delta T=0.000\ 010\ 8\times T^2+0.026\ 2\times T+8$ 给出。

[e] D_{uv} 由 $D_{uv}=57\ 700\times(1/T)^2-44.6\times(1/T)+0.008\ 5$ 给出。

7.4.3 色差异

3 个 LED 筒灯样品间的光色应一致，三个样品的平均色坐标值($u'v'$)的差异不应超过 0.004。

7.4.4 空间色品不一致性

在大于峰值光强 10%的区域内，LED 筒灯不同方向上的色度变化应在 CIE 1976($u'v'$)图中的 0.004 以内。

7.4.5 色维持

在光通量维持率试验结束时，LED 筒灯的色度与初始值的偏差应在 CIE 1976($u'v'$)图中的 0.007 以内。

7.5 结构要求

7.5.1 可替换部件

使用 LED 灯或可替换 LED 模块的 LED 筒灯，LED 光源应能方便替换。

在进行替换时，LED 模块应可触及，无需(也不允许)剪断电线，使用通用工具或制造商规定的工具就可替换。

上述要求不适用于标有“LED 模块不可以替换，如有损坏则灯具报废”的 LED 筒灯。

7.5.2 防眩光结构

当 LED 光源前不使用扩散板时，在 30°保护角区域内的反射器上不应看到高亮度光源影像。图 2 为灯具的防眩光结构示意图。

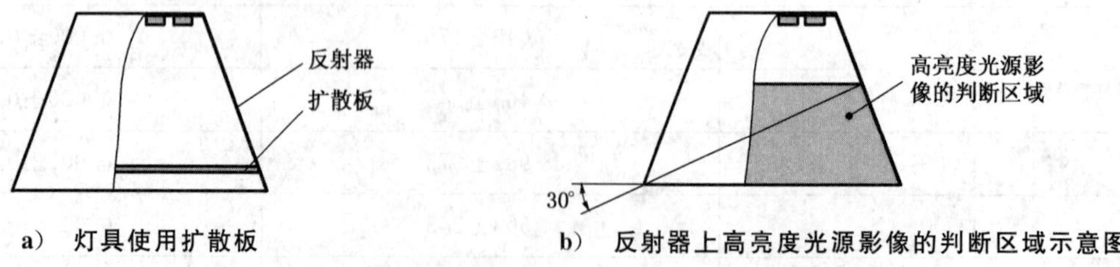

a) 灯具使用扩散板　　b) 反射器上高亮度光源影像的判断区域示意图

图 2 灯具的防眩光结构示意图

7.5.3 尺寸

LED 筒灯口径尺寸应符合表 3 的规定。

表 3 允许的筒灯口径范围

标称的口径/mm	允许的范围/mm
51	51^{0}_{-5}
64	64^{0}_{-5}
76	76^{0}_{-5}
89	89^{0}_{-5}
102	102^{0}_{-10}
127	127^{0}_{-10}
152	152^{0}_{-10}
178	178^{0}_{-10}
203	203^{0}_{-15}
254	254^{0}_{-15}

7.6 热试验

当灯具在 t_q 下工作时，LED 光源不应超过其性能温度。

t_p-点的温度不应超过 LED 模块标记的 t_p 温度，LED 灯不应超过相关标准或制造商给出的与灯具性能相关的温度限值。制造商没有提供相关温度时，LED 光源外表面的最高温度不应超过 65 ℃。

试验报告上应有图像或照片指出热试验热电偶附着点的位置。

根据说明书规定的安装方式进行试验，如果未提供安装方式的说明，则应进行嵌入安装和固定安装两种安装方式的热试验。

7.7 可靠性

LED 灯具寿命与作为系统的灯具中元件的可靠性有关，包括电子产品、材料、罩壳、接线、连接器、密封件等。整个系统仅持续到关键元件的最短寿命，不管关键元件是密封件、光学元件、LED 或是其他部件。

如果 LED 灯具装有可替换的 LED 模块，灯具寿命可能与 LED 模块及其寿命无关。由此带来的灯具寿命更接近于传统光源的灯具寿命的现行定义。

LED 筒灯可靠性的要求正在考虑中。

7.8 低温工作适宜性

LED 灯具应适宜在－20℃或声称的更低的温度下启动并正常工作。

8 标记

GB 7000.1—2007 第3章与下述要求一起使用。

8.1 灯具上的标记

下述信息应清晰、持久地标记在灯具上(见表4):

8.1.1 LED光源的型号、规格、制造商等光源信息;

8.1.2 额定寿命,单位:h;

8.1.3 额定光通量,单位:1 m;

8.1.4 额定相关色温,单位:K;

8.1.5 一般显色指数;

8.1.6 灯具效能,单位:1 m/W;

8.1.7 适用时,灯具光输出比;

8.1.8 输入功率,单位:W;

8.1.9 灯具性能的环境温度 t_q,单位:℃;

8.1.10 如果低于-20 ℃,灯具适宜的最低工作温度,单位:℃

表4 灯具上的标记

属于a)的标记	属于b)的标记	属于c)的标记
8.1.1 LED光源的信息 8.1.4 额定相关色温 8.1.5 一般显色指数	8.1.2 额定寿命 8.1.3 额定光通量 8.1.6 灯具效能 8.1.7 灯具光输出比 8.1.8 输入功率 8.1.10 适宜的最低工作温度	8.1.9 性能环境温度 t_q
注:a)、b)和c)类标记的规定见GB 7000.1—2007中的3.2。		

8.2 附加内容

除灯具上的标记外,保证灯具性能所必需的详细说明,应使用设备安装地所在国能接受的语言在灯具上或与灯具一起提供的制造商的说明书中给出。

8.2.1 灯具的空间光强分布数据和图表。

8.2.2 修整到小数点后一位的灯具安装距高比。

8.2.3 灯具应提供是否适宜安装在VDT视觉作业环境的说明,如下:

——适宜安装在VDT视觉作业环境内的,应提供65°及以上垂直角度的最大平均亮度;或

——提示“灯具不适于安装在VDT视觉作业环境内”。

8.2.4 适宜时,提供LED模块和(或)LED控制装置外壳最高温度的测量点及其温度。

8.2.5 灯具制造商应提供LED模块是否可替换及替换方法的说明,如下:

——如果可以替换,应提供对替换人员技术能力的规定,说明替换工作必须由制造商或有资格的人

员完成，还是可以由用户自行完成；

——如果不可以替换，应提供警告："LED 模块不可以替换，如有损坏则灯具报废"。

8.2.6 应提供嵌入安装和(或)固定安装的说明。

8.2.7 筒灯的口径尺寸。

注 1：标称的 LED 筒灯口径应是 4.3 中的一种。

注 2：根据筒灯的结构，对应于一个筒灯口径，适宜的安装孔径可能是一个范围。

8.2.8 使用整体式 LED 模块的 LED 筒灯制造商应提供 LED 模块额定的输入电流或输入电压以及输入功率。

附　录　A
（资料性附录）
LED 灯的类型

LED 灯类型的图解见图 A.1。

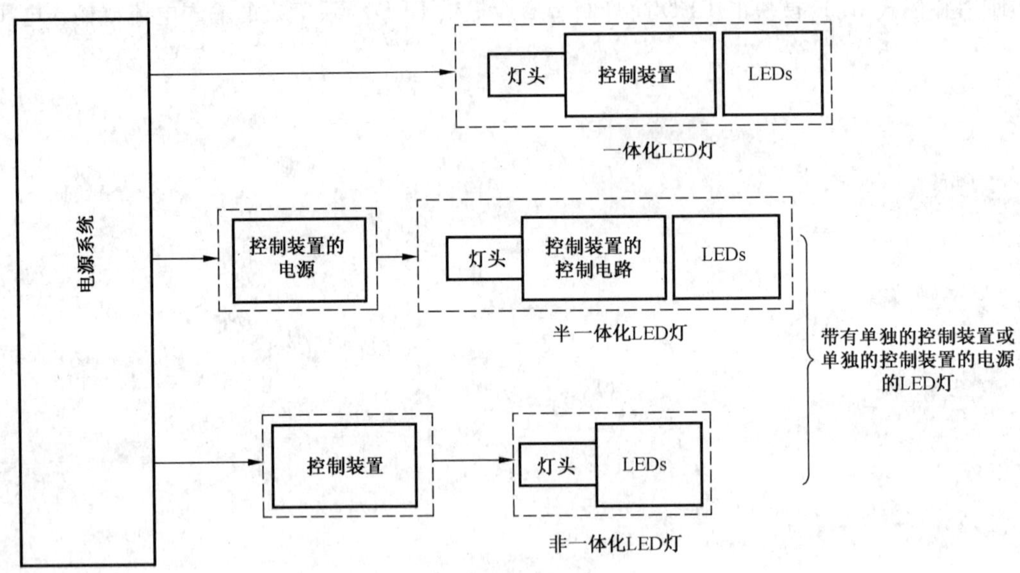

图 A.1　LED 灯类型的图解

附　录　B
（资料性附录）
筒灯口径尺寸公制-英制对照表

圆形嵌入式 LED 筒灯口径的公制和英制单位尺寸对照表见表 B.1。

表 B.1　圆形嵌入式 LED 筒灯口径尺寸公制-英制对照表

公制单位口径尺寸/mm	英制单位口径尺寸/in
51	2
64	2.5
76	3
89	3.5
102	4
127	5
152	6
178	7
203	8
254	10

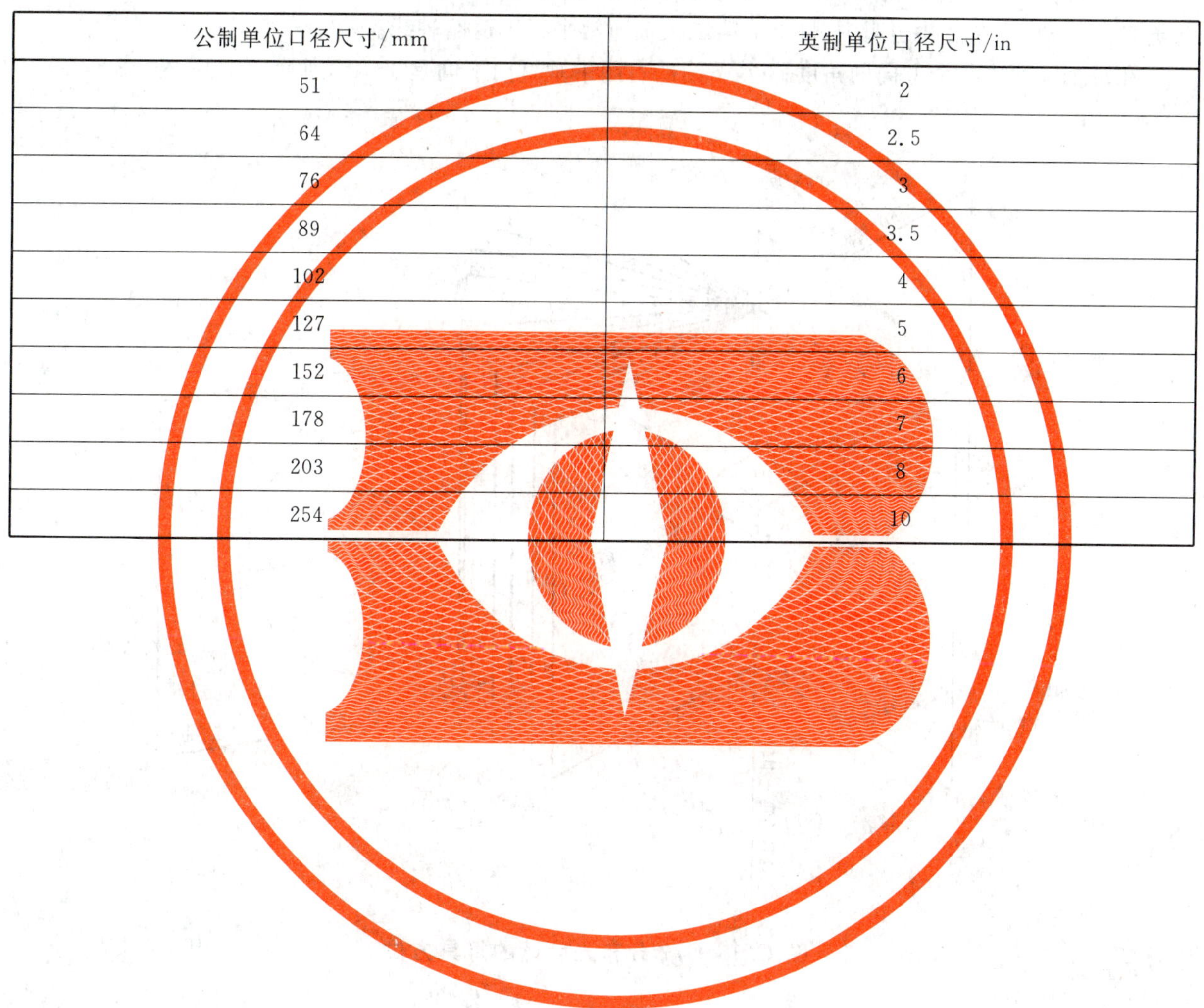

附 录 C
（规范性附录）
灯具的 C 平面光度学坐标系统

C 平面系统是一组平面，其交集线（极轴）是通过光度中心的铅垂线。C 平面系统在空间内严格地定位，并且不随灯具倾斜。

该系统通常用于室内照明和道路照明的光度测试中。在室内灯测试中，灯具的第三根轴是长轴，如荧光灯的长轴，而在公共照明中，灯具的第二根轴通常平行于道路轴线。

在每个平面中各个方向的角度称 γ，下图的右图中垂直向下的是 $\gamma=0°$，垂直向上是 $\gamma=180°$。

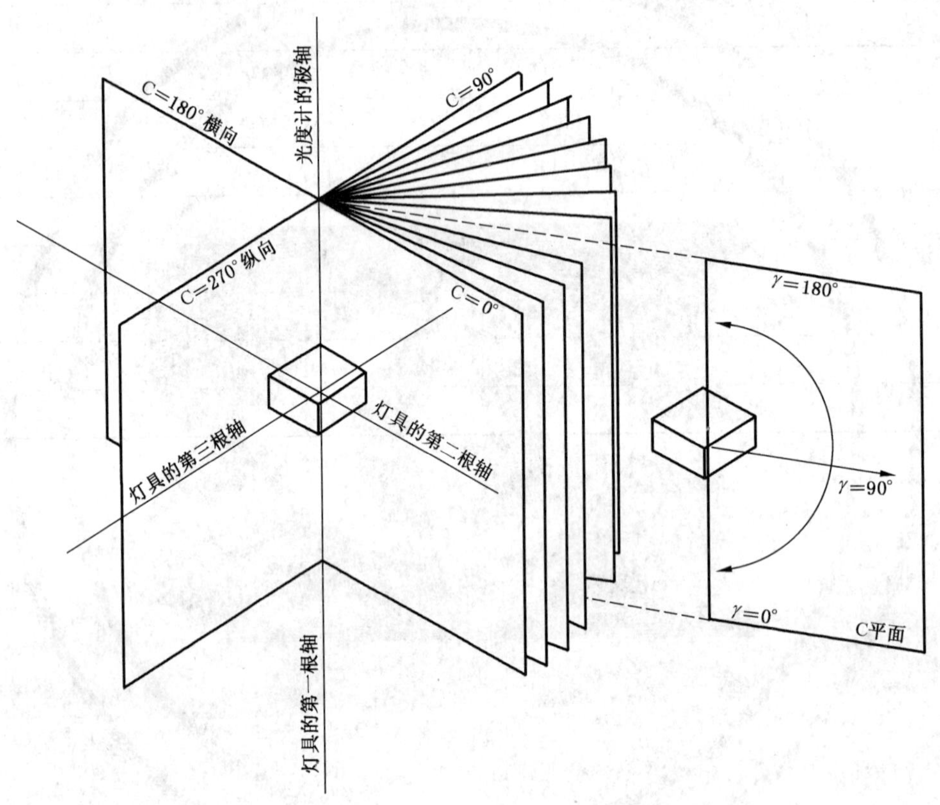

图 C.1　C，γ 分布光度计的灯具方位

附　录　D
（资料性附录）
室内灯具的距高比

室内安装灯具时要考虑节约用电和达到要求的照度数值指标外，还要求一定的照度均匀度。照度均匀度与灯具的布置关系很大，而灯具的布置又涉及灯具的配光，因此，为了保证一定的均匀度，不同配光应有不同的布置方式。灯具的布置方式采用两灯具安装间隔 S 与安装高度 MH 之比值 S/MH 表示，见图 D.1。

当两个类似的常规灯具以最大间距相邻时，在灯具下（P）的直接照明主要来自其上方的灯具（A）[图 D.1 a)]，可能的最低照度是在两个灯具之间的中点（Q）[图 D.1 b)]。

由于两个灯具在灯下点的照度都只来源于一个灯具，所以灯下点照度相等，对一个工作面上方的给定安装高度，选择的最大安装距离是使两个灯具间的中点得到灯下点一半的照度。

对一个方阵列布置的灯具，在灯具下（P）直接照明主要来自其上方的灯具（A），最低照度点是在相邻灯具的正方形中心 R，选择的最大安装距离是使灯具中心点得到灯下点 1/4 的照度。

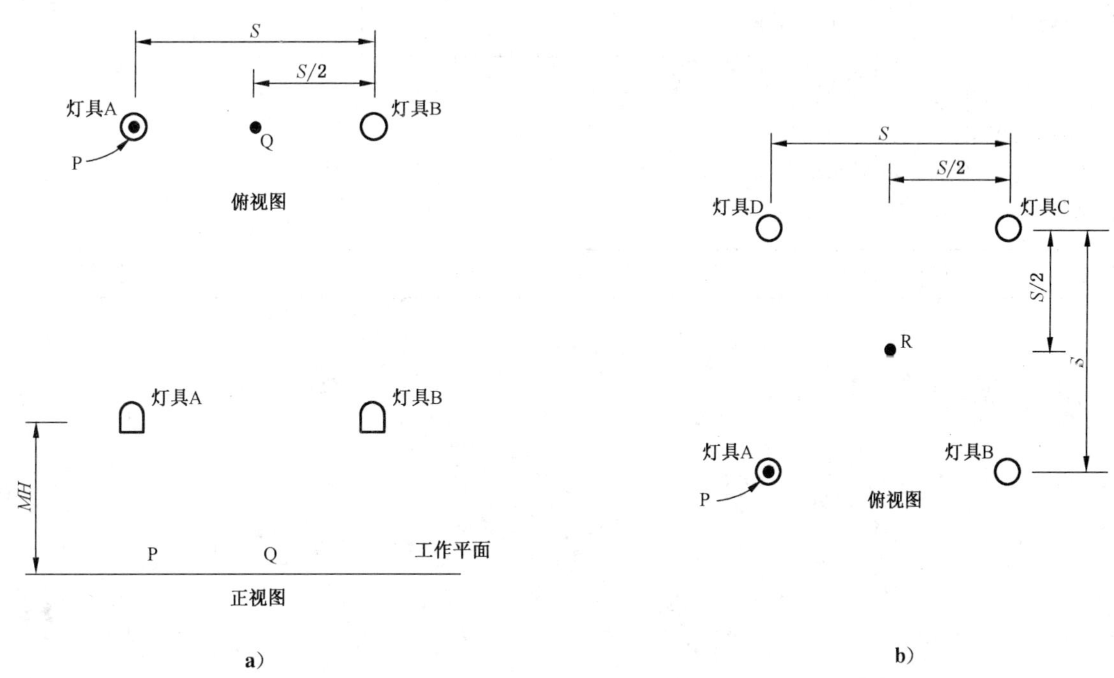

图 D.1　距高比示意图

使用灯具的光强分布曲线，在一个规定的图形中很容易确定满足上述每个情况的最大距离（表达的最大距高比没有量纲）。

本方法提供的确定灯具 S/MH 的方法可使被照面上均匀度≥0.7。

附 录 E
（资料性附录）
VDT 应用环境与亮度限制

对于工作场所中显示屏以垂直或有 15°以内倾斜角使用时，应限制该场所使用的灯具从垂直角度 65°及以上角度的平均亮度。

表 E.1 是 EN 12464-1 给出的室内工作场所使用灯具在 VDT 环境下使用时的亮度限制值。

表 E.1 可以在平的屏幕上反射的灯具平均亮度限值

屏幕亮度状态	高亮度屏幕 $L>200\ cd\cdot m^{-2}$	中亮度屏幕 $L\leqslant 200\ cd\cdot m^{-2}$
情况 A （用暗字体或图案的亮背景屏幕，而且关于颜色的一般要求和明示的具体信息是按办公室、教育等使用）	$\leqslant 3\ 000\ cd\cdot m^{-2}$	$\leqslant 1\ 500\ cd\cdot m^{-2}$
情况 B （用亮字体或图案的暗背景屏幕，而且关于颜色的一般要求和明示的具体信息是按用于 CAD 彩色等使用）	$\leqslant 1\ 500\ cd\cdot m^{-2}$	$\leqslant 1\ 000\ cd\cdot m^{-2}$
注：屏幕亮度状态（见 EN ISO 9241-302）规定了屏幕白色部分的最高亮度，并且这个值可以从制造商处得到。		

参 考 文 献

下述资料性文献是有关信息或导则的出版物，未在本标准的文本中引用。鼓励读者探讨使用最新版本的可能性。

[1] GB 7000.201 灯具 第 2-1 部分：特殊要求 固定式通用灯具(GB 7000.201—2008，IEC 60598-2-1：1979＋A1：1987，IDT)

[2] GB 7000.202 灯具 第 2-2 部分：特殊要求 嵌入式灯具(GB 7000.202—2008，IEC 60598-2-2：1997，IDT)

[3] GB 17625.1 电磁兼容 限值 谐波电流发射限值(设备每相输入电流≤16 A)(GB 17625.1—2003，IEC 61000-3-2：2001，IDT)

[4] GB 17743 电气照明和类似设备的无线电骚扰特性的限值和测量方法(GB 17743—2007，CISPR 15：2005，IDT)

[5] GB/T 18595 一般照明用设备电磁兼容抗扰度要求(GB/T 18595—2001，idt IEC 61547：1995)

[6] GB/T 20145 灯和灯系统的光生物安全性(GB/T 20145—2006，CIE S 009/E：2002，IDT)

[7] EN ISO 9241-302 人-机交互作用的人类工效学 第 302 部分：电子可视显示器术语

[8] IEC/PAS 62717 普通照明用 LED 模块性能要求

[9] ANSI C78.377-2008 固态照明产品色度规范

ICS 29.140.99
K 70

中华人民共和国国家标准

GB/T 29295—2012

反射型自镇流LED灯性能测试方法

Test methods of performance of self-ballasted LED reflector lamps

2012-12-31 发布　　2013-09-01 实施

中华人民共和国国家质量监督检验检疫总局
中国国家标准化管理委员会
发布

前　言

本标准按照 GB/T 1.1—2009 给出的规则起草。

本标准由中国轻工业联合会提出。

本标准由全国照明电器标准化技术委员会(SAC/TC 224)归口。

本标准起草单位:北京半导体照明科技促进中心(国家半导体照明产业联盟)、国家电光源质量监督检验中心(北京)、杭州鼎盛科技仪器有限公司、苏州盟泰励宝光电有限公司、上海半导体照明工程技术研究中心、杭州远方光电信息股份有限公司、深圳市邦贝尔电子有限公司、东莞安尚崇光科技有限公司、杭州中为光电技术股份有限公司、东莞勤上光电股份有限公司、宁波晶科光电有限公司、浙江深度光电科技有限公司、杭州庄诚进出口有限公司、江苏舒适照明有限公司、杭州固态照明有限公司、北京电光源研究所。

本标准起草人:阮军、赵璐冰、华树明、张伟、侯民贤、张迎春、杨洁祥、潘建根、何琳、马国铭、张九六、李旭亮、张亚素、张臻、陈红梅、张海成、郑为、杨小平、段彦芳、江姗、赵秀荣。

反射型自镇流LED灯性能测试方法

1 范围

本标准规定了反射型自镇流LED灯性能参数的测试方法,其中包括适用工作条件测试、光电参数测试、老炼和寿命试验相关指标测试等测试方法。

本标准适用于外形类似反射型卤钨灯的,在家庭、商业和类似场合作为普通照明、局部照明或定位照明用的,把稳定燃点部件集成为一体的LED灯。

适用范围如下:

——额定电压AC 220 V频率50 Hz;

——符合GU10、B22、E14或E27灯头要求;

——PAR16、PAR20、PAR30、PAR38系列LED灯。

注1:PAR××(PAR××代表PAR16、PAR20、PAR30、PAR38)系列灯对应直径尺寸为××/8 in[1)]。

注2:在本标准中出现的“灯”代表“反射型自镇流LED灯”,除非有特别指明是其他类型的灯。

2 规范性引用文件

下列文件对于本文件的应用是必不可少的。凡是注日期的引用文件,仅注日期的版本适用于本文件。凡是不注日期的引用文件,其最新版本(包括所有的修改单)适用于本文件。

GB/T 5702 光源显色性评价方法

GB/T 7922 照明光源颜色的测量方法

GB/T 9468 灯具分布光度测量的一般要求

GB/T 19658 反射灯中心光强和光束角的测量方法

GB/T 24824—2009 普通照明用LED模块测试方法

GB/T 26178—2010 光通量的测量方法

GB/T 29293—2012 LED筒灯性能测量方法

GB/T 29296—2012 反射型自镇流LED灯 性能要求

CIE 15 色度学(Colorimetry)

3 术语和定义

GB/T 29296—2012界定的术语和定义适用于本文件。

4 试验的一般要求

除非另有规定,试验或测试在本条款规定的条件下进行。

4.1 环境条件

光电参数测量应在环境温度为25 ℃±1 ℃、最大相对湿度为65%的无对流风的环境中进行。

---

1) 1 in=25.4 mm。

老炼和寿命燃点应在环境温度为25 ℃±15 ℃、最大相对湿度为65%的无对流风环境中进行，燃点过程中不允许有灯的振动或冲击。

4.2 电源电压要求

灯的光电参数测量、老炼和寿命燃点所用的电源应该在灯额定电压和试验电压及50 Hz的额定工作频率下提供正弦波形的电压，并保证测试过程中谐波含量不超过3%，频率变化范围应保持在额定频率的±0.5%之内。

老炼和寿命期间电源电压变化范围应保持在灯额定电压的±2%内，稳定期间电源电压变化范围应保持在灯额定电压(或试验电压)±0.5%内；测量期间电源电压变化范围应保持在灯额定电压(或试验电压)±0.2%内。

4.3 被测灯工作状态的要求

对于可调光灯，应保证灯工作于最大输入功率的模式；对于具有可变有关色温等多种工作模式的灯，应在制造商给定的不同模式下对灯进行测试。

测试过程中应保持灯头在上的垂直燃点姿态。若被测灯与支撑物间存在除灯头之外的机械接触，应使用绝热材料。若采用其他燃点方位，应对测试结果进行修正，修正系数根据试验确定。

4.4 稳定判定条件

灯的光电和颜色参数应在稳定后测量。

判定灯稳定工作的条件为：在至少30 min内对光输出和电功率进行至少7次读数，以5 min时间间隔的读数计算，光输出和电功率的偏差应低于0.5%，且不应呈现单调变化趋势。

5 适用工作条件测试

5.1 基准光参数测试

在无环境光干扰的试验环境中，在第4章所规定环境条件和电源电压要求下，对灯施加AC 220 V 50 Hz额定电压，并在灯光电参数稳定后采用光度计、照度计等测试灯的总光通量或相对光输出，得到基准光参数。

注：灯可采用灯头在上的垂直燃点姿态之外的其他燃点姿态，但应保证在适用工作电压测试/适用工作温度测试中燃点姿态与基准光参数测试保持一致。

5.2 适用工作电压测试

根据灯所标称工作电压范围确定最高试验电压和最低试验电压。

在与5.1基准光参数测试的相同环境中，采用相同的试验装置，分别对灯施加最高试验电压和最低试验电压，在燃点时间不低于3 h条件下，在灯光电参数稳定后测试灯的总光通量或相对光输出。

最高试验电压条件下灯的总光通量(或相对光输出)相对于灯基准总光通量(或相对光输出)的百分比记为灯最高试验电压光参数维持率；最低试验电压条件下灯的总光通量(或相对光输出)相对于灯基准总光通量(或相对光输出)的百分比记为灯最低试验电压光参数维持率。

注：若灯标称最高工作电压＜242 V，则最高试验电压取242 V，否则，灯最高试验电压取灯所标称最高工作电压；若灯所标称最低工作电压＞198 V，则最低试验电压取198 V，否则，灯最低试验电压取灯所标称最低工作电压。

5.3 适用工作温度测试

根据灯所标称工作温度范围确定最高试验温度和最低试验温度。

在对流风速不高于 0.2 m/s 的环境中，分别在最高(最低)试验温度±2 ℃环境温度(在最高试验温度下，最大相对湿度应不高于 45%，最低试验温度下可不控制相对湿度)下，对灯施加额定电压，在燃点时间不低于 3 h 条件下，采用基准光参数测试的试验装置在灯光电参数稳定后测试灯的总光通量或相对光输出。

最高试验温度下灯的总光通量(或相对光输出)相对于灯基准总光通量(或相对光输出)的百分比记为灯最高试验温度光参数维持率；最低试验温度下灯的总光通量(或相对光输出)相对于灯基准总光通量(或相对光输出)的百分比记为灯最低试验温度光参数维持率。

注：若灯标称最高工作温度<50 ℃，则最高试验温度取 50 ℃，否则，灯最高试验温度取灯所标称最高工作温度；若灯标称最低工作温度>−20 ℃，则最低试验温度取−20 ℃，否则，灯最低试验温度取灯所标称最低工作温度。

6 电参数的测试

灯老炼规定时间后，在灯额定电压条件下，用数字式仪表测量灯输入电流、灯功率和线路功率因数。测量电路和仪表参照 GB/T 24824—2009 中 5.1 的规定，并采用四线法测量电路。

7 早期失效

在灯老炼至 1 000 h 的过程中，目视法观测并累计早期失效灯的数量，并通过累计早期失效灯的数量与总采样数量的比值计算早期失效率。

注：灯发生早期失效后的增补样品不计算在总采样数量内。举例，对 12 只样品进行 1 000 h 老炼，老炼过程中 1 只灯发生突变失效后，补充 1 只新的灯进行老炼，该灯不计算在总采样数量内，即总采样数量为 12 只(非 13 只)。

8 光参数的测试

8.1 光通量

8.1.1 一般要求

产品在老炼规定时间后，在达到稳定工作状态时使用积分球或分布光度计测试灯的总光通量。基本测量规定和计算方法参照 GB/T 24824—2009 的规定。

8.1.2 积分球法测量光通量

8.1.2.1 一般要求

所使用积分球的直径应不小于 1 m，积分球内涂层应性能稳定、均匀，内涂层反射率应不低于 90%。

针对标准灯与被测灯形状、尺寸和颜色等的不一致性进行自吸收修正时，辅助灯宜选择宽光谱发光的灯，如石英卤素灯，灯在自吸收修正过程中应保持性能稳定。自吸收修正系数 $\alpha(\lambda)$ 通过式(1)确定，为波长的函数。

$$\alpha(\lambda)=\frac{y_{aux,TEST}(\lambda)}{y_{aux,REF}(\lambda)} \qquad \cdots\cdots(1)$$

式中：

$\alpha(\lambda)$ ——自吸收修正系数；

$y_{aux,TEST}(\lambda)$ ——被测灯处于测试安装位置并保持不点亮状态下，点亮辅助灯并达到光电参数稳定后光谱辐射计的读数；

$y_{aux,REF}(\lambda)$ ——标准灯处于测试安装位置并保持不点亮状态下，点亮辅助灯并达到光电参数稳定后光谱辐射计的读数。

辅助灯前和探测器端口前均应安装挡板或遮挡物，避免光线直接照射到探测器上。球内环境温度监测探头应安装在探测器端口前的挡板背面(与探测器同侧)与灯等水平高度的位置，避免光线直接照射到温度监测探头上。

8.1.2.2 积分光谱辐射计法测量光通量

采用光谱辐射计作为信号接收探测器的积分球法称为积分光谱辐射计法。

光谱辐射计的光谱测量范围应涵盖 380 nm～780 nm 可见光谱范围，带宽不宜超过 2.5 nm。

该种条件下应采用具有光谱辐射通量标定值的标准灯作为测量系统定标标准灯。

灯的总光通量通过式(2)确定。

$$\Phi_{TEST}=K_m\int_{\lambda}\Phi_{TEST}(\lambda)V(\lambda)\,\mathrm{d}\lambda \qquad \cdots\cdots(2)$$

式中：

Φ_{TEST} ——灯的总光通量；

K_m ——683 lm/W；

$\Phi_{TEST}(\lambda)$ ——灯的光谱辐射通量，通过式(3)确定；

$V(\lambda)$ ——光谱光视效率函数。

$$\Phi_{TEST}(\lambda)=\Phi_{REF}(\lambda)\cdot\frac{y_{TEST}(\lambda)}{y_{REF}(\lambda)}\cdot\frac{1}{\alpha(\lambda)} \qquad \cdots\cdots(3)$$

式中：

$\Phi_{REF}(\lambda)$ ——标准灯的光谱辐射通量；

$y_{TEST}(\lambda)$——光谱辐射计对被测灯的读数；

$y_{REF}(\lambda)$ ——光谱辐射计对标准灯的读数；

$\alpha(\lambda)$ ——自吸收修正系数。

8.1.2.3 积分光度计法测量光通量

采用具有与 $V(\lambda)$ 函数相匹配的光谱响应度的光度计作为信号接收探测器的积分球法称为积分光度计法。

该种条件下应采用光通量标准灯作为测量系统定标标准灯。

灯的总光通量 Φ_{TEST} 通过式(4)确定。

$$\Phi_{TEST}=\Phi_{REF}\cdot\frac{y_{TEST}}{y_{REF}}\cdot\frac{1}{\alpha} \qquad \cdots\cdots(4)$$

式中：

Φ_{TEST}——灯的总光通量；

Φ_{REF} ——标准灯的总通量；

y_{TEST} ——光度计对被测灯的读数；

y_{REF} ——光度计对标准灯的读数；

α ——自吸收修正系数，通过式(1)确定。

考虑到自吸收修正系数与波长的函数关系，在需要进行自吸收修正的条件下，在可选择情况下不建议使用积分光度计法测量光通量。

8.1.3 分布光度计法测量光通量

在控温暗室(或类似环境)中，参照 GB/T 26178—2010 和 GB/T 24824—2009 的规定，在满足平方反比定律的测试距离(灯光度中心到光度探头表面的距离)下，采用 C 型分布光度计光强分布积分法或照度分布积分法测量并计算灯的总光通量。

所选用分布光度计应符合 GB/T 9468 和 GB/T 24824—2009 的规定，并保证测量过程中灯的位置和燃点姿态保持不变，测试取样过程中灯保持在静止位置。

测试扫描过程中，光束角不大于 30°的灯的平面内扫描角度间隔不应超过 1°，光束角大于 30°的灯的平面内扫描角度间隔不应超过 3°。对于具有 GB/T 19658 所规定非对称或不规则光束类型的灯，平面间角度间隔不宜超过 5°。

近场分布光度计测试系统也可能适用。

8.2 光效

根据 8.1 所测试灯的总光通量和第 6 章所测试灯功率的比值计算灯的光效。

8.3 光束角和中心光强

灯老炼规定时间后，在灯光电参数稳定后按照 8.1.3 的规定测试灯的光强分布，并根据测试结果计算灯的光束角和中心光强。

在灯呈现对称光束的情况下，也可在不小于 5 m 光学测试距离下，参照 GB/T 19658 测量灯的光束角和中心光强。在灯呈现不规则光束的情况下，不建议采用此种方法进行测试及光束角和中心光强的表征，应给出灯的光强分布测试结果。

9 颜色参数的测试

9.1 色品性能

9.1.1 一般要求

灯的色品性能包括颜色坐标、相关色温和显色指数。可使用积分光谱辐射计法或空间光谱扫描法进行测试。

9.1.2 积分光谱辐射计法测量色品性能

采用积分光谱辐射计法(见 8.1.2.2)测量灯的相对光谱功率分布曲线，参照 CIE 15 或者 GB/T 7922、GB/T 5702 中规定的颜色坐标、相关色温和显色指数的计算方法来计算灯的色品性能。

9.1.3 光谱辐射计(或色度计)空间扫描法测试色品性能

采用配合光谱辐射度计(或色度计)使用的分布光度计或光具座系统，在与测量光强分布相同的角度间隔设定下，参照 GB/T 29293—2012 的规定及式(2)～式(4)计算灯的平均颜色坐标(x,y)和(u',v')。

灯的相关色温参照 CIE 15 进行计算。

灯的显色指数参照 GB/T 5702 采用平均颜色坐标类似的加权计算方法计算。

9.2 颜色均匀度

按照 8.1.3 规定的方法测量灯在光束角范围内的空间颜色坐标分布，颜色均匀度 $\Delta u'v'$ 由光束角范围内各方向颜色坐标与平均颜色坐标(见 9.1)的最大差异确定。

10 老炼和寿命试验

10.1 光通维持率

在灯老炼 1 000 h 和规定时间后，采用 8.1 规定的方法测试灯的初始光通量和灯在规定时间的光通量,灯在规定时间的光通量与初始光通量的比值(百分比)记为灯在规定时间的光通维持率。

10.2 中心光强维持率

在灯老炼 1 000 h 和规定时间后,采用 8.3 规定的方法测试灯的初始中心光强和灯在规定时间的中心光强,灯在规定时间的中心光强与初始中心光强的比值(百分比)记为灯在规定时间的中心光强维持率。

10.3 颜色漂移

在灯老炼 1 000 h 和规定时间后,采用 9.1 规定的方法测试灯的初始颜色坐标和灯在规定时间的颜色坐标,灯在规定时间的颜色坐标与初始颜色坐标的偏离记为灯在规定时间的颜色漂移。

ICS 29.140.99
K 71

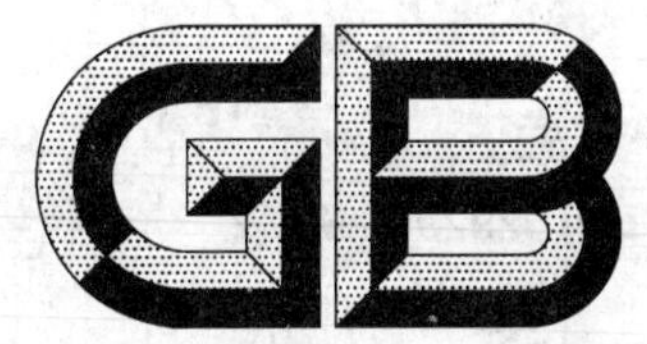

中华人民共和国国家标准

GB/T 29296—2012

反射型自镇流LED灯　性能要求

Self-ballasted LED reflector lamps—Performance requirements

2012-12-31 发布　　2013-09-01 实施

中华人民共和国国家质量监督检验检疫总局
中国国家标准化管理委员会　发布

前　言

本标准按照GB/T 1.1—2009给出的规则起草。

请注意本文件的某些内容可能涉及专利。本文件的发布机构不承担识别这些专利的责任。

本标准由中国轻工业联合会提出。

本标准由全国照明电器标准化技术委员会(SAC/TC 224)归口。

本标准起草单位:国家电光源质量监督检验中心(北京)、北京半导体照明科技促进中心(国家半导体照明产业联盟)、浙江阳光照明电器集团股份有限公司、上海半导体照明工程技术研究中心、浙江生辉照明有限公司、浙江上光照明有限公司、佛山电器照明股份有限公司、横店集团得邦照明有限公司、浙江晨辉照明有限公司、杭州杭科光电有限公司、东莞安尚崇光科技有限公司、常州市产品质量监督检验所、深圳市邦贝尔电子有限公司、东莞勤上光电股份有限公司、惠州市西顿工业发展有限公司、杭州鸿雁电器有限公司、南京汉德森科技股份有限公司、北京电光源研究所。

本标准起草人:华树明、张伟、阮军、高伟、吕军、杨洁祥、沈锦祥、柯建锋、钟信才、倪强、杨加碧、严钱军、马国铭、张泓、何琳、梁鸣娟、陈实、王米成、周鸣、段彦芳、赵秀荣。

反射型自镇流 LED 灯　性能要求

1　范围

本标准规定了反射型自镇流 LED 灯的术语和定义、产品分类和命名、技术要求、试验方法、检验规则、标志、包装、运输和贮存。

本标准适用于外形类似反射型卤钨灯的、在家庭、商业和类似场合作为普通照明、局部照明或定位照明用的、把稳定燃点部件集成为一体的 LED 灯。

适用范围如下：

——额定电压 AC220 V 频率 50 Hz；

——符合 GU10、B22、E14 或 E27 灯头要求；

——PAR16、PAR20、PAR30、PAR38 系列 LED 灯。

注 1：PARxx 系列灯对应直径尺寸为 xx/8 in[1)]。

注 2：本标准中出现的“灯”代表“反射型自镇流 LED 灯”，除非有特别指明是其他类型的灯。

2　规范性引用文件

下列文件对于本文件的应用是必不可少的。凡是注日期的引用文件，仅注日期的版本适用于本文件。凡是不注日期的引用文件，其最新版本(包括所有的修改单)适用于本文件。

GB/T 2828.1　计数抽样检验程序　第 1 部分：按接收质量限(AQL)检索的逐批检验抽样计划

GB/T 2829　周期检验计数抽样程序及表(适用于对过程稳定性的检验)

GB/T 7249　白炽灯的最大外形尺寸

GB 17625.1　电磁兼容　限值　谐波电流发射限值(设备每相输入电流≤16 A)

GB 17743　电气照明和类似设备的无线电骚扰特性的限值和测量方法

GB/T 18595　一般照明用设备电磁兼容抗扰度要求

GB/T 20145　灯和灯系统的光生物安全性

GB 24906　普通照明用 50 V 以上自镇流 LED 灯　安全要求

GB/T 29295—2012　反射型自镇流 LED 灯性能测试方法

3　术语和定义

下列术语和定义适用于本文件。

3.1

反射型自镇流 LED 灯　self-ballasted LED reflector lamps

灯头符合 GU10、B22、E14 或 E27 的要求，内含 LED 光源和保持其稳定燃点所必需的元件并使之为一体的、功能类似于传统普通照明用反射灯的灯，灯在 π sr 的立体角(对应于 120°锥角的圆锥)内集中了至少 80%的光通量，这种灯在不损坏其结构时是不可拆卸的。

3.2

额定值　rated value

灯在规定的工作条件下其特定的数值，该值及条件由本标准规定，或由制造商或责任销售商规定。

---

1)　1 in=25.4 mm。

3.3

初始值　initial value

灯老炼1 000 h后的光电和颜色参数。

3.4

早期失效　early failure

灯在1 000 h老炼过程中所发生的不能出光、肉眼可观测闪烁、肉眼可观测光通量明显降低等的失效情况。

3.5

光束轴线　optical beam axis

其周围的光强度分布大体呈对称状态的轴线。

注1：光束轴线不一定与通过灯头的灯轴线或垂直于边沿基准面的灯轴线相同。

注2：假定目视确定对称状态时，误差很小可以忽略。

3.6

光束角　beam angle

在通过光束轴线的平面上的两条给定直线之间的夹角，这两条直线分别通过灯的正面中心和发光强度为中心光强50%的点。

3.7

中心光强　center beam intensity

I_c

在光束轴线上测得的发光强度值，单位为坎德拉(cd)。

3.8

功率因数　power factor

所测得灯的有功功率与灯的输入电压(有效值)和输入电流(有效值)的乘积之比。

3.9

光通维持率　lumen mentainance

灯在寿命期间内一特定时间的光通量与该灯的初始光通量之比，以初始光通量的百分数表示，在此期间灯在规定条件下燃点。

3.10

中心光强维持率　center beam intensity mentainance

灯在寿命期间内一特定时间的中心光强与该灯的初始中心光强之比，以初始中心光强的百分数表示，在此期间灯在规定条件下燃点。

3.11

平均寿命(50%的灯失效时的寿命)　average life (life to 50% failures)

灯的光通维持率和中心光强维持率同时达到本标准要求，并能继续燃点至50%的灯的光通维持率衰减到70%时的累积燃点时间。

4　产品分类和命名

4.1　类别

按照灯的尺寸，反射型自镇流LED灯分为PAR16、PAR20、PAR30、PAR38。

4.2 型号编写规则

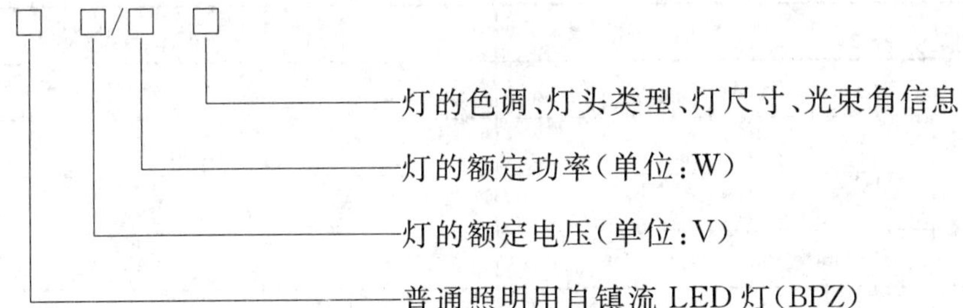

型号中最后一项关于灯的色调、灯头类型、灯尺寸、光束角信息间用“.”分开。

示例:220 V 11 W 5 000 K E27 36°光束角的PAR38灯的型号为BPZ 220/11 RZ.E27.PAR38.36D

5 技术要求

5.1 安全要求

应符合GB 24906的要求。

5.2 适用工作电压/工作温度

灯在额定电压的90%~110%范围内及标称工作电压范围内应能正常工作。

灯在−20 ℃~50 ℃环境温度下应能正常工作。

注:正常工作的判定准则为,灯能够正常启动,光输出不低于额定电压及25 ℃环境温度下光输出的90%,并维持3 h以上。

5.3 灯的外形尺寸

灯的外形尺寸应符合GB/T 7249的相关规定。

5.4 灯功率

灯在额定电压和额定频率下工作时,其实际消耗的功率与额定功率之差应不大于15%或0.5 W。

5.5 功率因数

灯所标称功率因数应不低于0.7(B类),若灯标称功率因数为A类,则应不低于0.9。

实测功率因数应不低于标称值0.05。

5.6 早期失效

灯在大批量采样测试时的早期失效率应不高于5%。

灯在小样本采样测试时的早期失效灯数量应不超过2只。

5.7 光通量

灯的额定光通量应不低于表1的规定。

表 1 灯的额定光通量限值

灯类型	额定光通量/lm
PAR16	200
PAR20	300
PAR30	480
PAR38	640

灯的初始光通量应不低于额定光通量的 90%,不高于额定光通量的 125%。

5.8 初始光效

灯的初始光效应不低于表 2 的规定。

表 2 灯的初始光效限值

类别	灯类型	光效/(lm/W)	
		颜色:RZ/RR/RL	颜色:RB/RN/RD
A	PAR16/PAR20	77	70
	PAR30/PAR38	82	75
B	PAR16/PAR20	55	50
	PAR30/PAR38	60	55

5.9 光束角

灯的光束角的宣称值应为 10°、18°、24°、36°、45°、60°数值之一,实测光束角与宣称光束角的偏差不应超过 10%或 3°。

5.10 中心光强

灯的初始中心光强应不低于表 3 的规定值,同时应不低于额定值的 85%。

表 3 灯的中心光强最低要求

单位为坎德拉

PAR16							
光束角/°	额定光通量/lm						
	200	220	240	260	280	300	320
10	1 211	1 295	1 384	1 478	1 527	1 630	1 739
18	663	708	757	809	836	892	951
24	454	485	518	554	572	611	652
36	257	275	294	314	324	346	369
45	199	212	227	242	250	267	285
60	177	189	202	216	223	238	254

表 3（续）　　单位为坎德拉

光束角/°	额定光通量/lm						
PAR20							
光束角/°	300	340	380	420	460	500	540
10	2 172	2 450	2 679	2 926	3 192	3 478	3 786
18	1 161	1 310	1 432	1 564	1 706	1 860	2 024
24	782	882	964	1 053	1 149	1 252	1 363
36	428	483	528	577	629	686	746
45	322	363	397	434	473	515	561
60	274	310	339	370	403	440	478
PAR30							
光束角/°	480	520	560	600	640	680	720
10	5 421	5 812	6 084	6 511	6 960	7 272	7 760
18	2 736	2 933	3 071	3 286	3 513	3 671	3 917
24	1 764	1 891	1 980	2 119	2 265	2 367	2 525
36	886	950	995	1 065	1 138	1 189	1 269
45	625	670	701	750	802	838	894
60	478	513	537	574	614	641	685
PAR38							
光束角/°	640	700	760	820	880	940	1 000
10	8 170	8 768	9 234	9 876	10 544	11 059	11 588
18	3 939	4 227	4 451	4 761	5 082	5 331	5 586
24	2 453	2 633	2 772	2 965	3 166	3 320	3 479
36	1 150	1 235	1 300	1 391	1 485	1 557	1 632
45	770	826	870	930	993	1 042	1 092
60	541	580	611	653	698	732	767

注：其他额定光通量的反射型自镇流 LED 灯的中心光强最低值可根据表 3 采用线性插值计算（参见附录 A）。

5.11 颜色参数

5.11.1 色品性能

灯的色品性能应符合表 4 的规定。

表 4　灯的色品性能

<table>
<tr><th rowspan="3">色调</th><th rowspan="3">代表符号</th><th colspan="4">色品参数</th></tr>
<tr><th rowspan="2">一般显色指数</th><th colspan="2">色坐标目标值</th><th rowspan="2">色品容差 SDCM</th></tr>
<tr><th>x</th><th>y</th></tr>
<tr><td>F6500(日光色)</td><td>RR</td><td rowspan="3">A 类：＞85(R9＞0)
B 类：＞80(R9＞0)</td><td>0.313</td><td>0.337</td><td rowspan="6">≤5</td></tr>
<tr><td>F5000(中性白色)</td><td>RZ</td><td>0.346</td><td>0.359</td></tr>
<tr><td>F4000(冷白色)</td><td>RL</td><td>0.380</td><td>0.380</td></tr>
<tr><td>F3500(白色)</td><td>RB</td><td rowspan="3">A 类：＞90(R9＞0)
B 类：＞85(R9＞0)</td><td>0.409</td><td>0.394</td></tr>
<tr><td>F3000(暖白色)</td><td>RN</td><td>0.440</td><td>0.403</td></tr>
<tr><td>F2700(白炽灯色)</td><td>RD</td><td>0.463</td><td>0.420</td></tr>
</table>

5.11.2　颜色不均匀度

CIE 1976(u',v')图上，灯在光束角范围内各方向上的颜色坐标与平均颜色坐标的偏差 $\Delta u'v'$ 应不超过 0.004。

5.12　寿命

5.12.1　平均寿命

灯的平均寿命应不低于 25 000 h。

5.12.2　光通维持率和中心光强维持率

标准测试条件下，灯在燃点 3 000 h 时其光通维持率和中心光强维持率应不低于 96%；在燃点 6 000 h 时，其光通维持率和中心光强维持率应不低于 92%。

5.12.3　颜色漂移

灯燃点至 3 000 h 的平均颜色坐标相对于初始颜色坐标的漂移 $\Delta u'v'$ 应不超过 0.005。

灯燃点至 6 000 h 的平均颜色坐标相对于初始颜色坐标的漂移 $\Delta u'v'$ 应不超过 0.007。

5.13　电磁兼容特性

5.13.1　无线电骚扰特性

灯的无线电骚扰特性应符合 GB 17743 的要求。

5.13.2　谐波

灯的谐波电流应符合 GB 17625.1 的要求。

5.13.3　电磁兼容抗扰度

灯的电磁兼容抗扰度应符合 GB/T 18595 的要求。

5.14　光生物危害

灯的光生物危害应符合 GB/T 20145 的要求。

6 试验方法

6.1 适用工作电压/工作温度(5.2)试验

灯的适用工作电压和适用工作温度的试验按照 GB/T 29295—2012 中第 5 章的要求进行。

6.2 灯的外形尺寸(5.3)试验

灯的外形尺寸用误差不大于 0.05 mm 的量具测量。

6.3 灯功率和功率因数(5.4、5.5)试验

灯的功率和功率因数试验按照 GB/T 29295—2012 中第 6 章的要求进行。

6.4 早期失效(5.6)试验

灯的早期失效试验按照 GB/T 29295—2012 中第 7 章的要求进行。

6.5 光参数试验

灯的光参数包括光通量(5.7)、初始光效(5.8)、光束角(5.9)和中心光强(5.10),试验按照 GB/T 29295—2012 中第 8 章的要求进行。

6.6 颜色参数试验

灯的颜色参数包括色品性能(5.11.1)和颜色不均匀度(5.11.2),试验按照 GB/T 29295—2012 中第 9 章的要求进行。

6.7 寿命试验

灯的寿命评价指标包括光通维持率和中心光强维持率(5.12.2)、颜色漂移(5.12.3),试验按照 GB/T 29295—2012 中第 10 章的要求进行。

6.8 电磁兼容特性试验

灯的电磁兼容特性包括无线电骚扰特性(5.13.1)、谐波(5.13.2)和电磁兼容抗扰度(5.13.3),试验分别按照 GB 17743、GB 17625.1 和 GB/T 18595 的要求进行。

6.9 光生物危害(5.14)试验

灯的光生物危害按照 GB/T 20145 的要求进行。

6.10 标志试验

灯的标志包括灯上的标志(8.1)和说明书或包装上的补充标志(8.2)。

用目视法检验有无 8.1 要求的标志及标志清晰度。

按照如下方法检验标志的耐久性:用蘸有水的布轻轻擦拭标志 15 s,待其干后,再用一块蘸有乙烷的布擦拭 15 s,试验之后,标志仍应清晰。

采用目视法检验有无 8.2 所要求的信息。

7 检验规则

7.1 为了检验灯是否符合本标准要求,制造商应对本企业生产的产品进行交收检验和例行检验。

7.2 交收检验的灯应从每班生产的同一型号灯中均匀地抽取。交收试验按照 GB/T 2828.1 执行,其试验项目、抽样方案、检验水平及接收质量限(AQL)按表 5 规定。

表 5 交收试验项目的分组、抽样方案、检验水平和接收质量限(AQL)

序号	组别	试验项目	技术要求	抽样方案	检验水平	AQL/%
1	Ⅰ	外形尺寸	5.3	一次	S-3	4.0
2		标志	8.1,8.2			
3	Ⅱ	工作电压/工作温度	5.2		S-2	6.5
4		灯功率	5.4			
5		功率因数	5.5			
6		早期失效	5.6			
7		光通量	5.7			
8		初始光效	5.8			
9		光束角	5.9			
10		中心光强	5.10			
11		颜色参数	5.11			
12		电磁兼容特性	5.13			

注:企业进行交收试验时,可不进行 1 000 h 老炼,而采用等效方式进行。

7.3 例行试验的灯应从交收试验合格的灯中均匀地抽取,每年不少于一次。每当停止生产半年以上,或当灯的设计、工艺或材料变更或可能影响灯的性能时,都应进行例行试验。

7.4 例行试验按 GB/T 2829 的判别水平Ⅰ的一次抽样方案执行,其试验项目、不合格质量水平、抽样数量和不合格判定数组按表 6 规定进行。

7.5 例行试验不合格,则应停止生产和验收,直至新的例行试验合格后,方可恢复生产和验收。

表 6 例行试验的试验项目、不合格质量水平、抽样数量和判别数组

序号	试验项目	技术要求	RQL/%	样本大小	判定数组
1	外形尺寸	5.3	25	1	(0,1)
2	标志	7.1,7.2		5	
3	工作温度/工作电压	5.2		12	(2,3)
4	灯功率	5.4			
5	功率因数	5.5			
6	早期失效	5.6			
7	初始光通量	5.7			
8	初始光效	5.8			

表 6（续）

序号	试验项目	技术要求	RQL/%	样本大小	判定数组
9	光束角	5.9	25	12	(2,3)
10	中心光强	5.10			
11	颜色特征	5.11			
12	电磁兼容特性	5.13		1	(0,1)
13	寿命	5.12	30	10	(2,3)

8 标志、包装、运输和贮存

8.1 每只灯上应有下列清晰而牢固的标志：

a) 来源标记(可采取商标、制造商或销售商名称的形式)；

b) 额定电压(以"V"或"伏特"表示)；

c) 工作电压范围(如适用，以"V"或"伏特"表示)；

d) 额定功率(以"W"或"瓦特"表示)；

e) 额定频率(以"Hz"表示)；

f) 产品型号；

g) 额定光通量(以"lm"或"流明"表示)；

h) 制造日期(年、季或月)。

注：年、月用数字表示，季用罗马字表示。

8.2 制造商应在灯上，或在使用说明书上，或在包装上提供如下补充信息：

a) 显色指数及等级；

b) 光效(以"lm/W"表示)及等级；

c) 中心光强(以"cd"或"坎德拉"表示)；

d) 功率因数及等级；

e) 灯在使用时应遵循的特定条件和限制，比如用于调光电路中。如果灯不适用于调光电路，可用图 1 的符号来标记；

图 1 不可调光

f) 对于眼睛的保护，见 GB/T 20145 的要求。

注：若显色指数、光效和功率因数不注明等级，则确认为 B 类。

8.3 每只灯用独立外包装，然后再用包装箱集装。包装应安全可靠，包装箱内应附有产品合格证或盖有符合 8.4 要求的合格印章。

8.4 合格证上应标明：

a) 制造厂名称或注册商标；

b） 产品型号；

c） 检验日期；

d） 检验员签章。

8.5 包装盒和包装箱上应使用汉字注明：

a） 制造厂名称或注册商标及厂家地址；

b） 产品名称和型号；

c） 额定电压和频率；

d） 包装箱内灯的数量；

e） 产品标准编号；

f） 其他标志。

附　录　A
（资料性附录）
灯的中心光强最低限值计算方法

表 3 中所采用灯的中心光强最低限值根据式(A.1)确定。该公式根据传统反射型卤钨灯的中心光强测试结果拟合得到。

$$CBCP = e^{3.185\,872\,3+0.139\,544\,8x-0.088\,492y-0.000\,719xy-0.001\,192x^2+0.000\,878\,6y^2-0.000\,793\,236\,07z+(0.330\,123\,541-0.003\,454\,907x)\sqrt{0.301\,6z+38.316\,1}} \quad \cdots\cdots\cdots(A.1)$$

式中：

x ——灯类型所对应尺寸；

y ——灯的光束角；

z ——灯的光通量。

示例：24°光束角 380 lm 的 PAR20 灯所对应参数为 $x=20$，$y=24$，$z=380$。